U0748776

冶金工业出版社

普通高等教育"十四五"规划教材

资源循环科学与工程专业系列教材　薛向欣　主编

有色金属资源循环利用

（上）

曹晓舟　编

数字资源

北　京

冶 金 工 业 出 版 社

2025

内 容 提 要

　　本教材为资源循环科学与工程专业系列教材之一，分为上下两册。上册聚焦铝、铜、铅、锌等有色金属生产过程中废弃物的来源、特性及再生处理方法；下册拓展涵盖废旧电池、电子废弃物、废催化剂等二次资源，以及尾矿、盐湖资源等特殊资源的综合回收利用技术，涉及电镀、化工、核工业等多行业应用。

　　本教材为资源循环科学与工程专业本科教材和参考书，可作为环境科学与工程专业的本科教学用书，也可供相关专业研究生阅读参考。

图书在版编目 (CIP) 数据

　　有色金属资源循环利用 / 曹晓舟编. -- 北京：冶金工业出版社，2025. 4. -- (普通高等教育"十四五"规划教材). -- ISBN 978-7-5240-0142-3

　　Ⅰ. X758

　　中国国家版本馆 CIP 数据核字第 20255BK104 号

有色金属资源循环利用

出版发行	冶金工业出版社	电　话	(010)64027926
地　　址	北京市东城区嵩祝院北巷 39 号	邮　编	100009
网　　址	www.mip1953.com	电子信箱	service@ mip1953.com

责任编辑　赵缘园　美术编辑　彭子赫　版式设计　郑小利
责任校对　葛新霞　责任印制　禹　蕊
北京建宏印刷有限公司印刷
2025 年 4 月第 1 版，2025 年 4 月第 1 次印刷
787mm×1092mm　1/16；25.5 印张；615 千字；385 页（全 2 册）
定价 **79.00 元**（全 2 册）

投稿电话　(010)64027932　投稿信箱　tougao@cnmip.com.cn
营销中心电话　(010)64044283
冶金工业出版社天猫旗舰店　yjgycbs.tmall.com
(本书如有印装质量问题，本社营销中心负责退换)

序

　　人类的生存与发展、社会的演化与进步，均与自然资源消费息息相关。人类通过对自然界的不断索取，获取了创造财富所必需的大量资源，同时也因认识的局限性、资源利用技术选择的时效性，对自然环境造成了无法弥补的影响。由此产生大量的"废弃物"，为人类社会与自然界的和谐共生及可持续发展敲响了警钟。有限的自然资源是被动的，而人类无限的需求却是主动的。二者之间，人类只有一个选择，那就是必须敬畏自然，必须遵从自然规律，必须与自然界和谐共生。因此，只有主动地树立"新的自然资源观"，建立像自然生态一样的"循环经济发展模式"，才有可能破解矛盾。也就是说，必须采用新方法、新技术，改变传统的"资源—产品—废弃物"的线性经济模式，形成"资源—产品—循环—再生资源"的物质闭环增长模式，将人类生存和社会发展中产生的废弃物重新纳入生产、生活的循环利用过程，并转化为有用的物质财富。当然，站在资源高效利用与环境友好的界面上考虑问题，物质再生循环并不是目的，而只是一种减少自然资源消耗、降低环境负荷、提高整体资源利用率的有效工具。只有充分利用此工具，才能维持人类社会的可持续发展。

　　"没有绝对的废弃物，只有放错了位置的资源。"此言极富哲理，即若有效利用废弃物，则可将其变为"二次资源"。既然是二次资源，则必然与自然资源（一次资源）自身具有的特点和地域性、资源系统与环境的整体性、系统复杂性和特殊性密切相关，或者说自然资源的特点也决定了废弃物再资源化科学研究与技术开发的区域性、综合性和多样性。自然资源和废弃物间有严格的区分和界限，但互相并不对立。我国自然资源禀赋特殊，故与之相关的二次资源自然具备了类似特点：能耗高，尾矿和弃渣的排放量大，环境问题突出；同类自然资源的利用工艺差异甚大，故二次资源的利用也是如此；虽是二次资源，但同时又是具有废弃物和污染物属性的特殊资源，绝不能忽视再利用过程的污染转移。因此，站在资源高效利用与环境友好的界面上考虑再利用的原理和技术，不能单纯地把废弃物作为获得某种产品的原料，而应结合具体二次资源考虑整体化、功能化的利用。在考虑科学、技术、环境和经济四者统一原则下，遵从只有科学原理简单，技术才能简单的逻辑，尽可能低投入、低消耗、低污染和高效率地利用二次资源。

2008 年起，国家提出社会经济增长方式向"循环经济""可持续发展"转变。在这个战略转变中，人才培养是重中之重。2010 年，教育部首次批准南开大学、山东大学、东北大学、华东理工大学、福建师范大学、西安建筑科技大学、北京工业大学、湖南师范大学、山东理工大学等十所高校，设立战略性新兴产业学科"资源循环科学与工程"，并于 2011 年在全国招收了首届本科生。教育部又陆续批准了多所高校设立该专业。至今，全国已有三十多所高校开设了资源循环科学与工程本科专业，某些高校还设立了硕士和博士点。该专业的开创，满足了我国战略性新兴产业的培育与发展对高素质人才的迫切需求，也得到了学生和企业的认可和欢迎，展现出极强的学科生命力。

"工欲善其事，必先利其器"。根据人才培养目标和社会对人才知识结构的需求，东北大学薛向欣团队编写了《资源循环科学与工程专业系列教材》。系列教材目前包括《有色金属资源循环利用（上、下册）》《钢铁冶金资源循环利用》《污水处理与水资源循环利用》《无机非金属资源循环利用》《土地资源保护与综合利用》《城市垃圾安全处理与资源化利用》《废旧高分子材料循环利用》《绿色再制造工程基础》8 个分册，内容涉及的专业范围较为广泛，反映了作者们对各自领域的深刻认识和缜密思考，读者可从中全面了解资源循环领域的历史、现状及相关政策和技术发展趋势。系列教材不仅可用于本科生课堂教学，更适合从事资源循环利用相关工作的人员学习，以提升专业认识水平。

资源循环科学与工程专业尚在发展阶段，专业研发人才队伍亟待壮大，相关产业发展方兴未艾，尤其是随着社会进步及国家发展模式转变所引发的相关产业的新变化。系列教材作为一种积极的探索，其出版有助于我国资源循环领域的科学发展，有助于正确引导广大民众对资源进行循环利用，必将对我国资源循环利用领域产生积极的促进作用和深远影响。对系列教材的出版表示祝贺，向薛向欣作者团队的辛勤劳动和无私奉献表示敬佩！

中国工程院院士

2018 年 8 月

主 编 的 话

众所周知，谁占有了资源，谁就赢得了未来！但资源是有限的，为了可持续发展，人们不可能无休止地掠夺式地消耗自然资源而不顾及子孙后代。而自然界周而复始，是生态的和谐循环，也因此而使人类生生不息繁衍至今。那么，面对当今世界资源短缺、环境恶化的现实，人们在向自然大量索取资源创造当今财富的同时，是否也可以将消耗资源的工业过程像自然界那样循环起来？若能如此，岂不既节约了自然资源，又减轻了环境负荷；既实现了可持续性发展，又荫福子孙后代？

工业生态学的概念是 1989 年通用汽车研究实验室的 R. Frosch 和 N. E. Gallopoulouszai 在 "Scientific American" 杂志上提出的，他们认为 "为何我们的工业行为不能像生态系统那样，在自然生态系统中一个物种的废物也许就是另一个物种的资源，而为何一种工业的废物就不能成为另一种资源？如果工业也能像自然生态系统一样，就可以大幅减少原材料需要和环境污染并能节约废物垃圾的处理过程"。从此，开启了一个新的研究人类社会生产活动与自然互动的系统科学，同时也引导了当代工业体系向生态化发展。工业生态学的核心就是像自然生态那样，实现工业体系中相关资源的各种循环，最终目的就是要提高资源利用率，减轻环境负荷，实现人与自然的和谐共处。谈到工业循环，一定涉及一次资源（自然资源）和二次资源（工业废弃物等），如何将二次资源合理定位、科学划分、细致分类，并尽可能地进入现有的一次资源加工利用过程，或跨界跨行业循环利用，或开发新的循环工艺技术，这些将是资源循环科学与工程学科的重要内容和相关产业的发展方向。

我国的相关研究几乎与世界同步，但工业体系的实现相对迟缓。2008 年我国政府号召转变经济发展方式，各行业已开始注重资源的循环利用。教育部响应国家号召首批批准了十所高校设立资源循环科学与工程本科专业，东北大学也在其中，目前已有 30 所学校开设了此专业。资源循环科学与工程专业不仅涉及环境工程、化学工程与工艺、应用化学、材料工程、机械制造及其自动化、电子信息工程等专业，还涉及人文、经济、管理、法律等多个学科；与原有资源工程专业的不同之处在于，要在资源工程的基础上，讲清楚资源循环以及相应的工程和管理。

通过总结十年来的教学与科研经验，东北大学资源与环境研究所终于完成了《资源循环科学与工程专业系列教材》的编写。系列教材的编写思路如下：

（1）专门针对资源循环科学与工程专业本科教学参考之用，还可以为相关专业的研究生以及资源循环领域的工程技术人员和管理决策人员提供参考。

（2）探讨资源循环科学与工程学科与冶金工业的关系，希望利用冶金工业为资源循环科学与工程学科和产业做更多的事情。

（3）作为探索性教材，考虑到学科范围，教材内容的选择是有限的，但应考虑那些量大面广的循环物质，同时兼顾与冶金相关的领域。因此，系列教材包括水、钢铁材料、有色金属、硅酸盐、高分子材料、城市固废和与矿业废弃物堆放有关的土壤问题以及绿色再制造，共 8 个分册。其中，绿色再制造分册是在完成前 7 册规划后增加的，再制造是循环经济、再利用的高级形式。但这种划分只能是一种尝试，比如水资源循环部分不可能只写冶金过程的问题；高分子材料的循环大部分也不是在冶金领域；城市固废的处理量也很少在冶金过程消纳掉；即使是钢铁和有色金属冶金部分也不可能在教材中概全，等等。这些也恰恰给教材的续写改编及其他从事该领域的同仁留下想象与创造的空间和机会。

如果将系列教材比作一块抛砖引玉的"砖"，那么我们更希望引出资源能源高效利用和减少环境负荷之"玉"。俗话说"众人拾柴火焰高"，我们真诚地希望，更多的同仁参与到资源循环利用的教学、科研和开发领域中来，为国家解忧，为后代造福。

系列教材是东北大学资源与环境研究所所有同事的共同成果，李勇、胡恩柱、马兴冠、吴畏、程功金、杨合、杨松陶和曹晓舟 8 位博士分别主持了 8 个分册的编写工作，他们付出的辛勤劳动一定会结出硕果。

中国工程院黄小卫院士为系列教材欣然作序！冶金工业出版社为系列教材做了大量细致、专业的编辑工作！我的母校东北大学为系列教材的出版给予了大力支持！作为系列教材的主编，本人在此一并致以衷心谢意！

东北大学资源与环境研究所

2018 年 9 月

前　　言

有色金属是国民经济发展的基础材料，航空、航天、汽车、机械制造、电力、通信、建筑、家电等都以有色金属材料为生产基础，并且需求量不断增大。然而部分有色金属矿产资源已经出现枯竭的情况，如果不能改变现状，将严重影响国民经济的健康发展。二次资源中含有大量可回收再利用的有色金属，有色金属资源的循环利用不仅能缓解经济发展中的资源压力，还能节能减排，促进绿色低碳循环化经济体系的发展。

本书共分上下两册，上册共分 12 章，主要介绍有色金属在生产过程中产生废弃物的资源化利用，包括铝、铜、铅、锌、镍、镁、钛、锑、锡、钨、金等有色金属在生产过程中产生的废弃物的资源化利用，主要内容包括有色金属生产流程中废弃物的来源、特点、资源化处理方法。下册共分 11 章，主要介绍废旧电池、电子废弃物、废催化剂、废旧金属、尾矿、复合矿、盐湖资源、火电厂、电镀工业、化工行业、核工业等的有色金属的资源化利用。

本教材为资源循环科学与工程专业本科教学用书，可作为相关专业研究生参考书，也可作为从事有色金属资源综合利用、环境科学、冶金等研究的科技工作者、工程技术人员的参考书。

在本书的编写过程中作者参考了国内外有关文献资料，在此谨向所有文献资料作者表示衷心的感谢！

鉴于作者水平所限，本书疏漏及不足之处在所难免，敬请读者批评指正。

编　者

2024 年 6 月

目　　录

1 绪　　论

本章提要：

    （1）了解资源循环利用的基本原则与意义；

    （2）掌握本章中出现的相关概念和术语的主要内涵；

    （3）掌握有色金属资源循环利用的基本理论。

1.1　有色金属资源循环利用概述

有色金属又称非铁金属，是铁、锰、铬以外的所有金属的统称。广义的有色金属还包括有色合金。有色金属是国民经济、人民日常生活及国防工业、科学技术发展必不可少的基础材料和重要的战略物资。农业现代化、工业现代化、国防和科学技术现代化都离不开有色金属。当今有色金属已成为决定一个国家经济、科学技术、国防建设等发展的重要物质基础，是提升国家综合实力和保障国家安全的关键性战略资源。

1.1.1　全球有色金属资源分布与中国资源现状

世界有色金属矿产资源的分布很不均匀，一半以上的储量集中在亚洲、非洲和拉丁美洲的一些发展中国家，40%的储量分布于工业发达国家，这部分储量的 4/5 又集中在俄罗斯、美国、加拿大和澳大利亚。有色金属消费量很大的西欧和日本的资源却很少，其有色金属原料对外依赖的程度很大。铜、铝、铅、锌等有色金属矿产储量丰富的国家有澳大利亚、美国、中国、智利、几内亚、秘鲁等，其中智利的铜储量占世界总量的 38%；铝土矿主要分布在几内亚、澳大利亚、越南，其合计储量约占世界总储量的 60%；铅、锌资源主要集中在澳大利亚、中国、美国、哈萨克斯坦、加拿大、秘鲁、墨西哥等国家；钨、锡、钼、镍矿主要分布在中国、澳大利亚、巴西、俄罗斯、加拿大、美国、秘鲁、智利等国家。

我国有色金属资源总体上比较丰富，品种齐全，其中钨、锡、钼、锑、钛、稀土等的探明储量位居世界第一，铅、锌位居世界第二，铜矿位居世界第四，铝土矿位居世界第六，镍矿位居世界第九。铟、锗、镓等稀散金属主要伴生于锌、褐煤、铝等矿产资源当中，资源储量同样位居世界前列。尽管我国在矿产资源总量上是十分可观的，但是在人均占有量上是一个比较贫乏的国家。同时，贫矿多，富矿少。共生、伴生矿床多，单一矿床少。分布范围广，地域分布不均衡。由于资源的无序开采和乱挖滥采造成宝贵资源的严重破坏，我国有色金属矿山面临资源短缺现象将日益严重。在中国"一带一路"倡议的带动下，非洲、东南亚等国家和地区逐步成为新的重要矿产资源供应地区，原供应格局正在发生改变。

1.1.2 资源与资源循环利用

1.1.2.1 资源的概念

资源是人类生存和发展的基础。现代经济学对"资源"的理解,广义的资源是指人类生存、发展和享受所需要的一切物质的和非物质的要素,包括自然资源、人力资源、资本资源和信息资源等。其中,自然资源包括矿产资源、水资源、土地资源和生物资源等,甚至涉及废物资源(包括废弃物和废旧物资);人力资源包括劳动力资源、管理资源和技术资源,主要表现为人的体力和智力的综合;资本资源包括非货币形式的有形资本资源(如厂房、设备和道路交通等)和货币资本资源;信息资源则是一种典型的无形资源形式。狭义的资源仅指自然资源,指一切能为人类提供生存、发展和享受的自然物质与自然条件及其相互作用而形成的自然环境和人工环境。

1.1.2.2 资源循环利用

资源循环利用是指根据资源的成分、特性和赋存形式,对自然资源综合开发、能源原材料充分加工利用和废物回收再生利用,通过各环节的反复回用,发挥资源的多种功能,使其转化为社会所需物品的生产经营行为。自然资源的短缺和市场需求是资源循环利用的根本引导力量,资源循环利用的根本推动力是科技进步。每当新技术出现,总会开拓出新的资源领域及新的使用方式,推动资源综合利用不断向广度和深度发展。

1.1.2.3 有色金属资源循环利用

2020 年,我国十种有色金属产量达到 6168.0 万吨,同比增长 5.5%。随着"十四五"时期资源需求的进一步扩大,有色金属的需求量也将进一步增加。但是随着产量和需求的快速增长,资源、能源和环境问题将更加突出。我国有色金属产量的增加主要是靠扩大采、选、冶企业的规模,污染物排放总量是逐渐上升的,而且排放的废水、废气污染环境,固体废物综合利用率低。另外,矿产资源是不可再生资源,在不断的开采过程中,矿产资源逐渐趋于枯竭。为了实现有色金属的可持续发展,有色金属的资源循环利用是必然的选择。

1.1.3 有色金属二次资源的来源

有色金属的二次资源也称再生资源,有色金属资源循环利用对象为含有色金属的二次资源,主要是指含有色金属的废弃物,如金属及其合金材料生产、加工过程中产生的废品、边角料,消费使用后的废弃物品等。这部分资源蕴藏着大量的有色金属,是仅次于矿产资源的有色金属重要来源。

与原生矿产资源不同,二次资源有如下特点:

(1)原料来源的不确定性;

(2)资源的丰富性和多样性;

(3)组分的高度复杂性;

(4)组元含量的高波动性;

(5)材料的高致密性和复合性;

(6)高的综合回收利用价值。

有色金属二次资源来自四面八方,往往是黑色金属、有色金属及其合金的混杂物,而且夹杂有塑料、橡胶、油漆、油脂、木料、泥沙、织物等。在冶炼前必须将其进行分类、解体、打包、压团、破碎、磨细、筛分、干燥、预焚烧、脱脂、分选等预处理，再熔炼成为与原成分相同或组分更多的合金。混杂过于严重的合金废料，则用作重新冶炼提取金属的原料。为便于利用回收的合金，再生有色金属的回收有时与有色金属加工工业结合在一起。有色金属二次资源主要包括以下来源。

1.1.3.1　冶金工业产生的烟尘及各种炉渣

黑色金属和有色金属在冶炼过程中会产生大量的烟尘和各种炉渣。主要有瓦斯灰、钢渣、铁合金渣、铜渣、锌渣、铬渣、汞渣、尘泥、赤泥以及其他有色金属渣等。例如、铁矿石中含有铟、铊、镓，有些铁矿石还含有钴、铜等。铁矿石在烧结过程中，大部分铟进入烧结块中，高炉炼铁时，烧结块中的铟挥发进入高炉煤气，进行湿式或干式除尘净化过程中，铟和锌、铅、铋、铊、镓等一起进入高炉烟尘（瓦斯灰），因而高炉烟尘成为提取这些金属的原料。同样在有色金属矿物中，一种主金属常伴生多种其他有色金属元素，在主金属元素提取过程中，其他元素就会富集进入渣中成为废弃物排放。这些冶炼渣中富含多种有价元素，因此可以成为综合回收有价金属的原料。

1.1.3.2　能源工业固体废弃物

能源工业固体废弃物主要包括燃煤电站产生的粉煤灰、炉渣、烟道灰；采煤及洗煤过程中产生的煤矸石、煤灰等。如粉煤灰中含有大量的 Fe、Si、Al 等元素，有些地区粉煤灰中 Li、Ga 和稀土元素的含量也较高，因此极具回收价值。

1.1.3.3　可再生回收利用的有色金属

中国再生有色金属产量稳步提升。2020 年中国再生有色金属产量 1450 万吨，占国内十种有色金属总产量的 23.5%。其中再生铜、再生铝和再生铅产量分别为 325 万吨、740 万吨、240 万吨。2020 年，我国铝、铜、锌、铅四大金属消费总量约 7760 万吨，其中再生金属 2150 万吨，占消费量的 27.8%。我国是一个有色金属生产大国，也是一个消费大国，但再生金属的生产量和消费量仍然低于平均水平。

从再生的金属量与消费的金属量比较可以看出：在国内众多的领域、行业乃至城乡的千家万户，几十年来积存下来含有各种有色金属的装备、设施、建材、居家生活用品等，再生资源非常丰富，这就意味着我国再生有色金属资源回收产业的发展存在着很大的空间，前景可观。尽管近几年来，再生金属回收利用有了长足的发展，但到目前为止，中国再生有色金属行业目前仍存在再生资源利用率低且回收技术水平相对落后的现状。再生金属回收利用意义是非常重大的，以再生铝为例，与原生铝生产相比，每吨再生铝相当于节能 3443 kg 标准煤，节水 22 m^3，减少固体废物排放 20 t。通过废铝资源回收再利用发展循环经济，可以有效缓解铝矿供需矛盾，降低铝矿资源对外依赖度。原铝的生产涉及铝土矿的开采、长途运输等，氧化铝和电解铝生产能耗巨大，与原铝生产相比，再生铝生产固定资产投资较小、生产成本低，再生铝具有显著的经济性。此外，再生铝产品应用领域主要包括传统及新能源汽车、摩托车、电子信息、机械制造以及建筑五金等行业。目前汽车、摩托车和电动车在整个下游消费中占比近 70%，是再生铝产品主要的消费领域。

再生铅产业节能减排效果明显，与生产原生铅相比，每吨再生铅相当于节能 0.75 t 标煤，节水 235 m^3，减少固废 128 t，减少二氧化硫 0.03 t，减少二氧化碳排放 3 t。在碳中和背景下，再生铅受到国家大力支持，产业规模将进一步扩大。

1.1.3.4 电子产品废弃物中的有价金属

我国家用电器和计算机的社会总拥有量已超过 100 亿台，这些产品中，存在大量的有色金属和稀贵金属以及非金属材料。另外还有各种普通电池、镍-氢电池和锂离子电池等不计其数，单就锂离子电池而言，目前以 8% 的速度增长，至 2010 年将达到 32.5 亿只，废弃的电池中含有大量的钴、锂、镍等有价金属。上述资料表明，报废家电及其他电子产品和各种电池是一种重要的再生有色金属、稀贵金属资源，它不但数量多，产生速度快，且分散在千家万户，它的构成复杂细微，如一块手机电路板可拆解出 100 多个可再生利用的电子元器件，所以也带来处理困难等问题。一方面，由于废弃家电产品中，含有约 40% 的金属、30% 的塑料以及 30% 的各种氧化物，其中可供回收利用的有色金属、稀贵金属，如铜、铅、锡、镉、铬、镍、钴、金、银、铂、钯等的价值可观；另一方面，这些废弃物中含有六价铬、镉、汞、聚氯乙烯塑料、溴化阻燃剂等大量有毒、有害物质，采用简单的焚烧法，会产生二噁英和呋喃，污染环境，而采用先进的热裂解法或超临界流体法等技术，投资大，能量消耗多，带来经济上的困惑。目前全球每小时就会产生 4000 t 电子废弃物，联合国环境署报告显示，全球每年约产生 2000 万～5000 万吨电子垃圾，并且以每年 5%～10% 的速度逐年上升，这是一个惊人的数字，如果不加以回收利用，化害为利，对人类生存环境将是一个严重的威胁。

1.1.3.5 电子工业、电镀工业、黄金生产、有色金属湿法冶金产生的污泥和净化渣

我国电子工业十分发达，例如印刷线路板，世界平均年增长率为 8.7%，而我国平均年增长率为 14.4%。据相关部门报道，到目前为止，全球约 40% 的印刷线路板都在中国生产，因而会产生大量的废水净化所产生的污泥中含有铜等有价金属。我国电镀工业也十分发达，电镀工业产生的废水含有镍、铬及贵金属等物质，经净化产生大量的污泥，有价金属沉淀于污泥中。再如黄金生产厂三大废水经环保段处理后，产生出复杂的含金污泥，除金外，还有铜等有价金属。有色金属湿法冶金过程也有各种净化过滤渣产生，其中含有各种有价金属和有毒、有害成分，如对黄金生产厂废水净化所产生的污泥含金和铜，经火法处理炼成铜镜，铜镜中含金可达 2462 g/t，含银 729 g/t，含铜达 43.14%，因此，各种污泥是回收有价金属的一项重要资源。

1.1.3.6 石油化学工业固体废弃物

主要包括石油及加工中产生的油泥、焦油页岩渣、废催化剂、废有机溶剂等；化学工业生产过程中产生的硫铁矿渣、酸渣、碱渣、电石渣、磷石膏等；如化工行业，石化工业等常用各种金属、金属氧化物作为催化剂，这些催化剂当使用一个周期后，会老化或毒化而失去活性，因而需要更换，更换下来的催化剂因失效而要另作处理。废催化剂中含有铜、镍、钴、锌、钒、钨或其氧化物，这些催化剂中的金属或氧化物可用酸溶液和铵溶液处理回收，对于钨、钼、钒等氧化物则可采用碳酸钠焙烧法，使其转化成可溶于水的盐类，然后进一步回收。

1.1.3.7 矿业固体废弃物

主要包括采矿废石和尾矿。废石是指各种金属、非金属矿山开采过程中从主矿上剥离下来的各种围岩；尾矿是指选矿过程中提取精矿以后剩下的尾矿。

1.1.4 有色金属资源循环利用的意义

有色金属的提取、制备、生产、使用和废弃是一个不断消耗资源和能源的过程，这是

一种"资源-产品-废弃物"单向流动的线性经济,其特征是高开采、低利用、高排放,对资源的利用常常是粗放的和一次性的。有色金属生产的增长主要依靠高强度地开采和消费有色金属矿产资源以及高强度地破坏生态环境,这种线性经济运行模式导致的最终结果必然是自然资源的枯竭和自然环境的破坏,是一种不可持续的发展模式。

循环经济要求将经济活动按照自然生态系统的模式,组织成"资源-产品-废弃物-再生资源"的物质反复循环流动的过程,使整个经济系统以及生产和消费的过程基本上不产生或只产生很少的废弃物。

循环经济是以自然规律、经济规律指导人类的经济活动,是把清洁生产与废弃物的综合利用融为一体的经济,具体表现为低消耗、低污染、高利用、高循环,其实质是一种生态经济、高效经济,是环境保护、资源节约型经济发展模式。因此发展有色金属循环经济,实现有色金属资源的循环利用,对于促进资源、环境与经济社会的全面、协调和可持续发展具有重要意义。

1.1.4.1 弥补原生矿产资源不足

目前,高品位、易开采、易处理的矿产资源趋于枯竭。同时,低品位矿产资源的处理工艺复杂,增加了开采和冶炼成本,从而降低了经济效益。因此,二次资源的高效利用将成为有色金属资源的重要来源。例如随着电子时代的发展,电子产品的迭代速度加快,产生了大量的电子垃圾,其中富含铜、铝、锌、镍、钴、铅、金、银等有价金属,其品位通常高于原生矿产资源,二次资源的循环利用可以有效增加金属的资源。

1.1.4.2 改善环境

原生有色金属的生产由于原料品位较低、成分复杂。因而生产流程长、工序多,生产过程中产生的废水、废气、废渣(简称"三废")导致环境污染;相反,再生有色金属的生产由于原料品位较高且成分较单纯,因而流程短、工序少,产生的"三废"显著减少。如果我国有色金属的总产量中有一半来自资源循环而不是来自矿石,废水、废气和废渣将大大减少,二氧化硫、砷、氟、汞、镉、铅等有毒元素在"三废"中的排放量也将明显下降。据测算,与原生金属生产相比,每吨再生铜、再生铝、再生铅可分别节水395 m^3、22 m^3、235 m^3,减少固体废物排放量380 t、20 t、128 t;每吨再生铜、再生铅分别相当于少排放二氧化硫0.137 t、0.03 t。如果大部分有色金属产量来自循环利用,则有色金属工业对环境造成的污染将从根本上得以改善。

1.1.4.3 节能降耗

有色金属工业是高能耗生产部门,原生有色金属生产的能源费用占总生产费用的比例日渐增大。而从二次资源回收金属的能耗费用则大大降低。铜、铅、锌、铝的循环利用可分别节能84%～87%、60%～65%、60%～72%、92%～97%,有色金属资源循环的节能潜力非常明显。加大资源循环的力度,有色金属工业的单位产量能耗和总能耗就能大大降低。

1.1.4.4 降低投资和生产成本

原生有色金属生产所用原料是低品位矿石,生产1 t铜需要开采120～150 t或更多的矿石。生产原生金属时不仅需要建设矿山,而且还消耗大量燃料及其他原材料,因而生产原生金属的费用很高。而有色金属资源的循环利用不需要建设矿山,生产工艺流程短,基建投资和生产成本下降。再生有色金属的生产费用大约只有从矿石生产有色金属费用的一半。生产 1 t 再生铝比从矿石生产 1 t 铝节约投资 87.5%，生产费用降低 40%~50%。因此，从二次资源中进行有色金属资源的循环利用可显著降低基建投资和生产成本。

1.1.5 有色金属资源循环利用的基本原则

有色金属循环经济是一种以有色金属资源的高效利用和循环利用为核心，以"减量化、再利用、资源化"为原则，以"低消耗、低排放、高效率"为基本特征，符合可持续发展理念的经济增长模式，是对"大量生产、大量消费、大量废弃"的传统增长模式的根本变革。"减量化、再利用、资源化"原则（即"3R"原则）是发展有色金属循环经济的核心内容，也是提高资源和能源利用效率、保护生态和促进经济发展所必须遵循的基本原则。

1.1.5.1 减量化原则

要求用较少的原料和能源投入，达到既定的生产目的，在经济活动的源头就做到节约资源和减少污染物排放。减量化的核心是提高资源利用效率。在生产中，可以通过重新设计制造工艺、减少每个产品的原料使用量和能源资源使用，节约资源和减少排放。

企业可以通过技术改造、采用先进的生产工艺、实施清洁生产来减少单位产品生产的原料使用量，以达到节约资源和减少废弃物排放的目的。

1.1.5.2 再利用原则

是指产品多次使用或修复、翻新，或再制造后继续使用，尽可能地延长产品的使用周期，防止产品过早地成为垃圾。其目的是提高产品和服务的利用率，使各种物质和能量各尽其能。有色金属企业拥有大量的设备（包括生产设备和运输设备），在生产工艺、设备的设计中应尽量采用标准化设计，这样不仅可以使备品备件的资源共享，减少库存，而且可以使生产设施非常便捷地升级换代，而不必更换整套设施。对于运输设备，应进行部分零部件的翻新而没必要对整个设备进行替换，从而提高运输能力。

1.1.5.3 资源化原则

要求生产出来的物品完成使用功能后重新变成可以利用的资源。也就是要求将废弃物最大限度地转化为资源，变废为宝、化害为利，既可减少自然资源的消耗，又可减少污染物的排放，减少最终处理量。

资源化方式有以下两种。

（1）原级资源化，即将消费者遗弃的废弃物资源化后形成与原来相同的新产品。例如，用废纸生产再生纸、废玻璃生产玻璃、废钢铁生产钢铁等。

（2）次级资源化，即废弃物被变成不同类型的新产品。原级资源化在形成产品中可以减少 20%~90% 的原生材料使用量，而次级资源化减少的原生材料使用量最多只有25%。与资源化过程相适应，消费者和生产者应该通过购买用最大比例消费后其再生资源制成的产品，使循环经济的整个过程实现闭合。

1.2 有色金属资源循环利用基本方法

1.2.1 预处理

有色金属固废资源来源广泛，其形状、大小、结构和性质各异，为了使其转变为更适合于资源化利用以及某一特定的处理处置方式的状态，往往需要预先进行一些前期准备加工工序，即预处理。预处理主要包括破碎、粉磨、压缩等工序。

1.2.1.1 破碎

破碎，更确切地称为颗粒尺寸减小，通过外力的作用破坏物体内部的凝聚力和分子间作用力而使物体破裂变碎的操作过程。若再进一步加工，将小块固体废物颗粒分裂成细粉状的过程称为磨碎。破碎是固体废物处理技术中最常用的预处理工艺。

用破碎机或磨机将大块废物破碎到要求的尺寸。这不仅可降低废物的堆积容积，使其粒度趋于均匀，避免粗大、锋利物料损坏后面的加工设备，而且可使硬度、脆性和韧性不同的物质富集于不同的粒级中，为分离和回收创造条件。

选择固体废物破碎设备时，必须充分考虑固体废物所特有的复杂破碎过程，并综合考虑以下因素：所需破碎能力；固体废物性质（如破碎特性、硬度、密度、形状、含水率等）和颗粒的大小；对破碎产品粒径大小、粒度组成、形状的要求；供料方式；安装操作等。

常用破碎机有颚式破碎机、圆锥破碎机、摆锤式破碎机、辊式破碎机、冲击式破碎机、剪切式破碎机等。

颚式破碎机：在固定颚板和活动颚板之间研磨材料；

圆锥破碎机：连续研磨两个同心圆锥之间的材料；

辊式破碎机：材料在两个反向旋转的辊子之间破碎；

摆锤式破碎机：通过锤子或棒的打击来处理材料。

1.2.1.2 粉磨

物料经过破碎机械破碎后，为了达到生产工艺所需要的细度要求，破碎后的物料还必须经过粉磨机磨细。为进一步分选或参加化学反应创造条件。

磨机种类很多，包括球磨机、棒磨机、砾磨机等。

球磨机是在破碎设备对物料破碎后，再进行粉碎加工的设备，由水平的筒体，进出料空心轴及磨头等部分组成。工作中，当球磨机筒体转动时，研磨体由于惯性和离心力作用，摩擦力的作用，使它附在筒体衬板上被筒体带走，当被带到一定的高度时候，由于其本身的重力作用而被抛落，下落的研磨体像抛射体一样将筒体内的物料击碎。

1.2.1.3 压缩

对于固体废物压缩处理主要目的是可以减少容积，便于装卸和运输；制取高密度惰性块料，便于储存、填埋或作建筑材料。

1.2.2 物理处理方法

根据固体废物中各物质的物理化学性质的差异，从中分选或分离出有用或有害物质。分选方法主要包括筛分、磁力分选、重力分选、浮选、电力分选、涡流分选等。

1.2.2.1 筛分

筛分是利用筛子将粒度范围较宽的物料分成较窄的粒级，此法常与破碎操作联合使用。主要与物料的粒度或体积有关，密度和形状的影响很小。通过筛分，可实现不同组分的粒级分离。

为了使不同粒度的固体物料通过筛面分离，必须是固体物料和筛面之间产生一定的相对运动，通过运动使筛面上的固体物料处于松散状态，并按粒度大小进行分层，形成粗粒料位于上层，细粒料位于下层的规则排列，最终细粒物料到达筛面并透过筛孔，粗粒物料被筛孔阻隔留在筛面上，从而达到粗粒物料和细粒物料的分离。

常用的筛分设备包括固定筛、滚筒筛、振动筛及共振筛。

固定筛：筛面由平行排列的筛条组成，筛面有一定倾角。

振动筛：利用不平衡物体旋转产生的惯性离心力使筛箱振动。

1.2.2.2　磁力分选

磁力分选也称磁选。磁选是在不均匀磁场中利用颗粒之间的磁性差异而使不同颗粒实现分离的一种方法。此法常用于从固体废物中回收钢铁。在提高磁场梯度的条件下，也可用于有色金属的分选。

磁选的工作原理是物料进入磁选设备的分选空间，物料受到磁力和机械力（重力、离心力、介质阻力、摩擦力等）的共同作用，磁性物料所受的磁力与自身磁性有关，非磁性物料主要受机械力的作用，磁性物料和非磁性物料产生不同的运动轨迹从而实现分离。

1.2.2.3　重力分选

重力分选也称重选，是根据固体废物中不同物质间的密度差异，在流动介质（如水、空气等）中受到重力、介质动力和机械力的作用，使颗粒群产生松散分层和迁移分离，从而得到不同密度产品的分选过程。

重力分选是将物料送入流动介质中，介质对运动的物料有浮力和阻力，不同性质的物料在介质中运动速度或运动轨迹不同，具有不同的沉降速率，从而达到分离的目的。

按照运动介质不同，可分为重介质分选、跳汰分选、风力分选和摇床分选。

1.2.2.4　浮选

浮选是根据物料中不同物质颗粒表面物理化学性质的不同，按可浮性的差异进行分选的一种方法，适用于处理细粒及微细粒物料。

浮选的原理是利用物料中的颗粒因自身疏水性或经浮选药剂改善后获得的疏水（亲气或油）性，在液-气或水-油界面发生聚集。

具体流程为将预选磨碎的混合物料调成浆状，加入浮选药剂并引入空气，其中不易被水润湿的疏水性物质黏附在空气气泡上，并与气泡一起浮升到表面泡沫层中，从而实现与亲水性物质的分离分选。

浮选是常用各种药剂来调节浮选物料和浮选介质的物理化学特性，以扩大浮选物料间的疏水-亲水性（可浮性）差别，提高浮选效率。常用的浮选药剂分为捕收剂、起泡剂和调整剂三大类。

捕收剂能够选择性吸附在被选的物质颗粒表面，使其疏水性增强，提高可浮性，并使之牢固地黏附在气泡上而上浮。常用的有离子型捕收剂和非离子型捕收剂两大类。

起泡剂是一种表面活性物质，具有亲水基团和疏水基团的表面活性分子，起泡剂定向吸附于水-空气界面，降低水溶液的表面张力，使充入水中的空气易于弥散成气泡，并产生稳定的泡沫。起泡剂与捕收剂有联合作用，共同吸附于物质颗粒表面，促进物料上浮。常用的起泡剂有松醇油（俗称二号油）、甲酚酸、混合脂肪醇、异构的己醇或辛醇、醚醇类以及各种酯类等。

调整剂的作用是调整其他药剂（如捕收剂）与颗粒表面之间的作用及浆料的性质，提高浮选过程的选择性。

1.2.2.5 电力分选

电力分选也称电选。电力分选是利用物料各组分电性的差异而实现分选的一种方法。一般物质大致可分为电的良导体、半导体和非导体，利用它们在高压电场作用下的不同的运动轨迹，即可将它们互相分开。电场分选对于塑料、橡胶、纤维、废纸、合成皮革、树脂等与某些物料的分离，各种导体、半导体和绝缘体的分离等都十分简便有效。

1.2.2.6 涡流分选

涡流分选是通过控制强力永久磁铁高速旋转，使之发生高强的电磁感应现象。铝、铜、黄铜、镁等易导电的物料或良导体通过这个磁场中，则会产生涡流（相斥），受到推力向前飞出。通过涡流分选可将铝罐、铜器等非磁性金属从垃圾中分离出来。涡流分选广泛应用于废家电粉碎后非铁磁性物质的分选。

1.2.3 化学处理方法

化学法处理废料是使废物发生化学转化从而回收物质和能源的有效方法。方法主要有煅烧、焙烧、烧结、浸出、离子交换、萃取、电解等。

1.2.3.1 煅烧

煅烧是物料的热离解或晶形转变过程，此时化合物受热离解为一种组成更简单的化合物或发生晶形转变。煅烧过程中发生脱水、分解和化合等物理化学变化。

1.2.3.2 焙烧

焙烧是指在一定的气氛中，将物料加热至低于它们熔点的温度，发生氧化、还原或其他物理化学变化的过程，所产物料能适应下一冶炼过程的要求。它一般是熔炼或浸出过程的准备作业。

根据焙烧过程中主要物理化学变化的不同，可将焙烧分为氧化焙烧、硫酸化焙烧，还原焙烧、氯化焙烧等。

1.2.3.3 烧结

烧结是将粉末或粒状物质加热到低于主成分熔点的某一温度，使颗粒黏结成块。提高致密度和强度的过程。

1.2.3.4 浸出

浸出是用适当的化学试剂选择性地与固体物料中某个组元或一些组分发生化学反应，使之溶解，形成含有欲提取金属的溶液，并由此与其他不溶组分初步分离的过程。这个过程在重有色金属湿法冶金中称为浸出、溶浸、浸取；在轻有色金属（例如铝）冶金中常称为溶出；在稀有金属冶金中，常常将矿物原料的浸出称为湿法分解。这里的固体物料包括矿石物料、精矿、冶金中间物料（如焙砂、金属锍、阳极泥等）或称为固体废弃物或冶金废料的废矿石、烟尘、炉渣等，也包括二次资源利用中的各种物料。

用于浸出的化学试剂，称为浸出剂；浸出后所得溶液，称为浸出液；浸出后的残渣，称为浸出渣。

浸出的目的是尽可能完全地使固体物料中的目标组元通过化学反应进入溶液，将非目标组元尽可能留在浸渣中，固液分离除去浸渣，然后从浸出液中提取有价元素，并制成产品。

浸出的效果采用浸出率来表示，是指在该浸出条件下，固体物料中可溶性物质转入浸出液中的量与其在被浸原料中的总量之比的百分数。

常用的浸出剂有酸、碱、盐的水溶液，利用简单溶解、氧化还原和络合等化学反应使有价金属进入溶液。用作浸出剂的试剂需要满足几个基本要求。最重要的要求是用作浸出剂的试剂成本要低，易于获得。其次是浸出的选择性，易于从溶液中回收金属，回收金属后的余液易于处理或再生浸出剂，浸出剂对浸出设备的腐蚀作用较低等。

生物浸出是利用微生物在生命活动中自身的氧化和还原特性，是资源中的有用成分发生氧化、还原而转入浸液中的浸出过程，也称为细菌浸出。

工业实施浸出工艺可采用的方式有渗滤浸出和搅拌浸出等，有加压浸出和常压浸出，有就地浸出、堆浸、槽浸或釜浸、管道浸出、机械活化浸出和电化学浸出等不同形式，在浸出作业方式上有连续浸出、间歇浸出和多段浸出。

1.2.3.5　离子交换

离子交换反应通常是指固相的离子交换树脂与液相中离子间发生的离子互换反应。

离子交换过程主要包括吸附和淋洗两个步骤。

（1）吸附。将含有价金属的溶液通过树脂床，需回收的金属离子便离开水相而进入树脂相。当树脂床被进入溶液中的金属离子所饱和时，流出液中便出现金属离子（漏过），此时便停止给料。

（2）淋洗。通过少量的适当溶液，将全部金属离子从树脂上洗脱。

在这两步操作的每一步骤之后，需将交换床洗涤以除去被松散地吸附着的离子。这样便得到含纯金属离子的富集溶液，此液可进一步处理以回收金属。树脂经洗涤再生后循环使用。

1.2.3.6　萃取

萃取，又称溶剂萃取或液液萃取，是利用系统中组分在溶剂中有不同的溶解度来分离混合物的单元操作。即，利用物质在两种互不相溶（或微溶）的溶剂中溶解度或分配系数的不同，使溶质物质从一种溶剂内转移到另外一种溶剂中的方法。

溶剂萃取原理，设一溶液内含 A、B 两组分，为将其分离可加入某溶剂 S。该溶剂 S 与原溶液不互溶或只是部分互溶，于是混合体系构成两个液相。为加快溶质 A 由原混合液向溶剂的传递，进行搅拌，使一液相以小液滴形式分散于另一液相中，造成很大的相际接触面。然后停止搅拌，两液相因密度差沉降分层。这样，溶剂 S 中出现了 A 和少量 B，称为萃取相；被分离混合液中出现了少量溶剂 S，称为萃余相。

溶剂萃取工艺过程一般由萃取、洗涤和反萃取组成。

（1）萃取。一般将有机相提取水相中溶质的过程称为萃取。互不相溶的水相和有机相，经机械搅拌或分散成液滴而密切接触，在两相接触过程中金属由水相转移到有机相中去，其后两相因密度不同而分离，水相由下部流出，已负载的有机相由上部流出。两相充分接触前的溶液称为萃取原液或料液，两相充分解除后的水溶液称为萃余液。含有萃合物的有机相叫作萃取液或负载有机相。

（2）洗涤。用某种水溶液（通常为空白水相）与萃取液接触，使机械夹杂的和某些同时进入有机相的杂质被洗回水相去的过程。这种水溶液被称为洗涤剂。

（3）反萃取。反萃取是萃取的逆过程，水相解析有机相中溶质的过程称为反萃取。用少量的水、酸或碱把经过洗涤后的萃取液，使其中被萃取物重新从有机相转入水相，得到的反萃液中含相当纯的有价金属离子富集液。经反萃后的有机相再返回萃取循环使用。

1.2.3.7 电解

电解是将电流通过电解质溶液或熔融态电解质，在阴极和阳极上引起氧化还原反应的过程。电解过程是在电解池中进行的。

电解是通过处理中、高浓度的水溶液，熔盐体系等来回收再利用金属的一种电化学方法。

将通有直流电的电极浸在溶液中，将溶解的金属离子转换为金属单质。带有正电荷的金属离子向负极移动，金属离子在负极被还原为金属单质。金属沉积在电极上后进行收集。

1.3　有色金属资源利用分析方法

1.3.1　物质流分析

物质流分析是指以物质质量来度量可持续发展水平，通过建立相应的指标体系，对物质的投入和输出进行量化分析，并通过计算代谢的吞吐量来测度经济活动对环境的影响，以及分析评价经济发展、资源利用效率的一种方法。具体地说，就是通过分析开采、生产、制造、使用、循环利用和最终丢弃过程中的物质流动情况，为衡量工业经济的物质基础、环境影响和构建可持续发展指标提供有效的参考依据。

根据质量守恒定律，物质流分析的结果总是能通过其所有的输入、存储及输出过程来达到最终的物质平衡。这是物质流分析的显著特征，它为资源、废弃物和环境的管理提供了方法学上的决策支持工具。

物质流分析中的"物质"（material）有两层含义。一是指元素和化合物（substances），对其进行的分析称为元素流分析（substance flow analysis，SFA），SFA主要研究某种特定的物质流，如铁、铜、锌等对国民经济有着重要意义的物质流，砷、汞、含氯有机物等对环境有较大危害的有毒有害物质流。二是指混合物和大宗物资（goods），对其进行的分析称为物料流分析（bulk—material flow analysis，Bulk—MFA），主要研究经济系统的物质输入与输出，分析其物质吞吐量。

有色金属资源循环是从可回收的废弃资源中回收可用金属进行材料的再生产，为金属产业生态化转型、走可持续发展之路提供了可能。通过在有色金属资源循环领域开展物质流分析，基于物质流分析指标体系及评价模型可进行量化研究并以定量化研究成果为依据，通过关联物质流、能量流等参数，在不影响正常工序运转的情况下有计划地对物质与能量进行交换，寻求以最小物质投入量获得最大资源收益的途径，并减少废物产生量，达到资源利用最优化的目标。对有色金属生产全流程进行物质流分析可以得出资源、能源和环境效率的影响因素，为从事有色金属资源循环生产企业指出节能工艺改进方向。

1.3.2　生命周期评价

生命周期评价（life cycle assessment，LCA）理论是循环经济的一种微观技术思路，它要求从整个过程，即从开采、加工、运输、使用、再循环、最终处置 6 个环节对系统的资源、能源消耗和环境污染状况进行分析，从而得到过程全系统的物流情况和环境影响，由此评估系统的生态经济效益优劣。它是一种从原料—产品—废弃物整个生命周期中资源消耗和环境负荷的衡量方法。LCA 的思想最早出现在 20 世纪 60 年代末，最初集中在对能源和资源消耗的关注，随着也进入了环境领域。现在，LCA 已进入了各行业及领域，世界许多国家和国际组织将 LCA 作为制定标志或标准的方法。生命周期评价由以下四个相互关联的要素组成：

（1）目标定义和范围。确定评价的目的，并按照评价目的来界定研究的范围。

（2）清单分析。列出一份与研究系统相关的投入–产出清单，对生命周期各阶段的所有投入和产出，即对产品从"摇篮"到"坟墓"的整个生命周期中消耗的原材料、能源及固体废弃物、大气污染物、水体污染物等，根据物质平衡和能量平衡定律进行正确的调查。

（3）影响分析。即对清单分析中所识别的环境负荷的潜在影响进行定性或定量的分析、表征和评价。

（4）结果评价。即系统的评估在产品、工艺或活动的整个生命周期内削减能源消耗、原材料使用以及环境释放的需求与机会。

这种分析包括定量或定性的改进措施，如改变产品结构、重新选择原材料、改变制造工艺和消费方式以及废弃物管理等。

将生命周期评价应用于有色金属行业中，研究范围包括有色金属矿石和煤矿等原材料的开采和运输，冶炼厂的产品生产和副产品的生产和回收等阶段，即包括了从有色金属生产的原材料开采到产品出厂的生命周期过程。通过对生产工序和能源工序的资源消耗、能源消耗、大气污染物排放、水体污染物排放和固体废弃物等多种类型的环境负荷的分析，对有色金属生产过程的环境协调性进行研究，不但可以指导金属的生产工艺和产品改进，提高资源的利用效率和循环再利用率，还可以确定产品在其整个生命周期内对环境的影响，从而有针对性地采取措施来降低这些影响，改善我国金属行业的环境状况，促进我国有色金属工业的可持续发展。

1.4　有色金属资源循环基本理论

1.4.1　物质守恒定律

物质守恒定律表明：物质既不能凭空创造（如生产），又不能任意消灭（如消费），只是物质形态的转换。因此，根据物质守恒定律，一定时期内输入一个系统的物质量等于同时期该系统的存储量与输出该系统的物质量的总和。对于社会经济系统来说，自然环境所提供的输入物质（input）进入该系统，经过加工、贸易、使用、回收、废弃等过程，一部分成为系统内的存储（storage），其余部分输出物质（output）返回到自然环境中去，而整个过程中的输入量恒等于输出量与存储量之和，即 Input = Output + Net accumulation，计算公式可表示为"输入=输出+累积-释放"。

有色金属资源是可再生资源，在整个生态系统中，有色金属通过人类的经济活动由岩石圈流入人类社会经济系统，经由加工、贸易、使用、回收、废弃等过程，一部分通过使用和循环再生而存储在系统内，其他部分则通过废弃处理及少量的环境流失而重新回到自然环境中去，即有色金属在开采使用和再生循环过程中始终留存在整个生态系统中，遵循物质守恒定律。同时，有色金属无论经历多少次生命周期，其元素性质稳定，不会因为使用而发生衰变。对于二次资源，只要经过必要的物理化学过程，其所含的有色金属元素都可转变还原为纯物质态，这是有色金属资源循环的前提和基础。

1.4.2 基本热力学

在实现有色金属二次资源的循环过程中，有效分离和提取废弃物中的金属物质及非金属物质是至关重要的一环，其中必然涉及物质分选、高温挥发、化学溶出和元素分离等一系列物理化学过程，如：某一反应在给定的条件下能否自发向预期的方向进行；某反应在理论上能够达到何种程度，即分离提取过程的反应率（或转化率）能达到多少；为促使某分离反应进一步向有利的方向进行从而提高反应效率应采取何种措施。

作为有色金属资源循环科学的重要理论基础，热力学三大定律等基本理论可为这些过程提供有力的理论支持，通过计算给定条件下反应的吉布斯自由能变化值 $\Delta G_m^{\ominus}$ 值，根据其正值或负值的数值大小可判断给定条件下该反应能否自发地向预期方向进行，以及反应发生的趋势大小；通过计算反应的平衡常数，判断反应进行的限度即反应转化率的大小；通过热力学理论分析，研究该反应标准吉布斯自由能变化值 $\Delta G_m^{\ominus}$ 和平衡常数的影响因素，进而开发出具体途径和措施促使反应向有利方向进行，提高分离效率，指导有色金属资源循环工艺的开发。

1.4.3 基本动力学

热力学理论为有色金属资源循环中各个分离提取工艺的可行性和最大反应限度提供了理论支持，但只解决了反应的平衡问题，不能解释反应达到平衡所经历的反应历程以及速度。即使反应发生的趋势很大，还必须有足够并且合适的效率，才能确保反应发生。因此要对反应速率的各种影响因素进行深入研究，找出限制环节，优化工艺参数，提高或控制反应过程的强度及生产率。因此，对于有色金属资源循环而言，动力学理论具有极其重要的实际意义。微观动力学从分子理论微观地研究了反应的速度和机理，宏观动力学则在有流体流动、传质及传热条件下研究反应的机理，从而确定物理因素在反应过程中的作用。通过动力学研究可以知道，各种因素如浓度、压力、温度和催化剂等如何影响有色金属资源循环过程中各过程的反应速率；反应实际进行过程中要经历哪些步骤；如何控制反应条件以提高主反应的速率并增加产量；如何抑制或减慢副反应的速率以减少原料和能量消耗，减轻分离操作的负担。另外，通过反应速度的定量化研究，动力学理论还能为有色金属资源循环提供最佳的工业化设计和控制，为实际生产选择最适宜的操作条件。

本 章 小 结

本章主要介绍了有色金属资源的概况以及有色资源循环利用的意义；有色金属资源循环利用的基本处理和研究分析方法；有色金属资源循环的基本理论。

习　题

(1) 什么是资源循环利用？

(2) 有色金属二次资源的来源与特点是什么？

(3) 简单介绍有色金属资源的处理方法有哪些。

(4) 有色金属资源循环利用的意义是什么？

(5) 简述有色金属资源循环基本原则。

2 铝工业有色金属资源化利用

本章提要：

（1）掌握铝工业废弃物的主要产生来源及资源化利用途径；

（2）掌握本章中出现的相关概念和术语的主要内涵。

铝的生产包括从铝土矿提取氧化铝和用冰晶石-氧化铝熔盐电解法生产金属铝两个主要过程。因此铝工业的废弃物主要包括氧化铝企业和铝电解企业产生的废弃物。

（1）氧化铝生产工艺。氧化铝生产工艺分为碱法、酸法、酸碱联合法和电热法。目前工业生产一般采用碱法生产氧化铝。碱法生产氧化铝，采用碱（NaOH 或 Na_2CO_3）来处理铝矿石，使矿石中的氧化铝转变成铝酸钠进入溶液中，纯净的铝酸钠溶液分解析出氢氧化铝，经与母液分离、洗涤后进行焙烧，得到氧化铝产品。分解母液可循环使用，处理另外一批矿石。

碱法生产氧化铝又分为拜耳法、烧结法和拜耳烧结联合法等多种流程。拜耳法适合处理高品位的铝土矿，铝硅比（A/S）大于 8。烧结法适合处理低品位的铝土矿，铝硅比 3~5。联合法适合处理中低品位的铝土矿，铝硅比 5~8。

图 2-1 为拜耳法处理铝土矿生产氧化铝的典型的工艺流程。

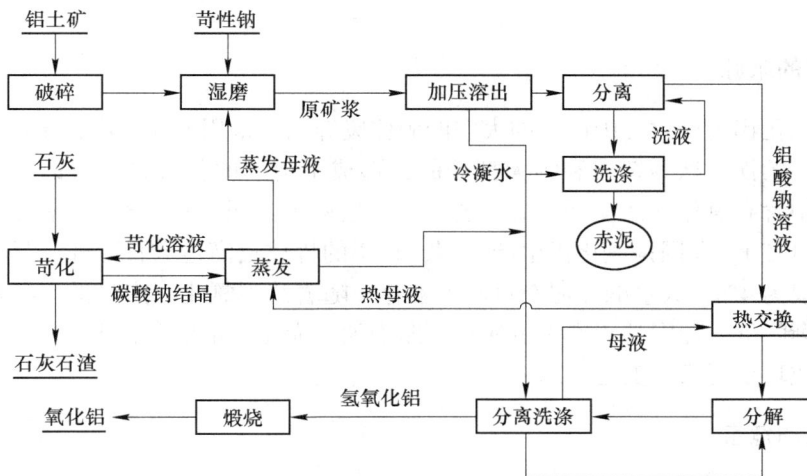

图 2-1　拜耳法生产氧化铝工艺流程

氧化铝生产过程中产生的废弃物主要包括：1）赤泥，包括拜耳法赤泥、烧结法赤泥；2）选矿尾矿，包括铝土矿洗矿尾矿和铝土矿浮选尾矿。

（2）电解铝生产工艺。现代金属铝的生产主要采用冰晶石-氧化铝熔盐电解法。生产工艺流程如图 2-2 所示。

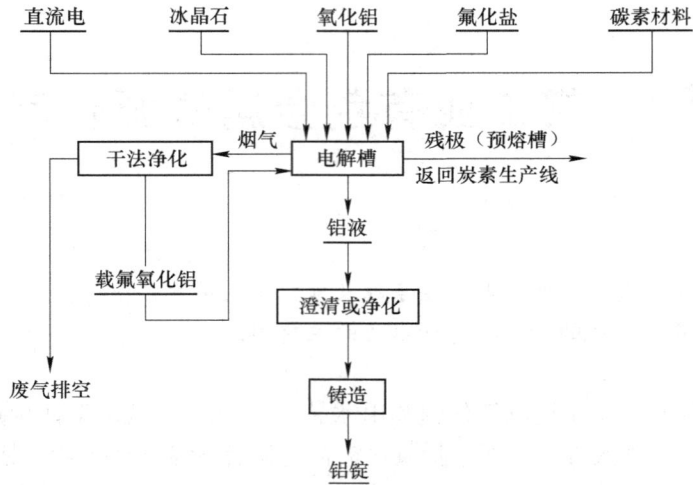

图 2-2　电解铝生产流程

直流电通入电解槽，使溶解于电解质中的氧化铝在槽内的阴、阳两极发生电化学反应。在阴极电解析出金属铝，在阳极电解析出 CO 和 CO_2 气体。铝液用真空抬包抽出，经过净化澄清后，浇铸成商品铝锭。阳极气体经过净化后，废气排放入大气，回收的氟化物返回电解槽。

电解铝生产过程中产生的废弃物主要包括废槽衬、炭渣、铝灰和自备电厂粉煤灰。

2.1　赤泥的循环利用

2.1.1　赤泥的来源

赤泥为氧化铝生产过程中产生的大宗的固体废弃物。采用碱法溶出铝土矿中氧化铝的过程中，其中的铁、钛等杂质和绝大部分的硅形成不溶解的化合物，与铝酸钠溶液分离后，由于其中含有氧化铁而使所得渣呈现红色，故称为赤泥。每生产 1 t 氧化铝，大约产生赤泥 0.8~1.5 t。我国是氧化铝生产大国，每年的排放量高达数百万吨。目前我国赤泥综合利用率仅为 4%，大量的赤泥在自然界堆存。随着我国氧化铝产量的逐年增长和铝土矿品位的逐渐降低，赤泥的年产生量还将不断增加。赤泥大量堆存，既占用土地，浪费资源，又易造成环境污染和安全隐患。

2.1.2　赤泥的危害

赤泥有很高的碱性，pH 值 10.29~11.3，氟化物含量 4.89~8.6 mg/L，超过了国家规定的排放标准《有色金属工业固体废物污染控制标准》（GB 5058—1985），属于有害废渣（强碱性土）。随着铝工业的发展和铝土矿品位的降低，赤泥的产生量越来越多，必须对赤泥进行处理，提高赤泥的资源化利用，以减少环境污染。

现在，世界各国对赤泥的处置方法是传统的堆存或者倾入大海，其处置费用占氧化铝生产费用的 5%，赤泥浆体积庞大并且腐蚀性强，赤泥堆放造成的环境影响除占用大量的土地外，其中的碱和硫酸盐，有时还会含有有毒的重金属甚至放射性元素，这些有害物质下渗还会对地下水和土壤产生污染，改变土壤的结构和性质，使得土壤发生盐碱化、板结等，将造成很严重的污染。如果堆存赤泥的场所由于自然或者人为原因发生泄漏，造成的危害将更加严重。2010 年 10 月 4 日，位于匈牙利西部城市奥伊考（Ajka）的一家铝厂，存放赤泥的赤泥坝突然发生溃坝事故，高达 100 万立方米的赤泥外泄，影响到周围的多个村庄并最终流入多瑙河。这次事故导致 10 人死亡，100 多人受伤，40 km² 的土地受到影响，造成了严重的环境灾难。

在有风的天气，由于赤泥的粒径较小，容易被风吹到空气中，造成扬尘现象。吸入赤泥粉尘虽然不会对人体造成重大的伤害，但还是会刺激人的眼睛和呼吸道，影响人体的健康。大量赤泥的排放对人类生活产生了直接或间接的影响，所以最大限度地减少赤泥的排放和危害，实现赤泥的多渠道、资源化利用对铝工业的可持续发展有着重要的意义。

2.1.3 赤泥的组成和性质

由于铝土矿的含量不同，国内外氧化铝生产企业所采用的方法也不同。国外大多数国家采用拜耳法生产氧化铝，拜耳法产量约占世界总产量的 90% 以上。拜耳法主要采用强碱氢氧化钠溶出高铝、高铁、一水软铝石型和三水铝石型铝土矿，产生的赤泥中氧化铝、氧化铁、碱含量高，主要矿物构成为水化石榴子石、赤铁矿、钙铁矿和钙霞石，以及少量一水硬铝石和伊利石。烧结法处理的是难溶的高铝、高硅、低铁、一水硬铝石型、高岭石型铝土矿，产生的赤泥氧化钙含量高，碱和铁含量较低，主要矿物构成为硅酸钙和原硅酸钙、方解石、水化石榴子石、含水氧化铁、硅酸钠和钙钛矿等。

赤泥的化学组成主要包括 Fe_2O_3、Al_2O_3、SiO_2、CaO、Na_2O、TiO_2、K_2O，另外赤泥中还有少量的稀土稀有元素，如 V、Sc、Ga、Nb、Ta、Th 等。表 2-1 和表 2-2 为国外和国内部分氧化铝生产企业赤泥的主要化学成分。

表 2-1　国外赤泥化学组成成分分析　　　　　　　（%）

化学成分	SiO_2	Fe_2O_3	Al_2O_3	CaO	TiO_2	Na_2O	K_2O	灼碱
美国	12	40	18	6	10	8		—
日本	12	42	18	—	4	8		10
法国	4.98	26.62	15	22.1	15.76	0.02	1.02	12.1
土耳其	15.74	36.94	20.39	2.23	4.98	10.1	—	8.19
印度	9.64	38.8	17.28	—	18.8	6.86	—	7.34
澳大利亚	17.06	34.05	25.45	3.69	4.9	2.74	0.2	
西班牙	6.1	31.8	20.1	4.78	22.6	4.7	0.03	—
意大利	9.58	30.45	17.19	7.77	8.61	12.06	0.3	12.38
希腊	6.8	40.8	19.95	12.6	5.8	2.7	0.14	10.54
牙买加	4.3	45.3	18.8	3.1	6.4	1.5	—	—
匈牙利	9~15	33~48	16~18	0.5~3.5	4~6	8~12	—	—

表 2-2   国内赤泥化学组成成分分析   （%）

化学成分		SiO$_2$	Fe$_2$O$_3$	Al$_2$O$_3$	CaO	TiO$_2$	Na$_2$O	K$_2$O	灼碱
山东	烧结法	19.28	14.33	9.11	38.65	—	3.08	0.25	10.27
	拜耳法	29.51	24.03	19.45	2.31	0.03	1.54	12.25	0.17
山西		20.63	8.1	9.2	45.63	7.3	3.15	0.2	8.06
河南	郑州	22.4	14	7	33.6	8.16	2.4	0.5	10
	中州	21.39	8.56	8.26	35.07	12.64	3.21	0.77	8.26
广西平果		9.18	22.2	19.45	14.06	9.39	4.38	0.38	—
贵州		15.9	16.3	8.5	28.4	14.4	3.1	0.46	11.2

赤泥是一种高含水、高孔隙的松软砂质材料。赤泥含水率高达 86.01%~89.97%，饱和度为 94.4%~99.1%，塑性指数为 17.0~30.0。高持水量（79.03%~93.23%）造成赤泥堆放多年仍难以固结，强度低，压缩性高，呈软塑-流塑淤泥质状态。

赤泥具有高的比表面积、较大内表面积的多孔结构，比表面积 40~186.9 m^2/g，孔隙比 2.53~2.95，容重 700~1000 kg/m^3，阳离子交换量介于 0.207~0.578 mg/g，粒径 d = 0.075~0.005 mm 的粒子含量在 90% 左右，密度为 2.55~3.12 g/cm^3，从性能上可作为吸附材料使用。

2.1.4   赤泥的利用方法

2.1.4.1   赤泥作为吸附材料

由于赤泥的主要成分为氧化钙、二氧化硅和铁铝金属氧化物，这些物质的存在使得赤泥对特定的化学物质能够产生吸附去除作用。目前，关于赤泥在环境污染的治理方面的应用得到了越来越多的研究。主要集中在赤泥在废气和废水治理方面的应用。

由于未处理的赤泥具有较高的钠含量和碱度，要作为吸附材料，需要进行活化处理。目前常用的活化方法主要有以下几种：

（1）高温焙烧。在高温下焙烧赤泥。加热过程中，随着温度升高，赤泥先后失去表面水、水化水和结构骨架中的结合水，从而减小水膜对吸附物质的吸附阻力，增大比表面积，加大吸附效率。焙烧温度是影响赤泥吸附性能的重要因素，若温度过高，容易导致赤泥卷边结构烧结、堆积，降低赤泥孔隙率和孔径，从而导致吸附性能下降。

（2）酸化。酸化处理可除去分布于矿物类物质通道中的杂质，如混杂的有机物，使孔道得到疏通，有利于吸附物质分子的扩散。另外，H$^+$ 可置换矿物类物质层间的金属离子如 K$^+$、Ca^{2+}、Na$^+$、Mg^{2+} 等，消除了原来的层间键力，层状晶格开裂。经过酸活化的矿物类物质，孔道和空隙结构发生改变，酸将其中的杂质去除，因此孔道被疏通，其结构与处理前相比变得疏松，有利于污染物分子进入并吸附。

经过酸处理的赤泥对 pH 值有很大影响，是由于在赤泥的表面形成了能起作用的酸性基团或者活性氢，导致了赤泥表面特性的改变，如表面酸值、多孔性、比表面区域等。

采用酸进行活化处理的典型工艺，用盐酸处理干燥的赤泥，回流 2 h，加入的盐酸量为赤泥量的 5%~30%。处理后的赤泥过滤，用去离子水洗涤除去残留的盐酸和可溶性的化合物。在 105 ℃ 干燥，经过研磨，过 100 目（0.147 mm）筛，再在 200~1000 ℃ 热处理 2 h。

（3）盐活化。经盐溶液活化的矿物类物质的吸附能力均有提高。因为经盐中的离子活化，这些离子充当平衡硅氧四面体上负电荷的作用，电价低半径大的离子和结构单元层之间作用力较弱，从而使层间阳离子有交换性，同时由于在层间溶剂的作用下可以剥离，分散成更薄的单晶片，又使矿物类物质具有较大的内表面积，这种带电性和巨大的比表面积使其具有很强的吸附性。由于矿物类物质晶层表面带负电，晶层表面带正电，若能将晶层表面改为负电性，则可提高矿物类物质吸附金属阳离子的能力。

常用的活化剂包括 $FeCl_3$、$AlCl_3$ 等。

（4）有机化。采用某种有机阳离子，通过离子交换，把矿物类物质中原先存在的无机阳离子交换出来，由于有机离子之间存在着疏水作用和强烈的范德华力，矿物类物质层间的无机阳离子很容易被有机阳离子取代而生成有机矿物类物质矿物。离子交换后的矿物类物质不仅层间距离增大，而且其表面由亲水性变成了亲油性。

有机阳离子与矿物类物质中的无机阳离子之间可以进行离子交换反应，表示为：

$$\alpha AX_v + vOC^{\alpha+} \longrightarrow \alpha A^{v+} + vOCX_\alpha$$

式中，A^{v+} 为矿物类物质中可交换的无机阳离子；v 为无机阳离子的价数；$OC^{\alpha+}$ 为有机阳离子；α 为有机阳离子的价数；X 为矿物类物质中进行离子交换的位置。

这种交换反应一般将与矿物类物质阳离子交换容量相当的有机阳离子加入矿物类物质悬浮液中，搅拌 4~5 h，用蒸馏水洗涤数次后，即制成有机矿物类物质。

常用的有机活化剂包括十六烷基三甲基溴化铵、十二烷基苯磺酸钠等。

A 吸附的基础理论

当气体或液体与某些固体相接触时，在固体的表面上气体或液体分子发生富集，这种现象叫作吸附。吸附作用是溶质、固体颗粒和水三者相互作用的结果。引起吸附的主要原因是溶质的疏水特性以及溶质对固体颗粒的亲和力，溶质的溶解度越小，向表面运动的可能性越大；溶质与固体颗粒之间的静电引力、范德华力、化学键也是引起吸附的主要原因。表面面积是决定吸附效果的一个重要因素，所以工业上经常利用大面积的物质进行吸附，如活性炭、水膜等。

根据固体表面吸附原理的不同，吸附可分为交换吸附、物理吸附、化学吸附几种类型。

（1）交换吸附。溶质的离子由于静电引力的作用，聚集在固体吸附剂表面的带电点上，并且置换出原先在带电点上的其他离子。

（2）物理吸附。物理吸附是由于溶质和固体吸附剂之间的分子间力（范德华力）而产生的吸附作用，没有选择性，吸附质不会固定在吸附剂表面的特定位置，能在界面范围内自由移动，因此物理吸附效果不如化学吸附稳定。物理吸附主要发生在低温状态下，过程放热较小，可以是单分子层或多分子层吸附。影响物理吸附的主要因素是吸附剂的比表面积和细孔分布。

（3）化学吸附。化学吸附是指溶质与吸附剂发生化学反应，形成牢固的化学键和表面络合物，化学吸附是选择性吸附，并且吸附质分子不能在表面自由移动，吸附时放热量较大，在低温时吸附速度小。化学吸附与吸附剂表面化学性质和吸附性质的化学性质密切相关。

在实际的吸附过程中,上述几类吸附往往同时存在,难以明确区分。物理吸附和化学吸附在一定条件下可以相互转化。同一物质,在较低温度下进行物理吸附,而在较高温度下可能发生化学吸附。

B 水体中的污染物的吸附

利用赤泥具有巨大的比表面积和含有大量纳米和亚微米级孔隙、较好的吸附性能等,可以根据水质的不同,选用赤泥或处理后的赤泥直接作为吸附剂吸附水中的污染物,去除水体中有机、无机污染物。

(1) 重金属离子。赤泥经水洗活化、酸洗活化或焙烧活化等步骤,可制备出吸附性能较好的水处理吸附剂。作为吸附剂,赤泥可吸附废水中多种重金属离子(包括 Cd^{2+}、Cu^{2+}、Ni^{2+}、Zn^{2+} 和 Pb^{2+}),也可吸附废水中的非金属离子(包括 PO_4^{3-}、F^- 和 As^{3+} 等)。

赤泥吸附剂对废水中重金属离子如 Cu^{2+}、Pb^{2+}、Zn^{2+}、Ni^{2+}、Cd^{2+}、As^{3+}、As^{5+}、Cr^{6+}、Cr^{3+} 等具有较好的吸附效果。表 2-3 为赤泥对不同金属离子的吸附能力。

表 2-3 赤泥对不同金属离子的吸附能力

吸 附 剂	金属离子	温度/℃	pH 值	吸 附 量
赤泥	Cu(Ⅱ)		5.6~7.2	19.72 mg/g
处理过的赤泥	Cu(Ⅱ)			35.2~75.2 mg/g
赤泥	Pb(Ⅱ)		4~6	64.79 mg/g
赤泥	Zn(Ⅱ)		6.9~7.8	12.59 mg/g
赤泥	Ni(Ⅱ)		7.5~7.9	10.59 mg/g
赤泥	Cr(Ⅵ)		2	35.66 mg/g
活化赤泥	Cr(Ⅵ)		7.06	30.74 mmol/g
赤泥	Cd(Ⅱ)		6	68 mg/g
活化赤泥	Cd(Ⅱ)	30	4	1.16×10^4 mol/g
活化赤泥	Zn(Ⅱ)	30	4	2.22×10^4 mol/g
热活化赤泥	As(Ⅲ)	25	5.8~7.5	8.86 μmol/g
酸性活化赤泥	As(Ⅴ)	25	1.8~3.5	12.57 μmol/g

(2) 含磷废水。赤泥吸附剂作为一种廉价的吸附剂应用于磷酸盐的吸附,在 20 世纪 70 年代末就已经受到了人们的重视。当存在较大剂量的赤泥时,对于去除生活污水中的磷具有很好的效果。

采用 20% 盐酸处理过的赤泥去除溶液中的 PO_4^{3-}。将赤泥在 20% 的盐酸溶液中回流 2 h,取回流液冷却至室温,添加氨水到回流液至沉淀完全析出,用蒸馏水洗涤沉淀至无铵离子后再置于 110 ℃ 干燥,由此制成的活化赤泥,表面积达 249 m^2/g。室温下,使用量为 2 g/L 的该活化赤泥可将 30~100 mg/L 浓度范围内的 PO_4^{3-} 脱磷 80%~90%。

赤泥作为脱磷的吸附剂主要依赖于其来源及对赤泥的活化。表 2-4 为不同活化方法得到的活化赤泥脱磷的效果。

表 2-4　采用不同活化方法得到的活化赤泥对含磷废水的脱磷效果

吸　附　剂	温度/℃	pH 值	吸　附　量
盐酸活化赤泥			1~5 mg/L
盐酸活化赤泥（0.25 mol/L，80 ℃）		7	202.9 mg/g
HCl/HNO₃ 活化赤泥	40	5.5	0.58 mg/g
盐酸活化赤泥（0.25 mol/L，80 ℃）	25	7	24.67 mg/g
硫酸活化赤泥	40	4.5	7.4 mg/g
赤泥+硫酸钙			6.8~58.1 mg/g
粒状赤泥		5	6.64 mg/g

（3）氟化物。将粉煤灰（2 g），碳酸钠（1 g），生石灰粉（0.8 g），硅酸钠（1.2 g）和赤泥（15 g）在 400 ℃焙烧 2 h，在 900 ℃煅烧 0.5 h。在 pH 值为 4.7 条件下最大氟化物脱出率为 0.644 mg/g。

采用 $AlCl_3$ 和热处理后得到活化赤泥对氟化物的吸附能力分别为 68.07 mg/g 和 91.28 mg/g，比未处理赤泥 13.46 mg/g 得到提高。

活化赤泥对氟离子的吸附过程符合表面络合模式，即吸附剂表面存在水合金属氧化物，形成了金属羟基基团，再与溶液中的氟离子发生离子交换作用或表面配合反应以达到除氟的目的。

赤泥中铝的氧化物和铁的氧化物含量很大，这些金属活性组分对氟离子和砷有吸附作用。赤泥经过酸化处理后，表面带正电荷，更有利氟离子的吸附。其过程可用下面的方程式表示，其中 M 表示金属离子。

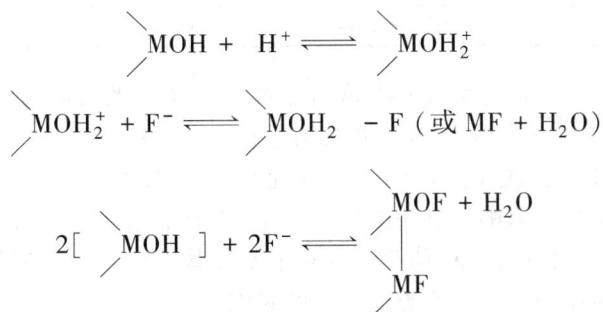

$$MOH + H^+ \Longrightarrow MOH_2^+$$

$$MOH_2^+ + F^- \Longrightarrow MOH_2 - F \text{（或 } MF + H_2O\text{）}$$

$$2[\ MOH\ ] + 2F^- \Longrightarrow \begin{matrix} MOF + H_2O \\ MF \end{matrix}$$

（4）硝酸盐。由于化肥和畜牧业的发展，地下水中的硝酸盐浓度逐年增加。高的硝酸盐浓度对公众健康特别是婴儿有很大的影响。采用赤泥或者活化后的赤泥可以脱除掉饮用水中的硝酸盐。在 pH 值为 7 的条件下，未处理赤泥与采用盐酸活化后的赤泥对水中硝酸盐的吸附能力为 1.86 mmol/g 和 5.86 mmol/g。

去除 NO_3^- 的机理需要从赤泥的化学性质和金属氧化物表面与 NO_3^- 相互作用的角度考虑。

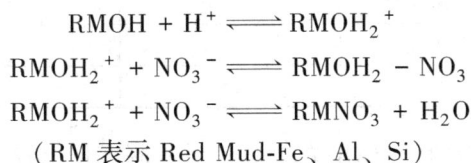

$$RMOH + H^+ \Longrightarrow RMOH_2^+$$

$$RMOH_2^+ + NO_3^- \Longrightarrow RMOH_2 - NO_3$$

$$RMOH_2^+ + NO_3^- \Longrightarrow RMNO_3 + H_2O$$

（RM 表示 Red Mud-Fe、Al、Si）

（5）染料废水。有色染料废弃物是纺织、造纸、印刷、皮革等行业排放的重要污染物，对水生动物有剧毒。过敏、皮肤刺激、皮炎、癌症、人类突变等与健康有关的各种问题都与水中的染料污染有关。大多数染料不能生物降解，也难以光降解和氧化分解。

将赤泥用 H_2O_2 在室温下处理 24 h 以氧化黏附的有机物质，并用双蒸水洗涤，所得材料在 100 ℃ 干燥，并在 500 ℃ 条件下活化 3 h。采用 H_2O_2 活化的赤泥除去废水中的染料，如罗丹明 B、固绿、亚甲基蓝，去除率分别为 92.5%、94%、75.2%。并且这三种染料在 H_2O_2 活化的赤泥上的吸附过程遵循 Langmuir 和 Freundlich 模型。赤泥的再生和回收是废水处理过程中非常重要的一个方面，采用丙酮可以使这些染料解析下来。表 2-5 为赤泥对水中不同染料的吸附能力。

表 2-5　赤泥对水中不同染料的吸附能力

项　目	吸附物质	温度/℃	pH 值	吸附量
赤泥	刚果红	30	2	4.05 mg/g
赤泥	酸性紫		4.1	1.37 mg/g
H_2O_2 活化赤泥	罗丹明 B	30	1	$(1.01 \sim 1.16) \times 10^{-5}$ mol/g
H_2O_2 活化赤泥	固绿	30	7	$(7.25 \sim 9.35) \times 10^{-6}$ mol/g
H_2O_2 活化赤泥	亚甲基蓝	30～50	8	$(4.35 \sim 5.23) \times 10^{-5}$ mol/g
赤泥	亚甲基蓝			0.74 mg/g
盐酸活化赤泥	刚果红		7	7.08 mg/g
海水中和赤泥	活性蓝染料			250 mg/g
海水中和赤泥 400 ℃ 热处理	活性蓝染料			416.7 mg/g
海水中和赤泥 500 ℃ 热处理	活性蓝染料			384.6 mg/g

（6）有机污染物。苯酚及其衍生物是高度致癌和优先级的水污染物。赤泥作为潜在的吸附剂被用于从水和废水中去除苯酚及其衍生物。

赤泥可以有效去除废水中的苯酚和氯酚类化合物。去除效率由高到低为：2,4-二氯苯酚>4-氯苯酚>2-氯苯酚>苯酚。在 pH 值为 6.0 对于苯酚和 2-氯苯酚最大的吸附率为 50%～81%，在 pH 值为 5.0 和 pH 值为 4.0 对于 4-氯苯酚和 2,4-二氯苯酚最大的吸附率为 94%～97%。表 2-6 为赤泥对水中酚类污染物的吸附能力。

表 2-6　赤泥对水中酚类污染物的吸附能力

吸附剂	吸附物质	温度/℃	pH 值	吸附量/mol·g^{-1}
赤泥	苯酚	30～50	6	0.63～0.74
赤泥	2-氯苯酚	30～50	6	0.72～0.79
赤泥	4-氯苯酚	30～50	5	0.78～0.82
赤泥	2,4-二氯苯酚	30～50	4	0.8～0.85
中和赤泥	苯酚			4.12
HCl 活化赤泥	苯酚	25	6	8.156

赤泥具有一定的吸附氨氮和 COD 的能力，其吸附容量也较大。对氨氮和 COD 的吸附

过程以物理吸附为主，氨氮的吸附反应也同时存在静电吸附的协同作用和离子交换，而 COD 的吸附也是氢键作用的结果。

C 酸性气体的吸附

由于赤泥颗粒细微且有效固硫成分 Fe_2O_3、Al_2O_3、CaO、MgO、Na_2O 等含量高，对 H_2S、SO_2、NO_x 和二氧化硫等污染性气体具有较强的吸附能力，另由于赤泥含有部分溶解性的碱，对酸性气体的去除效率有所帮助。

充分利用赤泥中氧化钠、氧化钙等碱性物质含量高的特点，进行烟气脱碳、脱硫、脱硝反应。

a 赤泥脱碳

（1）CO_2 脱除。赤泥中碱性物质的含量较高，赤泥 pH 值为 10.5~12.5。因此，CO_2 可以与赤泥中的碱性物质发生中和反应，从而将 CO_2 转化为碳酸盐和碳酸氢根离子。反应如下：

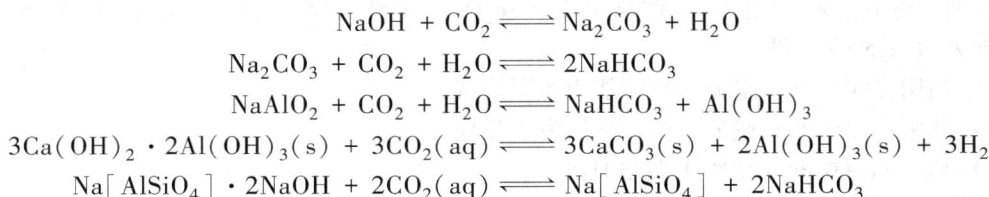

$$NaOH + CO_2 \Longrightarrow Na_2CO_3 + H_2O$$
$$Na_2CO_3 + CO_2 + H_2O \Longrightarrow 2NaHCO_3$$
$$NaAlO_2 + CO_2 + H_2O \Longrightarrow NaHCO_3 + Al(OH)_3$$
$$3Ca(OH)_2 \cdot 2Al(OH)_3(s) + 3CO_2(aq) \Longrightarrow 3CaCO_3(s) + 2Al(OH)_3(s) + 3H_2$$
$$Na[AlSiO_4] \cdot 2NaOH + 2CO_2(aq) \Longrightarrow Na[AlSiO_4] + 2NaHCO_3$$

（2）CO 脱除。CO 有毒，因此从废气中除去是非常必要的。催化氧化是一种常用的方法来处理 CO。赤泥中的氧化铁能够在有氧和无氧的条件下进行氧化催化。无氧条件下氧化铁可以失去与其晶格结合的氧，从而引起氧化铁的直接氧化和同时还原。反应如下：

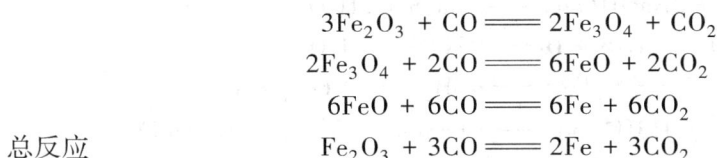

$$3Fe_2O_3 + CO \Longrightarrow 2Fe_3O_4 + CO_2$$
$$2Fe_3O_4 + 2CO \Longrightarrow 6FeO + 2CO_2$$
$$6FeO + 6CO \Longrightarrow 6Fe + 6CO_2$$

总反应 $$Fe_2O_3 + 3CO \Longrightarrow 2Fe + 3CO_2$$

赤泥中氧化铁的含量较高，因此作为主要的催化成分，在经过酸化处理的赤泥在 100~500 ℃温度范围进行 CO 氧化，在 400 ℃以上 CO 转化率>90%。

b 赤泥脱硫

（1）SO_2 气体的脱除。赤泥脱硫的过程是在气、液、固三相中进行的，发生了较为复杂的气液和液固反应。可以说，赤泥脱硫反应是经过两个步骤完成的：一是气相 SO_2 被液相吸收的反应；二是吸收剂溶解和中和反应。反应描述如下：

1）液相吸收反应。SO_2 是一种极易溶于水的酸性气体，首先经气相溶入液相中，与水反应生成亚硫酸（H_2SO_3），亚硫酸迅速解离成亚硫酸氢根离子（HSO_3^-）和氢离子（H^+），亚硫酸氢根离子（HSO_3^-）还会二级电离产生亚硫酸根离子（SO_3^{2-}）和氢离子，并且上述反应都是可逆反应，碱性吸收剂的作用就是中和 H^+。具体反应如下：

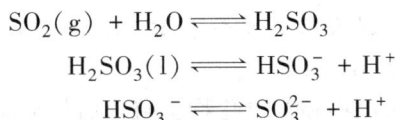

$$SO_2(g) + H_2O \Longrightarrow H_2SO_3$$
$$H_2SO_3(l) \Longrightarrow HSO_3^- + H^+$$
$$HSO_3^- \Longrightarrow SO_3^{2-} + H^+$$

2）吸收剂溶解和中和反应。赤泥形成浆液后，其中的 Fe_2O_3、Al_2O_3、CaO、K_2O、

Na$_2$O 开始溶解，溶解后与液相中 H$^+$ 发生中和反应。反应如下：

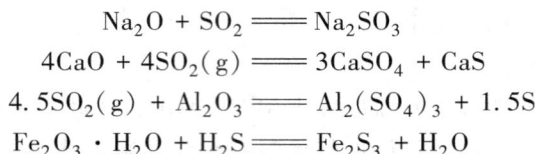

$$Na_2O + SO_2 \Longrightarrow Na_2SO_3$$
$$4CaO + 4SO_2(g) \Longrightarrow 3CaSO_4 + CaS$$
$$4.5SO_2(g) + Al_2O_3 \Longrightarrow Al_2(SO_4)_3 + 1.5S$$
$$Fe_2O_3 \cdot H_2O + H_2S \Longrightarrow Fe_2S_3 + H_2O$$

赤泥脱硫反应中 CaO 为主要反应，也是脱硫有效成分的最大部分。

赤泥粒径越小，越有利于高温焙烧情况下微孔的生成，增加反应速率，提高脱硫效率；添加黏结剂可以改善赤泥吸附剂的孔隙结构，提高脱硫效率；添加造孔剂可以增加赤泥吸附剂的空隙率，增大比表面积，使赤泥与 SO$_2$ 充分接触，从而提高脱硫效率。

Sumitomo chemical 公司在 1977 年采用赤泥为主要成分作为吸附剂在 Niihama 厂进行烟气中 SO$_2$ 脱除，SO$_2$ 的去除率高达 96%。

（2）H$_2$S 气体的脱除。赤泥可用木屑作为载体、石灰作为酸碱调节剂配制成粉末状的脱硫剂，利用赤泥提供的高价铁氧化物（Fe$_2$O$_3$）和碱性物质可脱除煤气中的 H$_2$S。该脱硫剂去除 H$_2$S 的原理：

1）利用赤泥中某些组分的吸附能力吸附废气；

2）利用赤泥中的碱成分与酸性气体发生反应；

3）利用 Fe$_2$O$_3$ 的催化作用去除 H$_2$S。

可能发生的反应如下：

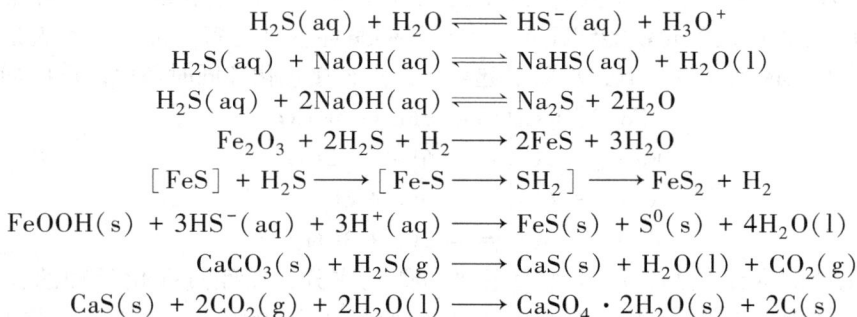

$$H_2S(aq) + H_2O \Longrightarrow HS^-(aq) + H_3O^+$$
$$H_2S(aq) + NaOH(aq) \Longrightarrow NaHS(aq) + H_2O(l)$$
$$H_2S(aq) + 2NaOH(aq) \Longrightarrow Na_2S + 2H_2O$$
$$Fe_2O_3 + 2H_2S + H_2 \longrightarrow 2FeS + 3H_2O$$
$$[FeS] + H_2S \longrightarrow [Fe-S \longrightarrow SH_2] \longrightarrow FeS_2 + H_2$$
$$FeOOH(s) + 3HS^-(aq) + 3H^+(aq) \longrightarrow FeS(s) + S^0(s) + 4H_2O(l)$$
$$CaCO_3(s) + H_2S(g) \longrightarrow CaS(s) + H_2O(l) + CO_2(g)$$
$$CaS(s) + 2CO_2(g) + 2H_2O(l) \longrightarrow CaSO_4 \cdot 2H_2O(s) + 2C(s)$$

在硫化反应过程中，赤泥的颜色从红色变成黑色，表明铁的氧化物转变成硫化铁。

2.1.4.2　赤泥作催化剂

贵金属及其一些金属氧化物是常用于工业领域的催化剂。赤泥中含有大量的铁、铝、钛的氧化物，这些氧化物通常可用作催化剂，以赤泥为原料经过处理用于催化领域是一种增加废弃物有效价值的方法，既降低催化成本，又消耗了工业废料。

A　加氢脱氯催化

有机氯化物广泛应用于杀虫剂、溶剂、脱脂剂等化工产品，一般具有剧毒、难降解等特点，对人体健康和生态环境造成危害。在催化剂的作用下加氢脱氯反应可将其转化为无毒或低毒性化合物。

加氢脱氯反应（HDC）涉及氢气与含有 C—Cl 键的有机分子之间的反应，反应生成 C—H 键：R—Cl+H$_2$ $\longrightarrow$ R—H+HCl。

赤泥中含有大量的铁氧化物和氢氧化物，硫化后的赤泥是非常有活性的催化剂，其中的有效组分为硫化铁，硫化、加热对赤泥催化性能有明显的促进作用。硫化赤泥作催化剂用于四氯乙烯的催化加氢脱氯反应，在 50~350 ℃，压力 2~10 MPa 条件下，脱氯效率随温度和压力的增加而提高。

B 加氢液化催化

氢化反应是 H_2 直接或间接与不饱和有机物反应，催化剂的作用是活化 H_2。赤泥作为氢化催化剂被用于油页岩、煤、生物质和石油渣油的加氢饱和反应。

采用酸消解再沉淀法活化赤泥，作为萘加氢成四氢化萘的主要催化剂。通过活化，赤泥的表面积由 64 m^2/g 增加至 155 m^2/g。萘的转化率相对于未处理赤泥的 3.55% 增加至 49%。另外通过添加 20%TiO_2，转化率可增加至 58%。

赤泥已经通过溶解在盐酸中并用氨再沉淀而被活化。采用同样活化处理方法，萘、菲、芘采用活化赤泥的加氢催化转化率分别为 80%、54% 和 52%，与商用镍钼催化剂相比，活化赤泥催化剂加氢反应的转化率仅次于镍钼商用催化剂。表 2-7 为采用赤泥做催化剂的各种反应的转化效率。

表 2-7 采用赤泥做催化剂的各种反应的转化效率

应 用	催 化 剂	温度/℃（压力）	转化率/%
有机氯化物加氢脱氯	煅烧赤泥	300	39
煤加氢	赤泥	400（10 MPa H_2）	>90
黑麦秸秆	赤泥	400	99
生物质液化	硫化赤泥	400	99
萘加氢	活化赤泥	350（3.45 MPa）	49
萘加氢	活化赤泥	405（6 MPa）	80
甲烷催化燃烧	活化赤泥	650	约 100
SO_2 还原	赤泥	640	30
NO 氧化	Cu 浸渍赤泥	350	50

2.1.4.3 有价金属的回收

赤泥中含有 Fe、Si、Al、Ca、Ti、Sc、Nb、Ta、Zr、Th 和 U 等有价金属元素，是一种宝贵而丰富的二次资源。赤泥中有价金属元素的回收主要包括铁的回收，TiO_2 的回收，稀土的回收。

A 铁的回收

Fe_2O_3 是赤泥的主要化学成分。在铝土矿中 Fe 主要以赤铁矿、针铁矿、Al-针铁矿等形式存在。在铝土矿低温溶出（130~140 ℃）过程中，赤铁矿、针铁矿、Al-针铁矿都不受影响，在高温溶出（220~250 ℃）过程中，每升苛性钠溶液可溶解 50 mg Fe_2O_3，并以针铁矿和 Al-针铁矿的溶解为主，溶解产物重新沉淀形成赤铁矿。赤泥中磁铁矿的含量一般较低，因此赤泥中的铁矿物主要是赤铁矿。

根据铁氧化物回收过程中铁的还原程度不同可将赤泥中铁的回收利用方法分为：氯化铵法收集铁，赤泥酸浸萃取铁，磁化焙烧强磁选提取铁精料，赤泥直接还原制取海绵铁，赤泥还原熔炼生铁。

（1）氯化铵法。按一定比例在赤泥中加入 NH_4Cl，混合好后装入坩埚，焙烧至 500~

750 ℃，保温 2 h。Fe_2O_3 在高温下与 NH_4Cl 反应，生成气态 $FeCl_3$，从赤泥中排除，收集气体冷却后得到 $FeCl_3$ 结晶。

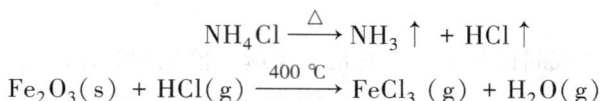

$$NH_4Cl \xrightarrow{\triangle} NH_3\uparrow + HCl\uparrow$$

$$Fe_2O_3(s) + HCl(g) \xrightarrow{400\,℃} FeCl_3(g) + H_2O(g)$$

NH_4Cl 受热分解产生的 HCl，HCl 极易与赤泥中的 Fe_2O_3 反应生成 $FeCl_3$，沸点315 ℃，在焙烧过程中，$FeCl_3$ 变成气体挥发，然后通过气体的收集、冷却得到纯度较高的 $FeCl_3$ 固体。

（2）酸浸萃取铁。采用体积百分比为 2∶3∶5 的 N_{235}、仲辛醇及煤油萃取体系，在相比 O/A=2∶1 和单级萃取的条件下，对酸浸处理后的氧化铝赤泥浸出液进行萃取，振荡混合 15 min，铁的萃取率可达到 99.62%，然后用 0.1 mol/L 的稀盐酸反萃有机相提取铁。铁的反萃率为 75%。其中发生的主要反应为 N_{235} 萃取与 Cl^- 结合呈络合阴离子的 Fe^{3+} 的反应，反应方程式如下：

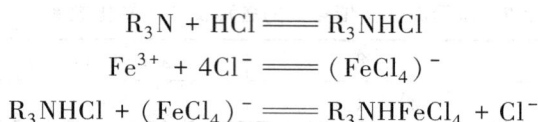

$$R_3N + HCl \Longrightarrow R_3NHCl$$

$$Fe^{3+} + 4Cl^- \Longrightarrow (FeCl_4)^-$$

$$R_3NHCl + (FeCl_4)^- \Longrightarrow R_3NHFeCl_4 + Cl^-$$

（3）磁化焙烧强磁选提取铁精料。将赤泥预焙烧，在温度 700~800 ℃ 的沸腾炉内进行还原，目的是使赤泥中的 Fe_2O_3 转变为 Fe_3O_4。还原后，经冷却、粉碎后用湿式或干式磁选机分选，得到铁精矿含铁 62%~81%，全流程铁的回收率为 83%~93%，是一种高质量的高炉炼铁原料。反应方程式如下：

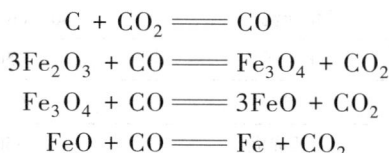

$$C + CO_2 \Longrightarrow CO$$

$$3Fe_2O_3 + CO \Longrightarrow Fe_3O_4 + CO_2$$

$$Fe_3O_4 + CO \Longrightarrow 3FeO + CO_2$$

$$FeO + CO \Longrightarrow Fe + CO_2$$

（4）赤泥直接还原制取海绵铁。将赤泥直接或细磨后混合黏结剂或者添加剂制成团块，在高温下还原一定时间，还原产物经冷却破碎细磨，最后磁选分离出金属铁粉。

采用 Na_2CO_3 和 CaF_2 为添加剂，在 1150 ℃ 下还原焙烧 3 h，得到焙烧产物的金属化率为 93.79%，磁选后获得全铁品位 89.57%，铁回收率为 91.15% 的海绵铁。实验流程如图 2-3 所示。

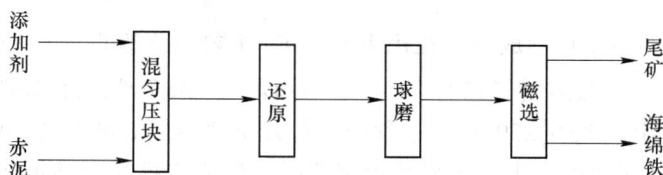

图 2-3　赤泥直接还原制取海绵铁工艺流程

（5）赤泥还原熔炼生铁。将细磨的赤泥按氧化钙与氧化铝摩尔比 2∶1，焦比 20% 进行混料，在 1500 ℃ 下熔炼 90 min，得到炼钢生铁和炉渣，铁与炉渣分离彻底，熔炼出的生铁符合炼钢用生铁国标（GB 717—1982）。高温下 Al_2O_3 与 CaO 作用生成 C_3A、$C_{12}A_7$、

CA 和 $C_3A_5(CA_2)$ 四种化合物。其中 $C_{12}A_7$ 和 CA 可溶于碳酸钠溶液，可从中提取氧化铝。

B　TiO_2 的回收

赤泥经选择性酸处理、过滤、倾析、洗涤和焙烧，分离出 SiO_2、Fe_2O_3、Al_2O_3、Na_2O 和 CaO 得到 TiO_2。从赤泥中回收 TiO_2 的过程如下：

（1）用双倍于赤泥量的水洗涤赤泥，加絮凝剂加速赤泥沉降，把浮在上层的碱液倾析出，洗涤后的赤泥用水浸出，水浸后的赤泥用稀盐酸在 90~95 ℃处理，在酸浸过程中，赤泥中存在的少量 $CaCO_3$ 和 $NaAlO_2$ 与盐酸反应后进入溶液。

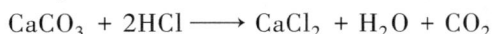

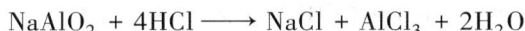

$$3(Na_2O \cdot Al_2O_3 \cdot 2SiO_2) \cdot Na_2O + 8HCl \longrightarrow 8NaCl + 6SiO_2 + 3Al_2O_3 + 4H_2O$$
$$CaCO_3 + 2HCl \longrightarrow CaCl_2 + H_2O + CO_2$$
$$NaAlO_2 + 4HCl \longrightarrow NaCl + AlCl_3 + 2H_2O$$

二氧化硅、氧化铝处于游离态，少量 $NaAlO_2$ 与酸反应溶解在溶液中，不溶性泥渣在絮凝剂作用下沉降和分离。

（2）在 90~95 ℃下，上述生产过程的不溶性干泥渣用浓盐酸（20%~25%）处理。此时，赤泥中几乎所有的氧化铝和氧化铁都能溶解，不易酸溶的钛等金属仍留在浸渣中，过滤得到富铝和铁的浸出液和富钛浸出渣。浸出液经蒸发、结晶、焙烧，得到 Fe_2O_3 和 Al_2O_3 混合物，蒸发出的 HCl 气体返回浸出循环利用。反应如下：

$$Fe_2O_3 + 6HCl \longrightarrow 2FeCl_3 + 3H_2O$$
$$Al_2O_3 + 6HCl \longrightarrow 2AlCl_3 + 3H_2O$$

（3）在 150~180 ℃下，（2）中不溶性富钛残渣用浓硫酸处理，TiO_2 与酸反应形成可溶性硫酸盐，并水解成二氧化钛化合物：

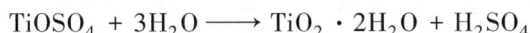

$$TiO_2 + 2H_2SO_4 \longrightarrow Ti(SO_4)_2 + 2H_2O \longrightarrow TiOSO_4 + H_2SO_4 + H_2O$$
$$TiOSO_4 + 3H_2O \longrightarrow TiO_2 \cdot 2H_2O + H_2SO_4$$

（4）白色沉淀用硫酸和水彻底洗涤，除去铁、铬、钒等。$TiO_2 \cdot 2H_2O$ 经空气干燥，并在 1000 ℃下焙烧，使其转变为锐钛矿。废硫酸和水输送到蒸发器，以便浓缩和继续使用。

C　钪的回收

钪是一种典型的稀散金属元素，目前自然界中发现的独立钪矿物资源很少，而我国铝土矿中氧化钪含量约为 40~200 g/t，主要富集于赤泥中。回收处理铝土矿等的尾矿或废渣中的伴生钪成为工业上获得钪的主要途径。

赤泥中的微量稀有元素，比如钛、铌、钽、铀等在铝土矿中的含量比较少，但是在经过溶出后的赤泥中，这些微量元素得到了富集，具有了利用价值比如钪，据报道世界上钪资源储量中，80%左右的资源以伴生状态富存在铝土矿中，经过氧化铝的生产工艺，钪的损失率只有 2%，98%的钪富集到了赤泥中，赤泥中的钪可以占到 0.025%。

从赤泥中回收钪有以下途径：

（1）还原熔炼-苏打浸出-萃取。赤泥和炭粉、石灰按一定比例在高温下反应生产生铁和炉渣，所得炉渣用苏打溶液浸出，进行固液分离，钪进入到浸出渣（白泥），用 H_2SO_4 将白泥酸化，在 50 ℃用硫酸溶出，溶出时间 40 min，液体与固体比例 10∶1，在硫酸溶液中加絮凝剂使石膏微粒分离，然后采用溶剂萃取等方法富集、分离和提纯后可得

到 Sc_2O_3。

（2）盐酸浸出–离子交换–溶剂萃取方法。赤泥和 $NaKCO_3/Na_2B_4O_7$（1∶1）按质量比 2∶1 混合，首先在 1100 度焙烧 20 min，焙烧产物采用 1.5 mol/L 盐酸浸出、过滤，将滤液用 Dowex 50W-X8 阳离子交换树脂吸附，使得稀土元素从滤液中进入离子交换树脂中。将吸附饱和的离子交换树脂采用 1.75 mol/L 的盐酸解吸，使得主要元素 Fe、Al、Ti、Na、Si、Ca，及次要元素 Ni、Cr、Mn、V 首先被解吸进入溶液，与 Sc、Y 和镧系元素分离。然后采用 6 mol/L 的盐酸将树脂中剩余稀土离子解吸到溶液中。将富含稀土离子的溶液采用 NH_4OH 调节溶液 pH＝0，相比 10∶1，采用 0.05 mol/L 的 DEHPA 己烷溶液进行萃取分离，钪被萃取进有机相中，在萃取过程中，DEPHA 以二聚体的形式呈现，钪在萃取体系的反应机理如下式：

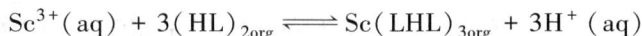

$$Sc^{3+}(aq) + 3(HL)_{2org} \rightleftharpoons Sc(LHL)_{3org} + 3H^+(aq)$$

为了确保阳离子交换反应的发生，要求酸度小于 1 mol/L，萃取钪的配合物与萃取剂的比例小于 10^{-3}。之后，采用 2 mol/L NaOH 溶液进行 Sc 的反萃取，在水相中（93±5）% 的 Sc 以 $[Sc(OH)_6]^{3-}$ 形式存在。萃余液中主要含有 Y 和 La。流程图如图 2-4 所示。

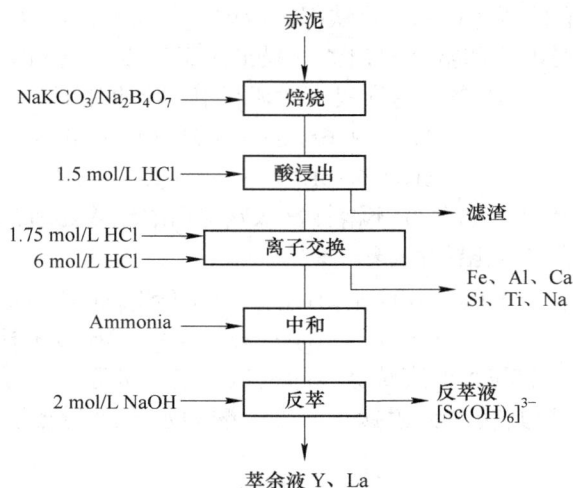

图 2-4　赤泥中 Sc 的回收

2.1.4.4　肥料

N、P、K、Si、Fe、Mg、Mn、Cu、Zn 是植物生长的必需元素，赤泥中含有较多量的碱以及较多微量元素，这些微量元素是植物生长必需元素。所以可以对赤泥深加工处理制备碱性复合肥料，改善酸性土壤，供农田菜园使用。其中赤泥中 SiO_2 和 CaO 对农作物的生长非常有利。因此采用赤泥生产硅钙肥，其工艺简便、成本低。将赤泥通过脱水、烘干、磨细至 100 目（0.147 mm），即可包装成产品。使用结果表明，每亩施硅钙肥 75～100 kg，水稻增产 8%～13%，小麦每亩施 5～60 kg，增产 7%～10%；玉米、地瓜、花生、苹果、棉花、蔬菜施用后，均有增产效果。其主要作用机理是通过改善植物的细胞组织，使植物形成硅化细胞从而提高产量，改善作物果实的品质，增强对农作物生理效能和抗逆性能。

2.1.4.5 土壤修复

A 赤泥修复重金属污染土壤

赤泥中大部分组成是黏土质硅铝酸盐,因此可被用作土壤修复和改良材料,促进作物生长与发育。

赤泥所含碱性物质较多,溶出液中大量的 OH^- 与重金属形成氢氧化物或碳酸盐沉淀而起到钝化重金属离子活性的作用。此外,赤泥中富含铁氧化物(25%~40%)和铝氧化物(15%~20%),也可通过这些氧化物的表面活性位点与重金属结合形成较难被植物吸收的铁铝氧化物结合态。

B 赤泥对生物吸收重金属的抑制

在对物吸收抑制和土壤生态的研究方面,赤泥能显著提高土壤中的微生物数量,降低土壤孔隙水、农作物种子、叶片中的重金属含量。其修复作用机理是赤泥对土壤中的 Cu^{2+}、Ni^{2+}、Zn^{2+}、Pb^{2+}、Cd^{2+} 有较好的固着性能,使其从可交换状态转变为氧化物键合状态,从而降低土壤中重金属离子的活动性和反应性,有利于微生物活动和植物的生长。

2.1.4.6 建筑材料

A 赤泥作塑料填充料

赤泥中主要成分 CaO、SiO_2、Al_2O_3、Fe_2O_3 也是高分子有机物产品(如塑料、橡胶)常用填充料的主要成分。同时赤泥颗粒细小,可以用来填充材料空隙。目前无机填料作填充料,在高分子有机产品中的应用量相当大,研制高附加值功能性赤泥填充料经济效益将非常可观,同时解决了赤泥对环境的污染。

赤泥聚氯乙烯材料 PVC 是近年来发展起来的一种新型高分子材料。耐热、抗老化性能优于普通 PVC 塑料制品。赤泥聚氯乙烯复合塑料还具有阻燃性,可生产赤泥-聚氯乙烯塑料阻燃膜。

B 赤泥生产微晶玻璃

利用赤泥其主要物相为方解石、霞石和少量 $\beta\text{-}C_2S$,且大多呈团聚粒子,加入石英砂和硼砂,以赤泥中高含量 CaO 和 SiO_2 为主要原料(添加量达65%),采用烧结法制备主晶相为钙铝榴石的微晶玻璃。

烧结法制备微晶玻璃的工艺流程为配料→熔制→淬冷→粉碎→成形→烧结。其主要是利用缺陷成核,即利用玻璃在分界面易于核化的特点。成核过程属于非均匀成核,晶界和相界界面的存在降低了界面能,使晶核形成速率加快,降低了整个过程的自由能,因此更易于成核,且不必使用晶核。

利用赤泥和粉煤灰两种工业废渣制备微晶玻璃,赤泥的掺量控制在50%以上,两种废渣总掺量可达90%以上。所使用的赤泥中 CaO 含量在40%以上,SiO_2 含量约为18%,粉煤灰中 SiO_2 含量约为49%,CaO 的含量仅为6.6%,两者恰好形成成分互补,保证了基础玻璃中 SiO_2 和 CaO 的含量范围,实现了废渣的高掺量综合利用。另外,加入少量 TiO_2 作为晶核剂,加入少量工业纯碱作为助熔剂,制备出高附加值的微晶玻璃。其最佳核化温度约为697℃,最佳晶化温度约为950℃。玻璃主晶相为钙铁透灰石 $[Ca(Fe,Mg)Si_2O_6]$,次晶相为钙铝黄长石($Ca_2Al_2SiO_7$),主晶相和其他次晶相均匀分布在玻璃基体中,形成致密的微晶结构。

C　水泥

利用高铁型赤泥为原料，再配合适量石灰石，经 1200～1300 ℃煅烧，可研制铁铝酸盐水泥。低、高铁型赤泥，都可以作为生产硅酸盐水泥的原料。对低铁型赤泥，配入石灰石和黏土，以使水泥生料中 Al_2O_3 和 Fe_2O_3 的含量符合指标，如果所用铝土矿的铝硅比为 8 左右，则每生产一吨氧化铝产生的赤泥可生产 6 t 水泥，使氧化铝厂成为一个零排放工厂，即工厂不排放赤泥。

高铁型赤泥，如果所用铝土矿的铝硅比为 9，那么每生产 1 t 氧化铝所产生的赤泥将能生产 7 t 水泥，从而避免排放赤泥。高铁型的赤泥，可作为 Fe_2O_3 的资源调节水泥生料配料中的 Fe_2O_3 成分配比。

D　路面基层材料

烧结法赤泥颗粒较粗，有很好的黏结性能，在水中容易沉降，具有很好的和低标号水泥相似的水硬胶凝性，在脱水固结的情况下，具有良好的黏聚力，所以它也具有很高的承载力，是很好的地基利用材料。

2004 年，利用山东铝厂赤泥在淄川区修建了一条 4 km 长的赤泥路。这是我国第一条用铝厂废料赤泥修的路，经过实际的利用实验，已经达到了一级路的标准。赤泥基层与传统的半刚性基层材料相比具有强度高、回弹值大等优点。

E　建筑用砖

赤泥由于其粒度细、质软，有较强的塑性，其物理性质与黏土相似，可替代黏土用于烧结砖生产，坯料有良好的成形性能。同时，由于其碱性氧化物含量高，熔点较低，在高温时其微粒表面形成部分熔融状态，互相粘连并促进各矿物成分的反应，使新的矿物与生成物迅速结晶长大，在坯体内形成网络结构，从而具有较高的产品强度。

利用赤泥为主要原料可生产多种砖，如免蒸烧砖、粉煤灰砖、黑色颗粒料装饰砖、陶瓷釉面砖等。

以烧结法赤泥制釉面砖为例，采用的原料组分较少，除赤泥作为基本原料外，配加适量黏土和硅质材料。

其主要工艺过程为：原料→预加工→配料→料浆制备（加稀释剂）→喷雾干燥→压型→干燥→施釉→煅烧→成品。

该法生产的陶瓷釉面砖，是以石英（SiO_2），硅灰石（$Ca_3[Si_3O_9]$）和钙长石（$Ca[Al_2Si_2O_8]$）为主要矿物结构。与传统的高 SiO_2 低 CaO 型陶瓷有很大差异，以赤泥为主要原料，取代了传统的陶瓷原料，不但降低原材料费用，而且具有极大的环保意义。赤泥釉面砖产品质量符合我国釉面砖质量标准，热稳定性 90%，白色度 76～80，吸水率 18%～19%。并且在工艺技术上可以实现低温快烧。

用赤泥、粉煤灰、陶粒等作为原料，添加石灰、水泥作为固化剂和激发剂制备免烧砖。制得的免烧砖的强度能达到 MU10 级标准，且价格低廉，具有较好的经济性。

2.2　铝电解废槽衬资源化利用

废槽衬是铝电解生产过程中不可避免的固体危险废弃物，列入《国家危险废物名录》。

2.2.1　铝电解槽废槽衬的来源与构成

我国电解铝厂生产金属铝的主要装置为大型预焙阳极电解槽，工业铝电解槽在使用6~7年后就需要进行维修与更换，因为电解槽中的碳素内衬（侧部炭块或底部炭块）长期直接与高温的铝液和具有高腐蚀性的电解质（如 NaF、AlF_3 等）接触，导致电解质对阴极炭块的渗透，腐蚀而发生变形、磨损以及破损，造成电解槽内的铝液和电解质漏出，而使得电解槽无法继续正常生产。

大修时电解槽内衬需要更换，在更换过程中被淘汰的槽内衬材料包括阴极炭块、耐火材料和防渗材料及侧部的碳化硅砖。废槽衬是铝电解生产过程定期排放的固体废弃物。其中废旧阴极炭块被称为第一类固体废弃物（1st cut），废耐火材料和防渗材料被称为第二类固体废弃物（2nd cut）；第一类和第二类固体废弃物统称铝电解废槽衬。铝电解槽结构示意图如图 2-5 所示。

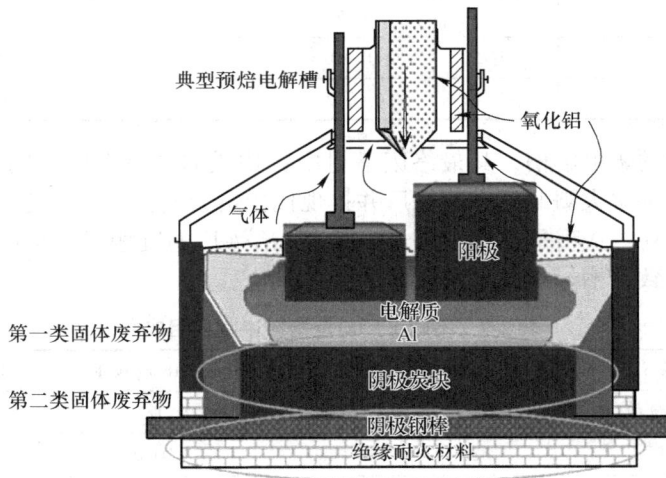

图 2-5　铝电解槽结构示意图

随着铝产量的大幅度提高，铝电解行业每年产生的废槽衬也随之逐年增长。每生产1 t 原铝，平均产生铝电解废槽衬 30~50 kg，其中废旧阴极 20~30 kg。这些废旧阴极炭块堆放在露天堆场，其中的有毒物质被浸出并随雨水进入土壤，甚至渗入地下水，对环境造成了极大的污染。由于废槽衬中含有丰富炭质材料及氟化盐的矿物资源。2011 年底，工业和信息化部颁布了《有色金属工业"十二五"发展规划》并制订了铝工业专项规划，在铝工业"十二五"发展专项规划中也重点提出了要加强提高电解槽废内衬的资源综合利用水平，因此对废槽衬进行无害化处理和资源化利用就极为迫切。

2.2.2　废槽衬材料的主要成分

在铝电解废槽衬材料中，主要是废旧阴极为主的碳质材料，约占 37.0%。其次是耐火保温材料，约占 30.0%。其中废旧阴极材料中氟化物约占 30.0%，主要含有价值较高的氟化钠、冰晶石和少量氟化钙。其他物质占 2.0%，主要是霞石、β-氧化铝、少量的

α-氧化铝、碳化铝、氮化铝、铝铁合金等，以及微量氰化物，约占 0.2%。氟化物、氰化物主要存在于废旧阴极材料中。废槽衬中含有较高水平的可溶性氟化物和氰化物，属于危险废物。表 2-8 为废旧阴极炭块（1st cut），废耐火材料和防渗材料（2nd cut）这两部分中主要物质所占比例。

表 2-8　废槽衬的成分　　　　　　　　　　（%）

成分组成	第一类固体废弃物	第二类固体废弃物
Al_2O_3	0~10	10~50
C	40~75	0~20
Na	8~17	6~14
F	10~20	4~10
CaO	1~6	1~8
SiO_2	0~6	10~50
Al	0~5	0
CN	0.01~0.5	0~0.1
CN free	0~0.2	0~0.05

不同生产技术的铝电解槽，其最终废槽衬中各物质的含量有所不同，如表 2-9 所示，A 型和 B 型是来自加拿大魁北克省冶炼厂并排现代预焙废槽衬；C 型是来自阿巴西 Alumar 冶炼厂预焙的废槽衬；D 型是来自巴西 Votorantim 冶炼厂的废槽衬。可以看出，所采用的冶炼技术的不同导致废槽衬组成有着显著的变化。

表 2-9　不同工厂与废槽衬中物质组成

冶炼技术	A 型	B 型	Soderberg 技术	C 型	D 型
氟化物/%（质量分数）	10.9	15.5	18	19	
氰化物/×10^{-6}	680	4480	1040	200	
比例（HCN/总量）	2.7	1.9	3.4		
总铝含量/%（质量分数）	13.6	11	12.5	14.6	33.53
炭/%（质量分数）	50.2	45.5	38.4	18.5	9.87
钠/%（质量分数）	12.5	16.3	14.3	17.9	23.16
铝/%（质量分数）	1	1	1.9		
钙/%（质量分数）	1.3	2.4	2.4	1.7	23.16
铁/%（质量分数）	2.9	3.1	4.3	2.5	4.45
锂/%（质量分数）	0.03	0.03	0.6		
钛/%（质量分数）	0.23	0.24	0.15		0.64
镁/%（质量分数）	0.23	0.09	0.2	0.6	0.17
钾/%（质量分数）				0.39	

2.2.3　废槽衬的危害

由于废旧阴极炭块里面含有大量的冰晶石、氟化钠、氟化铝等氟化物以及微量的氰化物，这导致废旧阴极对于生态环境有着极大的危害。

（1）废槽衬中可溶性的氰化物和氟化物会随雨水流入江河、湖泊以及农田，还会渗入到地下，造成严重的地表水污染、土壤污染和地下水污染。我国铝电解槽废旧阴极材料中可溶 F⁻ 含量大约为 2000 mg/L，最高可达 6000 mg/L，CN⁻ 含量约为 15 mg/L，远远高于国家对危险废弃物的鉴别标准，属于危险固体废物，禁止随意丢弃。

（2）废槽衬中的氟化物加热时易挥发进入大气中，造成大气污染，使污染进一步扩散。会导致植物发生变异或者大量死亡，人和动物一旦过量吸入含有这种危害物的气体会导致骨骼变黑，使骨骼中的钙质减少，导致骨质硬化和骨质疏松，严重的甚至会导致人员死亡。

（3）废槽衬与水的反应剧烈，常温常压下就容易发生并放出大量气体，包括氢气和甲烷的爆炸性气体混合物，以及氨气和 HCN 等。在废槽衬淋雨或电解槽大修湿刨时可观察到，并有很强的氨气味。

表 2-10 为废槽衬各部分有害成分。

表 2-10 电解槽修槽废渣中的有害成分

类　别	氟/%	钠/%	氰/×10⁻⁶
底部碳块	7.89	7.56	11.60
侧部碳块	1.42	4.17	218.13
耐火砖	0.58	1.69	2.25
保温砖	0.31	0.22	7.57
捣固物	15.72	14.59	242.35
耐火灰浆	8.37	5.11	11.00
隔热板	9.40	2.61	1.85
其他	12.57	15.11	3.65

2.2.4　废槽衬的处理方法

废槽衬的处理主要有两个要求，一是废槽衬材料被其他工业所利用或进行无害化处理，二是回收利用。

无害化主要处理其中所含的可溶性氟化物，将废旧阴极转化为一般固体废弃物，然后可进行直接排放或填埋处理，也可用作路基材料，称为无害化处理方法。主要包括在钢铁工业中做熔渣添加剂、水泥工业中作补充燃料和原料、转化为惰性填土材料。

回收利用则是采用不同的工艺，使其中的有用成分能有效分离出来。目前世界有多种处理废旧阴极内衬技术，可分成几类：

（1）根据各物质的物理性质的差异，如溶解性、表面性质、密度等把碳与氟化物分离；

（2）采用热处理法来处理耐腐蚀的物质，如碳可以用高温燃烧掉。

（3）采用化学浸出等方法处理氟化物、氰化物。

2.2.4.1　水泥生产的补充燃料

废旧阴极材料在水泥工业中的再利用主要有两个方面：一方面是含碳部分用作燃料，

另一方面是耐火材料部分用作原料的替代品。

废旧阴极炭块可用作水泥制造的补充燃料。水泥的组成为 $CaO\text{-}SiO_2\text{-}Al_2O_3\text{-}Fe_2O_3$ 系，它是一种大宗生产的廉价建筑材料。废旧内衬中的炭正好作为水泥制造中的补充燃料。其中的碱金属氟化物可在炉料烧结反应中作为催化剂，因此可降低熟料烧结温度，并减少燃料用量。废阴极炭块在干法水泥窑内作为燃料添加的燃烧法同样可以在水泥工业中应用，大部分水泥窑在回转窑的前端有一个燃烧器，该燃烧器产生有效烧结所需要的高温（1500 ℃）。燃烧用空气经与热熟料的热交换被预热到很高的温度，并且在水泥窑中几乎能使任何种类的燃料燃烧。通常水泥窑用粉煤作燃料，所以用磨碎了的优选的废槽内衬可代替一部分煤。废内衬中的 Al_2O_3 和硅可作为部分原料，进入生产流程中。

法国在 1996 年进行了 400 t 规模的试验。把废槽衬的添加列入了正常的生产流程。将废槽衬分别以 0.3% 和 0.55% 比例配入原料，输入破碎机，经破碎、研磨、制浆、回转窑焙烧。经烟气监测、环境测控、水泥质量检验，结果发现，生产运转正常，烟气中 HF 浓度为 0.3 mg/m^3，HCN 和 CN 的总粒子含量没有超过警戒限度（小于 0.0008 mg/m^3）。生产的 3 种不同水泥试样中废槽衬的含量分别为 0、0.3% 和 0.55% 时，用 3 种水泥试样制作的 3 种混凝土试样，经过两天的高压试验和 28 天的常规混凝土试验，未发现废槽衬的存在影响试验参数。

2.2.4.2　钢铁工业添加剂

钢铁工业中，熔铁的冲天炉中，需要冶金焦作燃料，萤石作熔剂。冶金焦和萤石都是比较昂贵的原材料。废槽内衬材料中所含的炭正好可作为燃料代替冶金焦，废旧内衬中同时含有相当多的氟，故可利用氟盐与石灰石混合作添加剂可代替萤石。美国进行的试验结果表明，冲天炉可以正常运转，其熔渣的流动性得到改善，硫和磷含量也降低了，产品铸铁的质量良好。在向电弧炉添加废槽内衬时，废槽内衬通常被粉碎到 15~50 mm，并按一定比例与石灰混合。更细的颗粒（0.6~2 mm）可与冶金焦混合用作处理泡沫熔渣。一些与废糖浆或淀粉富聚后用于抬包中。

从废槽内衬中选出的耐火材料部分富含氧化铝，与少量氧化铝混合后 Al_2O_3 的含量高达 60% 以上，在抬包中可用作流动剂。粉碎的废槽衬中的耐火材料与适当的混凝土混合还可用于维修炼钢电炉的炉衬。

2.2.4.3　铝土矿烧结工艺

将铝电解槽废槽衬材料破碎磨粉，筛分至小于 25 mm 后与无烟煤粉按一定比例混合，作为铝土矿烧结过程中的染料加入烧结窑中。烧结过程中氰化物高温分解，氟化物反应生成难溶的氟硅酸钙，从而提高了铝土矿的铝硅比，有利于氧化铝的生产。生料配比参数不变时，往无烟煤中掺入 10% 的铝电解槽废槽衬极材料，熟料硫含量提高 18%，溶出条件得到改善。工艺流程如图 2-6 所示。

铝土矿烧结工艺具有无烟煤用量少，设备投资低，可充分利用废旧阴极等优点。但是因其不能完全处理废旧阴极材料，同时大量的氟化物转化进入赤泥，没有得到回收利用，因而此工艺只适用于有烧结法的氧化铝厂进行。

2.2.4.4　回转窑焙烧处理

回转窑焙烧处理工艺是将一定量的石灰石和粉煤灰与废旧阴极材料充分混合均匀，破碎至一定粒度，加入回转窑中，在 900~1100 ℃下焙烧处理，氟化物与石灰石充分反应之

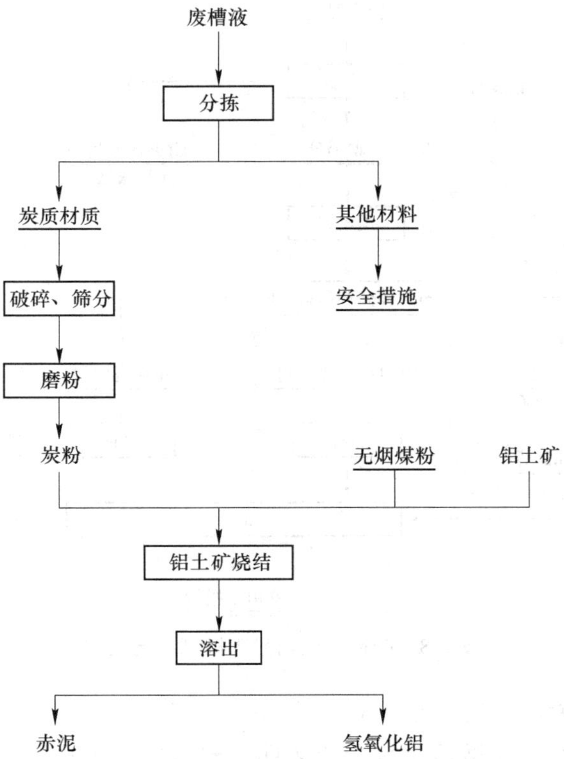

废槽液

分拣

炭质材质　　　　　　　其他材料

破碎、筛分　　　　　　　安全措施

磨粉

炭粉　　　　　　无烟煤粉　　铝土矿

铝土矿烧结

溶出

赤泥　　　　　　　　氢氧化铝

图 2-6　铝土矿烧结工艺

后，生成氟化钙或氟硅酸钙，氟化物氧化分解，最终生成氟化铝和固体渣。其中固态渣约含 20% 的氟化钙，用于烧制水泥，可起到催化作用，从而减少萤石粉的用量，其主要工艺流程如图 2-7 所示。

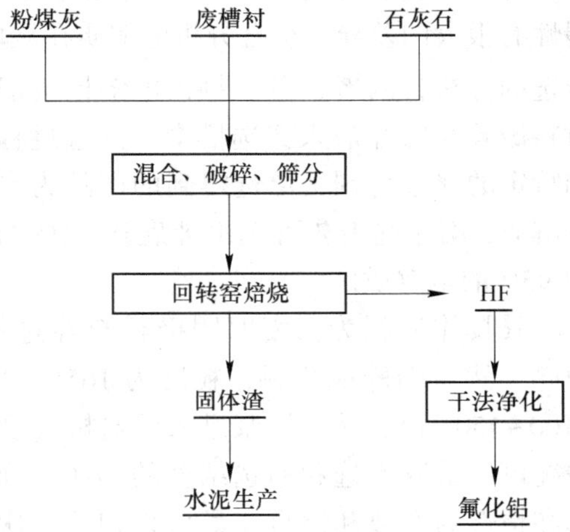

此法工艺流程简单，但在焙烧过程中产生 HF 气体，需要净化装置，石墨化炭质材料燃烧，未能更好地发挥其特有价值。

2.2.4.5　废电解槽阴极内衬做铝电解槽阳极添加剂

采用废槽衬含碳部分作为骨料代替部分冶金焦用于自焙阳极。废电解槽阴极内衬中的炭可直接用于电化学过程，而氟化物（和氧化物）进入电解质，不需要复杂的化学回收工艺过程，氰化物也得到了处理。用于阳极添加的废槽衬需要干刨，废电解槽阴极内衬做电解铝阳极添加剂制备流程如图 2-8 所示。含 4.5% 废内衬的阳极 70 kA 工业实验取得了较好的结果。

2.2.4.6　浮选法处理工艺

浮选法是利用特定的浮选剂从浆料中选取物质的一种分离方法，是目前废旧阴极处理

粉煤灰　　　　废槽衬　　　　石灰石

混合、破碎、筛分

回转窑焙烧　　　→　　HF

固体渣　　　　　　　干法净化

水泥生产　　　　　　　氟化铝

图 2-7　回转窑焙烧工艺

```
                    废电解槽
                       │
                       ▼
                    ┌──────┐
                    │  干刨  │──────────────┐
                    └──────┘               │
                       │                    ▼
                   含碳部分            耐火保温材料
                       │             （回收冰晶石）
                       ▼
                    ┌──────┐
                    │ 预磨机 │
                    └──────┘
                       │
                       ▼
              ┌────────────────┐
       ┌──────│   筛分和破碎    │──────────┐
       │      └────────────────┘          │
       ▼              │                    ▼
    细颗粒       中间颗粒废内衬          粗粒度内衬
  （回收冰晶石）        │                    │
                       ▼                    ▼
                    ┌──────┐           ┌──────┐
   煤焦油沥青        │ 储存  │           │ 储存  │      细石油焦
       │           └──────┘           └──────┘        │
       │              │                    │           │
       ▼              ▼                    ▼           ▼
  ┌──────────────────────────────────────────────────────┐
  │                        混  合                          │
  └──────────────────────────────────────────────────────┘
                              │
                              ▼
                         槽用阳极糊
```

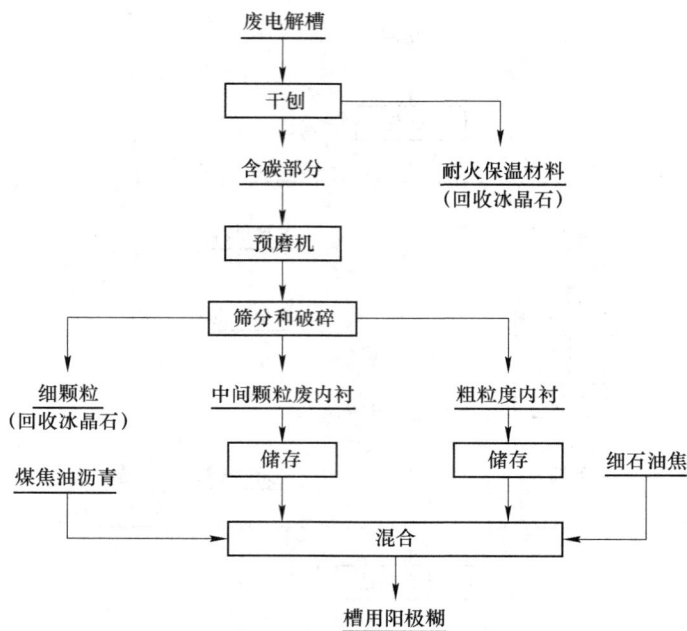

图 2-8　制造含废内衬阳极糊工艺流程

工艺中应用最广泛的方法。

废旧阴极炭块的偏光显微镜结构分析表明，浸入的电解质 NaF、Na_3AlF_6、Al_2O_3 等分布在炭块的裂缝与孔洞中，并和炭有明显的界面，通过物理破碎可以将二者分开。

另外炭块的石墨化度达 80%，部分甚至达到 90%。石墨化炭和电解质颗粒的表面润湿性有很大的差异。综合分析电解质在炭块中的分布形式以及炭的石墨化程度后，可以用浮选的方法将两者选分。将铝电解槽废旧阴极材料破碎磨粉并加入浮选槽中，浮选过程中添加特定的浮选药剂，浮选得到的产品为炭粉和电解质，用浮选工艺可选出纯度达 91% 的炭粉和 95% 的电解质。

其具体流程为：废旧阴极材料经过粗碎、中碎，然后细碎成粉料，粒度为 $165 \sim 100~\mu m$（$100 \sim 150$ 目），然后调浆进入浮选机（视浮选情况可以采取粗选和精选结合的办法，确定粗选和精选的次数和组合，最后再扫选一次，可以保证浮选的完全）浮选后，得到泡沫（产品碳）和底流（产品固体电解质）。此种碳质材料可以用于制造新的石墨电极或高强砖，也可以用作底糊原料。固体电解质的成分，主要是冰晶石和氧化铝，可以返回电解槽启动时应用。浮选工艺流程如图 2-9 所示。

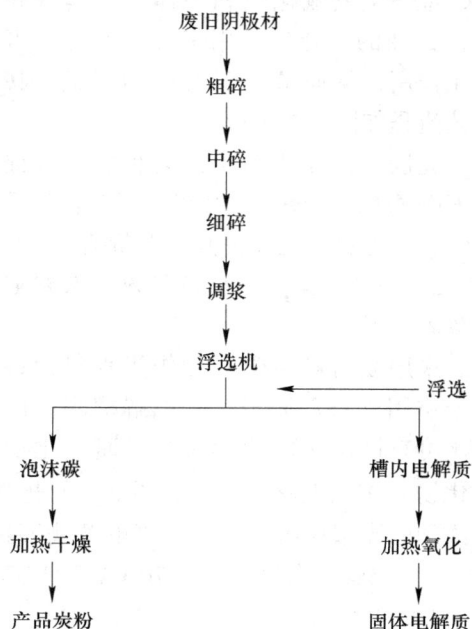

```
        废旧阴极材
            │
            ▼
          粗碎
            │
            ▼
          中碎
            │
            ▼
          细碎
            │
            ▼
          调浆
            │
            ▼
         浮选机 ◄────────── 浮选
            │
       ┌────┴────┐
       ▼         ▼
     泡沫碳    槽内电解质
       │         │
       ▼         ▼
    加热干燥    加热氧化
       │         │
       ▼         ▼
   产品炭粉   固体电解质
```

图 2-9　浮选工艺流程

浮选过程发生的主要反应如下：

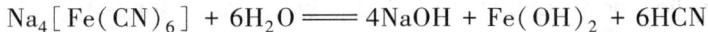

$$2Al + 3H_2O \Longrightarrow Al_2O_3 + 3H_2$$
$$2Na + 2H_2O \Longrightarrow 2NaOH + H_2$$
$$Al_4C_3 + 6H_2O \Longrightarrow 2Al_2O_3 + 3CH_4$$
$$2AlN + 3H_2O \Longrightarrow Al_2O_3 + 2NH_3$$
$$NaCN + 2H_2O \Longrightarrow NH_3 + HCOONa$$
$$Na_4[Fe(CN)_6] + 6H_2O \Longrightarrow 4NaOH + Fe(OH)_2 + 6HCN$$

在浮选过程中，废旧阴极材料与水发生剧烈的化学反应。同时放出大量的 H_2、NH_3、CH_4 和 HCN 气体，其中 NH_3 具有强烈的刺激性气味；HCN 是剧毒气体；H_2 和 CH_4 属易燃气体，存在安全隐患，故均需进行无害化处理。

浮选的废水中含有氰化物和氟化物，需要无害化处理，可以调节 pH 值至 9~11，加入漂白粉可以使氰化物被氧化，使氟化物沉淀成 CaF_2，可以再次作为添加剂使用，经过净化处理的废水仍可以循环使用。

$$Ca^{2+} + 2F^- \Longrightarrow CaF_2$$

浮选法处理工艺具有将废旧阴极材料中的氟化物和炭粉进行分别回收的优点，但同时也存在以下缺点：

（1）浮选废水中 F^- 和 CN^-，远超出国家废水排放标准，必须增加废水处理工艺；

（2）回收的氟化物和炭粉没有完全分开，不能直接利用；

（3）废旧阴极磨粉成本高；

（4）浮选剂种类多、价格昂贵；

（5）整个工艺流程复杂、设备投资大。

2.2.4.7 酸碱联合法

酸碱联合法是先后采用 NaOH 和 HCl 溶液对废旧阴极进行浸出。首先用 NaOH 浸出废旧阴极中的 NaF，浸出渣采用 HCl 进一步浸出，可获得纯度为97%的炭粉。碱浸出液直接蒸发结晶得到 NaF，酸浸出液与一部分碱浸出液反应，调整 pH 值为 9 的条件下得到 Na_3AlF_6，反应所得废水用漂白粉处理分解氰化物并沉淀出 CaF_2，过滤后所得滤液蒸发得到 NaCl 结晶，实现零排放。

2.2.4.8 燃烧法

燃烧法即将废旧炭块粉碎后，添加粉煤灰，石灰石等添加剂，控制有害物质燃烧的分解条件。其中氰化物在 300 ℃时约99.5%可以分解消失，加热到 400 ℃时约99.8%分解消失，而到 700 ℃以上时可以达到100%分解，首先达到了无害化，再利用其中炭素材料的热能。

废槽衬的火法处理过程较复杂，对其化学反应机理有待进一步深入研究。其中有害物质反应存在如下反应：

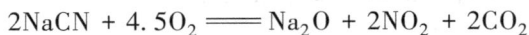

$$2NaCN + 4.5O_2 \Longrightarrow Na_2O + 2NO_2 + 2CO_2$$
$$2NaCN + 4O_2 \Longrightarrow Na_2O + N_2O_3 + 2CO_2$$
$$2NaF + CaO + SiO_2 \Longrightarrow CaF_2 + Na_2O \cdot SiO_2$$
$$2NaF + 3CaO + 2SiO_2 \Longrightarrow CaF_2 + Na_2O \cdot SiO_2 + 2CaO \cdot SiO_2$$

2.2.4.9 　高温水解法

美国凯撒铝公司用高温水解法（Pyrohydrolysis）处理废旧内衬材料，在 1200 ℃ 高温下，燃烧废旧内衬材料，并通入水蒸气，使之与氟盐起反应，生成 HF 气体，此时内衬材料中所含的氰化物发生分解。HF 用水吸收后，得到 25% 的水溶液，可用来制造工业氟化铝（AlF_3）。因此，废旧阴极材料对于环境的污染弃置问题可得以解决。所用的主要设备是一台用耐火砖砌筑的循环流化床反应器，其内径为 0.5 m，高 7 m。还有两台用耐火砖砌筑的旋风收尘器，把颗粒物料送回反应器，以维持流化床的循环流动。空气、水蒸气及小于 1 mm 的细粒从反应器的底部供入。反应器中产生的高温气体用水或弱酸淋洗后，通过袋滤器，进入吸收塔，残余气体在碱式洗涤器内处理。高温水解过程中的主要反应为：

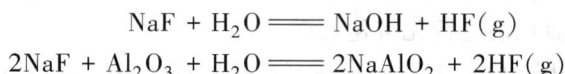

$$NaF + H_2O \stackrel{\textstyle =\!=\!=}{} NaOH + HF(g)$$
$$2NaF + Al_2O_3 + H_2O \stackrel{\textstyle =\!=\!=}{} 2NaAlO_2 + 2HF(g)$$

原始材料所含的有用物质，经处理后得到氢氟酸和铝酸钠溶液，后者可合并到拜耳法流程中生产氧化铝。

2.2.4.10 　盐溶液法

采用 HNO_3 和 $Al(NO_3) \cdot 9H_2O$ 处理废旧阴极内衬，回收 Al，氟化物和碳。具体流程为，废旧阴极炭块经过破碎，过 200 目（0.074 mm）筛。首先采用水洗，将可溶性的 NaF 和 Na_2CO_3 去除。过滤后的滤渣用 0.5 mol/L 的 HNO_3 和 0.36 mol/L $Al(NO_3) \cdot 9H_2O$ 的混合液在 60 ℃ 下进行浸出，CaF_2 和 Na_3AlF_6 以 $AlF_x^{(3-x)+}$ 形式溶解进入溶液，反应过程中产生的 HCN 和 HF 用 NaOH 吸收。再次过滤所得滤渣烘干得到纯度 87%~92% 的碳。将水洗液和滤液混合，通过调节 pH 值，96.3% 氟化物回收，最终 Al 和 F 以 $AlF_2OH \cdot 1.4H_2O$ 析出，转化成 AlF_3。Mg 和 90%Ca 转化成 MgF_2 和 CaF_2。

2.3 　炭渣资源化利用

2.3.1 　炭渣的来源

工业铝电解槽在结构上仍是采用炭素材料作为阴极和阳极，因而铝电解质熔液中炭渣的产生实际上是不可避免的。铝电解质溶液中的炭渣主要来自 3 个方面：

（1）炭素阳极的不均匀燃烧而导致炭粒崩落；

（2）电解过程中的二次反应生成游离的固态碳（Al 与 CO_2 及 CO 反应导致 C 的还原）；

（3）阴极炭素内衬在铝液和电解质溶液的侵蚀和冲刷下产生炭粒剥落。

电解槽内炭渣的产生对铝电解过程的影响较大。为保证铝电解生产过程正常进行，铝电解槽电解质中的炭渣必须定期打捞。在炭渣打捞过程当中，电解质因黏附在炭渣表面被带走，炭渣中通常含有 60% 左右的电解质。据统计，每生产 1 t 原铝，产生炭渣 5~20 kg。

2.3.2 　炭渣的组成

炭渣中电解质含量约占 60%，炭约占 40%。电解质主要包括：冰晶石、亚冰晶石、氧化铝、氟化钙、氟化镁、锂冰晶石、氟化铝等，其含量如表 2-11 所示。

表 2-11　炭渣中电解质的主要成分与相对含量

电解质成分	Na_3AlF_6	$Na_5Al_3F_{14}$	CaF_2	MgF_2	AlF_3	LiF	Al_2O_3	Li_2AlF_6
相对含量/%	64.2	10.2	5.6	3.5	3.2	2.1	5.1	4.1

炭渣的化学元素分析如表 2-12 所示，碳含量约为 40%。

表 2-12　炭渣的化学元素分析

元素	Na	Al	F	C	其他
含量/%	13.81	8.42	29.61	41.53	6.63

2.3.3　炭渣的处理方法

2.3.3.1　浮选法处理炭渣

铝电解质溶液中炭渣的回收利用主要采用浮选工艺。利用炭渣中的炭和电解质这两种物质不溶于水以及比重不同的特点，在浮选药剂的作用下，使其浮选分离。具体工艺主要包括粗选、磨炭渣、浮选和干燥备用等步骤，流程图如图 2-10 所示。

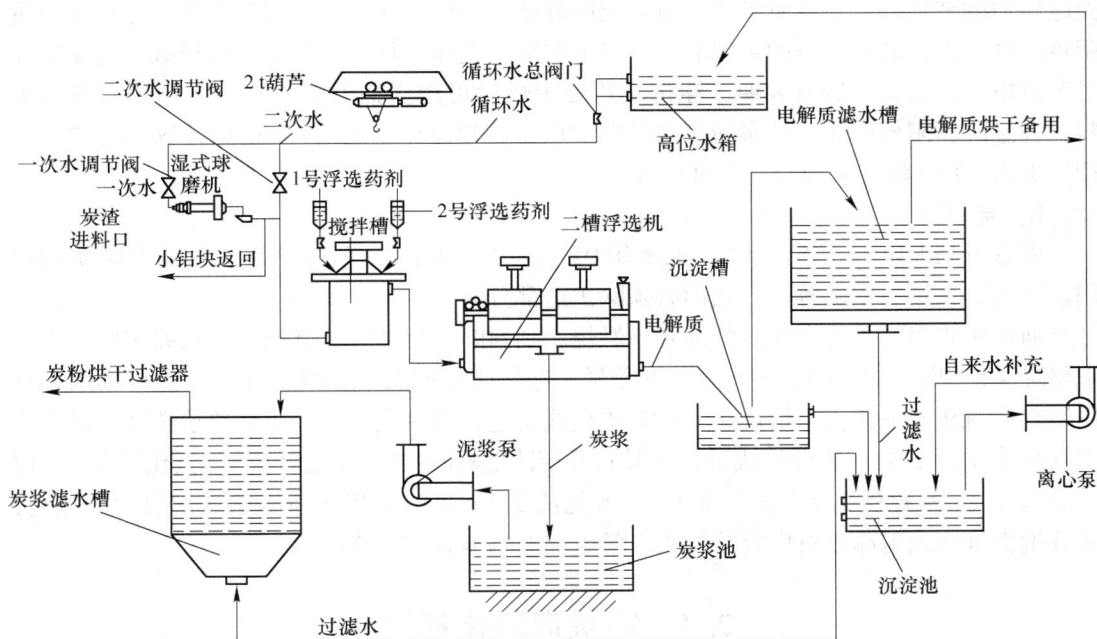

图 2-10　电解炭渣回收利用工艺及设备流程

（1）粗选。把炭渣中的碳和电解质分别提取出来，采用的是浮选的方法。实际上就是利用这两种物质不溶于水以及比重不同的特点，在浮选药剂的作用下，使之分离。具体工艺过程如下：捡去炭渣中混有的木材、砖块、钢丝金属件、铝渣等杂物，把大块的炭渣破碎成小于 40 mm 的碎块，喷水使其潮湿，以免喂料时扬灰。

（2）磨炭渣。磨炭渣是关键工序，磨矿质量直接影响电解质的品质和产量。磨渣时采用人工喂料，每分钟 14 kg 左右，并在球磨机出料口处加一定量的水，使磨后矿浆浓度为 70%，调整球磨机配球比例和总装球量，使粒度分布为 0.15 mm 的矿磨料为 80%。

（3）加入浮选药剂。将球磨机出口处的浓浆按 1∶1 的比例加水稀释后流入搅拌槽。边搅拌边加入 1 号、2 号浮选药剂，加入量分别为 50 mL/min。1 号浮选剂为按 1∶5 体积比配制的松节油、煤油的混合液体，2 号浮选剂为水玻璃。

（4）浮选。加入浮选药剂的稀矿浆经过充分混合后，流进浮选机浮选。浮选机将上面的炭浆分离出去，流入炭浆池中。底流物质（电解质）从侧部流入沉淀槽中沉淀后得到电解质。多余的水则流入沉淀池中，经澄清后抽入高位水箱中备用。生产用水循环作用，不向外排放，不够时用自来水补充。

（5）干燥备用。电解质滤除水分烘干后即可返回电解槽中使用。炭粉滤除水分干燥后，可作为阳极糊生产过程中一部分微粉使用。

2.3.3.2　浮选产品的处理与应用

A　炭粉

浮选炭粉中含炭 91%，电解质 9%。其中的炭多数是从炭阳极上掉下来的油焦，质地纯净。浮选炭粉中的电解质主要为冰晶石，其次为锂冰晶石、氟化铝、氟化锂和氧化铝。相关研究已经证明：当炭阳极中含有适量冰晶石、氟化铅、氯化锂和氧化铝时，除能够补充电解质的消耗外，更有意义的是氟化铝能降低炭阳极消耗速度，冰晶石和锂盐可作为炭阳极的催化剂，提高阳极的可湿润性，降低阳极过电压，从而可以减少阳极效应的发生并且节省电能。实验室研究表明，浮选炭粉经干燥后可用于铝电解自焙阳极制作原料的配料，并且配制阳极糊时，从炭粉带来的电解质不宜超过糊量的 1%。根据计算，每吨阳极糊中加入 50 kg 浮选炭粉是完全可行的。

B　电解质

浮选得到的电解质含炭 5%，电解质 95%，由于其中含有 5% 的炭而影响电解质的使用。因此，在用于铝电解生产之前必须除去这部分炭。

通过实验表明炭粉在 500 ℃ 即开始燃烧，到 600 ℃ 可加速其燃烧，在马弗炉中 600 ℃ 下焙烧 4 h，电解质中的炭和水分基本除尽，电解质纯度大于 99%。在工业上可选用小型回转窑在 600 ℃ 下除炭。焙烧后的电解质呈淡黄色，略带浅红色，用氟离子选择电极法测定其分子比为 2.57，成分组成为：冰晶石及亚冰晶石 65.2，氧化铝 8.3，氰化钙 7.4，锂冰晶石 5.2，氧化镁 3.7，氟化锂 2.1，氟化锗 2.1。可将其用作新铝电解槽启动用原料，或分批少量掺入新冰晶石中直接加入正常生产的铝电解槽中使用。

2.4　铝灰资源化利用

2.4.1　铝灰的来源

铝灰又称铝渣、铝渣灰，是电解铝或铸造铝生产工艺中产生的熔渣经冷却加工后的产物，含有铝及多种有价元素，是一种可再生资源。在电解过程中，由于金属铝比较活泼、易氧化等特点，熔融状态的铝与电解槽内的氧气、氮气等发生反应，不可避免地产生副产物铝灰。

铝灰的来源主要包括三个方面：

（1）熔盐电解生产铝的过程中由于操作过程夹带、阳极更换、出铝、铸锭，会产生一定量的铝灰，电解 1 t 铝产生铝灰 30~50 kg；

（2）金属铝在铸造、加工过程中，由于铸锭、多次重熔、配制合金、零部件浇铸，或锻造、挤压、轧制、切削加工将产生铝灰，该过程约产生铝灰 30~40 kg；

（3）废铝再生过程中也会产生铝灰，废铝再生并重新加工成制品的回收率一般为 75%~85%，再生 1 t 废铝将产生铝灰 150~250 kg。

2.4.2　铝灰的组成与分类

铝灰的成分具有差异性，这是由于不同的生产方法使铝的来源路径各不相同，主要是由单质金属铝、Al_2O_3 以及盐溶剂的混合物构成。金属铝表面覆盖着氮化铝和氧化铝。铝灰成分具体含 Al 10%~30%，Al_2O_3 20%~40%，Si、Mg、Fe 氧化物 7%~15%、15%~30% 的 K、Na、Ca、Mg 氯化物和微量的氟化物。

为了区分铝灰的种类，根据铝灰中所含铝的百分比，铝灰通常被分为白铝灰、黑铝灰、盐饼三种。

（1）白铝灰：一次铝工业废弃物，又称一次铝灰。其颜色呈灰白色，产生于不添加盐类添加剂的电解铝生产过程。其含有大量的金属铝和氧化铝，铝的含量一般为 15%~70%，可作为二次铝工业原料。

（2）黑铝灰：二级铝工业废弃物，又称二次铝灰。其颜色呈灰黑色，主要成分为金属铝（15%~25%）、氧化铝（25%~45%）、可溶性盐类（35%~50%）及其他组分。与白铝灰相比，黑铝灰含有较少的金属铝以及更多的盐类。

（3）盐饼：黑铝灰的一种，固结成块。其金属铝含量较低、含有大量的盐类。主要组成为金属铝（6%~10%）、氧化铝（15%~30%）、氯化铝（30%~55%）、其他盐类（15%~30%）和杂质。

2.4.3　铝灰的危害

（1）铝灰中存在着大量的有毒元素：硒、砷、钡、镉、铬、铅等，如果将铝灰填埋，对当地土壤及水资源会造成严重污染，造成周边牲畜、居民和植物重金属中毒，还会导致周边土壤盐碱化，农作物大量死亡；

（2）铝灰中还含有一定量的氮化物，与水反应作用后会生成大量 NH_3 气体、H_2 气体和 CH_4 气体，这些气体都属于可燃气体，会有引发火灾的风险；

（3）铝灰中有一定量的 As 和 AlAs，接触到水后会生成 AsH_3 气体，该气体属于剧毒类气体，对人体伤害极大，若是留存在工作场所会造成空气污染以及导致工人急性砷化氢中毒。

随着铝工业的迅速发展，废弃铝灰的量也随之快速增长。铝灰中存在许多有价成分，具有回收的经济价值，并且可以取代铝灰填埋的落后方式，消除由此产生的环境污染和铝资源的浪费。

2.4.4　铝灰的处理方法

铝灰的资源化利用主要是围绕着金属铝和氧化铝资源进行的。

2.4.4.1　回收金属铝

铝的熔点为 660 ℃，氧化铝、氧化硅等铝灰中氧化物熔点往往在 1000 ℃ 以上。因此利用熔点差异大的特点在铝熔化的高温状态下分离铝液和固体铝灰是回收金属铝的常用方法。高温条件下回收铝金属主要有炒灰法、压榨回收法、回转窑法、等离子体速熔法、MRM（metal recycling machine）法以及 ALUREC（aluminnium recycling）法。

（1）炒灰法。将热态的铝灰放置在倾斜的铁锅中，由于铝灰本身温度高，在翻炒过程中镁等金属继续氧化放热，铝灰温度持续升高。金属铝呈液态形成铝熔体，铝液与铝灰润湿性差，铝滴具有一定的表面张力有利于铝液滴在翻炒过程中不断地碰撞、汇集和长大，与铝灰分离汇集到底部，可直接取出。

（2）回转窑法。回转窑具有一定的倾斜角度，铝灰在回转窑中随窑体旋转反复搅拌，液态铝滴也因而流动汇集。铝液经汇集从窑底流入吊包中，其他氧化渣外排。回转窑效率高、机械化程度高，是大型企业处理铝灰的常用方法。

（3）压榨回收法。压榨法是将热铝灰装入机械，施加压力将熔融铝挤压出。该方法主体装置为压头和渣槽。首先将热铝灰放置于渣槽中，通过压头施加 15 MPa 的压力挤压热铝灰，铝液在压力下流向渣槽下部的容器内，其他氧化物留在渣槽中。处理过程中为避免铝液的氧化，压头采用水冷方式，良好的导热条件可将热铝灰温度由初始的 800 ℃ 降低至 450 ℃ 以下，该方法铝金属回收率约为 60%。

（4）等离子体速熔法。等离子体速熔法采用电离形成的高温等离子体对铝灰进行加热熔化，电离过程中在流动空气中适量加入二氧化碳、甲烷或氢气等助燃气体，可将流动过程中的物料迅速加热到 950°C，这样的操作目的是使铝颗粒表面附着的氧化物保护膜消失，让铝颗粒具有更强的流动性，快速汇集到炉底。在操作过程中加入一定的氧化钙造渣剂，氧化钙和氧化铝可形成铝酸钙，与铝液形成明显的分层，可分离获得金属铝和铝酸钙两种产品。

（5）MRM 法。MRM 法工艺是将刚出炉的热铝灰直接放入带有搅拌装置的设备内，同时添加放热的添加剂使渣保持一定的高温，在搅拌和沉积作用下铝液沉积于设备底部。改良的 MRM 法是在氩气保护下进行的，铝的烧损降低到 4%，回收率达 90%。

（6）ALUREC 法。ALUREC 法由丹麦阿加公司、霍戈文斯铝业公司和曼公司联合开发。该工艺采用回转式的熔化炉，使用天然气在富氧状态下快速燃烧加热铝灰，铝灰温度迅速提高，铝液熔化聚集于炉底。纯氧在其中起到了助燃的作用，因此在相当短的时间内即可到达操作所需的高温条件，在燃烧过程中有机气体（C_nH_m）与氧气在高温下主要生成二氧化碳与水，减少了排放对环境的污染。

2.4.4.2　氧化铝的回收

铝灰渣中回收氧化铝的技术主要是将经过筛分、水洗除杂等初步分离的铝灰渣通过水解、酸浸、碱浸或碱性熔炼等方法得到含铝离子（Al^{3+} 或 AlO_2^-），利用其两性酸碱性质，得到易于分离的相应沉淀或晶体，再经过一定温度的焙烧，可得到最终产品氧化铝。

酸浸法工艺由盐酸浸出、共沉淀、提纯（分离+过滤）、再沉淀、煅烧五个阶段组成。具体工艺如下：

（1）铝灰中加入一定量盐酸，铝灰中的金属与酸反应放出氢气。

$$2Al + 6HCl \longrightarrow 2AlCl_3 + 3H_2 \uparrow$$

$$M_xO_y + 2yHCl \longrightarrow xMCl_{2y/x} + yH_2O$$

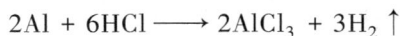

溶液经过过滤，渣中主要含有 SiO_2、C 等。

（2）滤液中加入氨水，金属氯化物形成氢氧化物析出。

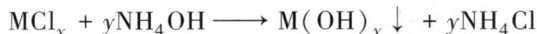

$$MCl_y + yNH_4OH \longrightarrow M(OH)_y \downarrow + yNH_4Cl$$

（3）为了从其他金属氧化物分离氢氧化铝，加入氢氧化钠，得到铝酸钠溶液。

$$Al(OH)_3 + NaOH \longrightarrow NaAlO_2 + 2H_2O$$

（4）向铝酸钠溶液加入盐酸形成氢氧化铝沉淀析出。滤液返回第二阶段。

$$NaAlO_2 + HCl + H_2O \longrightarrow Al(OH)_3 \downarrow + NaCl$$

（5）所得氢氧化铝通过 700 ℃煅烧 2 h 得到氧化铝。

$$2Al(OH)_3 \longrightarrow Al_2O_3 + 3H_2O$$

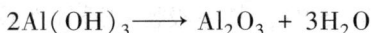

工艺流程如图 2-11 所示。

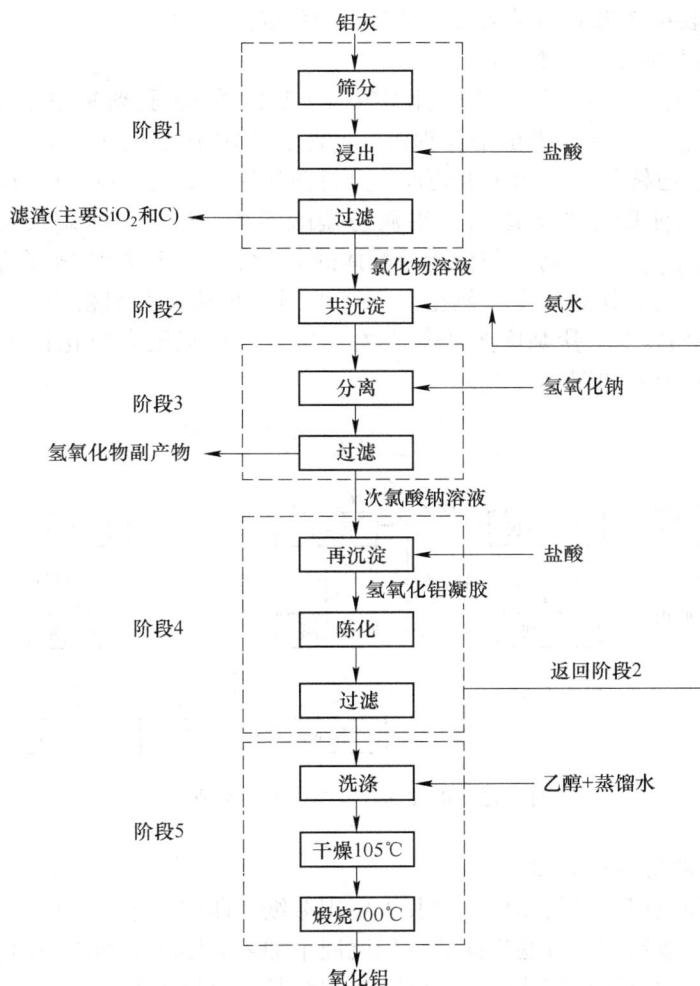

图 2-11　从铝灰中合成氧化铝流程

2.4.4.3　铝灰生产公路材料

以铝灰为原料制备铺设路面的材料，该技术已经在日本等发达国家中广泛应用，制备工艺主要是将铝灰与硅石（SiO_2）粉混合，在 1350 ℃烧结，即制成铺设路面的材料，其硬度是普通路面材料的 1.5 倍，抗滑能力是普通路面材料的 1.2 倍。

2.4.4.4　铝灰制备陶瓷清水砖

清水砖是传统的墙体材料黏土烧结砖的良好替代品，具有节能、质轻、保温、隔音等优点，而且可直接作为外墙体而不需要任何其他装饰，大大缩短了施工时间，减少了施工费用。大规模推广应用之后，必将在环保、节能等方面扮演重要角色。

采用铝灰为主原料，添加一定量黏土、石英，采用低烧成温度添加剂，压制成形后煅烧，可制备高性能陶瓷清水砖。清水砖产物中铝灰含量 60%以上，由 α-Al_2O_3 和钙长石 $CaAl_2Si_2O_3$。砖体气孔率为 30%~50%，其呼吸性和透气性较强，保证了较好的保温性和隔热性能。加入复合添加剂后所制得的陶瓷清水砖抗折强度大于 20 MPa，抗压强度大于 60 MPa，在保证装饰效果的同时又具有足够高的强度。

2.4.4.5　铝灰制备铝灰基絮凝剂

聚合氯化铝（PAC）是一种应用广泛的无机高分子絮凝剂，其化学通式为 $[Al_2(OH)_nCl_{6-n}]_m$（其中 m 表示聚合程度，n 表示 PAC 产品的中性程度），多应用于造纸、印刷、石油、电镀等行业的污水处理，是目前使用量最大、技术最成熟的絮凝剂。

采用铝灰及工业废盐酸为原料，铝灰与盐酸溶出、聚合、水解反应，生成聚合体 $[Al_2(OH)_n(H_2O)_Y]_m^{(6-n)+}$，将其与作为外配体的 Cl^- 结合，反应生成聚合氯化铝（PAC），然后沉淀、过滤、调节其盐基度，熟化后便可得到铝灰基絮凝剂粗产品。絮凝剂产品中 Al_2O_3 含量达到 8%以上，盐基度为 45%左右，符合工业级聚合氯化铝国家标准（GB/T 22627—2008）。其流程如图 2-12 所示。

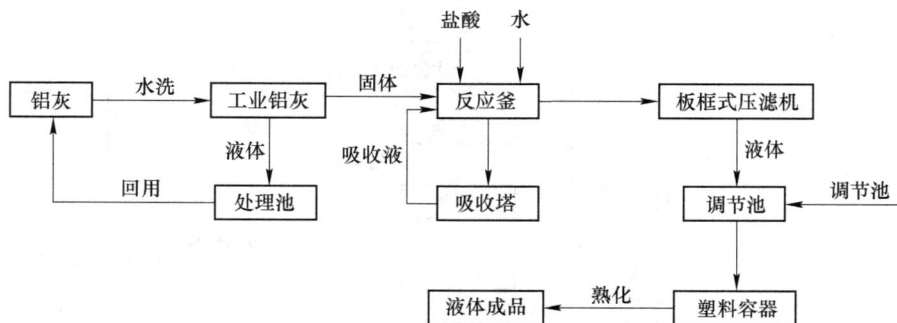

图 2-12　铝灰基絮凝剂生产工艺流程

2.4.4.6　铝灰制备硫酸铝

硫酸铝是一种应用广泛的无机盐，其主要用造纸、印刷、净水等行业。

先采用硫酸浸取铝灰，过滤后向硫酸铝滤液中加入高锰酸钾和添加剂，高锰酸钾与铁反应生成沉淀，过滤沉淀得到滤液，浓缩、冷却结晶便可得到低铁硫酸铝产品，工艺流程如图 2-13 所示。

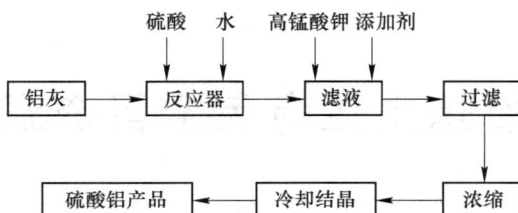

图 2-13　共沉法制取低铁硫酸铝工艺流程

2.4.4.7　生产棕刚玉

棕刚玉是一种工业人造磨料，主要化学成分 Al_2O_3，由于其具有不开裂、不起爆、不粉化的特点，广泛应用于磨具制作、耐火材料等领域。

采用预处理后的铝灰作为原料，利用无烟煤作为还原剂还原铝灰中的杂质、生产棕刚玉。炉料中添加的过量铁屑与被还原的金属杂质反应生成硅铁合金，硅铁合金从熔化的棕刚玉中析出，并沉积到反应炉底部。产物出料时，首先倒出的是棕刚玉，然后是杂质硅铁合金。利用铝灰生产棕刚玉流程如图 2-14 所示。

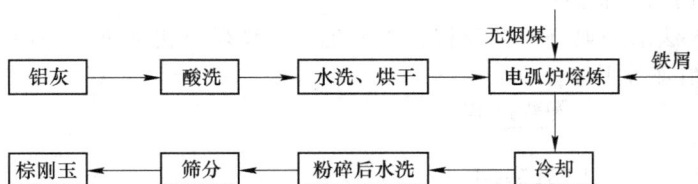

图 2-14　利用铝灰生产棕刚玉工艺流程

2.4.4.8　其他应用

铝灰还可以作为炼钢脱氧剂、改质剂，还可以制备耐火材料、Sialon 陶瓷、人造沸石、油墨用氧化铝、肥料等。

本 章 小 结

本章主要介绍了铝工业生产过程中产生的主要废弃物赤泥、铝电解槽废槽衬、炭渣和铝灰的来源、组成、化学性质及其资源化利用方法。

习　题

(1) 简述赤泥的综合利用方法有哪些。

(2) 赤泥常用的活化方法有哪些？

(3) 吸附的主要类型有哪些？

(4) 电解槽废槽衬包括哪几部分？

(5) 举例说明炭渣的处理方法。

(6) 举例说明铝灰的处理方法。

3 铅冶炼企业有色金属资源循环利用

本章提要：
（1）了解铅冶炼过程中产生的废弃物的来源；
（2）掌握本章中出现的相关概念和术语的主要内涵；
（3）掌握炼铅炉渣、烟化炉弃渣、浮渣、电解精炼阳极、烟尘资源化处理方法与原理。

自然界中铅矿含铅仅为1%~9%，一般不是以单一的铅矿存在，而是与锌、铜共生，此外还含有金、银、铋、镉、铟等金属。铅矿石一般经过选矿后，得到铅精矿，然后再将铅精矿送冶炼厂处理。铅的冶炼方法分为火法和湿法。目前铅的生产几乎全为火法。火法炼铅又分为氧化还原熔炼法、反应熔炼法、沉淀熔炼法。目前世界上生产的粗铅约有90%是采用氧化还原熔炼法生产。

图 3-1 为铅火法冶炼典型工艺流程，主要包括铅精矿氧化熔炼、还原熔炼、粗铅火法精炼、粗铅电解精炼等工序。

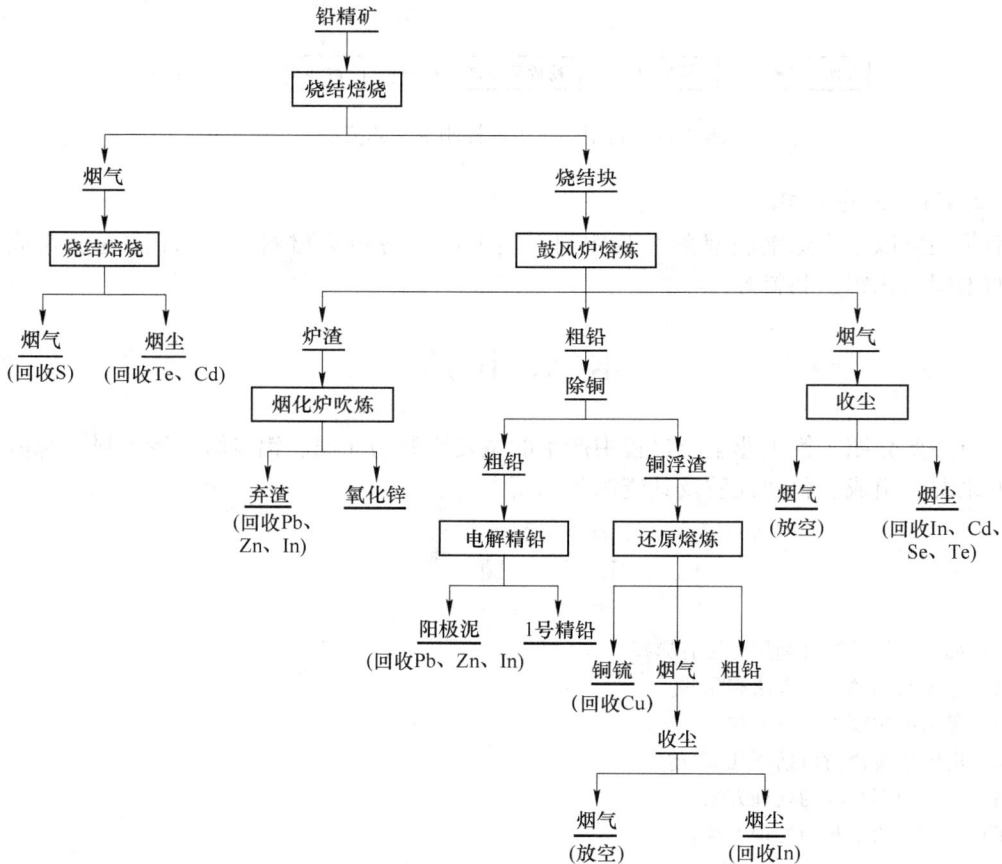

图 3-1　铅冶炼工艺流程

铅冶炼过程中产生的废弃物主要有还原炉渣、铜浮渣、氧化铅渣、除尘尘泥、制取硫酸过程净化工序产生的酸泥、电解精炼阳极泥、制酸尾气湿法脱硫渣、污酸处理渣、废水处理污泥。

3.1 炼铅炉渣资源化利用

3.1.1 炼铅炉渣的来源与组成

在火法炼铅过程中除了获得粗铅,还会产生炉渣。炉渣主要由炼铅原料中的脉石氧化物和冶金过程中生成的铁、锌氧化物组成,其组分主要来源于以下几个方面:

(1) 矿石或精矿中的脉石,如炉料中未被还原的氧化物 SiO_2、Al_2O_3、CaO、MgO、ZnO 等和炉料中被部分还原形成的氧化物 FeO 等。

(2) 因熔融金属和熔渣冲刷而侵蚀的炉衬材料,如炉缸或电热前床中的镁质或镁铬质耐火材料带来的 MgO、Cr_2O_3 等,这些氧化物的量相对较少。

(3) 为满足冶炼需要而加入的熔剂,矿物原料中的脉石成分如 SiO_2、CaO、Al_2O_3、MgO 等。单体氧化物的熔化温度很高,只有成分合适的多种氧化物的混合物才可能具有合适的熔化温度和适合冶炼要求的物理性质。因此,各种原料中脉石的比例不一定符合造渣所要求的比例,必须配入熔剂如河砂 (石英石)、石灰石等。

(4) 伴随炭质燃料和还原剂 (煤、焦炭) 以灰分带入的脉石成分。

工业上对炉渣的要求是多方面的,选择十全十美的渣型比较困难。应根据原料成分、冶炼工艺等具体情况,从技术、经济等各方面进行比较,选择一种较适合本企业情况的相对理想渣型。

炼铅炉渣是一种非常复杂的高温熔体体系,它由 FeO、SiO_2、CaO、Al_2O_3、ZnO、MgO 等多种氧化物组成,它们相互结合而形成化合物、固溶体、共晶混合物,还含有少量硫化物、氟化物等。虽然各种炼铅方法 (如传统的烧结—鼓风炉炼铅法、密闭鼓风炉炼铅法和基夫赛特法、QSL 法等) 和不同工厂炉渣成分都有所不同,但基本在下列范围波动 (%):3~20 Zn,13~30 SiO_2,17~31 Fe,10~25 CaO,0.5~5 Pb,0.5~1.5 Cu,3~7 Al_2O_3,1~5 MgO 等。此外,炉渣还含有少量铟、锗、铊、硒、碲、金、银等稀贵金属和镉、锡等其他重金属。其中含量最多的有价金属是铅、锌。

3.1.2 炼铅炉渣的处理方法

3.1.2.1 炼铅炉渣烟化法处理

各种火法炼铅炉渣都不能当作废渣弃之,这类炉渣一般都含有10%~20%的金属,其中除含 Pb、Zn 金属成分外,还含有伴生的其他有价金属,如果不处理回收,不仅是一种资源浪费,还会污染环境。对炼铅炉渣的处理,工业上广泛采用烟化法。

炼铅炉渣烟化过程的实质是还原挥发过程,即把粉煤 (或其他还原剂) 和空气 (或富氧空气) 的混合物鼓入烟化炉的熔渣内,使熔渣中的铅、锌化合物还原成铅、锌蒸气,挥发进入炉子上部空间和烟道系统,被专门补入的空气 (三次空气) 或炉气再次氧化成 PbO 或 ZnO,并被捕集于收尘设备中。炉渣中的铅也有可能以 PbO 或 PbS 形式挥发,锡则被还原成 Sn 及 SnO 或硫化为 SnS 挥发, Sn 和 SnS 在炉子上部空间再次氧化成 SnO_2, 此外, In、Cd 及部分 Ge 也挥发, 并随 ZnO 一起被捕集于烟尘。炼铅炉渣烟化炉烟化过程示意如图 3-2 所示。

炼铅炉渣中含有 0.5%~5% 的铅, 4%~20% 的锌, 其中的锌、镉可以以氧化物烟尘的形式回收后送湿法炼锌厂回收, 铅进入浸出渣返回炼铅。另外高温熔渣含有大量的显热, 也可以蒸气的形式回收部分。

烟化炉的主要化学反应如下:

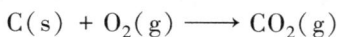

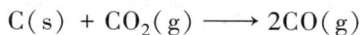

$$C(s) + O_2(g) \longrightarrow CO_2(g)$$
$$C(s) + CO_2(g) \longrightarrow 2CO(g)$$
$$ZnO(l) + CO(g) \longrightarrow Zn(g) + CO_2(g)$$
$$PbO(l) + CO(g) \longrightarrow Pb(g) + CO_2(g)$$

图 3-2　烟化炉渣过程示意

由于铅的氧化物的还原过程是放热反应, 其平衡常数会随温度升高而降低。而氧化锌的还原是一个强烈的吸热反应, 因此该反应的平衡常数将随温度的升高急剧增大, 升高温度可以促进反应堆进行。烟化炉是在 1250~1300 ℃ 的温度下, 控制炉内适当的还原气氛, 使 Zn、Pb 等还原挥发进入烟尘, 同时抑制 FeO 的还原。

烟化过程分为升温和还原阶段。吹炼时把空气和粉煤灰吹入炉内熔渣中, 炉内温度和还原气氛靠调整粉煤和空气量实现, 升温阶段空气过剩系数为 0.8~1.0, 炭几乎完全燃烧, 以使固态水淬渣熔化并使炉温升至 1250~1300 ℃。还原阶段空气过剩系数为 0.5~0.7, 以确保炉内还原气氛, 使熔融的铅锡氧化物料中的氧化锌还原成锌蒸气, 进入气相。气相中的铅、锌在炉子的上部空间再被氧化成氧化锌。烟化炉上部空间的主要氧化反应为:

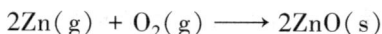

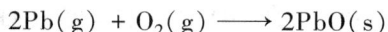

$$2Zn(g) + O_2(g) \longrightarrow 2ZnO(s)$$
$$2Pb(g) + O_2(g) \longrightarrow 2PbO(s)$$

烟化炉可以有效地使炉渣中的铅、锌等有价金属挥发进入烟尘中, 铅、锌挥发率在 85%。收集烟尘酸浸后电解, 回收铅、锌金属, 并综合回收其他有价金属。挥发残渣水淬后可做建筑材料。

炼铅炉渣烟化处理可用回转窑、电热和烟化炉等火法冶金设备进行处理。

A　回转窑烟化法

回转窑烟化法即 Waeltz (威尔兹) 法, 该法早在 1926 年就在波兰被首次采用。回转窑法实质就是在回转窑中处理铅熔炼炉渣、低品位铅锌氧化矿、含锌高的钢铁厂烟尘和湿法炼锌的中性浸出渣均可采用焦炭作还原剂, 将其中的铅、锌、铟、锗等有价金属还原挥发进入烟气, 然后再被氧化成氧化物, 并与烟气一同进入收尘系统被捕集下来, 获得的产品为品位较高的氧化锌, 作为提取锌等有价金属的原料。

回转窑处理铅水淬渣, 渣含锌以大于 8% 为宜, 低于 8% 时则锌的回收率小于 80%, 且产出的氧化锌质量差。水淬渣粒度小于 3 mm, 通常占 65%~81%。焦粉要求粒级分布

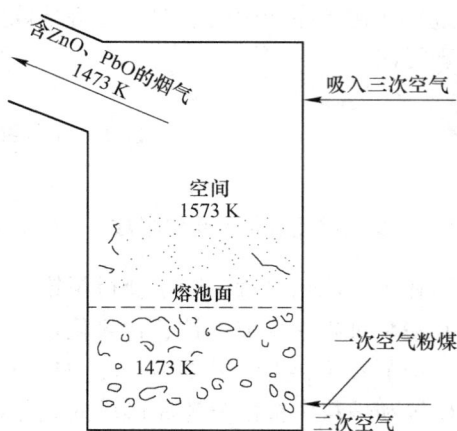

在一定区间，以适应窑中各带的需要，一般要求粒度 9~15 mm 少于 10%，3~9 mm 大于 50%，3 mm 以下少于 40%，水淬渣与焦粉比例一般为 100∶（35~45）。

窑内焦粉燃烧所需空气，除靠排风机造成的炉内负压吸入供给外，还常在窑头导入压缩空气和高压风，喷吹炉料强化反应，以延长反应带，使锌铅充分挥发。炉料中焦粉燃烧发热不够时，需补充煤气或重油供热。窑内气氛为氧化性气氛，常控制烟气中含 CO_2 15%~20%，O_2 含量大于 5%。回转窑内可分为预热带、反应带和冷却带。

回转窑产物有氧化锌、窑渣和烟气。氧化锌分烟道氧化锌（一般含 38.2%Zn、0%~13.5%Pb）和滤袋氧化锌（一般含 70%Zn，0%~8%Pb），其产出率取决于铅水淬渣含锌，一般为渣量的 10%~16%。烟道氧化锌与滤袋氧化锌的比率约为 1∶3。窑渣产出率为炉料量的 65%~70%，其典型成分为：1.45%Zn、0.3%~0.5%Pb、222.8%Fe、26.6%SiO_2、12.6%CaO、3.3%MgO、7.8%Al_2O_3、15%~20%C。回转窑的最大缺点是窑壁黏结造成窑龄短，耐火材料消耗大。因处理冷的固体原料，燃料消耗也大，成本高。随着烟化炉在炉渣烟化中的广泛应用，使用回转窑处理炼铅炉渣的工厂不多。但由于设备简单、建设费用低和动力消耗少等优点，此方法仍可用于中、小型厂。图 3-3 为回转窑法挥发铅水淬渣工艺流程。

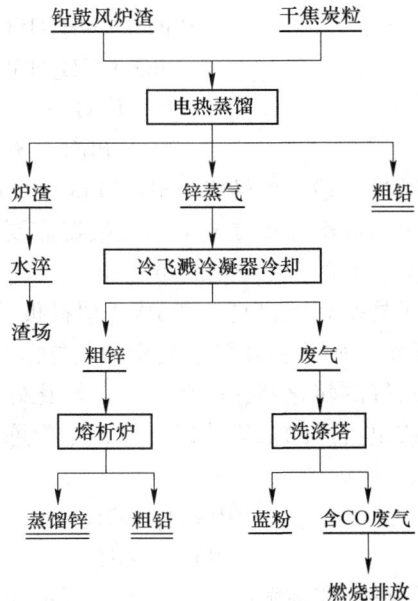

B　电热烟化法

电热烟化法实质上是在电炉内往熔渣中加入焦炭使 ZnO 还原成金属并挥发出来，随后锌蒸气冷凝成金属锌，部分铜进入铜锍中回收。此法 1942 年最先在美国 Hercula-neum 炼铅厂采用。

日本神冈铅冶炼厂采用电热烟化法回收鼓风炉渣（3%Pb、16.2%Zn）中的锌和铅，生产流程如图 3-4 所示。

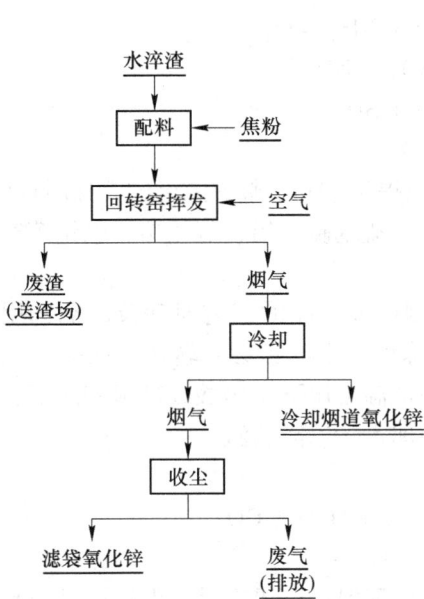

图 3-3　回转窑法挥发铅水淬渣工艺流程　　图 3-4　电热法处理鼓风炉渣流程

　　铅鼓风炉渣以液态加入电炉内，加焦炭还原蒸馏。蒸馏气体含锌50%，其余大部分为一氧化碳，进入飞溅冷凝器中冷凝，产出液态金属锌。冷凝器出来的废气用洗涤塔回收蓝粉后燃烧排放。

　　冷凝产生的粗锌（91.6%Zn、6.2%Pb）送熔析炉（炉床1.2 m×3.8 m×0.6 m）降温分离铅后得到蒸馏锌（98.7%Zn、1.1%Pb）。熔析分离产出的粗铅与还原蒸馏炉产出的粗铅一同送去电解精炼。电炉蒸馏后产出的炉渣含锌降至5%，铅降至0.3%。

　　该法所使用的焦炭必须干燥且电炉应严格密封，以免锌氧化。炉渣锌含量越高处理越经济，该法电能消耗较高，适宜于电价便宜的地方。

　　C　烟化炉烟化法

　　烟化炉烟化法是将含有粉煤的空气以一定压力通过特殊的风口鼓入炉内的液体炉渣中，使化合的或游离的ZnO和PbO还原成铅锌蒸气，上升到炉子的上部空间，遇到从三次风口吸入的空气再度氧化成ZnO和PbO，在收尘设备中以烟尘形态被收集。这种方法具有金属回收率高、生产能力大、可用廉价的煤作为发热剂和还原剂，且投资少、能耗低、过程易于控制、余热利用率高等优点，可以处理熔融渣和固态冷料。

　　3.1.2.2　炼铅炉渣湿法处理

　　铅冶炼炉渣中铅以氧化铅、过氧化铅、硫化铅、硫酸铅或金属铅状态存在，因此，在对硫化物铅、金属铅进行湿法处理前，必须在350~400 ℃温度下进行焙烧氧化处理，使其以氧化态存在，才能进行浸出，其浸出剂应根据物料中的铅赋存状态，用铅粉、Na_2CO_3、$(NH_4)_2CO_3$或SO_2进行还原浸出。其反应为：

$$PbSO_4 + Na_2CO_3 \longrightarrow PbCO_3 \downarrow + Na_2SO_4$$
$$PbSO_4 + (NH_4)_2CO_3 \longrightarrow PbCO_3 \downarrow + (NH_4)_2SO_4$$
$$PbO_2 + Pb \longrightarrow 2PbO$$
$$PbO_2 + NH_4HSO_3 \longrightarrow PbO + NH_4HSO_4$$
$$PbO + NH_4HSO_4 \longrightarrow PbSO_4 + NH_4OH$$
$$PbO_2 + SO_2 \longrightarrow PbO + SO_3$$
$$PbO + SO_3 \longrightarrow PbSO_4$$

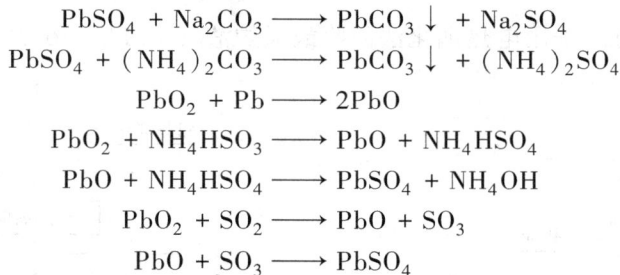

　　通过上述反应转换可获得$PbCO_3$沉淀，经过滤得碳酸铅，将此碳酸铅用硅氟酸或硝酸溶解得硅氟酸铅或硝酸铅，根据需要可用来制造三盐基硫酸铅、氧化铅、电铅等产品。

　　A　制造三盐基硫酸铅

　　三盐基硫酸铅是生产PVC塑料板的填充料，制取该产品的工艺原理及试剂选用如图3-5所示。硝酸和硅氟酸是铅的最好溶剂，但铅冶炼炉渣中的铅必须转化，而碳酸铵是硫酸铅较好的转化剂，因此，将已转化好的碳酸铅在常温常压下用硝酸或硅氟酸溶解，由于溶解放出大量的二氧化碳气体，铅冶炼炉渣应缓慢加入，以防喷溅。

　　a　溶解

$$PbCO_3 + 2HNO_3 \longrightarrow Pb(NO_3)_2 + H_2O + CO_2 \uparrow$$
$$PbCO_3 + H_2SiF_6 \longrightarrow PbSiF_6 + H_2O + CO_2 \uparrow$$

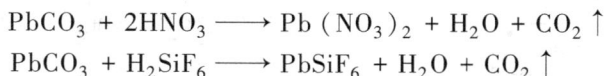

　　用硅氟酸溶解，选择性好，可由此生产三盐基硫酸铅或电铅，易于保证产品质量。用硝酸溶解，一些重金属离子易于随之溶解，影响产品质量，另外也不能直接电解生产电铅。

铅渣
↓
浸出
├── 浸出液(回收铜、镉、锌)
└── 浸出渣
　　　↓
　　　转化
　　　├── PbCO₃
　　　└── (NH₄)₂SO₄

硅氟酸 ——→ 溶解
├── Pb(NO₃)₂沉淀
└── 渣(提取Au、Ag、Cu、Bi)

硫酸 ——→ 沉淀
↓
PbSO₄ ←—— NaOH
├── Na₂SO₄
└── 三盐基硫酸铅

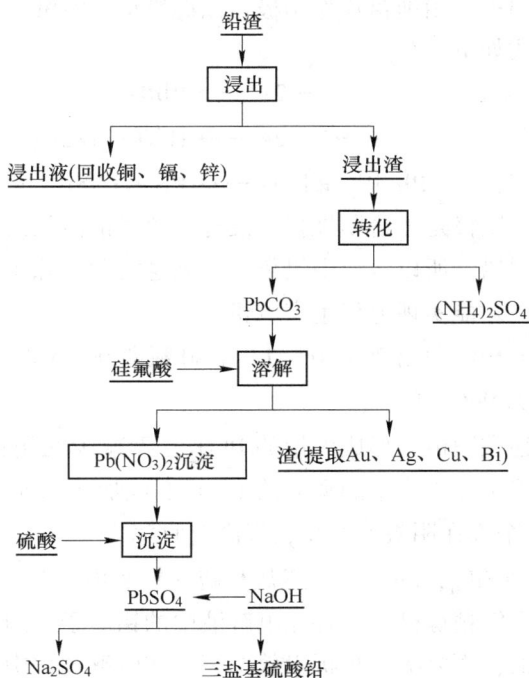

图 3-5　制取三盐基硫酸铅流程

b　沉铅

硝酸铅或硅氟酸铅用硫酸作沉淀剂，使溶液中的铅呈硫酸铅沉淀出来，其反应为：

$$Pb(NO_3)_2 + H_2SO_4 \longrightarrow PbSO_4 \downarrow + 2HNO_3$$

$$PbSiF_6 + H_2SO_4 \longrightarrow PbSO_4 \downarrow + H_2SiF_6$$

以上反应速度很快，因母液中的硝酸和硅氟酸要返回使用，必须严格控制硫酸的加入量，既要使溶液中的铅完全沉淀，又要使母液中少残存硫酸根离子，以免母液返回浸出夹带的硫酸根与铝离子结合而沉淀于渣中，影响碳酸铅的溶解率。

c　合成

将沉淀的硫酸铅洗至中性，加入按液固比为 3∶1 进行调整，在常温下缓慢加入 20% 的氢氧化钠溶液（或理论量的 1.06 倍）使 pH＝9，搅拌 45 min 即可，其反应为：

$$2PbSO_4 + 2NaOH \longrightarrow PbO \cdot PbSO_4 \cdot H_2O \downarrow + Na_2SO_4$$

合成后，经离心脱水，洗至中性，然后在 120 ℃左右温度烘箱中烘干，经高速粉碎机粉碎后包装出售。

B　用硅氟酸铅沉淀硫酸铅生产黄丹粉

将硅氟酸铅用硫酸沉淀，然后按理论计算量 1.5 倍的 NaOH，质量浓度为 14 kg/m³，温度为 100 ℃，搅拌 40 min，终点 pH 值大于 12，得到沉淀物，其反应为：

$$PbSiF_6 + H_2SO_4 \longrightarrow PbSO_4 \downarrow + H_2SiF_6$$

$$PbSO_4 + 2NaOH \longrightarrow PbO \downarrow + Na_2SO_4 + H_2O$$

C　生产电铅

碳酸铅溶解于硅氟酸铅中可以直接用不溶阳极电积生产电铅，它与粗铅电解精炼不同的是用不溶阳极钛板作阳极，用纯铅片作阴极，以硅氟酸铅溶液为电解液，在直流电作用下发生电极反应，反应式如下。

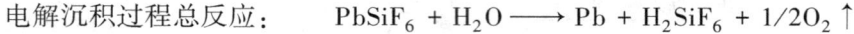

阴极反应：$\qquad Pb^{2+} + 2e \longrightarrow Pb \downarrow$

阳极反应：$\qquad 2OH^- - 2e \longrightarrow H_2O + 1/2O_2 \uparrow$

电解沉积过程总反应：$\quad PbSiF_6 + H_2O \longrightarrow Pb + H_2SiF_6 + 1/2O_2 \uparrow$

在电积过程中，由于阳极是不溶阳极板，没有铅离子溶液供给，单靠溶液中的铅离子不断在阴极析出沉积金属铅，所以溶液中铅离子越来越贫化，除了加大循环量，还要不断地补充新液，抽取母液，才能实现电积生产电铅。

电铅的技术条件：电积液含铅 70~80 g/L，含硅氟酸 90~100 g/L，电流密度为 170~180 A/m²，电流效率约为 96%~97%。

铅电积过程中，往往在阳极上形成大量的 PbO_2，而减少在阴极上铅的沉淀，影响直收率，此时可以在电积液中加入少量的磷酸约 1 mL/L 或加入 0.5~1 g/L 砷，就可防止在阳极上形成 PbO_2，使铅全部在阴板上沉积，提高直收率。

湿法浸出铅转化为 $PbSiF_6$，除了生产三盐基硫酸铅和电铅外，若有现成的粗铅电解，也可作为原液加入粗铅电解精炼槽，以补充电解液中的铅离子，因为粗铅电解往往由于种种原因，阳极溶解效率低，而阴极沉积析出效率高，在电解过程中溶液铅离子贫化产生浓差极化，因此用制造的硅氟酸铅来补充粗铅电解液中的铅离子，也是处理办法之一。

3.2　烟化炉弃渣资源化利用

烟化法处理炼铅炉渣的产物主要包括烟气和弃渣。烟气的主要成分为铅、锌等氧化物以及少量稀有元素，应根据其特性，确定不同的工艺流程回收其中的有价金属。

（1）烟气的回收。烟气是炼铅炉渣烟化处理的主要产物。烟化法高温烟气经淋水冷却器冷却，进入表面冷却器，烟气温度小于 100 ℃后进入布袋收尘系统，废气通过滤袋后直接排入大气。

烟尘中的主要成分是氧化锌，受原料成分、烟化炉和收尘设备的影响，不同集尘点的氧化锌成分差异较大。氧化锌粉可以直接外销或按一定比例与锌浸出渣挥发窑产出的氧化锌混合，经脱氟、脱氯后送往湿法炼锌工厂生产金属锌并回收其他的稀有金属。

（2）烟化炉弃渣利用。在使用烟化炉法处理鼓风熔炼的炉渣时可产出烟化渣即烟化炉弃渣，其中含有 FeO、SiO_2、CaO、ZnO 和 CuO 等，具有回收价值。随着国家对环境要求的日益提高，需要对烟化炉弃渣进行无害化处理。

普通的硅酸盐水泥原料约含 60%~65%CaO、20%SiO_2、6%Al_2O_3、3%Fe_2O_3 以及少量的其他氧化物。水泥生产过程中，原料在 1500 ℃左右的高温下经固相反应生成 3CaO·SiO_2、β-2CaO·SiO_2、3CaO·Al_2O_3 和 4CaO·Al_2O_3·Fe_2O_3 等矿物，3CaO·SiO_2 和 β-2CaO·SiO_2 是影响水泥强度的主要原料。经烟化处理后的烟化炉渣含有水泥熟料的多种组成，可作为外掺料替代部分水泥原料，也能够作为矿化剂促成 3CaO·SiO_2 的形成。用弃渣代替铁矿石来制造水泥，不仅消除了渣害，减少了环境污染，还可降低成本。

3.3 火法精炼产物浮渣的综合利用

由于粗铅精炼要除去的杂质很多，所以工序多，中间产物也多。精炼过程中约有10%的铅及绝大多数的金、银、铜和铋的等有价金属进入中间产物，需要进一步处理中间产物以回收其中的铅以及其他有价金属。除铅、锌以粗铅、粗锌形态返回精炼外，其他有价金属在处理过程中被进一步富集在副产品中，副产品再送往回收这些金属的部门。

3.3.1 浮渣的来源

鼓风炉冶炼得的粗铅中含有1%~4%的杂质和贵金属，铅中的杂质对铅的性质有非常有害的影响，如使其硬度增加、韧性降低、抗蚀性减弱等。精炼的目的是除去粗铅中的杂质，并使贵金属进一步富集。粗铅精炼的方法有两种：火法精炼和电解精炼。

火法精炼中杂质脱除的顺序是铜、砷、锑、锡、银、锌、铋。脱除的基本原理是使这些杂质生成不溶于粗铅的化合物，形成浮渣漂浮在铅液表面，使之与铅分。粗铅的火法精炼包括粗铅熔析，加硫除铜，氧化精炼，加锌除银与除锌、除铋等过程，其工艺流程如图3-6所示。在火法精炼过程中产生铜浮渣、砷锑锡浮渣、银锌壳和铋渣等废弃物。

3.3.2 铜浮渣的处理

铜浮渣是间断除铜的产物，因捞渣方式或捞渣设备不同，浮渣形态和成分有较大差异。气力抽湿所得到的铜浮渣含铜高，且呈疏松细颗粒状，宜用湿法冶金处理；用其他方法捞取的浮渣大部分呈块状，一般宜用火法处理。铜浮渣一般含有 Cu 15%~25%，Pb 50%~60%，此外还含有 Zn、Sn、As、Sb、Ni、CO、Ag、Au 及其他元素。铜浮渣处理的目的是回收其中的铜、铅和贵金属。

铜浮渣的火法冶金处理设备可以用鼓风炉、反射炉、回转炉和电炉；湿法冶金处理流程可用酸浸法、氨浸法。

3.3.2.1 鼓风炉熔炼法

一般将铜浮渣作炼铜原料送铜厂处理，也可将铜浮渣积累到一定数量后用鼓风炉集中处理，产出粗铅和较富的铜锍。有的工厂铜浮渣在加入鼓风炉前先进行烧结。这样做的优点是可以利用铜铅鼓风炉，无须再建其他设施。缺点是铜锍中 Cu/Pb 比较低，铜的回收率低，大量的铜留在铅中，造成铜、砷和贵金属在过程中循环。

3.3.2.2 反射炉熔炼法

我国多用反射炉以纯碱-铁屑法处理铜浮渣。

加入铁屑可使铜浮渣中的 PbS 还原为金属铅，同时使铜富集在冰铜中（部分铜进入

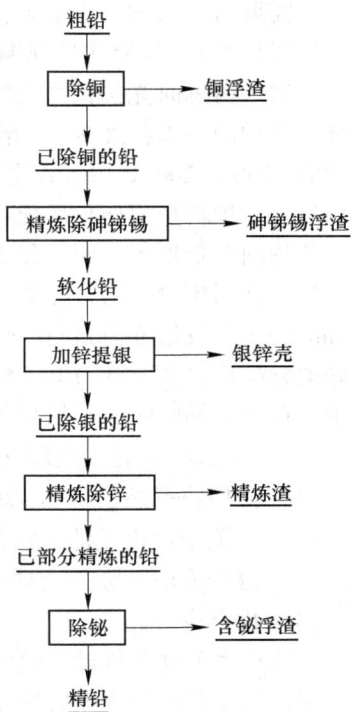

图3-6 铅的火法精炼

黄渣中）。铁屑的加入可以降低铜锍和渣中含铅，提高铜锍的铜铅比（Cu/Pb）。

纯碱的加入可以降低炉渣和冰铜的熔点，又能降低冰铜中铅的含量，反应如下：

$$2PbS + 2Na_2CO_3 + C === 2Pb + 2Na_2S + 3CO_2$$

$$PbS + Na_2CO_3 + C === Pb + Na_2S + CO_2 + CO$$

$$PbS + Na_2CO_3 + CO === Pb + Na_2S + 2CO_2$$

得到金属铅，Na_2S 进入冰铜形成钠冰铜。纯碱在高温下还与砷、锑、硅等氧化物分别生成砷酸盐、锑酸盐和硅酸盐等钠盐进入炉渣。约有 60% 的 Na_2CO_3 进入冰铜（极少量进入黄渣），37% Na_2CO_3 进入渣中，其余的 3% Na_2CO_3 被烟气带走。熔炼时，炉料要有足够的铁，使氧化生成的 FeO 与 SiO_2 造渣而降低 Na_2O 的入渣量，这样才能使大部分的钠进入冰铜，且大部分的砷进入黄渣。

熔炼过程中加入氧化铅，促使浮渣中的 As、Sb 氧化挥发，也使砷和其他杂质氧化造渣。从而使得黄渣的产出量相对减少，铅的回收率提高。当铜浮渣中的硫量不能满足形成铜锍的需要时，须加入少量硫化铅精矿。

反射炉纯碱-铁屑法处理铜浮渣的操作工艺如下。

反射炉熔炼时先按铜浮渣的组成确定配入的苏打、铁屑、焦炭等数量，经混合后，分两批加入炉内，首批加 2/3，熔化后再加剩余部分。加料时炉温达 1250 ℃，熔炼期间保持炉温 1100~1200 ℃ 和弱氧化性气氛，以促使炉料迅速熔化和防止料层表面的铁、铜等成分氧化。炉料全部熔化后搅拌一次，提高炉温至 1250 ℃ 左右静置 30~40 min 后放渣。其后往炉内分批加入铁屑。每次铁屑加完后均匀搅拌直至铁屑熔化速度显著减慢，冰铜开始发黏，铁屑用量约为铜浮渣量的 6%~10%。停止加铁屑，在 1250 ℃ 左右的温度下静置 30 min 使置换反应充分进行，此后降温扒尽粘渣。再降温澄清 20~30 min，使冰铜与粗铅很好地分离后，在 900~1000 ℃ 温度下放冰铜，然后放黄渣，最后在低于 700 ℃ 的温度下出铅。在放铅的同时，开始炉子升温，准备下次熔炼进料。

反射炉纯碱-铁屑法处理铜浮渣具有下列优点：

（1）铅回收率高，可达 97%；

（2）铜锍中含铅较低，铜铅比（Cu/Pb）可达 5~9；

（3）流程适应性强，处理不同成分的铜浮渣都能获得较好的效果；

（4）投资少。

其缺点为劳动条件差、热效率低和炉衬腐蚀快。

铜浮渣反射炉处理流程见图 3-7。

3.3.2.3　回转炉熔炼法

采用回转炉（又称短窑）处理铜浮渣，其工艺和反射炉相同，但具有较高的生产率，改善了劳动条件，提高了热效率和炉衬寿命。回转炉都采用液体燃料加热，对于长度小的炉子，可采用氧气助燃，使燃料得到充分利用，降低燃料消耗量，提高总的经济效益。

浮渣中的铅主要呈金属态存在，可在低温下回收。而浮渣中铅的化合物则需在较高温度下进

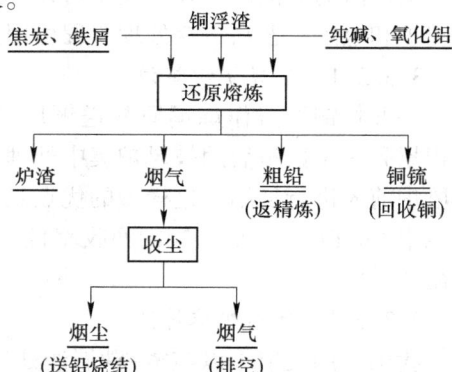

图 3-7　铜浮渣反射炉处理流程

行冶金反应才能生成金属铅。因此，熔炼开始时的温度较低（700~800 ℃），随后将温度提高至成渣过热温度（约1200 ℃）。加料口可设在炉子的中部或端墙。熔体放出口一般设在端墙，炉身较长时则宜设在炉身中部。

3.3.2.4 电炉熔炼

苏联列宁诺戈尔斯克铅厂开发了电炉处理铜浮渣技术。电炉熔炼烟气量小，金属损失小但经营费高，电价低廉地区可采用此法。

列宁诺戈尔斯克铅厂的粗铅含铜3.5%~4%，浮渣含铜20%~29%；每吨干浮渣配料加入硫酸钠180~220 kg，焦炭40~50 kg。熔炼时，熔池表面温度1100~1200 ℃，放出铜冰铜温度1050~1150 ℃，粗铅温度700~750 ℃，烟气温度580~650 ℃。熔炼床能率10~12 t/(m² · d)，产出冰铜的铜铅比5~7，冰铜中的铜回收率80%~90%，粗铅中的铅回收率87%~93%。处理每吨干浮渣耗电极7~9 kg，耗电340~380 kWh。

3.3.2.5 酸浸法

德国杜伊斯堡冶炼厂首先在工业上采用酸浸法处理铜浮渣的工艺，于1974年建成了工业生产车间，其生产流程示于图3-8。

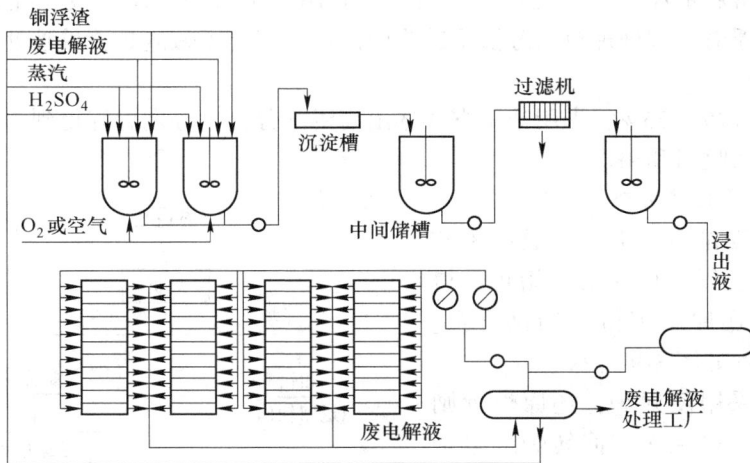

图3-8 铜浮渣酸浸生产流程

3.3.2.6 氨浸法

由澳大利亚CRA集团首先用氨浸法处理炼锌鼓风炉粗铅精炼时产出的铜浮渣，此后日本八户冶炼厂也用此法处理所产的铜浮渣，也取得了较好的效果。

氨浸法处理铜浮渣包括浸出、萃取、反萃和制取阴极铜（或硫酸铜）等工序。浸出是利用氢氧化铵和反萃液中的铜氨配离子与浮渣中的铜反应并溶出：

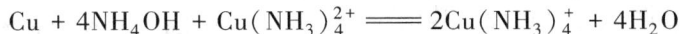

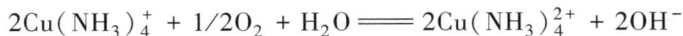

$$Cu + 4NH_4OH + Cu(NH_3)_4^{2+} \Longrightarrow 2Cu(NH_3)_4^+ + 4H_2O$$

$$2Cu(NH_3)_4^+ + 1/2O_2 + H_2O \Longrightarrow 2Cu(NH_3)_4^{2+} + 2OH^-$$

浸出时采用空气或氧气对浸出效果影响并不大，只不过是氧气的利用率比空气高。为了减少氨的挥发，浸出液的温度和浓度宜较低。

萃取剂是由$W_{萃取剂} = 10\%$的LiX63和LiX65混合而成的LiX64。铜在萃取剂中的最大负载是每$W_{Cu} = 1.0\%$的浓度为0.3 g/L。因此，对$W_{有机相} = 40\%$的有机相而言，最大含铜达 12 g/L。萃取液用煤油稀释以降低其黏度，用浓度为 150~170 g/L 的硫酸反萃。反萃液含铜达 30~40 g/L，送电沉积铜或生产硫酸铜。

氨浸法的优点在于：

（1）可以得到两种产品，纯铜或硫酸铜结晶；

（2）生产过程在接近室温条件下进行，过程稳定而且效率较高；

（3）各种溶液可以返回，机械损失小。

氨浸的主要反应发生在铜与加入的氢氧化铵和返回的氨基铜离子之间，用碳酸根离子浓度控制浸出液的 pH 值。

3.3.3 砷锑锡浮渣的处理

除砷锑锡的方法（又称软化法）不同得到的浮渣性质、形态、成分均不同。用氧化法产出的砷锑锡浮渣称为氧化渣；用碱性精炼法产出的渣称为碱渣，碱渣有干碱渣与稀碱渣之分。我国对高锡粗铅，在除铜前要先用氧化法除去大部分锡，得到的浮渣称为锡渣。

氧化渣多采用火法处理流程，得到铅和铅锑合金。

干碱渣通常和铜浮渣一起处理，以便充分利用干碱渣中的碱，减少纯碱消耗量。但是，碱渣和铜浮渣一起处理时，分散了碱渣中的锑，因此干碱渣是否单独处理要视其成分而定。

锡渣含 Sn 17%~25%，先用选矿方法选出高锡部分，再分别熔炼得到粗铅和焊锡。后者送炼锡系统回收铅和锡。

3.3.3.1 氧化渣处理

氧化渣一般先用熔析法分成粗铅和富锑渣，这一过程又称为富集熔炼，得到的富锑渣经还原熔炼得到铅锑合金。氧化渣处理流程如图 3-9 所示。

熔析一般采用反射炉，还原熔炼则可采用反射炉、鼓风炉、回转炉或电炉等。一般在氧化渣积累到一定数量后，利用厂内已有设施处理，不设专用设备。

砷锑渣用反射炉还原熔炼，所用的还原剂以前用木炭，用量为富锑渣量的 7%~10%。熔炼时添加的熔剂为纯碱，也可用铅精炼软化时产出的干碱渣，用量为富锑渣的 3%~5%，炉温为 900 ℃。产出硬铅中锑的回收率约为 95%，其余的锑进入炉渣和烟尘。

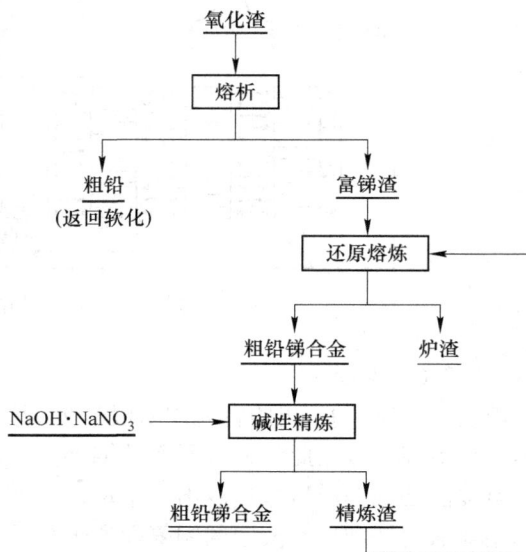

图 3-9 氧化渣处理流程

砷锑渣也可在反射炉中加入少量的焦炭使铅和银熔析分离后，得到含锑 20%~25% 的富锑渣。短窑处理富锑渣是装备上的进步，其工艺与反射炉相似，各厂操作制度不尽相同。如有的工厂采用二次加料操作法，先将富锑渣、熔剂、还原剂混合，第一批加入 35% 的混合料，加完料进行熔炼，放一次粗铅，再加入剩下的混合料进行熔炼。第一次放出的粗铅中锑量占炉料总锑量的 15%~20%，其余的锑集中在第二次放出的粗铅中。第一次放出的粗铅含锑 2%~3%，第二次的含锑 25%~30%，炉渣中含 Sb 3%、含 Pb 2.6%。

3.3.3.2　稀碱渣处理

A　稀碱渣处理原理

稀碱渣多采用湿法处理，它基于碱性渣中的砷酸钠、锑酸钠和锡酸钠在碱性溶液中的溶解度随温度和钠盐（NaOH 及 NaCl）浓度不同而各异的原理。

a　砷酸钠

砷酸钠易溶于水，且随着温度的升高而增大。如在 25 ℃时其溶解度为 11.8%，50 ℃时其溶解度 19.1%，75 ℃时其溶解度 0.7%。特别是在 50~70 ℃，其溶解度增加相当迅速。但是，在碱性溶液中，砷酸钠的溶解度却随着 NaOH 浓度的增加而减小；而且，无论是在水中或弱碱溶液中，NaCl 都能使砷酸钠的溶解度降低，但对 NaOH 的浓溶液几乎没有影响。NaCl 所饱和的 30%NaOH 溶液在 25 ℃时能溶解 Na_3AsO_4 为 1.44%。

b　锑酸钠

无论是在常温或热的 NaOH、NaCl 和 Na_2CO_3 溶液中，锑酸钠的溶解度都很小。浮渣中同时存在锑酸钠和砷酸钠时，其溶解行为都不变。

c　锡酸钠

锡酸钠易溶于水，25 ℃时的溶解度为 34.7%，温度升高则其溶解度下降，75 ℃时的溶解度为 21.3%。锡酸钠在碱性溶液中的溶解度则是随着 NaOH 浓度的增高而减小，350 g/L NaOH 的 25 ℃溶液只溶解锡酸钠 0.6%。加热时，锡酸钠在 NaOH 溶液中的溶解度下降。但是，在浓的 NaOH 溶液中，温度的升高并不影响锡酸钠的溶解度。锡酸钠易溶于 NaCl 溶液中，85 g/L NaCl 的水溶液在 25 ℃时可溶解锡酸钠 30.4%。随着温度的升高或 NaCl 浓度的增加，锡酸钠的溶解度也减小。

在含有 NaCl 和 Na_2CO_3 的 NaOH 溶液中，砷酸钠、锑酸钠和锡酸钠的溶解度将随着 NaOH 浓度的增高而降低。在 350 g/L NaOH、8.5 g/L NaCl 和 20 g/L Na_2CO_3 溶液中，这些盐类在 25 ℃时的溶解度小于总盐含量的 1%。但在 75 ℃时，在含有 NaCl 和 Na_2CO_3 的 NaOH 浓液中，砷酸钠的溶解度变得很大，而锑酸钠和锡酸钠则实际上不溶解。

B　稀碱渣处理方法

稀碱渣的处理方法随着碱渣成分和回收金属种类的不同而异，但是所有碱渣处理都先经过水淬和过滤。熔融碱渣水淬后进入沉淀槽，未溶解的碱渣浆及其夹带的铅粒（为碱渣量的 3%~5%）沉入槽底，再筛分出铅粒返回精炼处理，碱渣浆和细粒沉淀物送下一工序。

碱渣处理方法可以分为：

（1）从碱渣中只回收碱。工艺流程见图 3-10。将熔融碱渣水淬过滤，渣中的碱便可溶解进入溶液中。经过浓缩和干燥，得 NaOH 和 NaCl 结晶混合物。如果要将 NaOH 与 NaCl 分离，浓缩后经盐析干燥产出 NaCl 晶体，盐析的液碱经蒸发得 NaOH 结晶。

（2）从砷碱渣中回收砷。工艺流程见图 3-11。含砷碱渣经水淬过滤分出碱液后，滤饼中还含有碱。所以，滤饼还需用水浆化，经过滤和洗涤。再次产出的滤饼可直接干燥产出砷酸钠，也可再经浆化后加入石灰乳进行沉砷。沉砷温度宜低于 25 ℃，砷以砷酸钙 $[Ca_3(AsO_4)_2 \cdot 12H_2O]$ 沉淀。残液中的砷可降至 2~3 g/L，送回砷碱渣水淬中使用。沉淀的砷酸钙干燥后的组成为：As 23%～37%、Pb 3.0%，还含 2.5%的残碱。

（3）从锡碱渣中回收锡。工艺流程见图3-12。含锡碱渣也是先经水淬过滤分出碱液。水淬液密度一般控制为 1.35～1.40 g/cm³。滤液约含 430 g/L NaOH 和 2～3 g/L Sn，浓缩再生含 NaOH 94.18%，Na_2CO_3 2.09%，Sn 0.11%的碱。滤渣在 90 ℃下用水浸出，得 90～120 g/L Sn 和 60～80 g/L NaOH 的浸出液。通常情况下，浸出液需用 Na_2S 5%～10%净化除去微量的铅，用锡片净化除去微溶的锑酸钠，以得到密度 1.20～1.23 g/cm³ 的净化液，经浓缩、过滤和干燥后产出含 Sn 42.0%～43.5%，NaOH 2%～3%，Pb 0.0001%，Sb 0.005%～0.01%，$NaNO_3$ < 0.1%，As < 0.0001%的锡酸钠。浓缩结晶的母液含 200 g/L

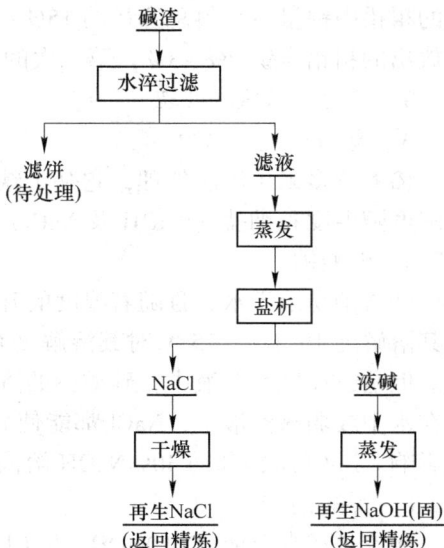

图 3-10　从碱渣回收碱流程

NaOH 和 20～30 g/L Sn，进一步浓缩可得含 Sn 20%～30%的粗锡酸钠。粗锡酸钠经几次洗涤后可得成品锡酸钠。含约 400 g/L NaOH 和 2～3 g/L Sn 再浓缩母液送去回收碱。若母液含砷太高，可用硫酸中和产出 $Sn(OH)_4$ 和 Na_2SO_4 废水送污水处理。

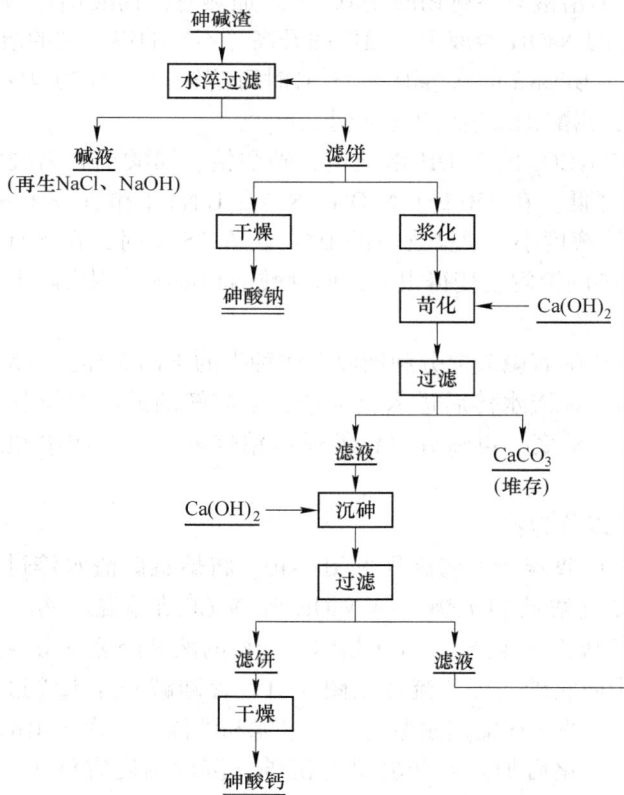

图 3-11　从砷碱渣中回收砷流程

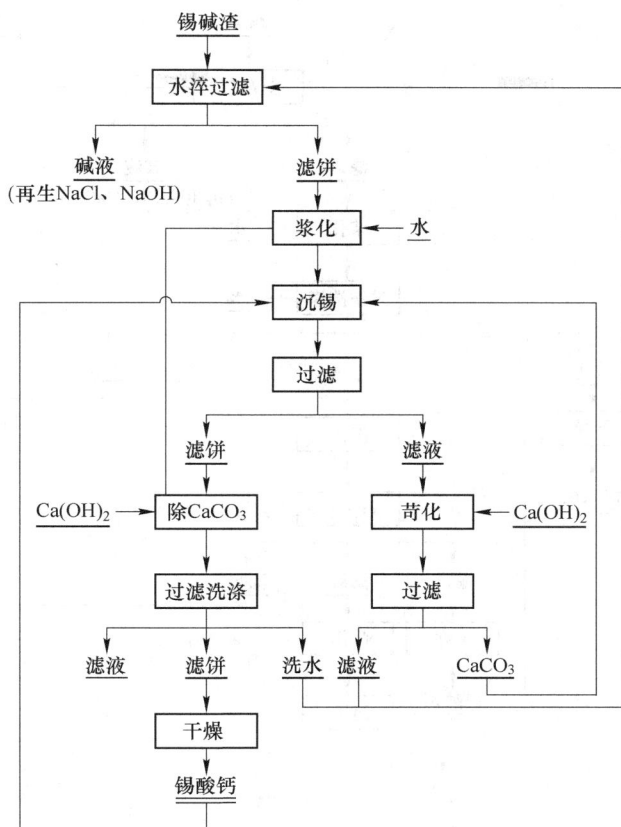

图 3-12 从锡碱渣中回收锡流程

（4）从锑碱渣中回收锑。碱渣水淬过滤过程中，由于锑酸钠不溶于水而留在滤饼内。滤饼经三次逆流清洗，所产浆泥过滤后在 100 ℃ 温度下干燥，干燥渣约含 Sb 48.5%，Sn 0.01%，Pb 0.002%，Fe 0.026%，还原熔炼得到金属锑。若其中含有锡，可加 NaOH 处理除去。

（5）从砷、锡、锑碱渣中全面回收碱、砷、锡和锑。参照以上工艺所述，如若从碱性精炼渣中全面回收碱和砷、锑、锡，可采用图 3-13 工艺流程。

（6）从稀锡碱渣回收锡酸钠。高锡粗铅只经除铜后铸成阳极进行电解时，阳极中约有 70%Sn 进入阴极铅，阴极铅用哈里斯法精炼，得到的稀锡碱渣进一步处理回收得到的碱返回碱性精炼，锡酸钠溶液净化、蒸发、结晶得到锡酸钠副产品，其工艺流程见图 3-14。

3.3.4 银锌壳的处理

银锌壳是粗铅在用派克斯法加锌除银精炼过程中，浮于铅液表面的凝结物，是锌同金、银、铅的合金，其中还含有大量铅及精炼过程中未除尽的铜、镉、砷、锑、锡、铋等杂质。银（金）与锌主要以金属间化合物形态存在，铅为金属形态，因此可以用熔析法处理银锌壳，熔出部分铅，使银、锌进一步富集产出银锌合金。用蒸馏法处理银锌合金，

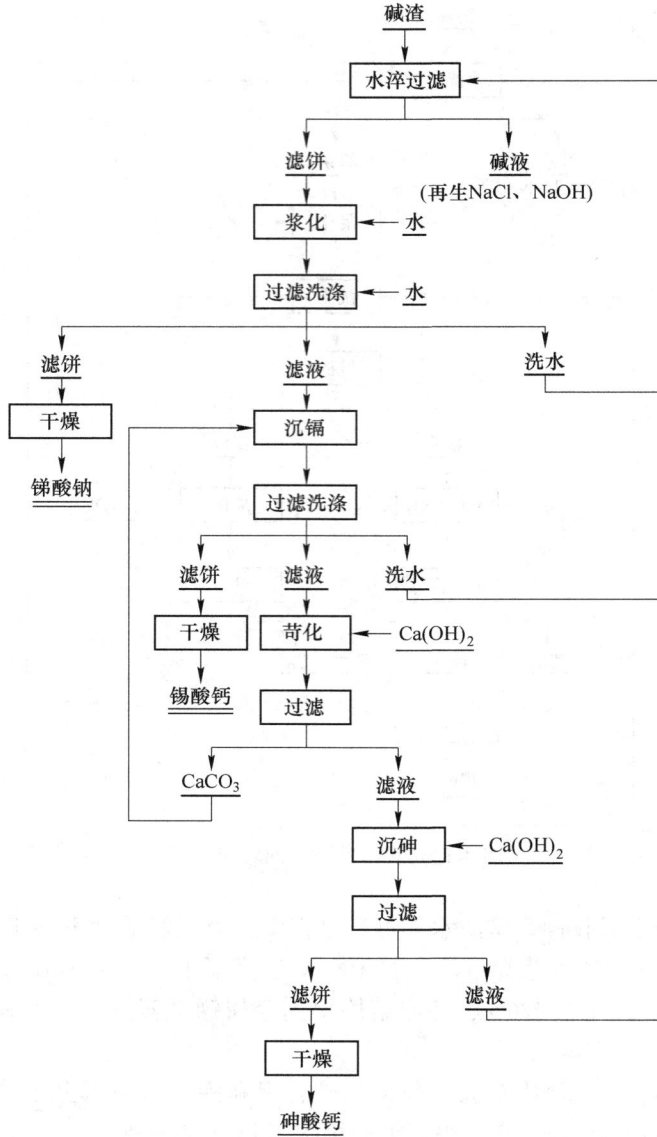

图 3-13　从碱渣中回收砷、锑、锡流程

产出的再生锌返回除银工序，贵铅则经过灰吹得到金银合金。金银合金通常用电解精炼方法分离产出电金锭和电银锭。

银锌壳处理通常经过熔析、蒸馏、灰吹三个过程。

3.3.4.1　银锌壳的熔析

银锌合金的熔点明显高于铅，其密度又比铅小得多，因此控制一定温度梯度可将铅从银锌壳中分离出来。

熔析多采用立式炉连续作业，在直径和高度较小的炉中，控制一定的上下部温度差；铅液在炉子下部，用虹吸法放出来，银锌合金浮在铅液面上，用勺舀出并铸成锭。实际生

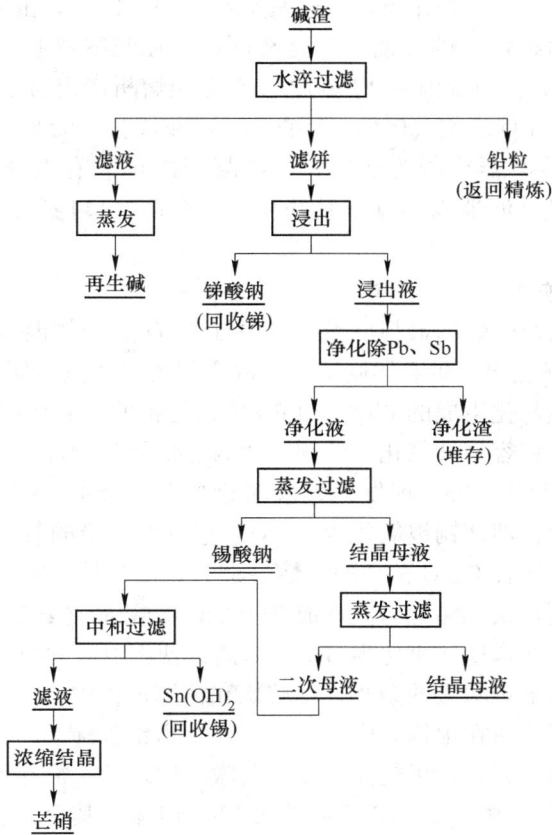

图 3-14 从碱渣中制取锡酸钠流程

产过程中，用木炭或覆盖剂（$NH_4Cl+ZnCl_2$ 或 $NaCl+CaCl_2$）熔体层保护下，上层温度600~650 ℃，下层温度 350~400 ℃熔析银锌壳，可得 Ag 25%、Pb 5%、Zn 65%的银锌合金。

熔析也采用间断作业，即将银锌壳一次装入炉中，炉料全部熔化后按密度分层，先取出银锌合金，再泵出铅液。间断作业有充裕的沉淀分层时间，可使贵金属的富集比更大。

用卧式回转炉进行熔析作业，将银锌壳全部熔化，待合金与铅分离后使熔池表面银锌合金冷却至合金凝固点以下，将炉子倾斜并打破硬壳放出铅液。

3.3.4.2　银锌合金的蒸馏

火法蒸馏处理银锌合金是目前常用的方法，它是将部分脱铅的银锌合金在常压或真空条件下进行高温蒸馏除锌，产出含金银更高的铅合金，称为贵铅。富铅经灰吹除铅后，产出金银合金，金银合金采用电解精炼法分离金和银。

蒸馏除锌法是基于锌的沸点大大地低于银锌合金中其他金属沸点的原理。在高温下，锌呈气态挥发而与金、银、铅等金属分离。

用蒸馏法可以有效地将锌与金银及铅分离。工业中银锌合金用蒸馏法处理，产出贵铅和锌已是十分成熟的技术。蒸馏可分为常压蒸馏和真空蒸馏。常压蒸馏有蒸馏罐法和电热法，前者为间断作业，后者为连续作业。真空蒸馏也有间断作业和连续作业之分，按加热方式又可分为电阻加热和电弧加热。

法国佩纳罗亚铅锌冶炼厂采用电阻加热真空蒸馏炉，比利时霍博肯冶炼厂则采用感应加热真空蒸馏炉。这两种炉型的蒸馏原理是相同的。在佩纳罗亚厂，银锌壳经挤压除铅后，所得干壳含 Ag 10%、Zn 30% 和 Pb 60%。干壳经熔析产出含 Ag 25%、Zn 65% 和 Pb 10% 的银锌合金。合金在低真空（0.67~2.67 kPa）和低温（600~800 ℃）下蒸馏时，锌蒸气从炉内挥发进入冷凝器冷凝为液体锌。冷凝器内也装有电热元件，保持冷凝温度 400~480 ℃。冷凝器经过滤器而与真空系统相连。全部接口均用流体密封，蒸馏炉温度能自动控制。

3.3.4.3 贵铅的灰吹

灰吹是将贵铅装入灰吹炉内鼓风吹炼，在高于 PbO 熔点的温度下，贵铅中的铅氧化生成 PbO 熔体从流渣槽流出，贵金属则留在炉内。因为铅比贵金属对氧有更大的亲和力，所以铅首先被氧化。过氧化生成的 Pb_3O_4 和 PbO_2 也是铅的强氧化剂。

灰吹时，砷、锑和锌容易被氧化。砷锑氧化为三价氧化物挥发，氧化为五价氧化物则造渣。锌氧化为 ZnO 后约有 25% 挥发，其余部分则进入渣中。铜、铋和锑则不易氧化。铜对氧的亲和力小于铅，即使铜被氧化为 Cu_2O，它也作为铅的氧化剂加速铅的氧化。而且 Cu_2O 能与 PbO 组合成含 Cu_2O 32% 的低熔（689 ℃）共晶。所以含铜的铅灰吹温度可较低，同时过程进行则较快。铋能与银形成 Bi 97.5% 的共晶（262 ℃）和最大为 Bi 5.1% 的固溶体，所以直到灰吹末期才氧化为 Bi_2O_3 入渣，使作业时间拉长。碲既不易氧化又对银的亲和力很大，故为最难除去的杂质。在熔炼和精炼过程中，大部分的碲都已富集在碱性精炼渣和铜浮渣内，残留在银锌壳中已很少。如果粗铅含碲太高，精炼前期应设加钠除碲的独立工序。如果银锌壳含碲仍较高，富铅灰吹除铋之后，需在熔池中大量加入纯铅继续吹炼。反复两次，可使约三分之二的碲进入 PbO 熔体，其余则挥发进入烟尘。但是，仍不可避免有微量的碲留在银中。

金在灰吹时不会氧化而富集于金银合金中，渣中含金只是痕量。银也绝大部分进入金银合金内，只有少量的银与铅颗粒机械混入渣内或以金属银及 Ag_2O 形式溶解于 PbO 中随渣带走。

3.3.5 铋渣的处理

铋渣除含铋和铅之外，还含有钙、镁、锑等元素。其处理方法是先将铋渣与 NaOH 一道熔炼产出铅铋合金。铅铋合金在电解精炼中产出精铅和阳极泥。阳极泥富集了铋渣中的铋，作为炼铋原料。图 3-15 为铋渣处理流程。

铋渣熔炼温度 450~600 ℃，NaOH 用量为铋渣的 3%。熔炼产出的铅铋合金含铋 8%~15%，熔点 280~310 ℃，铅合金常用硅氟酸溶液电解。阳极为 Pb-Bi 合金，阴极为纯铅，电解液为硅氟酸和硅氟酸铅组成的水溶液。电解过程中，铅不断在阴极析出，铋则留在阳极泥中，从而达到铅与铋分离。

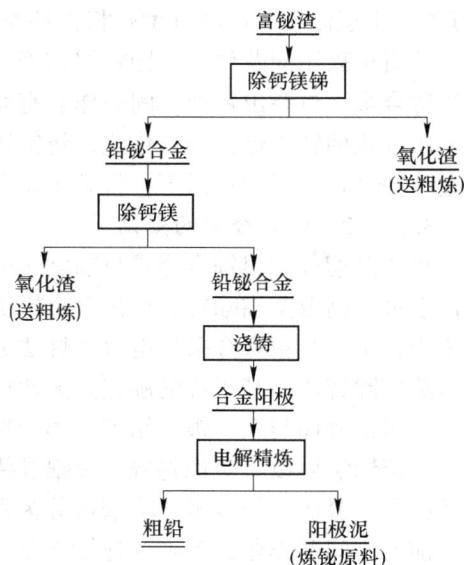

图 3-15 铋渣处理流程

3.4 铅阳极泥

3.4.1 铅阳极泥的来源

铅阳极泥是粗铅电解精炼过程中产生的副产物。铅的电解精炼是以硅氟酸和硅氟酸铅的水溶液作电解液,用粗铅或经初步除去 Cu、As、Sn 的半精炼铅作阳极,纯铅作阴极的电解过程。

阳极铅中一般含有 Fe、Co、Ni、Cd、Zn、Te、Se、Sb、Bi、As、Cu、Au、Ag、Sn、铂族金属等。这些金属在铅电解的过程中,可根据其标准电位大小分为三类:

第一类 Fe、Co、Ni、Cd、Zn、Te、Se 电位比铅负,电解时先于铅而溶出;

第二类 Sb、Bi、As、Cu、Au、Ag 和铂族金属电位比铅正,电解时仍留在阳极上或沉积在阳极底部形成阳极泥;

第三类 Sn 等电位与铅接近,电解时部分溶解,另一部分因与铅阳极中的某些杂质金属构成金属间化合物而留在阳极泥。

这些阳极泥大部分黏附在阳极表面,小部分因搅动或生产操作的影响,从阳极脱落下来沉淀于电解槽中。在处理铅阳极泥之前,必须经过沉淀、过滤、洗涤、离心机或压滤机脱水,获得含水量约 30% 的铅阳极泥。铅阳极泥是生产银的主要原料,我国 90% 以上的银是从铅阳极泥中回收的。

3.4.2 铅阳极泥的组成

铅阳极泥成分主要是以金属单质,金属间化合物,氧化物或固溶体形式存在,其主要元素的物相组成如表 3-1 所示。阳极泥的主要组分及其以何种形态存在,直接关系着铅阳极泥处理工艺流程。

表 3-1 阳极泥主要元素的物相组成

元素	物 相 组 成
银	Ag、Ag_3Sb、ε'-Ag-Sb、$AgCl$、$Ag_ySb_{2-x}(O \cdot OH \cdot H_2O)_{6\sim7}$ $x=1.5$, $y=1\sim2$
铅	Pb、PbO、$PbFCl$
锑	Sb、Ag_3Sb、$Ag_ySb_{2-x}(O \cdot OH \cdot H_2O)_{6\sim7}$ $x=1.5$, $y=1\sim2$
铋	Bi、BiO_3、$PbBiO_4$
铜	Cu、CuO、$Cu_{9.5}As_4$
砷	As、As_2O_3、$Cu_{9.5}As_4$
锡	Sn、SnO_2
其他	SnO_2、$Al_2Si_2O_5(OH)_4$

由于所使用的原料以及冶炼工艺的不同,铅阳极泥的成分存在很大的差别。国内外部分企业铅阳极泥的主要成分如表 3-2 所示。

表 3-2   国内外部分企业铅阳极泥的主要成分

企业名称	化学成分/%						
	Au	Ag	Cu	Pb	Bi	Sb	As
白银有色金属公司冶炼厂	0.08~0.15	10~16	2~8	10~25	2~8	30~40	0.1~0.3
水口山矿务局第六冶炼厂	0.03~0.05	8~11	4~6	10~14	5~7	18~25	30~35
重庆冶炼集团有限公司	0.007~0.02	3.5~8.0	6~8	11~18	1~10	24~35	4~10
昆明冶炼厂	0.003~0.015	3.6~6.3	0.4~5	15~28	4~7	24~46	17~29
济源黄金冶炼厂	0.06~0.08	6~9	2~3	8~12	4~6	40~45	0.2~0.5
韶关冶炼厂	0.006	14.76	7.68	6.54	8.45	43.45	0.5
云锡个旧冶炼厂		1.5~1.8	2~3	15~17	16~18	8~12	10~12
株洲冶炼厂	0.002~0.0045	8~10	1~3	6~10	8~12	25~30	20~25
日本住友公司新居浜冶炼厂	0.2~0.4	0.1~0.15	4~6	5~10	10~12	25~35	
秘鲁奥罗亚冶炼厂	0.11	9.5	1.6	15.6	20.6	33	4.6
加拿大特莱尔冶炼厂	0.016	11.5	1.8	19.7	2.1	38.1	10.6

从表 3-2 中可以看出，铅阳极泥中银、铅、铋、砷、锑的含量都相对较高，可以综合回收的金属种类也较多，利用单一流程简单回收其中的贵金属会造成其他有价金属元素的分散和损失，并会导致环境污染。

铅阳极泥不稳定，有自然氧化的特性，在自然氧化过程中会发热，温度可达 70 ℃以上，有烟雾升腾，经 10 天左右，阳极泥含水可降至 10%左右，其中的铅、锑、铋等元素基本上能以氧化物的形态存在。此外经自然氧化后，阳极泥还会结块，湿法处理时为了提高浸出率必须破碎。

3.4.3   铅阳极泥的综合利用方法

目前铅阳极泥的综合利用方法主要包括火法工艺、湿法工艺、湿法-火法联合处理工艺。

3.4.3.1   火法工艺

阳极泥火法工艺主要包括两个过程，阳极泥的还原熔炼产出贵铅和贵铅的氧化精炼得到贵铅合金。图 3-16 铅阳极泥还原熔炼-氧化精炼处理流程。

A   还原熔炼

阳极泥的还原熔炼一般在反射炉或回转炉中进行，周期作业。阳极泥的还原熔炼的目

铅阳极泥 → 还原熔炼

烧碱 / 铁屑 / 粉煤 → 还原熔炼

还原熔炼 → 稀渣、贵铅、干渣

稀渣 → 返回铅生产

贵铅 → 氧化精炼

氧化精炼 → 碲渣、金银合金、前期渣、后期渣

碲渣 → 送去回收碲

后期渣 → 送去回收铋

金银合金 → 银电解

银电解 → 银粉、黑金粉

银粉 → 熔铸 → 银锭

黑金粉 → 硝酸溶液 → 粗金粉

粗金粉 → 熔铸阳极 → 金电极

硝酸溶液

金电极 → 金锭、金电解液

金电解液 → 送去回收钯、铂

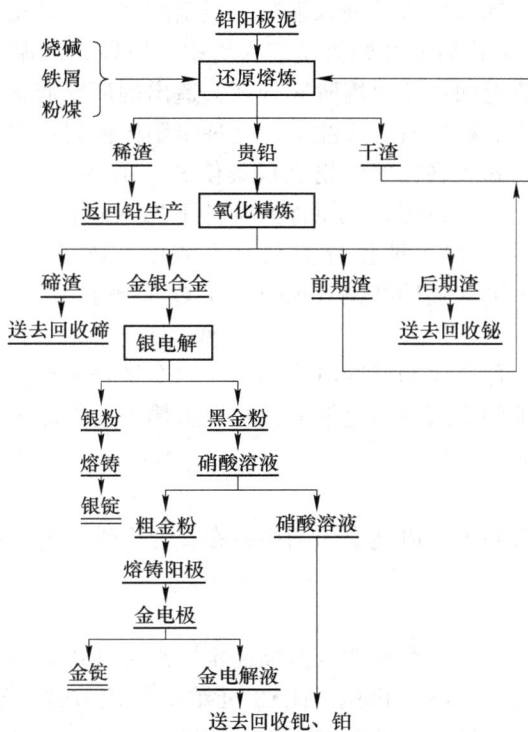

图 3-16　铅阳极泥还原熔炼–氧化精炼处理流程

的是初步分离阳极泥中的大部分杂质，使金、银富集到被还原后的铅中，得到一种含金、银高的产物贵铅。

一般铅阳极泥的杂质主要以氧化物和盐类存在，熔炼过程中铅化合物被加入的还原剂还原为金属铅，而铅熔体又是金、银的良好捕集剂，在熔池中与金、银形成贵铅，即 Pb-Au-Ag 合金。

贵铅的产出率为 30%～40%，化学成分（%）为：Au 0.2～4、Ag 25～60、Bi 10～25、Te 0.2～20、Pb 15～30、As 3～10、Sb 5～15、Cu 1～3。部分砷、锑以低价氧化物和盐类存在，熔炼过程中铅化合物挥发进入烟尘，其他杂质与加入的熔剂作用而造渣。还原熔炼实际上是一个造渣、还原和沉降分离的过程。

在还原熔炼过程中，将阳极泥配以 2%～3% 还原煤或焦粉，3%～5% 纯碱，有的工厂还配入 2%～3% 铁屑以及石灰和萤石等熔剂。炉料在 700～800 ℃ 入炉后，升温至 1200～1300 ℃ 熔化，待熔化完约需 12 h，然后经澄清放出稀渣，即可开始贵铅的氧化精炼。还原熔炼金银回收率为 98%～99%。

B　氧化精炼

氧化精炼的目的是利用氧化作用将金、银等贵金属以外的杂质尽可能除去，得到金、银含量在 95% 以上的合金。将得到的金银合金送下一步电解。氧化精炼的实质是除去贵金属中的杂质，并降低烟尘和氧化渣中金银的含量。

实际生产过程中是在还原熔炼炉内往熔池表面或溶体内部吹送压缩空气，并加入熔

剂、氧化剂等，使得砷、锑氧化挥发进入烟气，残余的砷、锑和铅氧化造渣。贵铅中的铋是在 As、Sb、Pb 大部分氧化后才开始氧化进入渣中。所以在高温下氧化精炼时，造出的前期渣含铋不高，这种渣返回还原熔炼阶段处理；造出的后期渣含铋较高，便作为回收铋的原料。因此处理含铋高的精矿时，应注意在处理铅阳极泥时造出含铋的渣原料。

若处理的铅阳泥含硒碲较高，氧化精炼很难使 Se、Te 完全氧化，需加入固体氧化剂如硝石（$NaNO_3$）来强化氧化过程。在搅拌的条件下加入硝石后，碲可能氧化为 TeO_2 而挥发。为了减少这种挥发而尽可能使碲完全进入渣中，还需加入纯碱，使氧化产生的 TeO_2 与 Na_2O 发生反应，形成亚碲酸钠（$Na_2O \cdot TeO_2$）苏打渣，这便是回收碲的原料。

C   电解分银

根据金、银合金中各种金属的标准电位不同，以金银合金板为阳极，以纯银或不锈钢为阴极，以硝酸、硝酸银的水溶液为电解液，在电解槽中通直流电，阴极上析出银，电位较银正的金属进入阳极泥中。

D   电解分金

将银阳极泥铸成粗金阳极，以纯金为阴极，在氯化金液的电解槽中能直流电，阴极析出纯黄金。

E   分金液的处理

金电解液使用一段时间后因杂质浓度升高而不能继续使用，可用硫酸亚铁、草酸或二氧化硫还原沉淀出其中的金，溶液再用 NH_4Cl 沉铂得氯铂酸铵，经煅烧得铂精矿。分离出氯铂酸铵后的溶液用锌片转换得钯精矿。铂、钯精矿经精炼提纯后即得纯海绵铂、钯。

3.4.3.2   湿法工艺

A   盐酸-氯化钠溶液浸出法

盐酸-氯化钠溶液浸出法又称氯盐法，属全湿法流程，典型的湿法工艺流程如图 3-17 所示。主要包括以下几个步骤。

（1）氯化浸出。将铅阳极泥在 120~150 ℃下烘干，此时铜、砷、锑、铋氧化为相应的氧化物。在盐酸和氯化钠溶液中，这些氧化物溶解生成 $CuCl_2$、$AsCl_3$、$SbCl_3$、$BiCl_3$ 等氯化物进入溶液，浸出液固比为 4~6，温度为 50~80 ℃，为避免 $SbCl_3$ 等水解，要有足够的氯离子，机械搅拌 3 h，冷却、过滤。金、银、铅留在浸出渣中，而铜、砷、锑、铋的浸出率均达到 98%~99%。浸出液再分别进行水解（生成氯氧锑还原得精锑）、中和（加碳酸钠调 pH 值得氯氧铋，再制 Bi_2O_3）和置换（加铁屑得到海绵铜）。

（2）氯化分金。将氯化酸浸出渣用盐酸（或硫酸）、氯化钠和氧化剂（液氯或氯酸钠）浸出，氧化剂和酸反应生成新生态的氯气，其强氧化作用可使 Au、Pt、Pd 溶解生成 $AuCl_4^-$、$PdCl_6^{2-}$，$PtCl_6^{2-}$ 进入溶液中，银、铅则以 AgCl 和 $PbCl_2$ 的形态留在浸出渣中。浸出液用二氧化硫（亚硫酸钠、硫酸亚铁或草酸）还原即得金粉，过滤液再提取铂、钯。

（3）氨浸分银。氯化分金后的浸出渣用氨（或亚硫酸钠）浸出，银离子与氨因形成稳定的 $Ag(NH_3)^{2+}$ 络离子而进入溶液，浸出液用一水合肼（或甲醛）还原即得银粉，而浸出渣则可用于制铅盐。

B   三氯化铁浸出法

该工艺的特点是：铅阳极泥用三氯化铁浸出铜、锑、铋等后，氨浸提银，浸出渣熔炼电解，其工艺流程示于图 3-18。

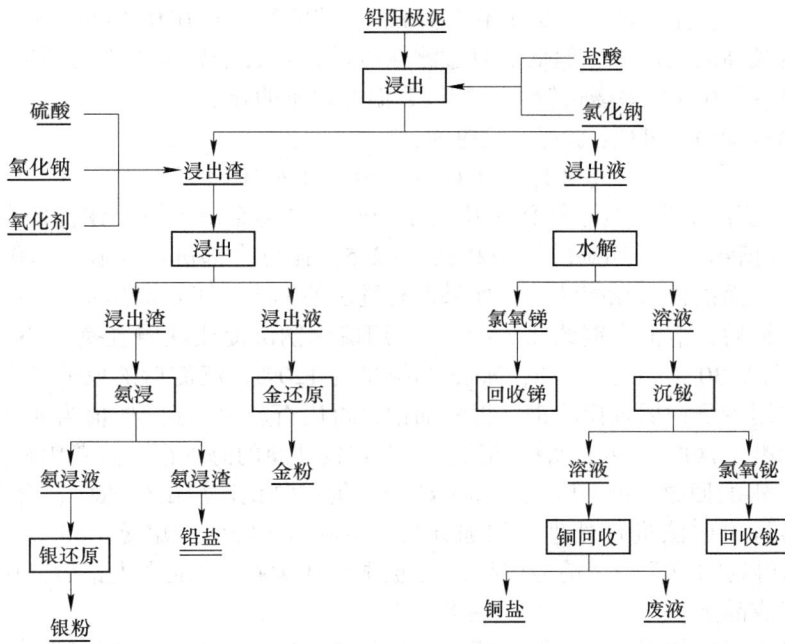

图 3-17 铅阳极泥湿法处理流程

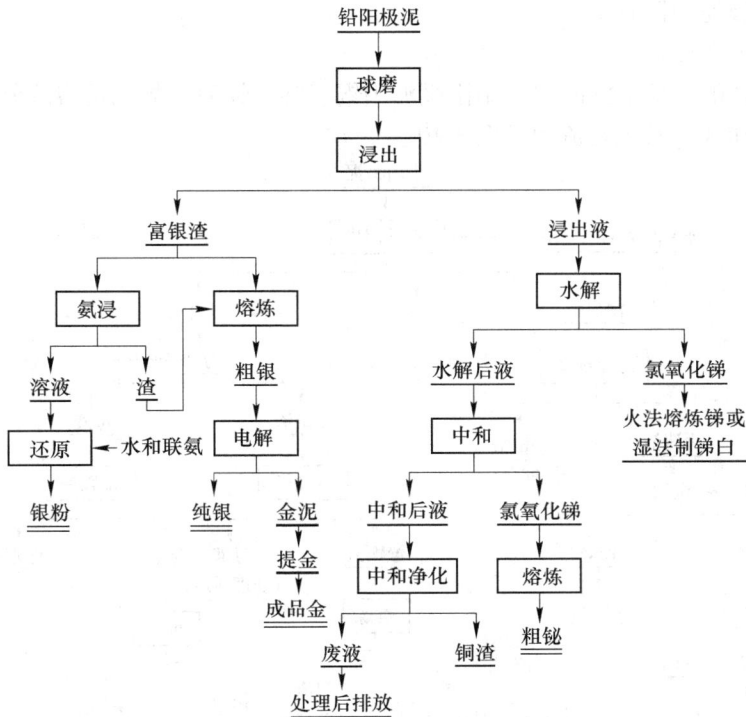

图 3-18 三氯化铁浸出铅阳极泥工艺流程

（1）浸出过程。在浸出过程中，$FeCl_3$ 量增大，As、Sb、Bi、Cu 等浸出率均有所升高，而 Pb 在 50% 左右波动；酸度（不包括 $FeCl_3$ 液的酸度）在 0.4~0.6 mol/L，砷、锑、铋、铜等均有较高的浸出率，但低酸时过滤速度较慢；各金属浸出率随温度升高而增加，并在 50~55 ℃ 到 60~65 ℃ 增长较大，继续升温变化不明显。

浸出液用水稀释，$SbCl_3$ 水解，反应为：

$$SbCl_3 + H_2O \Longrightarrow SbOCl + 2HCl$$

银以 AgCl 沉淀析出，锑、银沉淀率大于 99%，其他金属如铜、铋仍留在溶液中。水解沉锑后，pH 值约 0.5，用碳酸钠中和到 2~2.5，铋可全部沉淀回收。水解剩下的少量银也一起沉淀，而铜仍留在溶液中。如果没有过多的 Fe^{2+}，可得高质量的铋沉淀物。

中和沉淀铋后，溶液含铜约 2.3 g/L，可用硫化钠沉淀或铁屑置换-石灰中和法处理。用 Na_2S 时，温度 30 ℃，搅拌 1 h，Na_2S 为铜量的 120%，沉淀后液成分基本达到排放标准。后者系先用少量铁屑置换除铜，得海绵铜，再用石灰中和到 pH 值为 8~9，废液成分达直接排放标准。铁屑置换-石灰中和法，可得到较纯净的海绵铜，且费用较少。

（2）金、银的回收。95% 以上银和全部金富集在氯化铁浸出残渣中，含银 50% 以上，可用成熟的熔炼电解法进行处理。如加苏打、炭粉（约 3%）熔炼，粗银直收率 95%~97%。银电解得到的银粉经铸锭为成品，而金进入阳极泥，硝酸煮去银后，用电解精炼或化学法处理得成品金。

残渣亦可用湿法处理，即用氨溶液（液固比 5∶1）浸出，AgCl 转变为 $Ag(NH_3)_2Cl$，温度 50~70 ℃。浸出液用水合联氨还原，银的回收率大于 99%。氨浸渣还原熔炼成粗银电解，再从阳极泥中回收金。

C　盐酸-硫酸混酸浸出法

该流程用盐酸、硫酸混酸浸出铅阳极泥中铜、锑、铋后，氯化钠溶液分铅，分铅渣熔炼电解提取银和金，其工艺流程见图 3-19。

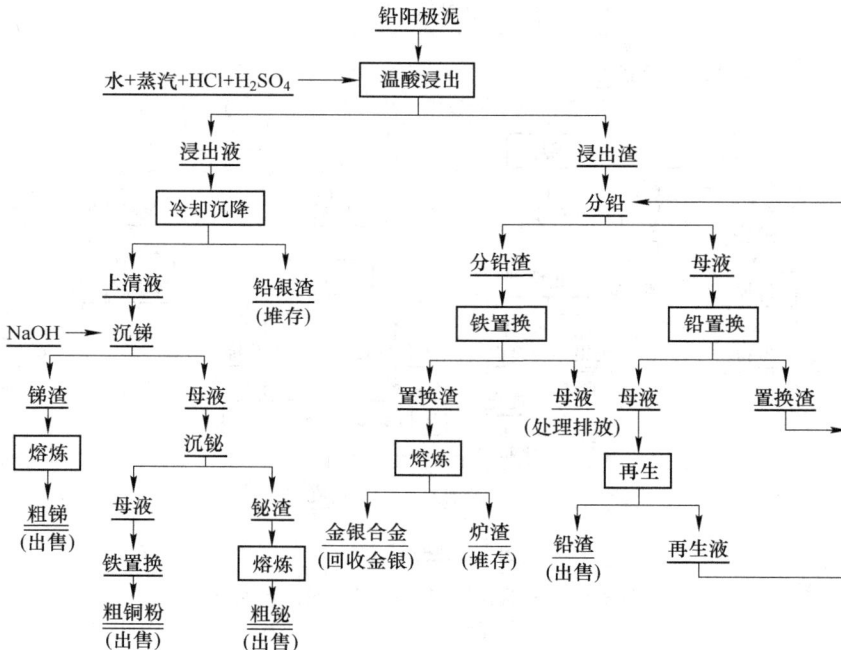

图 3-19　盐酸-硫酸浸出铅阳极泥工艺流程

（1）盐酸-硫酸混酸浸出。当控制 80~90 ℃，HCl 3 mol/L、H_2SO_4 0.5 mol/L，固液比 1：8（g：mL），浸出 2 h，浸出率为 Sb 99%，Bi 98%，Cu 90%，Pb 约 30%。渣率约 30%，金、银回收率大于 99%。

（2）盐浸脱铅。在 80 ℃，200 g/L NaCl，pH 值 2~4，固液比 1：15(g：mL) 条件下浸出 2 h，铅浸出率大于 97%，金银溶失率分别小于 0.1% 和 0.5%。浸铅液经再生后可实现闭路循环使用，并且不降低脱铅效率。

分铅渣熔炼电解提取银和金，按混酸浸出液中回收铜、锑、铋类似三氯化铁浸出工艺中的成熟方法进行。

该方法易实现工业化，金银直收率高，Au 不小于 98%，Ag 不小于 97%，产品纯度 Au 99.99%，Ag 99.95%。可综合回收铜、锑、铋、铅，从铅阳极泥到铜、锑、铋，金属直收率为：Cu 不小于 85%，Sb 83%~90%，Bi 不小于 90%。

3.4.3.3 湿法-火法联合处理工艺

对于含金量高的铅阳极泥可采用全湿法处理工艺，而含金量低的阳极泥适合采用湿法-火法联合处理工艺。铅阳极泥的湿法-火法联合处理工艺实际上也应归为湿法工艺，典型的湿法-火法联合处理工艺流程如图 3-20 所示，主要工序包括：

（1）控电位氯化。即在盐酸介质中通入氯气（或加入氯酸盐），形成一个强氧化氛围，利用贵金属和杂质金属的电位差异，控制体系电位在 420~450 mV，盐酸酸度为 4 mol/L，温度 50 ℃左右，液固比为 8~10。经过自然氧化的铅阳极泥在浸出过程中发生的

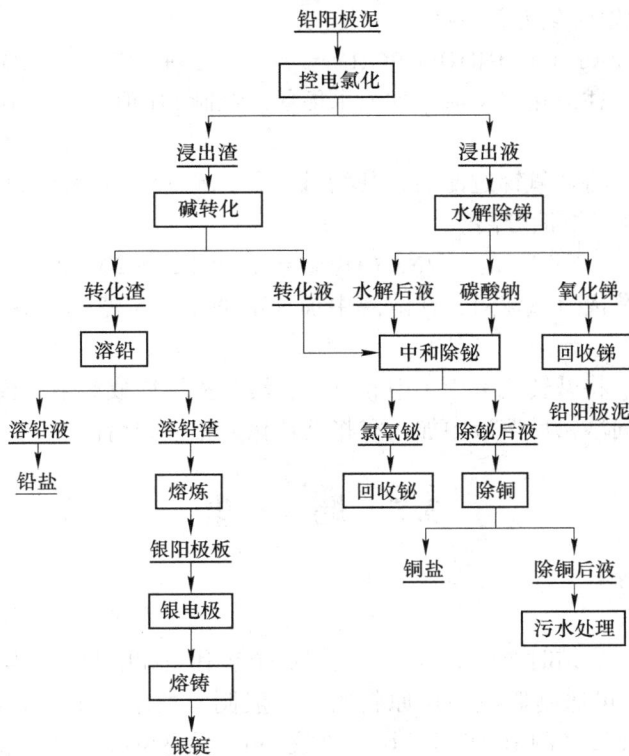

图 3-20 铅阳极泥湿法-火法联合工艺流程

化学反应主要有：

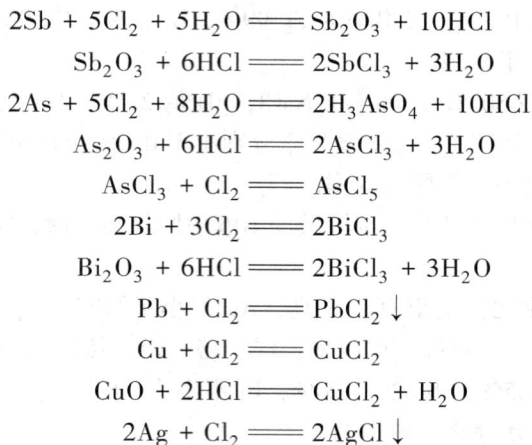

$$2Sb + 5Cl_2 + 5H_2O \Longrightarrow Sb_2O_3 + 10HCl$$
$$Sb_2O_3 + 6HCl \Longrightarrow 2SbCl_3 + 3H_2O$$
$$2As + 5Cl_2 + 8H_2O \Longrightarrow 2H_3AsO_4 + 10HCl$$
$$As_2O_3 + 6HCl \Longrightarrow 2AsCl_3 + 3H_2O$$
$$AsCl_3 + Cl_2 \Longrightarrow AsCl_5$$
$$2Bi + 3Cl_2 \Longrightarrow 2BiCl_3$$
$$Bi_2O_3 + 6HCl \Longrightarrow 2BiCl_3 + 3H_2O$$
$$Pb + Cl_2 \Longrightarrow PbCl_2 \downarrow$$
$$Cu + Cl_2 \Longrightarrow CuCl_2$$
$$CuO + 2HCl \Longrightarrow CuCl_2 + H_2O$$
$$2Ag + Cl_2 \Longrightarrow 2AgCl \downarrow$$

经过控电氯化后，电位较负的杂质金属如 Sb、As、Bi、Cu 都以氯化物的形态进入溶液，而贵金属则留在渣中，从而实现了贵金属和杂质金属分离并被富集的目的。

（2）碱转化。将所得的浸出渣中加入一定量的碳酸钠进行转化，将难溶于酸的氯化铅转化碳酸铅，以便在下步中进行酸溶解，从而实现与银分离。

$$PbCl_2 + Na_2CO_3 \Longrightarrow PbCO_3 + 2NaCl$$

为了避免氯化银在下步熔炼中挥发损失，在加入碳酸钠的同时适量加入还原剂（甲醛），使渣中的氯化银转化为金属银。

$$2AgCl + HCHO + 2OH^- \Longrightarrow 2Ag \downarrow + 2Cl^- + HCOOH + H_2O$$

（3）水解除锑。往氯化浸出液中加入水稀释，控制 pH 值 0.5~1.0，三氯化锑水解生成氯氧锑沉淀。

（4）中和沉铋。将氯氧锑过滤后，往溶液中加入碳酸钠中和至 pH = 2.0 左右，溶液中的三氯化铋呈氯氧铋沉淀分离。

$$BiCl_3 + 2Na_2CO_3 \Longrightarrow BiOCl \downarrow + 2NaCl + CO_2 \uparrow$$

（5）铜回收。分离氯氧铋后，往溶液中加入碳酸钠，压滤制得碱式碳酸铜，滤液送污水处理。

（6）熔炼电解。将碱转化液用于中和沉铋，转化渣熔炼成银阳极板进行银电解。

（7）铅回收。向溶铅后溶液中加入酸将其转化为相应的铅盐。

3.5　烟　　尘

3.5.1　烟尘的来源

（1）烧结烟气。烧结时产生的烟气经过锅炉余热利用和电收尘（除尘）后的烟气中，含 SO_2 为 4%~5%，可送制取硫酸作原料用。一般制酸的基本工艺为：含 SO_2 烟气—净化—干燥—转化—吸收（制 H_2SO_4）—尾气排放。可制得 98% H_2SO_4 产品。

（2）熔炼烟气。排出的鼓风炉熔炼烟气，经收集除尘后，其含 Pb 及 Cd、Se、Te 等可返回炉料配料用，以利用有价金属。

（3）烟化烟气。用烟化炉法烟化鼓风炉熔炼炉渣时排出了烟化烟气，其含尘中有 Pb 10.6%、Zn 60%（ZnO 形态存在），除去尘后（含 ZnO）进行回收 ZnO，最终用于炼 Zn 金属的原料。排出的尾气合格而放空。

其他在电解精炼中排出的少量酸气，经过排风系统稀释后而放空。火法精炼粗 Pb 时排出的烟气（尘量少）可回收 In 等金属。

3.5.2 烟尘的综合利用

3.5.2.1 锗的回收

含锗铅氧化矿采用烟化挥发法得到的烟尘用湿法处理。烟尘含锗 0.025% ~ 0.032%。为了提高浸出率，采用两次酸浸法，然后从一次酸浸溶液中回收锗。一次酸浸溶液含锗 0.04 ~ 0.0549 mg/L，经控制温度 333 ~ 343 K，pH = 2 ~ 3，即可用丹宁酸沉淀出丹宁酸锗。丹宁加入量为锗的 25 ~ 45 倍，沉淀时间 20 ~ 25 min，以沉淀后溶液含锗 0.5 ~ 0.8 mg/L 为合格，沉淀率 94% 以上。丹宁酸锗经过加水浆化洗涤和压滤得到含锗 2.5% 以上的锗精矿，从锗精矿回收锗的流程如图 3-21 所示。

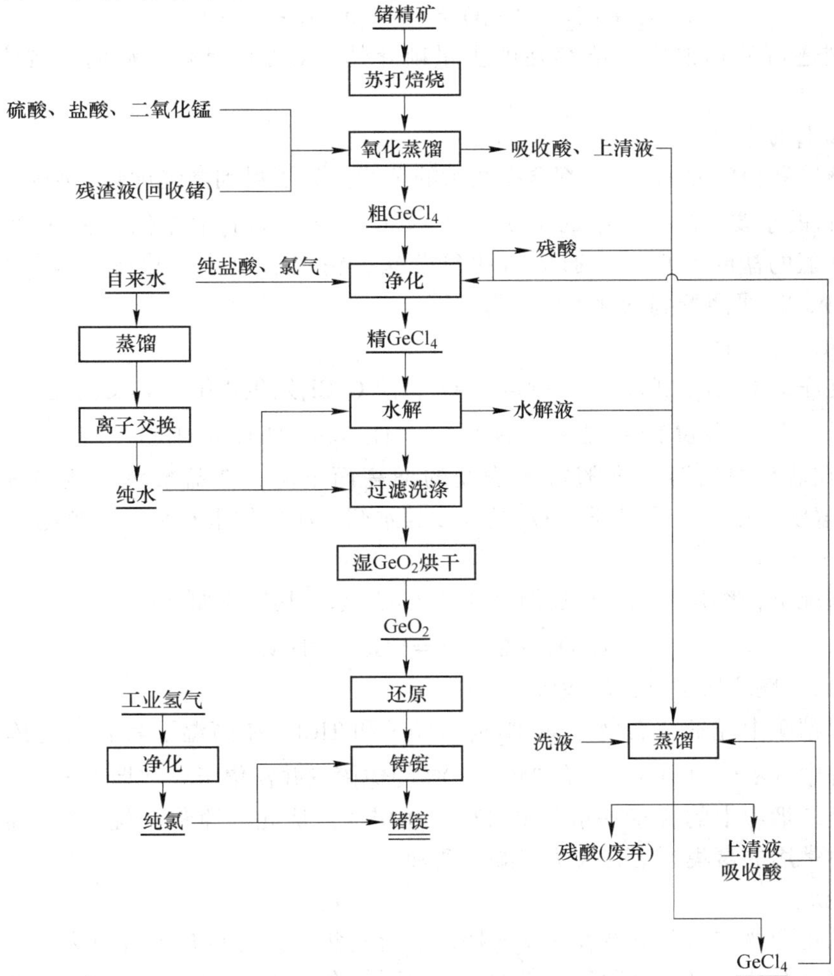

图 3-21　制取锗的流程

A   氯化蒸馏

氯化蒸馏的实质是将锗精矿与一定量的浓盐酸共热进行反应，使 Ge 生成沸点较低的 $GeCl_4$。经过蒸馏使之与其他杂质分离。氯化、蒸馏两个过程在同一设备中进行，其反应为：

$$GeO_2 + 4HCl = GeCl_4 + 2H_2O$$

为了避免反应逆向进行（$GeCl_4$ 水解），必须维持较高的盐酸浓度。生成的 $GeCl_4$ 呈蒸气状态蒸馏出来，冷凝收集，尾气用盐酸吸收。锗精矿中杂质砷在氯化蒸馏中发生如下反应：

$$As_2O_3 + 6HCl = 2AsCl_3 + 3H_2O$$

$AsCl_3$ 的沸点仅为 403 K，大量砷随 $GeCl_4$ 一起被蒸馏出来，严重影响 $GeCl_4$ 的质量。为了使砷不蒸馏出来，在氯化蒸馏时，适当加入氧化剂，使三价砷氧化成五价，形成不挥发的砷酸而保留于溶液之中，最好的氧化剂是氯气。因此在溶液中加入 MnO_2 或 $KMnO_4$（在有盐酸存在下），使之发生如下反应：

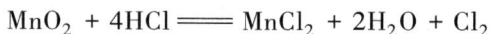

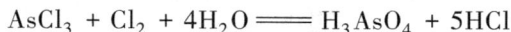

$$MnO_2 + 4HCl = MnCl_2 + 2H_2O + Cl_2$$
$$AsCl_3 + Cl_2 + 4H_2O = H_3AsO_4 + 5HCl$$

氧化剂还可使精矿中可能存在的少量硫化锗（GeS）氧化，从而也提高了锗的回收率。

B $GeCl_4$ 的净化

氯化蒸馏获得的 $GeCl_4$ 一般都含有大量的杂质。为了得到高纯度锗，必须精细地净化 $GeCl_4$，其目的主要是除去其中的杂质砷（$AsCl_3$）。从 $GeCl_4$ 中净化除去 $AsCl_3$ 的方法很多，如饱和氯的盐酸萃取法、通氯氧化复蒸法、精馏法及化学法等。净化结果，要求 $GeCl_4$ 中含 $AsCl_3$ 量降低到 0.001% 以下。

C $GeCl_4$ 的水解

获得纯净的 $GeCl_4$ 之后，为了制取 GeO_2，使 $GeCl_4$ 发生水解，其反应是：

$$GeCl_4 + (2 + n)H_2O = GeO_2 \cdot nH_2O + 4HCl$$

GeO_2 在盐酸中的溶解度随盐酸浓度的增高而下降，在盐酸浓度为 5.3 mol/L 时，GeO_2 的溶解度最小。为了保证 GeO_2 的纯度，水解时所用的水必须经过净化。

D   氢还原

一般情况下，都是采用氢作还原剂使 GeO_2 还原，其反应如下：

$$GeO_2 + 2H_2 = Ge + 2H_2O$$

3.5.2.2   烧结烟尘中铊的回收

硫化铅精矿中铊的化合物，如 Tl_2S_3、Tl_2S 和 TlCl，在高温下具有极易挥发的特性。在烧结过程中（800~900 ℃），有 75%~80% 的铊挥发并富集于烧结烟尘中。

铊在烧结烟尘中的含量一般为 0.02%~0.05%，从此种原料中提取铊，需先进行富集。目前，常用的富集方法有火法与湿法两种。

A   火法富集

利用铊化合物在高温下显著挥发的特性进行富集。其特点是处理量大，富集倍数高，可达十几倍甚至几十倍，但设备投资大，富集回收率较低，一般只有 40%~60%。

我国采用火法富集。通常用的有两种方法：一种是烧结机富集；另一种是反射炉富集。

B 湿法富集

先将含铊固体物料，溶解于水或稀酸中，然后从溶液中析出含铊的沉淀物。目前常用的沉淀剂有氯化钠、重铬酸钠、硫化钠、锌粉和氢氧化铊等。

（1）氯化钠沉淀法。适用于从含铊浓度较高的溶液中使铊呈难溶的氯化铊沉淀析出。此法的回收率一般能达 95%～98%，为工业上最常用的一种方法。

（2）重铬酸钠沉淀法。用于从含铊的弱酸性溶液中，沉淀出难溶的黄色重铬酸铊（$Tl_2Cr_2O_7$），随后用硫酸分解重铬酸铊，再从含硫酸铊的溶液中置换出铊。此法的缺点是重铬酸钠有毒，价格较贵，且不能使贫铊溶液中的铊完全析出。

（3）硫化钠沉淀法。适用于含铊和含重金属杂质较少的溶液，缺点是不能有效地分离杂质。

（4）锌粉置换法。用锌粉从弱酸性溶液中进行选择性置换，以得到富集铊的海绵物。

（5）氢氧化铊沉淀法。此法系先将 Tl^+ 用高锰酸钾氧化成 Tl^{3+}，在 pH＝4～5 时水解生成氢氧化铊，该法铊的沉淀率可达 80%～90%。

C 铊的提取

提取铊也有两种方法。

（1）硫酸化焙烧-浸出法。富集的含铊烟尘，拌以浓硫酸进行硫酸化焙烧，焙烧温度250 ℃，用水浸出热焙砂，再以氯化钠作沉淀剂，使铊呈难溶的氯化铊沉淀出来；液固分离后，将氯化铊再进行第二次硫酸化焙烧和浸出，浸出液用铊碱中和并通入硫化氢气体除去重金属杂质，然后用锌片置换得到海绵铊。将海绵铊洗净、压团、熔铸成铊锭，纯度在99.99%以上。此法工艺流程长，硫酸化焙烧条件恶劣，一般不宜选用。

（2）萃取转型法。富集烟尘用硫酸浸出，将浸出液中 Tl^+ 氧化成 Tl^{3+}，Tl^{3+} 与 NaCl 反应生成 $TlCl_4^{-1}$ 萃取，醋酸铵反萃，反萃液用亚硫酸钠将 Tl^{3+} 还原成 Tl^+。加入硫酸使氯化铊转型成硫酸铊，加碳酸钠中和至 pH＝8，将镉除去，锌板置换得到海绵铊，将海绵铊洗净、压团、熔化铸成铊锭。其工艺流程如图 3-22 所示。

3.5.2.3 鼓风炉烟尘回收硒

硒和碲是稀散金属，常共生在一起。硒是典型的半导体，有广泛的用途。硒至今尚未发现具有单独开采和冶炼价值的矿物，主要来自斑铜矿和铜黄铁矿，铅精矿中也含有少量硒。大部分硒从铅电解阳极泥中回收，少量从铅鼓风炉烟尘中回收。

鼓风炉烟尘经反射炉熔炼，硒与碲挥发富集于烟尘中，富集硒、碲的烟尘经硫酸浸出，再从溶液中用亚硫酸钠还原得硒绵而与碲分离，其工艺流程如图 3-23 所示。

3.5.2.4 鼓风炉烟尘回收碲

由于至今尚未发现具有单独开采有冶炼价值的碲矿物，故多是从冶金和化工生产的中间产物中提取碲，其中大部分是从铜、铅阳极泥和制酸的铅室泥中提取，少部分从炼铅鼓风炉烟尘中提取。

我国以铅鼓风炉烟尘为原料，采用火法与湿法的综合工艺提取碲，即采用反射炉熔炼，使碲、硒、镉等挥发富集于烟尘，富集烟尘经硫酸浸出、亚硫酸钠还原、净化、电解等工序产出 1 号碲，其工艺流程如图 3-24 所示。

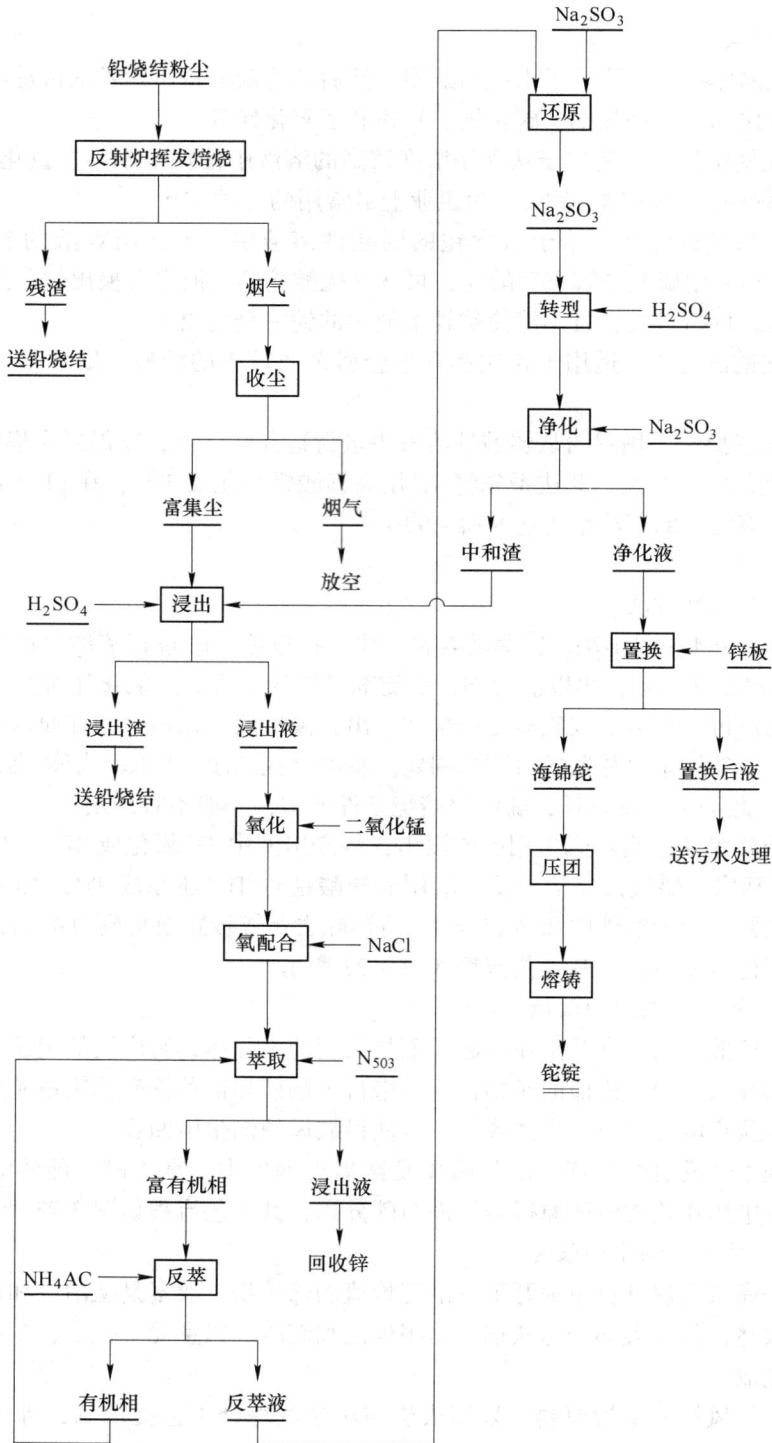

图 3-22 铊生产流程

鼓风炉烟尘
↓
反射炉熔炼

炉渣　　　烟气　　　粗铅
↓　　　　↓　　　　↓
水淬　　　收尘　　送精选
↓
水淬渣　　　　烟气　　烟尘　　Na₂SO₄
↓　　　　　　↓　　　↓　　　↓
送铅烧结　　　放空　　　浸出

浸出渣　　浸出液
↓　　　　↓
送铅烧结　　还原　←　Na₂SO₄

硒绵　　还原后液
↓　　　　↓
H₂SO₄　→　浸出　　回收碲

浸出液　　　　浸出渣
↓
H₂SO₄　→　沉硒

沉硒后液　　　红硒
↓　　　　　　↓
送污水处理　　铸锭
↓
硒锭

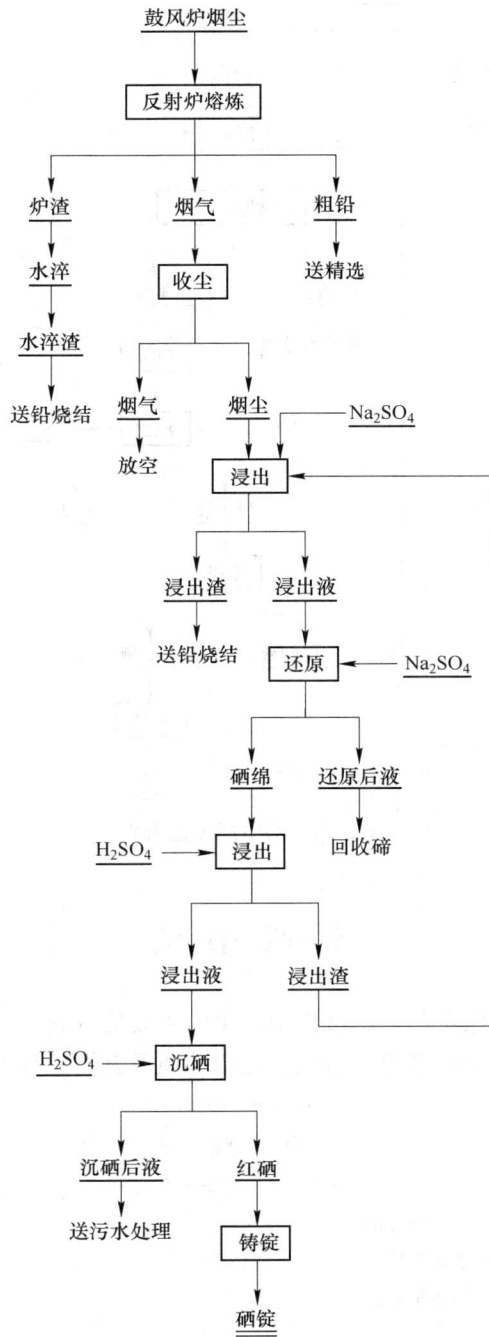

图 3-23　硒生产工艺流程

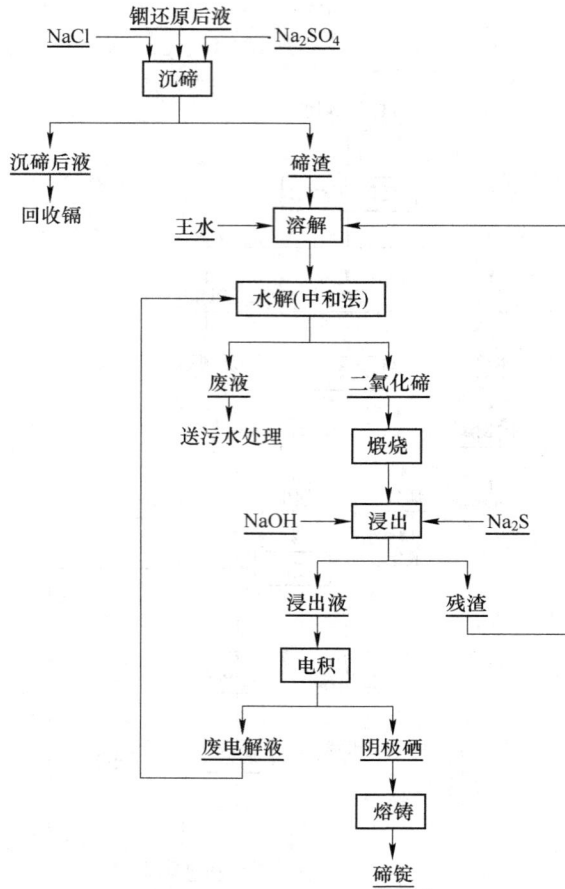

图 3-24 碲生产工艺流程

本 章 小 结

本章主要介绍了铅冶炼企业生产过程中产生的主要废弃物炼铅炉渣、烟化炉弃渣、浮渣、电解精炼阳极泥和烟尘的来源、组成、化学性质及其资源化利用方法。

习 题

（1）炼铅炉渣主要来源于哪几个方面？
（2）烟化法处理炼铅炉渣的原理是什么？
（3）电炉法处理炼铅炉渣的原理是什么？

4 锌冶炼企业有色金属资源化利用

本章提要：

(1) 掌握锌冶炼企业主要废弃物的产生来源与资源化利用途径；

(2) 掌握本章中出现的相关概念和术语的主要内涵。

自然界中的锌主要以硫化矿和氧化矿存在。目前炼锌的主要原料是硫化矿，单一的硫化矿极少，多与其他金属硫化矿伴生形成多金属矿，有铅锌矿、铜锌矿、铜锌铅矿。硫化矿伴生元素多，再生利用价值大。

现代锌冶炼方法主要有火法冶炼和湿法冶炼两大类。

火法炼锌是在高温下用碳作还原剂，从氧化锌物料中还原提取金属锌的过程，包括焙烧、还原蒸馏和精炼三个主要过程。主要有平罐炼锌、竖罐炼锌、密闭鼓风炉炼锌及电热法炼锌。

湿法炼锌是当今锌冶炼的主要方法，其产量占世界锌总量的80%以上。湿法炼锌分为常规浸出、热酸浸出、氧压浸出。

(1) 常规浸出是我国湿法炼锌的主要生产方法，采用焙烧—中性浸出—酸性浸出—电积工艺生产硫酸和锌锭。在这个过程中产生的中性浸出渣再用稍浓的硫酸进行低酸性浸出，尽量将中性浸出渣中可溶性锌溶解处理，得到的溶液经净化后送去电积回收锌。常规浸出过程中会产生浸出渣，产出的锌浸出渣含锌在20%左右。

(2) 热酸浸出是在常规浸出法的基础上增加高温、高酸浸出段发展而来，与常规浸出的区别在于中性浸出渣的处理方法是在高温（95~100 ℃）、高酸（终酸40~60 g/L）的手段将中性浸出渣中所含铁酸锌分解浸出。在热酸浸出过程中产生铅银渣，溶液净化过程中会产生黄钾铁矾渣、针铁矿渣、赤铁矿渣等。

(3) 氧压浸出是采用高压釜让硫化锌精矿的浸出过程在高压和富氧条件下进行。在有三价铁离子存在的条件下，氧压浸出能使在一般浸出条件下不会溶解的硫化锌溶解，产出硫。

在湿法冶炼过程中会产生烟尘、浸出渣、铅银渣、硫磺渣、脱硫渣、污酸处理渣、铜镉渣、沉铁渣、废水处理污泥。

锌湿法冶炼典型工艺流程及产生的废弃物如图4-1所示。

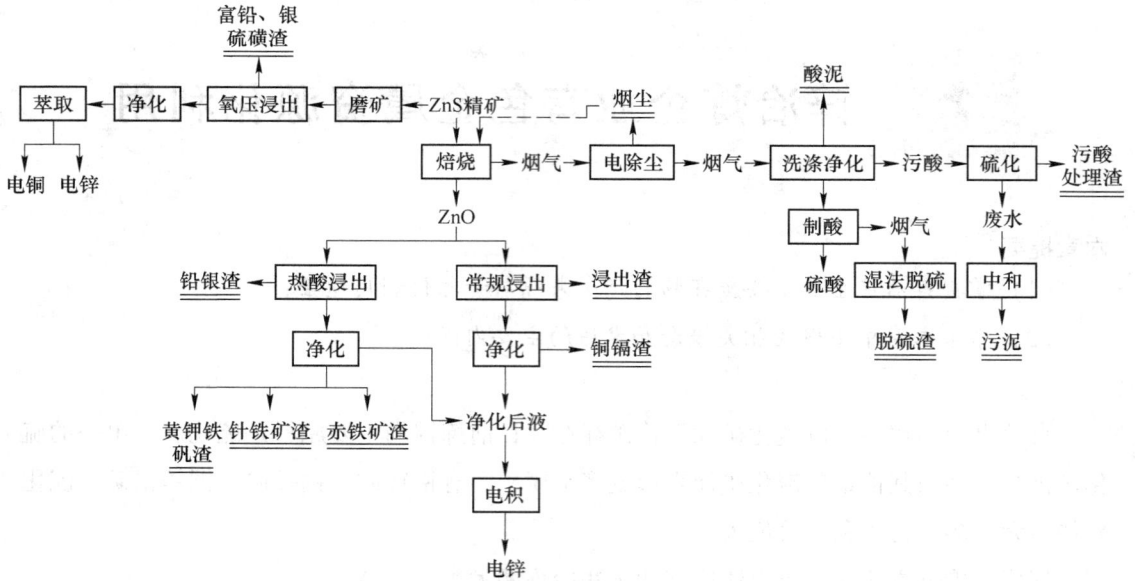

图 4-1 锌湿法冶炼典型工艺流程及产生的废弃物

4.1 锌浸出渣的综合利用

4.1.1 锌浸出渣的来源

目前世界上 80% 的锌冶炼厂采用"沸腾焙烧—浸出—净化—电积"湿法炼锌工艺处理硫化锌精矿，其工艺流程如图 4-2 所示。

湿法炼锌主要有焙烧、浸出、浸出液净化和电积等工序。锌精矿焙烧后用电解废液进行中性浸出，使大部分氧化锌溶解，得到的矿浆分离出上清液和底流矿浆。上清液净化后电积产出金属锌，熔铸成锭。底流矿浆进行酸性浸出以溶解残余的氧化锌，酸性浸出液返回到中性浸出。

由于锌精矿中伴生铁甚至高达 20%，在锌精矿高温氧化焙烧时，部分锌与铁生成稳定性极强的具有尖晶石结构的铁酸锌，在浸出工序难以被浸出，导致 10 %~20% 的锌以铁酸盐形式进入渣中。

在浸出工序通常采用二段浸出工艺，由中性浸出（终点 pH 值 4.8~5.2）和酸性浸出（终点 pH 值 2.5~3.5）两段浸出组成，该环节会产生大量的浸出过滤渣，又称锌浸出渣。

在湿法炼锌常规浸出生产中，所得到的中性浸出渣除含有锌外，还有其他有价金属如铅、铜及贵金属金、银

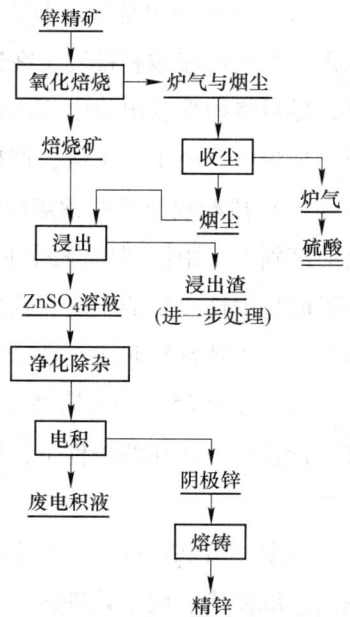

图 4-2 闪锌矿焙烧-浸出
湿法冶炼工艺流程

等。因此，必须从锌浸出渣中回收锌及有价金属。几种锌浸出渣的成分如表4-1所示。

表 4-1　几种锌浸出渣的成分　　　　　　　　　　　　　　（%）

元素种类	Zn	Pb	Cu	Fe	CaO+MgO	SiO$_2$	S	Au+Ag	Al$_2$O$_3$
1	28.10	5.4	1.12	26.00	6.7	8.00	5.70	微量	5.7
2	23.47	4.82	1，28	29.30	1.96	11.67	5.14	微量	2.11
3	18.67	11.76	1.29	23.00	3.19	11.88	5.90	0.025	4.58
4	16.90	12.10	0.80	19.10	5.40	12.40	5.10	0.029	4.70

4.1.2　锌浸出渣的处理方法

我国湿法炼锌中，现行的锌浸出渣（锌焙烧矿经中浸-低浸或两段中浸而得）处理工艺有两种：一种是火法；另一种是湿法，即热酸浸出法，并根据热酸浸出液除铁方法的不同，又分为黄钾铁矾法、针铁矿法、赤铁矿法等。另外，浸出渣中还含有其他的有价金属元素，需要进行综合回收。主要的渣处理工艺如图4-3所示。

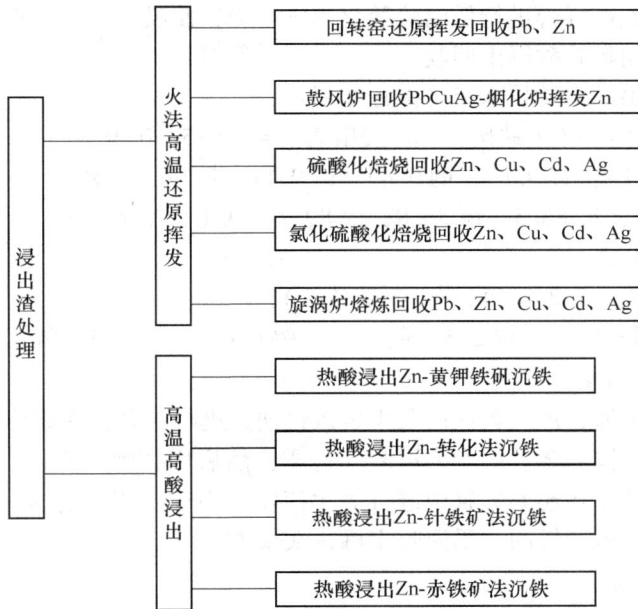

图 4-3　主要的渣处理工艺

4.1.2.1　锌浸出渣的火法处理

锌浸出渣的火法处理是利用金属锌沸点低的特点来实现锌与杂质成分分离的。在高温条件下，利用焦炭、煤粉等还原剂将锌浸出渣中的铁酸锌还原分解为金属锌与铁氧化物（或金属铁），利用金属锌沸点低、易挥发的特点，将锌以金属蒸气的形式挥发进入气相，进入气相的锌金属蒸气又被空气中的氧气氧化为氧化锌，在收尘系统以氧化锌粉尘的形式加以回收。在火法处理过程中，锌浸出渣中其他易挥发的金属如铅、铟等也在收尘系统中以金属氧化物的形式得到回收。

锌浸出渣火法处理法又分为鼓风炉熔炼和烟化炉熔炼法、硫酸化焙烧法、氯化硫酸化焙烧法、旋涡炉熔炼法等。

A　鼓风炉熔炼和烟化炉熔炼法

当浸出渣中贵金属或铅含量较高时，将干燥后的滤渣制成球团与含铅烧结块（按一定比例）一起加入到铅鼓风炉内进行熔炼。熔炼区的最高温度为 1400~1500 ℃，每 1 m² 炉子横断面需鼓入 30~40 m³/min 的空气。熔炼过程中铅、铜及贵金属都进入粗铅内，有利于下一步提取。锌少部分挥发以氧化锌形式进入烟气收尘系统，大部分的锌进入熔炼渣中，再用烟化法从渣中回收。也可直接将锌滤渣熔化加入烟化炉内吹炼。

烟化炉熔炼法的基本原理是通过向炉体内添加煤粉和通入空气，利用其中还原的特性使渣中的某些有价金属挥发出来，挥发出来的形态通常为金属单质，氧化物或硫化物等。用烟化炉吹炼时，所产烟尘含锌达 60%~62%，含铅 10%~12%，可进行湿法处理，使锌溶解进入稀硫酸溶液中，后经净化、电积得到电锌。铅以硫酸铅形式集中在浸出渣中，送铅系统回收铅。

B　硫酸化焙烧法

采用硫酸化焙烧处理锌浸出渣，回收铜、镉、银。

将浸出渣和黄铁矿混合进行低温硫酸化沸腾焙烧，使浸出渣中的锌、铜、镉转化成可溶性硫酸盐，然后用稀硫酸浸出回收。

硫酸化焙烧浸出的主要技术经济指标如下：

炉料混合质量比：$m($黄铁矿$):m($浸出渣$)=0.515:0.485$；

混合料品位（%）：锌 9.89，铜 0.89，镉 0.11，铁 36.8，硫 25.09；

硫酸化率（%）：锌 86.5，铜 86.8，镉 89.7，铁 1.05，银>80；

焙烧温度：670 ℃；

烟气含 SO_2 浓度：5.2%（可用于制造硫酸）；

最终浸出渣成分（%）：锌 2.5，铜 0.27，镉 0.02，铁 47.5，硫 2.81。

C　氯化硫酸化焙烧

将干燥后的浸出渣，加入黄铁矿及少量氯化钠，进行混合，在熔炼炉内进行氯化和硫酸焙烧，使铜、锌、镉和金、银变为可溶性物质，然后用稀硫酸浸出。炉料中剩余的砷、锑、锡在氯化焙烧后，在还原气氛中进行氯化挥发。当浸出渣中含 As、Sb 较高时，采用此法比较合适，此法铜和锌的金属回收率可达 95%左右。

D　旋涡炉熔炼法

锌浸出渣经过干燥脱水至 5%~8%以后，配入适量的粉煤或焦粉，使焦比在 35%~45%，送往旋涡炉内进行熔炼。旋涡炉的直径一般为 1.2~1.7m，熔炼区的温度控制在 1400~1450 ℃。炉内所需要的空气，经过预热达到 400~450 ℃以后，沿切线方向鼓入炉内并使它在进口时就成旋涡状态。风速为 120~160 m/s，风量为 8000~10000 m³/min。炉内产物有烟气、冰铜和炉渣。

锌、铅挥发并进入烟气系统中，经冷却后在布袋收尘器内回收氧化锌烟尘，其成分如下：

Zn 58%~63%，Pb 10%~12%，Cu 0.2%~0.5%，（As+Sb）0.1%~0.4%，F 0.1%~0.2%，Cl 0.01%~0.05%。

所产熔体在旋涡炉底部的反射炉内进行熔炼，并加入 8%~15%的黄铁矿（FeS_2）以造冰铜。熔融体在反射炉内分离产出炉渣和冰铜，铜及贵金属富集在冰铜内，冰铜内含铜 5%~8%，含贵金属（主要是 Ag）0.5%左右。炉渣含锌 1.5%~2%，含铅 0.3%~0.4%。此法铅和锌的回收率可达 95%以上。

E　回转窑挥发法

回转窑挥发法是将干燥的锌浸出渣（含 H_2O 12%~18%）配以 45%~55%的焦粉加入回转窑中，在 1100~1200 ℃高温下实现渣中 Zn 还原挥发，然后以 ZnO 粉回收。浸出渣中的金属氧化物（ZnO、PbO、CdO 等）与焦粉接触，被还原出的金属蒸气，进入气相，在气相中又被氧化成氧化物，在烟尘中可回收 Pb、Cd、In、Ge、Ga 等有价金属。其工艺流程如图 4-4 所示，具体工艺步骤如下。

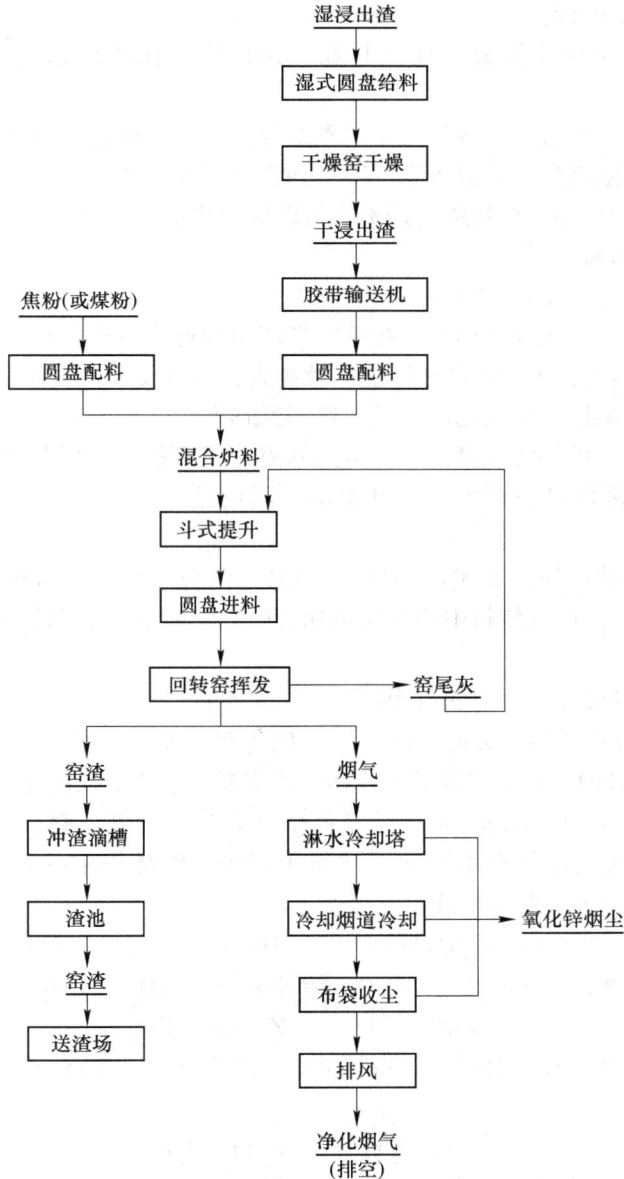

图 4-4　回转窑挥发法处理锌浸出渣工艺流程

（1）锌浸出渣干燥。锌浸出渣经过过滤后，仍然含水较高（40%～45%），不能直接加入回转窑处理。用回转窑处理时，浸出渣中含水过高，一方面导致配料不均匀，炉料在炉内反应不完全，金属回收率低；另一方面造成炉气量增加，并使炉气的露点降低，影响收尘。为此，首先必须进行干燥。

（2）回转窑挥发法处理浸出渣过程。回转窑处理浸出渣时，经干燥后的浸出渣与焦粉或无烟粉煤混合均匀，加入具有一定倾斜度的回转窑内。窑体由电动机带动以一定速度转动时，炉料翻滚，并从一端向另一端流动。燃料产生的高温炉气与炉料流动的方向相反，炉料中的金属氧化物与还原剂产生良好的接触而被还原。炉内的炉气最高温度可达1100～1300 ℃，炉窑有许多温度带，各个温度带的温度不一样。

挥发过程分三步进行：

1）炉料中含锌铅等盐类分解成氧化物，并且使氧化物还原成为金属蒸气进入气相中；

2）气相中的金属蒸气与窑内炉气中的氧结合，生成氧化物（ZnO、PbO 等）；

3）金属氧化物随烟气一道进入烟气冷却和收尘系统而被回收；

在回转窑处理过程中，炉料中的铅不管是以氧化物形式还是以硫化物形式都能显著挥发，并比锌的挥发率高。

决定氧化物还原速率的因素有：

1）气相还原剂—氧化碳（CO）。在反应带产出的速率及产出物（二氧化碳 CO_2）和锌蒸气的排出速度越大，氧化物的还原速率就越大，所以要求炉料在窑内翻动良好。

2）还原过程的温度。温度越高，还原速率就越大。

3）炉料的粒度。炉料的粒度过小，虽然暴露的表面积大，但是透气性不良，故不但要求炉料与气体的接触表面积大，而且要求炉料的透气性良好，所以要求炉料的粒度适当。

4）还原剂的气体分压。在炉内还原剂（CO）的分压增大，对炉料表面的吸附能力加强，进行强制鼓风，可以使料中的焦粉迅速燃烧成一氧化碳，从而增大还原剂的分压，加速还原过程。

各组分在回转窑处理过程中的行为：

锌在浸出渣中以铁酸锌（$ZnO \cdot Fe_2O_3$）、硫化锌（ZnS）、硫酸锌（$ZnSO_4$）、氧化锌（ZnO）及硅酸锌（$ZnO \cdot SiO_2$）等形式存在。铅主要以硫酸铅及硫化铅形式存在。

1）铁酸锌（$ZnO \cdot Fe_2O_3$）。由于锌精矿中含有较多的铁，沸腾焙烧时生成铁酸锌。在常规浸出条件下铁酸锌几乎不溶解而残留于渣中，铁酸锌中的锌约占渣含锌总量的50%～60%，它在窑内发生如下反应：

$$3(ZnO \cdot Fe_2O_3) + C = 2Fe_3O_4 + 3ZnO + CO$$
$$ZnO \cdot Fe_2O_3 + 2CO = ZnO + 2FeO + 2CO_2$$
$$ZnO + CO = Zn(g) + CO_2$$

当窑内温度在1000 ℃以上时，上述反应进行得很快，且有部分氧化铁还原为金属铁，促进氧化锌的还原。

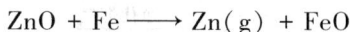

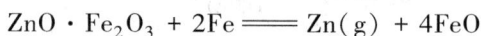

$$ZnO + Fe \longrightarrow Zn(g) + FeO$$
$$ZnO \cdot Fe_2O_3 + 2Fe = Zn(g) + 4FeO$$

2）硫化锌（ZnS）。硫化锌在沸腾焙烧中未被氧化，且不溶于稀酸而残留在浸出渣中，硫化锌在渣中占渣中含锌总量的 25%~30%，它在窑内的主要反应是与强制送入的空气接触，而被氧化，再还原挥发。此外，也与窑内还原产出的金属铁及浸出渣中的氧化钙作用产生锌蒸气。

$$ZnS + 3/2O_2 \Longrightarrow ZnO + SO_2$$
$$ZnS + Fe \Longrightarrow Zn(g) + FeS$$
$$ZnS + CaO + C \Longrightarrow Zn(g) + CaS + CO$$

但是上述三个反应是固相与固相的反应，需温度较高，而 ZnS 较难挥发。所以当炉料中含 ZnS 高时，需要强制鼓风才能达到较好的回收效果。

3）硫酸锌（ZnSO$_4$）。硫酸锌是被溶解的物质，在过滤时未被洗净而进入渣中，在窑内预热带，窑温在 900 ℃左右并呈氧化性气氛时，硫酸锌按下式进行激烈分解。

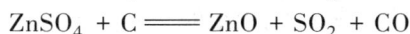

$$ZnSO_4 \Longrightarrow ZnO + SO_2 + 1/2O_2$$
$$ZnSO_4 + C \Longrightarrow ZnO + SO_2 + CO$$

$ZnSO_4 + CO \Longrightarrow ZnO + SO_2 + CO_2$ 分解产物 ZnO 进入高温带而被还原，但是如果搅拌不好，焦率过高，预热带呈现还原气氛时，ZnSO$_4$ 被还原成 ZnS，其反应为

$$ZnSO_4 + 2C \Longrightarrow ZnS + 2CO_2$$
$$ZnSO_4 + 4CO \Longrightarrow ZnS + 4CO_2$$

4）氧化锌（ZnO）。以游离状态存在于锌浸出渣中的氧化锌数量很少，其主要来源是氧化锌在浸出期间来不及溶于稀酸而残留于渣中，它在窑内被还原。

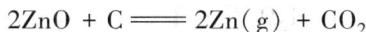

$$ZnO + C \Longrightarrow Zn(g) + CO$$
$$2ZnO + C \Longrightarrow 2Zn(g) + CO_2$$

5）硅酸锌（ZnO·SiO$_2$）。沸腾焙烧过程中形成的硅酸锌能溶解于硫酸溶液中，只有少量形成胶体物质而残留在浸出渣中，温度在 1100~1200 ℃时被还原，其反应如下：

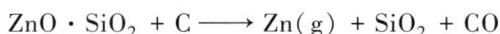

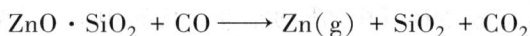

$$ZnO·SiO_2 + C \longrightarrow Zn(g) + SiO_2 + CO$$
$$ZnO·SiO_2 + CO \longrightarrow Zn(g) + SiO_2 + CO_2$$

当物料中含 CaO 时可加速 ZnO·SiO$_2$ 的还原。

$$ZnO·SiO_2 + CaO \longrightarrow ZnO + CaO·SiO_2$$

6）硫酸铅（PbSO$_4$）。铅在浸出渣中大部分以 PbSO$_4$ 形式存在，但也有少量的硫化铅、氧化铅、硅酸铅。硫酸铅在窑内被还原成硫化铅，氧化铅被还原成金属铅，硫酸铅、氧化铅和硫化铅也可能进行相互反应而形成金属铅。

$$PbSO_4 + 2C \longrightarrow PbS + 2CO_2$$
$$PbSO_4 + 4CO \longrightarrow PbS + 4CO_2$$
$$PbSO_4 + PbS \longrightarrow 2Pb + 2SO_2$$
$$PbS + 2PbO \longrightarrow 3Pb + SO_2$$

反应所得的金属铅液进入冰铜内或料层的下部，使金属铅难以挥发。硫化铅可与其他金属硫化物形成低熔点锍，PbO 与 SiO$_2$ 形成低熔点硅酸铅。所以当炉料含 PbS 过高时，产出的金属铅、锍及低熔点硅酸盐，由于渗透能力强，渗入窑衬而侵蚀衬体，使炉料熔化而形成炉结，阻碍锌、铅的挥发，恶化操作。因此在配料时，加入过量的焦粉，以吸收熔体产物。另外采用强制鼓风，延长窑内高温带，提高废气出口温度，也有利于铅的挥发。

浸出渣中的镉、铟、锗易挥发进入氧化锌烟尘中，从而使稀散金属得到富集。浸出渣中的铜以铁酸铜（$CuO \cdot Fe_2O_3$）及硅酸铜（$CuO \cdot SiO_2$）形式存在，贵金属以自由金及硫化银（Ag_2S）形式存在于渣中。在回转窑内，铜、金、银的化合物都难以挥发，残留在窑渣中。当窑渣中含铜、金、银较高时，则须进一步从窑渣中提取铜及贵金属。

4.1.2.2　锌浸出渣的湿法处理

采用焙烧-浸出-电积湿法炼锌工艺，由于生成的铁酸锌不溶于稀硫酸留在浸出渣中而造成了锌的浸出率低，为提高锌的总回收率，继而开发了热酸浸出。

热酸浸出过程的实质是将锌焙烧矿的中性浸出渣用高温、高酸浸出，目的是将在低酸中尚未溶解的铁酸锌及少量其他尚未溶解的锌化合物溶解，以进一步提高锌的浸出率。热酸浸出是在原常规浸出法的基础上增加高温、高酸浸出段，使浸出过程成为不同酸度、多段逆流的浸出过程。其特点是浸出的酸度逐段增加，浸出渣量逐段减少。由于铁酸锌及其他化合物溶解，浸出渣数量显著减少，使浸出渣中的铅、银、金等有价金属得到较大的富集，从而有利于这些金属的进一步回收。

铁酸锌浸出的热力学及化学反应如下：

铁酸锌水系（$ZnO \cdot Fe_2O_3\text{-}H_2O$ 系）有关反应在 25 ℃ 和 100 ℃ 的电位 E-pH 值如图 4-5 所示。由图 4-5 可以看出，提高酸度对铁酸锌溶出有利。

图 4-5　$ZnO \cdot Fe_2O_3\text{-}H_2O$ 系 E-pH 值
（25 ℃ 实线，100 ℃ 虚线）

依据铁酸锌溶解于近沸的硫酸中的性质，生产实践中采用热酸浸出（温度 90~95 ℃，始酸浓度大于 150 g/L，终酸浓度为 40~60 g/L），使渣中铁酸锌溶解，其反应式为：

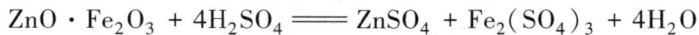

$$ZnO \cdot Fe_2O_3 + 4H_2SO_4 \Longrightarrow ZnSO_4 + Fe_2(SO_4)_3 + 4H_2O$$

同时渣中残留的 ZnS 使 Fe^{3+} 还原成 Fe^{2+} 而溶解：

$$ZnS + Fe_2(SO_4)_3 \Longrightarrow ZnSO_4 + 2FeSO_4 + S^0$$

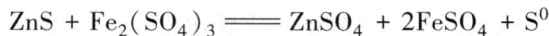

热酸浸出结果，金属回收率显著提高，铅、银富集于渣中，但大量铁也转入溶液，使铁含量达 20~40 g/L，若采用常规的中和水解除铁，因形成体积庞大的 $Fe(OH)_3$ 溶胶，无法浓缩与过滤。为从高铁溶液中沉出铁，生产上已成功采用了黄钾铁矾 $[KFe_3(SO_4)_2(OH)_6]$ 法、针铁矿（FeOOH）法和赤铁矿（Fe_2O_3）法等除铁方法。

从高浓度 $Fe_2(SO_4)_3$ 溶液中沉铁，决定于 $SO_3\text{-}Fe_2O_3\text{-}H_2O$ 系平衡状态图。

不同形态铁化合物的形成与浓度、温度有关。在温度 100 ℃ 时，从低浓度 Fe^{3+} 溶液中析出 α-FeOOH（针铁矿）。从高浓度 Fe^{3+} 溶液中析出 $(H_3O)_2Fe_6(SO_4)_4(OH)_2$（草黄铁矾）。当提高温度至 150 ℃ 时，在低浓度 Fe^{3+} 溶液中析出 Fe_2O_3（赤铁矿），在高浓度 Fe^{3+} 溶液中草黄铁矾不稳定而分解析出 $Fe_2O_3 \cdot 2SO_3 \cdot H_2O$。用 K^+、Na^+、NH_4^+ 取代 HO_3^+ 可形成更稳定的黄钾铁矾。提高温度，铁化合物可在酸性介质中稳定，即有利于铁的沉出。

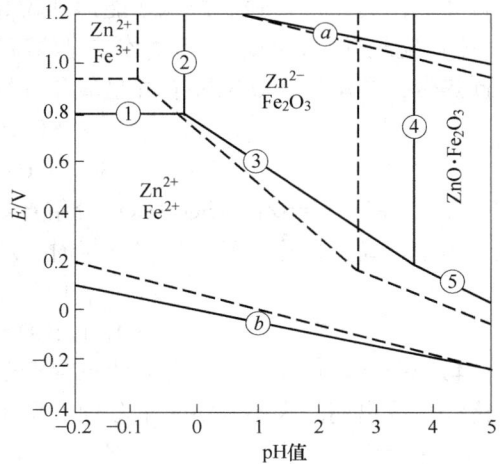

各种沉铁方法基本反应：

（1）黄钾铁矾法：$3Fe_2(SO_4)_3 + 2A(OH) + 10H_2O = 2AFe_3(SO_4)_2(OH)_6 + 5H_2SO_4$

此处，A 为 K^+、Na^+、NH_4^+、Ag^+、H_3O^+ 等。

（2）转化法：

$$3Fe_2(SO_4)_3 + A_2SO_4 + (14 - 2x)H_2O =$$
$$2Ax(H_3O)(1 - x)Fe_3(SO_4)_2(OH)_6 + (5 + x)H_2SO_4$$

（3）针铁矿法：$2FeSO_4 + 2ZnO + 1/2O_2 + H_2O = 2ZnSO_4 + Fe_2O_3 \cdot H_2O$

（4）赤铁矿法：$Fe_2(SO_4)_3 + 3H_2O = Fe_2O_3 + 3H_2SO_4$

A 黄钾铁矾法

a 热酸浸出黄钾铁矾法

热酸浸出黄钾铁矾法的浸出流程包括五个过程，即中性浸出、热酸浸出、预中和、沉矾和矾渣的酸洗，比常规浸出法增加了热酸浸出、沉矾和矾渣的酸洗等过程，可使锌的浸出率达 97%，一般不再建浸出渣的处理设施。该法沉铁的特点，既能利用高温高酸浸出溶解中性浸出渣中的铁酸锌，又能使溶出的铁以铁矾晶体形态从溶液中沉淀分离出来。但渣量大渣含铁仅 30% 左右，难以利用，堆存时其中可溶重金属会污染环境。其工艺流程如图 4-6 所示。

b 黄钾铁矾法沉铁的原理

有铵或碱金属离子存在时，在一定酸度、温度及足够的反应时间下，有利于生成不易溶解的配合物及结晶的碱式铁化合物。

从化学成分、红外线及 X 射线结构分析发现，此种化合物与自然界发现的黄钾铁矾（jarosites）及草黄铁矾（carphosiderite）很相似。

沉铁过程发生下列化学反应：

$3Fe_2(SO_4)_3 + 10H_2O + 2NH_3 \cdot H_2O = (NH_4)_2Fe_6(SO_4)_4(OH)_{12} + 5H_2SO_4$（黄铵铁矾）

$3Fe_2(SO_4)_3 + 12H_2O + Na_2SO_4 = Na_2Fe_6(SO_4)_4(OH)_{12} + 6H_2SO_4$（黄钠铁矾）

$3Fe_2(SO_4)_3 + 14H_2O = (H_3O)_2Fe_6(SO_4)_4(OH)_{12} + 5H_2SO_4$（草黄铁矾）

从生成黄钾铁矾的反应式可知，为使反应进行完全，需中和水解生成的硫酸，最好的中和剂是纯 ZnO，实际生产中任何含 ZnO 的物料均可。当可溶性氧化铁与 ZnO 一同存在时，氧化铁同样参加黄钾铁矾的沉淀反应，反应式如下：

$$ZnO + H_2SO_4 = ZnSO_4 + H_2O$$

$3Fe_2(SO_4)_3 + 5ZnO + 2NH_3 \cdot H_2O + 5H_2O = (NH_4)_2Fe_6(SO_4)_4(OH)_{12} + 5ZnSO_4$（黄铵铁矾）

$4Fe_2(SO_4)_2 + 5Fe_2O_3 + 6NH_3 \cdot H_2O + 15H_2O = 3(NH_4)_2Fe_6(SO_4)_4(OH)_{12}$（黄铵铁矾）

生成黄钾铁矾所消耗的碱金属离子可根据化学式计算出来。对于 $NH_3 \cdot H_2O$，其需要量约为沉淀铁量的 10%。此外，黄钾铁矾化合物也可将溶解中的 SO_4^{2-} 过量。黄钾铁矾法则可解决这种困难，使硫酸盐保持平衡。

按高要求应不用 ZnO 或含铁低的焙砂作黄钾铁被溶解，而铁酸锌则不溶解。这样虽然不影响中和，但这一过程中所用焙砂的锌浸出率不高，致使锌的总收回率降低。

酸洗黄钾铁矾滤渣锌的回收率可提高 1.5%~2.5%，且 Cu、Cd 的回收率也有所提高。

B 赤铁矿法

赤铁矿法的基本流程是反应釜内进行热酸浸出的同时通入 SO_2 利用气体的还原性还

```
                        焙烧矿
                          │
                          ▼
                      ┌────────┐
                      │ 中性浸出 │
                      └────────┘
                          │
                          ▼
                      ┌────────┐
                      │  浓缩  │
                      └────────┘
                          │
              ┌───────────┴───────────┐
              ▼                       ▼
        中性上清液                    底流
              │                       │
              ▼                       ▼
          送净液               ┌────────┐
                              │ 热酸浸出 │
                              └────────┘
                                  │
                                  ▼
                              ┌────────┐
                              │  浓缩  │
                              └────────┘
                                  │
                      ┌───────────┴───────────┐
                      ▼                       ▼
                   上清液        焙烧矿        底液
                      │                       │
                      ▼                       ▼
                  ┌────────┐              ┌────────┐
                  │ 预中和 │              │  过滤  │
                  └────────┘              └────────┘
                      │                       │
                      ▼               ┌───────┴───────┐
                  ┌────────┐          ▼               ▼
                  │  浓缩  │      Pb、Ag渣          滤液
                  └────────┘
                      │
              ┌───────┴───────┐
              ▼               ▼
            底滤           上清液      焙烧矿
                              │
                              ▼
                          ┌────────┐
                          │  明矾  │
                          └────────┘
                              │
                              ▼
                          ┌────────┐
                          │  浓缩  │
                          └────────┘
                              │
                  ┌───────────┴───────────┐
                  ▼                       ▼
               上清液                    底流
                                          │
                                          ▼
                                      ┌────────┐
                                      │  酸洗  │
                                      └────────┘
                                          │
                                          ▼
                                      ┌────────┐
                                      │  过滤  │
                                      └────────┘
                                          │
                                  ┌───────┴───────┐
                                  ▼               ▼
                                滤液            铁矾渣
                                                  │
                                                  ▼
                                                堆存
```

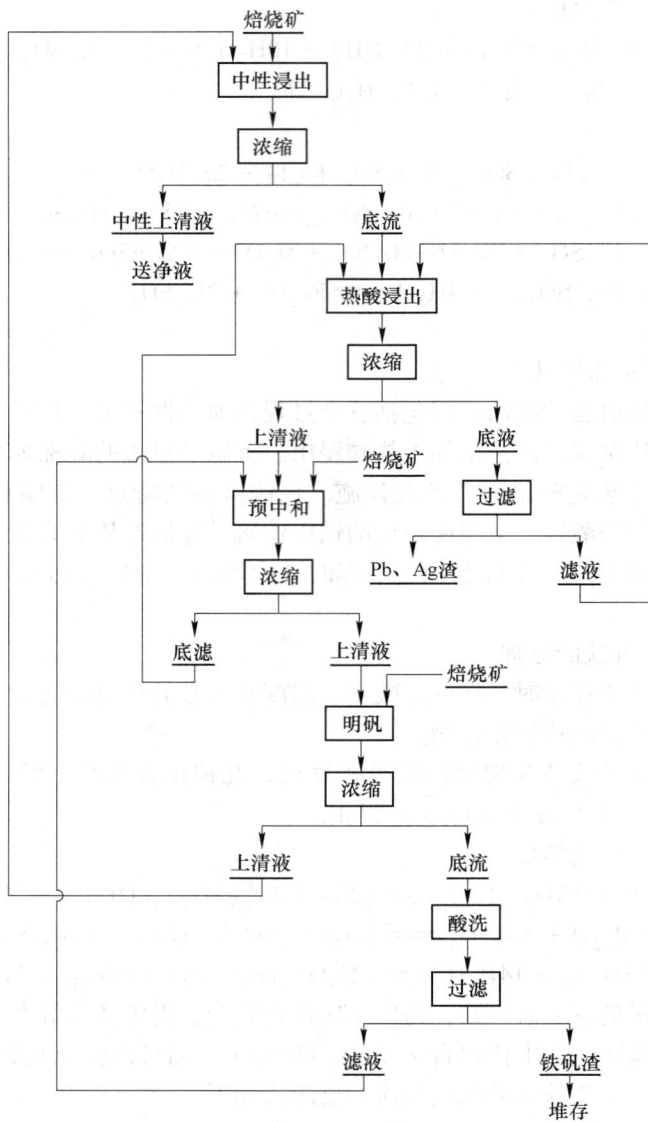

图 4-6　热酸浸出黄钾铁矾法工艺流程

原铁，再利用其他方式回收铜、铅、镉等有色金属。赤铁矿法主要特点是可综合利用原料，对多种有色金属能同时回收，如 Pb、Cu、Cd 等几种有色金属，并且产物 Fe_2O_3 经焙烧脱硫后可作炼铁原料。缺点是对于设备的要求较高，投资成本较大，不利于大面积的推广应用。

赤铁矿法沉铁工艺：该法是在高压釜内于高温（200 ℃）条件下通入高压空气，使 Fe^{2+} 氧化成赤铁铁矿（Fe_2O_3）沉淀。按其形成条件，温度越高，越有利于在较高酸浓度下沉铁。

日本饭岛锌厂采用两段高压处理，第一段为高压 SO_2 还原浸出；第二段为高压水解除铁。具体工艺包括还原浸出、除铜、预中和、高压沉铁。图 4-7 为赤铁矿法工艺流程。

（1）还原浸出。锌浸出渣调浆配液进入卧式机械搅拌加压釜，用 SO_2 作还原剂，维持压力为 152~202 kPa，浸出温度为 100~110 ℃，3 h，该条件下渣里的大量铁酸锌进入溶液中，反应为：

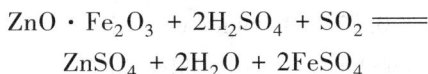

$$ZnO \cdot Fe_2O_3 + 2H_2SO_4 + SO_2 =\!=\!= ZnSO_4 + 2H_2O + 2FeSO_4$$

浸出渣中伴生金属同时溶解，锌、铁、镉、铜的浸出率大于 90%。

（2）除铜沉铟。还原浸出矿浆送除铜槽，通入 H_2S 除 Cu、As，得到含 Au、Ag 的铜精矿。

（3）预中和。除铜后溶液再进行两段石灰中和（pH=2 及 pH=4.5），回收锗、镓、铟。

（4）高压沉铁。经两段中和后溶液中最大的杂质为铁，用赤铁矿法除铁在高压釜内进行，蒸气

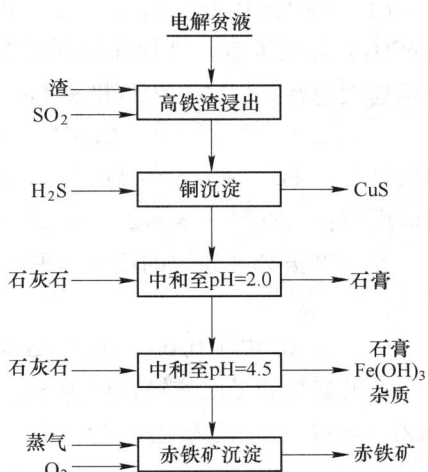

图 4-7 饭岛冶炼厂炼锌原理流程

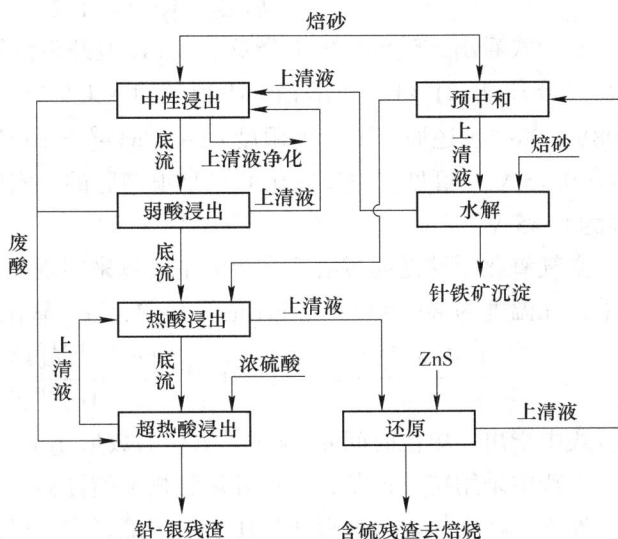

加热至 200 ℃，鼓入纯氧，釜内压力为 2000 kPa，停留 3 h，溶液中 Fe^{2+} 氧化呈 Fe_2O_3 沉淀，其反应为：

$$2FeSO_4 + 1/2O_2 + 2H_2O =\!=\!= Fe_2O_3 + 2H_2SO_4$$

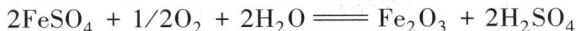

溶液铁含量由 40~50 g/L 降至 1 g/L 左右，除铁率高于 90%。铁渣含铁 58%~60%，含硫 3%，是较易处理的铁原料。

C　针铁矿法

针铁矿法是利用空气或氧气等氧化性气体作氧化剂，将溶液中二价铁离子氧化为三价，进而以络合物 FeOOH 的形式沉淀下来。针铁矿法包括六个过程：中性浸出、热酸浸出、超热酸浸出、还原三价铁离子、预中和、针铁矿沉铁。与热酸浸出黄钾铁矾法相比，浸出的渣量为黄钾铁矾法相的 60%，且渣中含铁量较高，有利于铁的进一步利用或处置，不需要碱性药剂，稀贵金属回收率高。图 4-8 为热酸浸出-针铁矿法工艺流程。

针铁矿沉铁的原理：针铁矿的析出条件是溶液中 Fe^{3+} 含量低（<

图 4-8 热酸浸出-针铁矿法工艺流程

1 g/L，pH=3~5，较高温度 80~100 ℃），分散空气，加入晶种。其操作程序是在所要求的温度下，将溶液中的 Fe^{3+} 用 SO_2 或 ZnS 先还原成 Fe^{2+}，然后加 ZnO 调节 pH 值在 3~5，再用空气缓慢氧化，使其呈 α-FeOOH 析出。所以针铁矿法沉淀铁包括 Fe^{3+} 的还原及 Fe^{2+} 的氧化两个关键作业。

（1）Fe^{3+} 的还原。目前工业生产中采用高品质的硫化锌精矿（ZnS）及亚硫酸锌（$ZnSO_3$）作还原剂。选用还原剂时首先考虑还原剂的电位小于 Fe^{3+}/Fe^{2+} 的还原电位，且差距越大越好。以 ZnS 为例推算 Fe^{3+} 被还原的程度。ZnS 还原 Fe^{3+} 的反应式如下：

$$2Fe^{3+} + ZnS =\!=\!= Zn^{2+} + 2Fe^{2+} + S^0$$

阴极反应： $Fe^{3+} + e =\!=\!= Fe^{2+}$，$E(Fe^{3+}/Fe^{2+}) = 0.77 + 0.06\lg\alpha Fe^{3+}/\alpha Fe^{2+}$

阳极反应： $Zn^{2+} + S + 2e =\!=\!= ZnS$，$E(Zn^{2+}/ZnS) = 0.26 + 0.03\lg\alpha Zn^{2+}$

当 Fe^{3+} 被 ZnS 还原的反应达平衡时，则 $E(Fe^{3+}/Fe^{2+}) = E(Zn^{2+}/ZnS)$。

于是：

$$0.77 + 0.06\lg\alpha Fe^{3+}/\alpha Fe^{2+} =\!=\!= 0.26 + 0.03\lg\alpha Zn^{2+}$$

如果某热酸浸出液锌含量为 60 g/L，约为 1 mol/L，此时锌的活度系数为 0.043，则 $\lg\alpha Zn^{2+} = -1.37$，代入上式得：

$$\lg\alpha Fe^{3+}/\alpha Fe^{2+} = -9.19$$

则 $\alpha Fe^{2+} = 10^{9.19}\alpha Fe^{3+}$。

计算说明，溶液中的 Fe^{3+} 被 ZnS 还原是很彻底的，但实际上还原过程非常缓慢。为了加快反应速度，采用近沸腾温度（90~95 ℃），硫酸浓度高于 50 g/L，ZnS 的过剩量为 12%~20%，还原时间为 3~6 h。Fe^{3+} 的还原率达 90%，溶液中残存 1~2 g/L Fe^{3+}。

（2）Fe^{2+} 的氧化。针铁矿法普遍采用空气氧化剂，氧化反应为：

$$4H^+ + 4Fe^{2+} + O_2 \longrightarrow 4Fe^{3+} + 2H_2O$$

在 25 ℃下氧的电位、氧分压及溶液 pH 值之间的关系为：

$$E(O_2/H_2O) = 1.23 + 0.0148\lg P(O_2) - 0.06pH$$

从上式看出，随氧分压下降及溶液 pH 值升高，氧电位相应下降。针铁矿的氧化过程是在氧分压为 21 kPa 和溶液 pH 值为 4~4.5 的条件下进行的，这时 $E(O_2/H_2O) = 0.98V$。Fe^{3+} 被还原至 Fe^{2+} 的限度 $\alpha Fe^{3+}/\alpha Fe^{2+} = 10^{9.19}$，其电位 $E(Fe^{3+}/Fe^{2+}) = 0.23 V$，$\Delta E = 0.75 V$，可见，空气氧化 Fe^{2+} 是很彻底的。实际生产过程中 $\alpha Fe^{3+}/\alpha Fe^{2+} = 10^{-4}$，$\Delta E$ 为 0.45 V。

空气氧化低铁是通过溶解在溶液中的氧来实现的。依据研究所得的不同的反应机理的结果，在温度为 20~800 ℃，pH 值为 0~2，Fe^{2+} 氧化为 Fe^{3+} 的氧化速度用下式表示：

$$\frac{1}{4}\frac{d[Fe^{3+}]}{dt} = 1.32 \times 10^{11} \frac{[Fe^{2+}]^{1.84}[O_2]^{1.01}}{[H^+]^{0.25}} \exp\left(\frac{-1.76 \times 10^3}{RT}\right)$$

式中指出，单位时间 dt 内 Fe^{2+} 氧化的数量 $d[Fe^{3+}]$ 随溶液中 $[O_2]$ 增加而增加。为此，实践中采用特殊设备，如循环风管机械搅拌器、叶轮搅拌器、透平搅拌器及高效氧化反应器等，将空气以分散形式加压喷射溶液，产生极细小的气泡，以增大空气中氧与溶液的接触面积；Fe^{2+} 的氧化速度反比于 $[H^+]^{0.25}$，当溶液的酸度越低，即 pH 值越大时，Fe^{2+} 的氧化反应速度便越大。当 pH 值小于 1.9 时，溶液中的 Fe^{2+} 几乎不被空气中的 O_2 所氧化。实践证明，当 pH 值为 3~5 时，氧化反应迅速而彻底。温度升高有利于氧化反应的进行。

溶液中存在 Cu^{2+} 对 Fe^{2+} 的氧化过程具有良好的催化作用。当 pH 值大于 2.5 时能加速

Fe^{2+}的氧化过程, 其反应为:

$$Fe^{2+} + Cu^{2+} \Longrightarrow Fe^{3+} + Cu^+$$

当溶液 pH 值越高, 温度越高, 二价铜离子的催化作用越强。生产实践中一般要求 Cu^{2+} 含量大于 0.4 g/L。

加入晶种能加速针铁矿的水解沉淀。

针铁矿氧化除铁工序包括紧密相连的两个反应, 即低铁的氧化和高铁的水解。氧化沉淀总反应为:

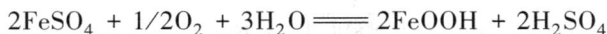

$$2FeSO_4 + 1/2O_2 + 3H_2O \Longrightarrow 2FeOOH + 2H_2SO_4$$

为了维持沉铁的 pH 值条件, 必须加焙砂一边氧化一边中和。沉铁总反应为:

$$2FeSO_4 + O_2 + 2ZnO + H_2O \Longrightarrow 2FeOOH + 2ZnSO_4$$

针铁矿沉铁技术条件为: 85~90 ℃, pH = 3.5~4.5, 分散空气, 添加晶种, Fe^{3+} 初始浓度为 1~2 g/L, 反应时间为 3~4 h。

4.1.2.3　从锌浸出渣中回收铟、锗、镓

在锌焙烧的常规浸出流程中, 铟、锗、镓富集在酸性浸出渣中。

A　P-M 法回收铟、锗、镓

最早采用火法和湿法从锌浸出渣中回收铟、锗、镓三种金属。这种方法称为 P-M 法。工艺流程包括预处理, 提取锗, 提取铟、镓。

a　预处理

锌浸出渣配入炭粒和石灰后装入回转窑内, 在 1250 ℃下进行烟化处理, 使大部分铟、锗、镓以及锌、镉、铅进入挥发烟尘, 窑渣回收铜、银、铅。挥发烟尘用 Na_2CO_3 水溶液洗涤脱去其中的氯, 获得脱氯烟尘。脱氯烟尘用添加少量 K_2SO_4、$FeSO_4$ 的锌电解废液进行中性浸出脱锌、镉, 浸出液回收锌、镉, 铟、锗、镓则留在中性浸出渣中, 实现了铟、锗、镓与锌、镉的分离。中性浸出渣用含 $CaSO_4$ 稀硫酸进行还原浸出, $CaSO_4$ 使高价铁还原成低价铁, 控制浸出液的 pH 值为 1, 以促使铟、锗、镓进入还原浸出液, 铅留在浸出渣中, 经过滤获得含铅 40% 左右的铅渣, 作为回收铅的原料, 酸浸液作为提取铟、锗、镓的原料。

b　提取锗

还原酸浸液中加入丹宁, 生成丹宁锗沉淀物, 铟、镓留在丹宁母液中, 可作为提取铟、镓的原料。过滤得到的丹宁锗沉淀物在 600 ℃下进行氧化焙烧, 得到锗精矿。锗精矿经氯化法提锗处理, 再经过区域熔炼可制得锗单晶。

c　提取铟、镓

丹宁母液用 NaOH 中和得到含铟 0.6%~1.2%、含镓 0.5%~2.5% 的中和渣。在 70~80 ℃下用含 $CaSO_4$ 的稀硫酸溶液溶解中和渣, 过滤所得酸性溶液用氨水再中和溶液至 pH 值为 4.2, 此时铟、镓水解进入富集渣中。再用 NaOH 分解富集渣, 镓转入溶液, 铟残留在富铟渣中, 实现铟、镓分离。富铟渣经碱性熔炼—酸性浸出—锌置换制得海绵铟, 海绵铟可经碱性熔炼后电解精炼制取纯铟。含镓碱浸液再次用硫酸中和到 pH 值 6.5~7.0, 便以 $Ga(OH)_3$ 形态进入三次中和渣 $Ga(OH)_3$ 渣中。$Ga(OH)_3$ 经酸溶解、醚萃取镓, 所得反萃液经碱化造液、电解制得金属镓。

B　综合法回收铟、锗、镓

综合法是以锌浸出渣为原料，经浸出、丹宁沉淀锗和溶剂萃取得到铟、锗、镓的过程。主要包括预处理、提取铟、提取锗和提取镓等，工艺流程如图4-9所示。

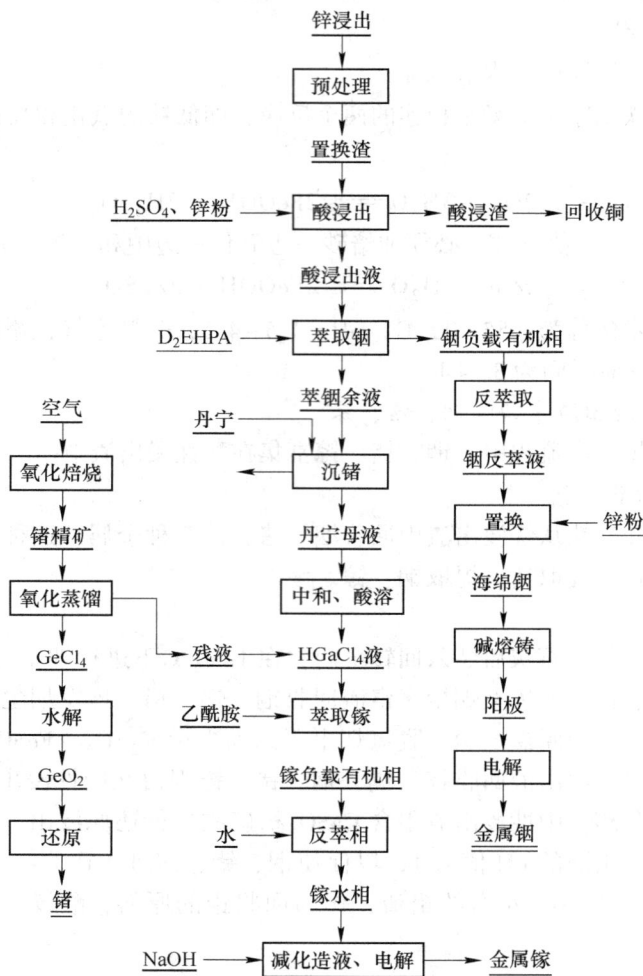

图4-9　综合法回收铟、锗、镓工艺流程

a　预处理

锌浸出渣中的大部分锌和铁形成铁酸锌（$nZnO \cdot mFe_2O_3$），而95%左右的铟、锗、镓以类质同象存在于铁酸锌中。用锌电解废液浸出含铟、锗、镓的锌浸出渣时，铟、锗、镓转入到浸出液中。过滤所得的滤液加锌粉置换，获得富含铟、锗、镓置换渣。置换渣用硫酸逆流浸出，控制浸出液最终酸度含游离酸0.6 mol/L左右，便可使置换渣中96%以上的铟、锗、镓转入溶液。

b　提取铟

用P204萃取液中的铟，用盐酸反萃取铟负载有机相，得含铟67～84 g/L的反萃液。反萃液加锌粉置换得到海绵铟。海绵铟经压团和碱熔后送电解，得纯度99.99%的铟，铟的回收率超过90%。

c 提取锗

萃铟余液调整酸度到 pH 值为 1.2~2.0 时，加入丹宁沉淀出丹宁锗。丹宁锗经氧化焙烧得含锗大于 15% 的锗精矿。锗精矿再按经典氯化法提锗。锗的回收率约为 60%。

d 提取镓

丹宁母液经中和沉淀出镓。用盐酸分解镓沉淀物，将过滤后所得溶液和氯化蒸馏锗的残液合并，用乙酸胺萃取镓，用水反萃得含镓 14 g/L 左右的反萃液。反萃液经 NaOH 碱化造液、电解，得纯度 99.99% 的镓。镓的回收率约为 60%。

4.2　铁矾渣的综合利用

中性浸出渣在采用黄钾铁矾法处理后，产生的渣量大（渣率 40%），渣中含铁低（25%~30%），难于利用，且其中含有少量可溶性重金属，在排放或堆存过程中将溶出，污染环境。由于锌精矿中含有一定量的伴生金属铟，在湿法处理过程中进入铁矾渣中，得到含铟铁矾渣。

从铁矾渣中提取铟，目前在工业生产中采用的工艺流程为热分解挥发铟锌，将收集到的铟锌尘进行中性浸出与酸性浸出，得到的酸性浸出液便按常规的萃取—置换—电解流程提取铟，其工艺流程见图 4-10。

该工艺流程主要分为铁矾渣焙烧、粗铟制取和粗铟电解三部分。

（1）铁矾渣焙烧。铁矾渣具有如下的热性质，即在高温下分解，产生相应的碱金属硫酸盐和 Fe_2O_3，并放出 SO_2 及 H_2O 等气体。

如果在铁矾渣的焙烧过程中加入还原剂，可使铁矾渣中铟与锌同时挥发，产出一种富集铟的锌铟粉尘，达到了铟与铁的分离。

进入焙烧工序的铁矾渣，一般含附着水 30% 左右，不能直接进入焙烧窑，首先必须经过干燥脱水，去掉 70% 左右的附着水，使之成为松散颗粒状料。干燥料与还原剂按一定的比例配料后进入焙烧窑，使铟铁分离。通过焙烧，铁 95% 以上进入窑渣中。该渣可作为水泥添加剂或制砖的填充剂外销。焙烧窑收集的粉尘，主要是锌、铟粉尘，送粗铟提取工序。

（2）粗铟制取。锌铟粉尘用酸洗液进行中性浸出，使锌铟分离，所得中浸硫酸锌溶液通过净化处理后送去电解锌或生产硫酸锌。中浸渣中含有 In、Pb、Ag 等有价金属，控制适当的酸度和温度进行酸性浸出，将 In 从中浸渣中分离，送去萃取铟；酸洗后的渣主要含 Pb、Ag 等，用作铅厂原料。铟溶液经净化处理后，用有机试剂进行萃取，萃取剂一般由 P204 和溶剂油组合而成。

萃取剂循环使用，当其中杂质如 Fe 富集到一定程度后，用 NaOH 溶液洗涤，供再生利用，萃取率一般达到 99% 以上。进入有机相的 In^{3+} 用盐酸进行反萃，使之脱离有机相，得到反萃液。反萃液用 Zn 或 Al 作还原剂，置换得到海绵铟，经过压团、阳极铸造得到粗铟阳极板，送电解精炼后产出铟锭。萃铟后的萃余液含有酸，返回酸洗工序使用。

（3）粗铟电解。粗铟电解生产铟锭工艺较简单，主要分电解、精炼两个工序。电解主要是在硫酸铟水溶液中进行，粗铟含 In 达到 99% 以上，通过电解可产出含 In 99.995% 以上的阴极铟。电解出的铟阴极片通过煮熔，加甘油、碘化钾等进行精炼，使 Cd 等杂质进一步除去。将精炼后的铟液铸成铟锭，甘油渣经处理后经粗铟工序回收铟。

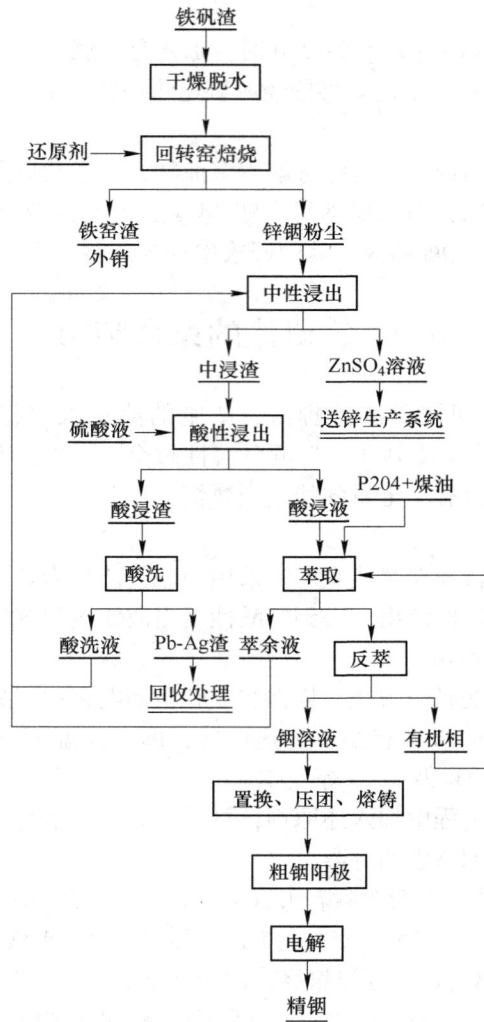

图 4-10　从铁矾渣中回收铟的工艺流程

4.3　铜镉渣的综合利用

4.3.1　铜镉渣的来源与组成

在湿法炼锌常规浸出生产中，锌渣经酸浸后的滤液加入一定量的硫酸铜，促进滤液中的镍、钴的分离，后续工艺中为了得到纯净的硫酸锌溶液，又加入过量的锌粉置换杂质，从而残留了铜、镉、锌而形成铜镉渣。在湿法炼锌工艺中浸出液的净化都会产生铜镉渣。工业中铜镉渣，又叫铜渣、锌渣、锌镉渣等。

铜镉渣中主要成分为铜、锌、镉，三者总含量为 30% ~ 50%，其他杂质金属为铅、铁、钴、锰等，还有部分硅土等不溶物组成，不同冶锌工艺中产生的铜镉渣成分含量差异较大。铜镉渣中含有多种有毒元素，特别是镉，是一种毒性较强的微量元素，可通过皮肤、食物、呼吸道等渠道侵入人体，引起中毒，造成人或其他动物骨质疏松、痴呆和不育的综合症状。工业铜镉渣不仅占用土地、破坏土质、危害生物健康、淤塞河道、污染水源，而且造成粉尘和其他空气污染等。高效处理工业铜镉渣资源，在减少污染的同时实现资源综合利用的目的。

4.3.2 铜镉渣的处理方法

目前铜镉渣中提镉的方法主要为湿法。该方法以炼锌的净化工序和硫酸锌生产的净化工序产出的铜镉渣为原料，铜镉渣中含有铜、镉、锌等金属，其中铜主要以金属及氧化物形式存在，用稀硫酸浸出得到硫酸镉溶液，再从硫酸镉溶液中提取镉，压团熔铸获得镉锭。

因此湿法处理铜镉渣的主要工序包括铜镉渣浸出、置换沉淀海绵镉、海绵镉溶解（造液）、硫酸镉溶液净化、镉电解沉积、阴极镉熔化铸锭。铜渣送铜冶炼系统回收铜，贫镉液返回中浸工序回收锌。

提取镉流程见图 4-11 和图 4-12。图 4-12 由于其原料铜镉渣产于锌粉-砒霜净化流程，铜镉渣中含钴，因此需设除钴工序。此外，镉电积时析出的树枝状阴极镉或熔铸浮渣经水洗后得到的镉球，可经真空蒸馏提纯后熔铸成镉锭。

近年来，一些生产厂用较纯净锌粉置换所得的较纯海绵镉，不经电解沉积，直接压团熔铸，成品镉锭含 Cd 99.995%以上，其流程见图 4-13。

（1）铜镉渣浸出。铜镉渣的浸出液固比通常控制在（6~7）：1，浸出温度 70~90 ℃。为了尽可能多地使镉进入溶液而其他杂质（特别是铜）尽可能少地溶解和少利用中和剂，浸出时的始酸含量控制在 10 g/L 左右，有的分段控制：第一次进料时为 50~60 g/L，第二次进料时为 25~30 g/L。终点 pH 值一般为 4.8~5.4。pH 值控制要采用石灰乳或氧化锌中和，后者可使所得浸出残渣（铜渣）含铜品位较高，对铜冶炼较为有利。

用硫酸或废电解液直接浸出铜镉渣，基本反应式如下：

$$CdO + H_2SO_4 === CdSO_4 + H_2O$$
$$Cd + H_2SO_4 === CdSO_4 + H_2$$
$$ZnO + H_2SO_4 === ZnSO_4 + H_2O$$
$$Zn + H_2SO_4 === ZnSO_4 + H_2$$

其中，有部分氧化铜按以下反应进入溶液：

$$CuO + H_2SO_4 === CuSO_4 + H_2O$$

（2）置换。铜镉渣浸出液中的镉都是用锌粉置换法使镉以海绵状沉淀析出的，锌粉实际用量为理论量的 1.2~1.3 倍。锌粉粒度一般为 0.125~0.149 mm。为防止镉复溶，置换前溶液温度必须控制在 60 ℃以下。若溶液中含镉低，可采用两段置换：第一段用锌粉量的 80%进行置换，得到品位较高的海绵镉；第二段置换用余下的锌粉量，所得锌高镉低的海绵镉返回第一段置换。有的生产厂分两段置换：第一段使溶液含酸 0.3~0.5 g/L，用锌粉量的 30%置换除砷；第二段用余下的锌粉沉淀海绵镉。

为防止锌粉氧化和镉复溶，置换作业不宜用空气搅拌。置换所得海绵镉，通常需经洗涤以减少其水溶锌，从而可提高镉品位。

```
            锰粉氧化锌      铜镉渣      废电解液
                     │       │        │
                     └──────→浸出←──────┐
                              │         │
                            澄清         │
                    ┌─────────┴─────────┐
                    │                 底流│
                   压滤                  │
              ┌─────┴─────┐        水洗←──水
            滤液          滤渣         │
              │           └────→      矿浆│
            置换                   圆盘过滤
              │                 ┌──────┴──────┐
            压滤               铜渣          过滤液
        ┌─────┴─────┐           │
    置换后液      海绵镉       送铜冶炼
        │           │
    送锌浸出    硫酸→造液←──硫酸、高锰酸钾、石灰乳
                    │
                   压滤
              ┌─────┴─────┐
            滤渣          滤液
                          │  ←──新鲜海绵镉
                        除铜
                          │
                        压滤
                    ┌─────┴─────┐
                 除铜渣          新液
                                 │
                               电积
                          ┌──────┴──────┐
                      废电解液        析出镉
                                       │
                              熔铸←──苛性钠、新鲜木板
                          ┌──────┴──────┐
                        电镉          浮渣
                                       │
                                     水洗
                                ┌──────┴──────┐
                             镉粒            渣
                                             │
                                          送挥发窑
```

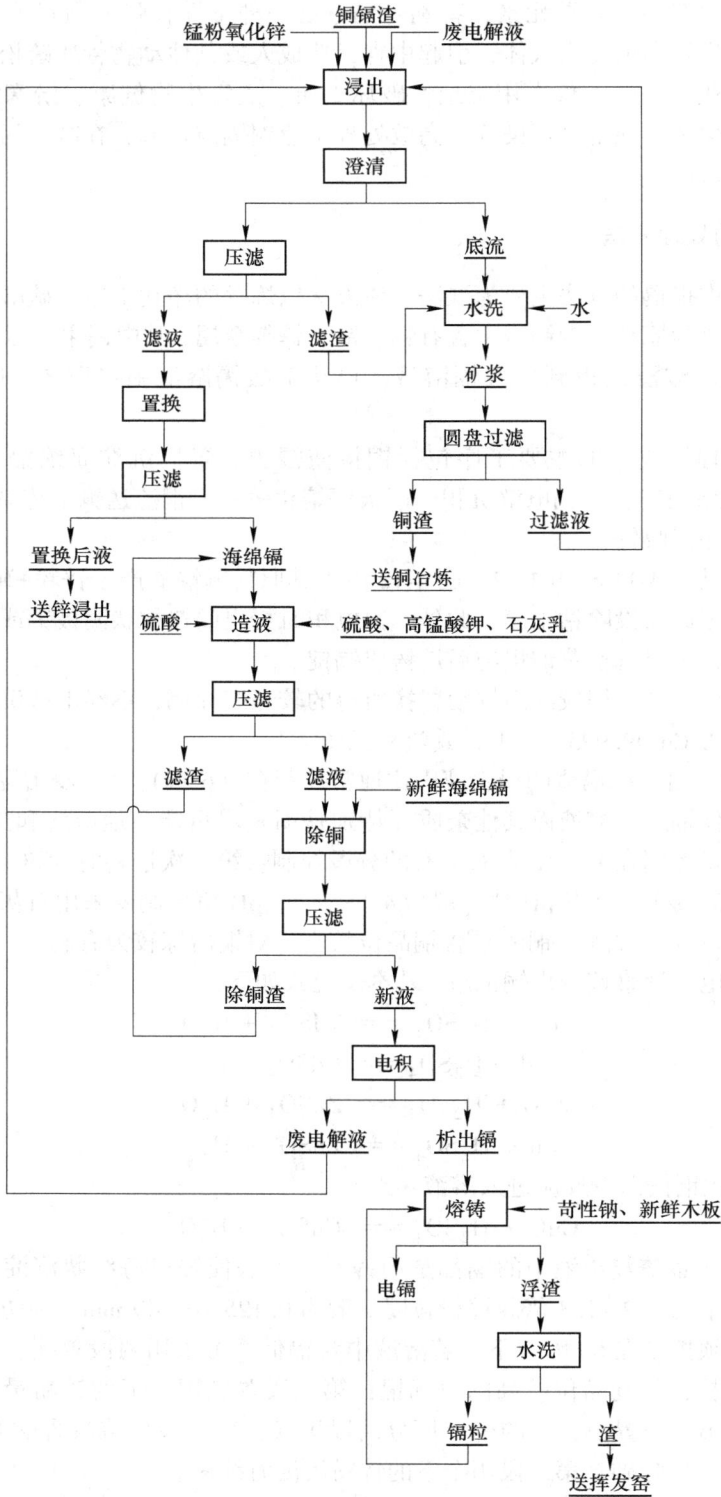

图 4-11   镉冶炼流程一

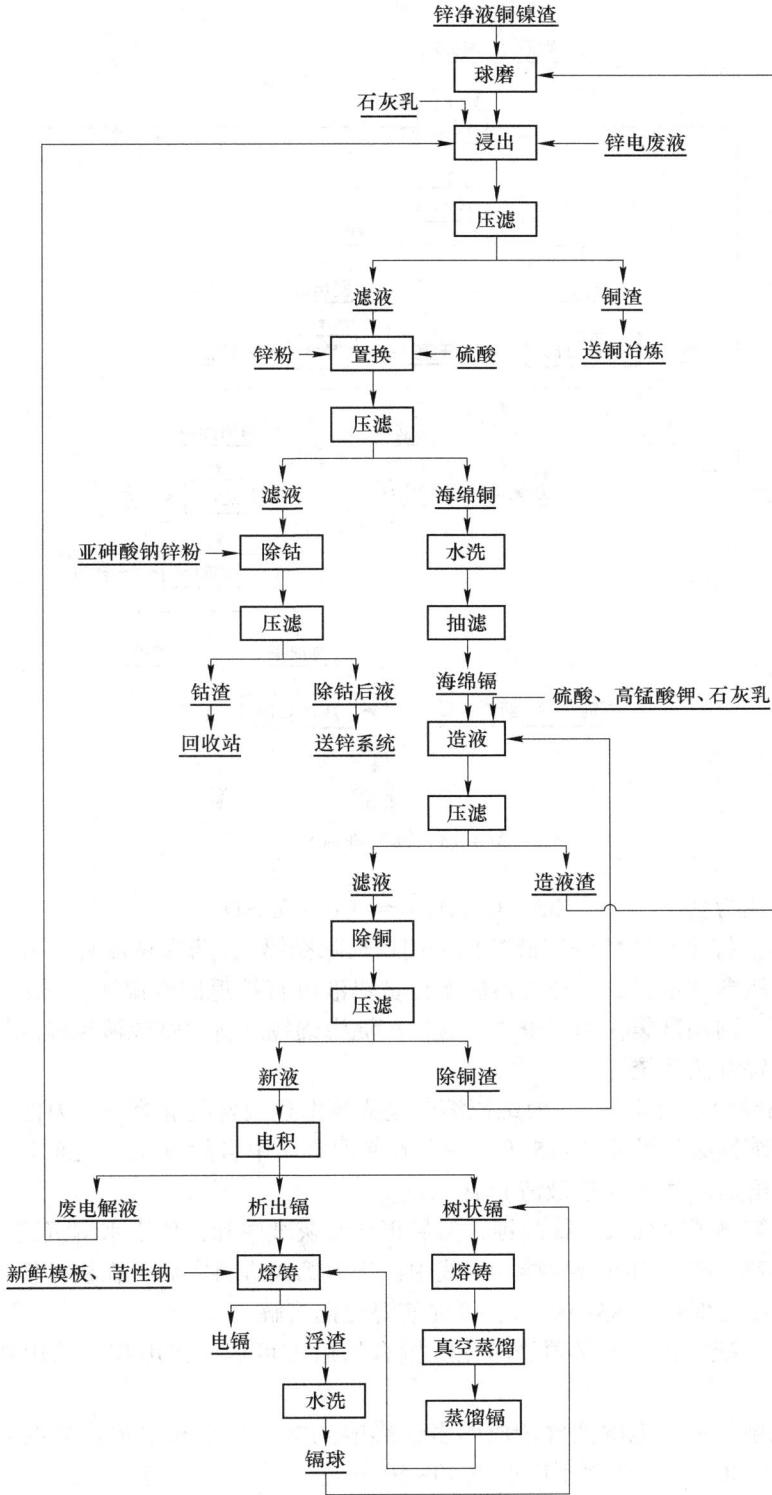

图 4-12 镉冶炼流程二

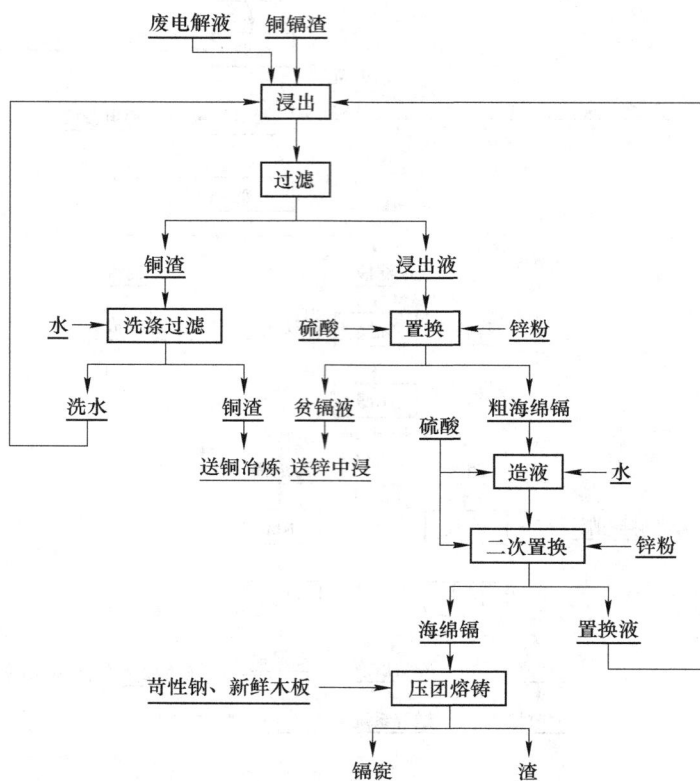

图 4-13　镉冶炼流程三

置换反应式为：　　　　　　　　$Zn + CdSO_4 === Cd + ZnSO_4$

（3）除钴。锌系统硫酸锌溶液净化采用锌粉除铜镉-黄药除钴流程，分别产出铜镉渣与钴渣，铜镉渣含钴量很少，经置换后所得贫镉液可直接返回锌湿法系统；如采用锌粉-砒霜净化流程，则镉富集在铜镉渣中，置换沉淀海绵镉后所得贫镉液须经除钴至 0.04 g/L 以下方能返回锌湿法系统。

（4）海绵镉溶解（造液）。海绵镉溶解是为镉电积制备电解溶液。为使海绵镉能尽量溶解，新鲜海绵镉必须堆放 7~15 天，使其在潮湿空气中自然氧化，从而有利于海绵镉的溶解，减少溶解后的残渣（造液渣）含镉量。

海绵镉溶解终了时加入高锰酸钾，然后再加石灰乳中和，使铁水解沉淀。

海绵镉溶解一般不用机械搅拌。实践中，当海绵镉进料完后，在机械搅拌的同时鼓入空气，并加热使之保持在 85~90 ℃，可促使海绵镉溶解。

（5）除铜。硫酸镉溶液必须经净化除铜合格后方可送往镉电积。采用新鲜海绵镉置换法除铜。

（6）镉电解沉积。电解液含杂质的多少影响到电流效率和电镉产品的质量，一般含锌不应超过 30~40 g/L，含镉不应低于 40~50 g/L。

镉新液的加入有连续和间断两种。间断加入方式为定期内（通常为 24 h）加入一定量的新液，同时又抽出一定量的废电解液送至铜镉渣浸出工序，在电积过程中镉电解液连续循环，此种方式为大多数厂家所采用。连续加入方式则要把镉电解槽布置成阶梯式，新液连续加入第一阶梯的槽内，经电解沉积后又自流至下一级电解槽内，废电解液自最后一级的电解槽内流出，并连续送至镉电解废液储槽内，以供铜镉渣浸出。

（7）熔铸。通常熔铸温度为 400~550 ℃，熔前在熔镉锅内加入苛性钠，温度升至熔化温度时才进料，严禁镉片堆放在锅内缓慢熔化。苛性钠覆盖厚度 10~20 mm，待镉完全熔化时，用新鲜木板搅拌以还原渣中的镉珠，待镉熔体金属光泽明亮后，再用筛子将木炭和渣捞净。

铸模前锭模温度应为 100~120 ℃，并用石蜡涂模。铸模时应保证镉锭表面覆盖碱的厚度为 5~10 mm，以防止表面缩孔和气孔的产生。

（8）蒸馏精炼。镉电积时产生的树枝状镉和熔铸时所产生的浮渣，经水洗处理后所得镉粒含有较多杂质，这部分物料可采用真空蒸馏法进行精炼。工艺流程如图 4-14 所示。

利用各种金属不同的沸点，控制适当的温度，使低沸点的镉蒸发，而其他沸点高的杂质元素不易挥发，留于锅底残渣中，从而达到分离提纯镉的目的。镉蒸气经冷凝得到纯度较高的镉锭。

由表 4-2 可知，粗镉中的杂质，除 As 在 615 ℃升华外，其他金属杂质的沸点都远高于镉的沸点，虽然 As 与 Zn 可与镉同时蒸馏，但与烧碱的熔炼过程中，As 与 Zn 均熔于烧碱中，再通过精馏，其均降到 0.002% 以下，可达到精镉的标准。铜与铁的沸点很高，在镉的沸点温度下，其蒸气压很小，故在镉精馏过程中，微量铜、铁进入精镉可视为机械夹杂。

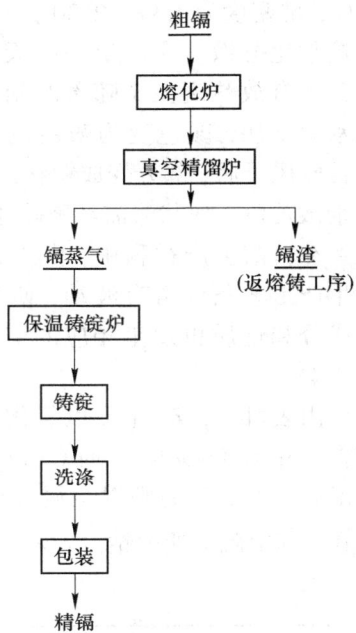

图 4-14　粗镉精馏工艺流程

表 4-2　粗镉化学成分及各成分的物理性能

含量、性能	Cd	Zn	Pb	Fe	Cu	As
含量/%	98.5~99.2	0.005~0.001	0.2~0.8	0.005~0.01	0.07~0.2	0.004~0.01
熔点/%	320	419	327	1335	1083	814
沸点/%	767	907	1525	2740	2360	615（升华）

4.4　钴镍渣的综合利用

4.4.1　钴镍渣的来源

湿法炼锌工艺过程中，对硫酸锌浸出液常采用两段深度净化除去杂质，第一段低温加锌粉除铜、镉；第二段高温以三氧化二锑作活化剂加锌粉除钴、镍。一段净化产出铜镉渣，二段净化产出的就是钴镍渣（图4-15）。

4.4.2　钴镍渣的性质与组成

　　新生成钴镍渣呈灰黑色，含水20%~33%，堆密度为1.98~2.30 g/cm³，大部分可直接浆化分散。在产出一两天内，其体积膨胀并伴有放热现象。随着时间的延长，会因失水而结块，颜色变为灰白色。堆放在渣场经自然风干后，部分变成粉状，颜色呈浅灰色夹杂微黄色。块状渣需经破碎才能浆化。

　　在目前生产过程中，由于锌精矿成分以及生产工艺条件常有波动，使产出的钴镍渣的成分和性质也发生相应的变化（表4-3和表4-4）。

　　由表可知，Zn主要以氧化物和金属形态存在，占91%~94%。而Co以氧化物和硫酸盐形态存在，有的则以金属和硫化物的形态存在，其中硫酸盐中钴占6%~37%。

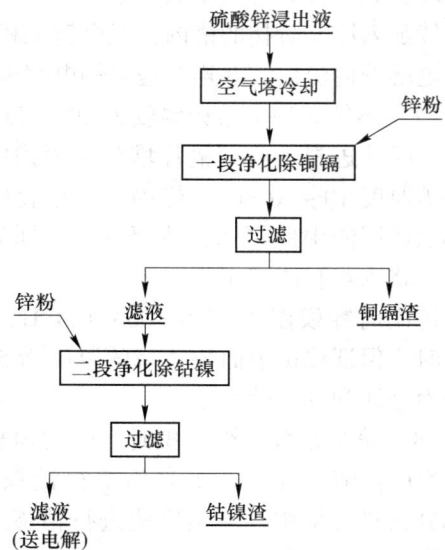

```
硫酸锌浸出液
    ↓
  空气塔冷却
    ↓          ← 锌粉
一段净化除铜镉
    ↓
  过滤
    ↓─────────────────────┐
滤液                      铜镉渣
↓  ← 锌粉
二段净化除钴镍
    ↓
  过滤
    ↓──────────┐
滤液          钴镍渣
（送电解）
```

图4-15　锌湿法冶金 ZnSO₄ 溶液净化工艺流程

表4-3　Co-Ni 渣化学成分　　　　　　　　　　（%）

编号	H₂O	Zn	Co	Cu	Cd	Ni	Pb	As	Sb	Fe	SiO₂	Mn
G-2Z-O₉	20	61.66	0.089	0.088		0.024	1.584					
T-S-O₁	26.55	48.98	0.16	0.19	2.84	0.026	0.78	0.036				
T-S-O₈	28.0	58.91	0.12	0.78	5.15	0.062	0.68		0.081	0.17	0.21	0.14

表4-4　Co-Ni 渣部分元素物质组成　　　　　　　　　　（%）

编号	物相组成	总量	氧化物		硫酸盐		硫化物		金属	
			含量	分配	含量	分配	含量	分配	含量	分配
G-2Z-O₉	Zn	61.74	25.41	41.16	4.28	6.90	0.51	0.83	31.08	50.34
	Co	0.087	0.074	85.06	0.014	16.09	0.001	1.15		
	Ni	0.022			0.0028	12.73	0.020	90.90	0.00094	4.27
T-S-O₁	Zn	49.47	34.14	69.0	4.64	9.36	0.048	0.097	11.21	22.66
	Co	0.09	0.009	10.0	0.033	36.67	0.009	10.4	0.038	42.72
	Ni	0.05	0.006	12.0	0.009	18.00	0.007	14.00	0.029	5.80
T-S-O₈	Zn	57.09	33.63	58.91	2.46	4.31	1.09	1.91	19.91	34.87
	Co	0.12	0.0049	4.08	0.0069	5.75	0.0032	2.67	0.105	87.50

4.4.3　钴镍渣的处理方法

4.4.3.1　氨-硫酸铵法

采用氨水和硫酸铵体系，在氧化剂的作用下浸出烘烤过的钴镍渣，再采用锌粉净化法对浸出上清液进行净化除杂并进行锌与镉、钴、铜等的分离。除钴后的溶液采用铵溶液电解法生产电解锌，而滤渣再进一步处理，其工艺流程如图4-16所示。

该工艺可以有效地回收渣中的锌，可直接提取钴或钴盐；而净化液可直接制取活性锌粉。氨-硫酸铵法具有原料适应性强，设备防腐要求低，能常温操作，能耗低，除杂容易等优点，但是后续采用锌粉净化法浸出上清液进行深度净化，又使大量的锌和钴混合在一起，只是使钴的含量提高到3%左右，并没有有效地回收钴。

4.4.3.2　置换除钴法

该法是利用金属电位的差异进行置换反应，来达到回收和分离有价金属的目的。从氧化还原电势看，溶液中的镍和钴都容易被锌粉置换（表4-5），但实际上用几倍于当量的锌粉也难以除去Co、Ni。

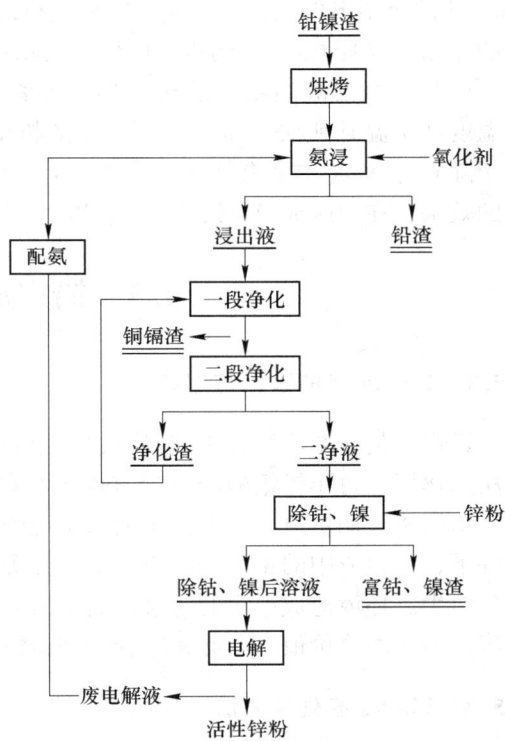

图4-16　氨-硫酸铵法处理净化钴镍渣工艺流程

表 4-5　置换反应达到平衡时两种金属离子的活度比

M$_1$ 电极	M$_2$ 电极	$\Phi^{\ominus}$/V		α_1/α_2
		M$_1$	M$_2$	
Cu^{2+}/Cu	−0.763	Zn^{2+}/Zn	5.19×10^{-38}	0.340
Ni^{2+}/Ni	−0.763	Zn^{2+}/Zn	9.62×10^{-19}	−0.230
Co^{2+}/Co	−0.763	Zn^{2+}/Zn	4.17×10^{-17}	−0.280
Cd^{2+}/Cd	−0.763	Zn^{2+}/Zn	6.78×10^{-13}	−0.403
Fe^{2+}/Fe	−0.763	Zn^{2+}/Zn	1.21×10^{-11}	−0.440

除钴难的原因，普遍认为是铁族元素具有较高的超电位以及锌的阻力作用，因此用锌粉除Co、Ni必须着眼于降低钴的超电位、提高H$_2$析出的超电位并提高锌粉的活性。

采用置换法除Co、Ni是在待净化的溶液中，加入锌粉和锑盐，锌粉将置换沉积在锑盐的表面上，由锑阴极与锌阳极形成微电池，能使Co、Ni不断析出。锑所以如此有效，一方面是在置换过程中可以抑制氢气的析出，另一方面促使Co、Ni的析出电位向正方向转化。

目前工业上采用的方法：

（1）加入正电性金属盐类，如砷盐、锑盐、铜盐等，用以降低 Co、Ni 的析出电位。

（2）用合金锌粉作置换剂，如锌-锑、锌铅或锌-铅-梯合金粉来代替锌粉，既可使 Co、Ni 的析出电位变正，抑制氢的放电析出，又可有效地防止 Co、Ni 的复溶。合金粉中锑的作用是改变 Co、Ni 的析出电位，而铅主要是防止析出物复溶。

（3）提高溶液温度。根据实践，铁系元素析出超电压随着温度的升高而急剧下降。当温度从室温升到 95 ℃时，Co 和 Ni 的析出电位可分别降低到 200 mV 和 300 mV，这时对于除 Co、Ni 是非常有利的。采用合金锌粉作置换剂，只有在 80 ℃以上时，才能取得较好的效果，在 40~50 ℃时，除 Co、Ni 过程几乎不能进行。

4.5　铅银渣的综合利用

4.5.1　Pb-Ag 渣的来源与组成

铅银渣是在湿法炼锌热酸浸出过程中的一种浸出渣。一个年生产能力为 1 万吨电锌的湿法炼锌厂，每年铅银渣产出为 3000 t 左右。

铅银渣长期堆放，不但占用大量土地资源，渣场管理费用高，而且在自然界长期堆存条件下，铅银渣中的铅、锌、银、铜、铬等重金属离子会不断溶出，最终进入土壤和地下水，对生态环境造成严重的污染。而铅银渣中所含的银、铅、锌等品位较高，具有一定的经济价值和回收价值。因此，综合处理铅银渣具有较高的环境效益和经济效益。

4.5.2　Pb-Ag 渣处理方法

A　浮选法

浮选工艺处理铅银渣主要是应用泡沫浮选法。铅银渣经破碎与磨碎使其解离成单体颗粒并使颗粒大小符合浮选工艺要求。向磨碎后的浆料加入浮选药剂并搅拌调和使之与铅银渣颗粒作用，以扩大不同铅银渣颗粒间的可浮性差别。将调好的浆料送入浮选槽，同时搅拌充气。浆料中的颗粒与气泡接触碰撞，可浮性好的矿粒选择性地黏附于气泡并被携带上升成为气-液-固三相组成的矿化泡沫层，经机械刮取或从矿浆面溢出，再脱水、干燥成精矿产品。

株洲冶炼厂以丁基铵黑药为捕收剂，在 pH 值为 4~5，矿浆浓度为 40%~50% 的条件下，采用一粗、二精、三扫工艺流程浮选锌浸出渣（Ag：200~400 g/t），获得的技术经济指标为：精矿产率 2%~3%、尾矿产率 97%~98%、银回收率约 50%，精矿含银 6000~15000 g/t、尾矿含银 100~120 g/t。

B　回转窑挥发法

将铅银渣配入石灰、焦粉等，加入回转窑内进行处理，回转窑挥发过程中，被处理的物料首先与还原剂混合，金属氧化物与焦粉接触并被还原，被还原出的金属蒸气进入气相，在气相中又被氧化成氧化物。通过回转窑还原挥发，锌、铅、银、铟等以烟尘的形式在布袋收尘器中回收；烟气中的二氧化硫通过双碱法进入石膏。铅银渣中 Pb、Zn、In 的回收率在 80%~90%，Ag 的回收率约为 35%，窑渣可作为水泥厂的原料。

C　QSL 炼铅法

将银铅渣配入铅冶炼系统进行处理。在铅精矿中配入约 47% 二次物料及煤粉，通过配料、混合、制粒后得到的混合物料入炉。二次物料包括铅银渣、锌浸出渣、精炼浮渣、厂外来渣、废蓄电池糊等。在还原区，锌只有 30%~40% 挥发，终渣含铅小于 5%、锌小于 15%，送奥斯麦特炉（Ausmelt）烟化处理，炉渣中的铅、锌分别降到 1% 和 3%~5%。通过 QSL 炼铅工艺，铅和银以粗铅的形式回收，银进入粗铅；产生的炉渣进一步处理，锌、铅等易挥发元素在布袋收尘器中回收；烟气 SO_2 浓度 12%~14%，可用于制酸。

D　基夫赛特炼铅法

基夫赛特炼铅法是一种以闪速熔炼为主的直接炼铅法。各种不同品位的铅精矿、铅银渣、浸出渣、含铅粉尘等都可以作为原料入炉冶炼，能以较低的成本回收原料中的有价金属。在铅精矿中配入浸出渣，浸出渣量占 45%~50%。浸出渣与铅精矿配料干燥和细磨后，喷入基夫赛特炉的反应塔中，铅和银以粗铅的形式回收，银进入粗铅。渣含锌 16%~18%，经烟化炉处理后含锌 1%~2.5%，烟气经布袋收尘，以氧化锌、氧化铅的形式回收锌及铅，冶炼烟气 SO_2 浓度为 14%~18%，用于制酸。

E　SKS 炼铅法

SKS 炼铅法是将氧化底吹熔炼与鼓风炉还原炼铅相结合所形成的新工艺。采用氧气底吹方法直接熔炼铅精矿、铅银渣。铅银渣配比为 30%，主要设备是只有氧化段而无还原段的反应器、密闭鼓风炉、烟化炉。铅精矿、铅银渣、熔剂及烟尘经过配料混合、制粒后得到的混合粒料入炉熔炼，产生一次铅、高铅渣和烟气，烟气经余热锅炉、电收尘后送制酸；高铅渣经密闭鼓风炉还原熔炼，产生二次铅、鼓风炉渣和烟气，烟气经布袋收尘后排放。鼓风炉渣经烟化炉处理后，Zn、Pb、In、Ag 等有价金属进入烟气，经布袋收尘器回收。

4.6　挥发窑渣的综合利用

4.6.1　挥发窑渣的来源

湿法炼锌常规浸出流程中，焙砂中几乎全部的铅、金、银、铟、锗、镓，60% 的铜、30% 的镉、15% 的锌都进入浸出渣中。回转窑挥发法是处理浸出渣最主要的工艺方法之一，浸出渣配入大量焦粉，锌、铅、镉等在挥发窑中经高温还原挥发，并在烟气中重新氧化而富集烟尘，高温炉渣从窑尾排出经水淬而形成挥发窑渣。图 4-17 为回转窑烟化法处理锌浸出渣的工艺流程。

回转窑挥发法处理浸出渣的主要缺点是只能挥发回收锌、铅、镉和部分的铟。镓、铜、银、金以及大部分的锗都残留在窑渣中。因此窑渣中含有大量的银、镓、锗等稀贵元素，是一种可利用的重要资源。

窑渣产出率为浸出渣干量的 64%~68%，根据生产实际统计，每生产 1 t 电锌约产出窑渣 0.8 t。除去氧化锌浸出系统产出的浸出渣（铅银渣）送铅熔炼系统处理外，株洲冶炼厂冶锌焙砂浸出系统每年要产出窑渣约 20 万吨。历年堆放在渣场的窑渣累计已达 200 万吨，形成了一座巨大的废渣山。

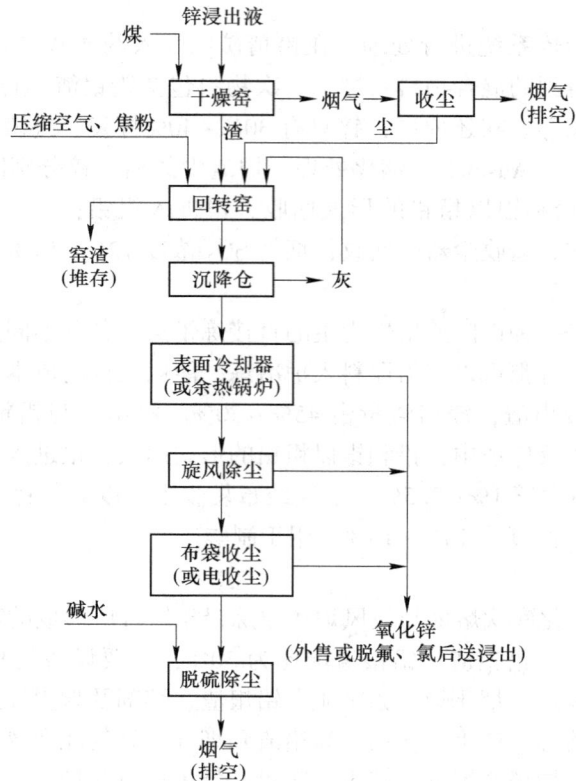

图 4-17　回转窑烟化法处理锌浸出渣工艺流程

4.6.2　挥发窑渣的性质与组成

浸出渣与焦粉的混合物料在经过挥发窑高温区时，渣料呈半熔化状态，物料间有互相黏结现象，浸出渣中的氧化铁大部分被还原成金属铁，锗、镓也大部分被还原成金属与铁生成合金存在，其他金属或者形成合金，或者形成各种化合物，它们互相嵌布紧密。但是由于高温窑渣从窑尾排出即水淬，所以窑渣具有粒度小、残碳高、硬度大、含有价金属多但含量低等特点，实质为含铁、碳、硅较高的弃渣，综合回收难度较大。窑渣经日晒雨淋，渣中部分金属或合金已氧化。表 4-6 为窑渣中重要元素的含量。

表 4-6　原料中重要元素的化学分析结果

元素	Zn	Pb	Cu	Fe	Mn	Ag（g/t）	
含量/%	6.33	0.88	0.34	24.95	0.97	539	
元素	Ga	Ge	Cd	Ti	S	C	CaO
含量/%	0.04	0.02	0.02	<0.001	5.55	15.24	4.98
元素	MgO	K_2O	Na_2O	Al_2O_3	SiO_2	TiO_2	
含量/%	0.66	0.80	0.16	8.72	22.01	0.33	

4.6.3 挥发窑渣的处理方法

选冶联合流程法回收镓、铟、锗、银，原则流程如图 4-18 所示。我国研究的磁选烟化处理工艺可使磁性产品（内含 Ga 0.046%、In 0.024%、Ge 0.020% 及 Ag 0.005% 与 Fe 67.6%）中的 Ca、In、Ge 及 Ag，最终可达 90%~98% 富集。将电炉熔炼制得的粗铁阳极进行电解，从电解精炼制得的电解铁阳极泥中回收稀散金属。

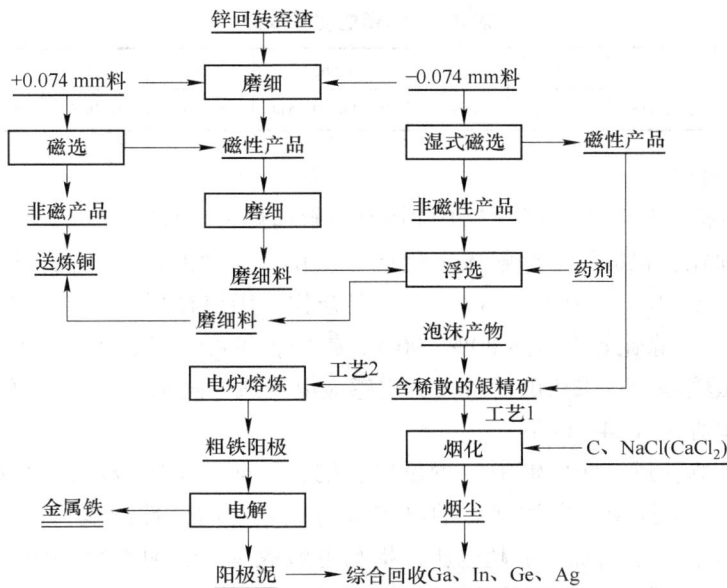

图 4-18　选冶联合提镓、铟、锗、银的工艺流程

4.7　锌冶炼烟尘资源化利用

4.7.1 锌冶炼烟尘的来源

锌精矿在高温焙烧过程中，以及采用回转窑法处理锌浸出渣的过程中会产生大量的烟尘，烟尘中含有 Pb、Cd、In、Ge、Ga 等有价金属。

4.7.2 锌冶炼烟尘的处理方法

4.7.2.1 烟尘中回收铟

铟常伴生在硫化锌精矿中，在铅锌冶炼过程中富集在烟尘中和其他中间产物中，铅冶炼富集在鼓风炉烟尘、湿法炼锌富集在回转窑烟尘。铟的回收包括粗铟的提取和铟的精炼两部分。

A　铟的提取

在湿法炼锌工艺中，铟主要富集在浸出渣回转窑挥发所产生的氧化锌烟尘中。

锌回转窑氧化锌经多膛炉脱氟氯后，返回锌系统浸出。氧化锌中性渣经酸浸（H_2SO_4

20~25 g/L），酸浸液（In 0.1~0.3 g/L）用锌粉置换（终点 pH＝4.5~4.6），置换渣用硫酸浸出，铟浸出率可达 90%~98%。用 P204 从浸出液中萃取分离和富集铟，萃取后的富有机相用含 H_2SO_4 150 g/L 的溶液进行洗涤后，用浓度为 6 mol/L 的 HCl 反萃，贫有机相返回使用，萃取率可达 98.5%~99.5%。反萃液用锌片或铝片置换，产出海绵铟。海绵铟洗涤后，在苛性钠保护下熔铸成粗铟。铅鼓风炉烟尘铟的提取和锌类似。所获粗铟成分列于表 4-7 中。

表 4-7　粗铟的化学成分　　　　　　　　　　　（%）

元素	In	Cu	Al	Fe	Sn	Pb	Tl	Cd	Ag
含量	>95	>0.018	0.001	0.003	0.018~0.004	>0.02	0.005	0.5~2	0.0005

B　粗铟的精炼

粗铟精炼包括熔盐除铊、真空蒸馏除镉和电解精炼三个步骤。

（1）熔盐除铊：根据铊易溶解入氯化锌与氯化铵熔盐的特性，在普通搪瓷器皿中将粗铟熔化后加入 $ZnCl_2$ 与 NH_4Cl（3∶1）的混合物，用机械搅拌，控制温度 54~553 K，维持反应时间 1 h。除铊效率可达 80%~90%，铟中含铊可降到 0.001%~0.022%。

（2）真空蒸馏除镉：采用的设备为真空感应电炉或管式电炉。经过真空蒸馏除镉后，可使镉的含量降到 0.0004% 以下。

（3）电解精炼：进一步使铟中的少量铅、铜、锡残留于阳极泥，而锌、铁、铝进入电解液，将铟进一步提纯。电解精炼的电解液为硫酸铟的酸性溶液，含铟 80~100 g/L，游离酸 8~10 g/L，为了增加氢的超电压，提高电流效率，还加入 80~100 g/L 的氯化钠。阴极为纯铟板或高纯铝板，阳极为真空蒸馏后的粗铟，外套两层锦纶布袋，以防阳极泥脱落污染阴极。电解在常温下进行。

电解得到的阴极铟用苛性钠作覆盖剂熔化铸锭，可得到 99.99% 的纯铟。此流程铟的总回收率为 91%。

4.7.2.2　含镉烟尘中回收镉、铊

采用湿法和火法组成的联合法从含镉烟尘中提取镉与铊，是我国葫芦岛锌厂自行开发的技术。联合法提取镉和铊的工艺流程见图 4-19，包括焙烧、浸出、净化、置换、压团熔炼和精馏工序，其中焙烧工序可根据含镉原料性质取舍。

A　原料

竖罐炼锌的提镉原料为焙烧挥发富集的烟尘，其中流态化焙烧烟尘是在氧化性气氛下挥发的，镉的可溶率较高；回转窑焙烧烟尘是在微还原气氛下挥发的，含硫高，镉的可溶率低，有时需要再焙烧。含镉烟尘粒度较细，密度较小，最好采用真空吸送运输。

B　硫酸化焙烧

当含镉烟尘中镉的可溶率低于 90% 时，需进行焙烧。通常流态化焙烧的含镉烟尘中镉的可溶率在 90% 以上，流态化焙烧烟尘二次焙烧的含镉烟尘，镉的可溶率为 40%~50%，故后者需进行硫酸化焙烧。焙烧过程中除有价金属转化为硫酸盐外，还可挥发除去大量砷、锑等杂质。硫酸化焙烧在用间接加热的回转窑内进行，可降低硫酸消耗，减少废气量，便于吸收处理。

二次焙烧电收尘器镉尘
↓
酸化焙烧
↓
流态化焙烧电收尘器 →
↓
中性浸出
├─ 浸出渣 ─┐
│   ↓
│   酸性浸出
│   ├─ 酸浸液 ─ 萃取 ← P204
│   │   ↓
│   │   酸浸液 铟原料
│   └─ 浸出渣 ─ 水洗过滤
│   ├─ 洗液
│   └─ 洗渣(回收铅、镉)
└─ 上清液 ─ ZnO → 净化 ← 空气
            ├─ 砷渣(回收锌、镉)
            └─ 净液
                锌粉 → 一次置换
                ├─ 海绵镉 ─ 压团 ─ 熔炼铸锭 (Cd 98%~99%)粗镉 ─ 精馏
                │   ├─ 镉渣(送提铊工序)
                │   └─ 镉蒸气 ─ 冷凝 ─ 铸锭 ─ 精镉 (Cd含量大于99.995%)
                └─ 滤液 ─ 二次置换 ← 锌粉
                          ├─ 溶液(回收锌)
                          └─ 含铊海绵镉 ─ 自然氧化 ─ 水浸过滤
                                                  ├─ 含铊液 ─ 净化 ─┬─ 渣(储存备用)
                                                  │   └─ 溶液 ─ 调配置换
                                                  │   ├─ 铊海绵物 ─ 压团熔铸 ─ 金属铊 (Tl含量大于98%)
                                                  │   └─ 滤液
                                                  └─ 滤渣 ─ 自然氧化

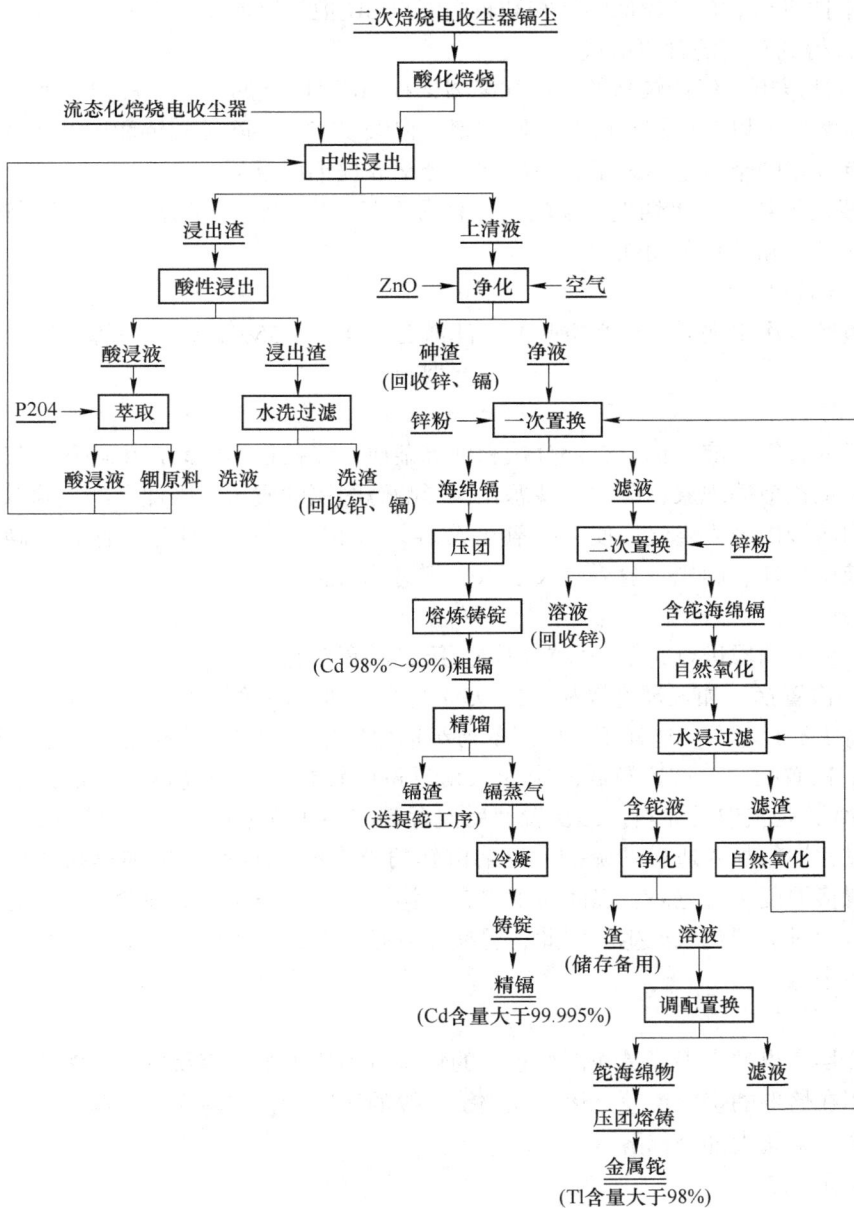

图 4-19 联合法提取镉和铊的工艺流程

　　葫芦岛锌厂硫酸化焙烧采用回转窑，用煤气直接加热。硫酸加入量约为理论量的 150%，焙烧带的温度控制为 500~550 ℃。温度过高不仅镉易挥发损失，而且造成炉结。硫酸化焙烧设备腐蚀严重，硫酸消耗大，劳动条件不好。如果在二次焙烧过程中，增加脱硫措施，提高镉尘的铜可溶率，则可取消硫酸化焙烧。

　　C　浸出

　　硫酸化焙烧后，在设有通风装置的机械搅拌槽内进行中性与酸性浸出。规模较小时，两次浸出可在同一槽内交替进行。

（1）中性浸出。控制较低的始酸和较高终点 pH 值，以便于 Fe^{2+} 水解沉淀，同时除去大部分 As，得到较纯的含镉溶液。

（2）酸性浸出。保持较高的始酸和终酸，在 90 ℃ 以上的温度下浸出，使残存的难溶金属进一步溶解，以获得较高的金属回收率。但酸浸液中，除硫酸镉和硫酸锌等主要成分外，还含有较多的杂质金属离子及硫酸铟，经萃取提铟后返回。

（3）浸出加料。含镉烟尘粒度较细，容易飞扬。宜用湿式球磨浆化，砂泵输送加料，以改善操作环境和减轻劳动强度。

D　水洗过程

酸浸渣经两次水洗后，用真空吸滤，滤渣含铅 45% ~ 55%，送铅冶炼，洗液返回中性浸出。

E　净化

中浸后的含镉溶液，仍含有部分铁和砷等杂质。置换过程中易产生砷化氢气体、黑沫外溢、海绵镉松散等现象，劳动条件恶化，影响海绵镉的质量，因此需净化除铁、砷。作业过程是向溶液内鼓入空气，使 Fe^{2+} 氧化成 Fe^{3+}，并控制较高 pH 值，使铁、砷水解沉淀除去，溶液中的铁、砷比一般需要大于 10，砷才可能除尽。

F　置换

锌粉置换分两段进行，第一段置换镉，第二段富集铊。

（1）一次置换。加入理论锌粉量的 95% 左右，加入的锌粉可以完全反应，置换后液含镉尚保持 1 g/L 左右。这样不仅能降低海绵镉含锌量，而且几乎全部保留于溶液中。

（2）二次置换。一次置换后液中加入稍过量的锌粉，得到高锌海绵镉，其含铊量为 0.3% ~ 0.5%，是提取的原料。二次置换后液含 Zn 70 ~ 100 g/L，用于回收锌。

置换过程中须加入适量的硫酸，以溶解锌粉外表的 ZnO 膜，增加锌粉活性，加速置换反应。置换温度不宜过高，以防海绵镉在高温下复溶。净化后液尚含有微量砷，故置换过程中仍有微量的砷化氢产生，因此，置换作业必须在设有排风设备的密闭机械搅拌槽内进行，以防中毒。

G　压团熔炼

一次置换产出的海绵镉是表面积较大的粒状海绵体组织，容易氧化、需用油压机压制成团。镉团在熔融的烧碱覆盖下熔铸成镉锭。镉的熔铸过程实际上也是碱法精炼过程，海绵镉中的杂质金属大部分都溶解于烧碱中。

H　粗镉精馏

粗镉精馏过程大致如下：粗镉在熔化锅内熔化后，定时定量加入加料器。而连续流入塔内的液体在塔内经加热蒸发和冷凝回流交替进行，纯镉蒸气上升至第一和第二冷凝器分别冷凝成液状，冷却到一定温度，流入精镉镉，定期铸成镉锭，高沸点金属经回流富集逐步下流，进入渣锅，定期排出。

4.7.2.3　含锗氧化锌烟尘提锗

烟化炉挥发产出的氧化锌烟尘，含锗 0.018% ~ 0.042%，可用于提取金属锗。用氧化锌矿生产 1 t 电解锌，可从其烟化炉烟尘中回收 0.3 ~ 0.5 kg 的金属锗。图 4-20 所示为从氧化锌烟尘中提取锗的工艺流程。

用电解锌的废电解液作为溶剂浸出烟尘，在浸出过程中锗和锌溶解进入溶液，与不溶

含锗氧化锌烟尘

球磨调浆与磨细 ← 二次浸液

单宁酸

二次酸浸 ← 浸出浓泥 ← 一次酸浸 → 一次浸液 → 单宁沉淀 → 沉淀锗滤饼

浸渣

硫酸、废电解液　　ZnSO₄溶液　　浆化洗涤

洗涤过滤 → 滤液 → 返球磨　　中和渣 ← 氧化中和　　压滤

PbSO₄　　火法处理　　中和液　　单宁酸锗渣

烧结　　返浸出 ← 废电解液 ← 电解 ← 净化液 ← 置换 ← 锌粉　　烘干

熔炼　　阴极锌　　置换渣　　灼烧

粗铅　　锌锭 ← 熔铸　　回收铜渣　　锗精矿

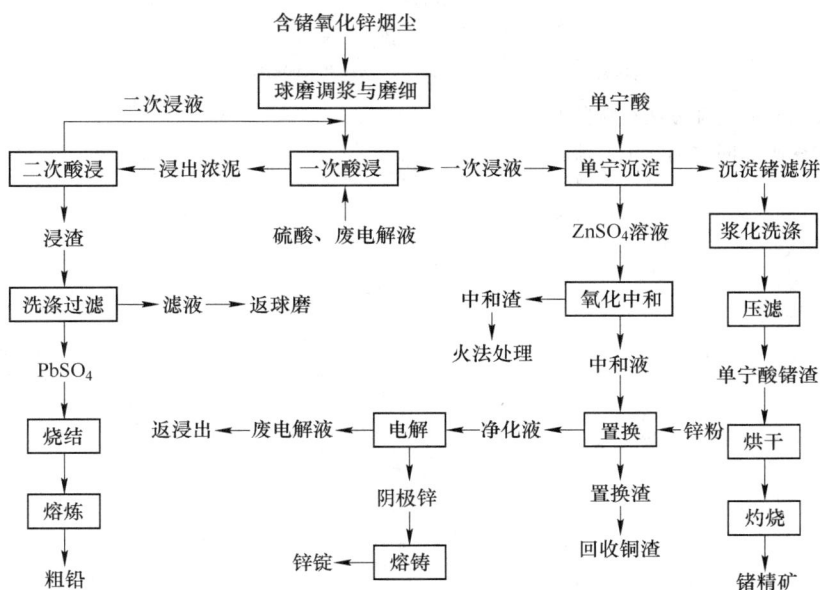

图 4-20　含锗氧化锌粉尘分离提取有价金属工艺流程

的硫酸铅和其他不溶杂质分离。然后将浸出液进行单宁沉淀。使锗从硫酸锌溶液中分离出来，硫酸锌溶液送去提锌。产出的单宁酸锗渣饼进行浆化洗涤、压滤后烘干，再将其加入电热回转窑灼烧，最后产出锗精矿。在处理含锗氧化锌烟尘提锗的过程中，浸出和单宁沉淀是两个主要分离过程。在用废电解液浸出过程中，发生以下反应：

$$GeO_2 + nH_2O = GeO_2 \cdot nH_2O$$

$$MeGeO_3 + H_2SO_4 = H_2GeO_3 + MeSO_4$$

$$ZnO + H_2SO_4 = ZnSO_4 + H_2O$$

锗与沉淀剂单宁酸能够生成稳定的单宁酸锗络合物，从溶液中沉淀析出。单宁酸沉淀锗的选择性很好，可以使硫酸锌溶液中含锗降低到 0.5 mg/L 以下，锗的沉淀率在 99%以上。用单宁沉淀法从硫酸锌溶液中分离提锗的技术条件为：溶液酸度 pH = 2~3，沉淀温度 50~70 ℃，单宁的用量应依溶液中的锗量而定，一般为锗的 20~40 倍。沉淀产生的单宁锗渣，先在 250~300 ℃烘干，然后于氧化性气氛中在 400~500 ℃下灼烧，可得到含锗10%以上的锗精矿。

本 章 小 结

本章主要介绍了锌冶炼企业生产过程中产生的主要废弃物锌浸出渣、铁矾渣、铜镉渣、钴镍渣、铅银渣、挥发窑渣和锌冶炼烟尘的来源、组成、化学性质及其资源化利用方法。

习　题

（1）锌浸出渣的处理方法有哪些?
（2）简述铁矾渣回收铟的工艺流程。

5 镍冶炼企业有色金属资源化利用

本章提要：

（1）掌握镍冶炼企业废弃物的主要产生来源及资源化利用途径；

（2）掌握本章中出现的相关概念和术语的主要内涵。

镍冶炼厂所用的镍矿精矿原料有两类，一是硫化镍矿，二是氧化镍矿。目前我国镍产量约有 90% 是用硫化镍矿作原料进行生产的，硫化镍矿中含有 Ni、Cu、Co 和 Au、Ag、Pt 等贵金属，还含有 S 和 Fe 等。

根据原料的性质，硫化镍矿和氧化镍矿均可采用火法冶炼或湿法冶炼生产镍产品。对硫化镍矿而言，目前主要采用火法冶炼。而氧化镍矿主要使用湿法冶炼生产镍产品。

硫化镍矿采用火法冶炼的主要工艺过程为：硫化镍铜矿原料→干燥→熔炼→吹炼→高冰镍→磨浮分离镍铜→镍精矿→熔铸阳极→电解精炼→电解镍产品。工艺流程如图 5-1 所示。

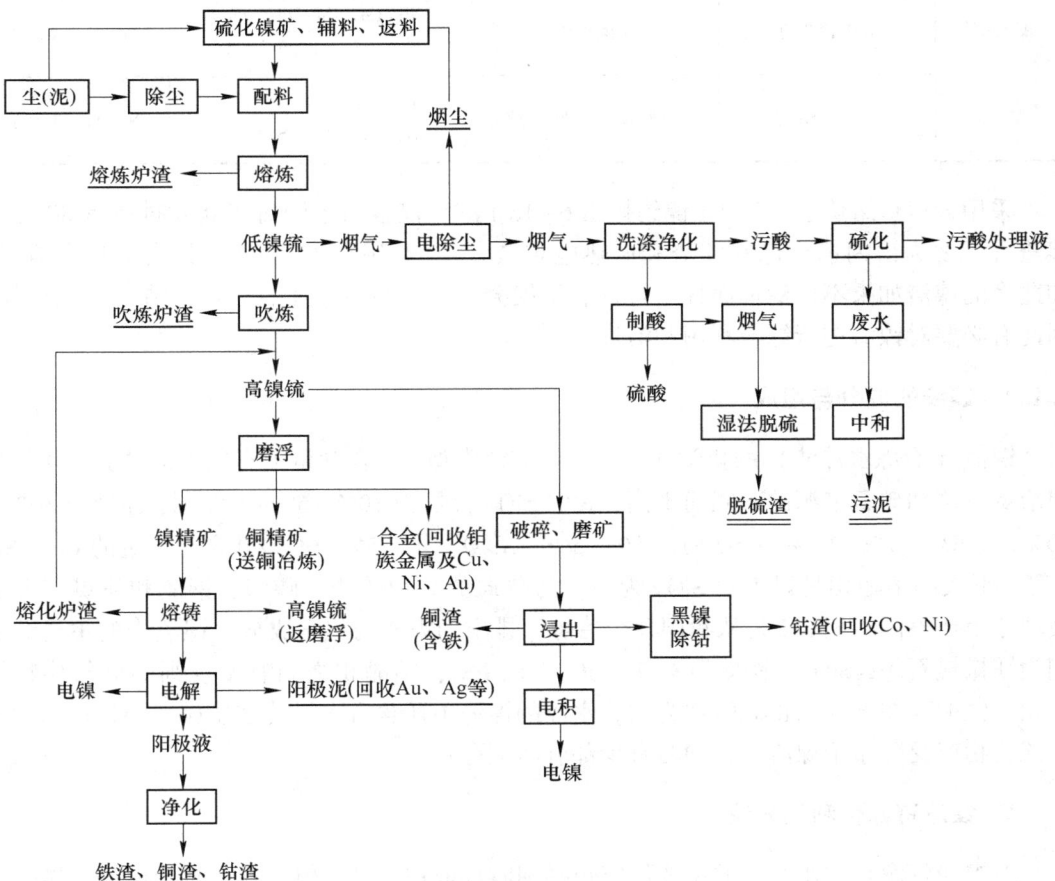

图 5-1 硫化镍矿火法冶炼工艺流程

火法冶炼生产镍产品过程中产生的固体废物主要包括冶炼炉渣（熔炼炉渣、吹炼炉渣、反射炉渣），镍电解车间阳极液净化渣（铁渣、铜渣、钴渣），镍电解车间阳极泥、冶炼炉窑烟尘、制酸系统铅渣、污水处理中和渣、烟气湿法脱硫渣。

5.1　镍渣的资源化利用

5.1.1　镍渣的来源

镍渣是指在冶炼金属镍过程中排放的以 FeO-SiO$_2$ 为主要成分的工业废渣，废渣一是采用热渣直接排放至渣场，二是经水淬后形成的粒化炉渣送至渣场堆放。镍渣主要包括闪速炉渣（熔炼渣）、吹炼炉渣（转炉渣）和贫化炉渣（电炉渣）等。表5-1为镍冶炼过程产生炉渣的种类及主要成分。

表 5-1　镍冶炼过程产生的炉渣种类及成分

种类	来源（工序）	固体废物种类	主要成分	可回收资源
镍冶炼	镍精矿熔炼	熔炼炉渣	Ni、Co、Cu、Pb、Zn、As、Cd、Ca、SiO$_2$ 等	Ni、Co、Cu 等
	低镍锍吹炼	吹炼炉渣	Ni、Co、Cu、Pb、Zn、As、Cd、Ca、SiO$_2$ 等	Ni、Co、Cu 等
	镍精矿熔铸	熔化炉渣（返吹炼炉）	Ni、Co、Cu、Pb、Zn、As、Cd、Ca、SiO$_2$ 等	Ni、Co、Cu 等

采用闪速炉熔炼法生产1 t镍约排出6～16 t渣。仅金川集团每年就要排放近80万吨镍渣（主要为镍闪速熔炼水淬渣和矿热电炉渣），年利用约10万吨，其余堆积在渣场。如此多的镍渣如果不加治理而任意堆放，不仅会占用大量的土地，而且会造成环境污染，因此有必要对镍渣进行综合利用和治理。

5.1.2　镍渣的成分与组成

镍渣（冶炼水淬渣）的化学成分与高炉矿渣类似，但在含量上有较大的差异，并且随镍冶炼方法和矿石来源的不同而不同，其中 SiO$_2$ 含量为30%～50%，Fe$_2$O$_3$ 含量为30%～60%，MgO 为1%～15%，CaO 为1.5%～5%，Al$_2$O$_3$ 为2.5%～6%，并含有少量的 Cu、Ni、S 等。形成的熔融相是以 FeO-SiO$_2$ 为主，与普通的高炉矿渣、磷渣、钢渣和粉煤灰等的玻璃相组成不同。表5-2是从我国几个冶炼厂排出的镍渣的化学成分。镍渣中的主要结晶相为镁橄榄石 Mg$_2$SiO$_4$、铁橄榄石 Fe$_2$SiO$_4$、FeNiS$_2$，结晶相之间有不规则的硅氧化物填充相，铁的存在方式以正硅酸铁为主，水淬的镍渣中还含有大量的玻璃相，颗粒很细的镍铁硫化物广泛分布于镍渣中，同时有少部分冰铜存在。

5.1.3　镍渣资源化利用方法

对镍渣资源化利用开展的主要研究包括回收提取镍、钴、铜、铁、贵金属等，做井下矿坑的填充材料，生产微晶玻璃，生产建材，生产无机纤维。

表 5-2 不同冶炼企业镍渣的化学成分 （%）

产 地	SiO_2	Al_2O_3	Fe_2O_3	CaO	MgO	K_2O	Na_2O	MnO
新疆喀拉通克	36.98	2.71	53.88	4.02	1.24	0.48	0.46	0.13
吉林镍业	48.31	5.93	27.45	2.88	15.15			
金川集团	31.28	4.74	57.76	1.73	2.66	0.46	0.04	
广东禅城矿业	33.98	2.32	54.82	1.59	5.07			

5.1.3.1 有价金属回收

采用酸浸工艺从镍渣中回收 Ni、Cu、Co 等，再进行分离与提纯，最终得到硫酸镍、硫酸铜和硫酸钴产品，工艺流程如图 5-2 所示。

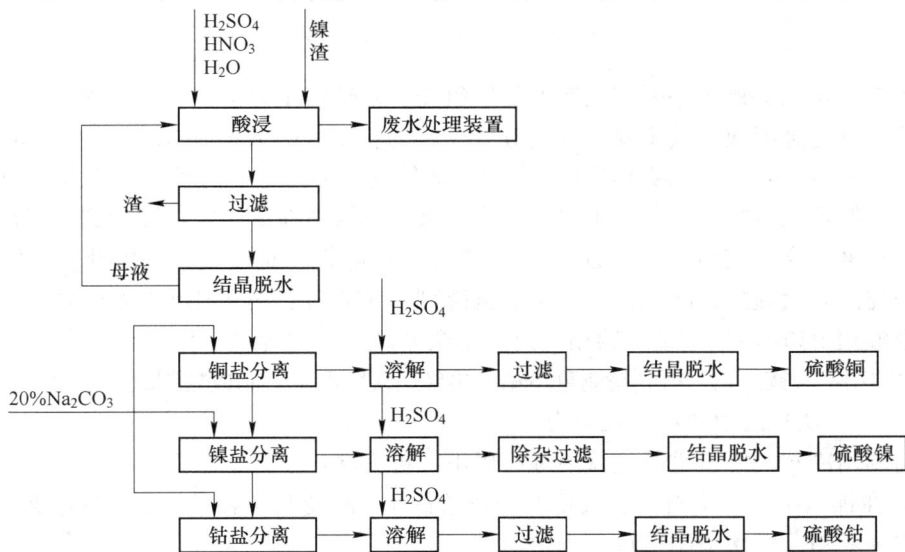

图 5-2 镍渣综合利用工艺流程

A 酸浸

将适量的水加入反应釜中，在搅拌的情况下加入浓硫酸和硝酸，使硫酸的浓度为 25%，硝酸的浓度为 10%。然后将已粉碎成小块的镍渣加入反应釜中，通入蒸汽加热煮沸，此时应开动废气处理装置，对氮氧化物和二氧化硫废气进行处理，反应 10 h 左右，放料过滤，滤液放至冷却结晶釜中进行结晶，该晶体主要是硫酸镍、硫酸钴、硫酸铜等盐类的混合物滤渣冲洗水与母液一起循环回用。

B 镍、钴、铜盐的分离

搅拌的情况下，通入蒸汽加热使硫酸镍、硫酸钴和硫酸铜等盐溶解。加入 20% 碳酸钠调整溶液 pH 值到 4，除去杂质 Fe。所得滤液调整 pH 值到 5.6，得到碳酸铜沉淀。滤液调整 pH 值到 6.2，得到碳酸镍沉淀。过考虑分离后的滤液，调整 pH 值到 7 得到碳酸钴沉淀。经过该工序得到碳酸镍、碳酸铜、碳酸钴沉淀。

C　精制

将碳酸镍、碳酸铜、碳酸钴分别用 20% 的硫酸溶解，进行浓缩结晶得到。通过此方法，每处理 1 t 的镍渣可以产出 80~90 kg 的硫酸镍、100 kg 左右的硫酸铜和 20 kg 左右的硫酸钴。

5.1.3.2　转炉渣提钴

在 20 世纪 80 年代，金川镍铜转炉渣提钴工艺流程见图 5-3。该工艺主要包括转炉渣电炉贫化、钴锍缓冷选矿、富钴锍加压氧化酸浸和浸出液萃取沉淀提钴四道工序组成。

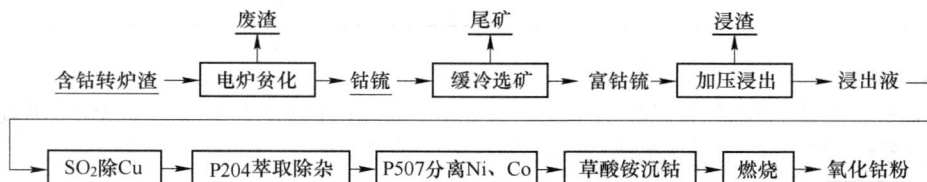

图 5-3　转炉渣提钴工艺流程

该工艺流程的关键工序是富钴锍的加压氧浸。富钴锍主要由镍、铜、铁和钴的多种形态硫化物及其合金组成，其主要化学成分（%）为：Ni 35~39，Co 1.7~2.4，Cu 17~20，Fe 13~16，S 24~26。在高温高压下，空气中的氧气能够将这些有价金属氧化成可溶性的硫酸盐，控制适当的技术条件，可以使锍中的大部分铁留在渣中，从而达到选择性浸出的目的。浸出液中含铜较高，如果通过单纯 P204 萃取除铜，难度较大。因此，在实际生产中，一般先用硫代硫酸钠除铜，使浸出的铜降到一定程度，再采用 P204 萃取进行深度除铜，萃余液用 P507 萃取剂进行镍钴分离。萃余液硫酸镍送镍盐车间制作精制硫酸镍，反萃液氯化钴用草酸铵沉钴，得到精制草酸钴，再经回转窑煅烧，制成精制氧化钴粉产品出售。

5.1.3.3　从镍渣中回收铁及合金

目前利用冷却的镍渣进行提铁冶炼有以下几种方法：

（1）在镍渣中配加生石灰、炭粉混合烧结造块，改变其矿相结构，经过球磨磨细，浮选出合格铁矿粉，再次烧结造块，入炉冶炼。

（2）通过电炉加热、转炉喷吹冶炼，取得铁的成功分离（铁及镍、铜、钴的回收率在 90% 左右）炼出耐大气腐蚀的结构钢轧制成材。

（3）将镍渣加工成合格块，直接入炉代替矿石，与其他原料配合进行高炉冶炼。

（4）在烧结矿配料中配加镍渣，先生产成烧结矿，再入炉冶炼。

（5）对高温镍渣进行预处理，利用镍渣的高温能量，在出渣过程中向熔渣喷吹生石灰粉、煤粉等造渣材料，使镍渣碱度达到 1.0 以上，在高温条件下，形成部分的 $CaO \cdot SiO_2$ 渣液和铁液，经蔽渣器进行渣铁分离。同时对渣中的含铁料再进行磁选富集，提高含铁品位，然后作为炼铁原料使用。

（6）利用高炉对熔融态的镍渣进行冶炼微合金铁，仅需对现有高炉进行改造，使镍渣直接从熔融状态开始升温，进行氧化还原反应、造渣等，完成铁的分离。既能变废为宝，又能有效利用熔融渣的高温热能，达到节能降耗、降低生产成本的目的。

（7）深度还原-磁选法。将原料按设定比例称量好后装入球磨机，充分混合，放入石墨坩埚，待电阻炉升至一定温度时，将坩埚置于电阻炉内，达到预设温度后保温一定时间，配合料在高温下发生深度还原和置换等一系列反应，铁被还原出来，然后将坩埚取出，进行磨矿和磁选分离作业。

5.1.3.4 二次镍渣做填井材料

矿山在开采出矿石以后，需要对开采完的坑井进行填埋。采用镍渣为主要成分制备胶凝材料，代替充填材料用于井下充填。镍渣经过提铁处理后，产生的二次镍渣为熔融状态。熔融态二次镍渣可应用于以下两种情况。一种情况是将熔融态二次镍渣急冷水淬，产生水淬二次镍渣。由于液态熔融的镍渣尾砂经过水淬急速冷却，生成玻璃态物质和具有较低水化潜能的结晶态物质，具有潜在的水硬活性。另一种情况是通过对水淬二次镍渣进行化学激发，使激发剂与矿渣发生化学反应，生成具有水硬胶凝性能的物质，进而达到提高镍渣活性的目的。

图 5-4 为利用镍渣尾砂制备充填胶凝剂的技术路线，以脱硫石膏和电石渣为主激发剂，以硫酸钠和水泥熟料为辅激发剂。将熔态镍渣尾砂经过急冷水淬处理，生成原料镍渣尾砂并以此为主要活性材料。将镍渣尾砂破碎、球磨至比表面积 $400 \sim 800 \ m^2/kg$；脱硫石膏球磨至比表面积 $200 \sim 400 \ m^2/kg$；电石渣球磨至比表面积 $200 \sim 400 \ m^2/kg$；水泥熟料球磨至比表面积 $200 \sim 400 \ m^2/kg$。将镍渣尾砂（85%）、脱硫石膏（5%）、电石渣（5%）、硫酸钠（3%）以及水泥熟料充分混合配制成胶凝材料。同时，筛选棒磨砂，按照胶凝材料与棒磨砂一定的掺加比例，制备出合适料浆浓度的充填料。另外添加 0.156% 的高效减水剂以增强性能，再与棒磨砂以 1∶4 的比例配制成质量分数为 79% 的胶结料，所表现出的抗压和抗折强度总体状态，可以满足井下充填胶结体的强度要求。

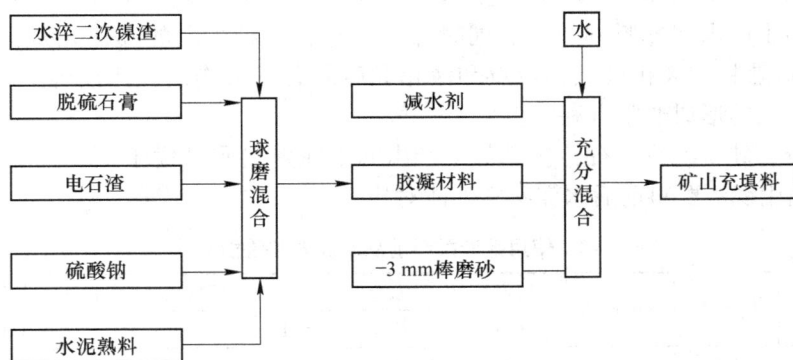

图 5-4 水淬镍渣尾砂制备充填胶凝剂流程

5.1.3.5 二次镍渣做微晶玻璃

微晶玻璃是由基础玻璃经控制晶化行为而制成的微晶体和玻璃相均匀分布的一种新型无机非金属材料。一般工业废渣的主要成分为钙硅、镁、铝等元素的氧化物，只要引入少量辅助原料加以调整，通过控制晶化行为就可以获得各种不同类型、性能优良的微晶玻璃。利用熔态二次镍渣制备微晶玻璃的工艺流程如图 5-5 所示。

二次镍渣的主要成分组成位于 $CaO\text{-}MgO\text{-}SiO_2$ 三元相图的镁橄榄石区。透辉石相与镁橄榄石相相邻，且透辉石相微晶玻璃工艺成熟、性能优异，因此将二次镍渣通过调质到透辉石相区，制备以透辉石（或普通辉石）为主晶相的微晶玻璃。

熔态渣含有大量显热，按照辉石化学成分加入一定的成分调节原料，使之充分熔融。

114

```
玻璃成分设计 → 称量配料 → 混合搅拌 → 熔制 → 碎玻璃样
                                              ↓
                                            成型 ← 差热分析
                                              ↓
                                            退火
                                              ↓
                             核化 ←
                                     ← 热处理
                             晶化 ←
                                              ↓
                                        微晶玻璃样品
```

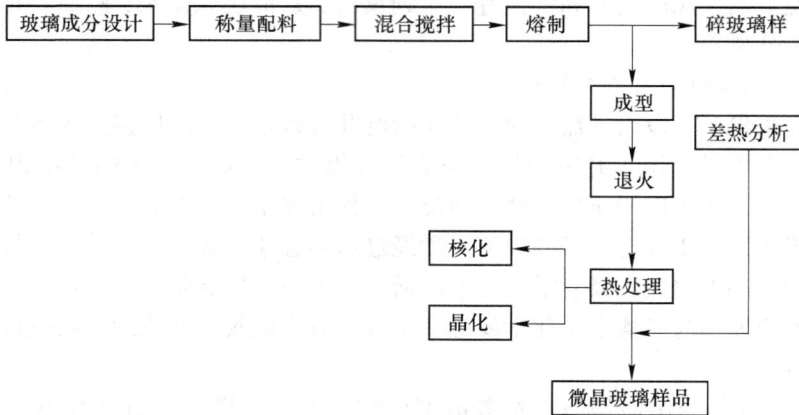

图 5-5　微晶玻璃制备工艺流程

加入 $NaNO_3$ 和 Sb_2O_3 作为助溶剂，加入 CaF_2 作为澄清剂。将熔融二次渣放入均化池，继续澄清均化，得到较均匀的溶态二次镍渣。过冷却熔态镍渣流入模具中，通过冷却后置于晶化炉。在晶化炉内，按照一定热处理制度，使成型的热渣核化、晶化，最终随炉冷却得到微晶玻璃产品。

5.1.3.6　镍渣做建筑材料

A　镍渣做水泥

镍渣的主要化学成分是 SiO_2、Fe_2O_3；Al_2O_3 是生产水泥主要原料，可以代替铁粉和部分黏土作为生产水泥熟料的原料。同时镍渣中存在多种少量的其他元素，如 Ni、Cu、Co 等，对降低熟料的液相最低共熔点和液相黏度起着积极作用，能改善生料的易烧性，因而对熟料矿物的形成非常有利。

采用镍渣、硅石、石灰石、粉煤灰生产出的水泥熟料质量优于不掺杂镍渣的熟料质量。表 5-3 使用镍渣配料前后水泥熟料性能对比。

表 5-3　使用镍渣配料前后水泥熟料性能对比

熟　料	C_2S/%	−fCaO/%	安定性合格率/%	凝结时间/min		抗折强度/MPa		抗压强度/MPa	
				初凝	终凝	3 d	28 d	3 d	28 d
未参加镍渣	54.68	2.16	83.5	100	151	5.8	8.7	31.2	54.3
掺加镍渣	57.13	1.73	18.4	117	166	6.3	5.1	34.7	58.9

由于水淬急冷的镍渣，其玻璃相中含有少量的 CaO、Al_2O_3，因而在碱性介质的激发下具有潜在的水硬性，可以作为水泥的混合材使用。其工艺流程如图 5-6 所示。

B　建筑砌块

镍渣既可以作为生产建筑砌块的胶凝组分，也可以利用破碎分级后的镍渣作为集料。采用金川镍矿排出的镍渣，且采用 $NaSiO_3$ 溶液作为碱性激发剂，校正剂由几种矿物原料和化工原料经过配制以后在 1100~1300 ℃ 煅烧而成集料选取：（1）镍矿渣，破碎并筛分至粒径簇≤1 mm；（2）河砂，细度模数 2.8。以碱性激发剂校正剂和磨细镍矿渣为胶结材料、破碎后的矿渣为集料，可制成镍矿渣掺量达 94% 抗压强度达 28.9 MPa 的镍矿渣建筑砌块。该种建筑砌块能够充分利用镍矿渣，减少环境污染。

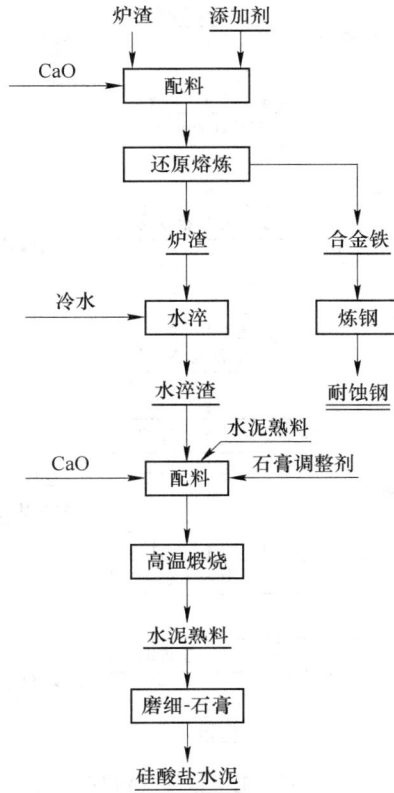

图 5-6 金川镍渣综合利用流程

5.2 净化渣的资源化利用

5.2.1 净化渣的来源

电解过程中产生的阳极液和酸性造液槽产出的溶液混合后，其化学成分为（g/L）：Cu 0.4~0.8，Fe 0.2~0.6，Co 0.1~0.25，Zn 0.001~0.002，$H_2SO_4 \leqslant 2.3$。由于金属析出电位的影响，溶液中的 Fe^{2+}、Co^{2+}、Cu^{2+} 等离子都可能在阴极上析出，影响电镍的质量。因此电解液必须经过净化处理，控制溶液中的杂质在一定范围内。

混合阳极液首先鼓风氧化除铁，加镍精矿和阳极泥沸腾除铜，通氯气氧化除钴。把铁、铜、钴等杂质除去，获得含 Cu < 0.003 g/L，Fe < 0.004 g/L，Co < 0.02 g/L，Zn < 0.00035 g/L 的纯净阳极液，供生产电解镍。目前的电解液净化流程如图 5-7 所示。在净液生产过程中产出高镍铁渣、铜渣、钴渣。

5.2.2 净化渣的处理方法

5.2.2.1 高镍铁渣中回收镍

电解液采用氧化中和水解除铁得到高镍铁渣，高镍铁渣含铁 20%，如表 5-4 所示。为

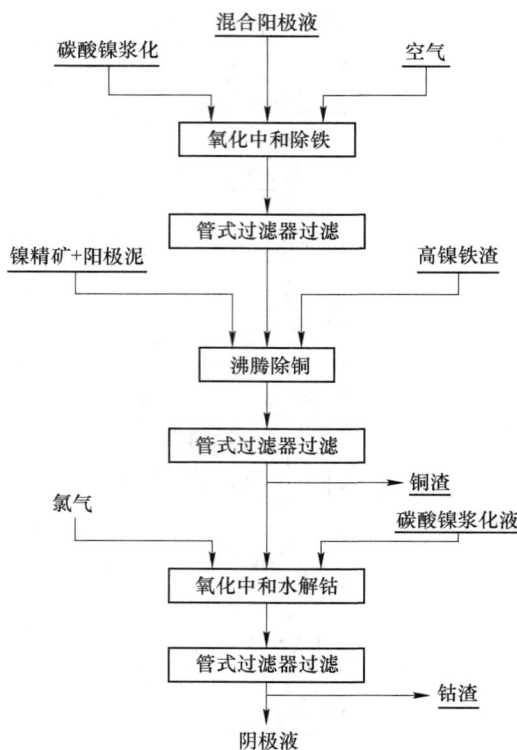

图 5-7　电解液净化流程

了回收高镍铁渣中的镍，通常采用黄钠铁矾法对高镍铁渣进行二次处理，工艺流程如图 5-8 所示。高镍铁渣经硫酸溶解，氯酸钠氧化后，用黄钠铁矾法除铁，并回收其中的镍。产出的二次铁渣含镍小于 4% ，送火法熔炼。

表 5-4　镍电解一次铁渣主要成分表

成分测定	Ni	Cu	Fe	不溶物	酸溶性杂质	其他
含量/%	3.4	0.58	约21	10.62	约35.75	28.65

中和水解铁渣酸溶后，在高温条件下加入氯酸钠将 Fe^{2+} 全部氧化为 Fe^{3+} 后，加碳酸钠调整反应 pH 值生成黄钠铁矾，镍与铜以离子形式随滤液返回造液系统，经造液脱铜后，镍返回生产系统，因此提高了镍的回收率，铁以铁矾渣形式返回回转窑处理。

黄钠铁矾法处理高镍铁渣原理为：溶液中的三价铁离子在较高温度（90 ℃），并有晶种存在的条件下，当溶液中有足够的钠离子和硫酸根离子存在时，控制适当的 pH 值就能生成黄钠铁矾沉淀：

$$3Fe_2(SO_4)_3 + Na_2SO_4 + 12H_2O \longrightarrow Na_2Fe_6(SO_4)_4(OH)_{12} + 6H_2SO_4$$

主要技术条件：温度>90 ℃，过程 pH：1.6~2.0，终点 pH≤2.5。目前，通过黄钠铁矾法处理的镍电解一次铁渣可以净化回收铁渣中 92%~95% 的镍，产出的黄钠铁矾渣全部返回回转窑工序处理。

5.2.2.2 铜渣

净化铜渣的氯气浸出。净化液加镍精矿采用沸腾工艺除铜得到铜渣。铜渣主要成分为 NiS、CuS、Cu_2S，铜镍比约为 $1:2$，为了提高 Ni 的回收率，采用氯气全浸工艺对净化铜渣进行处理。

浸出是把净化铜渣加入预先配成的 Ni、Cu 为 $200\sim250$ g/L 的溶液中，通入氯气发生氧化反应。过程放出大量的热，为了保证浸出过程中的温度和溶液中 Cu^+/Cu^{2+} 的预定值，必须连续不断地加料并且按液固比 $(2\sim2.5):1$ 加水补充浸出过程蒸发的水，氧化电位控制在 $430\sim450$ mV，温度 $102\sim110$ ℃（略低于浸出液沸点温度），浸出反应借助亚铜离子传递电子加速进行，从而达到 Ni、Cu 全浸目的，其主要反应为：

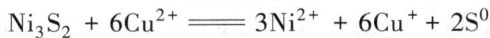

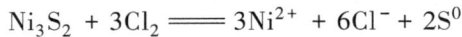

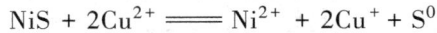

$$2Cu^+ + Cl_2 \Longrightarrow 2Cu^{2+} + 2Cl^-$$

$$CuS + Cl_2 \Longrightarrow 2Cu^{2+} + 2Cl^- + S^0$$

$$Ni_3S_2 + 6Cu^{2+} \Longrightarrow 3Ni^{2+} + 6Cu^+ + 2S^0$$

$$Ni_3S_2 + 3Cl_2 \Longrightarrow 3Ni^{2+} + 6Cl^- + 2S^0$$

$$NiS + Cl_2 \Longrightarrow Ni^{2+} + 2Cl^- + 2S^0$$

$$NiS + 2Cu^{2+} \Longrightarrow Ni^{2+} + 2Cu^+ + S^0$$

铜渣浸出在四个串联的常压机械搅拌槽中进行，通过控制浸出温度与氧化还原电位，将镍与铜全部浸入浸出液，浸出液经过酸性造液电积脱铜，最终使铜以海绵铜的形式除去；镍以 Ni^{2+} 形态返回镍电解生产系统，提高了回收率。浸出液中的 Cu^{2+} 在造液工序阴极发生如下反应：

$$Cu^{2+} + 2e \Longrightarrow Cu(海绵铜)$$

铜渣中的硫主要以元素硫的形态进入浸出渣，经过滤分离，作为提取贵金属与制取硫黄的原料。金川公司铜渣处理工艺流程如图 5-9 所示。

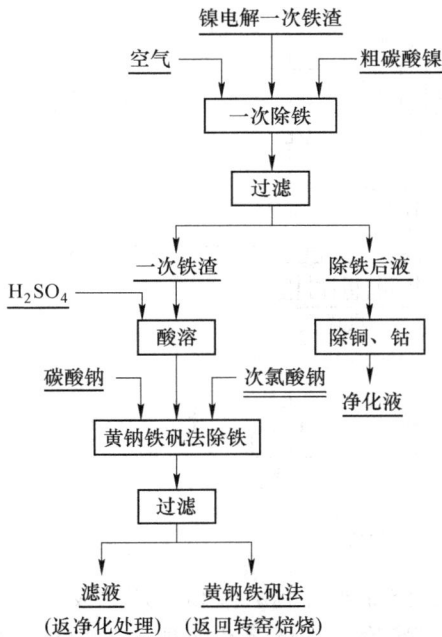

图 5-8 高镍铁渣回收镍工艺流程

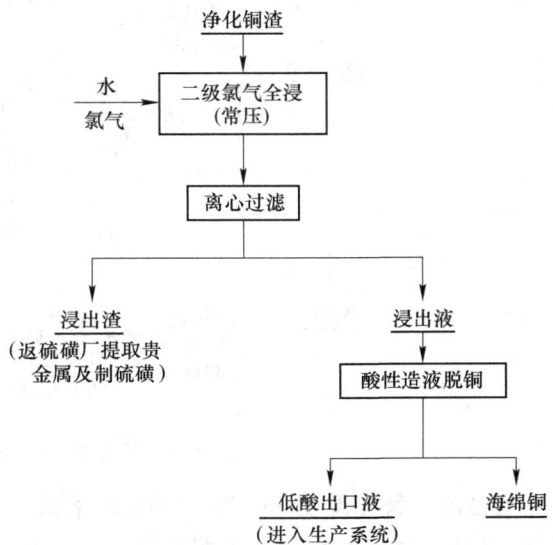

图 5-9 铜渣处理工艺流程

采用氯气全浸工艺，镍、铜的浸出率达98%以上。表5-5为净化铜渣浸出前后成分对照。

表5-5 净化铜渣浸出前后成分对照

Ni	Cu	成分	Ni	Cu
40	20	浸出渣/%	2	1.5

5.2.2.3 净化钴渣提钴

A 净化钴渣提钴

净化液通入氯气氧化除钴得到钴渣。镍净化钴渣的主要成分为镍、铜、钴、铁的氢氧化物，如 $Cu(OH)_2$、$Ni(OH)_3$、$Fe(OH)_3$、$Co(OH)_3$，钴渣的化学成分为：Ni 25% ~ 30%，Co 6% ~ 7%，Cu 0.5%，Fe 5% ~ 8%。

钴渣可用来生产氧化钴，也可生产金属钴。工艺流程主要包括钴渣溶解、浸出液净化除杂质、镍钴分离及制取氧化钴（或金属钴）四部分组成。工艺流程如图5-10所示。

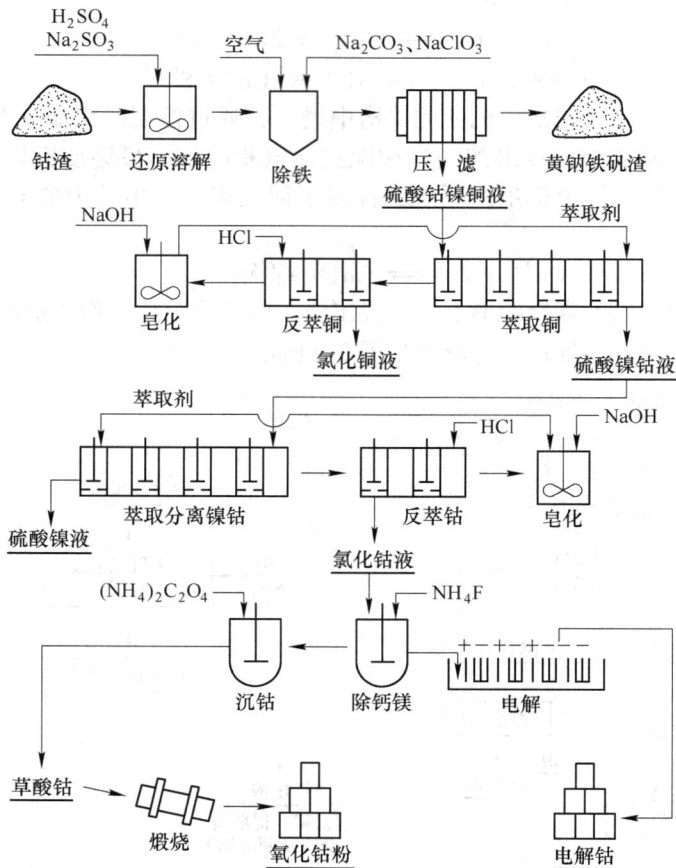

图5-10 镍电解净液钴渣提钴工艺流程

将钴渣溶解在温度65~75 ℃的硫酸溶液中进行，添加亚硫酸钠将 Co^{3+} 还原成 Co^{2+} 并溶解。溶出液在95 ℃，加氯酸钠将 Fe^{2+} 氧化水解沉淀除去。将除铁液加入萃取槽，用P204萃取剂除铜和剩余铁。除铜后液再以P507分离镍钴，含钴有机相用盐酸溶液反萃取得到含 Co 75 g/L 左右的 $CoCl_2$ 溶液。此溶液既可以在不溶阳极电解槽中用隔膜电解生产金属钴，也可以用草酸沉钴然后煅烧生产氧化钴粉。

a 钴渣溶解

钴渣含水约 50%，首先在钢制衬胶的机械搅拌槽中通入二氧化硫（或加入亚硫酸钠），使钴渣中的 Ni^{3+}、Co^{3+} 等金属离子还原为二价进入溶液，如：

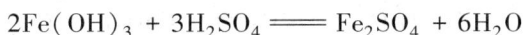

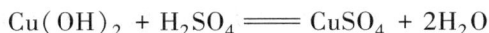

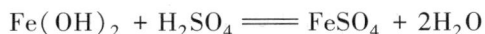

$$2Co(OH)_3 + H_2SO_4 + SO_2 = 2CoSO_4 + 4H_2O$$
$$2Ni(OH)_3 + H_2SO_4 + SO_2 = 2NiSO_4 + 4H_2O$$
$$2Fe(OH)_3 + 3H_2SO_4 = Fe_2SO_4 + 6H_2O$$
$$Cu(OH)_2 + H_2SO_4 = CuSO_4 + 2H_2O$$
$$Fe(OH)_2 + H_2SO_4 = FeSO_4 + 2H_2O$$

钴渣中的其他杂质如锌、铅、锰以及部分的钙、镁也同时被浸出。

如果钴渣是用氯气沉钴所得，其中含有大量的氯离子、钠离子，在浸出过程的前期还会发生如下还原反应而析出氯气：

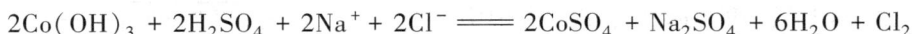

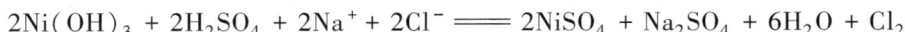

$$2Co(OH)_3 + 2H_2SO_4 + 2Na^+ + 2Cl^- = 2CoSO_4 + Na_2SO_4 + 6H_2O + Cl_2$$
$$2Ni(OH)_3 + 2H_2SO_4 + 2Na^+ + 2Cl^- = 2NiSO_4 + Na_2SO_4 + 6H_2O + Cl_2$$

浸出过程的 pH 值一般控制在 1.2~1.6。在加入硫酸的过程中，如果发现 pH 值急剧下降时，开始通入二氧化硫（或加入亚硫酸钠），控制其加入量，使 pH 值稳定在 1.5 左右。继续浸出，当溶液清亮透明无黑渣时，浸出过程完成。还原剂 SO_2 的加入量要控制适当，若太少会使溶液中三价镍、钴等离子还原不彻底；若过量易使浸出液中亚铁离子增多，致使除铁工序氧化过程太长，氧化剂耗量太大，以控制浸出液中 Fe^{2+} 含量小于 0.2 g/L 为宜。

b 钴溶液净化与镍钴分离

还原溶解后的溶出液在 95 ℃溶液，采用黄钠铁矾法进行除铁，加氯酸钠将 Fe^{2+} 氧化水解沉淀除去。将除铁液加入萃取槽，用 P204 萃取剂除铜和剩余铁。除铜后液再以 P507 分离镍钴，含钴有机相用盐酸溶液反萃取得到含 Co 75 g/L 左右的 $CoCl_2$ 溶液。此溶液既可以在不溶阳极电解槽中用隔膜电解生产金属钴，也可以用草酸沉钴然后煅烧生产氧化钴粉。

c 草酸铵沉淀钴

萃取分离镍钴后，钴以氯化钴溶液存在，目前工业生产上采用草酸铵沉钴法从 $CoCl_2$ 溶液中提取钴。

萃取得到的氯化钴溶液，用草酸铵作沉淀剂，生成草酸钴沉淀。其反应式如下：

$$CoCl_2 + (NH_4)_2C_2O_4 = CoC_2O_4 + 2NH_4Cl$$

沉钴工艺流程如图 5-11 所示。

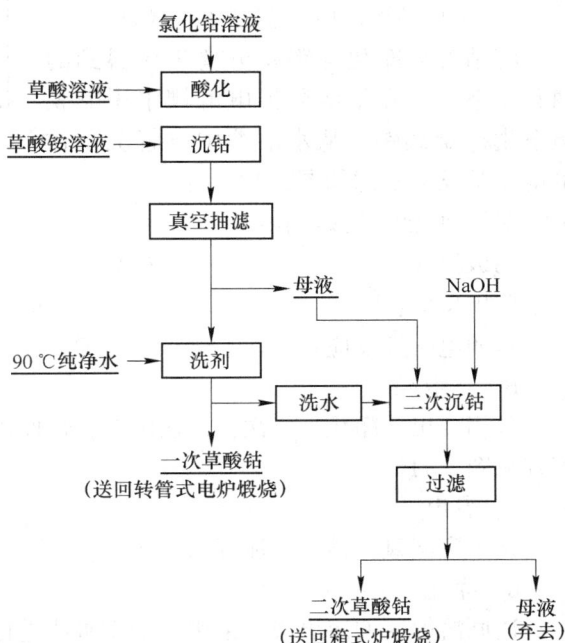

图 5-11 沉淀草酸钴工艺流程

d　氧化钴煅烧

Y类精制氧化钴是用精制草酸钴（一次草酸钴）在回转管式电炉内煅烧得到的，而 T 类氧化钴粉则是用工业草酸钴（二次草酸钴）在箱式电炉内煅烧得到的。下面分别介绍 Y 类和 T 类精制氧化钴的煅烧工艺。

（1）Y 类产品的生产。Y 类精制氧化钴的生产，用一次沉钴所得的精制草酸钴，在回转管式电炉煅烧，经氧化后通过 -0.25 mm 筛制得，产品然后装桶。其化学反应式如下：

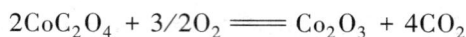

$$2CoC_2O_4 + 3/2O_2 \Longrightarrow Co_2O_3 + 4CO_2$$
$$2CoC_2O_4 + O_2 \Longrightarrow 2CoO + 4CO_2$$
$$3CoC_2O_4 + 2O_2 \Longrightarrow Co_3O_4 + 6CO_2$$

由于精制氧化钴对其晶形和松装密度有严格的要求，因此在氧化钴生产过程中，控制煅烧温度、回转管式电炉转速以及草酸钴的水分，是保证产出合格 Y 类产品的重要条件。

（2）T 类产品的煅烧。我国目前一些工厂的 T 类产品，均在远红外箱式电炉中煅烧。

远红外箱式电炉，一般都是生产厂家根据自己的生产能力和工艺特性自行设计的。将二次草酸钴放入钛制的料盘中，料层厚度 80~100 mm，箱式电炉的炉温为 450~500 ℃，煅烧 8 h 后出料。煅烧料通过 0.15 mm 的筛网再进行混料、装桶。T 类产品的主品位比 Y 类产品高、粒度小。

e　氯化钴溶液电沉积制备金属钴

将钴溶液净化与镍钴分离工序得到的氯化钴溶液，在不溶阳极电解槽中用隔膜电解生产金属钴。从水溶液中电解沉积钴的电化学反应示意如图 5-12 所示。

图 5-12　电沉积钴电化学反应示意

对于氯化钴溶液电积：

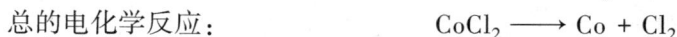

阴极反应：　　　　$CoCl_2 + 2e \Longrightarrow Co + 2Cl^-$

阳极反应：　　　　$2Cl^- - 2e \Longrightarrow Cl_2$

总的电化学反应：　　$CoCl_2 \longrightarrow Co + Cl_2$

B　回收钴

采用浸出，净化，一次、二次沉钴，还原熔炼，电解精炼工艺回收钴渣中的钴。工艺流程见图 5-11。

a　浸出

该工序同氧化钴生产流程工序相同。

b　净化

还原溶解后的溶出液，采用黄钠铁矾法进行除铁，除铁后溶液加入次氯酸钠进行一次沉钴，产出一次氢氧化钴，过滤后的硫酸镍溶液返回镍电解生产系统。产出的一次氢氧化

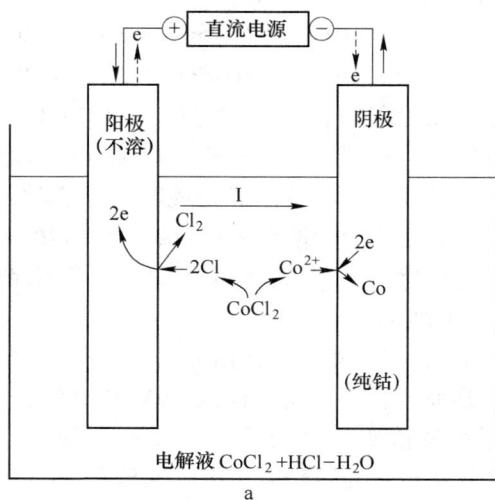

钴用二次沉钴后溶液进行淘洗，进一步降低一次氢氧化钴中的镍后，再进行二次溶解和二次沉钴，产出钴镍比较高的二次氢氧化钴。二次氢氧化钴中 $Co/Ni \geqslant 350$，$Co/Cu \geqslant 200$，$Co/Fe \geqslant 100$。

c　还原熔炼

二次氢氧化钴渣经反射炉煅烧和电炉还原熔炼，浇铸成钴阳极板。

氢氧化钴 $[Co(OH)_3]$ 可视为氧化物的水合物 $Co_2O_3 \cdot 3H_2O$，在 265 ℃温度下，脱水转化为中间氧化物 Co_3O_4，在还原气氛 900~1000 ℃下进一步脱氧，生成高温下稳定的 CoO。

反射炉进料前严格按照配料比进行配料，其配料比是二次氢氧化钴原料：石油焦 = 100∶8，并加适量的水，在搅拌槽内搅拌均匀后再入炉内。炉温为 1000~1100 ℃。焙烧过程中至少翻料 4~5 次，翻后摊平。焙烧好的炉料呈灰黑色，为疏松多孔的烧结块，而没有烧结"过死"或"夹生"的现象。

另外，钴电解产出的阳极泥和电炉、反射炉产出的烟灰，一般在反射炉中、小修前集中处理，单独焙烧成烧结块，然后加工成二次粗钴阳极板。

反射炉产出的氧化钴烧结块，含钴 76%左右，经配料后在电炉还原熔炼成粗金属钴，然后浇铸成阳极板供下一步电解精炼。炉内的主要反应为 CoO 被碳还原为金属钴。同时炉料中的氧化钙与硫化钴生成 CaS 进入炉渣，从而达到脱硫的目的：

$$CoS + CaO + C = Co + CaS + CO$$

炉料中的铅、锌等一些挥发性的金属氧化物被炉料中的碳还原成金属蒸气而挥发除去。氧化锰在还原熔炼时生成氧化亚锰进入炉渣。

d　电解精炼

钴的电解精炼和镍一样采用隔膜电解，经过净化的纯净阴极液流入隔膜内，使隔膜内的液面始终高于阳极液的液面，并保持一定的液面差。这样阳极液不能进入隔膜内，从而保证了隔膜内阴极液较纯的化学成分，达到产出合格阴极钴的要求。钴电解精炼时，$CoCl_2$ 酸性溶液会发生如下主要电离反应。

$$CoCl_2 = Co^{2+} + 2Cl^-$$

$$HCl = H^+ + Cl^-$$

$$H_2O = H^+ + OH^-$$

上述正负离子在通电电解时，分别向两极移动，发生相应的电极反应。

(1) 阳极过程。溶液中带负电荷的 Cl^-、OH^- 离子有可能在阳极上放电发生氧化反应，但 Cl^-、OH^- 在钴阳极上放电有一定的超电压。故在阳极上主要是钴和负电性金属的溶解。在阳极主要发生的溶解过程，即：

$$Co - 2e = Co^{2+}$$

阳极含钴 95%左右，其中杂质镍、铜、铁与钴形成固溶体碳硫等杂质主要以 Co、C 及 CoS 形式存在。由于 Mn、Ni、Cu 对硫具有相当多的亲和力，因而有少量的硫与其相结合。标准电位低于钴的杂质金属（如锰、锌、铁等）可被溶解，标准电位与钴接近的金属（如镍、铅等）杂质也可溶解。铜的电极电位比钴正，在含铜小于 10%的阳极中，由于铜与钴生成固溶体，在钴电化学溶解的同时，铜也将进入溶液，但随即被钴所置换而进入阳极泥中。阳极中的碳化物在阳极溶解时将发生分解，碳以极小的炭粉形式分散悬浮于阳极液中。当阳极含碳高时，会有氯离子放电产生氯气的现象。阳极中的硫化物由于电位较正，故不发生电化学溶解而进入阳极泥中。

（2）阴极过程。在阴极上为还原沉积过程，溶液中 Co^{2+} 移向阴极并接受两个电子成为中性钴原子，在阴极上以结晶态析出，其反应为：

$$Co^{2+} + 2e === Co$$

也可能发生：

$$2H^+ + 2e === H_2$$

H^+ 具有比 Co^{2+} 更高的正电性，根据标准电位判断，应当是 H^+ 优先在阴极上放电析出，但在实际中，由于 H^+ 在各种不同金属的阴极上析出时有不同的超电压。因此，它的析出电位比平衡电位更负。H^+ 在阴极钴上析出的超电压不大，在阴极上的析出电位比钴稍负。因此，必须严格控制 H^+ 浓度，保证钴离子比氢离子优先放电析出。

钴溶液中的 Cu^{2+}、Zn^{2+}、Pb^{2+} 离子浓度很小，阴极沉积物中的这类杂质含量与它们在电解液中的浓度成正比。因此，为了获得优质电钴应严格控制电解液中的杂质含量。

e　电解过程中主要杂质的行为

（1）镍。钴和镍的性质十分接近，但在钴电解中，由于电解液中镍离子浓度比钴低得多，因而钴比镍优先在阴极上析出。阴极钴析出物中的含镍量由溶液中的钴镍比决定。当电解液中钴镍比为 30∶1 时，阴极钴含镍量达到 0.3%（为 2 号钴的质量）。阴极隔膜内的电解液钴浓度比进液中钴浓度低 15~18 g/L。

（2）铁。钴电解时，铁也可能在阴极上析出。但是阴极液中铁浓度比钴低得多。阴极析出钴中的铁量与它在溶液中的浓度成正比。铁含量过高时，其水解渣将导致隔膜透气性不好，易黏附在阴极上，破坏钴的正常析出。

（3）锌。锌的析出电位比钴负得多，但在钴电解的阴极隔膜袋内，随着钴离子逐渐贫化，杂质锌也可能在阴极上析出。锌的含量高时能使钴表面产生条纹或树枝状析出物，影响产品质量。

（4）铜和铅。铜和铅在阴极钴中含量与其在阴极液中浓度成正比。实践证明，阴极钴中铜、铅含量与钴的比值比溶液中铜、铅含量与钴的比值大 3~4 倍。

（5）锰。两价锰离子的标准电极电位为 −1.05 V，比钴离子负得多，锰在阴极上不易析出。钴的电解精炼过程中，对进槽阴极液中锰离子浓度一般不严格控制，低于 8~10 g/L 即可。

（6）有机物。在生产实践中发现，有机物主要影响产品物理性能。因为有机物会使钴析出物变硬，或者发生爆裂。因此，工厂对用有机萃取法净化产出的电解液，都要用粒状木炭或活性炭吸附除去有机物或者添加氧化剂破坏有机物结构并经多次过滤除去。

f　阳极液净化

在粗钴阳极电解精炼时，其中的一些杂质元素也随着钴一起溶解进入阳极液中，为保证阴极钴的质量，阳极液必须净化，除去镍、铜、铅等杂质。在生产上，钴电解液净化一般采用硫化沉淀法和氧化水解中和法等化学沉淀方法除杂。

（1）除镍。目前一般都采用加硫黄及钴粉的方法除镍。加硫黄粉的目的是改善除镍效果并有利于过滤。

在电钴生产中，一般不采用加硫黄粉和钴粉除镍的方法，而是采用控制二次氢氧化钴中的钴镍比，保证粗钴阳极板中的含镍，从而达到控制电解液中的 Ni^{2+} 含量小于 1.5 g/L，即可满足生产 A-1 号阴极钴的要求。

（2）除铜、铅。国内有的工厂除铜和除镍是在同一工序中进行的，即在搪瓷反应釜中加入硫化钠溶液和钴粉，在除镍的同时，铜也被除去。有的工厂将 10% 的硫化钠溶液加入反应釜中，加热至 40~50 ℃ 并搅拌，使铜、铅以硫化物形态沉淀除去。硫化钠用量视溶液中含铅量而定。除铜、铅后液成分（g/L）为：Co 含量大于 100，Pb 含量不大于 0.0003，Cu 含量小于 0.0001~0.0003。

用硫化钠除铜产出的铜渣，含钴 25%~30%、含铜 9%~10%。采用通氯气进行浸出，使钴、铜等溶解进入溶液，然后加硫黄粉并通入 SO_2 将铜沉淀，得到含钴 30 g/L、含铜小于 0.5 g/L 的溶液，并入阳极液中送除铜工序，同时得到含钴小于 6%、含铜大于 25% 的二次铜渣，返回镍反射炉配料熔铸成硫化镍阳极板，送镍电解进一步回收钴。

（3）除铁。一般都采用氯气氧化中和水解除铁方法。除铁前液 pH 值为 1~2，加入反应釜后，通入氯气，用蒸汽加热到 80~85 ℃，通氯气氧化 1 h 左右，使含 Fe^{2+} 的黄色溶液氧化成含 Fe^{3+} 的深黄色溶液。然后驱赶氯气 5~10 min，再从高位槽加入 $CoCO_3$，浆化液，将溶液中和至 pH 值为 4~4.5，Fe^{3+} 形成 $Fe(OH)_2Cl$ 沉淀。而不形成 $Fe(OH)_3$ 沉淀。然后进行两次压滤，以保证铁渣分离完全。滤液成分（g/L）为：Co 含量大于 100，Fe 含量小于 0.001，Cu 含量不大于 0.0003，Pb 含量小于 0.0003，Zn 含量小于 0.007，加热后作为电解阴极液。含钴铁渣返回，与镍电解钴渣一起进行浆化、还原溶解。

本 章 小 结

本章主要介绍了镍冶炼企业生产过程中产生的主要废弃物镍渣、净化渣的来源、组成、化学性质及其资源化利用方法。

习　题

（1）简述高镍铁渣中回收镍的工艺原理。
（2）简述净化钴渣提钴工艺流程。

6 铜冶炼企业有色金属资源化利用

本章提要:

(1) 掌握铜渣的利用方法;

(2) 掌握本章中出现的相关概念和术语的主要内涵;

(3) 掌握铜阳极泥的资源化利用方法;

(4) 掌握铜冶炼烟尘的资源化利用方法。

铜的冶炼方法主要有火法炼铜和湿法炼铜。湿法炼铜通常用于处理氧化铜矿、低品位废矿、坑内残矿和难选复合矿。火法炼铜主要处理硫化铜矿、废杂铜等。目前世界上80%以上的原铜是采用火法冶炼生产。火法炼铜的优点是适应性强、能耗低、生产效率高。硫化铜精矿的火法熔炼主要包括四个过程:造锍熔炼、冰铜吹炼、粗铜的火法精炼、铜的电解精炼。经过该工艺最终可得到纯度为99.9%的纯铜。图6-1为铜火法冶炼典型工艺流程图及产生的废弃物。

铜冶炼过程中产生的废弃物主要有铜渣、阳极泥、烟尘、酸泥等。

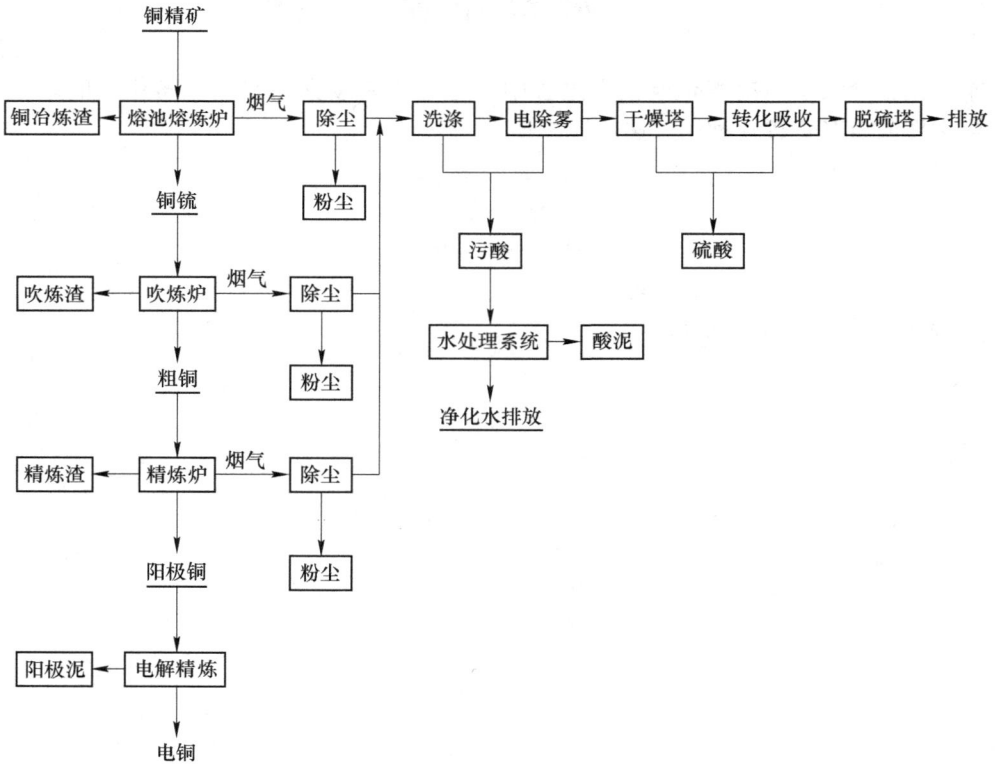

图 6-1 铜火法冶炼工艺及各工序产生的废弃物

6.1 铜渣资源化利用

6.1.1 铜渣的来源与分类

在火法铜冶炼过程中，一般经过熔炼、吹炼、精炼三个工序产出粗铜或阳极铜，阳极铜经过电解精炼成为电解铜。吹炼渣返回熔炼工序，精炼渣返回吹炼工序；熔炼渣、吹炼渣有的工厂根据工艺需要配置火法贫化工序，因此会产生贫化渣。

铜冶炼渣又称铜渣，按处理方法不同分为火法铜冶炼渣和湿法铜冶炼渣，火法铜冶炼渣又称铜冶炼炉渣或铜冶金炉渣，湿法铜冶炼渣又称铜浸出渣或铜浸渣；按照火法冶炼工艺流程又分为熔炼渣、吹炼渣、精炼渣和贫化渣。熔炼渣按照熔炼设备不同分为鼓风炉渣、闪速炉渣、电炉渣、反射炉渣、诺兰达炉渣、底吹炉渣等，吹炼渣主要是转炉吹炼产生的渣（简称转炉渣），精炼渣是精炼炉产生的渣，贫化渣是熔炼渣或吹炼渣经火法贫化后产生的渣；按照渣冷却方式不同，又可分为水淬渣、自然冷却渣、保温冷却渣、渣包缓冷渣和铸渣机铸渣等。我国铜冶炼渣产量较大，火法冶炼每产出 1 t 铜即产出 2~3 t 铜渣。铜渣中除了含铜外，还含 Fe、Zn、Pb、Co、Ni 等多种有价金属和少量的贵金属 Au 及 Ag。因此有效地回收铜渣中有价组分，开发铜渣资源化综合利用技术，从而实现铜渣资源化。

6.1.2 铜渣的组成与性质

铜冶炼炉渣是火法冶金的一种产物，其组成主要来自矿石、熔剂、还原剂（或燃料）灰分中的造渣成分，成分非常复杂。但总的来说，炉渣是各种氧化物的熔体，这类氧化物在不同的组成和温度条件下可以形成化合物，如少量硫化物、氮化物、硫酸盐等。这些盐有的来自原料，有的是作为助溶剂加入。

铜冶炼渣呈铁灰色，大部分呈致密块状，脆而硬，平均密度 3.5 t/m³。

铜渣的典型成分为 Fe 30% ~ 40%，SiO_2 35% ~ 40%，Al_2O_3 ≤ 10%，CaO ≤ 10%，Cu 0.5% ~ 2.1%。不同冶炼方法所得铜渣的组成有所差异。表 6-1 为不同冶炼方法产出的典型熔炼炉渣的化学成分。表 6-2 为铜冶炼渣的物相组成及相对含量。

铜渣中含量最多的是铁和硅，主要矿物成分是铁橄榄石（$2FeO \cdot SiO_2$）、磁铁矿（Fe_3O_4），硅大部分造渣生成铁的硅酸盐，并有少量的硅呈硅灰石及不透明的玻璃体；渣中铜主要以辉铜矿（Cu_2S）、金属铜、氧化铜形式存在；极少量的金、银、钴、镍主要分布在磁性铁化合物和铁的硅酸盐中，以亚铁硅酸盐或硅酸盐形式存在。

表 6-1　典型熔炼炉渣的化学成分　　　　　　　　　　　　　　　（%）

铜熔炼方法	Cu	Fe	Fe₃O₄	SiO₂	S	Al₂O₃	CaO	MgO
密闭鼓风炉	0.42	29.0	—	38	—	7.5	11	0.74
奥托昆普闪速熔炼（电炉改造）	1.5	44.4	11.8	26.6	1.6	—	—	—
奥托昆普闪速熔炼	0.78	44.06		29.7	1.4	7.8	0.6	
Inco 闪速熔炼	0.9	44.0	10.8	33	1.1	4.72	1.73	1.61

铜熔炼方法	Cu	Fe	Fe₃O₄	SiO₂	S	Al₂O₃	CaO	MgO
诺兰达法	2.6	40	15	25.1	1.7	5.0	1.5	1.5
瓦纽科夫法	0.5	40	5	34	—	4.2	2.6	1.4
白银法	0.45	35	3.15	35	0.7	3.3	8	1.4
特尼恩特转炉冶炼	4.6	43	20	26.5	0.8	—	—	—
奥斯麦特熔炼	0.65	34	7.5	31	2.8	7.5	5.0	—
三菱法	0.6	38.2	—	32.2	0.6	2.9	5.9	—

表 6-2   铜冶炼渣的物相组成及相对含量   (%)

矿物名称	相对含量	矿物名称	相对含量
似黄铜矿	1.5	磁铁矿	20
似斑铜矿、似蓝铜矿	1.1	赤铁矿	1
自然铜	0.1	铁橄榄石	45
似铁闪锌矿	5.5	石英、玻璃及其他	25.2
似方铅矿	0.6	合计	100

注：由于接近自然矿物物性，但成分略有差异，在矿物名称前加"似"。

6.1.3 铜渣资源化利用方法

6.1.3.1 铜渣中铜的提取

从铜渣中回收金属铜，又称为铜渣的贫化。铜渣贫化方法的选择主要由渣中铜元素的损失形态和最终要求的弃渣水平所决定。处理方法主要为火法、湿法和选矿法和微生物法。图 6-2 为铜渣的不同处理方法。

A   火法贫化

铜渣的火法贫化技术主要有以下几种形式：真空贫化、反射炉贫化、电泳富集、电炉贫化、沸腾焙烧炉贫化、直接电流电极还原、铜锍提取、高温氯化挥发贫化、渣桶等方法。

火法贫化主要方法为直接熔融还原法，因为渣中含有磁性 Fe_3O_4，而铜渣的黏度会因其含量的升高而增加，从而导致铜的损失。所以火法贫化的基本思路是通过降低铜渣中的 Fe_3O_4 含量，减少铜的夹杂，从而回收渣中的铜。而在火法贫化铜渣中加入还原剂 C、硫化剂 FeS 等添加剂能够达到以上目的，基本反应如下：

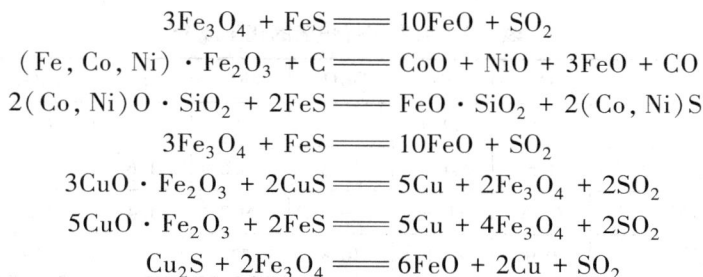

$$3Fe_3O_4 + FeS = 10FeO + SO_2$$
$$(Fe, Co, Ni) \cdot Fe_2O_3 + C = CoO + NiO + 3FeO + CO$$
$$2(Co, Ni)O \cdot SiO_2 + 2FeS = FeO \cdot SiO_2 + 2(Co, Ni)S$$
$$3Fe_3O_4 + FeS = 10FeO + SO_2$$
$$3CuO \cdot Fe_2O_3 + 2CuS = 5Cu + 2Fe_3O_4 + 2SO_2$$
$$5CuO \cdot Fe_2O_3 + 2FeS = 5Cu + 4Fe_3O_4 + 2SO_2$$
$$Cu_2S + 2Fe_3O_4 = 6FeO + 2Cu + SO_2$$

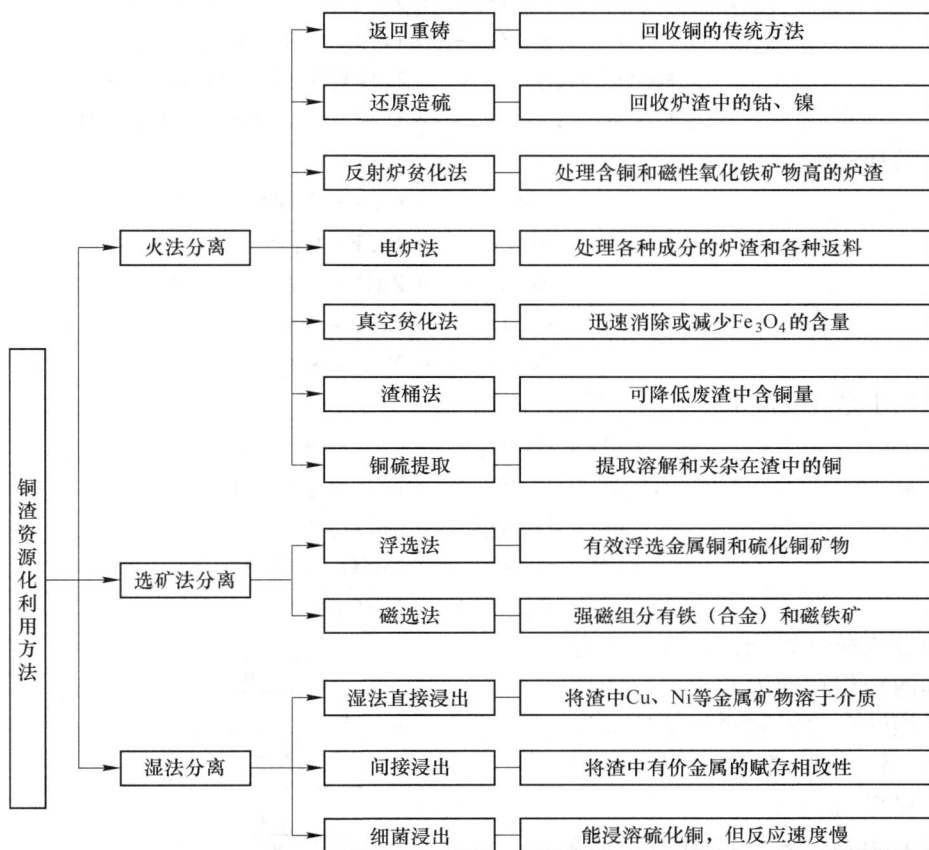

图 6-2 铜渣资源化利用化学处理方法

B 湿法浸出

采用湿法进行铜渣中铜的提取，可较好地克服铜渣火法贫化工艺中所存在高能耗、废气污染等缺点，且处理范围较广，对较低品位的铜渣也有较好的处理效果。湿法提取方法按照浸出介质又分为硫酸化浸出、氯化浸出、氨浸出法。

a 硫酸化浸出

硫酸化浸出工艺分为常压浸出和氧压浸出。

（1）常压浸出。硫酸化浸出，一般包括两个步骤：硫酸化焙烧和硫酸浸出。

第一步是硫酸化焙烧：

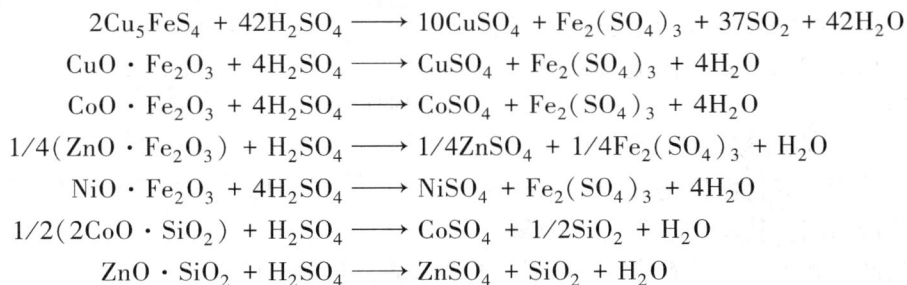

$$2Cu_5FeS_4 + 42H_2SO_4 \longrightarrow 10CuSO_4 + Fe_2(SO_4)_3 + 37SO_2 + 42H_2O$$

$$CuO \cdot Fe_2O_3 + 4H_2SO_4 \longrightarrow CuSO_4 + Fe_2(SO_4)_3 + 4H_2O$$

$$CoO \cdot Fe_2O_3 + 4H_2SO_4 \longrightarrow CoSO_4 + Fe_2(SO_4)_3 + 4H_2O$$

$$1/4(ZnO \cdot Fe_2O_3) + H_2SO_4 \longrightarrow 1/4ZnSO_4 + 1/4Fe_2(SO_4)_3 + H_2O$$

$$NiO \cdot Fe_2O_3 + 4H_2SO_4 \longrightarrow NiSO_4 + Fe_2(SO_4)_3 + 4H_2O$$

$$1/2(2CoO \cdot SiO_2) + H_2SO_4 \longrightarrow CoSO_4 + 1/2SiO_2 + H_2O$$

$$ZnO \cdot SiO_2 + H_2SO_4 \longrightarrow ZnSO_4 + SiO_2 + H_2O$$

$$1/2(2ZnO \cdot SiO_2) + H_2SO_4 \longrightarrow ZnSO_4 + 1/2SiO_2 + H_2O$$
$$1/2(2FeO \cdot SiO_2) + H_2SO_4 \longrightarrow FeSO_4 + 1/2SiO_2 + H_2O$$
$$Fe_3O_4 + 4H_2SO_4 \longrightarrow FeSO_4 + Fe_2(SO_4)_3 + 4H_2O$$
$$FeS + 1/4H_2SO_4 \longrightarrow FeSO_4 + 1/4SO_2 + 1/4H_2O$$

硫酸盐分解：

$$2CuSO_4 \longrightarrow CuO \cdot CuSO_4 + SO_3$$
$$1/3Fe_2(SO_4)_3 \longrightarrow 1/3Fe_2O_3 + SO_3$$
$$ZnSO_4 \longrightarrow ZnO \cdot 2ZnSO_4 + SO_3$$
$$CoSO_4 \longrightarrow CoO + SO_3$$
$$NiSO_4 \longrightarrow NiO + SO_3$$

第二步是硫酸浸出：

$$CuO + H_2SO_4 \longrightarrow CuSO_4 + H_2O$$
$$Fe_2O_3 + H_2SO_4 \longrightarrow Fe_2(SO_4)_3 + H_2O$$
$$ZnO + H_2SO_4 \longrightarrow ZnSO_4 + H_2O$$
$$CoO + H_2SO_4 \longrightarrow CoSO_4 + H_2O$$
$$NiSO_4 + H_2SO_4 \longrightarrow NiSO_4 + H_2O$$

通过硫酸化焙烧，铜渣中的有价金属的物相转变为易于溶解的硫酸盐，能够在常压酸浸的条件被浸出。铜、钴、镍、锌等的回收率得到有效提高。

（2）氧压浸出。以 H_2O_2 为富氧源，常压条件氧化酸浸-溶剂萃取处理、回收铜渣中有价金属的工艺，是在硫酸浸出过程中加入 H_2O_2 强化 Cu、Co、Zn 等有价金属的浸出，再用萃取剂对浸出液进行分步萃取，实现分离和回收 Cu、Co、Zn 等有价金属的目的。铜渣氧压硫酸化浸出的浸出液 pH 值为 2.5，浸出电位为 650 mV 时可较好地抑制渣中 Fe 的硫酸化浸出，且可使 Cu 浸出率维持在 80% 以上，铜渣氧压浸出-溶剂提取工艺流程如图 6-3 所示。

b　氯化浸出

铜渣氯化浸出是使用氯化盐作为浸出剂，其浸出过程可分为氯气的产生和氯气对铜渣的选择性浸出两个步骤，化学方程式如下：

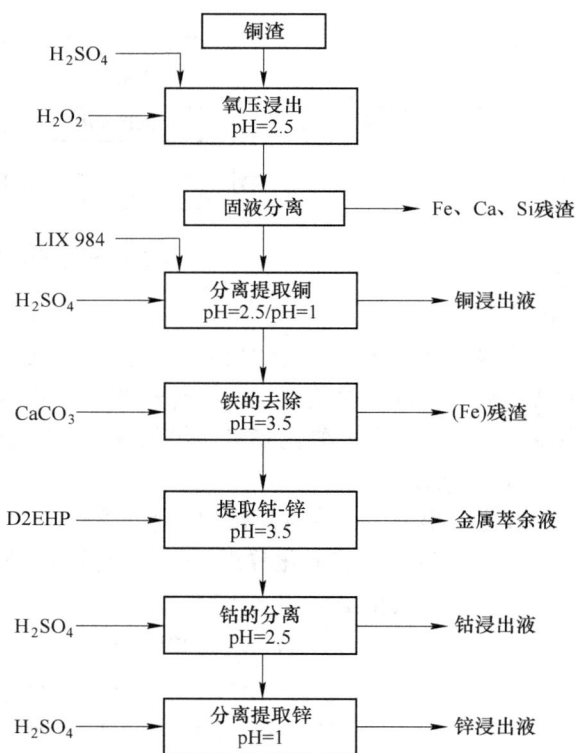

图 6-3　氧压浸出-溶剂提取铜渣处理工艺

氯气的产生：

$$NaOCl + 2HCl \longrightarrow Cl_2 + NaCl + H_2O$$

$$NaOCl + NaCl + H_2SO_4 \longrightarrow Cl_2 + NaSO_4 + H_2O$$

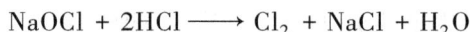

铜渣的选择性浸出：

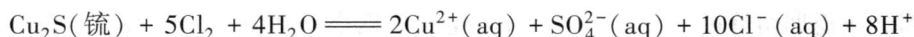

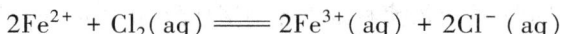

$$Cu_2S(铳) + 5Cl_2 + 4H_2O \Longrightarrow 2Cu^{2+}(aq) + SO_4^{2-}(aq) + 10Cl^-(aq) + 8H^+$$

$$FeO \cdot nSiO_2(玻璃相) + 2H^+ \Longrightarrow nSiO_2(凝胶) + Fe^{2+}(aq) + H_2O$$

$$2Fe^{2+} + Cl_2(aq) \Longrightarrow 2Fe^{3+}(aq) + 2Cl^-(aq)$$

氯化浸出工艺中若使用 Cl_2 做浸出剂，其反应过程可分为以下几步：

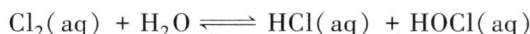

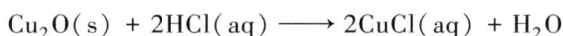

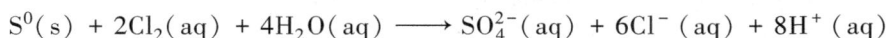

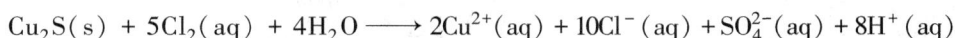

$$Cl_2(g) \longrightarrow Cl_2(aq)$$

$$Cl_2(aq) + H_2O \Longrightarrow HCl(aq) + HOCl(aq)$$

$$Cu_2O(s) + 2HCl(aq) \longrightarrow 2CuCl(aq) + H_2O$$

$$CuO(s) + 2HCl(aq) \longrightarrow CuCl_2(aq) + H_2O$$

$$Cu_2S(aq) + 2Cl_2(aq) \longrightarrow 2Cu^{2+}(aq) + 4Cl^-(aq) + S^0(s)$$

$$S^0(s) + 2Cl_2(aq) + 4H_2O(aq) \longrightarrow SO_4^{2-}(aq) + 6Cl^-(aq) + 8H^+(aq)$$

$$Cu_2S(s) + 5Cl_2(aq) + 4H_2O \longrightarrow 2Cu^{2+}(aq) + 10Cl^-(aq) + SO_4^{2-}(aq) + 8H^+(aq)$$

氯化浸出虽然在理论上和实验有所成效，但是其会产生氯气，如控制不当可能会污染环境，并且对铜渣中的氧化铜基本无法浸出，有很大的局限性。

c　氨浸出法

相对于硫酸化浸出和氯化浸出法由于氨浸法中浸取剂氨水可以通过蒸氨而得以重复利用，因此被人们广泛研究。

氨浸法的常规反应方程如下：

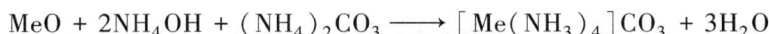

$$Me + \frac{1}{2}O_2 \longrightarrow MeO \ (Me \ 为 \ Zn, \ Cu)$$

$$MeO + 2NH_4OH + (NH_4)_2CO_3 \longrightarrow [Me(NH_3)_4]CO_3 + 3H_2O$$

对浸取液进行加热蒸氨，使铜、锌络合离子分解成氧化物和碱式碳酸盐，放出 NH_3 和 CO_2，并利用氨的水溶性进行回收氨，反应方式如下：

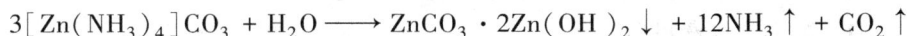

$$3[Cu(NH_3)_4]CO_3 \longrightarrow CuO \downarrow + 4NH_3 \uparrow + CO_2 \uparrow$$

$$3[Zn(NH_3)_4]CO_3 + H_2O \longrightarrow ZnCO_3 \cdot 2Zn(OH)_2 \downarrow + 12NH_3 \uparrow + CO_2 \uparrow$$

蒸氨后，加入适量稀 H_2SO_4 并且控制溶液的 $pH = 5.2 \sim 5.5$，反应方程式如下：

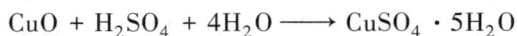

$$CuO + H_2SO_4 + 4H_2O \longrightarrow CuSO_4 \cdot 5H_2O$$

$$ZnCO_3 \cdot 2Zn(OH)_2 + 3H_2SO_4 + 2H_2O \longrightarrow 3ZnSO_4 \cdot 7H_2O + CO_2 \uparrow$$

采用锌粉还原剂使溶液中的 Cu^{2+} 还原为 Cu，铜氨浸出液经过浓缩、结晶、过滤、洗涤即可得到 $ZnSO_4 \cdot 7H_2O$ 产品。

氨浸法最初是用于处理低品位难选氧化铜矿，后来逐渐应用到铜渣中回收铜和锌等有价金属。在氨浸法回收铜渣有价金属过程中，氨挥发性大，需密闭操作以避免污染环境，Cu、Zn、Ni、Cd、Co 均可被浸出，需合理控制浸出条件和对后续进行各金属元素的分离，但该方法铜回收率高而且该工艺操作简单，浸出剂可以循环使用，降低了经济成本，溶液在微碱性和微酸性范围波动对设备腐蚀小，因此该方法具有广阔的应用前景。

C　选矿法回收铜

浮选法是从铜渣中回收铜的常用方法，其基本原理是基于炉渣中的硫化物相，在充分缓冷的过程中析出硫化亚铜晶体和金属铜颗粒，然后经破碎与细磨可以机械地分离，并借助于它们与渣中其他造渣组分在表面物理化学性质上的差异，通过浮选可将铜富集于精矿，再返回熔炼过程，而产出浮选渣尾矿含铜小于 0.3% ~ 0.35%，对浮选尾矿进行磁选可富集铁矿物。

图 6-4 为浮选法回收铜工艺流程。在磨矿细度 ≤0.074 mm 占 80%，粗选浮选时间 9 min，捕收剂酯-200 用量 180 g/t 的条件下，经过"一粗——一精——一扫"闭路试验流程，最终获得铜品位 31.64%、回收率 94.16% 的铜精矿，尾矿中铜品位 0.19%，选矿指标良好。

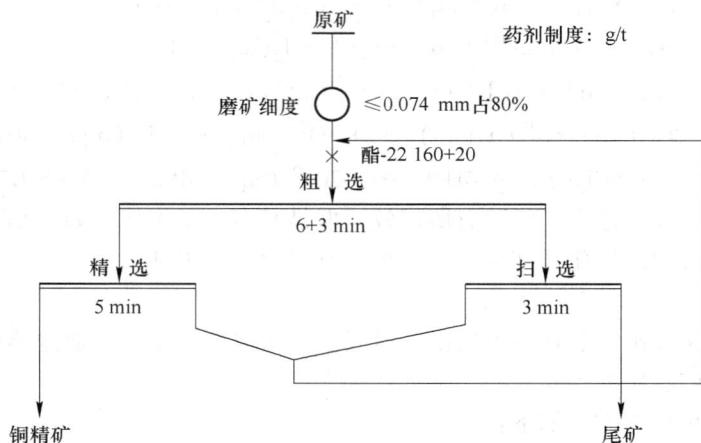

图 6-4　浮选法回收铜

转炉渣含铜品位 2.78%，比一般铜矿床品位（0.7% ~ 1.0%）高出很多，铜回收具有很高的工业价值；铁品位 46.85% 远远高于铁矿石平均工业品位 29.1%。转炉渣中主要成分是铁矿物，占 70% 以上，铁元素主要赋存在铁橄榄石、磁铁矿、褐铁矿中；铜主要分布在似黄铜矿与似斑铜矿中，并含有少量金属铜。

D　微生物法浸出铜

目前微生物浸出法中应用最多的菌种是硫杆菌属，它的浸出又可分为直接浸出和间接浸出两种途径。直接浸出是微生物生命活动过程中产生一种酶，通过酶的酶解直接氧化硫化矿物，将不溶的硫化物转化为可溶的硫酸盐，同时生物获得生命所需的能量。在微生物存在的条件下，硫化物氧化反应如下：

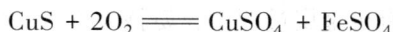

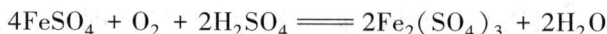

$$2FeS_2 + 7O_2 + 2H_2O \Longrightarrow 2FeSO_4 + 2H_2SO_4$$
$$CuFeS_2 + 4O_2 \Longrightarrow CuSO_4 + FeSO_4$$
$$CuS + 2O_2 \Longrightarrow CuSO_4 + FeSO_4$$
$$Cu_2S + H_2SO_4 + 2.5O_2 \Longrightarrow 2CuSO_4 + H_2O$$
$$4FeSO_4 + O_2 + 2H_2SO_4 \Longrightarrow 2Fe_2(SO_4)_3 + 2H_2O$$

间接浸出是在微生物和氧存在条件下，Fe^{2+} 被氧化成 Fe^{3+}，而 Fe^{3+} 能氧化铜及其他有价金属，微生物的作用是间接的，反应式如下：

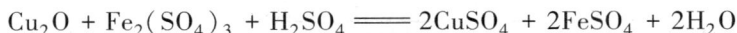

$$Cu_2S + 2Fe_2(SO_4)_3 === 2CuSO_4 + 4FeSO_4 + S$$

$$Cu_2O + Fe_2(SO_4)_3 + H_2SO_4 === 2CuSO_4 + 2FeSO_4 + 2H_2O$$

产生的 Fe^{2+} 在微生物的作用下重新氧化成 Fe^{3+}。

6.1.3.2 回收有价金属

A 铜渣生产硫酸铜及回收有价金属

铜渣生产硫酸铜及回收有价金属工艺流程如图 6-5 所示。主要包括氧化焙烧、浸出、硫酸铜生产和有价金属锌、镉的回收。

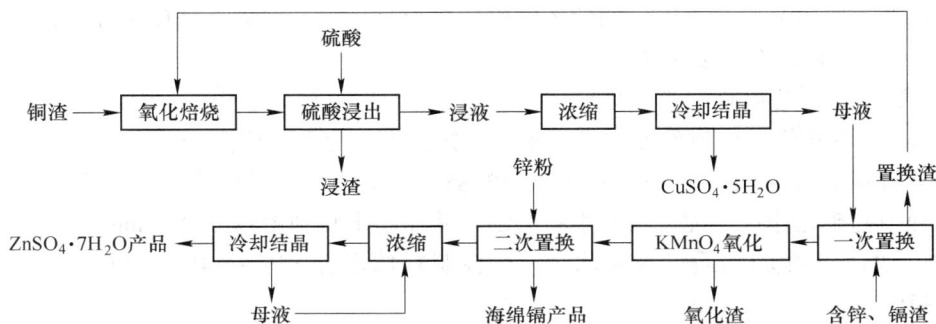

图 6-5 铜渣生产硫酸铜及回收有价金属工艺流程

（1）氧化焙烧。铜渣在焙烧炉中进行氧化焙烧，铜渣中的金属单质及其硫化物被氧化成金属氧化物及硫酸盐。

（2）浸出。氧化焙烧后的铜渣，置于硫酸溶液中浸出，使金属氧化物与稀硫酸反应生成可溶性的硫酸盐。控制 pH 值，使 SiO_2 及 Fe_2O_3 难以酸浸而留在渣中。

（3）硫酸铜的生产。分粗制和提纯两步。硫酸铜、硫酸锌及硫酸镉在不同温度下的溶解度不同。当溶液中大量的硫酸铜冷却结晶析出时，硫酸锌和硫酸镉因未达到饱和而留在母液中，因此根据不同温度下溶解度的不同，从溶液中分离得到硫酸铜。

（4）回收锌、镉。分离出粗硫酸铜结晶后得到母液含 Cu 27.9 g/L，Zn 69.8 g/L，Cd 16.2 g/L。加入电锌车间产的二次置换渣，用其中的锌，镉置换出铜。过滤，渣送到氧化焙烧，滤液中加入高锰酸钾溶液氧化除铁，过滤除掉氧化渣。

滤液加入锌粉置换镉。过滤得到海绵镉，滤液用来制取 $ZnSO_4 \cdot 7H_2O$。

利用这一工艺，铜回收率 85%，锌回收率 87%，镉回收率 88%。

B 铜渣中铟的回收

铜锍的转炉吹炼产出的烟尘含一定量的铟，对这些中间物料的处理，如果其中铟含量较低，通常需要进行富集，将烟尘中的铟制备成铟精矿再进行铟的提取。如果铟含量较高，也可以用酸溶解后，直接用萃取法处理。

冰铜冶炼转炉吹炼得到的一、二次铜渣主要由铅、锑、硅、砷组成，还含有稀散金属铟，含铟品位 0.6%~0.95%，具有很大的回收价值。图 6-6 所示为铜渣氯化挥发提铟工艺流程。

铜渣中的 Pb、Sb、In 易被氯化，SiO_2 不易被氯化。当焙烧温度大于 900 ℃时，Pb、

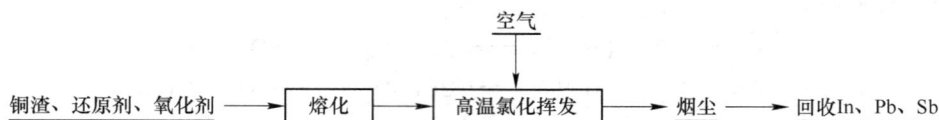

图 6-6 铜渣氯化挥发提铟工艺流程

Sb、In 氯化挥发成为蒸汽与 SiO_2 等杂质分离,所用氯化剂为氯化钙。在焙烧过程加入还原剂可以提高氯化反应速度和反应程度,常用的还原剂为焦炭粉。吹入空气可使铜渣内的金属氧化,促使反应进行。通过回收烟尘,得到含 Pb、Sb、In 的富集物,再通过化学方法分离提取 In 和 Pb、Sb 金属。铟的挥发率达到 90% 以上,残渣含铟低于 0.1%。

6.1.3.3 铜渣的其他应用

A 铜渣做水泥原料

图 6-7 为利用铜水淬渣作原料生产水泥工艺流程。原料配比为铜渣:石灰石:黏土:无烟煤:石膏:萤石 = 3.5:75:10.65:12.85:2.0:1.0,其中石膏、萤石为矿化剂在煅烧过程中起矿化作用。配合料经生料磨细,并控制生料细度在 0.080 mm 方孔筛筛余量小于 7%。磨成的生料加适量水成球,一般控制料球水分 12%~14%,孔隙率大于 27%,粒度 8~10 mm。

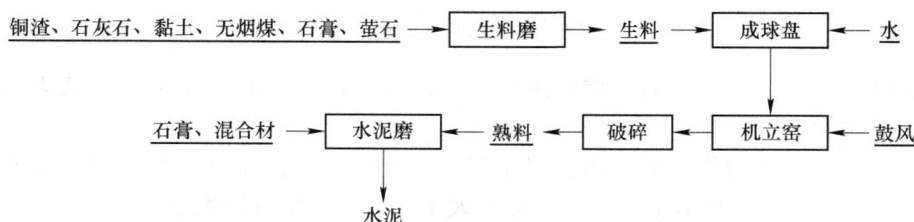

图 6-7 利用铜水淬渣作原料生产水泥工艺流程

水泥生料在窑内加热,经过一系列的物理化学变化成为熟料。铜渣的主要作用是增加液相烧成量,降低液相黏度,并起矿化作用,形成铁铝酸四钙。熟料加适量混合材料、少量石膏在水泥磨内磨细得到水泥成品。使用混合材料,可增加水泥产量,减少水泥生产成本,改善和调节水泥的某些性能,增加水泥品种。

B 铜渣代替铁矿粉作水泥矿化剂

铁矿粉在水泥烧制过程中的作用主要是促进液相提前形成,降低熔点。铜渣中含有大量的铁,还含有 CaO、SiO_2 等水泥熟料所需的成分。用铜渣代替铁矿粉可降低熔点近 100 ℃。图 6-8 为铜渣代替铁矿粉生产水泥工艺流程。

图 6-8 铜渣代替铁矿粉生产水泥工艺流程

石灰石、黏土、铜渣按比例配料，投入球磨机磨粉。铜渣配入量一般为3%~7%。磨好的生料加入回转窑，经煅烧反应生成水泥熟料。往熟料中配入一定量的石膏和高炉渣，进入球磨机磨制，得到水泥成品。

C 制造混凝土

铜渣代替普通砂配制混凝土可以参照《普通混凝土配合比设计技术规定》（JGJ 55—2000）的理论方法进行。铜渣碎石混凝土比铜渣卵石混凝土力学性能优，力学性能也随铜渣混凝土标号的增加而成比例提高。

D 制造建筑防腐除锈剂

炼铜水淬渣是在 1250~1300 ℃ 的高温下，经过复杂的造渣反应，结合成十分稳定的 $2FeO \cdot SiO_2$、$CaO \cdot FeO \cdot SiO_2$、$2CaO \cdot SiO_2$ 盐的共熔体，没有游离的 SiO_2，冷却后硬度高、含灰量低，性能比常用作防腐除锈的黄砂好。只要进行干燥和粉碎筛分加工即为成品，是船舶、桥梁、石油化工、水电等部门很好的除锈材料，这种磨料在国内外市场上有广阔的应用前景。

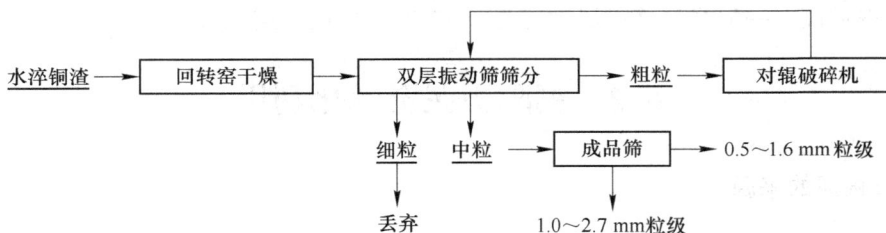

图6-9为铜渣磨料的制备工艺流程。铜鼓风炉水淬渣，经内热式回转窑直热干燥至含 H_2O 小于 0.5%。筛分成两级，粗粒径对辊机破碎后返回筛分，细粒丢弃，两筛之间粒级再用成品筛分成 0.5~1.6 mm、1.0~2.7 mm 两个粒级。实践证明，铜水淬渣是一种优良的钢铁表面除锈磨料，其除锈率为 30~40 m²/h，耗砂量 30 kg/m²。

图 6-9 铜渣磨料的制备工艺流程

E 制造玻璃基复合材料

以铜渣和废玻璃为主要原料，采用烧结复合工艺可以制备出具有优良性能的玻璃基复合材料，影响这种材料性能的主要因素有铜渣的粒度、配方、成型压力、烧结工艺。在这种材料中，颗粒的强化作用是主要的，而在热处理过程中，材料强度有所提高。铜渣玻璃基复合材料具有较好的物理力学性能，制备过程简单，成本低廉，可作为装饰材料、耐腐蚀材料、耐磨材料，在建筑、化工、冶金、物料输送、市政建设行业获得广泛应用。

F 修筑路基

依据铜渣自身理化特性的优势，铜渣广泛应用于修筑道路路基，但必须掺配一定量石灰、石灰渣或电石渣等胶结材料。这种铜渣路基具有较强的力学强度、较好的水稳定性，而且施工操作方便，受雨水侵蚀不会翻浆，板体性强。由于水淬渣的松散容量为 1.82 t/cm³，密度 3.69 g/cm³，吸水率 0.2%，因此，用其铺设的道床具有渗水快、不腐蚀枕木、道床不长草、成本低等优点。

G 生产劈离砖

劈离砖是一种用于内外墙或地面装饰的建筑装饰瓷砖。选取白泥、园林细砂、石粉、红泥四种原料进行配比，将铜渣球磨，喷雾干燥，以粉料的形式加入，调整坯体呈色。图 6-10 所示为铜渣生产劈离砖工艺流程，主要包括配料、铜渣加工、烧成等工序。

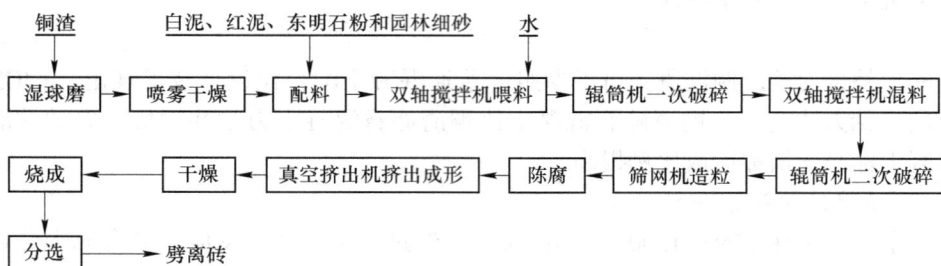

图 6-10　铜渣生产劈离砖工艺流程

　　铜渣中含有大量的 Fe_2O_3，在坯体中除了调整坯体呈色作用外，还是一种有效的助熔剂。它对降低产品的吸水率、提高产品表面去污能力、提升产品的内在质感具有重要意义。当然，它含铁量高，对烧成温度，气氛较为敏感，故加入量不宜过多。一般地，铜渣以粉料形式配料可缩短陈腐时间，稳定产品质量。

　　产品在隧道窑中烧成。由于它的烧成温度范围较常规产品窄，对烧成温度和烧成周期要求比较严格。烧成温度偏高，色差增大，易出现过烧情况；温度偏低，产品烧结性不好，吸水率偏高。一般最高烧成温度定为 1112 ℃，烧成周期 26 h。

6.2　铜阳极泥资源化利用

6.2.1　阳极泥的来源

　　阳极泥是金属电解精炼中附着于阳极基体表面或沉淀于电解槽底或悬浮于电解液中的泥状物。

　　硫化铜精矿经造锍熔炼、转炉吹炼、火法精炼、浇铸产出铜阳极板，铜的含量为 99.5%。而电解精炼使铜含量进一步富集，最终得到纯度 99.95%～99.99% 的铜，在电解精炼过程中产生了铜阳极泥。

　　在电解精炼过程中作为阳极的粗铜中的 Cu 发生电化学溶解形成 Cu^{2+} 进入溶液中，在电场的作用下，Cu^{2+} 向阴极迁移获得电子而在阴极析出纯铜。而粗铜中的少量或微量的其他金属或元素，它们以单质、合金或化合物形态存在于阳极中，在电解精炼过程中一些附着于残阳极表面或沉积在电解槽底进入阳极泥中。其电解精炼原理如图 6-11 所示。

　　阳极铜在电解精炼过程中形成的阳极泥主要由以下四种杂质组成。

　　（1）正电性金属及其元素化合物形态。正

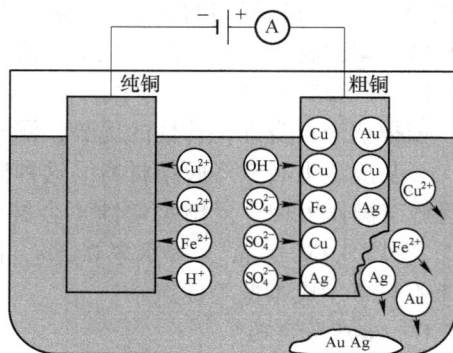

图 6-11　电解精炼原理

电性金属主要包括 Ag、Au、铂族元素等贵金属，化合物中主要含有 O、S、Se、Te 及 Cu 等元素。阳极铜中所含金、银基本上全部进入铜阳极泥。

（2）不溶性锡铅化合物。主要由 $PbSO_4$ 沉淀组成，在阳极铜电解过程中，$PbSO_4$ 氧化成 PbO_2，将导致槽电压升高能耗增大。Sn 在阳极溶出变为 Sn^{2+}，且进一步变为 Sn^{4+}，主要发生以下反应：

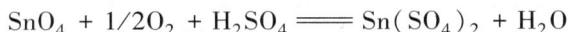

$$SnO_4 + 1/2O_2 + H_2SO_4 =\!=\!= Sn(SO_4)_2 + H_2O$$

$Sn(SO_4)_2$ 很易水解形成 $Sn(OH)_2SO_4$ 进入阳极泥，且 $Sn(OH)_2SO_4$ 溶解度非常小，主要发生以下反应：

$$Sn(SO_4)_2 + 2H_2O =\!=\!= Sn(OH)_2SO_4 + H_2SO_4$$

（3）负电性金属。主要包括 Zn、Ni、Fe 等。Zn 与 Fe 在阳极溶解过程中，几乎全部进入溶液，并在阴极得电子析出 Zn 与 Fe，使铜的质量大大降低。

（4）电势与铜接近的砷、锑及铋。

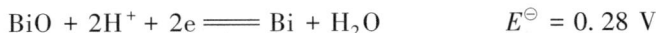

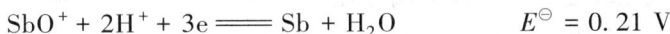

$$BiO + 2H^+ + 2e =\!=\!= Bi + H_2O \qquad E^{\ominus} = 0.28\ V$$
$$HAsO_2 + 3H^+ + 3e =\!=\!= As + 2H_2O \qquad E^{\ominus} = 0.25\ V$$
$$SbO^+ + 2H^+ + 3e =\!=\!= Sb + H_2O \qquad E^{\ominus} = 0.21\ V$$

在阳极铜的电解过程，大部分将会发生水解反应形成其相应的固态氧化物，导致阴极板质量受到严重影响，危害极大。

6.2.2　铜阳极泥的组成与性质

铜阳极泥由铜阳极在电解精炼过程中不溶于电解液的各种物质所组成。它通常含有 Au、Ag、Cu、Pb、Se、Te、As、Sb、Bi、Ni、Fe、S、Sn、SiO_2、Al_2O_3、铂族金属及水分。来源于硫化铜精矿的阳极泥，含有较多的 Cu、Pb、Se、Te、Ag 及少量的 Au、As、Sb、Bi 和脉石矿物，铂族金属很少，而来源于铜-镍硫化矿的阳极泥含有较多的 Cu、Ni、S、Se；贵金属主要为铂族金属，Au、Ag、Pb 的含量较少；杂铜电解所产阳极泥则含有较高的 Pb、Sn。

表 6-3 为不同铜冶炼厂所得阳极泥的成分。从表中可以看出，不同的冶炼厂最终阳极泥的组成是有差异的。

表 6-3　不同铜冶炼厂所得阳极泥的成分　　　　　　　　　　　　　（%）

厂名组成	厂1（中国）	厂2（中国）	厂3（中国）	奥托昆普（芬兰）	左贺关（日本）	肯尼科特（美国）
金	0.8	0.08	1.64	0.43	1.01	0.9
银	18.84	19.11	26.78	7.34	9.10	9.0
铜	9.54	16.67	11.20	11.02	27.3	30.0
铅	12.0	8.75	18.07	2.62	7.01	2.0
铋	0.77	0.70			0.4	
锑	11.5	1.37		0.04	0.91	0.5
砷	3.06	1.68		0.7	2.27	2.0

厂名组成	厂1（中国）	厂2（中国）	厂3（中国）	奥托昆普（芬兰）	左贺关（日本）	肯尼科特（美国）
硒		3.63		4.33	12.00	12.0
碲	0.5	0.20			2.36	3.0
铁		0.22	0.80	0.60		
SiO_2	11.5	15.10	2.37	2.25		
镍	2.77			45.21		
钴	0.09					
硫				2.32		
合计	71.37	67.51	60.86	76.86	62.36	59.40

铜阳极泥的颜色呈灰黑色，杂铜阳极泥呈浅灰色，粒度通常为 100~200 目。铜阳极泥的物相组成比较复杂，各种金属存在的形式是多种多样；铜主要以 Cu、Cu_2S、Cu_2Se、Cu_2Te 形式存在；银主要为 Ag、Ag_2Se、Ag_2Te 及 AgCl；金以游离态存在，也有与碲结合的。一般铜阳极泥的物相组成列于表6-4。

表6-4 铜阳极泥的物相组成

元素	赋存状态
铜	Cu、Cu_2O、CuO、Cu_2S、$CuSO_4$、Cu_2Se、Cu_2Te、CuAgSe、$CuCl_2$
铅	$PbSO_4$、$PbSb_2O_6$
铋	Bi_2O_3、$(BiO)_2SO_4$
砷	$As_2O_3 \cdot H_2O$、$CuO \cdot As_2O_3$、$BiAsO_4$
锑	Sb_2O_3、$(SbO)_2SO_4$、$Cu_2O \cdot Sb_2O_3$、$BiSbO_4$
硫	Cu_2S
铁	FeO、$FeSO_4$
碲	Ag_2Te、Cu_2Te、$(Au、Ag)_2Te$
硒	Ag_2Se、Cu_2Se
金	Au、Au_2Te
锌	ZnO
铂族	金属或合金态（Pt、Pd）
银	Ag、Ag_2Se、Ag_2Te、AgCl、CuAgSe、$(Au、Ag)_2Te$
镍	NiO
锡	$Sn(OH)_2SO_4$、SnO_2

阳极泥富集了矿石、精矿或熔剂中绝大部分或大部分的贵金属和某些稀散元素，因而具有很高的综合回收价值。

6.2.3 铜阳极泥的综合回收

6.2.3.1 铜阳极泥火法处理工艺

火法处理是铜阳极泥的常规处理方法。传统火法工艺流程主要包括以下步骤：硫酸化焙烧脱硒、硫酸浸出脱铜、贵铅炉还原熔炼、分银炉氧化精炼、精炼银、精炼金、铂钯的提取、硒精炼、碲的提取。工艺流程如图 6-12 所示。

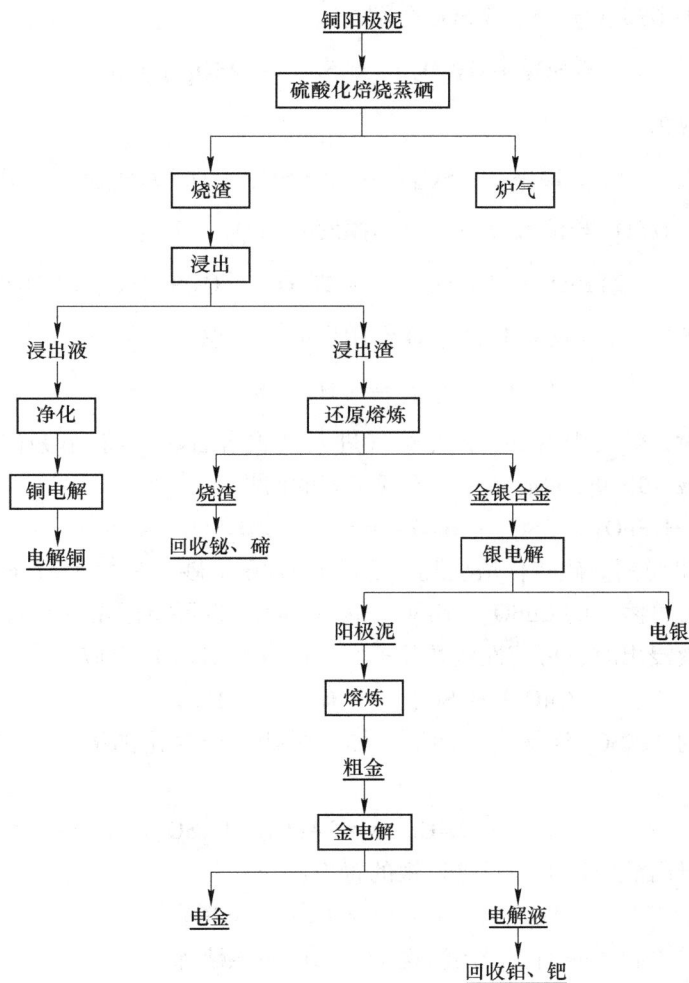

图 6-12　传统火法工艺流程

具体工艺流程如下：

（1）硫酸化焙烧脱硒。目的是将铜转变成水溶性的硫酸盐，而硒以 SeO_2 的形态挥发进入气相。

硫酸化焙烧时，发生的主要反应为：

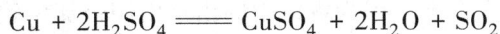

$$Cu + 2H_2SO_4 = CuSO_4 + 2H_2O + SO_2$$

$$Cu_2S + 6H_2SO_4 \Longrightarrow 2CuSO_4 + 6H_2O + 5SO_2$$

$$2Ag + 2H_2SO_4 \Longrightarrow Ag_2SO_4 + 2H_2O + SO_2$$

阳极泥中的硒以硒化物（Cu_2Se、Ag_2Se）存在，这些硒化物比较稳定，但当它们与硫酸接触时，在低温（220~300 ℃）下，发生如下反应：

$$Ag_2Se + 3H_2SO_4 \Longrightarrow Ag_2SO_4 + SeSO_3 + SO_2 + 3H_2O$$

在高温（550~680 ℃）下，$SeSO_3$ 分解：

$$SeSO_3 + H_2SO_4 \Longrightarrow SeO_2 + 2SO_2 + H_2O$$

碲化物的反应为：

$$Ag_2Te + 3H_2SO_4 \Longrightarrow Ag_2SO_4 + TeSO_3 + SO_2 + 3H_2O$$

但在高温下，$TeSO_3$ 与硫酸反应生成不挥发的 $TeO_2 \cdot SO_3$：

$$2TeSO_3 + 3H_2SO_4 \Longrightarrow 2TeO_2 \cdot SO_3 + 4SO_2 + 3H_2O$$

挥发出来的 SeO_2 与吸收塔中的 H_2O 作用生成亚硒酸：

$$SeO_2 + H_2O \Longrightarrow H_2SeO_3$$

硫酸化焙烧时，炉气中有 SO_2，此炉气进入吸收塔后 SO_2 将硒酸还原成粗硒，经精馏，可得到 99.5%~99.9%的成品硒，实现了硒的回收。

$$H_2SeO_3 + 2SO_2 + H_2O \Longrightarrow Se + 2H_2SO_4$$

（2）硫酸浸出脱铜。硫酸化焙烧脱硒后的阳极泥-焙砂，其中大部分铜、镍等贱金属和部分银均氧化为可溶性的 $CuSO_4$、$NiSO_4$ 和 Ag_2SO_4，也可能存在少量的 CuO 及 NiO。用热水或稀硫酸溶液浸出时，可溶性硫酸盐溶解，CuO 与 H_2SO_4 反应：

$$CuO + H_2SO_4 \Longrightarrow CuSO_4 + H_2O$$

焙烧时生成的 Ag_2SO_4 溶解进入溶液，加少量盐酸或氯化钠将其沉淀为 $AgCl$ 进入浸出渣：

$$Ag_2SO_4 + 2HCl \Longrightarrow 2AgCl + H_2SO_4$$

也可以从铜浸出液中用铜残极进行银的置换：

$$Ag_2SO_4 + Cu \Longrightarrow 2Ag + CuSO_4$$

酸性浸铜液送去制硫酸铜，浸出渣送下一工序还原熔炼。

硫酸化焙烧-酸浸脱铜可将铜阳极泥中的铜含量降至 3%以下。铜浸出率 95%~97%。

（3）贵铅炉还原熔炼。还原熔炼的目的是将阳极泥中的金、银富集成为金银铅合金（贵铅合金），为下一步工序分离金、银作准备。表6-5为贵铅化学组成。

经脱硒脱铜后的铜阳极泥，或一般的铅阳极泥，其杂质主要以氧化物和盐类形式存在。通过熔炼，有的杂质进入炉渣，有的挥发进入烟尘。

阳极泥中的铅化合物在熔炼过程中被加入的焦炭粉还原成金属铅。金银熔解在铅熔体中形成贵铅，即铅-银-金合金。因为贵铅中的铅是由阳极泥中铅氧化物还原而得到的，故此熔炼过程称为还原熔炼。该工序金银回收率 98%~99%。

表 6-5　贵铅化学组成　　　　　　　　　　　　（%）

厂别	Au	Ag	Cu	Pb	Bi	As	Sb	Te	Se
1	0.76	36.68	13.38	6.8	24.49	2.0	2.42		0.22
2	0.56	56.55	3.98	7.94	3.53	0.66	9.58	0.35	
3	0.9~6.8	15~34	4.5~20.8	11.5~40				0.17~1.3	
4	0.53	46.6	2.75						
5	0.296	36.2	4.17	11.42	29.62			1.92	

（4）分银炉氧化精炼。还原熔炼得到的贵铅，金、银的含量一般在 35%~60%，其余的为铅、铜、砷、锑、铋等杂质。

氧化精炼的目的：利用氧化法把贵铅中的杂质包括铅氧化造渣除去，以得到金银总量大于 95%、适合于下一步工序银电解精炼的金银合金板。

贵铅中金属氧化次序：Sb、As、Pb、Bi、Cu、Te、Se、Ag。

贵铅氧化精炼是在高于主体杂质金属（铅）氧化物熔点的温度下进行，并加入熔剂和氧化剂，使绝大部分杂质氧化成不溶于金银合金熔体的氧化物，进入烟尘和炉渣除去。

吹炼开始时，贵铅中的砷锑大部分生成易挥发的三氧化物呈烟气逸出：

$$4As + 3O_2 = 2As_2O_3$$

$$4Sb + 3O_2 = 2Sb_2O_3$$

此时，也有部分铅开始氧化，但生成的氧化铅除少部分挥发外，大部分又被砷、锑还原为金属铅：

$$2As + 3PbO = As_2O_3 + 3Pb$$

$$2Sb + 3PbO = Sb_2O_3 + 3Pb$$

砷、锑及低价氧化物可与碱性氧化物如 PbO、Na_2O 反应生成亚砷酸盐和亚锑酸盐而造渣。

Te 被氧化为易挥发的 TeO_2，为了能在渣中回收碲，加入苏打（Na_2CO_3）使碲形成碲酸钠即苏打渣，可作为回收碲的主要原料。

（5）银电解精炼。银电解精炼是以氧化精炼产物金银合金作阳极，银板作阴极，硝酸及硝酸银水溶液作电解液，在电解槽中通入直流电进行电解。可得到 99.95% 以上的纯银，而金及铂族元素富集在阳极泥中。

银电解工艺流程如图 6-13 所示。通过两次银电解，银电解阳极泥及二次黑金粉中含 Au 90%，Ag 6%~8%。

（6）金电解精炼。金电解精炼是以二次合金粉铸成的金作阳极，纯金片作阴极，氯金酸水溶液及游离盐酸作电解液。在电解槽中通入直流电进行电解。

通过金电解精炼，可在阴极得到纯度为 99.95% 金。而阳极中的杂质，铂、钯、银、铜、铅等比金更负电性的金属，发生电化学溶解进入电解液中。进入电解液中的杂质因浓度低而不会在阴极析出。当金电解液中含铂、钯超过 50 g/L 时，便更换下来作为废金电解液，作为下一步工序铂、钯回收的原料。图 6-14 为金电解精炼工艺流程。

（7）铂钯的提取从废金电解液中回收铂、钯，主要分为以下几个过程。还原分金-锌

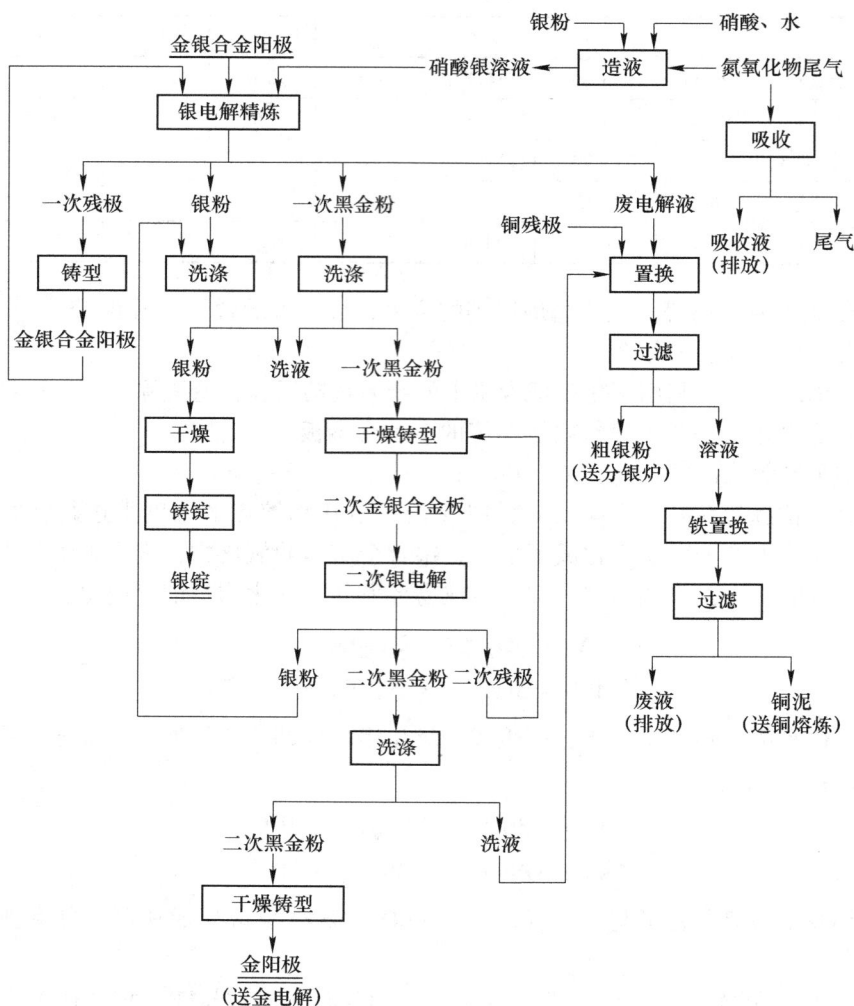

图 6-13　银电解工艺流程

粉置换-铂钯精矿溶解-沉钯及钯精制。

1）分金采用氯化亚铁、二氧化硫或草酸做还原剂加入废金电解液中，还原得到粗金粉熔铸作金阳极。

2）还原后溶液加入锌粉置换，可得到铂钯精矿，经盐酸去除过量锌粉，铂钯含量大于 40%。

3）铂钯精矿采用王水溶解，溶解后加入盐酸蒸发赶除剩余硝酸，加入饱和氯化铵溶液沉铂，得到粗氯铂酸铵，经过洗涤、干燥、煅烧得到含铂 99% 的海绵铂。重复该步骤，直到得到纯度 99.95% 以上的海绵铂。

4）沉铂后的溶液用硝酸或氯气氧化，使得溶液中 Pd^{2+} 转变为 Pd^{4+}，然后加入氯化铵沉钯，得到粗氯钯酸铵。粗氯钯酸铵经氨水络合溶解，加入盐酸酸化得到二氯二氨络亚钯淡黄色沉淀，经稀盐酸洗涤、干燥、煅烧得到氧化钯，再用氢还原可得纯度 99.95% 以上

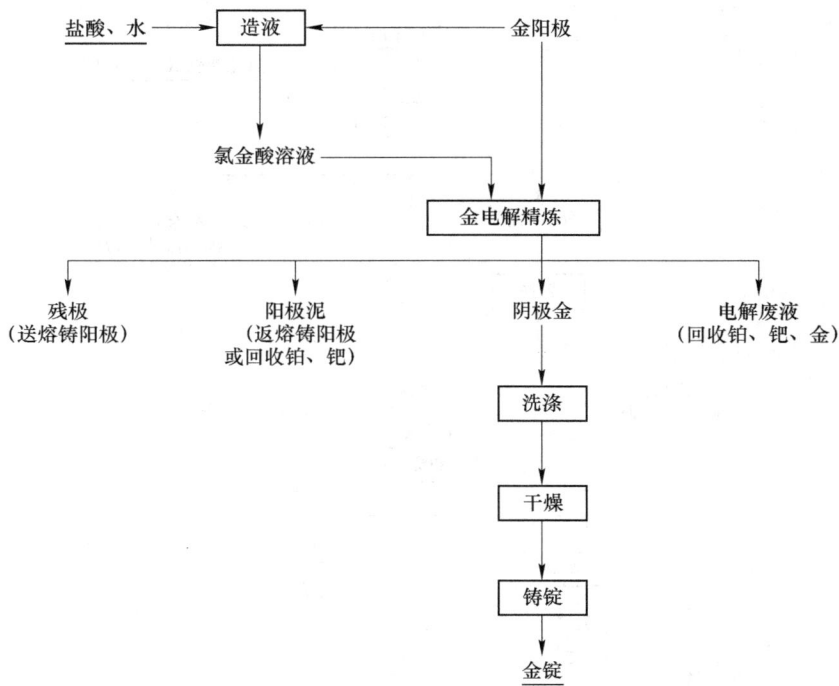

图 6-14 金电解精炼工艺流程

的海绵钯。

其工艺流程图如图 6-15 所示。

(8) 硒精炼。铜阳极泥硫酸化焙烧蒸硒产出的粗硒一般含硒 96% ~ 98%，含有铜、铅、铁、砷及二氧化硅等杂质。采用精馏法利用硒与杂质挥发性不同，控制一定的蒸馏温度，将硒与杂质分离，可得到纯度 99.5% 的纯硒。

(9) 碲的提取。分银炉产物苏打渣中碲含量高，可作为碲回收的主要原料。苏打渣是一种呈碱性的复杂化合物，质硬易碎，呈灰白色，具有较强的吸水性。苏打渣含有游离的碳酸钠和氧化钠，碲主要以易溶于水的亚碲酸钠形态存在。另外，还含有硅、铜、铅等元素的化合物。

碲的提取主要包括制备二氧化碲以及碲精制两部分。

(1) 苏打渣经过破碎、湿式球磨，得到的浸出液中加入硫化钠和氧化钙，使浸出液中的铜、铅、二氧化硅分别形成硫化铜、硫化铅和硅酸钙沉淀，达到净化溶液的目的。净化后溶液用硫酸中和得到二氧化碲。

(2) 二氧化碲制取碲有三种方法：

1) 用碳直接还原；

2) 溶于硫酸中用二氧化硫还原；

3) 溶于苛性钠溶液中用电解法还原。

6.2.3.2 铜阳极泥选冶联合流程

铜阳极泥选冶联合流程处理工艺流程如图 6-16 所示，该工艺主要由以下几个部分组成。

金电解废液 → 氯化亚铁或二氧化硫 → 分金

分金 → 分金后液 / 粗金粉（送熔铸金阳极）

分金后液 → 置换

置换 → 置换后液（检查后弃去）/ 钯铂精矿

钯铂精矿 + 盐酸 → 酸洗

酸洗 → 王水 → 溶解 / 洗液（弃去）

溶解 + 盐酸 → 赶硝

赶硝 + 氯化铵 → 沉铂

沉铂 → 沉铂后液 / 粗氯铂酸铵

左支（沉铂后液）：

沉铂后液 + 硝酸或氯气 + 氯化铵 → 沉钯

沉钯 → 母液（送置换回收）/ 粗氯钯酸铵

粗氯钯酸铵 + 氨水 → 络合

络合 + 盐酸 → 酸化

酸化 → 二氯二氨络合钯 / 母液（置换回收）

二氯二氨络合钯 + 5%盐酸 → 洗涤

洗涤 → 干燥煅烧

干燥煅烧 → 氧化钯

氧化钯 + 氢气 → 氢还原 → 海绵钯

右支（粗氯铂酸铵）：

粗氯铂酸铵 → 干燥煅烧 → 粗海绵铂

粗海绵铂 → 王水溶解 + 盐酸 → 赶硝

赶硝 + 氯化铵 → 沉铂

沉铂 → 沉铂后液（送置换回收）/ 洗涤

洗涤 → 氯铂酸铵 → 干燥煅烧 → 海绵铂

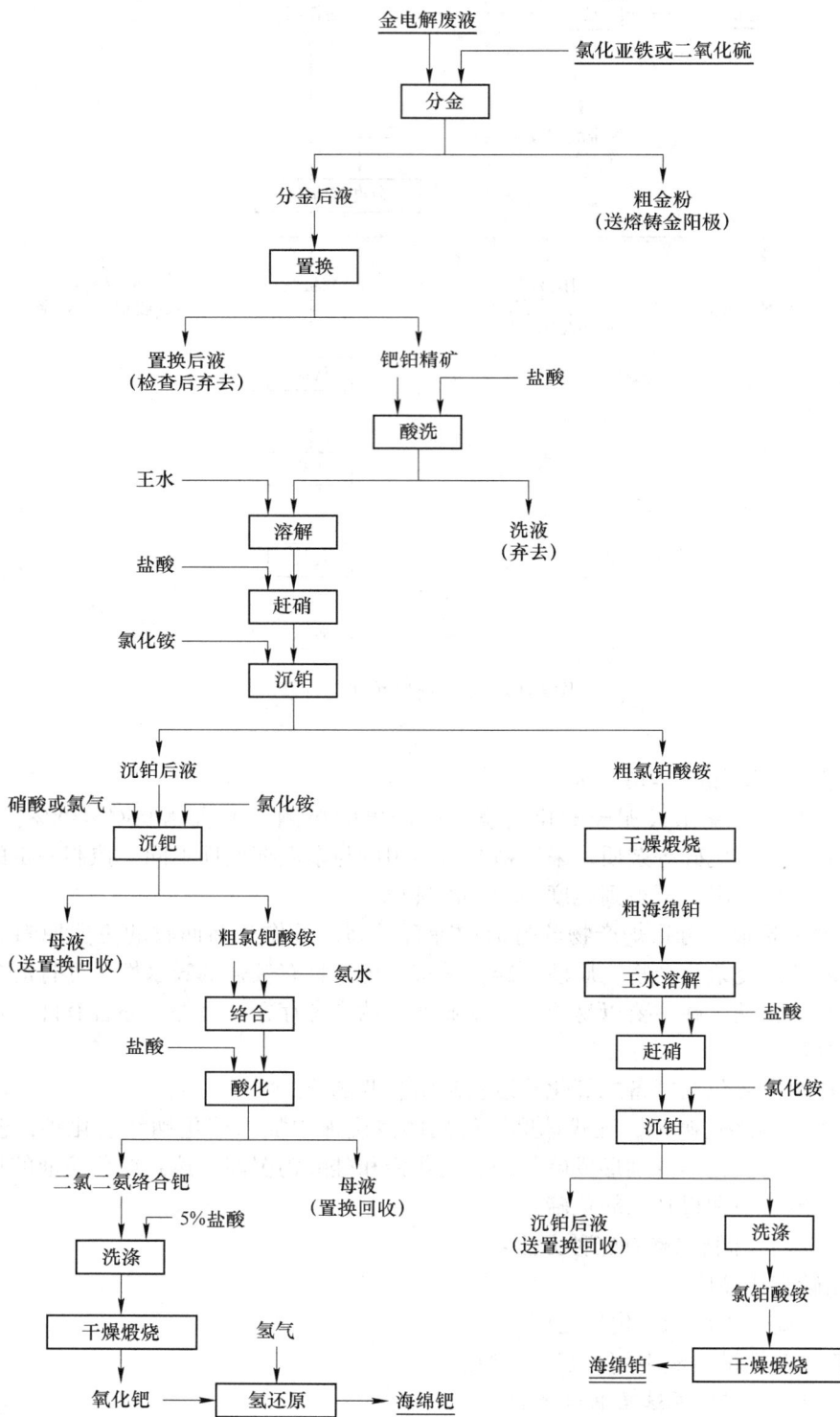

图 6-15　铂钯回收工艺流程图

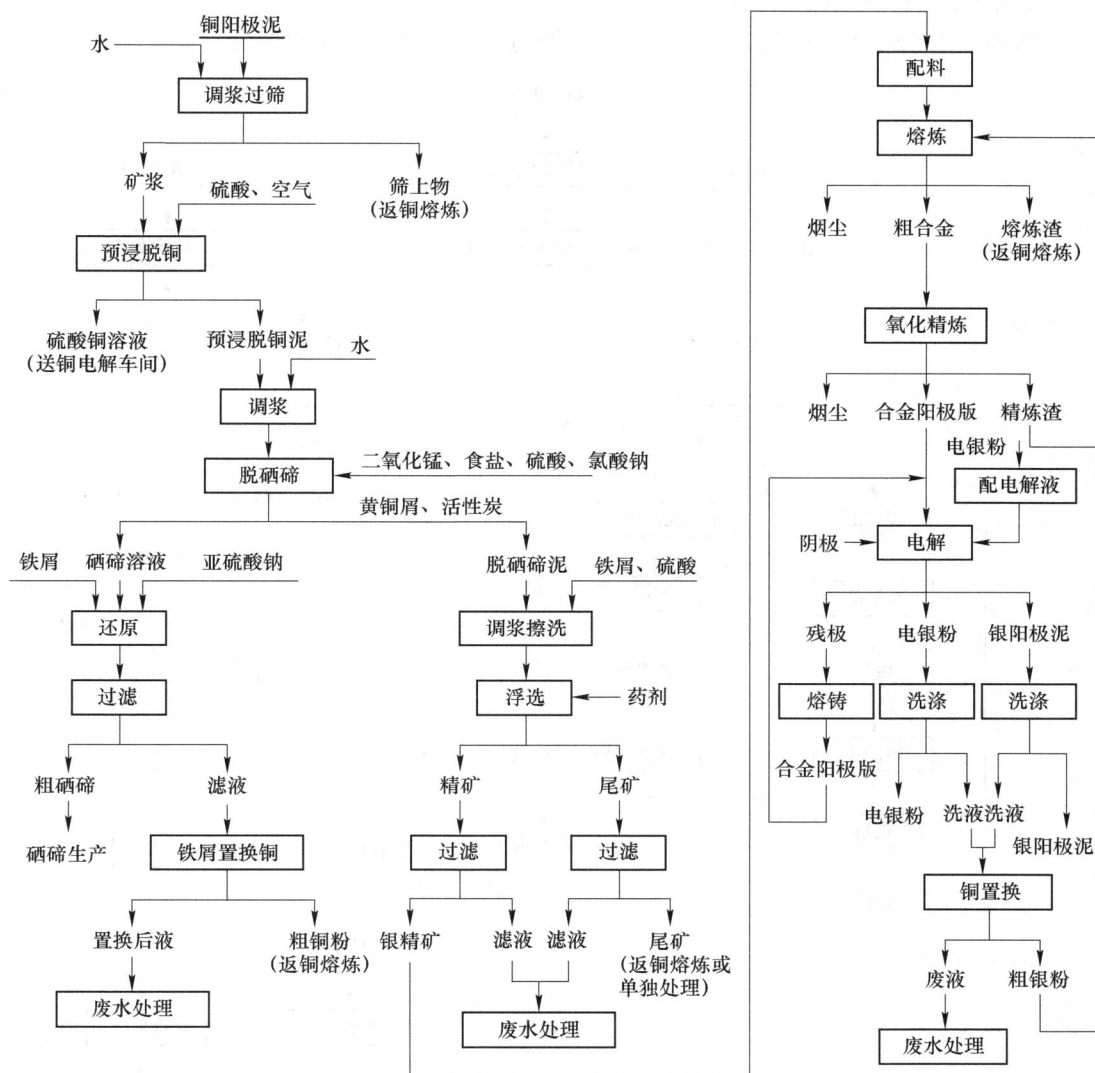

图 6-16　铜阳极泥选冶联合流程处理工艺

（1）铜阳极泥的预处理。采用湿法工艺首先使阳极泥中硒、碲及铜与其他金属分离。

（2）浮选。对阳极泥经预处理脱除硒、碲及铜以后的脱铜硒碲渣进行浮选，能够有效地富集贱、贵金属，从而使贵金属的回收率得到提高。

（3）熔炼。依据浮选精矿中所含的杂质量与种类，配入适当的造渣剂将通过分银炉熔炼工艺，得到合金板且其中含金银含量较高。合金板处理工艺与火法处理工艺一样，通过对金银合金阳极板进行银电解制取电解银，最后处理银电解阳极泥，目的是提取其中的金以及贵金属。

（4）浮选尾矿处理。主要对浮选所产生的含铅与锡较高的尾矿进行熔炼，目的是提取铅及锡等金属。

6.2.3.3 铜阳极泥湿法流程

采用硫酸化焙烧蒸硒湿法工艺处理阳极泥的工艺流程如图 6-17 所示。

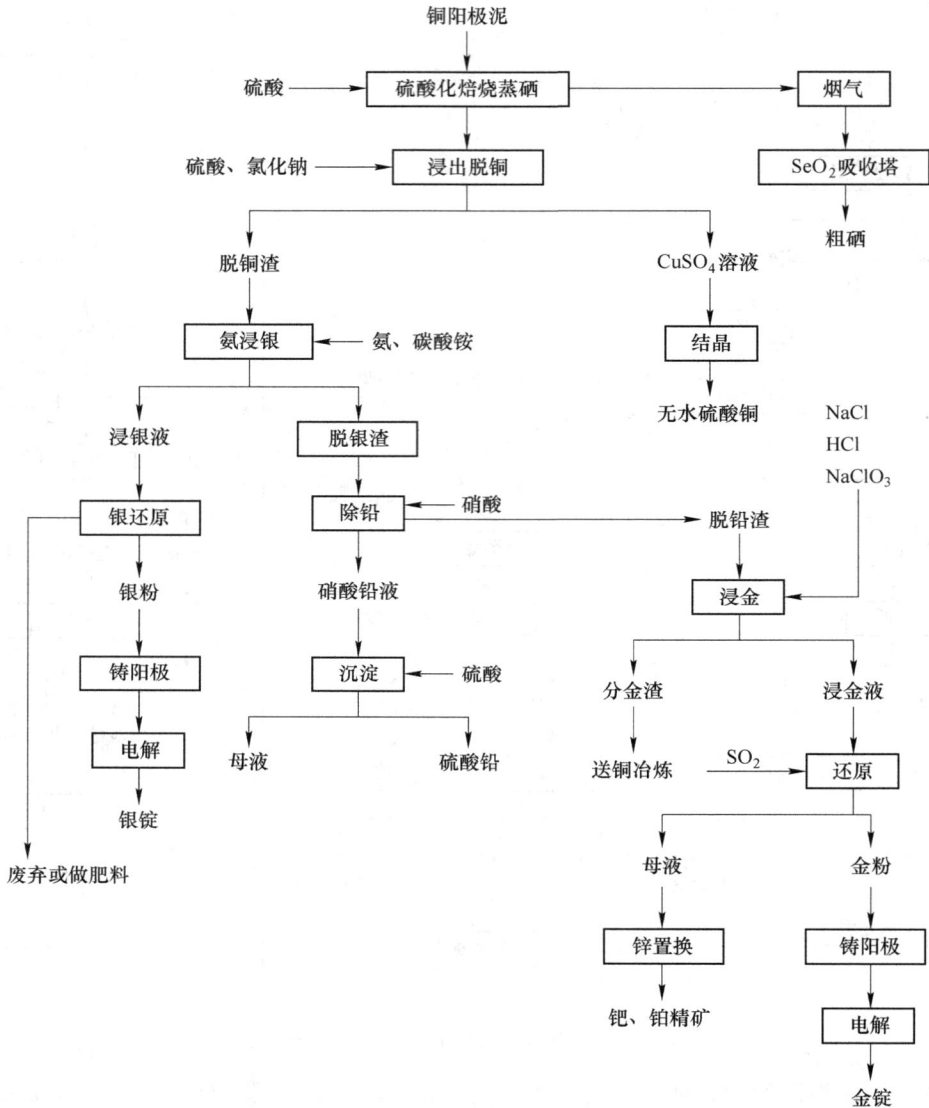

图 6-17 硫酸化焙烧蒸硒湿法处理工艺流程

具体步骤如下：

（1）浓硫酸焙烧蒸硒-酸浸脱铜。该工艺与火法流程工艺相同。目的是脱除阳极泥中的贱金属，使贵金属得到富集。

（2）分银、银还原。脱铜渣中的银基本以 AgCl 的形式存在，采用氨和亚硫酸钠作为浸出剂。

1）氨浸分银-水合肼还原。氨浸分银的基本原理是氨与银离子能形成稳定的 $Ag(NH_3)_2^+$ 络合离子而进入溶液。

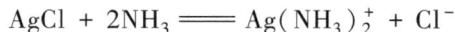
$$AgCl + 2NH_3 =\!=\!= Ag(NH_3)_2^+ + Cl^-$$

水合肼还原采用的还原剂为水合肼，化学名称联氨，分子式为 N_2H_4。氨浸液用水合肼还原，得到品位 98% 以上的银粉，反应式为：

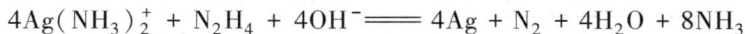
$$4Ag(NH_3)_2^+ + N_2H_4 + 4OH^- =\!=\!= 4Ag + N_2 + 4H_2O + 8NH_3$$

2）亚硫酸钠浸银-甲醛还原。亚硫酸钠浸出氯化银基本原理是银能与亚硫酸根生成 $Ag(SO_3^{2-})_2^{3-}$ 络合离子而进入溶液。

$$AgCl + 2SO_3^{2-} =\!=\!= Ag(SO_3)_2 + Cl^-$$

还原反应：

亚硫酸钠浸出液用甲醛还原，并使亚硫酸钠再生，反应式为：

$$4Ag(SO_3^{2-})_2^{3-} + HCOH + 6OH^- =\!=\!= 4Ag + 8SO_3^{2-} + 4H_2O + HCO_3^-$$

（3）分金、金还原。

1）分金，即分金液通过草酸还原，分金液中金被还原出金粉；脱银后的残渣进行提金，在氯化物体系中，在有氧化剂的情况下，金与 Cl^- 形成 $AuCl_4$ 而进入溶液，使用的氧化剂有氯气、氯酸钾（钠）、次氯酸盐等。

用氯气作氧化剂：

$$2Au + ClO_3^- + 6H^+ + 7Cl^- =\!=\!= 2AuCl_4^- + 3H_2O$$

用氯气作氧化剂：

$$2Au + 3Cl_2 + 2Cl^- =\!=\!= 2AuCl_4^-$$

2）金还原反应。采用 SO_2 或草酸做还原剂，将分金液中金还原成金粉。

SO_2 还原：

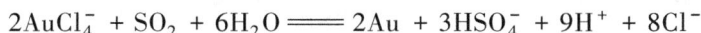
$$2AuCl_4^- + SO_2 + 6H_2O =\!=\!= 2Au + 3HSO_4^- + 9H^+ + 8Cl^-$$

得到的金粉质量较高，可在较高的酸度下进行。

草酸还原：

pH<1.27 时，溶液中主要以 $H_2C_2O_4$ 形式存在：

$$2AuCl_4^- + 3H_2C_2O_4 =\!=\!= 2Au + 6CO_2 + 6H^+ + 8Cl^-$$

pH = 1.27~4.27 时主要以 $HC_2O_4^-$ 的形式存在：

$$2AuCl_4^- + 3HC_2O_4^- =\!=\!= 2Au + 6CO_2 + 3H^+ + 8Cl^-$$

pH>4.27 时主要以 $C_2O_4^{2-}$ 的形式存在：

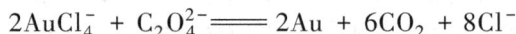
$$2AuCl_4^- + C_2O_4^{2-} =\!=\!= 2Au + 6CO_2 + 8Cl^-$$

（4）铂钯回收。金还原后的溶液中含有铂、钯。采用锌粉可置换出铂、钯精矿。铂钯精矿采用王水溶解、水解、沉淀、煅烧可得粗铂、粗钯。

6.3 铜冶炼烟尘资源化利用

6.3.1 铜冶炼烟尘的来源与组成

铜冶炼废气的污染物按形态分可以分为固体颗粒物和气态污染物。其中，固体颗粒物主要污染物是烟气中的粉尘、烟尘。

铜冶炼烟尘属于高温烟灰，粒度小，在火法炼铜的转炉、反射炉及白银熔炼炉等生产过程中均会产生烟灰，烟灰中除含有 Cu、Zn、Pb、As、Cd 外，还含有 Ag、Au、Bi、In

等其他有价金属元素。

在熔炼过程中，吹炼过程，精炼过程都会产生烟灰，主要成分如表6-6所示。

表6-6 火法铜冶炼废气中污染物来源及主要成分

工序	污染物来源	主要污染物	颗粒物浓度/g·m^{-3}	SO$_2$ 浓度/%
熔炼	熔炼炉	颗粒物（含重金属铅、砷、汞等）、SO$_2$	50~100	8~35
	加料口、锍放出口、渣放出口、喷枪孔、溜槽、包子房等处泄漏	颗粒物（含重金属铅、砷、汞等）、SO$_2$	0.5~2	0.02~0.1
吹炼	吹炼炉	颗粒物（含重金属铅、砷、汞等）、SO$_2$	50~80	8~30
	加料口、锍放出口、渣放出口、喷枪孔、溜槽、包子房等处泄漏	颗粒物（含重金属铅、砷、汞等）、SO$_2$	0.5~2	0.02~0.1
精炼	精炼炉	颗粒物（含重金属铅、砷、汞等）、SO$_2$	20~40	<1.5
	加料口、出渣口	颗粒物、SO$_2$	0.5~2	0.02~0.1

注：熔炼炉：富氧强化熔炼可分为闪速熔炼和熔池熔炼两大类，前者包括奥托昆普型闪速熔炼和加拿大国际镍公司闪速熔炼等，后者包括诺兰达法、三菱法、艾萨法、奥斯麦特法以及我国自主开发的水口山法、白银炉熔炼法等技术。

吹炼炉：卧式转炉、连续吹炼炉、虹吸式转炉、艾萨吹炼炉、三菱吹炼炉和闪速吹炼炉等。

精炼炉：反射炉精炼工艺、阳极炉精炼工艺及倾动炉精炼工艺。

6.3.2 铜冶炼烟尘的处理方法

6.3.2.1 回收铟、铋

铜精矿含铟0.0001%~0.0054%。烟尘中铟的富集程度主要取决于铜精矿中铟的含量及铜冶炼工艺烟尘率的高低。

烟尘含铟、铋较高时可采取浸出-萃取工艺。

A 烟尘的浸出

鉴于铜冶炼烟灰中的各有价金属，如 Cu、Zn、Pb、Bi 等主要是以氧化物或硫酸盐形态存在，而 Cu、Zn 的硫酸盐易溶于水，氧化物又易溶于稀硫酸，Pb、Bi 的硫酸盐或氧化物则难溶于水或稀硫酸，因此，通过水浸或稀硫酸浸出可实现 Cu、Zn 与 Pb、Bi 的初步分离。浸出的目的主要是铜冶炼转炉烟尘中的 Cu、In、Zn、Cd 等金属进入溶液中，而Pb、Bi、As 等金属留在浸出渣中。

在铜冶炼烟灰稀硫酸浸出过程中，发生的化学反应主要有：

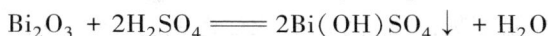

$$CuO + H_2SO_4 \longrightarrow CuSO_4 + H_2O$$
$$CdO + H_2SO_4 \longrightarrow CdSO_4 + H_2O$$
$$PbO + H_2SO_4 \longrightarrow PbSO_4 \downarrow + H_2O$$
$$FeO + H_2SO_4 \longrightarrow FeSO_4 + H_2O$$
$$Bi_2O_3 + 2H_2SO_4 \longrightarrow 2Bi(OH)SO_4 \downarrow + H_2O$$
$$In_2O_3 + H_2SO_4 \longrightarrow In_2(SO_4)_3 + H_2O$$

浸出液送萃取工序进行铟的回收，浸出渣进行铅、铋的回收。

B 浸出液萃取铟

采用 P204 萃取剂将铟、铋从浸出液中萃取出来，然后逐级反萃回收铟、铋。萃余液再经置换除杂、浓缩结晶等方法分步回收有价金属 Cu、Zn、Cd 等。萃余液用铁置换铜，铜的置换率为 99%。然后用石灰乳中和铜置换母液去除铁砷，通入空气氧化，溶液中微量铁用高锰酸钾去除。然后加入锌粉置换镉，得到的海绵镉经氧化二次浸出，加锌板置换，海绵镉加氢氧化钠熔融，得到粗镉。镉的置换母液经浓缩结晶可得到 $ZnSO_4 \cdot 7H_2O$。

C 浸出渣回收铋

浸出渣采用盐酸浸出，使铅、铋分离，溶液中的铋经废铁置换得到海绵铋，再经熔炼、电解便可获得精铋，含铅浸出渣可作为炼铅原料，生产粗铅或电铅。

该方法环保，综合回收水平高，回收元素种类多，产品品种多，综合回收率较高，但其流程长，辅助材料消耗多。目前铜陵有色金属集团公司采用该流程处理铜烟尘，工艺流程见图 6-18。

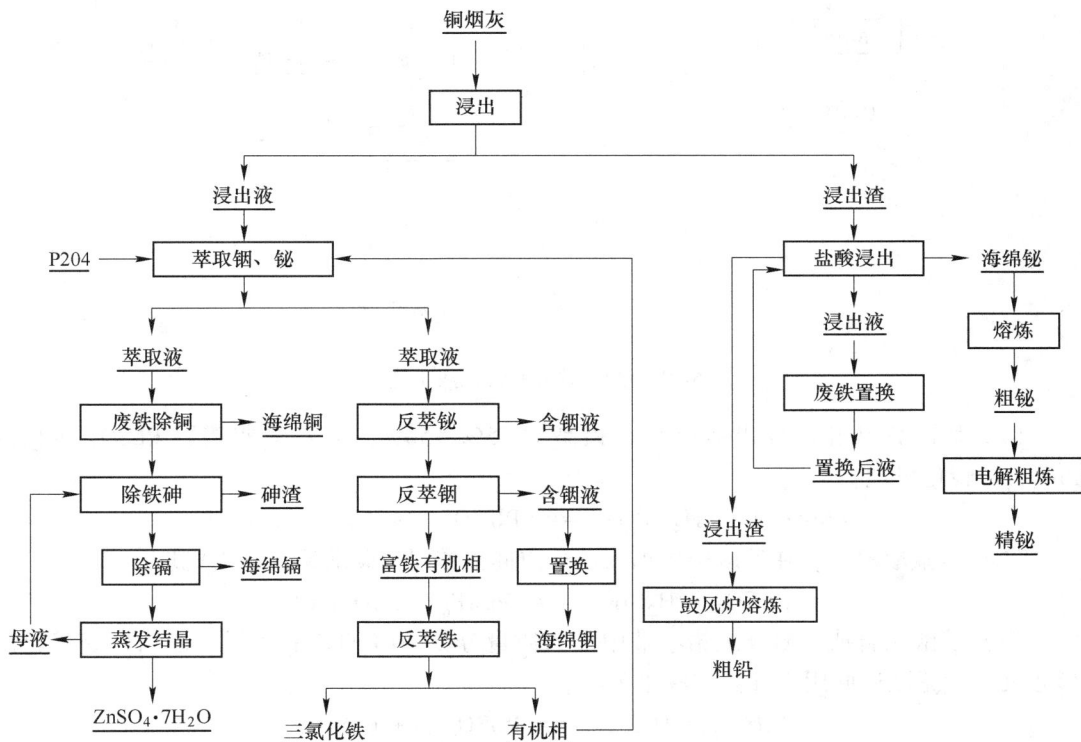

图 6-18 浸出-萃取工艺

6.3.2.2 铅的回收

采用浸出-碳酸铵转化法进行铅的提取。根据 Pb^{2+} 与 SO_4^{2-} 可形成 $PbSO_4$ 沉淀，将铅与其他元素分离。

铜烟灰经硫酸浸出后，分离得到浸出液和浸出渣。浸出渣除含有硫酸铅外，还存在其他杂质。工艺流程如图 6-19 所示。

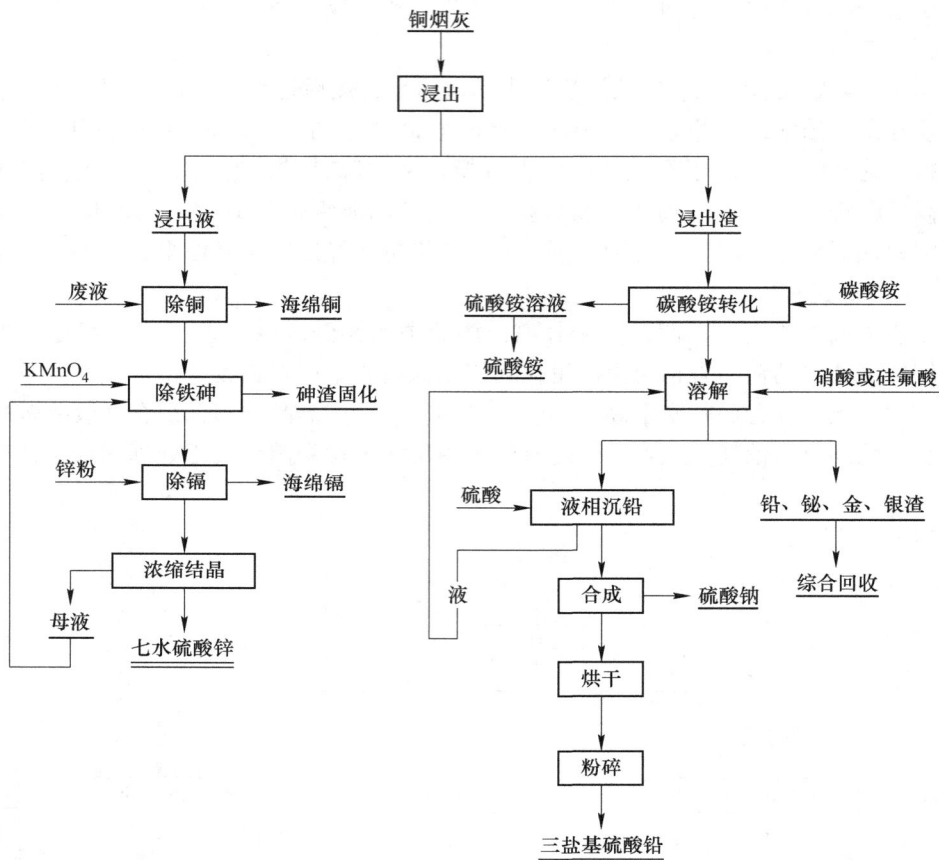

图 6-19　浸出-碳酸铵转化法工艺流程

（1）碳酸铅转化。浸出渣一般含铅高达 35%～50%，加入碳酸铵后 $PbSO_4$ 转化为 $PbCO_3$。转化机理：

$$PbSO_4 + (NH_4)_2CO_3 = PbCO_3 \downarrow + (NH_4)_2SO_4$$

（2）硅氟酸浸铅。在反应釜中加入硝酸或硅氟酸浸出碳酸铅，浸出机理：

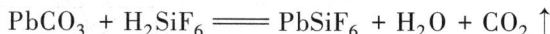

$$PbCO_3 + H_2SiF_6 = PbSiF_6 + H_2O + CO_2 \uparrow$$

（3）硫酸铅合成。氟硅酸铅溶液中加入质量分数 40% 的硫酸沉铅，使铅以硫酸铅的形态沉淀，滤液返回用于硅氟酸浸铅工序。

$$PbSiF_6 + H_2SO_4 = PbSO_4 \downarrow + H_2SiF_6$$

（4）三盐基硫酸铅合成。硫酸铅加水搅拌调浆后，缓慢加入氢氧化钠溶液，当溶液变黄时停止加入，继续搅拌，控制终点 pH 值在 8.5～9，硫酸铅与氢氧化钠溶液按下式合成三盐基硫酸铅。

$$4PbSO_4 + 6NaOH = 3Pb \cdot PbSO_4 \cdot H_2O + 3Na_2SO_4 + 2H_2O$$

（5）铋渣的回收。除铅后的铋渣中的铋、金、银含量均得到富集，再经盐酸浸出，置换可得到海绵铋，浸铋后的金银渣可提取贵金属。

（6）浸出液中有价金属的回收。烟尘经一次酸浸后所得滤液中，还含有铜、砷、镉等，进一步处理得到海绵铜、海绵镉、砷酸钠等产品。

6.3.2.3 铋的回收

因为烟灰中国铜含量较高，因此采用硫酸对炼铜烟灰进行预处理，使得 Cu、Zn、Cd、As 进入溶液中进行金属的回收，而 Bi 留在渣中。表 6-7 为炼铜烟灰浸出前后元素含量。

表 6-7　铜烟灰浸出前后元素含量　　　　　　　　（wt.%）

元　素	Ag	As	Bi	Cd	Cu	Fe	Pb	Sb	Te	Zn
H_2SO_4 浸出前	0.05	7.1	1.9	1.3	10.9	1.6	14.2	0.1	0.2	7.8
H_2SO_4 浸出后	0.15	2.9	5.3	0.1	1.9	4.8	42.0	0.45	0.65	2.4

Bi 回收的工艺流程如图 6-20 所示。经过预处理后的渣中，Pb 含量 42%，主要以 $PbSO_4$ 形式存在。铋含量高达 5.3%，回收经济上是可行的。浸出渣中的 Bi_2O_3 不溶于氯化物溶液，因此加入硫酸使得 Bi_2O_3 转变为 $Bi_2(SO_4)_3$，在 NaCl 存在条件下，又转变为 $BiCl_3$ 而进入溶液中，反应机理如下：

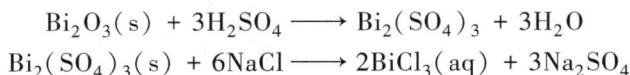

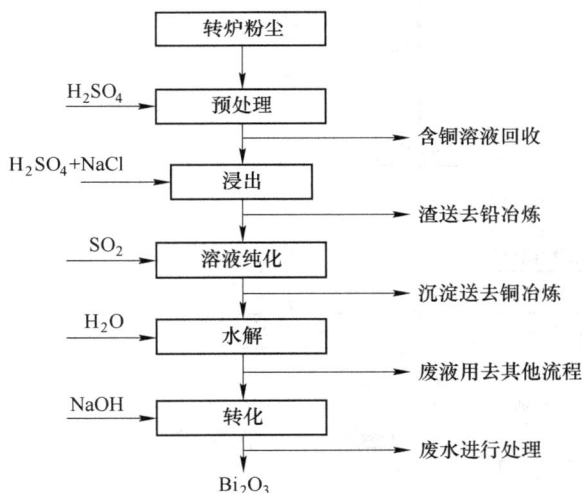

$$Bi_2O_3(s) + 3H_2SO_4 \longrightarrow Bi_2(SO_4)_3 + 3H_2O$$
$$Bi_2(SO_4)_3(s) + 6NaCl \longrightarrow 2BiCl_3(aq) + 3Na_2SO_4$$

图 6-20　转炉粉尘中回收 Bi 的流程

过滤溶液，浸出渣中主要含有 Pb 的化合物，将该渣送去铅冶炼。滤液中通入 SO_2 气体作为还原剂从浸出溶液中除去 Ag、Pb、Cu、Te 和 Sb 的杂质。82%Te、85%Pb 和 100%Ag 以相应的金属沉淀，随后从溶液中除去。大约 30% 的 As 和 45% 的 Cu 也与上述元素一起沉淀然后送去铜冶炼进行回收。所得滤液中的 $BiCl_3$ 通过水解成 BiOCl 从浸出溶液析出。

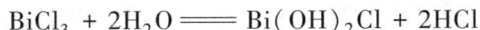

$$BiCl_3 + H_2O \Longrightarrow Bi(OH)Cl_2 + HCl$$
$$BiCl_3 + 2H_2O \Longrightarrow Bi(OH)_2Cl + 2HCl$$
$$Bi(OH)_2Cl \Longrightarrow BiOCl + H_2O$$

加入 NaOH 溶液将 BiOCl 滤饼转化成 BiOOH，通过加热得到 Bi_2O_3。

$$2BiOCl + 2NaOH \longrightarrow 2BiOOH + 2NaCl$$

$$2BiOOH \longrightarrow Bi_2O_3 + H_2O$$

表 6-8 为最终产品 Bi_2O_3 的化学组成。Bi 的含量接近 89.7% 的理论值，产品中只有少量的 As、Sb 和 Pb。Bi_2O_3 的纯度达到 97.8%。

表 6-8　最终产品 Bi_2O_3 的化学组成　　　　　　　　（%）

元素	As	Bi	Cu	Fe	Pb	Sb	Te	Zn
组成	0.35	88	0.2	0.1	0.3	1.2	0	0

6.3.2.4　砷、锑的回收

以硫化砷和氧化砷的形态存在于铜矿中的砷经熔炼或是吹炼后，大部分以氧化挥发的方式进入烟气中，其余则进入贫化电炉渣及吹炼渣中。

烟灰含砷、锑较高时采取浸出-氧化工艺。工艺流程如图 6-21 所示。

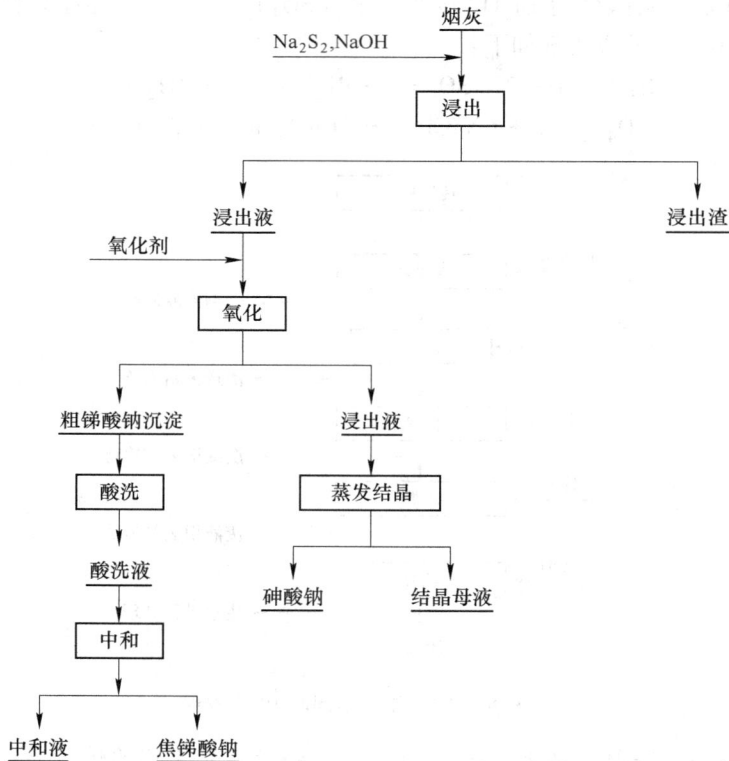

图 6-21　浸出-氧化工艺流程

其原理主要是第一步浸出，利用砷、锑在 Na_2S 的碱性溶液中浸出率达到 95% 以上，先将烟灰中所含的砷、锑与其他元素分离开。砷、锑进入浸出液，其他元素进入浸出渣。第二步则是在含砷、锑的浸出液中加入氧化剂，利用砷酸钠具有可溶性而锑酸钠不具有可溶性，将砷、锑分离开。浸出渣中的其他有价元素采用相应的方法进行处理。

第一步加入 Na_2S 和 NaOH 混合溶液进行浸出发生的主要反应如下：

$$Sb_2O_3 + 6Na_2S + 3H_2O \Longrightarrow 2Na_3SbS_3 + 6NaOH$$

$$As_2O_3 + 6Na_2S + 3H_2O =\!=\!= 2Na_3AsS_3 + 6NaOH$$

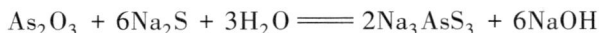

第二步浸出液中加入氧化剂，以 H_2O_2 为例，发生的主要反应如下：

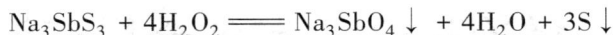

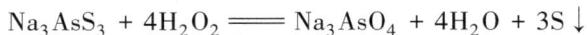

$$Na_3SbS_3 + 4H_2O_2 =\!=\!= Na_3SbO_4\downarrow + 4H_2O + 3S\downarrow$$

$$Na_3SbO_4 + 4H_2O =\!=\!= NaSbO_3 \cdot 3H_2O\downarrow + 2NaOH$$

$$Na_3AsS_3 + 4H_2O_2 =\!=\!= Na_3AsO_4 + 4H_2O + 3S\downarrow$$

生成的砷酸钠和焦锑酸钠（$NaSbO_3 \cdot 3H_2O$）可被用作玻璃澄清剂。该方法相对比较好地解决了长期以来 As 处理难的问题，但是转化率方面依然有待提高。

本 章 小 结

本章主要介绍了铜冶炼过程中产生的废弃物及其资源化利用方法。

习　题

（1）举例说明铜渣资源化利用方法。
（2）简述硫酸化焙烧蒸硒湿法处理铜阳极泥工艺流程。
（3）简述铜冶炼烟尘中砷、锑回收的工艺流程。

7 镁冶炼企业有色金属资源化利用

本章提要：

　　（1）掌握镁冶炼废弃物的主要产生来源及资源化利用途径；

　　（2）掌握本章中出现的相关概念和术语的主要内涵。

　　根据镁矿资源和种类的不同，镁的生产方法可分为两大类，即氯化熔盐电解法和热还原法。

　　电解法炼镁主要是以菱镁矿为原料，经过回转窑煅烧成球，进氯化炉氯化生成无水氯化镁再进入无隔板电解槽，电解产生镁和氯。镁电解厂主要污染物为 Cl_2、HCl、氯盐废渣、酸性废水和含铬废水。

　　热还原法根据还原剂的不同分为硅热法、碳热还原法。硅热法根据装备、能源条件形成了三种工艺：皮江（pidgeon）外热法、波尔扎诺（bolzano）电内热法和玛格尼瑟姆（magnetherm）半连续法。皮江法是硅热还原法生产金属镁工艺最具代表性的工艺。该生产过程主要包括白云石煅烧、制球、还原和精炼四个阶段，主要的废弃物为镁还原渣。

7.1 镁精炼渣的综合利用

7.1.1 镁精炼渣来源

　　采用熔盐电解法在电解槽中生产的镁及镁合金，其中含有大量的氧化物和 Fe、Cu、Ni、Si 等杂质元素，这些杂质的存在将显著降低镁合金的力学性能和耐腐蚀性能，因此，必须对熔体进行精炼处理以降低杂质含量。精炼过程是在电热坩埚中将粗镁与熔剂一起再熔，使熔剂与镁中的钠、钾等杂质充分接触，杂质进入熔剂中形成密度较大的混合物沉淀底部，与金属液分离，从而达到去除金属液中杂质的目的。熔剂主要采用无水氯化镁、NaCl、$CaCl_2$、$BaCl_2$、氟化盐等。

　　每冶炼 1 t 镁锭，将产生 0.2 t 左右的精炼废渣。目前，企业一般只对固体废渣进行简单的破碎、磨细后，通过风选回收固体废渣中的金属镁，回收后剩余的细粉渣（40~80 目）。

7.1.2 镁精炼渣的组成与性质

　　不同的厂家因为生产原料及生产镁合金的品种不同，其精炼渣成分会有少量差异，表 7-1 为某企业镁精炼渣的化学成分。

表 7-1　某企业镁精炼渣的化学成分

成分	$MgCl_2$	KCl	NaCl	$BaCl_2$	MgO	$CaCl_2$	CaF_2	Mn^{2+}	铁和铜离子总和	其他
含量/%	51.2	32.6	2.7	2.2	5.1	3.2	0.5	0.03	0.2	2.2

该渣碱性较大且大多是氯化物，如果仅堆存处理，废渣将产生风化形成粉尘，污染环境；废渣中大部分氯化物是水溶性的，在雨水的自然作用下会被溶解，从而渗入地表使土壤盐碱化，尤其 $BaCl_2$ 是一种对人体有毒的污染物，溶于水后日积月累会污染地下水资源；废渣中的 $MgCl_2$ 极易吸潮，导致废渣中的残留金属镁与水发生放热反应，反应过程的热若不及时排出会加剧反应进行，从而引起废渣着火或爆炸。所以镁精炼渣应经过处理后才能外排，以减少对环境和人类的危害。

镁精炼渣中的 $MgCl_2$、KCl 及 MgO 含量很高，若直接排放，不仅污染环境，而且浪费宝贵的镁钾资源，资源的回收可增加企业收入，降低生产成本。

7.1.3 镁精炼渣的处理方法

7.1.3.1 作为镁冶炼的原材料

目前硅热法炼镁工艺使用的原料基本上都是白云石，白云石的化学成分为 $CaCO_3$ 和 $MgCO_3$，其中的 $MgCO_3$，以 MgO 计其质量分数在 20% 左右，而镁精炼渣以 MgO 计其质量分数也大概在 20%，所以可考虑将其作为再次冶炼镁的原料。

7.1.3.2 用作脱硫剂

利用氧化镁作为湿法脱硫工艺的脱硫剂，将氧化镁通过吸收剂浆液制备系统制成 $Mg(OH)_2$ 过饱和液，然后由泵抽入吸收塔与烟气充分接触，使烟气中的 SO_2 与浆液中的 $Mg(OH)_2$ 反应生成 $MgSO_4$。干法脱硫工艺也可以使用精炼渣替代 $CaCO_3$，混入含硫较高的煤中进行燃烧，以起到固硫的作用。

7.1.3.3 作为土壤改良剂

镁是植物生长的必需元素，陆地植物体内镁的平均含量可达 0.32%，我国土壤镁含量的背景值为 0.02%~4.0%，平均为 0.78%，镁合金熔炼渣中的镁元素较高，而且多以氯化盐形式存在，易溶于水，只需要将其中的重金属离子去除掉后就可直接用作土壤改良剂，尤其适合酸性土壤的改良，不仅添加了微量元素肥料，还有利于调节土壤的 pH 值。

7.1.3.4 用于生产建筑材料

由于镁精炼渣与镁还原渣在理化性质上相似，而镁还原渣目前已广泛应用于水泥生产和其他建筑材料中。所以，镁精炼渣同样也能应用于水泥生产、蒸养砖制作及其他建筑材料及墙体材料中。

7.2 镁还原渣的资源化利用

7.2.1 镁还原渣的来源

镁还原渣是硅热还原法炼镁过程中产生的固体废弃物。镁还原渣是一种碱性工业废渣，对环境产生极大的危害。

硅热法炼镁又称皮江法炼镁，皮江法炼镁过程可分为白云石煅烧、制球、还原和精炼四个阶段。即先将白云石（$MgCO_3 \cdot CaCO_3$）在回转窑中煅烧（煅烧温度为 1150 ~ 1250 ℃）反应式见下式：

$$MgCO_3 \cdot CaCO_3 \Longrightarrow MgO \cdot CaO + 2CO_2$$

然后经研磨成粉后与硅铁粉（含硅75%）和萤石粉（含氟化钙95%）混合制球（制球压力9.8~29.4 MPa），送入耐热钢还原罐内，在还原炉中以1150~1200 ℃的温度及低于10 Pa真空条件下还原制取粗镁，反应过程见下式：

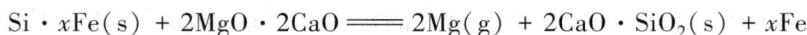

$$Si \cdot xFe(s) + 2MgO \cdot 2CaO \xlongequal{\quad} 2Mg(g) + 2CaO \cdot SiO_2(s) + xFe$$

金属镁还原后，出罐的高温镁还原渣，一般不经水淬，自然冷却。在金属镁的生产过程中，每生产1 t金属镁，产出6.5~7 t镁还原渣。皮江法炼镁流程见图7-1。

7.2.2　镁还原渣的组成与性质

镁渣的化学成分主要为CaO、SiO_2，其次为MgO和Fe_2O_3以及CaO。但由于产地不同及工艺的差异，导致镁渣的化学成分变化较大，见表7-2。

镁还原渣一般为块状和粉末状，颜色为灰色，pH值在12左右，性质较为稳定，各项性能介于矿渣和地质聚合物之间，同时在活性上与火山灰有一定的相似性，但是在实际应用中由于组成成分的差异，其火山灰活性较粉煤灰等材料偏低，有较强的水化惰性。镁还原渣在1473 K高温下从还原罐扒出时，其中的$2CaO \cdot SiO_2$主要以β-$2CaO \cdot SiO_2$形式存在，具有较高的活性，在缓慢冷却时，渣中大多数β-$2CaO \cdot SiO_2$相发生相变，变为γ-$2CaO \cdot SiO_2$相，而相变的发生会导致镁还原渣体积膨胀，使其从块状物分解，产生细粉，化学内能降低。而且镁还原渣的碱度较高，吸湿性较大，在其扒出后冷却的过程中，常常会吸收空气中的水分而出现潮解，致使活性损失。

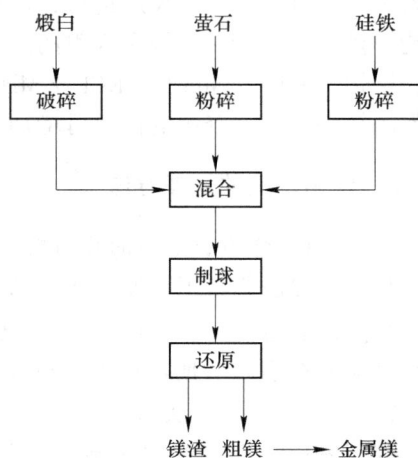

图 7-1　皮江法炼镁流程

表 7-2　镁渣的化学组成 （%）

成分	烧失量	SiO_2	Al_2O_3	Fe_2O_3	CaO	MgO	SO_3	K_2O	Na_2O	TiO_2
唐山	5.67	28.99	1.5	5.48	50.32	9.22	0.33	0.08	0.08	0.23
安徽	0.8	31.49	1.46	5.75	54.9	5.19	—	0.012	0.152	—
河南	18.2	20.05	2.94	4.6	37.29	12.94	0.65	—	—	—

7.2.3　镁还原渣的处理

7.2.3.1　利用镁渣生产建筑水泥

皮江法中产生的还原渣，其细度相当于水泥的细度，色泽为灰色。镁渣可以替代部分矿渣生产混合水泥混合材，生产出的水泥质量较稳定，但是随着镁渣掺入量的增加，水泥早期强度有降低的趋势，凝结时间延长。因此当镁渣用作水泥生产的混合材时，应该满足国家标准的相关技术要求。

A　生产砌筑水泥

砌筑水泥是由一种或一种以上的活性混合材料或具有水硬性的工业废料为主要原料，

加入适量的硅酸盐水泥熟料和石膏，经磨细制成的水硬性胶凝材料。这种水泥强度较低，不能用于钢筋混凝土或结构混凝土，主要用于工业与民用建筑的砌筑和抹面砂浆、垫层混凝土等。研究表明：镁渣的活性高于矿渣，易磨性比矿渣和熟料要好，利用炼镁废渣生产砌筑水泥，可以明显地提高水泥的活性，增加产量，降低水泥的生产能耗。

B　生产复合硅酸盐水泥

复合硅酸盐水泥是由硅酸盐水泥熟料、两种或两种以上规定的混合材料、适量石膏磨细制成的水硬性胶凝材料，称为复合硅酸盐水泥。水泥中混合材料总掺加量按质量百分比应大于20%，不超过50%。

利用镁渣生产复合硅酸盐水泥的原理是在水泥生料中加入炼镁废渣，煅烧成硅酸盐水泥熟料后，再加入适量镁渣等掺料，磨细制得复合水泥（MgO 质量分数约为4.0%）。需要注意的是利用镁渣生产复合硅酸盐水泥，掺量范围应满足水泥中方镁石含量的限制要求。

7.2.3.2　利用镁渣生产加气混凝土

镁渣属钙质材料，粉煤灰属硅质材料，都属于固体工业废渣，性能互补，在水热合成和激发的条件下，它们的活性可以激发出来，用于生产硅酸盐混凝土，在水化过程中可以抵消部分体积不稳定引起的变形。因此加气混凝土生产工艺和还原渣综合治理结合是镁生产厂家处理工业废渣、改善环境的理想方案之一。配合比范围为粉煤灰60%~71%；还原渣25%~35%；硫酸钙2%~5%；铝粉0.04%~0.06%；气泡稳定剂0.01%~0.2%。

7.2.3.3　利用镁渣做脱硫剂

镁渣中主要成分为 $CaO \cdot SiO_2$，$CaO \cdot SiO_2$ 可以和二氧化硫反应，其反应的主要物质仍然为 CaO。目前循环流化床锅炉脱硫技术主要是利用氧化钙进行脱硫，其原理就是利用 CaO 和 SO_2 反应。而镁渣中氧化钙的质量分数在50%左右，所以对镁渣进行脱硫性能的研究是有意义的。脱硫剂按25.5%计，Ca/S 摩尔比为3，在一定条件下，脱硫效率可达76.5%。分析结果得出脱硫效果主要与镁渣的粒径、孔隙率、脱硫温度等因素有关。粒径越小，孔隙率越高的镁渣，在适当的空气过量系数和温度下，可提高镁渣的脱硫效率。

7.2.3.4　利用镁渣制备硅钙镁肥

镁渣富含钙、镁等中量元素以及有益元素硅，且元素均以枸溶态形式存在的特性，通过添加一定的辅料，生成以中量元素为主的新型矿物质肥料硅钙镁肥。镁渣活化的最佳粒度为90目，煅烧时间为2 h，最佳的助剂比例为 m（镁渣）：$m(CaCO_3)$：$m(KOH)$：$m(K_2CO_3)$ = 1：0.5：0.05：0.09，镁渣最优的活化温度为750 ℃。根据该工艺条件所制的硅钙镁肥，其有效硅的质量分数为20.34%，85%的物料可通过60目标准筛，含水量（水的质量分数）为0.89%，符合国家的硅肥的标准。

7.2.3.5　利用镁渣制备泡沫玻璃

利用镁渣制备泡沫玻璃工艺流程如图7-2所示。镁渣35%，废玻璃粉65%，碳酸钠发泡剂2%，稳泡剂偏磷酸钠3%，助溶剂硼砂2%，发泡温度950 ℃，发泡时间30 min 条件下时得到的泡沫玻璃性能最佳。其表观密度为598 kg/m³，吸水率为0.43%，抗压强度为5.34 MPa，孔隙率73.78%，在酸液中质量变化率为0.78%，在50~400 ℃的平均热膨胀系数为 $9.5916 \times 10^{-6}/℃$，泡沫玻璃表面气孔分布较为均匀，满足工业应用需要。

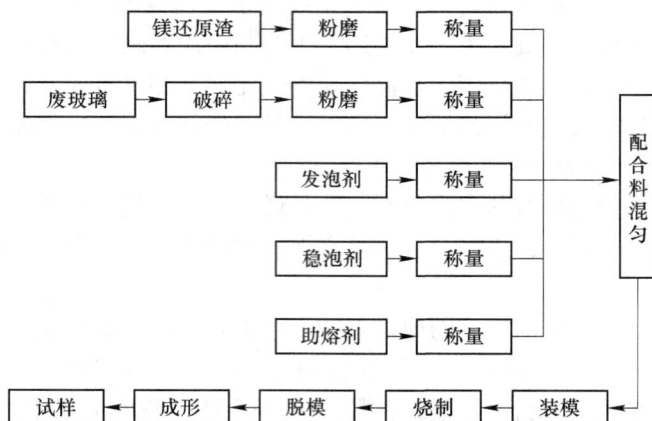

图 7-2　泡沫玻璃制备工艺流程

A　稳泡剂

稳泡剂又可以叫作改性剂。加入稳泡剂能够提高配合料玻璃液黏度，增大发泡的温度区间保障气泡稳定，抑制连通孔出现，改善泡沫玻璃性能。常用稳泡剂包括 $Na_4P_2O_7$、$(NaPO_3)_6$、Sb_2O_3、Fe_2O_3、H_3BO_3、Na_2SO_4、Na_3PO_4 等。

六偏磷酸钠 $(NaPO_3)_6$ 的作用机理是六偏磷酸钠高温分解生成磷酸钠，磷酸钠能够进一步分解生成 Na_2O 及 P_2O_5。P_2O_5 会提供网络形成离子 P^{5+}，从而合成 $[PO_4]$ 四面体，然后在 $[SiO_4]$ 四面体存在下共同构建网络，在温度较高或者较低时调整熔融体黏度，稳定气泡，使其不易从熔体内部逸出；同时分解产生的 Na_2O 还可以起到助熔的作用。

B　发泡剂

发泡剂是促使泡沫玻璃产生泡孔的一种物质。发泡剂通常可以分为两类，一类是本身受热分解后释放气体，另一类是与原料反应进而释放气体，不管是何种发泡剂，它产生气体的温度都应满足或者稍高于配合料到达发泡时所需黏度的温度区间。常用的发泡剂有 Na_2CO_3、Ca_2CO_3、纯炭、炭黑、水玻璃、MnO_2 等。发泡剂的选择和用量对泡沫玻璃的发泡质量有较大影响，当发泡剂用量过小时，会造成发泡不充分，使泡沫玻璃的密度过大；当发泡剂用量过大时，会形成不规则的大泡，产生连通孔。

Na_2CO_3 作为发泡剂在泡沫玻璃烧制过程主要产生如下反应：

$$Na_2CO_3 + SiO_2 == Na_2SiO_3 + CO_2$$

$$Na_2CO_3 == Na_2O + CO_2$$

同时 Na_2CO_3 还会分解生成 Na_2O，而 Na_2O 是一种强效助熔剂，具有使 Si—O 键断裂的作用。故使用 Na_2CO_3 作为发泡剂，不但可以产生发泡的效果，而且能减少助熔剂的用量。

C　助熔剂

掺加助熔剂能够改良泡沫玻璃制品的物理化学性能以及温度制度，有效降低了发泡时所需温度，增大了发泡的温度区间，而且镁还原渣的熔点相对较高，更需要借助助熔剂来保证泡沫玻璃的制备。常用助熔剂有 Na_2CO_3、Na_2SiF_6、$NaNO_3$、乙二胺盐、$Na_2B_4O_7 \cdot 10H_2O$ 等。

硼砂 $Na_2B_4O_7 \cdot 10H_2O$ 作为助熔剂，通常是包含无色晶体的粉末，易溶于水，其作为助熔剂的机理是：硼砂在高温下分解为 B_2O_3 和 Na_2O，当温度较高时，B_2O_3 带入的硼离子通常以三角体 $[BO_3]$ 的形式存在，能够使熔体的高温黏度降低，而当温度较低时，硼离子则会夺取游离的氧离子形成四面体 $[BO_4]$，使熔体结构趋向紧密，进而起到助熔的作用；而分解产生的 Na_2O 也是一种强助熔剂。掺入适量的硼砂，能够使制备烧结温度下降 $30 \sim 50$ ℃。

7.2.3.6 利用镁渣制备胶凝材料

镁渣的组成范围一般为：CaO 40%～50%；SiO_2 20%～30%；Al_2O_3 2%～5%；Fe_2O_3 约9%。而硅酸盐水泥熟料的组成范围为：CaO 62%～68%；SiO_2 20%～24%；Al_2O_3 4%～7%；Fe_2O_3 2.5%～6.5%。从镁渣和硅酸盐水泥熟料组成对比来看，镁渣可以替代部分硅酸盐水泥熟料作为胶凝材料使用。由于它是介稳的高温型结构；也可能是由于在矿物中形成了有限的固溶体；也可能是由于微量元素的掺杂使晶格排列的规律性受到某种程度的影响；由于上述原因，使结晶结构的有序度降低，因而使其稳定性降低，水化反应能力增大。

镁渣生产后经过了急速冷却的过程，其内矿物属于介稳的高温型结构，结构中存在活性的阳离子，所以镁渣本身具有很高的水化活性，可生成水化硅酸钙凝胶。镁渣的水化反应如下：

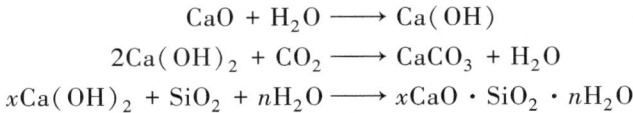

$$CaO + H_2O \longrightarrow Ca(OH)$$
$$2Ca(OH)_2 + CO_2 \longrightarrow CaCO_3 + H_2O$$
$$xCa(OH)_2 + SiO_2 + nH_2O \longrightarrow xCaO \cdot SiO_2 \cdot nH_2O$$

7.2.3.7 镁渣做砂浆

由于镁渣中 MgO 含量与硅酸盐水泥相比是比较高的，应用镁渣作为砂浆的胶结材料是非常理想的，镁渣不但可以提高砂浆的和易性，而且还可以提高砂浆的强度和耐久性，因为 MgO 具有一定的膨胀作用，这种膨胀作用可以弥补胶凝材料水化和硬化过程中产生的自我收缩，减少开裂，从而提高其强度和耐久性；同时，由于镁渣中所含的碱性氧化物成分（K_2O 和 Na_2O）是很低的，所以就避免了碱发生骨料反应，保证了应用镁渣配制的砂浆材料的耐久性。

7.2.3.8 镁渣研制新型环保陶瓷滤料

将镁渣直接磨细与一定比例的磨细成孔剂及天然矿物烧结助剂混合，然后经过成球、干燥，并在隧道窑或梭式窑中于 $1050 \sim 1150$ ℃烧成，得到环保陶瓷滤料。此方法的镁渣利用效率高，且所烧成的陶瓷滤料抗压强度达 20 MPa。可用作生产液体及气体过滤用滤袋和滤芯等。

本 章 小 结

本章主要介绍了镁工业生产过程中产生的主要废弃物镁精炼渣和镁还原渣的来源、组成、化学性质及其资源化利用方法。

习　题

（1）简述利用镁还原渣制备泡沫玻璃稳泡剂、发泡剂和助溶剂的作用。

（2）镁精炼渣的资源化利用途径有哪些？

8 锑冶炼企业有色金属资源化利用

本章提要：

（1）掌握锑工业废弃物的主要产生来源及资源化利用途径；

（2）掌握本章中出现的相关概念和术语的主要内涵。

锑的冶炼方法主要包括火法和湿法，95%以上的锑冶炼企业均使用火法工艺。锑的火法冶炼主要包括挥发焙烧-还原熔炼法和挥发熔炼—还原熔炼法，常规流程是将硫化锑矿石或锑精矿经挥发焙烧或挥发熔炼产出三氧化锑，再进入反射炉进行还原熔炼和精炼，最终产出金属锑。挥发焙烧工艺适用于冶炼品位低于40%的锑矿，处理品位高于40%的锑矿时通常选择鼓风炉挥发熔炼。火法炼锑的典型生产工艺如图8-1所示。

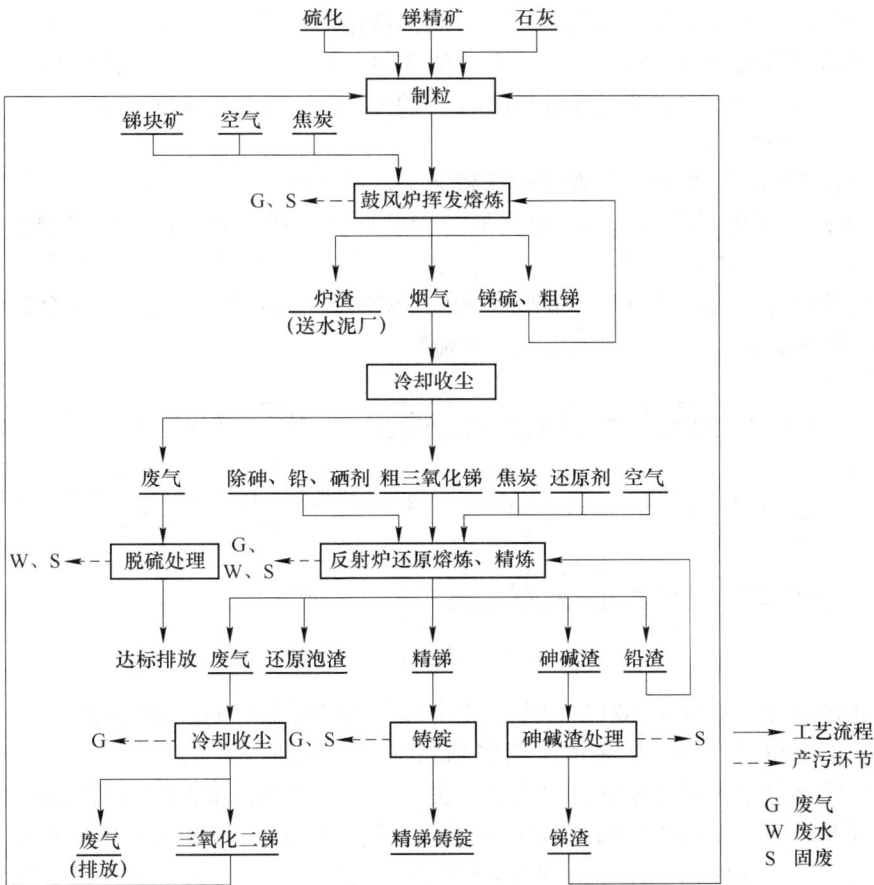

图 8-1　锑冶炼工艺流程及主要产污染环节

160

在火法冶炼过程当中会产生大量的废气、废水、固体废物、噪声等污染物，废气中通常含有烟粉尘、SO_2、重金属等污染物，废水主要包括酸性废水和重金属废水，固废主要包括鼓风炉水淬渣、砷碱渣等，这些污染物对环境造成严重污染。

8.1 鼓风炉水淬渣的综合利用

8.1.1 鼓风炉水淬渣来源

水淬渣是鼓风炉挥发熔炼产生的固废，在鼓风炉冶炼过程中，锑精矿和焦煤、铁矿石、石灰在 1300～1400 ℃下熔炼，在这一过程中几乎全部的锑和锑精矿中大部分的伴生重金属被氧化挥发，剩下的残渣排出鼓风炉，经水淬即得水淬渣。所以，水淬渣的主要成分由投进鼓风炉的原料决定，渣中含 Fe_2O_3 28%～35%，SiO_2 32%～40%，CaO 12%～16%，Al_2O_3 3%～7%。

8.1.2 鼓风炉水淬渣的综合利用

8.1.2.1 生产水泥

将该渣与高炉水淬渣掺和成混合料，可制得低标号水泥作矿井内胶结充填用。其配料比为：鼓风水淬锑渣 28%～30%，高炉水淬渣 35%～37%，立窑煅烧熟料 28%～30%，石膏 5%～6%。当适当降低水淬锑渣掺和比例至 10%时，还可获得 425 号水泥。

8.1.2.2 提取金属

在我国南方湖南、贵州、广西等锑矿资源丰富的地区，存在大量的含金锑渣，金品位一般为 3～5 g/t，有的高达 10 g/t。这些渣急冷后形成外观呈亮黑色的细状颗粒物，粒度大多在 5 mm 以下（占 80%左右），且分布均匀，具有一定的金属光泽。其中主要矿物为黏稠的玻璃状球体，其次为锑的氧化物、未完全燃烧的炭质物。Au、Ag 等金属被包裹在玻璃体内。图 8-2 所示为含金锑渣提金工艺流程。

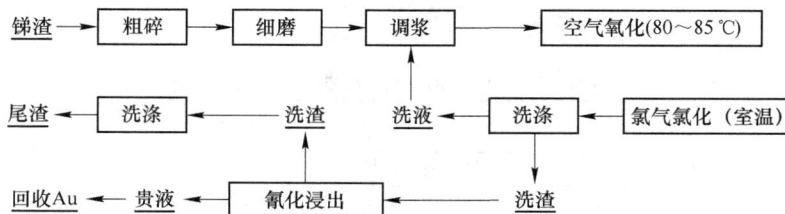

图 8-2 含金锑渣提金工艺流程

锑渣通过破碎、细磨至 200 目以下，完全破坏炼锑时形成的玻璃状物质，使金的包裹物在一定程度上得到解离。矿浆浓度调整到 30%，进行通气氧化。在通入空气时同时加入碳酸钠，使锑等杂质充分脱除，也有利于提高金的回收率，降低后续氯的消耗量。

在温度 80～85 ℃用空气对矿浆进行氧化，充气时间 8 h，使矿浆中的水溶性还原物质及部分炭质氧化，并保证矿浆中有足够的溶解氧。加入碳酸钠的主要作用是调整矿浆的pH 值至 12，使空气氧化在碱性条件下进行，同时中和空气氧化过程中产生的酸性物质，有利于杂质锑的溶解。锑溶解反应式为：

$$Sb_2O_3 + 6OH^- \longrightarrow 2SbO_3^{3-} + 3H_2O$$

$$Sb_2O_3 + 2OH^- \longrightarrow 2SbO_2^- + H_2O$$

$$Sb_2O_3 + Na_2CO_3 \longrightarrow 2NaSbO_2 + CO_2\uparrow$$

空气氧化后的矿浆通入氯气，加速锑的溶解及炭质的氧化过程，使其失去后续对金氰络离子的吸附活性。实践证明，锑渣经双氧化法预处理后，浸渣中锑的脱除率为92.4%，炭的氧化率为52.7%。经过滤、洗涤后采用常规氰化方法提金，可使金的浸出率达到86.74%。

8.2　砷碱渣的综合利用

8.2.1　砷碱渣的来源

锑矿中大多含有砷，在硫化锑精矿中，砷以FeAsS形态存在。目前锑矿冶炼以火法冶炼占绝对优势，以"鼓风炉挥发熔炼—反射炉还原熔炼、精炼"工艺流程为主。砷在挥发熔炼过程中发生以下反应：

$$FeAsS = FeS + As$$

$$As + O_2 = AsO_2$$

所以，炉料中的砷大部分以氧化物形态进入粗三氧化二砷中，作为反射炉还原熔炼的原料。在反射炉还原熔炼过程中，三氧化二砷和三氧化二锑分别被还原成单质砷、单质锑而进入粗锑。

为了脱除粗锑中的砷，在粗锑精炼过程中加入碳酸钠或氢氧化钠脱砷，砷以砷酸钠盐的形态进入砷碱渣。主要反应为

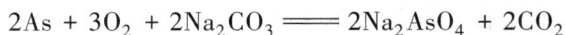

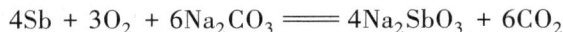

$$2As + 3O_2 + 2Na_2CO_3 = 2Na_2AsO_4 + 2CO_2$$

$$4Sb + 3O_2 + 6Na_2CO_3 = 4Na_2SbO_3 + 6CO_2$$

砷碱渣是锑精炼过程中加碱除砷时产生的浮渣。

通常粗氧化锑中含有0.5%~1%的硫，以硫化锑的形态存在，很难被还原，在粗锑精炼过程以硫化钠或硫酸钠的形式进入砷碱渣。主要反应如下：

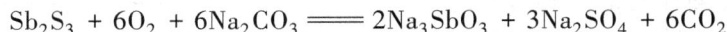

$$Sb_2S_3 + 3Na_2O = 3Na_2S + Sb_2O_3$$

$$Sb_2S_3 + 6O_2 + 6Na_2CO_3 = 2Na_3SbO_3 + 3Na_2SO_4 + 6CO_2$$

根据精炼除砷时采用工艺的不同，一般每生产1万吨精锑将产生砷碱渣400~1000 t。

8.2.2　砷碱渣的组成

砷碱渣的主要成分是砷酸钠、亚锑酸钠和碳酸钠，一般锑的质量分数为20%~40%，砷的质量分数为3%~9%，以Na_2CO_3计的总碱度为20%~30%，并含有少量SiO_2、CaO、Al_2O_3和S。锡矿山炼锑厂典型碱渣中锑和砷的存在形态与含量如表8-1所示。

表 8-1　砷碱渣中锑和砷的存在形态及含量　（质量分数,%）

存在形态	Sb				As			
	Na₃SbO₃	Na₃SbO₄	Sb	合计	Na₃AsO₄	NaAsO₃	As	合计
含量	83.27	0.22	16.51	100	97.88	1.89	0.23	100

从表 8-1 中可以看出，碱渣中的砷几乎全是水溶性的，一旦渗入地下或流入江河湖泊，将对环境造成严重危害。

8.2.3　砷碱渣的处理方法

砷碱渣的处理方法主要包括火法处理和湿法处理等。

8.2.3.1　火法处理

火法处理砷碱渣的基本工艺流程是"砷碱渣鼓风炉挥发熔炼—反射炉还原熔炼精炼"，是将锑冶炼砷碱渣投入锑鼓风炉进行挥发熔炼，同时配入足够的熔剂和焦炭，砷碱渣中的砷、锑一同被氧化，以氧化物的形式进入高温烟气，烟气冷却后，一起被回收得到高砷粗三氧化二锑；高砷粗三氧化二锑在反射炉内加入还原剂后被还原，进入粗锑，得高砷粗锑，然后在反射炉内加入纯碱或片碱鼓风反复精炼，得到合格的锑锭。

火法处理砷碱渣的优势是处理能力大，生产效率高，可以利用锑冶炼系统的设备，投资省。火法处理工艺同时存在明显的缺点：原料、产品含砷高，操作环境差，有碍员工身体健康；高砷粗锑反复精炼，精炼时产生的返回品含砷更高，形成砷的恶性循环；环境风险很大，要求有完善的、密闭的冷却收尘系统。

8.2.3.2　湿法处理

目前对砷碱渣的处理主要采用湿法工艺，其基本原理是利用锑酸钠、亚锑酸钠基本不溶于水，而砷酸钠、亚砷酸钠溶于水的特性，采用水浸，使锑、砷分离，对含砷溶液再采用化学沉淀或离子交换等方法进一步处理。

A　砷酸钠混合盐法

砷酸钠混合盐法是用水浸出砷碱渣，使可溶性砷酸钠、亚砷酸钠溶于水，分离出砷和锑，将溶液完全蒸发浓干，使溶于水的成分全部结晶析出，经干燥物理水，产出砷酸钠混合盐。这种混合盐的主要成分都带有结晶水。

图 8-3 为砷酸钠混合盐法处理砷碱渣流程，砷碱渣湿式破碎至粒度小于 2 mm，搅拌浸出，同时通入含有 10% ~ 12% CO_2 的锅炉烟气脱锑，当 pH 值为 10 时，进行过滤，得到锑渣和滤液，锑渣返回锑鼓风炉处理；滤液进行蒸发浓缩、冷却结晶后得砷酸钠混合盐，母液返回浓缩。

砷碱渣内含有少量硫代亚锑酸盐，在浸出时

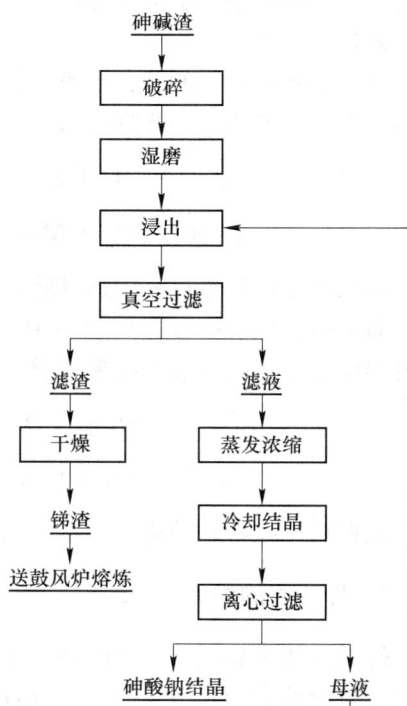

图 8-3　砷酸钠混合盐法处理砷碱渣流程

进入溶液，造成锑损失，通入 CO_2 调节溶液 pH 值，在溶液中含有少量亚锑酸钠的条件下，使之转入固相与锑渣一起回收，浸出液中含锑大大降低，砷酸钠混合盐平均含锑小于 0.3%，锑的回收效果好。其反应为：

$$Na_3SbS_3 + Na_3SbO_3 + 3CO_2 \Longrightarrow Sb_2S_3\downarrow + 3Na_2CO_3$$

该流程既可回收砷碱渣中的锑，又可提取其中的砷，得到砷酸钠混合盐。

该工艺所获锑渣，称为二次锑精矿，锑质量分数为 55% ~ 57%，砷质量分数为 0.4% ~ 0.5%，含水率小于 8%，一般返回锑鼓风炉熔炼回收锑。副产品砷酸钠混合盐的主要成分为 $Na_3AsO_4 \cdot 12H_2O$、$Na_2CO_3 \cdot H_2O$、$Na_3AsO_3 \cdot 12H_2O$、$Na_2SO_4 \cdot 10H_2O$ 及 NaOH 和少量锑，其中砷的质量分数达 15% 左右。砷酸钠混合盐的化学成分见表 8-2。

表 8-2 砷酸钠混合盐化学成分 （质量分数，%）

名称	$Na_3AsO_4 \cdot 12H_2O$	$Na_3AsO_3 \cdot 12H_2O$	$Na_2CO_3 \cdot H_2O$	$Na_2SO_4 \cdot 10H_2O$	NaOH	Sb
混合盐 1	86.5	0.75	7.25	0.35	1.52	0.21
混合盐 2	84.7	0.65	8.1	0.24	1.81	0.23

砷酸钠混合盐含有砷酸钠、碳酸钠、硫酸钠和少量锑，可以作为玻璃澄清剂，但并未实现砷碱分离；由于砷碱渣成分复杂、该工艺方法简单，产品质量不稳定，管道极易堵塞，无法维持正常的生产秩序，因此采用砷酸钠混合盐处理砷碱渣生产线已停产。

因此改进工艺流程，提出图 8-4 工艺流程，该工业流程不仅没有产生废水、废渣，而且还得到可供工业用的 4 种副产品烧碱、精石膏、氧化砷和二次锑精矿。

砷碱渣处理的工艺条件为：首先通过热水浸出，使 90% 以上的锑进入浸出渣，浸出渣可作为二次锑精矿使用。97% 以上的砷进入浸出液中，这样就实现砷和锑的分离。其次对浸出液采用石灰乳沉砷，控制钙砷当量比为 1.85，温度为 85 ℃ 左右时，沉砷率达到 95%。然后将砷钙渣用硫酸溶液溶解。控制温度约 85 ℃，$w(H_2SO_4)/w(CaO) = 1.2$，溶解砷钙渣得到含砷很高的砷酸溶液和粗石膏。粗石膏经过二次溶砷得到了含砷小于 0.2% 的精石膏，最后通过还原、冷却结晶试验，得到纯度 95% 以上的粗三氧化二砷。

B 分步结晶法

分步结晶法处理砷碱渣是先将碱渣进行水浸，使锑与砷分离，获得的锑渣返回熔炼工序回收锑，对水浸液则采用分步结晶的办法分别回收其中的砷和碱，而不是只获得混合盐。其基本原理是基于多元组分的溶液，如组分间有低溶解度和高溶解度的差异，且低溶解度的组分在室温下的溶解度与高于室温乃至沸腾温度下的溶解度差异较大，而高溶解度的组分其溶解度受温度的影响不大，则该溶液可采用分步结晶法分离回收，即常温下为低溶解度，加温后溶解度明显升高的溶质，能通过加温浓缩使其浓度达到过饱和，再冷却至室温，使其过饱和的溶质析出，从而达到分离该组分的目的。

分步结晶法的具体方案：

第一步，先将砷碱渣水浸液置于浓缩设备中浓缩，浓缩温度控制在 40 ~ 100 ℃，浓缩至溶液中的砷质量浓度达到 62.36 ~ 75.66 g/L，即浓缩终点，静置冷却至室温或室温以下，再静置结晶 2 h，过滤，获得砷酸钠晶体。

第二步，将第一步结晶后的母液置于浓缩设备中浓缩，温度控制在 40 ~ 100 ℃，第二步浓缩终点以粗碱含水率为 15% ~ 30%，以利于从浓缩设备中排出和入窑煅烧为宜，将第

```
                              砷碱渣
                                │
                           ┌─────────┐
                           │ 热水浸出 │
                           └─────────┘
                    ┌───────────┴───────────┐
                  浸出液                    浸出渣
                    │                        │
                ┌───────┐               二次锑精矿
                │ 沉砷  │
                └───────┘
                    │
                ┌───────┐
                │ 过滤  │
                └───────┘
         ┌──────────┴──────────┐
        滤液                   滤渣
         │                      │
     ┌───────┐            ┌───────┐
     │ 浓缩  │            │ 洗涤  │◄──── 水
     └───────┘            └───────┘
         │            ┌───────┴───────┐
    工业用烧碱        滤渣            洗水
                       │              │
                  ┌────────┐      配石灰乳
                  │ 一次溶砷 │      (返沉砷)
                  └────────┘
                       │
                  ┌───────┐
                  │ 过滤  │
                  └───────┘
         ┌─────────────┴─────────────┐
      砷酸溶液                       滤渣
         │                           │
     ┌───────┐                  ┌────────┐
     │ 还原  │◄── SO₂           │ 二次溶砷 │◄── 硫酸溶液
     └───────┘                  └────────┘
         │                           │
     ┌───────┐                  ┌───────┐
     │ 浓缩  │                  │ 过滤  │
     └───────┘                  └───────┘
         │                ┌─────────┴─────────┐
     ┌───────┐          滤渣                 滤液
     │ 结晶  │──► 酸液     │                (返一次溶砷)
     └───────┘   (返还原、  │
         │       一次溶砷) ┌───────┐
       As₂O₃              │ 洗涤  │◄── 热水
                          └───────┘
                     ┌───────┴───────┐
                   精石膏           洗水
                                  (返二次溶砷)
```

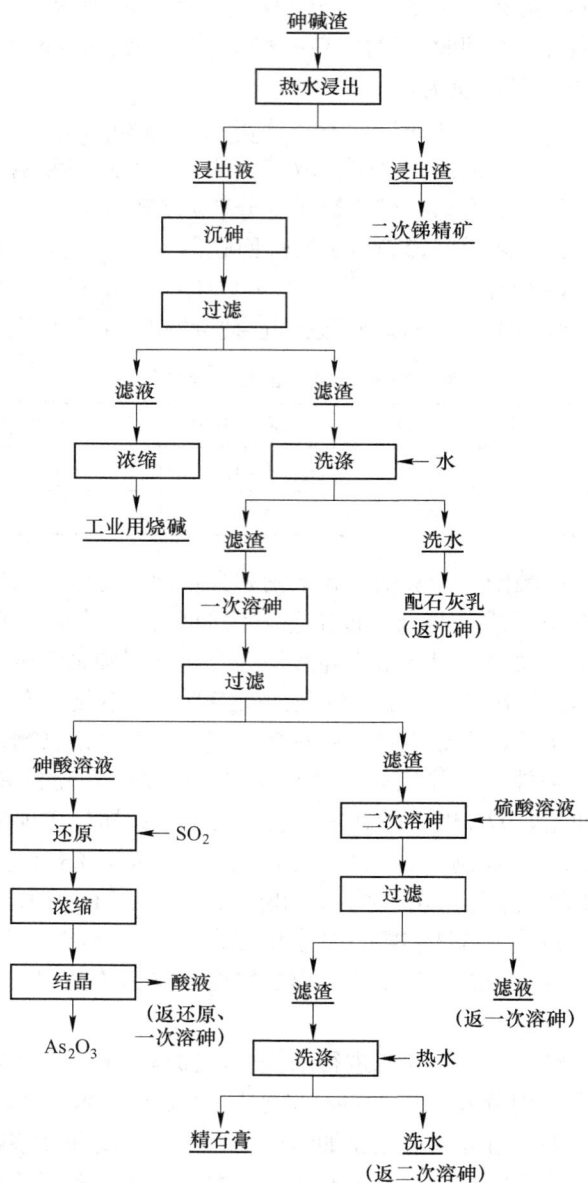

图 8-4　处理砷碱渣工艺流程

二步结晶产物进行煅烧处理，获得的粗碱返回火法精炼脱砷工序使用。

　　该技术的关键是控制一步结晶终点溶液中砷的浓度，砷碱渣水浸液中的 As^{5+} 和 Na^+ 浓度不同，其结晶终点 As^{5+} 浓度和 Na^+ 浓度也有所差异。

　　经过反复试验证明，将含 As^{5+} 32. 39~38. 22 g/L，含 Na^+ 88. 26~93. 22 g/L 的砷碱渣水浸液，在 40~100 ℃的温度下浓缩至溶液中含 As^{5+} 62. 36~75. 66 gL，含 Na^+ 190. 31~203. 00 g/L，然后将此浓缩液冷却至室温或室温以下，静置结晶 2 h，过滤，获得含 Na_3AsO_4 63. 81% ~ 84. 00%、NaOH 1. 34% ~ 10. 63%、Na_2CO_3 0. 29% ~ 1. 06%、H_2O

11.96%~29.05%（均为质量分数）的砷酸钠结晶，As 直收率达 86.14%~92.93%，回收率达 94.09%~99.68%。将第一步结晶母液置于浓缩设备中，在 40~100 ℃ 的温度下浓缩至含水率为 15%~30%，结晶物煅烧即制得粗碱，粗碱含 NaOH 78.88%~83.4%、Na_2CO_3 8.96%~12.36%、As 2.09%~2.65%、H_2O 0.56%~4.68%（均为质量分数），Na 的直收率为 59.03%~68.27%，回收率为 94.34%~99.51%。

分步结晶法获得的砷酸钠晶体纯度较高，可用作玻璃澄清剂或用于提砷，粗碱则可返回火法精炼脱砷工序使用，因而该技术具有较好的环保效益和经济效益。

C 钙盐沉淀法

钙盐沉淀法是基于砷酸钙极低的溶解度特点，通过往含砷水溶液中加入消石灰生成砷酸钙沉淀，即钙渣，而达到除砷的目的（图 8-5）。

其基本工艺过程为：砷碱渣首先湿式破碎至粒度小于 0.2 mm，再加水搅拌浸出，其中所含的砷酸钠和碳酸钠等可溶性成分进入溶液，砷浸出率可达 90% 以上，而锑盐及金属锑等不溶性成分则留在浸出渣中，经过澄清后，浸出渣（锑渣）含锑 50%~63%，含砷低于 1%，烘干后可作为二次锑精矿送鼓风炉处理。浸出液加消石灰或石灰乳苛化，得到烧碱溶液和砷酸钙沉淀即钙渣，砷的沉淀率达 98% 以上。

钙盐沉淀法主要反应如下：

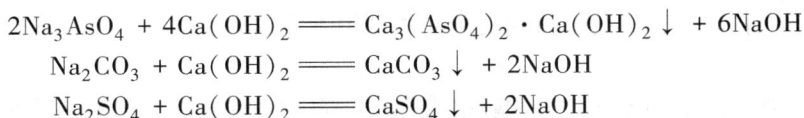

$$2Na_3AsO_4 + 4Ca(OH)_2 \xlongequal{\quad} Ca_3(AsO_4)_2 \cdot Ca(OH)_2 \downarrow + 6NaOH$$
$$Na_2CO_3 + Ca(OH)_2 \xlongequal{\quad} CaCO_3 \downarrow + 2NaOH$$
$$Na_2SO_4 + Ca(OH)_2 \xlongequal{\quad} CaSO_4 \downarrow + 2NaOH$$

钙盐沉淀法虽然可以解决砷碱渣中砷锑基本分离的问题，回收其中的金属锑返回处理。但是钙渣含砷 4%~9%、含锑低于 1%，钙渣中的砷在水溶液中仍然有 13~126 mg/L 的溶解，在酸性环境下溶解度更大，依然是有毒危险固废，不能丢弃。

砷钙渣很不稳定，能够与空气中 CO_2 反应生成砷酸。因而，采用钙盐沉淀法处理砷碱渣，并没有真正地消除砷碱渣对周边生态环境及人体健康的潜在危险，改变的仅仅是砷的存在形态和方法，对环境仍然容易造成了二次污染。

D CO_2 脱碱-硫化沉砷法

该法主要包括水浸分离锑和砷、CO_2 脱碱、硫化沉砷以及脱硫酸根等工序，其工艺流程如图 8-6 所示。

首先将砷碱渣破碎，在浸出釜中采用 80 ℃ 左右的热水搅拌浸出，过滤后得到的锑精矿返回锑的挥发熔炼工序，砷等可溶性钠盐进入 CO_2 脱碱工序。

CO_2 脱碱的原理是二氧化碳与碳酸钠发生反应形成碳酸氢钠，而碳酸氢钠的溶解度远小于碳酸钠的溶解度，因此，向水浸液中通入二氧化碳气体，可以脱除其中大部分碳酸

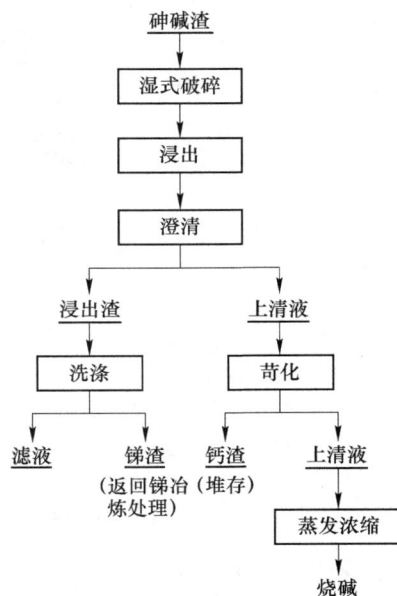

图 8-5 钙盐沉淀法生产工艺流程

```
          砷碱渣、水
              │
              ▼
      ┌──────────────┐◄─────────────────────┐
      │ 水浸分离锑、砷 │                        │
      └──────────────┘                        │
         │        │                           │
         ▼        ▼                           │
    二次锑精矿   水浸液                         │
    (返挥发熔炼)   │                           │
              ▼                               │
        ┌──────────┐      CO₂                 │
        │ CO₂脱碱   │◄─────                    │
        └──────────┘                          │
         │        │                           │
         ▼        ▼                           │
      碳酸盐    脱碱后液                        │
    (返锑精炼)    │                           │
              ▼                               │
        ┌──────────┐   硫化钠、硫酸             │
        │ 硫化沉砷  │◄─────                    │
        └──────────┘                          │
         │        │                           │
         ▼        ▼                           │
       砷渣     脱砷后液                        │
      (产品)      │                           │
              ▼                               │
        ┌──────────┐   氢氧化钡                │
        │ 脱硫酸根  │◄─────                    │
        └──────────┘                          │
         │        │                           │
         ▼        ▼                           │
      硫酸钡     滤液 ─────────────────────────┘
      (产品)
```

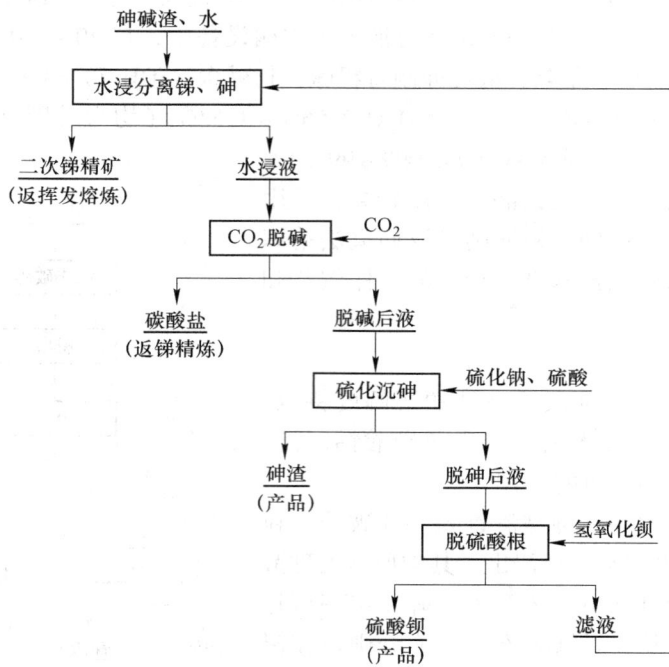

图 8-6 CO_2 脱碱-硫化沉砷法处理砷碱渣工艺流程

钠，主要化学反应为：

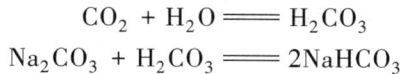

$$CO_2 + H_2O \xrightarrow{\hspace{1cm}} H_2CO_3$$

$$Na_2CO_3 + H_2CO_3 \xrightarrow{\hspace{1cm}} 2NaHCO_3$$

脱碱操作时，把水浸液加入反应釜内，通入二氧化碳气体，在 40 ℃左右和中性 pH 值条件下搅拌脱碱，过滤后得到的碳酸盐可用于锑的火法精炼脱砷，脱碱后液送硫化沉砷工序。

在脱碱后液中加入硫化钠和硫酸溶液，在 60 ℃和酸性，pH 值小于 5 的条件下搅拌脱砷，沉淀出砷的硫化物，脱砷后液进入脱硫酸根工序。硫化沉砷的反应式为：

$$2Na_3AsO_4 + 5Na_2S + 8H_2SO_4 \xrightarrow{\hspace{1cm}} As_2S_5\downarrow + 8Na_2SO_4 + 8H_2O$$

硫化沉砷所得砷渣的砷含量较高，其质量分数达 35%左右，可作为专业砒霜冶炼厂的原料。

在脱砷后液中，加入过饱和的氢氧化钡溶液，使溶液中的硫酸钠转变为硫酸钡沉淀析出，化学反应式如下：

$$Na_2SO_4 + Ba(OH)_2 \xrightarrow{\hspace{1cm}} BaSO_4\downarrow + 2NaOH$$

过滤后产出的硫酸钡用温水洗涤，硫酸钡烘干后作为最终产品出售，脱硫酸根后的滤液返回用于浸出砷碱渣。

CO_2 脱碱-硫化沉砷法处理砷碱渣，可获得二次锑精矿、碳酸钠、砷硫化物和硫酸钡产品。整个工艺流程中的水溶液可实现闭路循环，各次洗涤水返回浸出，没有废水外排，工艺流程中没有新的废渣产生，在脱砷过程中产生的少量硫化氢废气，采用氢氧化钠溶液吸收，吸收液可返回脱砷系统使用，该工艺的环境效益明显。

E　中和硫化物沉砷法

中和硫化物沉砷法是将砷碱渣用水浸出后，砷碱渣中的锑酸钠、亚锑酸钠、金属锑和脉石成分等不溶性物质沉淀进入浸出渣，浸出渣（锑渣）返回鼓风炉处理；砷碱渣中的砷酸钠、亚砷酸钠、碳酸钠、硫酸钠等可溶性物质进入浸出液，加酸中和浸出液中的碱，调节溶液至酸性，再加硫化物将溶液中的砷沉淀出来。沉淀硫化砷常用的硫化剂有 H_2S、Na_2S，生成的沉淀物是 As_2S_3。用 H_2S 作硫化剂的沉砷反应如下：

$$2H_3AsO_4 + 5H_2S \Longrightarrow As_2S_3 \downarrow + 2S^0 + 8H_2O$$
$$2H_3AsO_4 + 2H_2S \Longrightarrow As_2S_3 \downarrow + 2S^0 + 4H_2O$$

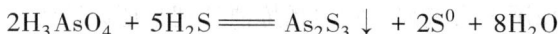

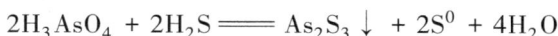

硫代硫酸钠和硫化钠沉砷的反应式如下：

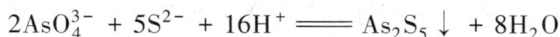

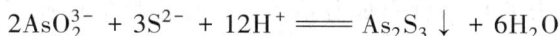

$$2AsO_2^{3-} + 5S_2O_3^{2-} + 6H^+ \Longrightarrow As_2S_5 \downarrow + 5SO_4^{2-} + 3H_2O$$
$$2AsO_2^{3-} + 3S_2O_3^{2-} + 6H^+ \Longrightarrow As_2S_5 \downarrow + 3SO_4^{2-} + 3H_2O$$
$$2AsO_4^{3-} + 5S^{2-} + 16H^+ \Longrightarrow As_2S_5 \downarrow + 8H_2O$$
$$2AsO_2^{3-} + 3S^{2-} + 12H^+ \Longrightarrow As_2S_3 \downarrow + 6H_2O$$

该法能取得较好的沉砷效果，可获得富砷渣，便于综合利用。但由于 As_2S_5、As_2S_3 在碱性环境下易溶解。因此需要在酸性或弱酸性条件下进行。

F　铁盐沉淀法

铁盐沉淀法的主要原理是利用铁盐在水溶液中很容易形成吸附能力很强的 $Fe(OH)_3$ 胶体，通过吸附共沉淀的方式去除污染物。有很多研究表明 $Fe(OH)_3$ 胶体对砷具有很强的作用。其反应方程式为：

$$Fe^{3+} + AsO_4^{3-} \longrightarrow FeAsO_4 \downarrow$$

此方法的原理是利用吸附共沉淀过程除去砷，沉砷速度较快。由于铁盐价格低廉容易获得。因此该方法的运行成本较低。

本 章 小 结

本章主要介绍了锑工业生产过程中产生的主要废弃物鼓风炉水淬渣、砷碱渣的来源、组成、化学性质及其资源化利用方法。

习　题

(1) 简述锑冶炼工艺流程及产生废弃物的环节。
(2) 简述含金锑渣回收金属工艺流程。
(3) 砷碱渣处理的方法有哪些？

9　锡冶炼企业有色金属资源化利用

现代炼锡法普遍采用火法流程，它包括炼前处理、还原熔炼、炉渣熔炼和粗锡精炼四个过程。

（1）炼前处理。炼前处理的目的是除去对冶炼有害的杂质，如硫、砷、锑、铅、铋、铁、钨、铌、钽等，同时综合回收各种有价金属。炼前处理包括精选、焙烧、浸出等作业。某些单纯含铅、铋、铁高的锡粉精矿也可不经炼前处理。

（2）还原熔炼。还原熔炼也称一次熔炼，其目的是使锡的氧化物还原成比较纯净的粗锡，并使铁的氧化物还原为 FeO 与脉石成分造渣。还原熔炼的还原气氛不宜太高，熔炼温度也要适当。可是，在此情况下虽可避免金属铁的生成，但是锡的氧化物还原不彻底而只能获得必须进一步处理的高锡富渣。

（3）炉渣熔炼。富渣的处理称为炉渣熔炼，也称二次熔炼，它是加入氧化钙并在强还原条件下进行的再熔炼，产出弃渣和硬头（铁锡合金），硬头返回一次熔炼中处理以回收其中的锡，此即长期沿用的两段熔炼法。

（4）粗锡精炼。粗锡精炼分为火法精炼和电解精炼，其目的是除去粗锡中的 Fe、Cu、As、Sb、Bi、Pb、Ag 等杂质，同时回收有价金属。

锡火法冶炼产生的固体废物有炉渣（反射炉渣、电炉渣、精炼砷熔析渣、硫渣等）、冶炼炉窑烟尘、锡电解车间阳极泥、废水处理污泥。图 9-1 为火法炼锡工艺流程图及污染物产生环节。

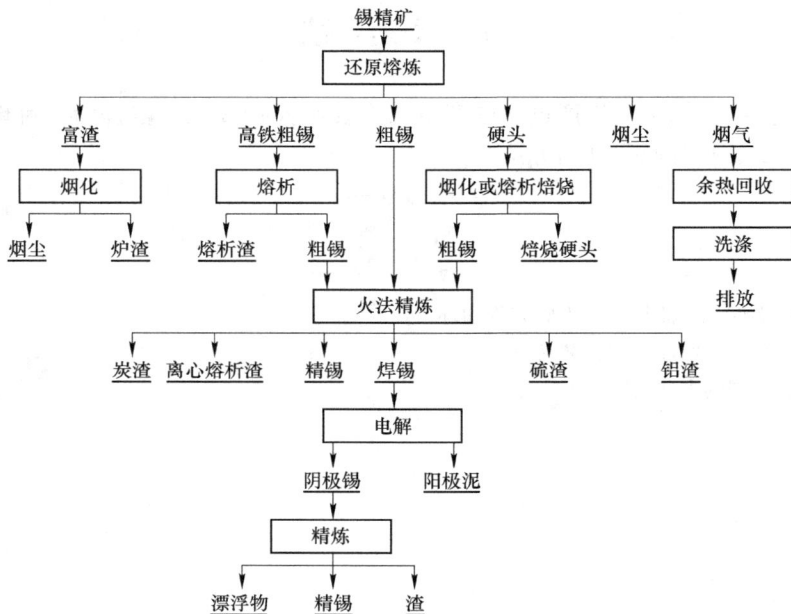

图 9-1　锡冶炼工艺流程

9.1　熔炼炉渣的综合利用

9.1.1　熔炼炉渣的来源与组成

　　锡精矿经过回转窑焙烧预处理除去部分硫、砷等杂质后得到焙砂，焙砂与还原煤、熔剂按适当比例配料，在反射炉、电炉、鼓风炉、澳斯麦特炉等还原炉中进行还原熔炼，得到粗锡、炉渣和其他中间产物，由于所产出的炉渣含锡都较高，通常也称为富渣。

9.1.2　熔炼炉渣的处理方法

9.1.2.1　锡的回收

　　锡精矿还原熔炼无论采用反射炉、电炉、鼓风炉、澳斯麦特炉或其他熔炼设备，所产出的炉渣含锡都较高（通常称为富渣），需要进一步处理，回收其中的锡。炉渣处理的方法主要有两种：还原熔炼法和硫化挥发法。

　　A　还原熔炼法

　　在炉渣中加入较多的还原剂，使锡还原的同时铁也还原，锡铁硬头作为一段还原熔炼的还原剂回收其中的锡。还原熔炼的设备有反射炉、电炉、短窑和鼓风炉。

　　经过一次还原熔炼的炉渣含锡一般在 0.5%～3%，仍然较高，因此有些工厂进行两次炼渣，富渣在反射炉炼渣后，再在反射炉内加硫化剂进一步硫化挥发。也有富渣经电炉二次熔炼后，炉渣再和熔析渣混合熔炼；也有经两段熔炼后的炉渣进一步硫化挥发的。

　　富渣熔炼需加入石灰石或石灰，以提高氧化亚锡在炉渣中的活度，使锡得以充分还原。也有除加入石灰石外，还加入富硅铁（含硅 75%），熔炼时富铁渣中的铁几乎全部进入富硅铁，从而得到含锡 97.5% 的粗锡。废渣含锡 0.1%～0.3%，得到的贫硅铁含锡 2%～3%。

　　B　硫化挥发法

　　硫化挥发是处理炉渣的主要方法，一般在烟化炉内进行硫化挥发，硫化挥发法废渣含锡较低。

　　炉渣烟化炉硫化挥发是炉渣在高温下使其中的锡变成硫化亚锡挥发出来，又氧化成氧化物，以烟尘的形式回收。常用的硫化剂为黄铁矿。烟化炉处理富渣是锡冶金中迄今为止锡铁分离较彻底的方法。

9.1.2.2　炉渣中有价金属的回收

　　含有钽、铌、钨的锡矿石是较多的，特别是砂锡矿。这种锡精矿在冶炼过程中产出炉渣，往往含有相当数量的钽、铌、钨，并以五价氧化物和三价氧化物的形态存在于炉渣中，是回收钽、铌、钨的原料。不同地区的炉渣 Ta_2O_5 含量不同，泰国的最高，平均为 12%；马来西亚的约为 3%；玻利维亚的炉渣中含量最低。

　　A　烧结焙烧-氢氟酸分解-萃取分离法

　　国内某锡矿是含钽、铌、锡、钨浸染型矿床。矿石经粗选、精选后，获得钽铌钨混合精矿和锡精矿。锡精矿经还原熔炼后，钽、铌、钨富集于炉渣中。炉渣钽、铌含量低，含钨较高，锡含量也具有回收价值。因此，在回收钽、铌前，首先回收钨，并脱除物料中的杂质，以提高钽、铌品位。

a 钨的回收

钽铌钨混合精矿、炼锡炉渣、纯碱和木炭按照一定比例配料后，在球磨机中磨矿，至粒度为 147 μm（−100 目）大于 95%。磨好后的物料在 ϕ500 mm×6000 mm 回转窑中烧结焙烧，作业温度为 850~950 ℃，使物料中的钨、锡、硅、砷等元素的氧化物生成可溶于水的钠盐，而钽、铌生成不溶于水的钽、铌酸钠。

烧结好的物料经湿磨后用水煮浸出，使生成的 Na_2WO_4 和 Na_2SiO_2、Na_2HPO_4、Na_2HAsO_4 等被浸出进入溶液。浸出液固比为 3:1，温度为 80~90 ℃。浸出液成分为：WO_3 60~70 g/L，As 0.12~0.46 g/L，Mo 0.0056~0.002 g/L，NaOH 8~24 g/L。浸出渣成分为：$(Ta+Nb)_2O_5$ 14.94%，WO_3 1.5%，Fe 9.34%，Sn 4.37%，Mn 7.45%，Si 7.15%。钨的浸出率约为 90%。

浸出液含钨较低，其他杂质含量高，采用离子交换工艺处理，生产上采用强碱性阴离子树脂，交换柱尺寸为 ϕ800 mm×3000 mm，解吸剂为 NH_4Cl 加 NH_4OH。吸附要求控制 Na_2WO_4 为 15~20 g/L，碱度 2~6 g/L。通过离子交换，杂质元素磷 90% 以上、砷 80% 以上、硅 95% 以上未被吸附而残留在溶液（交换残液）中，其中含 WO_3<2 g/L。饱和后的树脂用 6 mol NH_4Cl+2 mol NH_4OH 溶液解吸，得到的 $(NH_4)_2WO_4$ 含 WO_3 170~200 g/L。通过蒸发结晶获得化学纯的仲钨酸铵 $[5(NH_4)_2O \cdot 12WO_3 \cdot xH_2O]$ 或进一步煅烧获得化学纯的 WO_3 产品。从钨酸钠溶液到三氧化钨产品回收率为 92%。

b 钽、铌的回收

经焙烧、水浸回收钨后的浸出渣用于回收钽、铌。由于浸出渣中含硅、锡高，需要进一步脱除。按液固比 6:1 加入 7%~9% 的盐酸搅拌浸出，硅呈硅酸进入溶液，迅速过滤脱除硅。滤渣再进行酸浸，按液固比 6:1 加入浓度为 12%~15% 的盐酸，在大于 90 ℃ 的酸中煮 2 h，锡进入溶液，过滤后溶液含锡 6~12 g/L，经铁屑置换锡后再电积回收锡，在阴极产出含锡 75%~85% 的电积锡。钽、铌富集于滤渣中，其成分（%）为：$(Ta+Nb)_2O_5$ 41.48，WO_3 1.5~2.5，Sn 7~9，Fe 3，Si 1。钽、铌富集段的回收率分别为 98.5%~98.9% 和 88%~95%。

钽、铌富集物用 HF 和 H_2SO_4 分解。硫酸的存在有利于提高钽、铌的分解率，其他元素的分解则是 HF 和 H_2SO_4 的作用，同时生成稳定的硫酸盐，不易被萃取，也有利于钽、铌和其他元素的分离。主要化学反应如下：

$$Ta_2O_5 + 14HF = 2H_2TaF_7 + 5H_2O$$
$$Nb_2O_5 + 14HF = 2H_2NbF_7 + 5H_2O$$
$$SiO_2 + 6HF = H_2SiF_6 + 2H_2O$$
$$Fe_2O_3 + 3H_2SO_4 = Fe_2(SO_4)_3 + 3H_2O$$
$$MnO + H_2SO_4 = MnSO_4 + H_2O$$
$$CaO + H_2SO_4 = CaSO_4 + H_2O$$

分解作业是在 ϕ400 mm×1400 mm 内衬石墨槽中进行的，按液固比 2.5:1 加入酸量，浓度为 15 mol，分解后再按矿浆萃取要求调节酸度。

采用仲辛醇（$C_8H_{17}OH$)-HF-H_2SO_4 体系进行矿浆萃取。仲辛醇是具有一定碳链长度的中性含氧萃取剂，由于其分子中的氧原子上有孤立电子对，能结合强酸的 H^+，形成有机阳离子，这种阳离子不仅可以与有机酸根结合，也可以和其金属络阴离子结合，如钽、铌的络阴离子的反应：

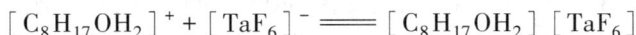

$$[C_8H_{17}OH_2]^+ + [TaF_6]^- = [C_8H_{17}OH_2][TaF_6]$$

生产中用箱式萃取槽、酸洗槽、反钽槽进行作业。得到的负载有机相成分（g/L）为：$(Ta+Nb)_2O_5$ 150~180，WO_3 2，Sn 2.5。钽、铌萃取率99%。

负载有机相首先用 7 mol H_2SO_4 反萃洗杂质，再用 2 mol H_2SO_4 反萃铌，最后，含钽有机相用纯水反萃钽。

钽溶液和铌溶液加液氨中和至 pH 值为 9，沉淀经调洗、过滤、烘干后，产出 $Ta(OH)_5$ 和 $Nb(OH)_5$ 产品，再煅烧，产出 Ta_2O_5 和 Nb_2O_5。

B 硫酸浸出-氯化挥发法

由于炉渣中通常含有较多的钙，对这种炉渣用氯化处理并富集钽、铌时，生成的氯化钙在炉内熔化，给操作带来困难。如能预先用稀硫酸浸出以除去钙，再用氯化挥发法富集钽、铌就更为合理。

将炉渣全部破碎，磨细至 200 目，加入 1% 的稀硫酸，其量为 20 L/kg，于 80 ℃下搅拌浸出 30 min，炉渣中的钙、硅、铁、铝等组分被浸出，而钽、铌及锡、钛、锆、钨等以固体残渣的形态存留下来，这种渣成分（%）为：Ta_2O_5 6.6，Nb_2O_5 9.4，SiO_2 13.8，Ca 3.9，Fe 1.9，Sn 8.5，TiO_2 22.8，ZrO_2 7.5，Al_2O_3 2.2，WO_3 6.9。

上述富集渣加入 15% 的甘焦油，加沥青作黏合剂，制成 20~30 mm 的球粒，经干燥脱水后，在氯化炉内于 700~800 ℃下通氯气进行氯化，在炉内生成氯化物挥发，用冷凝器进行捕集。

由于渣中钽、铌品位低，氯化挥发气体中的 $TaCl_5$ 和 $NbCl_5$ 的分压是非常小的，同时，气体中还含有大量的、冷凝温度比较接近其他元素的氯化物，因而要用氯化物沸点差异获得钽、铌的氯化物与其他元素分离是困难的。控制冷凝温度 80~120 ℃时，钽、铌氯化物获得最好的冷凝效果；冷凝捕集温度在 120 ℃以上时，钽、铌损失大；温度低于80 ℃时，低沸点组分如 $TiCl_5$ 等混入钽、铌挥发物中。

在冷凝物中加水时，钽、铌、钨水解后沉淀，为了使沉淀的过滤性良好，最好是在水中溶有 1%~3% 的 $(NH_4)_2SO_4$。由于钽、铌氯化物加水分解生成盐酸，可使钛、锆、铁、铝等氯化物溶解，因而用一般方法能够分离。在沉淀中，除钨以外，几乎不含有其他金属。钨用 10% 的氨水溶解，分离出钨，而钽、铌成为高品位的水合氧化物，在 1000 ℃煅烧后，得出五氧化二钽和五氧化二铌产品，其成分为：Ta_2O_5 31.9%，Nb_2O_5 48.0%。钽回收率86%，铌回收率88%。

C 电炉富集法

电炉富集法是采用三次电炉熔炼，不消耗化学试剂，不产生废水，对含钽、铌较高的锡炉渣用此法有一定的优越性。所用的典型炉渣成分（%）为：Ta_2O_5 4，Nb_2O_5 4，Fe_2O_3 11，SiO_2 21，CaO 25，TiO_2 11，Al_2O_3 9，WO_3 8，SnO_2 0.5。

a 电炉一次还原熔炼

首先使炉渣中钽、铌、铁的氧化物还原成一种含钽、铌的碳化物及含碳合金（称为一次性炉膛产品）及浮渣。在一个可转动的电弧炉中装入炉渣和破碎到 6 mm 以下的焦炭。当炉渣温度达到 1550 ℃ 时，倾转炉子，倒出炉渣。其成分为（%）：TiO_2 1.6，Al_2O_3 19，CaO 46，SiO_2 32，MgO 1.6。当温度在 1400~1800 ℃时将一次炉膛产品从炉膛中扒出，装入包子中冷却。然后将其破碎到 3 mm 以下并磁选后，磁产品主要是含钽、铌的碳化物，还含有钛的碳化物及钛的氧化物。钨呈金属或碳化物。硅主要以硅铁形态存在，相当部分被夹带为渣。

b 电炉选择性氧化熔炼

将一次炉膛产品的磁性产品在电弧炉中进行一次选择性氧化熔炼，是该富集法的一个主要特点。任何金属和金属碳化物将被生成自由熔更大的金属氧化物氧化，而这种金属氧化物将被还原。例如，FeO 将氧化钽、铌、硅、钛、镁、铝和钙，而 FeO 本身被还原为金属铁。利用这一性质，能够从一次炉膛产品中，以炉渣形态，选择性分离脉石成分，如 CaO、Al_2O_3、MgO、TiO_2 和 SiO_2，使一次炉膛产品进一步富集。这些氧化剂或用赤铁矿或铌铁矿。

以赤铁矿作为氧化剂，在 1 个小型单相敞口式电弧炉中进行。电炉内衬碳糊，用冲孔钢屑起弧。炉料熔融后，首先倒出炉渣，再从炉子中扒出带磁性的二次炉膛产品，并破碎到 3 mm 以下，进行磁选。放出的炉渣仅含有 1.55% 的 Ta_2O_5 和 0.48% 的 Nb_2O_5。磁性炉膛产品成分为（%）：Ta_2O_5 14.4，Nb_2O_5 17.1，TiO_2 9.0，Fe 38.4，SiO_2 5.8，W 4.1，CaO 7.2，Al_2O_3 3.1。

在选择性氧化富集阶段，原存于一次炉膛产品碳化物中 77% 的氧化硅、50% 的氧化钛、69% 的氧化钙和 72% 的氧化铝被氧化除去。

c 电炉最终氧化熔炼

二次炉膛产品钽、铌已经得到富集，但品位均不高，还要进行二次氧化熔炼，使二次炉膛产品通过最后的熔融作业，钽、铌氧化物进入炉渣作为产品。

选择性氧化熔炼所得的二次炉膛产品加入赤铁矿后，将混合物在一个小型单相敞开式电弧炉中进行熔炼，以冲孔钢屑起弧。炉料熔化后，将炉渣（产品）倒出，然后从炉内放出合金废料。产品含 20.3% 的 Ta_2O_5 和 25.7% 的 Nb_2O_5，作为钽、铌原料销售。

9.2   熔析渣、离心析渣和炭渣

9.2.1   熔析渣、离心析渣和炭渣的来源与组成

熔析渣和离心析渣同为熔析炉或离心机处理乙粗锡和精炼锅渣回收其中一部分锡以后的残渣，除含锡较高外，含铁、砷均较高，同时还含有一定量的硫。由于它们的处理设备的不同，锡和砷、铁分离的方式也就不同，故以不同的名称加以区别，但两者的物理性质和化学成分却大致相近。炭渣则是一种粗锡在火法精炼过程中加锯木屑除铁、砷时产出的浮渣，除含锡外，其杂质成分主要也是铁和砷，但含硫较低（微量）。熔析渣和离心析渣以及炭渣的主要成分见表9-1、表9-2。

表 9-1　熔析渣与离心析渣的主要成分　（%）

名称	Sn	Pb	Cu	Fe	As	S
熔析渣	30~45	1~4	0.5~1	30~32	16~20	1~2
离心析渣	38~49	4~5	0.6~1.4	14~19	14~19	4~4.5

表 9-2　炭渣的主要成分　（%）

名称	Sn	Pb	Cu	Fe	As	Sb	S	Fe
1	76.16	8.32	0.04	0.41	6.32	0.15	0.68	0.36
2	73.35	7.11	0.06	0.77	8.88	0.15	0.95	0.42
3	68.42	10.56	0.88	1.02	10.32	0.22	0.76	1.56

从表 9-1、表 9-2 可知，熔析渣、离心析渣及炭渣的主要成分是锡，主要杂质是铁和砷。为消除砷在还原熔炼过程中的恶性循环，应将它们经过处理脱砷后再返回熔炼配料。熔析渣和离心析渣一般都是利用回转窑焙烧的方式，将其中的砷、硫等杂质大部脱除。由于炭渣的粒度细，加上炭渣中锡和砷的化合物熔点较低（仅 600 ℃ 左右），若将其也用回转窑焙烧的方式脱砷的话，焙烧时易黏结窑壁影响正常运转，故炭渣不经过焙烧脱砷，而是采用直接返回熔炼配料，或是经过别的有效途径脱除其中的砷。

9.2.2　熔析渣焙烧脱砷、硫

熔析渣焙烧的目的是脱除渣中砷、硫等有害杂质元素，再作为炼锡原料返回熔炼，根据其性质和砷挥发的特点，在渣中配入 2%~2.5% 的还原煤，以控制焙烧气氛。焙烧脱砷、硫的主要反应如下：

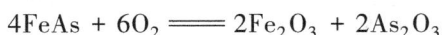

$$4Fe_2As + 9O_2 \Longrightarrow 4Fe_2O_3 + 2As_2O_3$$
$$4FeAs + 6O_2 \Longrightarrow 2Fe_2O_3 + 2As_2O_3$$
$$As_2O_3 + O_2 \Longrightarrow As_2O_5$$
$$As_2O_5 + C \Longrightarrow As_2O_3 + CO_2$$
$$As_2O_5 + 2CO \Longrightarrow As_2O_3 + 2CO_2$$
$$2MS + 3O_2 \Longrightarrow 2MO + 2SO_2$$

焙烧熔析渣与焙烧锡精矿有所不同，在熔析渣中砷和铁呈化合物形态存在，随着物料从低温向高温段逐渐移动，这些化合物会发生热分解，当物料温度达到 615 ℃ 以上时，分解出来的砷开始沸腾，产生砷蒸气，在窑内氧化气氛的作用下，生成的 As_2O_3 被炉气带走；熔析渣中还有一部分硫会与锡、铁等结合生成锡铜锍，造成焙烧脱硫困难，因此熔析渣焙烧的脱硫率不高。

9.2.3　离心析渣、炭渣真空蒸馏脱砷

根据渣中锡、铁和砷的物理、化学性质，采用固体物料直接真空蒸馏分离砷。即在高温及真空条件下，物料中砷化物热分解析出的元素砷具有很高的蒸气压，易从物料中挥发出来，而物料中的铁和锡在相同条件下蒸气压很小难挥发，仍留在物料中，从而达到锡、

铁与砷分离的目的。

在温度 1413~1513 K，真空度 13.3~66.7 Pa，蒸馏时间 30~60 min，处理固体状态的离心析渣，砷挥发率可达 87%~93.6%，砷挥发速率为 (3.4~6.37)×10^{-3} g/(cm^2 · min)，蒸馏后的物料含砷 1.13%~2%，冷凝物含砷在 35% 以上，蒸馏得到的粗锡含锡可达 95%。

利用蒸馏法处理炭渣脱砷的优点是砷与锡可得到较为彻底的分离，避免了炭渣中的砷在冶炼过程中的恶性循环，产出的砷含砷较高，可用作生产白砷的原料。

9.3 硫　渣

9.3.1 硫渣的来源与组成

铜是粗锡中常见的杂质元素，锡的火法精炼除铜一般采用加硫的方法，粗锡火法精炼加硫除铜过程中产生的渣称为硫渣。硫渣呈黑色粉末状，含锡量和含铜量均较高，锡主要以金属形态存在，少部分以硫化物存在，铜则主要以硫化物存在，少量以金属形态存在。硫渣的主要成分如表 9-3 所示。

表 9-3　硫渣的主要成分　　　　　　　　　　　（%）

名称	Sn	Pb	Zn	Cu	As	Sb	S	Fe
1	55.35	11.43	0.06	19.23	0.01	0.14	8.54	0.75
2	57.57	4.13	0.03	18.49	0.92	0.13	7.53	0.78
3	64.18	8.38	0.01	13.08	1.6	0.2	7.86	0.8

硫渣含锡量一般都在 55% 以上，主要杂质是铜和硫，所以处理流程的选择应以有效回收锡和铜为依据。处理方法主要有隔膜电解-氧化焙烧-硫酸浸出法、硫渣浮选-氧化焙烧-硫酸浸出法、焙烧-浸出-电积法等。

9.3.2 硫渣的处理方法

9.3.2.1 隔膜电解-氧化焙烧-硫酸浸出生产硫酸铜

硫渣隔膜电解-氧化焙烧-硫酸浸出生产硫酸铜生产工艺流程见图 9-2。它主要由隔膜电解、氧化焙烧和酸浸三个工序组成。

A 硫渣隔膜电解

硫渣中主要金属的物相组成锡为 97% 以上、铅几乎 100% 以金属或合金形态存在，其他杂质，如铁的电极电位比锡、铅呈负电性，但由于其含量低，而且多以化合物形态存在，电解时其溶解量也有限。铜、铋、砷、锑等及其化合物因电极电位比锡、铅呈正电性，电解时不发生溶解而残留于阳极泥中。因此硫渣电解时，阳极上主要是锡、铅氧化电化溶解，而后在阴极析出锡与铅。

由于硫渣是粉状物料，因此采用隔膜电解。硫渣经预处理使其粒度小于 10 mm，装入化纤袋，外用塑料框架支撑，内插阳极导电板，制成电解阳极。始极板（阴极）用精锡或焊锡浇铸而成。阳极和阴极装入用聚乙烯硬塑料板制成的电解槽中电解。阴极产物熔化后直接配制成各种商品焊料出售。

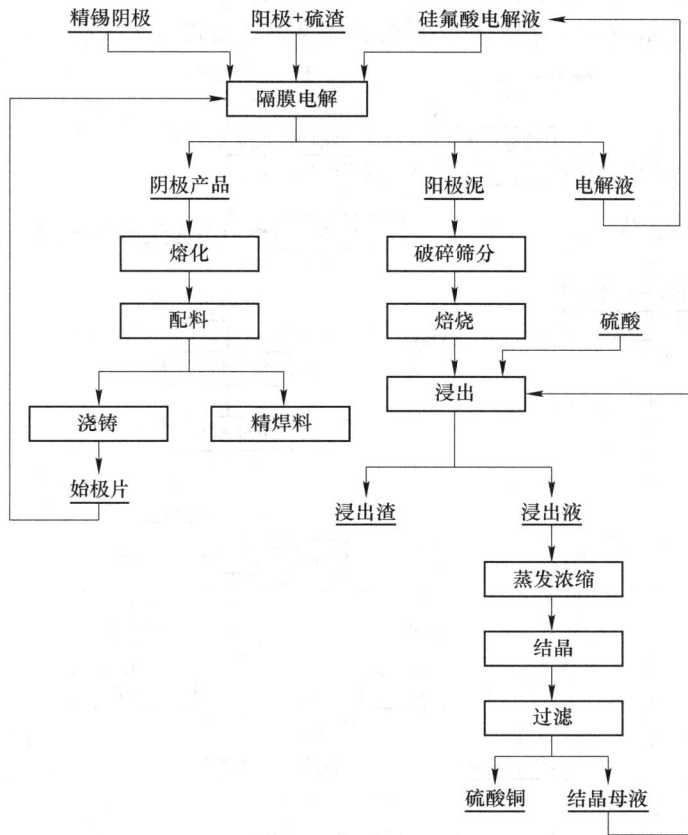

图 9-2　隔膜电解-氧化焙烧-硫酸浸出生产硫酸铜

B　阳极泥焙烧脱硫

硫渣经隔膜电解，回收了其中大部分的锡和铅，得到的隔膜电解阳极泥的熔点会升高，这样为氧化焙烧脱硫创造了有利条件。将处理后的物料投入回转窑内焙烧，焙烧温度 730~760 ℃，窑尾负压-30~-10 Pa，窑转速 1~1.2 r/min。也可在反射炉中焙烧，控制焙烧温度为 700~800 ℃，每炉焙烧时间 6 h。焙烧脱硫率一般都在 90% 以上。

C　焙砂酸浸生产硫酸铜

经过氧化焙烧后得到的焙砂中的铜呈氧化铜形态，用硫酸浸出铜进入溶液中，将浸出液浓缩结晶后即可得到硫酸铜产品，达到硫渣脱铜的目的，消除了铜在锡冶炼中的恶性循环。浸出作业在 3 m³ 的圆形槽内进行，浸出槽配有搅拌装置，并有蛇形管加热器加热浸出液，浸出时浸出槽中可适量注入返回的洗液或清水，每次需补加工业硫酸 250 kg，每次处理焙砂量为 600 kg，浸出时的液固比为 3∶1，浸出温度控制在 80 ℃，浸出时间 1.5 h。铜的浸出率在 95% 以上。

该流程由于锡、铅进入锡铅产品的回收率较高，脱铜率在 80% 以上，且硫渣中的铜经过硫酸浸出得到硫酸铜产品，因此经济效益较好；目前各炼锡厂大多采用该流程来处理粗锡火法精炼过程产出的硫渣。

9.3.2.2 硫渣浮选-氧化焙烧-硫酸浸出生产硫酸铜

硫渣浮选-氧化焙烧-硫酸浸出生产硫酸铜工艺流程如图9-3所示。

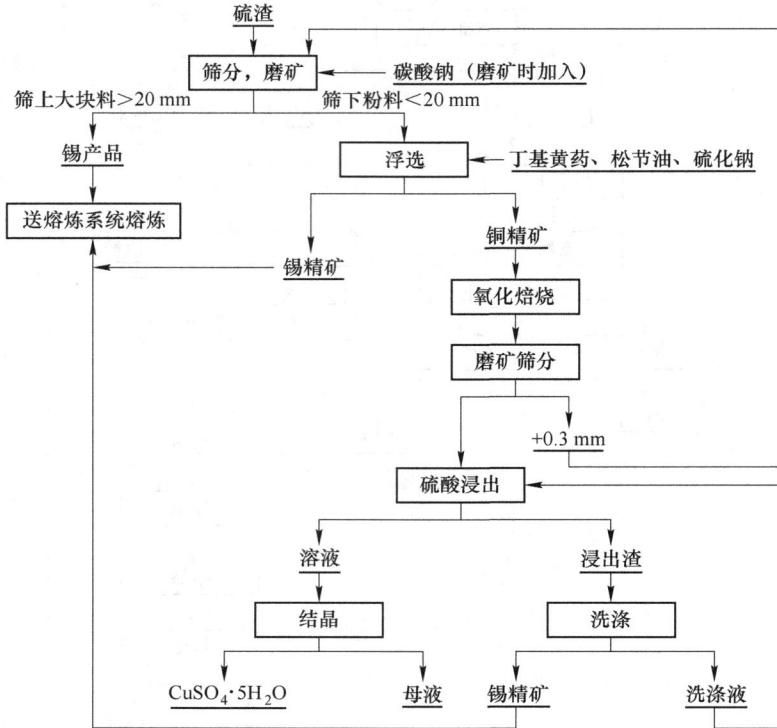

图 9-3 硫渣浮选-氧化焙烧-硫酸浸出生产硫酸铜工艺流程

该工艺首先对硫渣进行筛分，得到大于 20 mm 的块状硫渣，因其中夹带大量的锡，直接送熔炼系统入炉熔炼。小于 20 mm 的粉状硫渣送浮选处理。浮选时控制矿浆浓度为 20%～22%，pH 值为 8～8.5，分别用丁基黄药作为捕收剂，松节油作为起泡剂，硫酸钠作为调整剂。浮选尾矿为锡精矿，可直接送熔炼系统配料进行还原熔炼。

浮选获得的铜精矿通过氧化焙烧脱硫，产出焙砂用硫酸浸出后即生产硫酸铜。浸出渣通过洗涤后即炼锡原料。在流程中锡的回收率为 95%，工艺流程中锡的机械损失较大，主要是因为筛分、磨矿操作程序多，使飞扬损失。铜的回收率在 80% 以上，仅有少部分铜返回锡冶炼流程。

9.3.2.3 硫渣处理的焙烧-浸出-电积法

对于含砷、锑较高的硫渣，大多采用两次焙烧法来进行作业。第一次焙烧控制温度在 700 ℃，使硫渣中的金属氧化物提高其熔点，避免过早形成窑结，还可预先脱除一部分硫、砷、锑。第二次焙烧控制温度在 900 ℃，进一步除去焙砂中的硫和砷，以利于在浸出作业过程中分离锡与铜。第二次焙烧后的熔砂中含硫量在 1.5%，含砷量在 0.8% 以下，铜主要变成氧化铜。焙砂用硫酸浸出产出的浸出液采用电积法生产电解铜。浸出渣含铜量为 1%～1.5%，铜的脱除率大于 80%。产出的电积铜含 Cu 99.8%。此法与浮选作业法相比，减少了选矿作业，但增加了一次焙烧作业，而硫酸循环使用，成本较低，浸出渣含铜量也较低，适宜返回熔炼系统再次还原熔炼。

9.4 铝 渣

9.4.1 铝渣的来源与组成

铝渣是粗锡火法精炼加铝除砷、锑产出的浮渣。铝渣含锡量较高，大致与硫渣相近，锡主要以金属状态存在。除锡以外，主要杂质元素是铝、砷和锑。在处理铝渣过程中除了回收锡以外，还应考虑综合回收其中的锑，同时消除砷和铝。目前各炼锡企业在铝渣处理上主要是采用以下两种生产工艺流程。

9.4.2 铝渣的处理方法

9.4.2.1 苏打焙烧-溶浸-电炉熔炼

在焙烧前将苏打拌入铝渣中，主要是使铝渣中的砷及难溶的 Al_2O_3 生成易溶于水的钠盐；然后在反射炉内进行焙烧，控制的技术条件为：焙烧温度 700~800 ℃，焙烧时间 6~6.5 h，苏打配入率（质量分数）10%~30%，铝渣粒度小于 2 mm。在此条件下进行焙烧，锡的直接回收率较高，但焙烧作业的炉床能力很低仅为 0.224 t/(m^2·d)，导致焙烧 1 t 铝渣需耗煤 1.5~2 t。焙砂自然冷却后，在 2 台容积为 1.25 m^2 带有搅拌机装置的浸出槽内进行水浸。经浸出后，脱砷率为 80%，脱铝率为 64%，锡直收率达 99% 以上。浸出得到的浸出渣含砷 1.2%~1.3%，含铝 1.3%~2.7%。浸出液经回收 Na_2CO_3 后，经处理再排放。浸出渣自然干燥后，送电炉熔炼。熔炼产出的粗锡中含锑高，同时含有铜，可用于生产巴氏合金，以综合利用其中的锑、铜，但在此之前必须对其进行火法精炼以脱除其中的砷、铁、铅等杂质。

9.4.2.2 铝渣直接电炉熔炼-粗锡火法精炼配制轴承合金

苏打焙烧-溶浸-电炉熔炼的生产流程由于苏打价格较高，且用量较大，使生产成本较高。为了降低成本，现工厂中一般都采用铝渣直接投入电炉中进行熔炼，产出的电炉粗锡经火法精炼脱杂后配制轴承合金。工艺流程如图9-4所示。

将溶剂、还原剂、铝渣按一定比例配置后在电炉里进行还原熔炼产出粗锡，由于粗锡中含有砷、锑、铅、铁、铜等。因此在配置轴承合金前要进行火法精炼，以脱除其中的有害杂质。火法精炼加铝除砷的过程要严格控制条件，只脱除粗锡中的砷，不脱锑。加铝量大致为 As：Al = 3：1，操作温度控制在大于 400 ℃；在凝析除铁时，控制温度小于350 ℃。在配制合金时，为使合金内部成分均匀，不产生偏析，均采用电磁搅拌。

铝渣直接电炉熔炼生产出粗锡其生产流程短，锡冶炼回收率高，作业成本相对较低，但由于在熔炼前铝渣未进行脱砷处理，大部分的砷经熔炼后会进入粗锡中，在火法精炼时又产出二次铝渣，造成砷在流程中闭路循环，使二次铝渣的含砷量不断增高，处理起来相对较困难，且劳动条件恶化。因此当铝渣中含砷量较高时，还是应该考虑采用苏打焙烧-水浸脱砷与铝-电炉熔炼的流程；铝渣中含砷量较低时，适宜采用直接投入电炉熔炼流程，这样经济上比较合理。

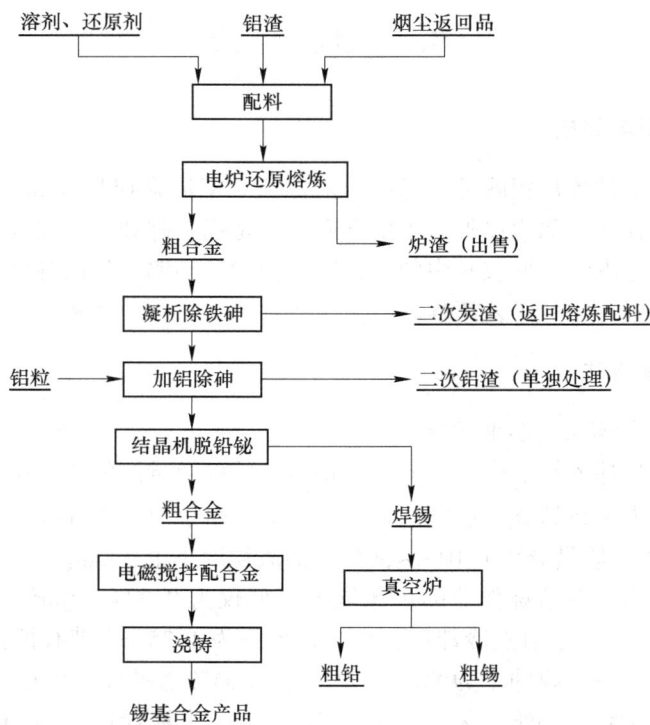

图 9-4　铝渣电炉熔炼配置轴承合金生产工艺流程

9.5　阳　极　泥

9.5.1　阳极泥的来源与组成

精锡、焊锡在电解精炼时，锡、铅分别在阴极还原析出成为产品，比锡、铅电位正的元素，保留在阳极上成为阳极泥。国内外一些炼锡厂粗锡硫酸-甲酚磺酸电解阳极泥主要成分如表 9-4 所示。

表 9-4　粗锡硫酸-甲酚磺酸电解阳极泥主要成分　　　　　　　　　（%）

编号	Sn	Pb	Sb	As	Bi	Cu	Ag
1	25~30	20~24	1~1.5	1~2	5~12	1~1.5	约0.1
2	30~45	18~20	12~15	2~4	0.01~0.19	1~2	0.17~0.34
3	35~40	16~19	3~4.5	3~4.5	0.5~1.5	13~15	—
4	25~35	15~25	0.2~1.5	0.6~4	4~10	1~2.3	—

从表 9-4 可看出，除粗锡电解阳极泥除锡、铅含量高外，还有其他可供回收的有价金属。我国炼锡厂粗锡一般含铅、铋高，不宜采用电解精炼除杂质，在用连续结晶机除铅、铋时，粗锡中的铋、银、金、铟进入焊锡而得到富集，一般铋富集 2~4 倍，金和银富集 2~32 倍，铟富集 1 倍。焊锡用硅氟酸电解精炼时，金、银、铋进入阳极泥并进一步得到

富集，铟进入电解液，也得到富集，因此，阳极泥、电解液是回收上述有价元素的原料。

焊锡硅氟酸电解阳极泥成分列于表 9-5 中。

表 9-5　焊锡硅氟酸电解阳极泥成分 　　　　　　　　　　（%）

编号	Sn	Pb	Cu	As	Sb	Bi	Ag	In	Au/g·t⁻¹
1	31.69	1.92	3.67	6.98	9.06	27.3	2.6	0.35	17~21
2	31.45	12.9	1.44	1.65	17.2	11.67	4.19	0.02	—
3	27.12	36.76	0.51	1.0	0.68	24.82	4.88	0.2	—
4	23.69	10.08	1.54	3.15	8.79	30.64	2.43	0.75	8~23
5	28.11	11.78	1.75	4.0	5.52	25.56	1.63	0.075	—

从表 9-5 可知，硅氟酸电解阳极泥含铋、银、铜均较高。粗锡中 65% 以上的铋、94% 以上的银进入焊锡电解阳极泥中。粗焊锡中的铜 89% 进入阳极泥中，此外，还有铟、金等稀贵金属。因此，焊锡电解阳极泥有较高的回收利用价值。

锡电解阳极泥几乎集中了粗锡中所有的有价金属，极具回收价值。目前，国内各厂已能较好地从锡阳极泥中回收金、银、锡、锑、铋、铅、铜等金属，其处理技术因各厂实际情况和阳极泥成分的不同而有所不同。

回收阳极泥和电解液中有价金属的方法应根据阳极泥成分和电解液的性质进行选择。例如，对含锡铜高、含银低的硅氟酸电解阳极泥，则首先用硫酸浸出先脱铜，然后用硝酸浸出银，浸银后的渣再用 H_2SO_4 和 NaCl 的混合液浸出铋，过滤后的渣送还原熔炼以回收锡、铅。

9.5.2　阳极泥的处理方法

9.5.2.1　粗锡硫酸-甲酚磺酸电解阳极泥的处理

粗锡硫酸-甲酚磺酸-硫酸亚锡电解精炼时，所产阳极泥中的锡、铅、铋、铜、锑主要呈硫酸盐及金属状态存在。处理这种阳极泥，首先氧化焙烧使锡成为不溶于各种酸的氧化锡，而铜成为易溶于酸的氧化铜。焙砂中的铋、铅不溶入溶液。所得残渣再用盐酸浸出铋，铅、锡不进入溶液。最后剩余的残渣还原熔炼成铅锡合金。其工艺流程见图 9-5。

A　铜的回收

干燥后的阳极泥在反射炉内进行氧化焙烧，焙烧温度 700~750 ℃，使铜和锡氧化形成氧化铜和氧化锡，同时挥发一部分砷与锑。主要化学反应为：

$$Cu + O_2 == 2CuO$$
$$2CuSO_4 == 2CuO + 2SO_2 + O_2$$
$$Sn + O_2 == SnO_2$$
$$2Sb_2(SO_4)_5 == 2Sb_2O_3 + 10SO_2 + 7O_2$$
$$2As_2(SO_4)_5 == 2As_2O_3 + 10SO_2 + 7O_2$$

焙砂经球磨至 0.35~0.25 mm，用 5%~7% 的稀硫酸浸出铜，液固比 2∶1，搅拌浸出 2 h，浸出温度 80~90 ℃。浸出液含铜 4.5~6.5 g/L，浸出渣含铜 0.2%~0.4%，含铜溶液用铁屑置换得铜泥。

```
                        铜阳极泥
                          │
                       ┌──────┐
                       │氧化焙烧│
                       └──────┘
                          │
                        ┌────┐
                        │球磨│
                        └────┘
                          │
                       ┌──────┐
                       │硫酸浸出│
                       └──────┘
                          │
                       ┌──────┐
                       │真空过滤│
                       └──────┘
                   ┌──────┴───────┐
                一次滤渣          溶液
                   │                │
               ┌──────┐        ┌──────┐
               │盐酸浸出│        │铁屑置换│
               └──────┘        └──────┘
                   │           ┌────┴────┐
               ┌──────┐      铜泥       废液
               │真空过滤│                 │
               └──────┘              污水处理
           ┌───────┴────────┐
        BiCl₃液            二次滤渣
           │                  │
        ┌────┐          ┌──────┐
        │水解│          │还原熔炼│
        └────┘          └──────┘
          │           ┌────┴─────┐
        氯氧铋         残渣      粗焊锡
          │             │         │
      ┌──────┐      烟化处理  ┌──────────┐
      │盐酸溶解│             │硅氟酸电解│
      └──────┘             └──────────┘
      ┌───┴───┐        ┌──────┼──────┐
    残渣     溶液      阴极   阳极泥   残极
             │          │       │
        ┌──────┐    合格焊锡  另处理
        │电积置换│
        └──────┘
           │
         海绵铋
           │
        ┌────┐
        │熔铸│
        └────┘
      ┌────┴────┐
     渣        粗铋
      │          │
   ┌────┐   ┌──────┐
   │水洗│   │盐酸电解│
   └────┘   └──────┘
      │          │
    铋珠       电解铋
```

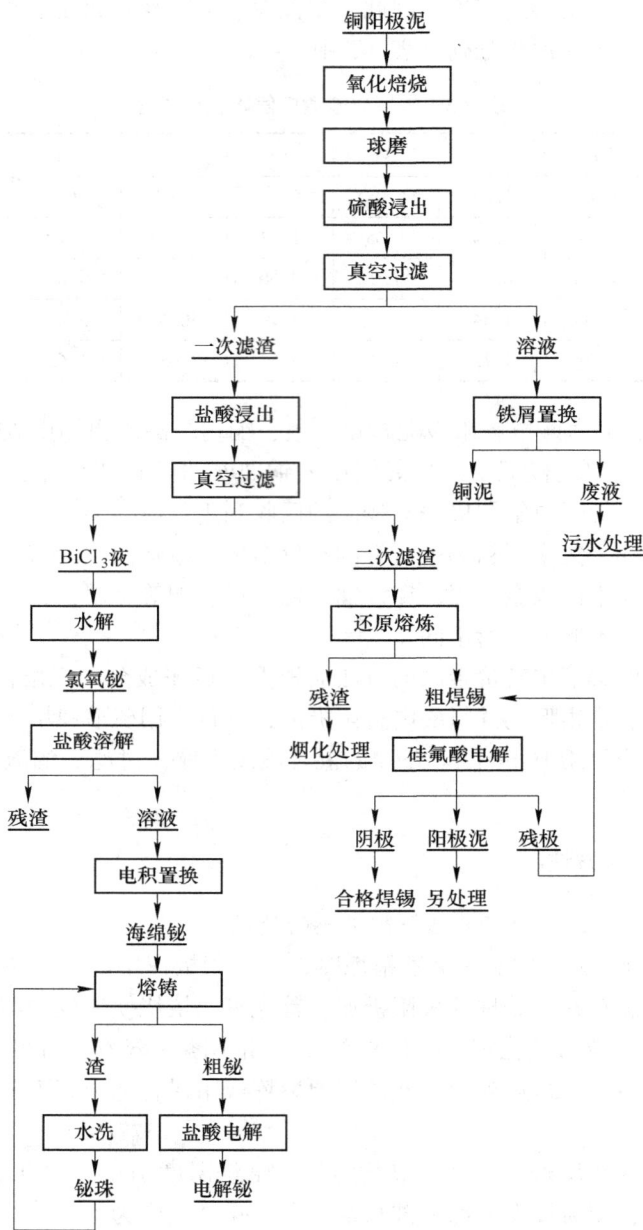

图 9-5　粗锡电解阳极泥处理流程

B　铋的回收

阳极泥回收铜后，铋进入浸出渣中，其成分（%）为：Sn 32～45，Cu 0.2～0.4，Bi 6～15，Pb 21～26，回收其中的铋包括下列过程。

（1）盐酸浸出。浸出渣用 8%～10% 的稀盐酸进行浸出，浸出温度 90～95 ℃，液固比（3～3.5）∶1，浸出时间 2～3 h，铋进入溶液。

$$Bi_2O_3 + 6HCl \Longrightarrow 2BiCl_3 + 3H_2O$$

浸出率的高低跟焙烧效果、破碎粒度及浸出条件有关，一般浸出率为 70%。盐酸浸出液含铋 40~50 g/L，加水进行水解得氯氧铋沉淀：

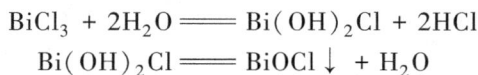

$$BiCl_3 + 2H_2O == Bi(OH)_2Cl + 2HCl$$
$$Bi(OH)_2Cl == BiOCl\downarrow + H_2O$$

加水量与浸出液的体积比为，水：浸出液=(8~10)：1，水解时要不断搅拌，水解后静置 6 h，所得氯氧铋含铋 65%~72%。

（2）氯氧铋溶解。用 10%~12% 的盐酸水溶液作溶剂，控制液固比 3：1，常温作业可避免二氯化铅溶解，在不断搅拌之下，将氯氧化铋缓慢加入稀盐酸水溶液中。加完后继续搅拌 2 h，放置澄清数小时，残渣可返回溶解。为使溶解完全，可加少量氯酸钾，溶解后期可加入 0.2 g/L 牛胶和 3 g/L 硫酸，以加速澄清和除铅。

（3）粗铋提取。用铁将氯化铋溶液中的铋置换成海绵铋。为了缩短置换时间，减少铁板消耗量，采用铁板作阴极、阳极，控制电流密度在 110 A/m² 则电积和置换同时进行。阴极析出物为海绵铋。

海绵铋用苛性钾或苛性钠作覆盖剂，以减少氧化，在 350~400 ℃ 熔融成粗铋，其成分（%）为：Bi 97~99，Sn 0.1，Pb 0.8，Fe 0.05，Cu 0.8~1.3。

粗铋电解，采用盐酸-氯化铋电解液进行电解。控制条件为：阴极电流密度 90 A/m²，极距 100 mm，常温电解。电解液主要成分（g/L）：盐酸 160~165，铋离子 110~150，用铋作阴极，周边涂石蜡，阴极沉积物粒细致密。所得电解铋经熔铸后成分（%）为：Bi 99.95，Sn 0.001，Cu 0.002，Pb 0.002，Fe 0.001，As 0.001，Sb 0.002。上述流程中铋的直接回收率达 78%~81%。

C 锡、铅的回收

盐酸浸铋后的二次浸出渣，主要含锡、铅、铋等金属，其成分（%）为：Sn 40~48，Pb 22~28，Bi 1~2。用反射炉熔炼时，熔剂和还原剂的加入量按二次浸出渣的进料量配入：碳酸钠 4%~5%，石灰石 3%，萤石 3%，煤粉 10%~12%。过程的主要化学反应为：

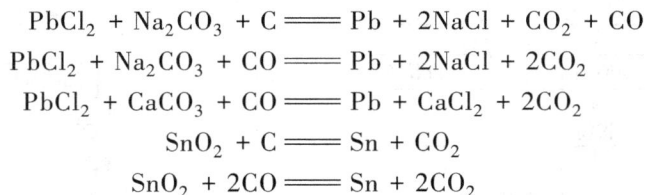

$$PbCl_2 + Na_2CO_3 + C == Pb + 2NaCl + CO_2 + CO$$
$$PbCl_2 + Na_2CO_3 + CO == Pb + 2NaCl + 2CO_2$$
$$PbCl_2 + CaCO_3 + CO == Pb + CaCl_2 + 2CO_2$$
$$SnO_2 + C == Sn + CO_2$$
$$SnO_2 + 2CO == Sn + 2CO_2$$

炉内温度升至 950 ℃ 左右，待反应完成后再升温至 1250 ℃ 左右，高温澄清 4 h 以上，至渣含锡、铅、铋分别降到 1% 以下。熔炼产出合金含锡 45%~55%，铅 40%~47%，铋 4%~6%。由于其中锡、铅含量接近，选用硅氟酸电解液进行电解，产出合格的商品焊料。而铋、砷等残留在阳极泥中，作为提取铋的原料。

9.5.2.2 焊锡硅氟酸阳极泥的处理

新产出的焊锡电解阳极泥为海绵状的金属渣，其主要成分（%）为：Sn 25~35，Pb 11~19，Bi 11~16，Sb 7~13，Cu 2~3，Ag 1.7~2.5，As 3~7，Au 8~23 g/t。随其堆存时间的长短金属存在的状态会有所改变，一般的物相组成如下：金和银，少数为 Au-Ag 的合金固溶体，颗粒细 2~5 μm，多数为银的硫化物或硫酸盐。锡主要以酸溶锡状态存在，占总含锡量的 90% 以上，其次为 Sn₃As₂，还有少量酸不溶锡。铋主要是氧化铋。Sb₂O₃ 占总锑量的 80%以上，Sb_2O_3 和金属锑约各占 10%。根据上述阳极泥的成分及物相组成，某厂生产中采用盐酸浸出-置换水解法。其工艺流程见图 9-6。以下为盐酸浸出及从浸出液、浸出渣中回收有价金属。

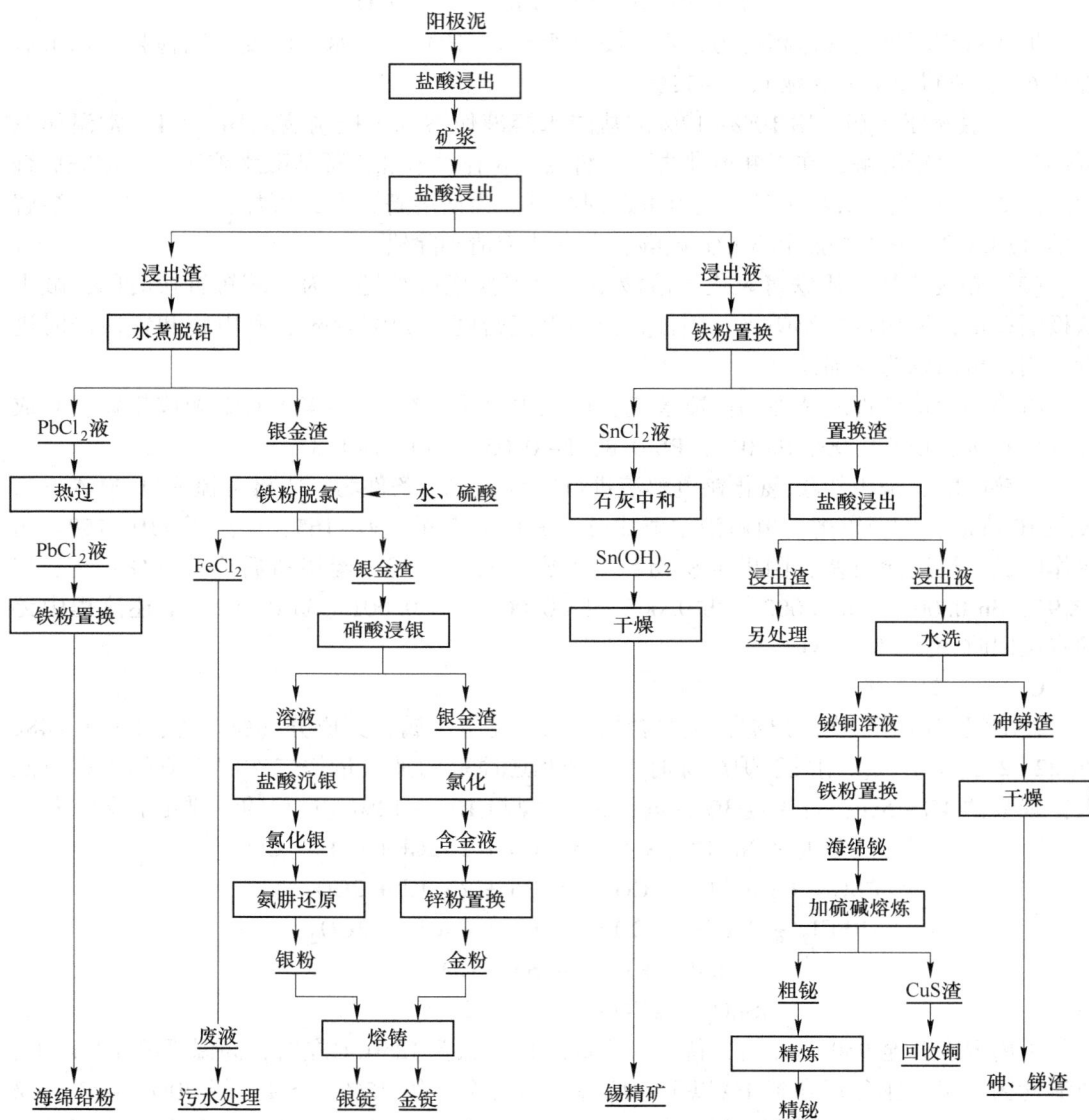

图 9-6　盐酸浸出-置换水解处理焊锡阳极泥流程

A　盐酸浸出阳极泥

经过堆存后的阳极泥，投入球磨机，加热水浆磨至 0.18 mm。阳极泥中大多数金属易溶于热盐酸中，成为金属氯化物。氯化铅则沉淀析出，金、银不溶解，与氯化铅沉淀一起形成铅、银、金渣与锡、铋、铜、锑、砷的金属氯化物溶液分离。

盐酸浸出的主要化学反应如下：

$$Sn + 2HCl \Longrightarrow SnCl_2 + H_2$$
$$SnO + 2HCl \Longrightarrow SnCl_2 + H_2O$$
$$Bi_2O_3 + 2HCl \Longrightarrow BiCl_3 + 3H_2O$$
$$CuO + 2HCl \Longrightarrow CuCl_2 + H_2O$$
$$Sb_2O_3 + 6HCl \Longrightarrow 2SbCl_3 + 3H_2O$$
$$As_2O_3 + 6HCl \Longrightarrow 2AsCl_3 + 3H_2O$$
$$PbO + 2HCl \Longrightarrow PbCl_2 + H_2O$$

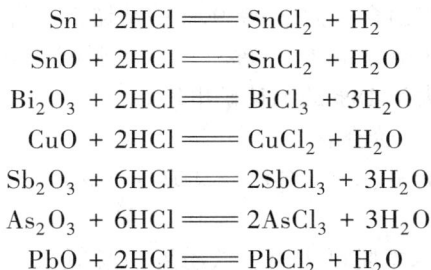

盐酸浸出控制的主要技术条件为溶剂含盐酸浓度 140~150 g/L，浸出固液比 1∶6，浸出温度 90~95 ℃，搅拌浸出时间 3.5~4 h。

盐酸浸出时，锡、铋、铜、锑、砷的浸出率均大于 95%，金、银入渣率大于 98%。

B　从盐酸浸出液中回收有价金属

盐酸浸出液的成分列于表 9-6 中。

表 9-6　盐酸浸出液的成分　　　　　　　　　　　　　　　　　　（g/L）

编号	Sn	Pb	Ag	Bi	Cu	Sb	As
1	38.77	1.08	0.07	7.78	1.14	17.71	2.82
2	35.5	1.2	0.08	9.27	1.09	12.82	5.26
3	45.5	1.06	0.06	6.56	5.28	10.47	2.7

（1）锡的回收。浸出液加铁粉置换，使溶液中的铜、铋、锑、砷进入置换渣，而锡仍以氯化亚锡保留于溶液中。置换作业在 ϕ1.8 m×1.7 m 密封槽中进行。置换槽中要有良好的通风，保持在负压状态下操作。用蒸汽直接加热溶液至 45~55 ℃。定时以高压风搅拌置换液，作业需 4 h。置换率砷大于 85%，锑大于 90%，铜和铋大于 95%，而锡置换率小于 3%。

回收置换液中的锡一般采用石灰中和法产出 $Sn(OH)_2$，也可用电积法直接产出粗锡。

加石灰乳中和溶液至 pH 值为 4~4.5，通入蒸汽加热至 70 ℃，并不断搅拌保证锡的水解沉淀率大于 99%。锡氢氧化物沉淀用热水清洗，脱除氯根至 1% 以下，其含锡为 33%~35%，含铋小于 2%。氢氧化锡经堆存风干或煅烧干燥得到锡精矿，再送还原熔炼。

（2）锑、铋和铜的回收。用铁粉置换盐酸浸出液中的锑、铋、铜、砷所得的置换渣，其主要成分（%）为：Sb 23~25，Bi 25~35，Cu 3~5，As 3~4；用于回收锑、铋、铜。经干燥、氧化、磨矿后的置换渣用盐酸浸出，并加水稀释，由原含酸 110~139 g/L，稀释到 13~18 g/L，达到氯化锑和氯化砷水解脱除要求。

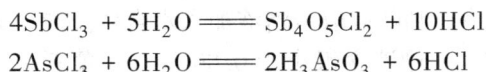

$$4SbCl_3 + 5H_2O \Longrightarrow Sb_4O_5Cl_2 + 10HCl$$
$$2AsCl_3 + 6H_2O \Longrightarrow 2H_3AsO_3 + 6HCl$$

水解渣一般含 Sb 45%~55%，Bi<2%，Sn 1%~2%，As 4%~13%，干燥后作为炼锌原料出售。水解脱锌、砷的上清液，升温至 70 ℃，加酸使盐酸含量达到 65~70 g/L，加铁粉置换铋和铜。置换得到的海绵铋成分（%）为：Bi >60，Cu 3~7，Sb 3~7，Sn 1~2，As 0.3~0.5。

海绵铋粉用电炉或反射炉熔炼，加苏打作熔剂，加硫黄作脱铜剂，产出粗铋和碱炉渣（钠铜锍 mCuS·nNa$_2$S）。粗铋进行精炼，加碱吹气氧化脱除其中的砷、锑、锡；加锌脱银，通过氯化脱铅及残锌，产出含铋大于99.99%的精铋锭出售。

熔炼海绵铋粉产出的碱炉渣含铜7%~9%，经水煮脱碱，可直接作为炼铜原料，也可再经磨矿，浮选产出含铜量大于18%的铜精矿出售。

C 从盐酸浸出渣中回收有价金属

盐酸浸出阳极泥所得到的铅、银、金渣，其成分（%）为：Ag 5~7，Pb 23~35，Au 35~45 g/t。

（1）银铅的回收。分为水煮脱氯化铅、铁粉置换脱氯根、硝酸浸出银、氨肼还原氯化银等四步完成银的提取。

氯化铅在90℃的热水中溶解度可达38.4 g/L。利用这一性质，将铅、银、金渣投入搅拌浸出槽中，按固液比1:(8~10)加水，直接通蒸汽煮沸0.5 h，氯化铅的浸出率超过88%。于过滤后的溶液中，加入盐酸调整pH值为1~2，加铁粉置换铅，产出含铅大于60%的海绵铅出售。

浸出渣（富银渣）含银为13%~15%，氯根3%~4%，留在浸出槽中，加水浆化，加硫酸调整pH值为1~2，升温到90℃，加铁粉脱除氯根，防止下一步硝酸浸出银时产出氯化银沉淀，造成银的损失。

在搅拌浸出槽中，配制2 mol硝酸溶液，升温至90℃，按固液比1:6，分批加入富银渣以浸出银，浸出时间3 h，依下列反应银溶解于溶液中，银的浸出率在97%以上，金、铅、铋、锑等金属不溶而留在渣中，作为回收金的原料。

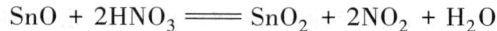

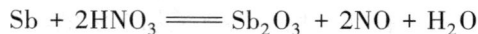

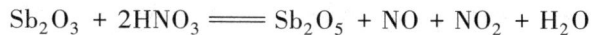

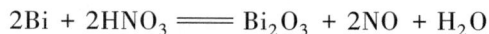

$$Ag + 2HNO_3 \Longrightarrow AgNO_3 + NO_2 + H_2O$$
$$SnO + 2HNO_3 \Longrightarrow SnO_2 + 2NO_2 + H_2O$$
$$Sb + 2HNO_3 \Longrightarrow Sb_2O_3 + 2NO + H_2O$$
$$Sb_2O_3 + 2HNO_3 \Longrightarrow Sb_2O_5 + NO + NO_2 + H_2O$$
$$2Bi + 2HNO_3 \Longrightarrow Bi_2O_3 + 2NO + H_2O$$

加盐酸沉淀硝酸银溶液中的银生成氯化银沉淀，银的沉淀率为99%。

$$AgNO_3 + HCl \Longrightarrow HNO_3 + AgCl$$

氨水和水合肼（$N_2H_4 \cdot H_2O$）混合液还原氯化银（称氨肼还原）。水合肼作为一种有机还原剂，具有许多优点，还原当量大，还原能力强，所产银粉纯度高，还原的流程短，在碱性溶液中，水合肼能对银离子直接还原，其反应为：

$$4AgCl + N_2H_4 + 4NH_3 \cdot H_2O \Longrightarrow 4Ag + N_2 + 4NH_4Cl + 4H_2O$$

氨肼还原在搅拌浸出槽中进行。用蒸汽加热溶液到50~60℃，加20%氨水至液固比为3:1，加少量水合肼，调整溶液的酸度pH值为9~10，再开动搅拌机，少量多次加入预定量的氯化银粉。还原终点判断以取澄清液加入水合肼反应至无沉淀为止。氨肼还原反应速度快，还原率高达99%。母液含银小于0.001 g/L。氨耗低，1 kg银粉耗用氨水1~1.5 kg，40%水合肼0.45 kg。产出灰白色海绵银粉，其主要成分（%）为：Ag 99.95，Pb 0.002，Co 0.0006，Sb 0.004，Bi 0.0025，Fe 0.0075。海绵银粉烘干后，进行熔铸，如铋、锑等杂质含量高，可适量通入氧气吹炼，以确保银锭含Ag>99.95%。

（2）选冶联合法回收分银渣中有价金属。硝酸浸出后的分银渣含Au 70~150 g/t，含Ag 1.5%~4.5%。银不仅以金属氧化物的形态存在，而且还以多种形式的化合物存在；金多以单质形态存在，少量以金属氧化物形态存在；锡、锑多以高价氧化态存在，其他贱金属均以化合物形态存在。采用浮选富集金、银-硝酸分银-氯化提金选冶联合流程综合回收有价金属。其流程见图9-7。

硝酸浸出渣浮选是利用海绵金属银、金具有良好的可浮性的特点，在硝酸浸出渣浆化过程中加入一定量铁粉，使渣中的银化合物置换成海绵状金属银，改变硝酸渣中银的可浮性，按一粗、二精、三扫选闭路强化浮选过程中浮选药剂制度施药，而将银浮选出来，同时金也被浮选出来，获得的银精矿含银18%～24%，银的选收率95%～96%，金的选收率94%～95%。尾矿即锡铅混合矿，作为锡系统原料。所得银精矿经硝酸分银、盐酸沉银、氨肼还原得到海绵银和分银渣，二次分银渣含金富集到500 g/t以上，有利于氯化法提金。

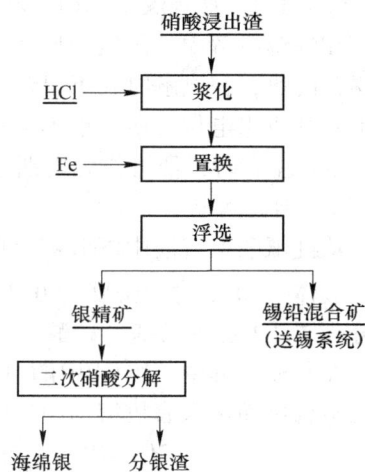

图9-7　浮选工艺流程

（3）金的回收。二次硝酸分银后的浸出渣，含Au>500 g/t，含Ag 1.5%～2.5%，按图9-8所示工艺流程进行氯化提金。分银渣首先浆化，通氯气氯化，或以盐酸和次氯酸钠混合溶液依下列反应溶解金。

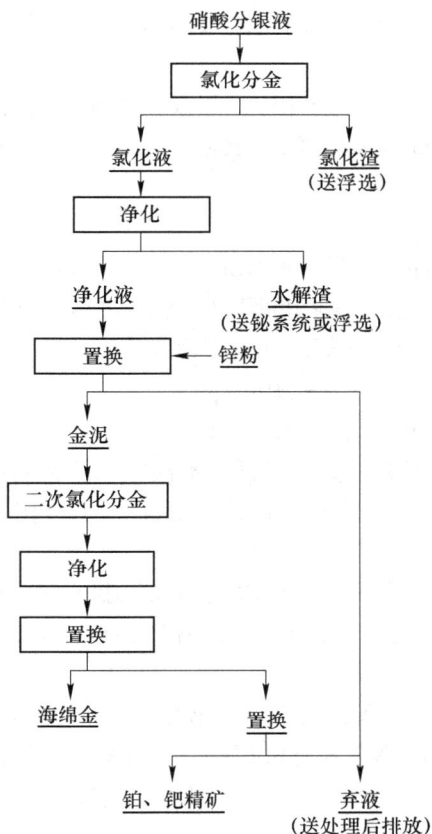

图9-8　氯化提金工艺流程

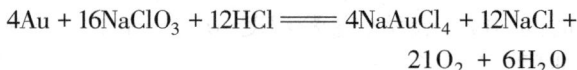

$$2Au + 3Cl_2 \xlongequal{} 2AuCl_3$$
$$AuCl_3 + H_2O \xlongequal{} H_2AuCl_3O$$
$$H_2AuCl_3O + HCl \xlongequal{} HAuCl_4 + H_2O$$
$$4Au + 16NaClO_3 + 12HCl \xlongequal{} 4NaAuCl_4 + 12NaCl + 21O_2 + 6H_2O$$

金的浸出率大于98%，浸出渣含金小于5 g/t。用锌粉置换浸出液中的金，析出海绵金粉，金的置换率大于99%。海绵金粉还含有少量的锡、铅、铋、锑等杂质，经过脱杂处理，使金粉含Au>99.9%，经高温煅烧与熔铸，得出含Au>99.95%的金锭。

（4）主要经济技术指标。盐酸浸出-置换水解法处理阳极泥工艺回收的金、银、铋的质量可达国家产品标准。锡、铅、铜、锑四种金属作为原料能满足冶炼要求。回收率：金、银75%～87%；锡、铋83%～85%；铅75%～77%；铜78%～81%；锑75%～77%。

主要材料消耗：1 t阳极泥耗工业盐酸3.5～4 t；1 t海绵银耗工业硝酸31～33 t；1 kg金粉耗氯酸钠150～200 kg；1 t海绵银耗水合肼0.4～0.45 t；1 kg金粉耗锌粉35～45 kg；1 t海绵铋耗铁粉3～3.5 t。

9.5.2.3　电解液中铟的回收

在焊锡电解中，阳极中所含的铟，其中有80%进入电解液。由于铟的标准电极电位比锡铅的负，在电解时先于锡铅溶解进入电解液，但因其浓度也低，根据耐恩斯特方程，达不到其析出电位，所以铟不会在阴极上析出，而是在电解液中富集。当电解液中铟富集到2 g/L左右时，便可作为提铟原料。

A　铟的萃取

从硅氟酸电解液中萃取铟，用D_2EHPA作萃取剂。D_2EHPA简称P204，是一种无色黏稠液体，20 ℃时的密度为0.795 g/cm^3，难溶于水，但很易溶于有机溶剂。P204主要成分为二-(2-乙基己基)磷酸，为酸性磷酸酯。

在萃取过程中，P204中的H^+与溶液中的金属离子In^{3+}、Sn^{2+}交换生成疏水性的P204金属萃合物而进入有机溶剂中，P204中的H^+进入水溶液：

$$3HR_2PO_{4(有)} + In^{3+}_{(水)} === In(R_2PO_4)_{3(有)} + 3H^+_{(水)}$$
$$2HR_2PO_{4(有)} + Sn^{2+}_{(水)} === Sn(R_2PO_4)_{2(有)} + 2H^+_{(水)}$$

从上述反应看出，溶液的酸度升高，铟的萃取效率将下降，为了获得较高的萃取率，萃原液必须控制酸度。

萃取时用200号溶剂油稀释P204。当P204浓度过高时，黏度增大，易与硅氟酸生成胶状物，发生乳化现象，萃取困难，铟的萃取率和萃取剂的利用率明显下降。当P204浓度过低，萃取率也会因萃取剂量不足而降低。最佳浓度（体积比）为P204∶200号溶剂油=1∶3。

最佳萃取条件是相比O∶A=1∶4（O为有机相，A为水相），萃取时间5 min，澄清时间10 min，萃取液料温度40 ℃，铟的萃取率为93.62%。萃余液经过滤后返回电解正常使用。

B　含铟有机相反萃和铟锡分离

由于P204是一种弱酸萃取剂，当萃取生成的铟盐与强酸如HCl作用时，P204就可以游离形式被析出，被P204萃取的In^{3+}又重新进入溶液，这就是铟的反萃取过程。含铟有机相也称为负载有机相，负载有机相中的铟和锡用HCl反萃，反应方程式为：

$$In(R_2PO_4)_{3(有)} + 4HCl_{(水)} === 3HR_2PO_{4(有)} + HInCl_{4(水)}$$
$$Sn(R_2PO_4)_{2(有)} + 3HCl_{(水)} === 2HR_2PO_{4(有)} + HSnCl_{3(水)}$$

反萃效果主要取决于盐酸浓度、相比、温度、级数。为了降低反萃液中和除锡时碳酸钠的消耗量，又使有机相中的金属离子比较完全地被反萃，选用6 mol/L盐酸作为反萃剂。

未被反萃的金属离子再用8 mol盐酸进行二次反萃，二次反萃液用来配制6 mol/L盐酸反萃剂。生产实践中采用三级逆流反萃，反萃剂为6 mol/L盐酸，相比O∶A=2∶1，常温条件下反萃，铟反萃率大于97%。

在含锡、铟的硅氟酸电解液中，直接采用P204萃取，由于电解液中Sn^{2+}浓度高，尽管In^{3+}比Sn^{2+}易被萃取，但仍然有比铟数量高得多的锡进入有机相。焊锡硅氟酸电解液在萃取铟的过程中，有6%的锡被萃取，负载有机相经反萃时，有80%以上的锡被反萃。

因此，在反萃液里必须进行铟、锡分离。

中和除锡：用碳酸钠中和反萃液，中和的pH值控制在3~3.5效果最佳。这时溶液中

的 Sn^{2+} 和 Sn^{4+} 几乎全部生成 $Sn(OH)_2$ 和 $Sn(OH)_4$ 沉淀析出。pH 值不宜大于 3.5，否则铟的损失急剧升高。温度对中和除锡效果影响不大，故采用常温中和。

海绵铟置换除锡：中和液中的残余锡采用压制成团的海绵铟置换。置换 pH 值控制在 1~1.5，置换温度 65 ℃，置换时间 24 h，可使置换后母液含锡降到 0.06 g/L 以下。

锌板置换铟：铟的置换可用锌板，比铝板置换的海绵铟质量好，也容易从锌板残片上将海绵铟剥离下来。置换条件为：温度 65 ℃，pH 值 1~1.5，置换时间 36 h，铟的置换率可达 99% 以上。

海绵铟压团及熔铸：海绵铟经压团和烘干即可熔铸。在熔铸过程中，为防止铟的氧化，必须进行覆盖。用甘油做覆盖剂进行熔铸，操作简单，耗时少，熔铸直接回收率在 95% 以上。进入浮渣中的铟可用盐酸浸出回收。粗铟成分见表 9-7。

表 9-7　粗铟成分　　　　　　　　　　　　　　　　（%）

序号	In	Sn	Pb	Cd	Tl
1	96~98.5	0.3~2.0	0.005~0.02	0.004~0.014	0.001~0.0056
2	98.08	0.072	0.011	0.0058	0.073

C　P204 再生

反萃后，为了降低有机相中的锡、铟及其他杂质，使有机相得到再生，需用 8 mol 盐酸通过三级清洗，可洗去有机相中残余的锡离子。较浓的盐酸有助于恢复 P204 的 H^+ 型。洗酸用来配制反萃液（6 mol 盐酸）。经盐酸洗涤后的有机相再用清水经过三级清洗，水洗后再生有机相返回作萃取剂。粗铟生产工艺流程见图 9-9。

D　粗铟的提纯

粗铟中的杂质分为两类：

（1）控制杂质 Sn、Tl、Cd。须采用特殊方法除去。

（2）另一类为非控制杂质，在电解中除去。Sn、Tl、Cd 的标准电极电位与铟的电极电位相近，在电解过程中会进入电解液，容易在阴极上析出，或污染电解液，减少电解液的使用次数，必须先除去。

粗铟要经过药剂除铊，真空除镉（一次或两次），至少三次电解方可产出符合行业标准的精铟。工艺流程见图 9-10。

铊采用氯化的方法除去。这是基于铊和铟在氯化锌和氯化铵的重量比为 3：1 组成的熔融体中具有不同的溶解度而达到分离的目

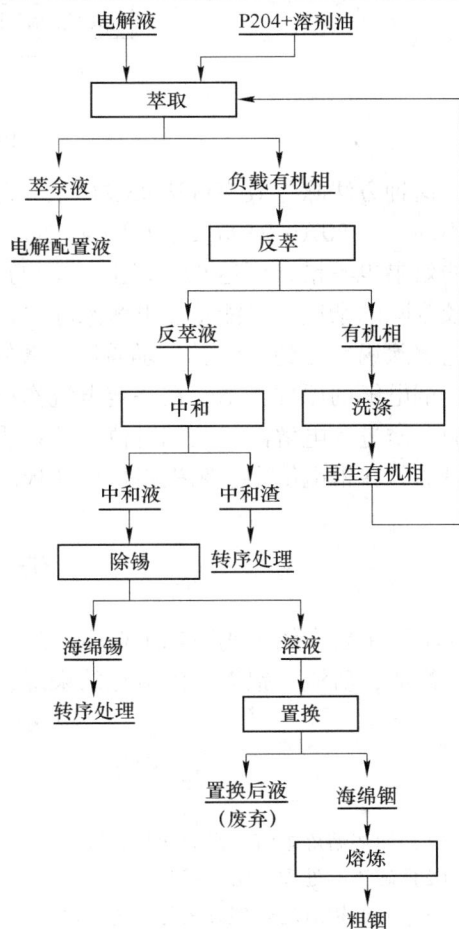

图 9-9　粗铟生产工艺流程

粗铟

回收 ← 渣 ← 氯化除铊 → 真空除镉 → 除镉铟

一次电解

电解液回收　　一次电铟　　残极

二次电解液 ← 二次电解

二次电铟　残极

三次电解

三次电解液　三次电铟　残极

真空蒸馏　　铸锭

精铟

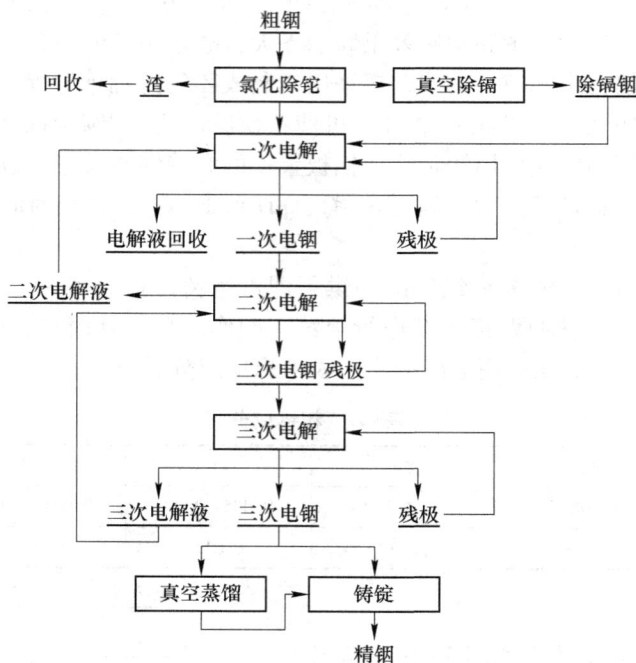

图 9-10　精铟生产流程

的。这种方法除铊效率可达 95% 以上；除镉是采用真空蒸馏的方法，原理是铟和镉的沸点不同（In 2070~2100 ℃，Cd 760 ℃），在同一温度下具有不同的蒸气压而分离。真空除镉的效果也不错，可达 92% 以上。也可用化学法除镉，即加 KI 除镉。锡在铟电解中是个比较难除的杂质，只能重复电解来除去，电解次数的多少取决于粗铟的含锡量。第一、二次电解除锡率可到 90%，但随着阳极含锡的降低，除锡率也降低了，只有 60%~70%。

　　铟电解的原理：基于在一定电流作用下，铟与各种杂质的电极电位不同，使较铟电位负的杂质进入电解液，较铟电位正的杂质残留于阳极泥中，铟在阴极上沉积出来，达到提纯目的。在铟电解中，阴极板使用钛板。电铟必须从钛板上剥下来进行熔化铸锭。

本 章 小 结

　　本章主要介绍了锡冶炼工业生产过程中产生的主要废弃物熔炼炉渣，熔析渣，离心析渣，炭渣，硫渣，铝渣，阳极泥的来源、组成、化学性质及其资源化利用方法。

习　题

（1）简述熔炼炉渣中锡的回收方法。
（2）硫渣的处理方法有哪些？
（3）简述铝渣的处理方法与工艺流程。
（4）阳极泥中有价金属的回收工艺流程是什么？

10　钨冶炼工业有色金属资源化利用

本章提要:

　　(1) 掌握钨冶金工艺产污流程;

　　(2) 掌握本章中出现的相关概念和术语的主要内涵;

　　(3) 掌握铜阳极泥的资源化利用方法;

　　(4) 掌握铜冶炼烟尘的资源化利用方法。

　　钨在地壳中分布较少,丰度为 1.1×10^{-6}。在自然界中已发现有约 15 种类型的钨矿石,其中大部分呈钨酸盐形态。但在目前有工业价值的只有两种,即黑钨矿(钨锰铁矿)和白钨矿(钨酸钙矿)。

　　钨提取冶金的工艺主要包括下列过程:矿物分解、纯钨化合物制备、钨粉制取和高纯致密钨制取。钨矿物原料分解的任务是利用某种化工原料与黑钨矿和白钨矿作用,将其化学结构破坏,使其中的钨与伴生元素初步分离。

　　在工业生产中,常用的方法主要有苏打高压浸出法(也称苏打压煮法)、苛性钠浸出法、苏打高压烧结-水浸法、酸分解法。当采用前三种方法时,矿物中的钨转化为 Na_2WO_4 进入溶液;当采用酸分解法时,钨转化为粗钨酸。

　　钨冶金的工艺流程如图 10-1 所示。钨矿物原料在分解前进行预处理,其目的是除去矿物原料中吸附的浮选剂及部分磷、砷、钼、硫等杂质;改变矿物的物理结构或某些组分的化学形态,以有利于浸出过程。

　　其中含钨矿物在浸出分解时,钨转化为可溶性钨酸钠进入溶液中,矿物中的主要杂质就存在于渣中,即钨浸出渣。根据浸出工艺又分为烧结渣和碱压煮渣。

　　分解钨矿物原料和所得到粗钨酸钠溶液或粗钨酸中都含有某些杂质,特别是磷、砷、硅、钼。某些杂质对生产过程会产生不利的影响,应对粗钨酸钠溶液和粗钨酸进行净化处理。净化处理过程中也会获得少量的含钨渣,如净化磷砷渣、除钼渣、氨溶渣。

10.1　钨浸出渣资源化利用

10.1.1　钨浸出渣的来源与组成

　　我国的钨矿床具有多金属共生的特点,采用碱分解或酸分解法处理含钨矿物,分解时

```
┌─────────┐      ┌─────────┐      ┌─────────┐
│ 黑钨精矿 │      │ 钨中矿  │      │ 白钨精矿 │
└─────────┘      └─────────┘      └─────────┘
                      │
                 ┌─────────┐
                 │ 预处理  │
                 └─────────┘
```

| 氢氧化钠浸出 | 苏打高压浸出 | 苏打烧结 | 酸分解（对白钨精矿） |

浸出

粗钨酸

商品钨酸钠 ← 结晶 ← 粗钨酸钠溶液

化学法净化

沉淀   萃取   离子交换   氨溶

商品人造白钨 ← 人造白钨

酸分解

氨溶

钨酸铵溶液

结晶

商品仲钨酸铵 ← 仲钨酸铵（APT）   压型

煅烧   高温烧结

WO_3 钨条

商品三氧化钨 ←

氢还原

商品钨粉 ←

钨粉

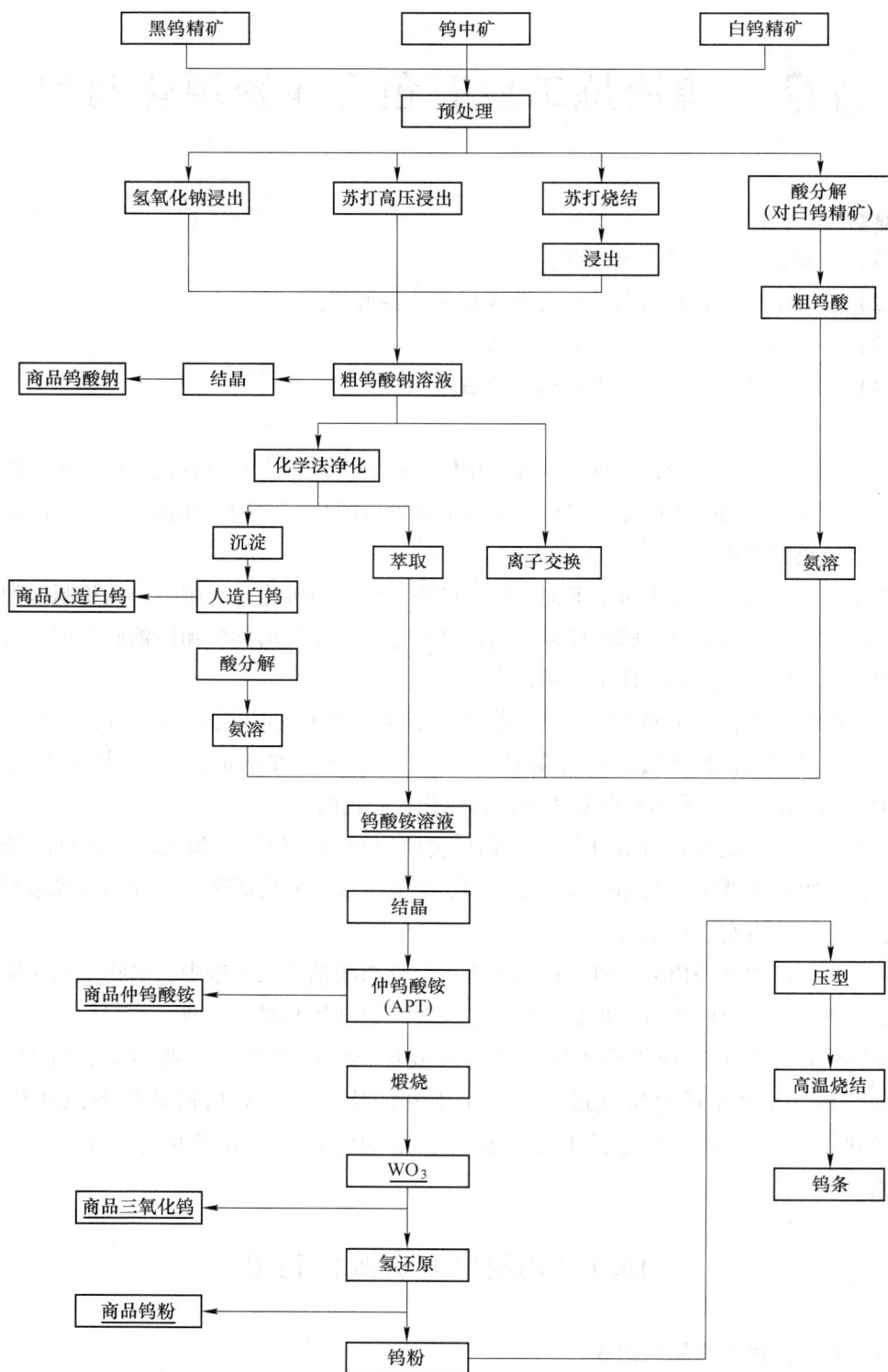

图 10-1　钨冶金工艺流程

矿物中的钨转化为可溶性盐进入溶液，矿物中主要杂质存在于渣中，通过过滤实现钨与主要杂质的初步分离，得到含钨的溶液和浸出渣。

钨浸出渣的化学成分和相组成与钨精矿的原始成分和处理方法有关，传统生产 WO_3 的工艺为苏打烧结工艺，所排放的钨渣以氧化物形式存在，工艺流程如图 10-2 所示，含量如表 10-1 所示。

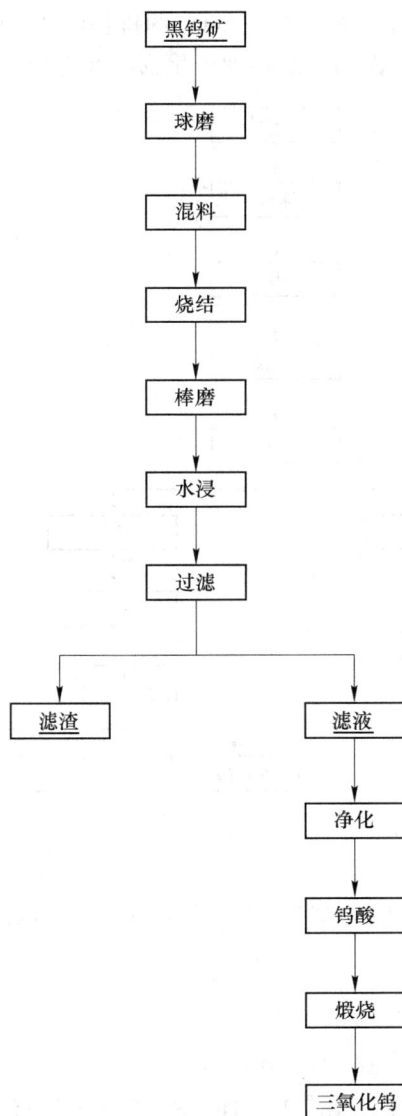

```
              黑钨矿
                │
              球磨
                │
              混料
                │
              烧结
                │
              棒磨
                │
              水浸
                │
              过滤
          ┌──────┴──────┐
        滤渣          滤液
                        │
                      净化
                        │
                      钨酸
                        │
                      煅烧
                        │
                    三氧化钨
```

图 10-2 烧结法生产三氧化钨流程

表 10-1 钨渣化学成分　　　　　　　　　　　　　　（%）

成分	Fe	Mn	WO$_3$	Ta$_2$O$_5$	Nb$_2$O$_5$	ThO$_2$	UO$_2$	R$_2$O$_3$
含量	30.53~35.36	14.64~18.79	3.25~5.00	0.092~0.13	0.64~0.80	0.01~0.015	0.02~0.03	0.14~0.60
成分	Sc$_2$O$_3$	Na$_2$O	S	P	As	Ti	SiO$_2$	CaO
含量	0.02~0.028	3.47~4.54	0.013~0.13	0.087~0.10	0.002~0.006	0.31~0.46	5.69~6.5	3.40~4.99

　　苏打烧结工艺金属回收率较低、产品质量较差、环境污染较严重，因此后来改用碱压煮工艺，工艺流程如图 10-3 所示。碱压煮工艺所排放的钨渣以氢氧化物形式存在，但其组成与苏打烧结工艺基本相同。每生产 1 t WO$_3$ 约排钨渣 0.5 t。在采用碱性化合物分解钨精矿时，浸出渣的主要成分是铁和锰的各种氧化物，并有钽、铌和钪富集于其中。

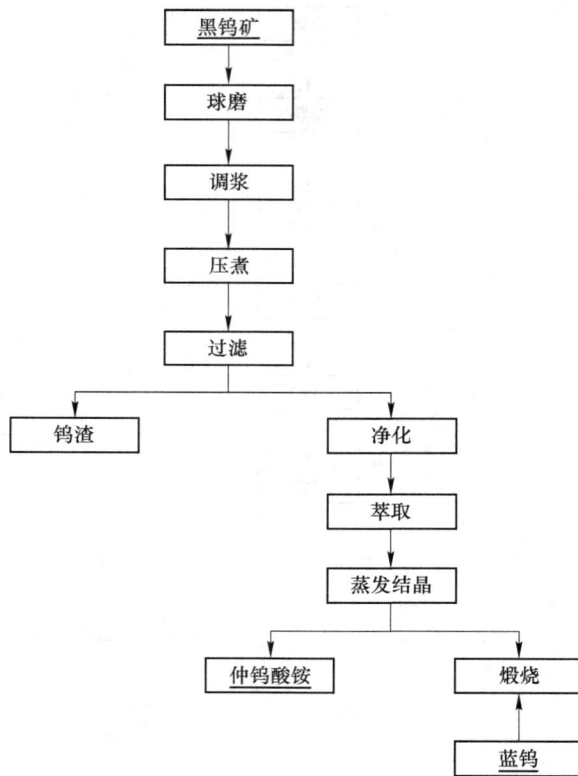

图 10-3 碱压煮法生产仲钨酸铵工艺流程

10.1.2 钨浸出渣的处理方法

10.1.2.1 钨浸出渣生产钨铁合金及提钪

　　钨渣中的 Fe、Mn、W、Nb、Ta、U、Th、Sc 等金属具有回收利用价值。碱压煮渣灼烧至含水不大于 10%，加入钨烧结渣、焦粉混料。焦粉加入量为钨渣的 13%~15%。混合物经电炉还原熔炼，将有价金属分别富集于铁合金和熔炼渣中。电炉还原温度在 1550 ℃左右，铁、钨、锰及钽、铌的氧化物容易被还原。这些氧化物生成碳化物所需的温度比还原成金属要低；而钪、钍、铀、钛等氧化物难以被还原。适当控制电炉还原温度、时间及还原气氛等，使钨、铁、锰、铌、钽尽可能还原，得到含有 Fe、Mn、W、Nb、Ta 等元素的多元铁合金（简称钨铁合金）和含有 U、Th、Sc 等不被还原而富集在熔炼渣、烟气中。其工艺流程如图 10-4 所示。

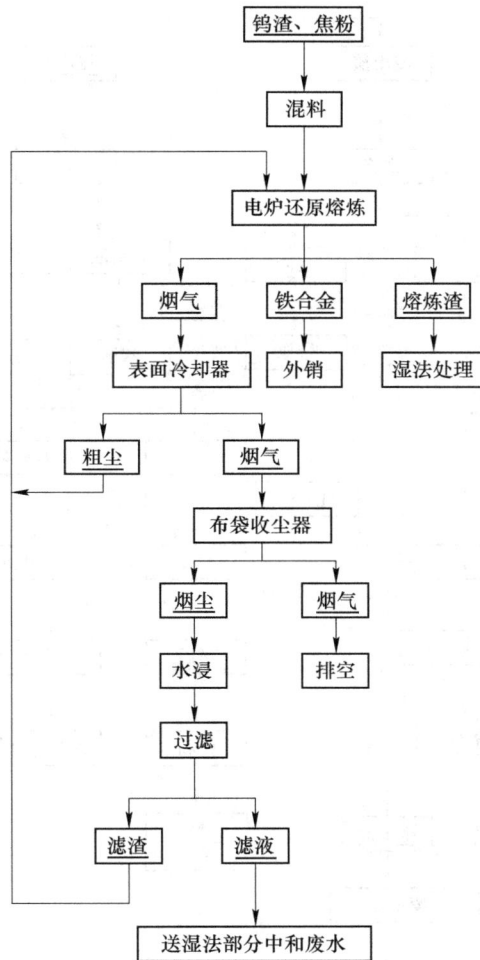

图 10-4 还原熔炼法处理钨渣原则工艺流程

钨铁合金是一种新型的用途广泛的中间合金，广泛应用于铸铁件，提高铸铁件的机械性能。一般，熔炼 1 t 钨渣生产 0.45~0.5 t 钨铁合金，得到 0.3 t 熔炼渣。

熔炼渣酸浸出-萃取工艺处理可分别回收氧化钪、重铀酸铵和硝酸钍等产品。其工艺如图 10-5 所示它不仅是提取钪的好原料，而且经高温固化使得渣中的放射性元素不会被微酸性和天然水浸出。放射性检测表明：合金、收尘后排放之尾气的放射性符合安全标准。放射性物质集中在烟尘与熔炼渣中，烟尘返回闭路，熔炼渣体积只有钨浸出渣的13%左右，便于安全堆放。经酸溶-萃取法处理，制取了重铀酸铵一级品及大于93%的氧化钪，钍以固体富集物产出。

熔炼渣 → HCl → 浸出

浸出 → 浸出渣、浸出液

浸出渣 → 洗涤 → 洗水、废渣
废渣 → 排放

浸出液 → 仲辛醇 → 萃铁
萃铁 → 萃余液、反铁液
反铁液 → 废水处理

萃余液 → N263 → 萃钿
萃钿 → 萃余液、反钿液
反钿液 → 中和

萃余液 → HNO₃、P350 → 萃钛
萃钛 → 萃余液、反钛液
反钛液 → 中和 → 母液、重钿酸铵沉淀
母液 → 废水处理

萃钛 → 反钛液 → 中和 → 钛饼（堆存）

萃余液 → P350 → 单级捞 NO₃ → P204 → 萃钪
萃钪 → 反钪液、萃余液
反钪液 → 沉淀灼烧 → 氧化钪
萃余液 → 废水处理

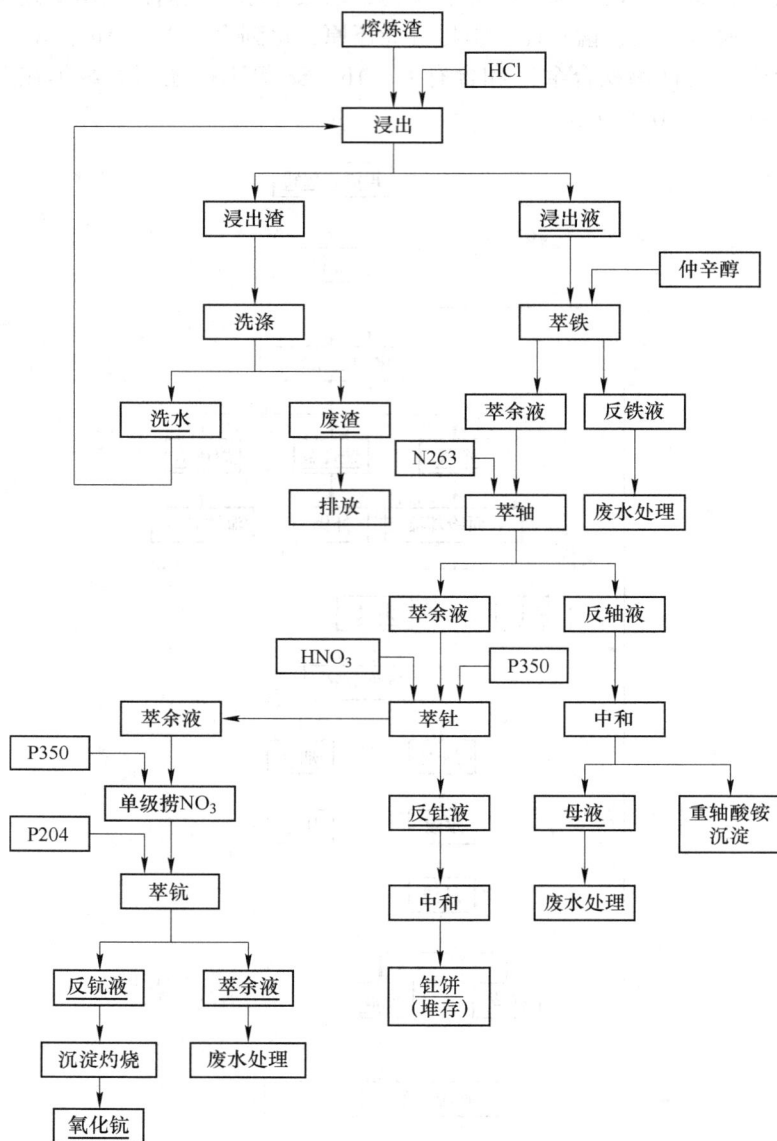

图 10-5　熔炼渣湿法处理原则工艺

10.1.2.2　钨碱浸渣酸浸出-萃取法

由于锡石是黑钨矿的伴生矿物，黑钨矿精矿中均含有一定数量的锡。在用苏打高压浸出或苏打烧结法分解黑钨精矿时，得到的钨浸出渣有时锡含量可高达 10%。钨碱浸渣酸浸出-萃取提钪是湿法与溶剂萃取相结合的较典型的工艺来回收浸出渣中的钪、锰、铁、锡、铌、钽。

将含 WO_3、SnO_2、锰、铁、钪、铌、钽的原料首先用酸处理得到含锰、铁、钪的水溶液，浸出渣经氨浸得到钨酸铵溶液和含铌、钽、锡、硅的氨浸渣。含锰、铁、钪的水溶液用萃取法回收钪，再从萃余液中回收锰盐或 MnO_2。钨酸铵溶液送仲钨酸铵生产，而氨

浸渣可按图 10-6 流程进行处理，或进行还原熔炼先回收锡，再回收铌、钽。

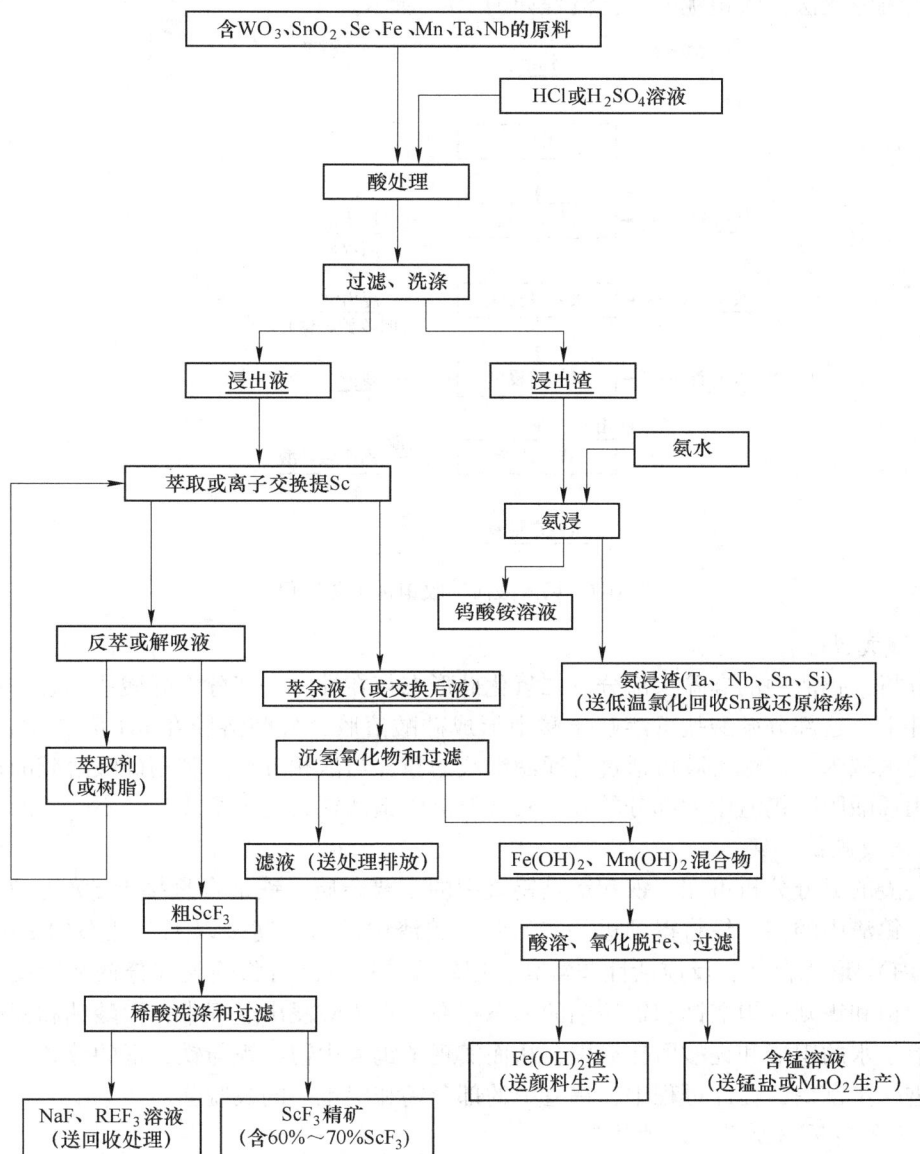

```
        含WO₃、SnO₂、Se、Fe、Mn、Ta、Nb的原料
                        │
                        │      ┌──────────────────┐
                        │      │ HCl或H₂SO₄溶液    │
                        │      └──────────────────┘
                        ▼
                  ┌──────────┐
                  │  酸处理   │
                  └──────────┘
                        │
                        ▼
                  ┌──────────┐
                  │ 过滤、洗涤 │
                  └──────────┘
              ┌─────────┴─────────┐
         ┌─────────┐         ┌─────────┐
         │  浸出液  │         │  浸出渣  │
         └─────────┘         └─────────┘
              │                    │      ┌────────┐
              │                    │      │  氨水   │
              ▼                    ▼      └────────┘
     ┌──────────────────┐    ┌──────────┐
     │ 萃取或离子交换提Sc │    │   氨浸    │
     └──────────────────┘    └──────────┘
```

图 10-6 处理含 WO_3、SnO_2 原料的综合流程

10.1.2.3 钨水浸渣酸分解-萃取提钪

将钨碱浸渣加碳酸钠烧结，经水浸将钨等提取，而后盐酸分解水浸渣。放射性物质铀、钍及钽、铌富集留于残渣中，含钪溶液用 P204 萃取钪，经酸洗除杂并反萃得氢氧化钪，再精制提纯可得 Sc_2O_3 99.5%的产品。铁、锰进入萃取水相，经 Na_2CO_3 沉铁。铁渣制铁红，锰液制碳酸锰。

该工艺优点是放射性物质富集于残渣，方便处理，对后续作业污染较小，利于保护环境，综合回收率较高。

10.1.2.4 钨渣中回收钽铌

采用钨渣酸法回收钽铌的工艺流程如图 10-7 所示。

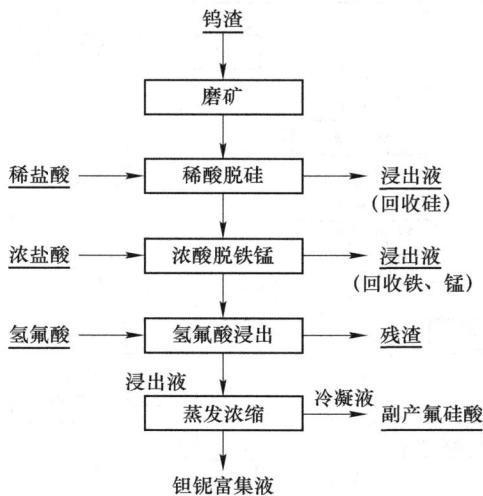

```
                    钨渣
                     │
                     ▼
                 ┌────────┐
                 │  磨矿  │
                 └────────┘
                     │
                     ▼
  稀盐酸 ────────▶┌────────┐──────────▶ 浸出液
                 │稀酸脱硅│          （回收硅）
                 └────────┘
                     │
                     ▼
  浓盐酸 ────────▶┌────────┐──────────▶ 浸出液
                 │浓酸脱铁锰│        （回收铁、锰）
                 └────────┘
                     │
                     ▼
  氢氟酸 ────────▶┌────────┐──────────▶ 残渣
                 │氢氟酸浸出│
                 └────────┘
          浸出液   │
                     ▼          冷凝液
                 ┌────────┐──────────▶ 副产氟硅酸
                 │蒸发浓缩│
                 └────────┘
                     │
                     ▼
               钽铌富集液
```

图 10-7 钨渣酸法回收钽铌工艺流程

A 稀酸脱硅

经分析，钨渣中的硅除少部分以二氧化硅形态存在外，大部分以硅酸盐形态存在。在酸性条件下，这部分硅酸盐可溶解于酸中形成硅酸溶胶，硅酸溶胶在 pH 值 2~4 为介稳区，在此区域内，硅酸溶胶可透过普通滤纸或滤布，与渣相分离。利用硅酸溶胶的这一特性，采用稀酸脱除钨渣中大部分的硅，实现钨渣中钽和铌的初步富集。

B 浓酸脱铁、锰

从钨渣的成分分析可知，铁和锰是钨渣中的主要杂质，铁锰含量接近 50%，如将铁、锰脱除，钨渣中的钽、铌将得到进一步富集。钨渣中的铁、锰多以无定性态的 $Fe(OH)_3$ 和 $Mn(OH)_2$ 形态存在，反应活性非常高，用较高浓度的酸可将绝大部分铁和锰浸出，而钨渣中的钽和铌则以钽酸钠和铌酸钠的形态存在。在浓酸浸出过程中，钽酸钠和铌酸钠水解为不溶于水的钽酸和铌酸留在渣中，从而实现了钨渣中钽、铌与铁、锰的分离，钽、铌得到了进一步富集，在此过程中，钨渣中的部分钙和铝也一同被脱除。

C 氢氟酸浸出及浸出液的浓缩

浓酸脱铁、锰后得到的富集渣经氢氟酸浸出，其中的钽和铌转变为氟钽酸和氟铌酸进入浸出液。但由于浸出液中钽、铌浓度较低，难以直接进行萃取分离，因此将浸出液进行蒸发浓缩，以提高浸出液中钽、铌浓度，直至可萃取的范围。蒸汽经冷凝后得到高纯氟硅酸副产品，可作为生产氟硅酸钠、氟硅酸钾、氟化钠等产品的原料。

10.1.2.5 生产耐磨材料

钨渣中含有 W、Mn、Nb、Ti、Cr 等重要合金元素，其中 W、Nb、Ti、Cr 与 C 亲和力较大，能与 C 结合形成熔点很高的碳化物，在铁液结晶过程中，这些高熔点的碳化物能够起到外来结晶核心的作用，细化一次结晶组织。通常磨球衬板等耐磨件工作条件为干摩擦，其主要失效形式是磨料磨损。因此，钨渣可以用来生产耐磨球等材料，提高耐磨件的使用寿命。与镍硬铸铁和高铬铸铁耐磨球相比，具有生产工艺简便、成本低、材料易得等优点。

10.1.2.6　生产钨渣微晶玻璃

微晶玻璃是一种新型的建筑材料，其优点为机械强度高、绝缘性好、介电常数稳定、耐腐蚀、耐磨、热稳定性好。钨渣微晶玻璃是以钨渣为主要原料，加入其他辅料和晶核剂，经过热处理得到的。其性能良好，具有生产成本低、环境污染小等优点，并且开辟了一条钨渣回收利用的新途径，应用前景良好。其缺点为不能有效利用钨渣中的有价金属，导致资源的浪费。

10.2　净化渣资源化利用

分解钨矿物原料所得到粗钨酸钠溶液或粗钨酸中都含有某些杂质，特别是磷、砷、硅、钼。杂质的种类和含量取决于原料的成分和具体的分解方法及分解作业条件，对粗钨酸钠而言，其中 Si/WO_3 为 $0.5\%\sim2\%$，P/WO_3 为 $0.01\%\sim0.04\%$，As/WO_3 为 $0.01\%\sim1\%$，Mo/WO_3 为 $0.1\%\sim0.4\%$，此外用苏打高压浸出法分解含萤石的白钨矿或采用氟盐法分解白钨矿时，溶液中 F/WO_3 为 $1\%\sim4\%$，而采用苛性钠高压浸出法分解含锑、锡高的黑钨矿时，锑和锡会以锑酸钠和锡酸钠的形态进入粗钨酸钠溶液中。这些杂质的存在会影响到钨最终产品的纯度，因此，应对粗钨酸钠溶液和粗钨酸进行净化处理以保证最终产品的纯度。

净化处理过程中的净化渣主要有磷砷渣、除钼渣、氨溶渣。

10.2.1　磷砷渣、除钼渣、氨溶渣的来源与组成

（1）采用碱压煮法的工艺过程中，都是采用镁盐法除去钨酸钠溶液中的磷、砷等杂质而产出磷砷渣。钨冶炼过程中，以镁盐法净化除磷、砷、硅所产生的渣，在工艺中称为一次磷砷渣。每生产 1 t 钨氧化物半成品，排渣量 $90\sim100\ kg$（以干渣计），其主要成分见表 10-2。由于一次磷砷渣夹带了一定量的钨，所以在现行生产工艺过程中，采用了氢氧化钠煮洗的方法回收其中的钨，经过回收钨后的渣称为二次磷砷渣，其排放量为一次磷砷渣的 90% 左右，其成分见表 10-3。以往钨冶炼所排放的磷砷渣，指的是二次磷砷渣。

表 10-2　一次磷砷渣主要成分

$H_2O/\%$	干基成分/%						
	WO_3	SiO_2	As	P	MgO	Sn	Al_2O_3
$80.0\sim82.0$	$12.0\sim16.0$	$0.70\sim8.0$	$0.3\sim2.0$	$0.37\sim6.0$	$31.0\sim42.0$	$0.01\sim0.30$	$0.01\sim3.0$

表 10-3　二次磷砷渣主要成分

$H_2O/\%$	干基成分/%						
	WO_3	SiO_2	As	P	MgO	Sn	Al_2O_3
$80.0\sim82.0$	$3.0\sim8.0$	$0.70\sim8.0$	$0.30\sim1.8$	$0.3\sim8.0$	$33.0\sim45.0$	—	—

从表中可以看出，磷砷渣的主要成分为氧化镁和三氧化钨。

（2）采用铵盐-氟盐体系处理白钨矿得到（NH_4）$_3WO_4$ 溶液，在净化工序得到的除钼渣中主要元素组成为 Cu、Mo，也有少量夹杂 W，因此要对其中的有价成分进行回收。

（3）氨溶渣。钨精矿采用酸法处理后，粗钨酸经氨溶后的固体滤渣即氨溶渣。包括未分解的矿石、二氧化硅和其他如磷、铁等杂质。其中滤渣中含有 10% 左右的 WO_3，氨溶渣典型的化学成分如表 10-4 所示。渣量相当于投入白钨精矿质量的 10%~18%，WO_3 应进一步回收。

表 10-4　氨溶渣典型的化学成分组成　　　　　（%）

组分	WO_3	CaO	Si	Ti	P	As	Mo	Fe
白钨精矿	71.4	20.3	0.89	<0.02	0.016	0.012	1.15	0.17
氨溶渣	10.8	8.2	30.3	0.49	0.1	0.13	—	—

10.2.2　磷砷渣的处理方法

10.2.2.1　碱溶-离子交换法回收钨

离子交换法回收钨是将磷砷渣用 3~5 mol/L 烧碱，按固液比为 1:2，在搅拌沸腾温度下反应 60 min，采用 717 号阴离子交换树脂交换时，控制粗 Na_2WO_4 溶液中（WO_3）<25 g/L，进料液线速度为 5~7 cm/min。交换停止后用 1.5%NaCl 适当淋洗。磷、砷、硅杂质在交换过程和淋洗时被除去，最后用 NH_4Cl 溶液解吸树脂中的钨得到（NH_4）$_2WO_4$ 溶液，经结晶获得仲钨酸铵。

该工艺优点是除杂效果好，钨回收率在 95% 以上。但含砷废水量大，需固化处理。

10.2.2.2　碱浸出-石灰除杂法回收钨

本工艺将磷砷渣用 3 mol/L NaOH 按固液比 1:4，常压沸腾的温度下浸出 3 h，在浸出反应结束前 0.5 h 加入适量石灰，使 P、As、SiO_2 形成难溶钙盐，进入残渣弃区。碱浸时加石灰的除杂率分别为 As 52%、P 85%、SiO_2 95% 以上。随后用冶炼过程中的废钨酸中和钨液中过剩的 NaOH，最后经镁盐净化，净化后钨酸钠溶液返回至主流程使用。

本工艺的特点是：流程短，除杂率及回收率都较高，不新产出含砷废水。工业生产实践证明本法是回收钨及"三废"治理较佳方法。

10.2.2.3　酸溶-萃取法回收钨

一次、二次磷砷渣的综合利用过程是，先用硫酸将渣加热溶解、过滤，滤液采用 N235 萃取钨，碳酸钠反萃，生成的钨酸钠溶液返回钨冶炼主流程使用；萃余液采用铁氧体法沉淀磷和砷，滤液为硫酸镁溶液，返回钨冶主流程，作为净化磷、砷的沉淀剂；最终排放的砷铁渣其质量和体积为原渣的 1/13 和 1/10，而且比砷酸镁、砷酸钙更稳定，更易妥善堆放处置。一次、二次磷砷渣处理的工艺流程基本相同，主要不同的是，一次磷砷渣只需一次酸溶，而二次磷砷渣需要两次酸溶。一次磷砷渣综合利用后，不仅取消了原碱煮的工艺流程，而且钨的回收率比碱煮工艺提高 40%，其经济效益大幅度提高，使钨冶炼工艺更趋于完善。一次磷砷渣、二次磷砷渣的处理工艺流程分别见图 10-8 和图 10-9。

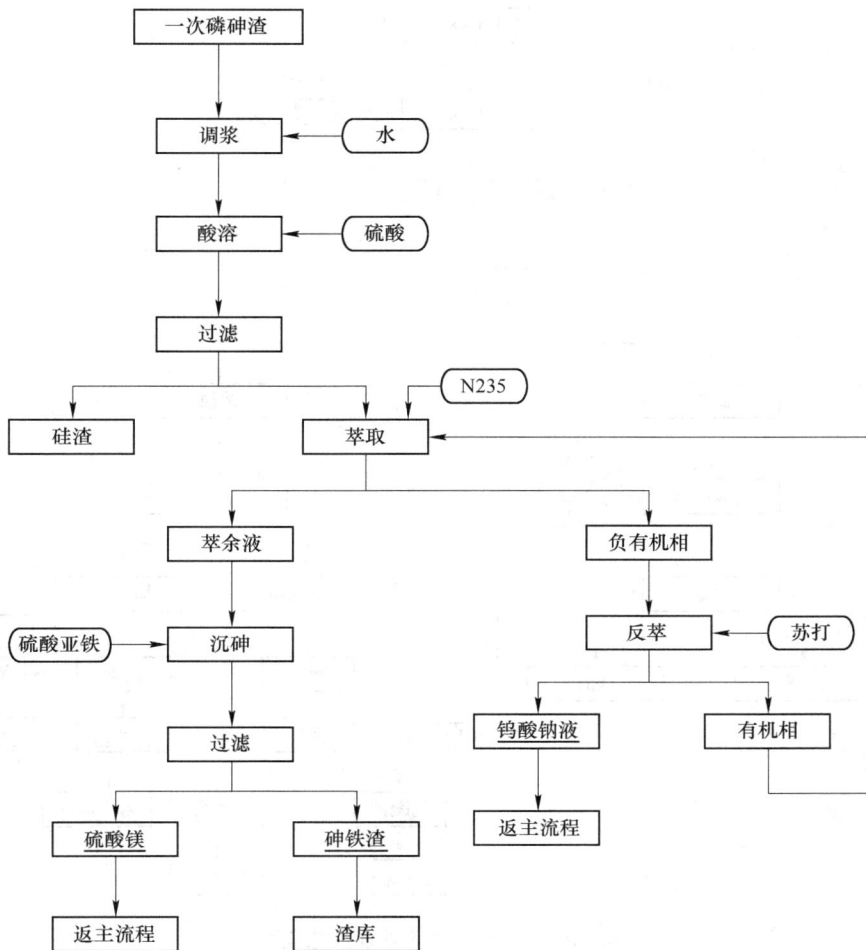

图 10-8　一次磷砷渣处理工艺流程

10.2.3　除钼渣的处理方法

由于采用铵盐-氟盐浸出白钨矿，体系中不能引入 Na^+ 和 K^+，所以钼渣中钨和钼的浸出用氨水作浸出剂。目前，工业上对于铵盐-氟盐体系除钼得到的钼渣采用一次稀氨水浸钨、浸钨液返回净化工序，二次浓氨水加 $CuSO_4$，浸钼和沉 CuS，CuS 渣返回主流程除钼工序回用，二次氨水浸钼液制备钼酸铵，钨、钼、铜的回收率分别达到 97.7%、95.4%、99.5%。钨、CuS 直接返回钨冶炼工序再利用以及钼的综合回收，大幅度降低了钨冶炼成本。钼渣中有价成分的回收及钨和铜的循环利用工艺流程如图 10-10 所示。

10.2.3.1　一次稀氨水浸钨

钼渣中的钨大部分以仲钨酸铵和极少部分 WS_4 形态存在，基于钨亲氧钼亲硫的化学性质，用 1~2.5 mol/L 的稀氨水在 20~80 ℃浸出钨而不浸出钼，实现钨与钼的分离。

钨溶解反应如下：

$$5(NH_4)_2O \cdot 12WO_3 \cdot 5H_2O + 14NH_4OH \Longrightarrow 12(NH_4)_2WO_4 + 12H_2O$$

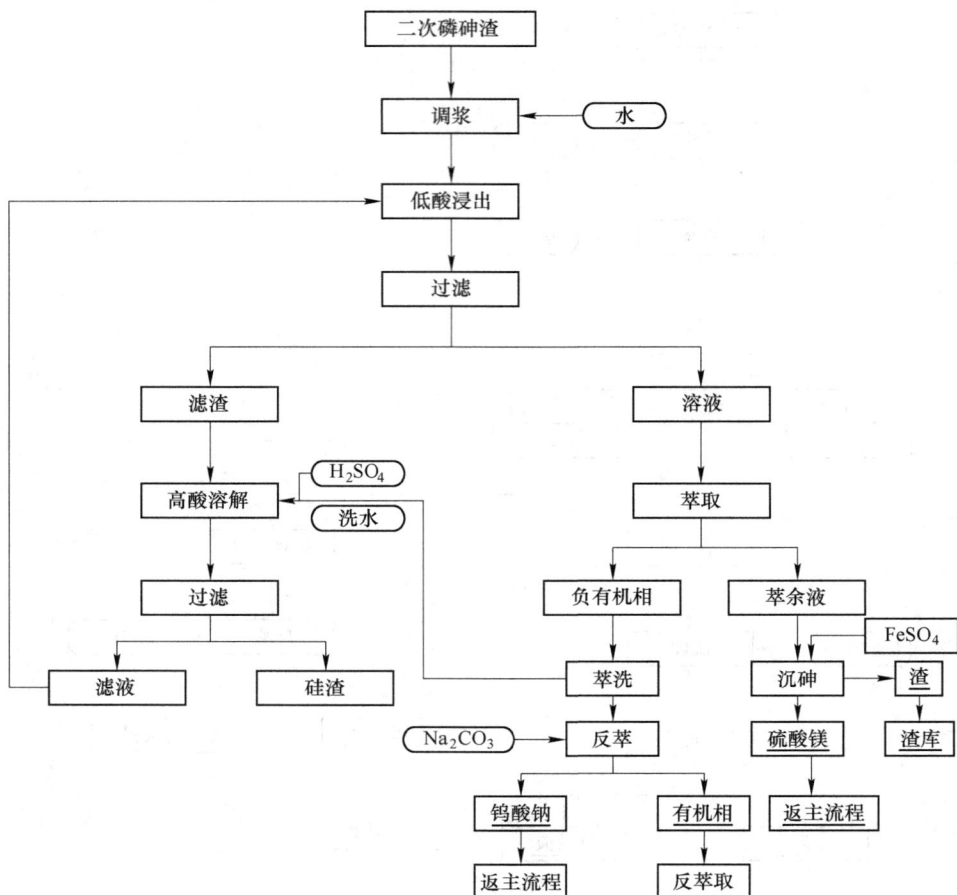

图 10-9   二次磷砷渣处理工艺流程

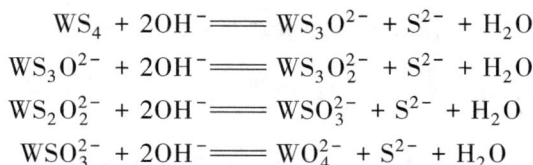

$$WS_4 + 2OH^- \Longrightarrow WS_3O^{2-} + S^{2-} + H_2O$$
$$WS_3O^{2-} + 2OH^- \Longrightarrow WS_3O^{2-}_2 + S^{2-} + H_2O$$
$$WS_2O^{2-}_2 + 2OH^- \Longrightarrow WSO^{2-}_3 + S^{2-} + H_2O$$
$$WSO^{2-}_3 + 2OH^- \Longrightarrow WO^{2-}_4 + S^{2-} + H_2O$$

得到的钨酸铵浸出液返回主流程除钼工序进行再次回收利用，铜钼渣进入浓氨水浸钼工序。

10.2.3.2   二次浓氨水加硫酸铜浸出钼

钼渣经一次稀氨水浸出后，铜钼渣中钼和铜分别以 $CuMoS_4$ 和 CuS 形态存在，也可能有极少部分 MoS_3。用 4.0~7.0 mol/L 的浓氨水和 $CuSO_4$ 混合液在 100~160 ℃ 浸出铜钼渣，$CuSO_4$ 溶液中离解出的 Cu^{2+} 和 $CuMoS_4$ 离解出的 S^{2-} 反应生成难溶 CuS，加速浓氨水浸钼过程的进行，实现钼和 CuS 的分离。$CuSO_4$ 对浓氨水浸钼过程起着决定作用。具体化学反应如下：

$$CuMoS_4 + 4OH^- + Cu^{2+} \Longrightarrow MoS_2O^{2-}_2 + 2CuS + 2H_2O$$
$$MoS_2O^{2-}_2 + 2OH^- + Cu^{2+} \Longrightarrow MoSO^{2-}_3 + CuS + H_2O$$

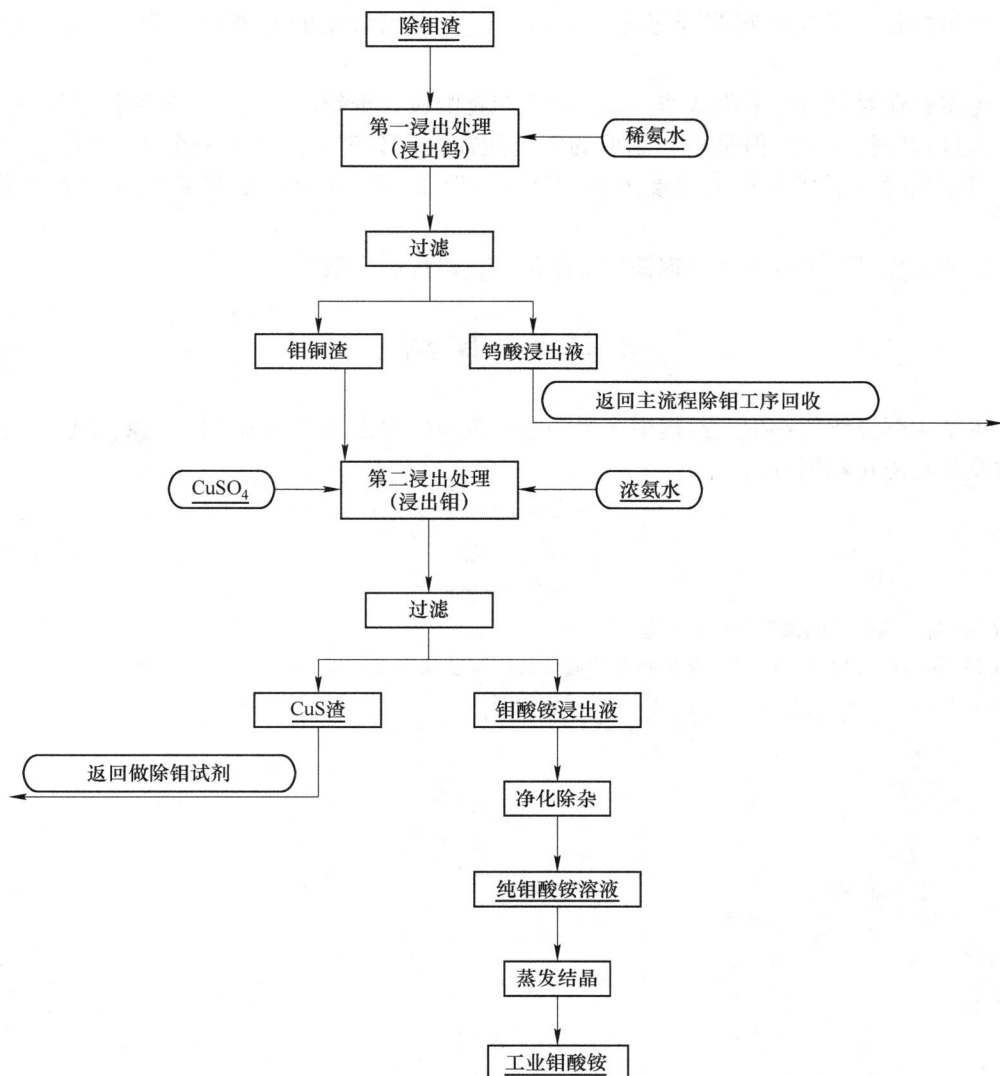

图 10-10　钼渣处理工艺流程

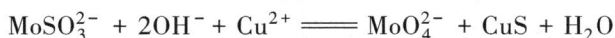

$$MoSO_3^{2-} + 2OH^- + Cu^{2+} \Longrightarrow MoO_4^{2-} + CuS + H_2O$$

$$MoS_3 + S^{2-} + 8NH_4OH + 6O_2 \longrightarrow (NH_4)_2MoO_4 + 4(NH_4)_2SO_4 + 4H_2O$$

　　浓氨水浸钼液经净化除杂，蒸发结晶回收钼酸铵，CuS 渣经洗涤、干燥、细磨后返回主流程除钼工序作为除钼试剂回用。

　　对于某含 WO_3、MoO_3 及 CuS 分别为 15.1%、14.5%、55.15% 的除钼渣在密闭反应釜中用 1.5 mol/L 稀氨水在 80 ℃浸 1 h 得到铜钼渣，钨的浸出率达到 94%，钼的浸出率达到 6.5%。铜钼渣用 5 mol/L 稀氨水和理论量的 $CuSO_4$ 混合液在 130 ℃浸出 2 h，CuS 钼渣中的 WO_3、MoO_3 及 CuS 分别为 0.6%、0.84%、98.025%，钼的浸出率达到 94.9%。

10.2.4　氨溶渣的处理方法

　　氨溶渣中 WO_3 的回收是用泵把氨溶渣浆打入高压反应器，加入氢氧化钠，于 250 ℃

压煮出钨酸钠，反应后料浆经过滤、洗涤后，含有钨酸钠的滤液返回到沉淀槽中沉淀白钨。

　　更多企业对氨溶渣采用盐酸分解，制取粗钨酸铵，重新返回至主流程碱性粗钨酸钠溶液中，进行镁盐净化。但是由于制取的粗钨酸往往因分解及洗涤不充分等原因，含大量钙，当净化时将形成白钨沉淀混入磷砷渣中，降低回收率并造成磷砷渣回收钨工作的困难。

　　氨溶渣也可不经处理供给钢铁厂做添加剂，以炼制钨钢。

本 章 小 结

　　本章主要介绍了钨生产过程中产生的主要废弃物浸出渣和浸出渣的来源、组成、化学性质及其资源化利用方法。

习　题

（1）简述磷砷渣的来源与处理方法。
（2）钼渣中有价成分的回收及钨和铜的循环利用工艺流程是什么？

11 钛冶炼企业有色金属资源化利用

本章提要：

（1）掌握钛冶炼废弃物的主要产生来源及资源化利用途径；

（2）掌握本章中出现的相关概念和术语的主要内涵。

目前国内外普遍采用镁还原-真空蒸馏法生产金属钛。海绵钛生产主要包括钛矿物富集，氯化，精制制取 $TiCl_4$，接着在惰性气氛中用镁还原 $TiCl_4$，然后进行真空蒸馏分离除去镁和 $MgCl_2$，得到成品海绵钛。另外，还有还原产生的 $MgCl_2$ 电解和氯气循环使用过程，即配套的镁电解。

该工艺产生的主要工业固体废物及其生产环节有沸腾氯化炉的氯化炉渣、收尘灰、氯化工序收尘灰、粗四氯化钛淋洗的沉降泥浆、氯化镁电解渣、镁精炼渣、电解镁升华物、四氯化钛精制过程中的除钒蒸馏釜钒渣以及四氯化硅、各类工业炉窑产生的废耐火材料。

其中粗四氯化钛淋洗沉降泥浆可以添加到沸腾氯化炉中作为原料回用；四氯化钛精制过程中的除钒蒸馏釜钒渣、四氯化硅以及各类工业炉窑产生的废耐火材料可以外售。

剩余的氯化炉渣、收尘灰、氯化镁电解渣、镁精炼渣、电解镁升华物为海绵钛生产中最主要的和最难以处置的固体废物。图 11-1 为海绵钛生产工艺流程及产生的废弃物。

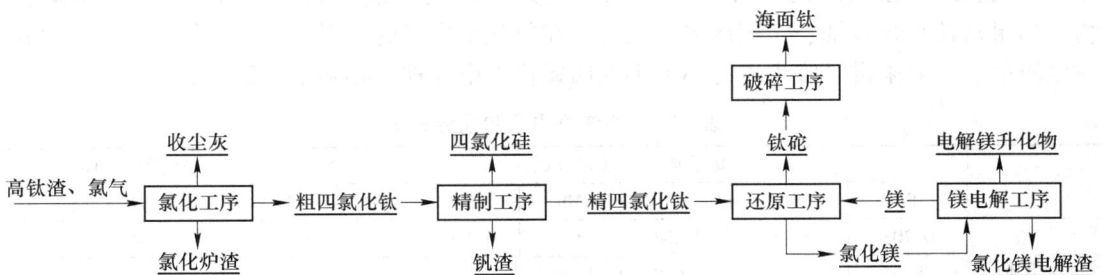

图 11-1 海绵钛生产工艺流程与产生的固体废弃物

11.1 氯化废料的综合利用

11.1.1 氯化废料的来源

钛渣氯化生产四氯化钛的方法主要有沸腾氯化法、熔盐氯化法和竖炉氯化法三种。沸腾氯化炉适用于 CaO、MgO 含量低的原料，熔盐氯化适用于 CaO、MgO 含量高的物料。竖式氯化炉以电加热维持炉温，物耗、能耗高，单台产量很小，目前已淘汰。

目前，国内普遍采用流态化氯化法来制取四氯化钛，其工艺流程如图 11-2 所示。氯化工序是海绵钛生产中废料最多的工序。该工序的气体废料有氯化废气，液固废料有炉渣、收尘渣、冷凝、沉降和过滤产生的泥浆。这些固液废料中含有相当量的 $TiCl_4$，在处理时尽可能回收 $TiCl_4$。

据统计，某厂用高钛渣制取 $TiCl_4$ 的流态化氯化炉，每生产 1 t $TiCl_4$ 液，要排出炉渣 44.8 kg，收尘渣 68.7 kg，泥浆 75.8 kg，废渣排出量和分析见表 11-1。表中所列数据是累计平均值。

（1）氯化炉渣的来源。氯化炉渣是在氯化法生产钛白粉的氯化工序中从沸腾氯化炉底排出的氯化残渣，主要成分是未被氯化的富钛料和过量的还原剂石油焦，其次还有高沸点氯化物（如 $CaCl_2$、$MgCl_2$、$MnCl_2$ 等）。

（2）氯化收尘渣的来源。收尘冷却器排放的氯化收尘渣。富钛料高温沸腾氯化制取四氯化钛过程中，富钛料中的金属元素与金属钛一起被氯化为金属氯化物气体释放出来。在极冷塔中向混合气体喷入精制工序返回的含钒四氯化钛泥浆以冷却 $TiCl_4$，在高效旋风分离器中分离出高沸点氯化物，如 $FeCl_3$、$AlCl_3$、$MnCl_2$、$CaCl_2$、$MgCl_2$ 等，还有被炉气带出的未反应的石油焦和未被氯化的矿粉等固体物。如果富钛料含有铀、钍等放射性元素，在氯化中生成的放射性元素的氯化物则富集在收尘渣中。一般来讲，收尘渣是不能再返回氯化炉中处理，必须单独处理。

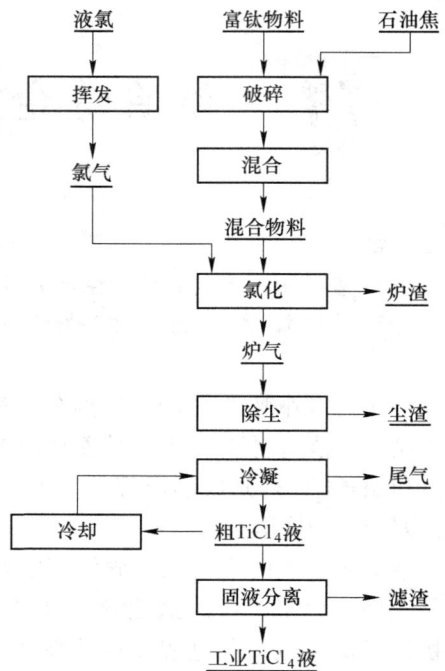

图 11-2 流态化氯化工艺流程

表 11-1 废渣排出量和成分分析

名称	废渣成分（质量分数）/%							每生产 1 t $TiCl_4$
	Fe	Ti	Al	Mn	Ca	Mg	C	产生渣量/kg
炉渣	0.703	6.72	0.287	3.3	1.26	2.53	57.8	44.8
收尘渣	18.55	1.42	0.688	11.03				47.7
泥浆	9.34	13.48	2.12	2.74				75.8

（3）泥浆的来源。粗四氯化钛在冷凝、沉降和过滤等过程中产生的含 $TiCl_4$ 的泥浆，其中的固体物是一些在收尘器未收集的高沸点氯化物和其他细粒固体物。处理这些泥浆最好的方法，是将它们返回氯化炉中，使其中的 $TiCl_4$ 蒸发回收，而其中固体杂质收集在收尘器中。

11.1.2 氯化废料的处理方法

11.1.2.1 炉渣的处理

在沸腾氯化炉排放的氯化残渣中，主要成分为过量的还原剂石油焦和未被氯化完全的富钛料。由于石油焦与富钛料的比重存在差别，所以，可以利用重选法将未被氯化的富钛料和石油焦分离并分别回收利用。湿焦油经烘干后可返回使用或用作其他燃料，富钛料返回氯化或经煅烧后可用于制取人造金红石。

11.1.2.2 氯化收尘渣的处理

A 氯化收尘渣中回收钪

在钛的生产过程中，在用钛矿物进行电弧炉熔炼高钛渣时，钛矿物所含的钪以氧化的形式留在高钛渣中，将高钛渣进行高温氯化生产 $TiCl_4$ 时，钪在氯化烟尘中得到明显的富集。

与钛精矿及高钛渣相比，收尘渣中钪的品位有明显提高，高钛渣中钪含量为 $0.0076\% \sim 0.0082\%$，经沸腾氯化后在氯化收尘渣中含钪量品位提高到 $0.01\% \sim 0.03\%$。因此氯化收尘渣是一种很好的提钪原料。

用氯化收尘渣作为提钪原料较之其他矿物或高钛渣作为原料的优点是：在高温氯化过程中钪氯化为三氯化钪进行升华，而在收尘过程中氯化钪优先冷凝进入烟尘与四氯化钛分离，此氯化物中的钪易溶于水，从而大大简化了浸出过程。氯化烟尘中的钪可以富集到 $150.2 \sim 160.1$ g/t。利用氯化收尘渣提钪工艺流程如图 11-3 所示。

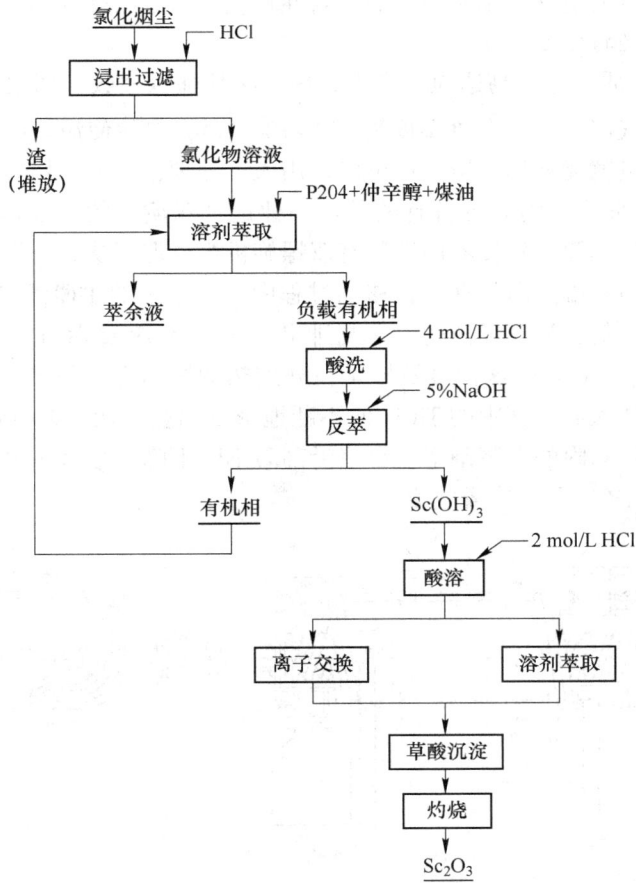

图 11-3 利用氯化收尘渣提钪原则工艺流程

采用盐酸溶液进行浸出并过滤，浸出固液比为 1:2，浸出率随温度升高而增加，平均浸出率达 80%~85%。浸出液使用 25%P204+15%仲辛醇+60%煤油萃取剂进行萃取。萃取酸度大于 2.5 mol/L，萃取率可达 90%。然后加入 4 mol/L 盐酸酸洗 2~3 次除杂，用 5% NaOH 反萃，反萃率近 95%。所得 Sc(OH)$_3$ 用 2 mol/L HCl 溶解后，可通过 TBP 萃取或离子交换提纯。控制 pH = 1.0~1.5 进行草酸沉淀得到草酸钪，沉淀率可达 97% 以上。在 800~850 ℃ 下灼烧，得到纯度大于 98% 的白色氧化钪，再经酸溶和三次草酸沉淀可得纯度 99.5% 的氧化钪。总收率约 60%。反萃后的萃取剂和萃余液经处理可循环利用。

B 无害化处理

氯化收尘渣主要以氯化物的形式存在，遇水大量溶解形成水溶液，其氯离子含量达 100 mg/L 以上。高于我国规定的污水综合排放标准中氯离子含量标准，不能直接排放，需对其进行处理，否则会对环境造成严重污染。

沸腾氯化渣中的金属绝大多数以氯化物形式存在，它们的淋滤液会严重污染环境。因此，为了降低这些物质对环境的污染，将沸腾氯化渣进行溶解，使大量的可溶氯化物尽可能溶解于水中，过滤后滤除不溶于水的大量碳和二氧化钛后，加石灰水中和处理滤液，经过滤使金属杂质以氢氧化物沉淀的形式除去，残渣堆放在渣场，经固液分离后的水循环利用。如果收尘渣含有放射性，则必须按照放射性物质管理办法处理。

11.1.2.3 泥浆的处理

泥浆中 TiCl$_4$ 的质量分数高达 50% 左右，因此必须加以回收。回收最佳方案是将泥浆直接返回氯化炉炉气出口处（此处温度为 500~700 ℃），自然使泥浆中的 TiCl$_4$ 蒸发出来，而且不需要外加能量就能处理完毕。也可以采用人工处理，一般采用蒸发的方法，使泥浆中的 TiCl$_4$ 挥发出来。常用的设备有两种：一种是带双搅龙的蒸发器（图 11-4），这种蒸发器是在外加热的圆筒形蒸发器内安装有双螺旋机构，泥浆从其一端加入，经螺旋叶片带动泥浆沿搅龙向另一端方向移动，在移动过程中，泥浆中的 TiCl$_4$ 不断挥发出来，泥浆则逐渐变稠，最后成干粉，从蒸发器的另一端排出，然后将 TiCl$_4$ 蒸气冷却收集；另一种是带刮刀的蒸发器（图 11-5），这种蒸发器是在外加热的圆筒形蒸发器内安装有机械刮刀，泥浆从蒸发器顶端加入后，其中的 TiCl$_4$ 便不断地蒸发出去，而泥浆逐渐变稠，黏附在器壁，机械刮刀不断将黏附的泥浆刮下，泥浆沿刮刀不断下降并增稠，最后成干粉从蒸发器底部排出，然后将 TiCl$_4$ 蒸气冷凝收集。

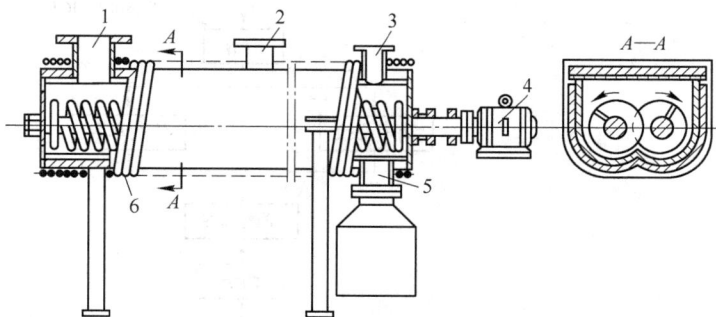

图 11-4 带双搅龙的蒸发器

1—进料管；2—TiCl$_4$ 蒸汽引出管；3—通道口；4—电机；5—排渣口；6—加热电感线圈

收尘渣和泥浆干粉的回收利用比较困难，因为这些固体残渣成分复杂，除含有较多的 $FeCl_3$ 外，还含有 $MnCl_2$、$AlCl_3$、$TiCl_4$ 等氯化物。这些氯化物易发生水解生成 HCl，若将其废弃势必污染环境。目前认为可行的处理方案是从这些氯化物中再生回收氯气或盐酸。

以 $FeCl_3$ 为例，可以使其高温水解再生 HCl 气。反应按下式进行：

$$2FeCl_3 + 3H_2O =\!=\!= Fe_2O_3 + 6HCl$$

往这些固体金属氯化物中加水，把它们调成泥浆，送入尾气燃烧炉（利用氯化炉尾气燃烧），加热至 500～550 ℃ 即可完全水解，回收 HCl，残渣为金属氧化物。

再生氯气较多采用氧化法，将 $FeCl_3$ 变成 Fe_2O_3，制取的氯气返回氯化炉，使氯在流程内循环。以 $FeCl_3$ 为例，反应按下式进行：

$$2FeCl_3 + 3/2O_2 =\!=\!= Fe_2O_3 + 3Cl_2$$

试验表明，温度高于 600 ℃ 时该反应才具有较大速度。

图 11-5 带刮刀的蒸发器
1—进料口；2—传动装置；3—$TiCl_4$ 蒸汽引出管；4—热媒夹套；5—刮刀；6—蒸发罐体

氧化法又可分为气相氧化法和固相氧化法两种。

气相氧化法已进入工业试验阶段。氧化反应器由两个圆柱形空塔串联组合而成，反应温度分别控制在 600～900 ℃，它将氯化炉排出的气体（含 $FeCl_3$ 等成分）直接喷入塔内氧化，尾气净化后再进行液化分离，从而可获得液氯。

固相氧化法是往固体残渣中通入纯氧，并加热至 650 ℃，分解出的氯气可返回使用。试验表明，加入 0.2% 的 NaCl 作催化剂，在取得相同效果的情况下，可降低反应温度至 500 ℃，$FeCl_3$ 转化率高达 95%。

由上述可见，再生氯气的方法最好，它可以使流程封闭，氯气返回可入炉直接使用。

残渣处理变成金属氧化物后，弃去或作炼铁原料。

11.1.2.4 熔盐氯化炉废熔盐提钪

含钛矿中含 0.005%～0.009%Sc。在钛渣氯化时，大部分钪以氯化物的形式富集在钛氯化炉的废熔盐中。

废熔盐中的钪可采用水冶法萃取和沉淀过程进行提取。

将含钪 0.01%～0.03%（以 Sc_2O_3 计）的废熔盐在盐酸溶液（20～10 g/L HCl）中进行浸取，以氯化物形态存在于废熔盐中的钪转入溶液，经过滤、调整氯化铁的含量后送去萃取。用 70% 的磷酸三脂的煤油溶液萃取钪，获得富钪的有机相（萃取液），以浓盐酸（220～240 g/L HCl）洗去杂质，然后用 7% 的盐酸溶液使钪从萃取液中转入水相（反萃液）。用草酸从反萃取液中沉淀出钪和其他金属的草酸盐，将所得浆液过滤，固体草酸盐滤饼经干燥并在 700 ℃ 下煅烧，制得含 40%～60%Sc_2O_3 的粗氧化钪。对于从氯化物溶液中萃取钪的过程，溶液的组成是有重要意义的，提高其中的固体物质含量将导致管道、萃

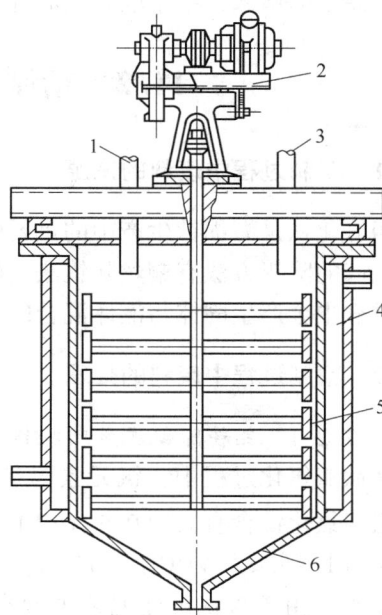

取器和储槽的堵塞，在萃取时生成乳浊液，从而增加钪的损失和设备操作费用。

11.2 精制过程中废料的综合利用

11.2.1 精制过程中废料的来源

四氯化钛是海绵钛生产中的重要中间产物，其精制包括精馏和除钒两个部分。应用于工业生产的除钒方法有铜丝除钒法、硫化氢除钒法、铝粉除钒法和有机物除钒法，在除钒精制过程中会产生固体与液体混合的废弃物除钒泥浆。

11.2.2 精制过程中废料的处理

11.2.2.1 铝粉除钒泥浆回收钒、铝、氯

高钛渣氯化过程中，钒元素与氯气反应生成 $VOCl_3$ 并作为杂质进入粗四氯化钛中，每吨粗四氯化钛含有大约 $0.5 \sim 0.7$ kg 的钒元素。在粗四氯化钛精制过程中，通过添加铝粉使 $VOCl_3$ 还原为 $VOCl_2$ 和 $nTiCl_4 \cdot mAlCl_3$ 一起沉淀在蒸馏釜底部以沉淀泥浆的形式分离出来。由于含钒沉淀泥浆中含有 $TiCl_4$，采用蒸发浓缩的方法进行回收，蒸发回收 $TiCl_4$ 后，余下的固体其主要成分如表 11-2 所示，为 $VOCl_2$、$TiCl_3$、$TiOCl_2$、$AlOCl$、$FeCl_3$ 等。

表 11-2 铝粉除钒泥浆蒸发回收 $TiCl_4$ 后固体成分及含量 （%）

$TiCl_3$	$AlCl_3$	$AlOCl$	$VOCl_2$	$FeCl_3$	$FeCl_2$	$TiOCl_2$	$CuCl_2$	TiO_2	Al_2O_3	$POCl_3AlCl_3$	C	Al
28.47	42.86	7.14	13.31	3.65	0.17	0.03	0.03	2.27	1.51	0.20	0.32	0.05

图 11-6 为铝粉除钒泥浆综合利用工艺流程。

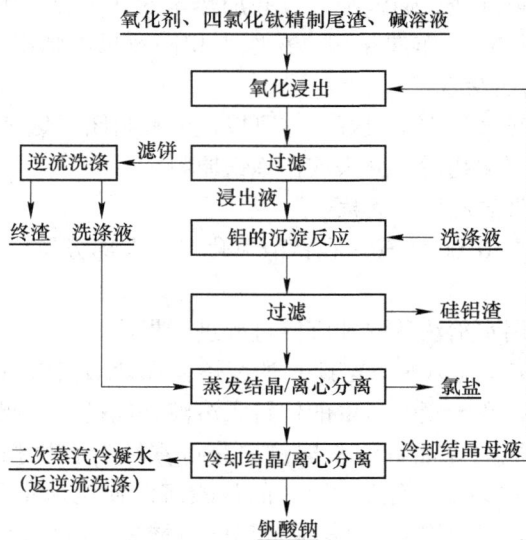

图 11-6 铝粉除钒泥浆综合利用工艺流程

（1）在压力反应釜中采用碱溶液浸出固体中的钒、铝。进行液固分离，得到的滤饼经多级逆流洗涤后为浸出终渣，滤液为含钒碱性浸出液。

（2）为了脱除浸出液中的铝，向浸出液中添加硅酸钠以形成铝硅酸钠难溶物从溶液中分离出来，得到硅铝渣。

（3）在碱性浸出提钒时，固体中的氯离子会与钠离子结合形成氯化钠。因此含钒碱性脱铝后溶液，在蒸发结晶器中高温蒸发结晶得到氯化钠晶体。经离心分离后蒸发浓缩母液再进行冷却结晶，可制备得到正钒酸钠晶体。冷却结晶后的母液可循环使用。

氯化钠可作为粗盐产品，正钒酸钠可继续提纯制备高纯五氧化二钒，终渣和硅铝渣为无害渣，可以作为一般固体废弃物堆放或填埋。

11.2.2.2 铜丝除钒泥浆回收铜和钒

铜丝除钒泥浆中主要包含铜和钒的化合物，采用酸碱联合法富集回收其中的铜和钒，工艺流程如图 11-7 所示。

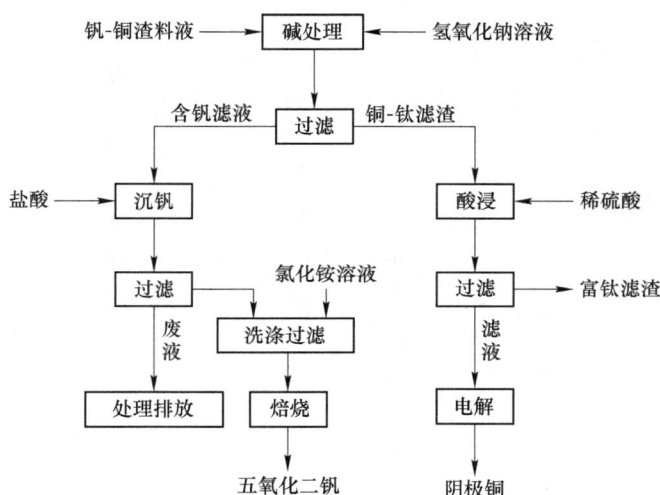

图 11-7 除钒泥浆回收铜和钒的工艺流程

（1）将除钒泥浆加入氢氧化钠溶液浸出，钒以 $Na_4V_2O_7$ 进入溶液，铜、钛分别以 $Cu(OH)_2$ 及络合物 $Na_2[Ti(OH)_6]$ 的形式富集在渣中，因此经液固分离得到含钒滤液和铜-钛滤渣。

（2）将铜-钛滤渣加入稀硫酸溶液中进行酸浸处理，铜以 $CuSO_4$ 形式进入溶液中，$Na_2[Ti(OH)_6]$ 转化成 $Ti(OH)_4$ 沉淀析出。为了提高铜的浸取率，硫酸应适当过量，在 $60\sim65$ ℃ 下搅拌反应 2.5 h 过滤，得富钛滤渣和 $CuSO_4$ 滤液。采用电解 $CuSO_4$ 滤液得到产品阴极铜。

（3）在搅拌条件下向含钒滤液加入适量盐酸，在一定温度下进行沉钒反应，钒以六聚钒酸钠（$Na_2O \cdot 6V_2O_3 \cdot 3H_2O$）形式沉淀析出。过滤后滤渣用质量分数为 2% 的氯化铵溶液洗涤脱出钠离子，$Na_2O \cdot 6V_2O_3 \cdot 3H_2O$ 转化为聚钒酸铵，在 $540\sim550$ ℃ 下于马弗炉内焙烧 15 h 得到红棕色五氧化二钒产品。所释放的氨气用稀盐酸吸收后转化为氯化铵再返回流程循环利用。

本 章 小 结

本章主要介绍了钛冶炼工业生产过程中产生的主要废弃物氯化炉渣和四氯化钛精制过程中除钒泥浆的来源、组成、化学性质及其资源化利用方法。

习 题

（1）简述氯化收尘渣中回收钪的工艺流程。

（2）铜丝除钒泥浆回收铜和钒的工艺流程是什么？

12 金冶炼企业有色金属资源化利用

本章提要：

(1) 掌握金冶炼废弃物的主要产生来源及资源化利用途径；

(2) 掌握本章中出现的相关概念和术语的主要内涵。

在地壳中，金的平均含量为 0.0035 g/t。根据矿物中金的结构状态和含金量，可将金矿床矿物分为金矿物、含金矿物和载金矿物三大类。目前世界上已发现 98 种金矿物和含金矿物，而工业直接利用的矿物仅 10 多种。我国金矿类型繁多，黄金矿床的工业类型主要有石英脉型、破碎带蚀变岩型、细脉浸染型（花岗岩型）、构造蚀变岩型、铁帽型、火山-次火山热液型、微细粒浸染型等矿床。黄金矿床中主要产于破碎带蚀变岩型、石英脉型及火山-次火山热液型，三者约占金矿总储量的 94%。

目前，黄金的冶炼方法主要是以"火法-湿法"冶金相结合的工艺。"火法-湿法"冶金相结合的工艺一般指火法冶炼得到金阳极，金阳极电解生产黄金。湿法冶炼黄金的工艺包括氰化法、硫脲法、王水-次氯酸钠法。氰化法在全球及中国的黄金生产中占据主导地位。图 12-1 为氰化法提金工艺流程。氰化法提金的过程中会产生氰化废水、氰化尾渣、选矿尾渣及废气。

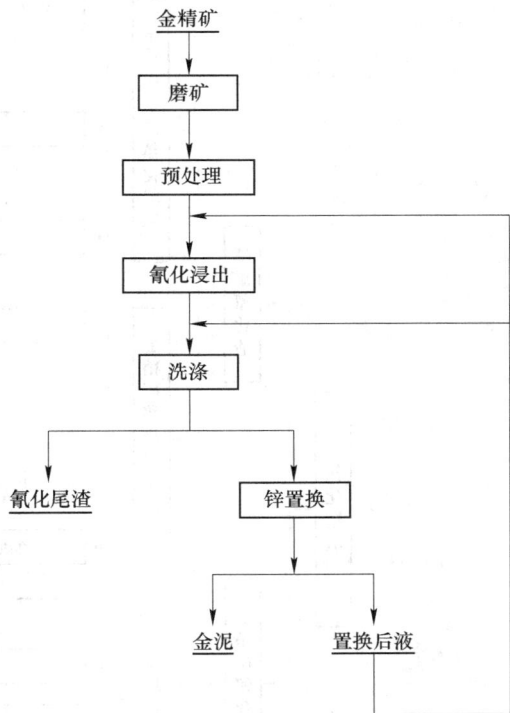

图 12-1 氰化法提金工艺流程

12.1 氰化尾渣的资源化利用

12.1.1 氰化尾渣的来源与危害

氰化尾渣即氰化渣是黄金冶炼中氰化法提金工艺过程产生的固体废弃物。由于氰化提金法具有回收率高、工艺简单、成本低廉等多个优点，在黄金生产领域逐渐占主导地位。21 世纪初期，世界上 90% 的金矿都采用氰化法提金制备黄金。我国使用氰化提金法的企业达到 80%以上。根据矿石的类型以及金的赋存状态与品位的不同，可选用堆浸、全泥氰化、浮选精矿氰化、浮选尾矿氰化、浮选精矿氰化、热压氰化、生物浸出等多种氰化工艺，无论采用何种氰化工艺，最终均会产生与原料几乎等量的氰化渣。

氰化尾渣的堆存或者填埋的处理方法会对环境造成极大的破坏。氰化渣中硫化矿的降解会产生酸性物质，导致水体污染。固体粉尘颗粒会污染空气质量，破坏周围耕地质量。另外，氰化尾渣中仍含有残留的氰化物，这些氰化物对周围的生态造成不可忽略的危害。氰化尾渣属于危险废物，同时氰化提金后的氰化渣中含有如金、银、铜、铅、锌、硫、铁等有价元素，因此具有一定利用价值。

根据目前黄金企业常用的氰化提金的工艺和所用的原料，可将氰化尾渣分为以下几类，如图 12-2 所示。

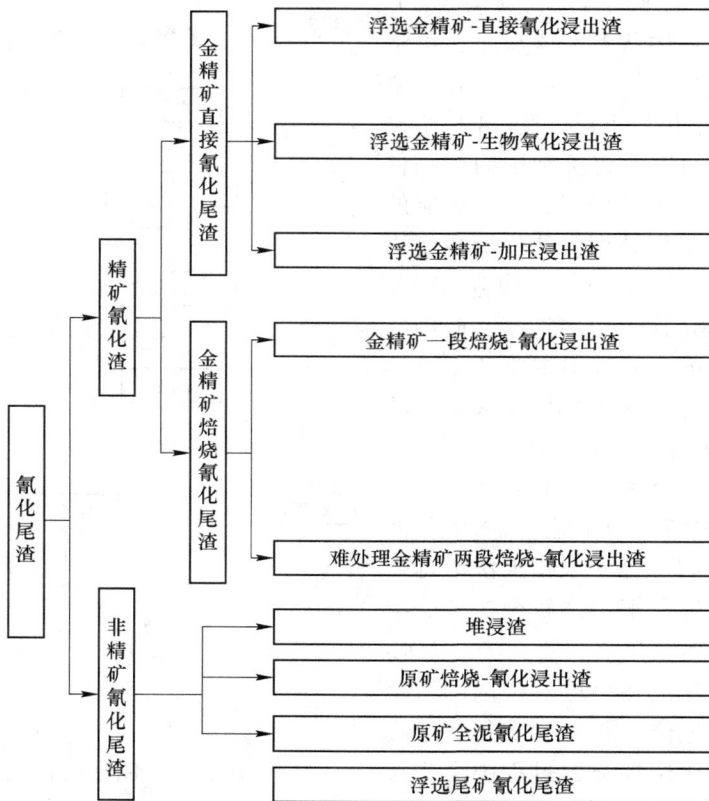

图 12-2 氰化尾渣的分类

主要的氰化尾渣来源如下。

（1）全泥氰化尾渣。这类氰化尾渣来源于"金矿石-氰化"工艺。其原料主要是含金氧化矿，也有的原料含有少量硫化矿。全泥氰化渣含脉石较多，脉石中包裹的金银不能通过全泥氰化完全浸出。据全泥氰化工艺的差异，全泥氰化尾渣中还含少量的细粒载金炭或细粒载金树脂。此类氰化渣含金常大于 1 g/t，含硫大于 1%。常用浮选法回收其中的金银。

（2）焙烧氰化尾渣。这类氰化尾渣主要来源于"金矿石-金精矿-焙烧-氰化"工艺。这种工艺适用的对象主要是含砷金矿石，砷元素在氰化过程中产生的砷硫化合物易包裹金，导致金的浸出率降低。通过焙烧的方式对砷进行回收，同时消除砷的不利影响。经过焙烧后再氰化的渣含有残留的铜、铅、锌、金、银等有价元素，可以进一步回收利用。

（3）金精矿氰化尾渣。这类氰化尾渣主要来源于"含金硫化矿-浮选-金精矿-氰化"工艺。经过浮选后的金精矿含硫在 10%~35%。这类氰化尾渣的产量较多，是制酸的主要原料之一。其中含有硫、铁、铜、铅、锌、金、银等多种有价元素，具有较大的回收价值。

12.1.2　氰化尾渣的组成与性质

金精矿经过氰化浸金后产出的氰化尾渣，因金精矿成分的不同以及浸出条件的差异所表现出来的性质也不尽相同，氰化尾渣有下列特点。

（1）粒度细，有些尾渣粒度-400 目能达到 90%以上，比表面积大，泥化现象严重，堆存时流动性较好。

（2）矿物成分复杂，矿物嵌布粒度细，呈多组分共生态，有不同的结晶行为，有价金属如 Au、Ag、Cu、Fe 等元素赋存状态多样，脉石矿物 SiO_2、Fe_2O_3、Al_2O_3 等所占比例较大。不同氰化渣之间，各组分性质种类差异较大，回收方法也因氰化渣成分而异。

（3）氰化渣一般含水量在 20%左右，pH 值呈碱性，由于在碱性条件下长时间与氰化物作用，氰化尾渣中的矿物表面理化性质发生巨大变化，矿物间可浮性差异变小。

（4）由于原矿石中金银等贵金属含量低，提金后产生的尾渣数量较大。

（5）大量小型民企涉入金矿开采，由于其粗放型的黄金生产开采模式，使矿石中的有价金属和有用组分未得到充分利用，氰化尾渣可利用价值较高。

（6）部分氰化尾渣中尚有微量残存的氰化物和浮选药剂及大量的泥质硅酸盐矿，部分属有毒危险废物，直接堆存会污染环境，且采用直接常规浮选工艺回收其中有价组分，效果不佳。

（7）氰化渣中含有残留的氰根，含量甚至高达几百毫克每升。这些氰根有的以金属氰络合物的形式存在，有的以游离的氰根形式存在。氰根的存在易导致有价金属矿物表面亲水而难以浮选。

12.1.3　氰化尾渣资源化利用

12.1.3.1　氰化渣中铜铅锌的回收

从氰化尾渣中回收铜、铅、锌一般常用的方法就是浮选法。根据不同氰化尾渣中各元素含量差别，某些矿物尾渣可选别的有价元素的多样化，使用的药剂种类多，抑制和活化的因素相互影响，以及原有残留的氰化物对矿物的影响，一般的浮选工艺分为浮铅锌抑铜硫工艺、浮铅抑锌工艺、浮铜铅抑锌硫工艺、浮铜抑铅工艺等。

A　浮铅锌抑铜硫

由于氰化浸出过程中大量残留的 CN^- 对铜、铅、锌都会产生一定的影响，铜、铅、锌离子能与氰根结合成金属氰络合离子，氰根与铅结合的稳定常数为 10.3，与锌结合的稳定常数为 19.6，均小于氰根与铜结合的稳定常数。因此，氰根对铅的抑制作用较弱。利用氰根与金属络合稳定性的差别，调整矿浆的 pH 值，使氰根首先脱离铅矿物和锌矿物的表面，通过铅锌捕收剂对铅锌进行捕收，而此时铜矿物仍然受到氰化物的抑制，从而达到铅锌和铜分离的目的，得到的铅锌混合精矿可以通过抑锌浮铅进行分离。

采用石灰抑制硫铁矿，利用 ZY103 和乙黄药对氰化渣中的铅锌进行等可浮选，得到铅锌精矿。然后利用硫酸锌和硫代硫酸钠共同抑制锌矿物，用乙硫氮作捕收剂对铅锌精矿进行浮铅，铅尾矿用硫酸铜调浆后进行抑硫浮锌，铅锌尾矿用 Z-200 浮铜，可获得含铅31% 的铅精矿，含锌 35% 的锌精矿，含硫 36% 的硫精矿，含铜 16% 的铜精矿。

B　浮铅抑铜锌

氰化物对铅矿物的抑制最弱。因此可以优先选出铅矿物，然后再混合浮选铜锌矿物，最后进行铜锌矿物的分离。该流程中，关键的问题在于铜锌的分离。

优先选铅时，可以采用硫酸去除氰根，矿浆的 pH 值从碱性逐渐降为中性，在 pH 值为 8.7 时进行浮选铅精矿。然后针对选铅尾矿，采用过氧化氢可以进一步消除氰根的影响，并得到铜锌混合精矿。对铜锌混合精矿，采用硫酸锌和氰化钠抑制锌，实现了铜、锌的分离。

某金矿氰化尾渣中铅、锌含量较高，已达到综合回收利用的价值。首先对该矿物进行了预处理，除去了矿物中一部分超细粒硅酸盐和氰化物，优化了铅锌浮选环境。然后对预处理后矿物进行一次粗选，先用石灰调节矿浆 pH 值为 10，选择亚硫酸钠和硫酸锌组合抑制剂抑锌，二次扫选和三次精选后产出铅精矿；再对铅浮选尾矿进行锌浮选，工艺流程为一次粗选，选择 YO 药剂以及硫酸铜作为活化剂，丁基黄药作为捕收剂，二次扫选和三次精选后产出锌精矿。其中铅精矿的品位为 62.59%，回收率为 76.44%，锌精矿的品位为50.79%，回收率为 74.53%。

C　浮铜铅抑锌

锌矿物在碱性矿浆中易受到抑制作用，可浮性较差。若氰化渣中残留的浮选药剂过多，铜铅可浮性较好，则宜采用浮铜铅抑锌的浮选流程。工艺流程路线为：铜铅混合浮选-混合精矿分离-锌浮选。

铜铅混合浮选时，采用亚硫酸钠和硫酸锌混合抑制剂抑制锌矿物和硫铁矿的浮选。其中硫酸锌可与矿浆中的氰化物结合，进一步促进锌的抑制。针对某全泥氰化渣，采用PAC 为铜矿物的捕收剂，经一粗一扫两精的浮选流程，可以得到含铜 15.27% 以上，回收率 80.55% 以上的铜精矿。

某氰化渣中氰化物残留量较大，加入硫酸锌后，硫酸锌与氰化物共同抑制锌矿物。然后加入硫酸铜活化铜矿物，可以得到铜精矿。继续加入硫酸铜，可以活化锌矿物，这样分别得到铜精矿和锌精矿。

某黄金厂氰化尾渣中含铅 3.50%、铜 2.45%、锌 0.48%、硫 32.02%，说明铅铜具有一定的回收价值。通过对该矿的三次洗涤之后进行优先浮选铅试验，选用石灰作为黄铁矿的抑制剂，调剂矿浆 pH 值为 11，水玻璃作为矿泥分散剂，硫酸锌抑制闪锌矿，异戊基黄药和乙硫氮作为组合捕收剂，经过一粗三精二扫流程后取得合格铅精矿，铅品位43.28%，铜 1.49%，回收率 76.51%。将铅浮选尾矿进行同浮选试验，选用脱药剂 A 有效消除矿浆中游离氰根以铅浮选的残留药剂，活化剂选用 B 和硫酸铜，有效地恢复了铜的可浮性，且 B 对矿物表面也有一个很好的清洗作用，捕收剂选用丁铵黑药和 Z-200 组合药剂，经过一粗二扫二精后得到铜精矿，品位为 18.02%，含铅 2.10%，回收率为 62.03%。

12.1.3.2 氰化尾渣中金银的回收

A 从氰化堆浸尾渣中回收金银

当氰化堆浸渣含金大于 1 g/t，堆存时间较久，矿堆中的硫化矿物氧化严重，矿堆底部的防渗水层没破坏的条件下，可采用对原矿堆进行再氰化堆浸的方法回收金银。此法的金银回收率虽较低，但成本低，有一定的经济效益。

若不具备上述条件，尤其是堆存时间长，防渗水层被破坏的条件下，最常用的方法为浮选法。堆浸渣经破碎、磨矿，磨至 80% 以上的 -0.074 mm，最好先用硫酸调浆（pH 值为 6.5~7.0），加入浮选硫化矿物的浮选药剂（如硫酸铜、丁基铵黑药、丁基黄药等）浮选单体解离金和硫化矿物中的包体金，金银浮选回收率可达 80% 以上。

B 从全泥氰化尾渣中回收金银

采用全泥氰化提金工艺会产生大量的全泥氰化渣与表外矿石，为了回收其中所含的金银，采用浮选工艺进行处理。表外矿碎至 15 mm 送球磨磨矿，球磨与螺旋分级机闭路，螺旋分级溢流经旋流器检查分级，旋流器沉砂返回螺旋分级机。尾矿库中的全泥氰化渣，采用水采水运的方法送入浓密机。浓密机底流与旋流器溢流一起进入浮选作业（细度为 95%，-200 目）。添加硫酸铜、丁基铵黑药、丁基钠黄药和二号油。采用一次粗选、三次精选、三次扫选、中矿循序返回的浮选流程。当给矿含金 2 g/t 时，可产出含金 25 g/t 的浮选含金黄铁矿精矿，金回收率约 60%，浮选尾矿含金约 0.76 g/t。

C 从金精矿再磨后直接氰化尾渣中回收金银

当金的嵌布粒度大于 0.037 mm 时，金精矿再磨至 95%-360 目的条件下，金精矿中绝大部分金呈单体解离金和裸露金的形态存在。金精矿再磨后直接氰化可以获得满意的金浸出率。

此类氰化渣含金常大于 5 g/t、含硫常大于 20%，浸渣细度常为 95%-360 目，渣中的金绝大部分呈硫化矿物包体金的形态存在。常用浮选法从氰化渣中回收金银。浮选的关键是先将被氰化物抑制的硫化矿物活化，然后采用浮选硫化矿物的方法浮选。

此类氰化渣硫含量高，有两种浮选方案：一是产出含金低的含金黄铁矿精矿。用硫酸调 pH 值为 6.5~7.0，加入丁基铵黑药、丁基钠黄药进行浮选。金、硫浮选回收率可达 85%，含金黄铁矿精矿金含量低（约 10 g/t）。二是产出含金量稍高的含金黄铁矿精矿。用硫酸调 pH 值 6.5~7.0，加入对硫捕收能力弱的高效捕收剂（如丁基铵黑药、SB 选矿混合剂等）进行浮选。金浮选回收率可达 80%，硫浮选回收率约 40%，含金黄铁矿精矿中金含量可大于 25 g/t。

D 从金精矿再磨预氧化酸浸后的氰化尾渣中回收金银

此类氰化渣粒度细，矿泥含量高，含金常大于 3 g/t，含硫为 3%~5%。处理此类氰化渣宜先制浆、过滤、洗涤及其他特殊处理，以除去残余氰化物和其他药剂。滤饼制浆，用硫酸或石灰调浆至 pH 值为 6.5~7.0，加入丁基铵黑药、丁基黄药等药剂进行浮选。金、硫浮选回收率可达 85%，金精矿含金大于 35 g/t。金精矿中的金主要为硫化矿物包体金，单体金含量低。

12.1.3.3　氰化尾渣中硫铁的回收

氰化渣中硫、铁的含量往往较高。硫、铁主要以硫铁矿的矿物形式存在。若直接进行焙烧制酸，制酸效率不仅较低，而且产生的烧渣量较大，烧渣中铁的含量低，无法再利用。另外，焙烧的余热得不到高效利用。因此，为了提高氰化渣的利用价值，需要对硫铁矿进行富集。通过浮选可以得到品位较高的硫精矿。硫精矿经焙烧制酸后，得到的烧渣含铁较高，可直接作为铁精粉。

某氰化渣中含硫 22.35%，含铁 20.86%。通过预先富集硫铁矿，获得了硫品位为38.63%的硫精矿。硫精矿经过氧化焙烧-还原焙烧-浸金-磁选的流程，可以得到铁品位较高的铁精粉，实现了氰化渣中硫、铁的综合富集。

12.1.3.4　氰化尾渣中非金属的回收

采用全泥氰化提金工艺生产黄金后产生的氰化尾渣中除含有一些有价金属元素外，还含有大量可利用的非金属矿物，主要有石英、长石、石榴石、辉石、角闪石、云母等铝硅酸盐矿物和方解石、白云石等钙镁碳酸盐矿物。将氰化尾渣回收有价金属矿物后，仍留下大量没有提取价值的废渣。根据我国黄金矿床类型复杂、围岩种类多样、部分矿床中金属矿物含量稀少、脉石矿物比较纯净的特点，可以将剩余废渣作为重要的非金属原料或建筑材料直接利用。

火山凝灰岩贫硫型黄金矿床，提金后产生的尾矿中硅、铝含量较高，可直接用来生产建筑用砖或作为水泥原料使用；石英脉型的黄金矿床，产生的尾矿中石英的含量高，铁、钛、硫含量较低，可用作铸造型砂、玻璃原料或冶金熔剂；碱性岩贫硫型矿床及碱性变岩贫硫型矿床的尾砂，主要含有碱性长石、高岭土，富含钾、钠、铝等元素，当尾矿中铁、钛、钙等组分的含量符合工业指标要求时，尾矿可作为陶瓷、釉面砖的原料；碳酸岩型矿床，尾矿也可作为水泥原料使用。

（1）生产硅酸盐水泥。将尾矿作为水泥生产的配料直接应用于立窑、旋窑水泥生产。根据水泥生产工艺以及尾矿性质的差异，在水泥生产过程中尾矿消耗量在 20%~50%。生产的水泥产品各项指标可以达到 32.5 MPa 的强度标准，相对于传统硅酸盐水泥，其易磨性、安定性均较好，并且具有早期强度高、后期强度稳定、凝结时间短等优点。

（2）制砖。以尾矿为主料，以水泥、白灰、三乙醇胺、氯化钠、硫酸钠和炉灰渣等为辅料，按照一定的比例配制后，一次压制成型，再经 10~15 天的自然干燥和养生即为成品砖。该免烧砖强度远超过一般红砖的强度，符合建筑材料有关要求。

12.2　酸泥的资源化利用

12.2.1　酸泥的来源与组成

含硫金精矿通过焙烧预处理后，其中的硫、铜、铁等元素发生氧化，从而打开硫铁矿、黄铜矿、闪锌矿、方铅矿等对金银的包裹，使金银裸露出来，有利于氰化浸出。焙烧过程中产生的烟气含有 SO_2 和 SO_3，且 SO_3 含量较高，达到 0.5%~1%，因此可以制备硫酸。烟气经过除尘、净化、干燥、转化、吸收等工序形成硫酸。制酸流程中循环酸槽中酸泥经过压滤机压滤后，产生的滤渣即为酸泥。在金精矿高温焙烧过程中，矿石中易挥发的硫、硒、汞等元素会进入烟气，通过烟气制酸工艺最终进入酸泥中。其主要成分如表 12-1 所示。

表 12-1　酸泥的化学成分　　　　　　　　　　（质量分数,%）

Au* /g·t^{-1}	Ag* /g·t^{-1}	Se	Hg	Si	Fe	Cu
23.45	205.09	2.98	3.00	21.03	28.38	0.05

12.2.2　酸泥的资源化利用

采用湿法工艺对酸泥中汞和硒进行回收，其工艺流程如图 12-3 所示。

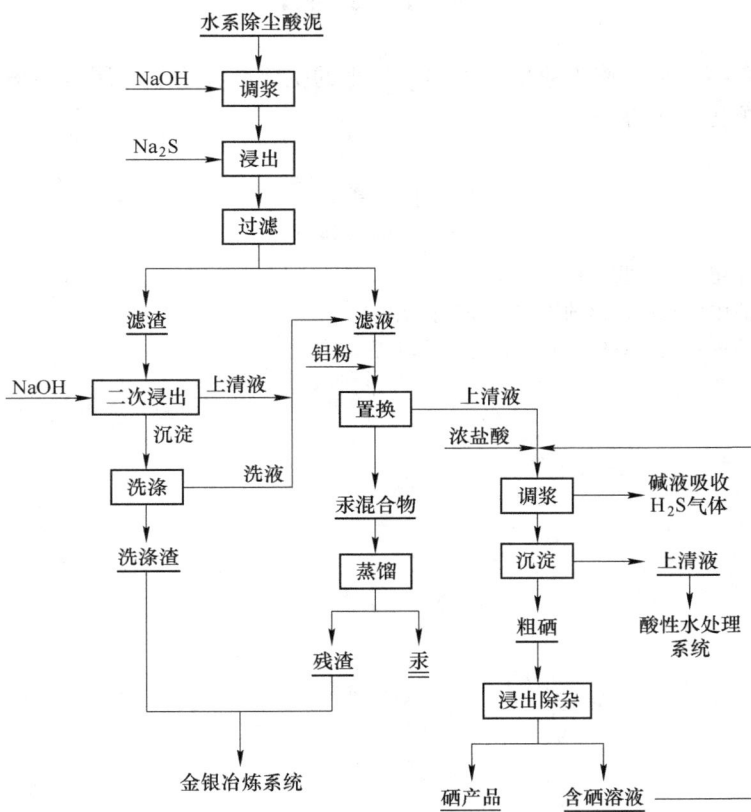

图 12-3　汞和硒回收的工艺流程

12.2.2.1　汞和硒的浸出

根据酸泥的特点，首先用氢氧化钠中和至中性，以硫化钠为浸出剂，在碱性条件进行浸出，使汞进入溶液中，同时大部分硒也进入溶液中。再用氢氧化钠水溶液对剩渣进行处理，使渣中剩余的硒也进入溶液中，用碱性水溶液洗涤浸出渣，混合所有浸出液，再分离汞和硒。浸出化学反应式为

$$HgS + Na_2S = Na_2HgS_2$$

12.2.2.2 铝粉置换汞及硒的沉淀

对于从酸泥中浸出汞之后的含汞和硒的溶液，需要尽快将汞置换出来，因为在浸出时所形成的硫汞配位离子，其稳定性较差，若长时间放置，汞的化合物又会从溶液中沉淀出来。在氢氧化钠存在条件下，向溶液中加入铝粉置换出汞。化学反应式为：

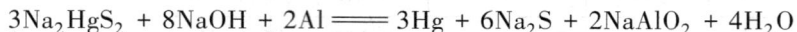

$$3Na_2HgS_2 + 8NaOH + 2Al \Longrightarrow 3Hg + 6Na_2S + 2NaAlO_2 + 4H_2O$$

过滤置换汞之后的溶液，用盐酸调整溶液 pH 值，在一定的酸性条件下，硒从溶液中沉淀下来。含硒沉淀在有硫化钠存在的条件下，用亚硫酸钠处理，便可得到粗硒产品

采用该工艺汞的回收率达到 91%以上，硒的回收率达到 99%以上。

本 章 小 结

本章主要介绍了金冶炼工业生产过程中产生的主要废弃物氯化尾渣的来源、组成、化学性质及其资源化利用方法。

习 题

（1）简述氯化尾渣中回收金的工艺流程。

（2）氯化尾渣中回收铜铅锌的工艺流程是什么？

（3）简述金冶炼酸泥中有价元素回收的工艺流程。

参 考 文 献

[1] 马丽萍 . 固体废物资源化工程原理 [M]. 北京：化学工业出版社，2016.

[2] 牛冬杰，魏云梅，赵由才 . 城市固体废物管理 [M]. 北京：中国城市出版社，2012.

[3] 方兆珩 . 浸出（湿法冶金技术丛书）[M]. 北京：冶金工业出版社，2007.

[4] 刘洪萍，杨志鸿 . 湿法冶金-浸出技术 [M]. 北京：冶金工业出版社，2016.

[5] 牛冬杰，马俊伟，赵由才 . 电子废弃物的处理处置与资源化 [M]. 北京：冶金工业出版社，2007.

[6] 朱屯 . 萃取与离子交换 [M]. 北京：冶金工业出版社，2005.

[7] 吴开亚 . 物质流分析：可持续发展的测量工具 [M]. 上海：复旦大学出版社，2012.

[8] 陈炯彤，王大瑞，吴佳乐，等 . 物质流分析及其在有色金属资源循环中的应用 [J]. 世界有色金属，2021（11）：135-136.

[9] 邱定蕃，徐传华 . 有色金属资源循环利用 [M]. 北京：冶金工业出版社，2006.

[10] 郭学益，田庆华 . 有色金属资源循环理论与方法 [M]. 长沙：中南大学出版社，2008.

[11] 华一新 . 有色冶金概论 [M]. 北京：冶金工业出版社，2014.

[12] 王绍文，梁富智，王纪曾 . 固体废弃物资源化技术与应用 [M]. 北京：冶金工业出版社，2003.

[13] 段绍甫 . 我国有色金属矿产资源地位与全球矿业开发格局变化趋势 [J]. 中国有色金属，2021（8）：58-61.

[14] 肖雄，张润宇，龙健，等 . 赤泥治理地表水体与底泥磷污染的研究进展 [J]. 矿物学报，2017，37（6）：764-770.

[15] 王冠宇 . 改性赤泥的制备及光催化性能的研究 [D]. 焦作：河南理工大学，2015.

[16] 高修涛 . 赤泥用作环境化学污染物吸附净化材料的研究 [D]. 烟台：烟台大学，2009.

[17] 王黎 . 活性赤泥对水中磷酸盐吸附特性的研究 [D]. 西安：西安建筑科技大学，2010.

[18] 庄锦强 . 高铁氧化铝赤泥中铁的回收技术研究 [D]. 长沙：中南大学，2012.

[19] Liu Z, Li H. Metallurgical process for valuable elements recovery from red mud—A review [J]. Hydrometallurgy, 2015, 155: 29-43.

[20] 刘春 . 利用中铝赤泥生产赤泥-水泥型混凝土的可行性探讨 [D]. 焦作：河南理工大学，2007.

[21] 石莉，王宁，庞程，等 . 赤泥在建筑材料方面应用的研究进展 [J]. 新型建筑材料，2009，36（1）：5.

[22] 罗惠莉 . 赤泥改性颗粒修复材料及其对铅锌污染土壤的原位稳定化研究 [D]. 长沙：中南大学，2012.

[23] 李楠 . 浮选法综合回收利用低碳品位废旧阴极工艺研究 [D]. 昆明：昆明理工大学，2012.

[24] 邱竹贤 . 预焙槽炼铝 [M]. 3版 . 北京：冶金工业出版社，2005.

[25] 张博 . 铝电解槽废旧阴极处置过程中F-的迁移规律 [D]. 西安：西安建筑科技大学，2015.

[26] 陈喜平 . 铝电解废槽衬火法处理工艺研究与热工分析 [D]. 长沙：中南大学，2009.

[27] 李伟 . 酸碱法处理铝电解废旧阴极的研究 [D]. 沈阳：东北大学，2009.

[28] 鲍龙飞 . 铝电解槽废旧阴极材料的综合利用研究 [D]. 西安：西安建筑科技大学，2014.

[29] 曹晓舟，时园园，赵爽，等 . 铝电解槽废旧阴极炭块中有价组分的回收 [J]. 东北大学学报，2014，35（12）：1746-1749.

[30] 牛冬杰，孙晓杰，赵由才 . 工业固体废物处理与资源化 [M]. 北京：冶金工业出版社，2007.

[31] 周扬民 . 铝灰的无害化处理及综合利用研究 [D]. 昆明：昆明理工大学，2014.

[32] 王宝庆 . 酸浸取铝灰制备高纯氧化铝工艺研究 [D] 郑州：郑州大学，2016.

[33] 吴龙，胡天麒，郝以党 . 铝灰综合利用工艺技术进展 [J]. 有色金属工程，2016，6（6）：45-49.

[34] 张朝辉，李林波，韦武强 . 冶金资源综合利用 [M]. 北京：冶金工业出版社，2011.

[35] 雷霆，余宇楠，李永佳，等．铅冶金 [M].北京：冶金工业出版社，2012.

[36] 陈国发，王德全．铅冶金学 [M].北京：冶金工业出版社，2000.

[37] 张乐如．现代铅冶金 [M].长沙：中南大学出版社，2013.

[38] 王传龙．铅渣中有价金属铜铁铅锌锑综合回收工艺及机理研究 [D].北京：北京科技大学，2017.

[39] 谭宪章．冶金废旧杂料回收金属实用技术 [M].北京：冶金工业出版社，2010.

[40] 魏昶，李存兄．锌提取冶金学 [M].北京：冶金工业出版社，2013.

[41] 李鸿江，刘清，赵由才．冶金过程固体废物处理与资源化 [M].北京：冶金工业出版社，2007.

[42] 宁模功，张允恭．处理湿法炼锌净化钴镍渣的实验研究 [J].有色金属（冶炼部分），2001，1：10-13．

[43] 张帆，程楚，王海北，等．铅银渣综合利用研究现状 [J].中国资源综合利用，2015，33：37-41.

[44] 王辉．湿法炼锌工业挥发窑渣资源化综合循环利用 [J].中国有色金属，2007，6：65-69.

[45] 姜涛．湿法炼锌浸出渣铅、锌、银、锗、铟回收组合工艺研究 [D].成都：西南交通大学，2006．

[46] 彭容秋．重金属冶金工厂原料的综合利用 [M].长沙：中南大学出版社，2006.

[47] 王松森．湿法炼锌净化渣-钴镍渣选择性溶出研究 [D].长沙：中南大学，2008.

[48] 何静．清洁生产管理理论在锌湿法冶炼过程中的应用 [D].长沙：湖南大学，2005.

[49] 朱心明．铜冶炼水淬渣中铜的资源化利用研究 [D].昆明：昆明理工大学，2014.

[50] 周松林，耿联胜．铜冶炼渣选矿 [M].北京：冶金工业出版社，2014.

[51] 罗杰，张锦仙，文娅，等．云南某铜冶炼渣资源化综合回收工艺技术研究 [J].云南冶金，2017，46（4）：24-27.

[52] 王琛，田庆华，王亲猛，等．铜渣有价金属综合回收研究进展 [J].金属材料与冶金工程，2014，42（6）：50-56.

[53] 张体富，邓戈，解琦．铜冶炼渣的资源化利用 [J].冶金能源，2012，5：48-52．

[54] 张一敏．二次资源利用 [M].长沙：中南大学出版社，2010．

[55] 徐晓衣，俞献林，艾光华．某含铜转炉渣回收铜浮选试验研究 [J].徐晓衣，2017，8(6)：75-79.

[56] 王吉坤，张博亚．铜阳极泥现代综合利用技术 [M].北京：冶金工业出版社，2008.．

[57] 刘勇．杂铜阳极泥综合回收有价金属新工艺研究 [D].昆明：昆明理工大学，2017．

[58] 刘大方，史谊峰，舒波，等，铜冶炼烟尘回收铟技术进展 [J].矿冶工程，2017，37（2）：98-103.

[59] 王智友．炼铜烟尘湿法处理回收有价金属的新工艺研究 [D].昆明：昆明理工大学，2009.

[60] 盛广宏，翟建平．镍工业冶金渣的资源化 [J].金属矿山，2005，10：68-71.

[61] 李小明，沈苗，王翀，等．镍渣资源化利用现状与发展趋势研究 [J].材料导报，2017，31（3）：100-105.

[62] 高谦，王永前，倪文，等．利用金川水淬镍渣尾砂开发新型充填胶凝剂试验研究 [J].岩土工程学报，2014，36（8）：1498-1506.

[63] 杨卓晓．镁还原渣泡沫玻璃制备工艺及性能研究 [D].太原：太原理工大学，2017.

[64] 赵由才．有色冶金过程污染物控制与资源化 [M].长沙：中南大学出版社，2012.

[65] 冯硕，崔丽，程芳琴．金属镁渣的综合利用 [J].科技情报开发与经济，2011，21（35）：162-163.

[66] 韩凤兰，吴澜尔．工业固废循环利用 [M].北京：科学出版社，2017.

[67] 蒲灵，兰石，田犀．海绵钛生产工艺中氯化物废渣的处置研究 [J].中国有色冶金，2007，4：59-62.

[68] 邓国珠，王武育．钛冶金 [M].北京：冶金工业出版社，2010.

[69] 张矞，叶镇焜，林乐耘．钛业综合技术 [M].北京：冶金工业出版社，2011.

[70] 刘邦煜，王宁，袁继维，等．四氯化钛精制除钒废弃物的综合利用［J］．化工环保，2009（1）：58-61.

[71] 马娜，陈丽杰，瞿金为，等．四氯化钛精制尾渣的综合利用研究［J］．有色金属（冶炼部分），2017，7：62-66.

[72] 雷霆，朱从杰，张汉平，等．锑冶金［M］．北京：冶金工业出版社，2009.

[73] 何启贤，陆玺争．铅锑冶金生产技术［M］．北京：冶金工业出版社，2005.

[74] 曾桂生，上官平．砷碱渣中物质的结晶与分离［M］．北京：冶金工业出版社，2016.

[75] 杨慧芬，张强．固体废物资源化［M］．北京：化学工业出版社，2004.

[76] 周连碧，祝怡斌，邵立南．有色金属工业废物综合利用［M］．北京：化学工业出版社，2018.

[77] 宋兴诚．锡冶金［M］．北京：冶金工业出版社，2011.

[78] 邱竹贤．冶金学-下卷-有色金属冶金［M］．沈阳：东北大学出版社，2001.

[79] 张启修，赵秦生．钨钼冶金［M］．北京：冶金工业出版社，2005.

[80] 向仕彪，黄波，王晓辉，等．从废钨渣中酸法回收钽铌的研究有色冶金设计与研究，2012，33（2）：5-7.

[81] 张殿印，高华东，肖春．冶炼废渣再生利用技术［M］．北京：化学工业出版社，2018.

[82] 党晓娥．稀有金属冶金学-钨钼钒冶金［M］．北京：冶金工业出版社，2018.

[83] 吕翠翠．氰化渣中有价元素资源化高效回收的应用基础研究［D］．北京：中科院过程工程研究所，2017.

[84] 李勇．氰化尾渣氯化离析-浮选工艺研究［D］．长沙：中南大学，2013.

[85] 孔亚鹏．氰化尾渣中有价元素的综合利用研究［D］．沈阳：东北大学，2014.

[86] 孙留根，常耀超，徐晓辉，等．氰化尾渣无害化、资源化利用的主要技术现状及发展趋势［J］．中国资源综合利用，2017，35（10）：59-62.

[87] 南君芳，李林波，杨志祥．金精矿焙烧预处理冶炼技术［D］．北京：冶金工业出版社，2010.

[88] 张志伟，王青丽，余延涛，等．黄金冶炼水洗除尘酸泥中汞和硒回收工艺研究［J］．矿业工程，2017，37（5）：91-94.

普通高等教育"十四五"规划教材

冶金工业出版社

资源循环科学与工程专业系列教材　薛向欣　主编

有色金属资源循环利用

（下）

曹晓舟　编

数字资源

北　京

冶金工业出版社

2025

目　　录

1 废电池中有色金属资源循环利用

本章提要：
（1）掌握废电池中有价金属的资源化利用的工艺与方法；
（2）了解不同废电池的主要组成。

电池是一种能量转化与储存的装置，其行业细分且品类较多。电池制造业在我国既是传统产业，又是新能源产业的重要组成部分，与新能源汽车、可再生能源、现代电子信息、新材料、装备制造等多个战略性新兴产业关联紧密。

2020 年中国锂离子电池产量为 188.5 亿只，铅酸蓄电池产量为 22735.6 万千伏安时，干电池产量为 414.1 亿只。我国电池的生产和消费呈快速增长的态势。如锂离子电池因新能源汽车、电动自行车、电动工具、移动电话、通信基站电源市场发展，拉动了锂离子电池市场需求量增长，据国家统计局数据，2021 年全年锂离子电池产量 232.64 亿只，同比增长 23.42%。

然而大量的退役动力电池冲击着当前的电池回收体系，2020 年我国动力电池累计退役总量达到约 20 万吨，而到 2025 年，这一数字将升至约 78 万吨。

近些年来，废旧电池对环境的影响成为日益凸显的重大民生问题。据中国电池工业协会统计数据，每年有接近 200 亿只电池报废。其中，我国每年报废 50 万吨锌锰电池；铅酸蓄电池每年报废量大于 1 亿只，且年增长率达 30%。废电池含有毒重金属（如铅、镉、汞、锌、锰等）和酸、碱化学物质，对人体健康和生态环境造成巨大危害。因此，废电池的合理处置及再生利用越来越受到人们极大的关注。废电池包括一次性普通干电池（锌锰电池）、镍镉/镍氢电池、铅电池、锂电池等。不同种类废电池对环境的污染差别较大，相对应的处置及再生利用技术也不同。一般来讲，废电池需要经过破碎预处理分选出各部件，主要包括电极活性物质、集流体、板栅、隔膜、外壳及附属件、电解液等。其中重点是对电极活性物质中的有价金属进行回收再利用。

由于产生的废旧电池量日渐增多，这些废弃的电池如不适当处理，会给人们的生活环境带来严重危害。

废弃的电池含有许多有害物质，表 1-1 中列出了常见电池中所含的有害物质。其中，Hg、Cd、Ni、Pb 等对人类和大自然有极大危害。

表 1-1 常用电池组成

电池种类	所含主要物质	主要有害物质
锌锰电池	Zn、MnO_2、NH_4Cl、$ZnCl_2$	Hg
碱性锌锰电池	Zn、MnO_2、KOH	KOH、Hg
镍镉电池	Cd、Ni、KOH	Cd、Ni、KOH

电池种类	所含主要物质	主要有害物质
镍氢电池	Ni、KOH	Ni、KOH
锂离子电池	Li、Co、Ni、Mn	有机电解质
铅酸蓄电池	Pb、H_2SO_4	Pb、H_2SO_4、$PbSO_4$

一节 1 号电池如不经过处理，随意丢弃在田地里，能使 $1\ m^2$ 的土壤永久失去农用价值；一粒纽扣电池可使 600 t 水受到污染。废弃的电池如不适当处理，电池中所含的重金属元素就会渗漏出来，污染土壤和地下水，并在动植物体内蓄积，经过生物链最后被人体吸收。在人体内这些有害物质如果长期蓄积难以排出，会损害人的神经系统、造血功能、肾脏和骨骼，甚至还能致癌，危害人类健康。

1.1　镍氢电池中有色金属资源循环利用

1.1.1　镍氢电池的组成

镍氢电池是重要的二次电池之一，因能量密度高、循环寿命长、安全可靠，广泛应用于移动电源。稀土镍氢电池（Ni/MH）的正极材料为氢氧化镍，负极材料为 AB_5 型稀土储氢合金。AB_5 型合金中，A 侧是以 La、Ce 为主的稀土元素，B 侧的构成元素以 Ni 为主，添加少量的 Co、Al、Mn 等元素。外壳主要为钢。

镍氢电池电极材料随使用器件失效而成为废料。镍氢电池的失效原因，主要归纳为以下几种类型：

（1）经过数以百计的循环充放电，电池负极合金晶胞体积膨胀、收缩，从而引起合金的粉化，而正极上的氢氧化镍同样会出现粉化现象；

（2）在充电和放电的过程中会有氧气产生，进而氧化电池负极上的稀土或其他元素；

（3）浓碱会腐蚀合金元素，使其发生偏析；

（4）电池深度过放电会产生大量的氢气，其与球形氢氧化镍发生化学反应，进而影响正负极的结构；

（5）电池内部发生电解液干涸的现象。

负极合金的氧化是镍氢电池失效的主要原因，其过程是在合金的表面生成稀土、铝等元素的氢氧化物，从而使储氢合金发生结构的变化，进而引起电化学容量的迅速降低，甚至可能完全失效。废旧镍氢电池中的主要金属元素为 Ni、La、Ce，还有少量的 Co、Al、Mn 等金属元素是宝贵的二次资源，其废料组成如表 1-2 所示。

表 1-2　镍氢电池废料成分

成　分	质量分数/%			
	AB_5 纽扣电池	AB_5 圆柱形电池	AB_5 方形电池	AB_2 圆柱形电池
Ni	23~39	36~42	38~40	37~39
Fe	31~47	22~25	6~9	23~25

成　　分	质量分数/%			
	AB₅纽扣电池	AB₅圆柱形电池	AB₅方形电池	AB₂圆柱形电池
Co	2~3	3~4	2~3	1~2
La、Ce、Nd、Pr	6~8	8~10	7~8	—
Zr、Ti、V、Cr	—	—	—	13~14
炭黑、石墨	2~3	<1	<1	—
有机物	1~2	3~4	16~19	3~4
钾	1~2	1~2	3~4	1~2
氢和氧	8~10	15~17	16~18	15~17
其他	2~3	2~3	3~4	1~2

1.1.2　镍氢电池的回收方法

1.1.2.1　火法-湿法联合回收镍氢电池废料中有价金属元素

火法-湿法联合回收镍氢电池废料中有价金属元素工艺流程如图 1-1 所示。

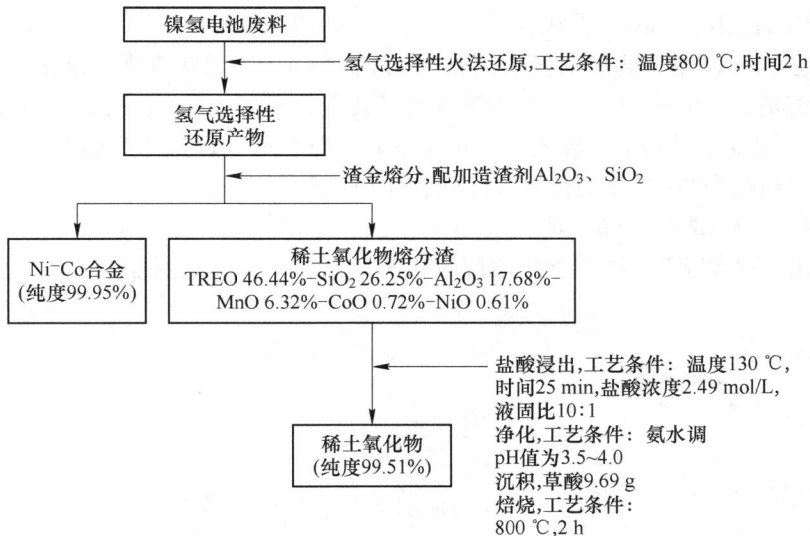

图 1-1　火法-湿法联合回收镍氢电池废料中有价金属元素工艺流程图

A　氢气选择性火法还原

取一定量镍氢电池废料（由正负极废料粉按质量比为 1∶1.25 配成混合料粉组成），粒度 0.150 mm 以下，利用球磨机充分混匀，用压块机将混合料压实，装入镍料盘，将镍料送入真空特种气氛炉内，密闭炉体，抽真空至 10 Pa 以下；通入氩气（纯度大于99.995%），在氩气保护下升温至 400 ℃，升温速度为 10 ℃/min；然后切换为氢气气氛，氢气气流量为 0.15 m³/h，以 10 ℃/min 的升温速度升温至 800 ℃，保温 2 h，保温结束后，再切换为氩气，在氩气保护下降温至室温，取出；破碎混合料，至粒度 0.150 mm 以下，氢气选择性火法还原后的物料中，Ni、Co 含量分别为 57.25%、7.82%，TREO（稀土氧化物总量）含量为 22.14%。

B   氢气选择性还原镍氢电池废料后的渣金熔分

分别称量经氢气选择性还原处理后的镍氢电池废料；造渣剂 Al_2O_3，加入量为废料的 6.51%；造渣剂 SiO_2，加入量为废料的 11.07%。将上述物料充分混匀，压片后装入刚玉坩埚，将装有物料的刚玉坩埚放入石墨坩埚内，然后放入真空碳管炉发热区内，打开循环冷却水，将炉盖盖好，开始抽真空至 10 Pa 以下，通入高纯氩气至常压，按程序升温到 1600 ℃，升温速度 15 ℃/min，恒温 30 min，进行金属和渣的分离。物料熔化后，用石英管搅拌熔池 2~3 次，待程序结束，随炉冷却至室温，关闭循环水，打开炉盖，取出金属合金和渣，即可得到纯度为 99.95% Ni-Co 合金和镍氢电池废料熔分渣，其组成为 TREO 46.44%、SiO_2 26.25%、Al_2O_3 17.68%、MnO 6.32%、CoO 0.72%、NiO 0.61%，分别对合金和熔分渣进行称量，破碎熔分渣，至粒度 0.120 mm 以下。

C   盐酸浸出镍氢电池废料熔分渣

（1）取一定量镍氢电池废料熔分渣与 37% 的浓盐酸和去离子水组成的溶液混合，液固比 10:1，盐酸浓度为 2.49 mol/L，将混合料液装入高压反应釜，密封，将装有混合料液的高压反应釜放入由导热油加热的油浴锅内，油浴锅按程序升温到 130 ℃，升温速度 1 ℃/min，恒温浸出 25 min，取出高压反应釜，水冷至室温。

（2）将浸出液过滤，滤液用氨水调 pH 值为 3.5~4.0，加热煮沸，过滤。

（3）取滤液，向滤液加入草酸，使稀土离子转变为沉淀，过滤，沉淀即为稀土草焙烧。

（4）将沉淀置于坩埚中，放入箱式电阻炉内，800 ℃，保温 2 h 的条件下进行焙烧，焙烧产物即为纯度为 99.51% 的稀土氧化物，主要成分为 La_2O_3。

1.1.2.2   浸出-选择性沉淀-溶剂萃取法

采用浸出-选择性沉淀-溶剂萃取法回收稀土、钴和镍，流程图如图 1-2 所示。

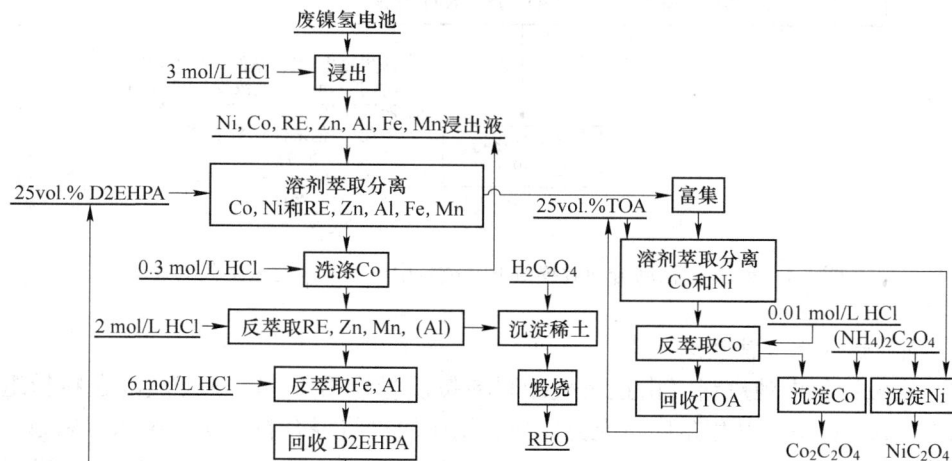

图 1-2   浸出-选择性沉淀-溶剂萃取法工艺流程图

A   盐酸浸出

首先对废镍氢电池进行预处理，除去塑料、尼龙隔膜等。采用 3 mol/L 盐酸完全浸出电极材料，浸出的最佳条件是在 95 ℃的温度下，固液比为 1∶9，浸出 3 h。在这些条件下，96%的镍，99%的稀土和100%的钴可以被浸出。与此同时，其他杂质元素也几乎完全溶解在溶液中。所得浸出液的平均成分（%）约为：23.4 Ni，1.7 Co，3.4 Fe，0.72 Zn，0.46 Al，1.2 Mn，4.2 La，0.26 Ce，0.82 Pr，2.6 Nd 和 0.074 Sm（总 RE 7.95 g/L）。

B D2EHPA 溶剂萃取

采用 D2EHPA 溶剂萃取法从钴和镍中分离稀土和杂质元素。D2EHPA 对于二价过渡金属离子从氯化物介质中提取的可萃取性顺序为 $Zn^{2+}>Mn^{2+}>Cu^{2+}>Cd^{2+}\approx Co^{2+}>Ni^{2+}$，同时对 Fe^{3+} 和 Al^{3+} 也有很强的萃取能力。通过控制 pH 值，在 pH 值为 2.0 下，煤油中含有 25%的 D2EHPA，再从浸出液中萃取稀土和杂质，钴和镍仍留在水相中。

C 选择性沉淀稀土并分离杂质

用 0.3 mol/L 盐酸洗涤以除去少量有机相中共萃取的钴，洗涤液返回与浸出液混合。然后用 2 mol/L HCl 反萃稀土。而有机相中 Fe 和 Al 在 6 mol/L HCl 条件下才进入水相。有机相可以循环使用。

反萃液中的稀土用草酸选择性沉淀，并从铝、锌、锰等杂质元素中分离出来。煅烧沉淀的草酸盐，混合稀土氧化物含有 53.3% La_2O_3，3.4% CeO_2，10.5% Pr_6O_{11}，32.1% Nd_2O_3 和 0.8% Sm_2O_3 的混合稀土氧化物。氧化物产品中除稀土以外的杂质含量低于 1%。稀土的总回收率达到 98%左右。

D TOA 萃取法分离镍和钴

通过用 D2EHPA 萃取从浸出溶液中去除稀土和杂质后，剩余的萃余液中含有钴和镍以及少量的锌。为了回收纯钴和镍产品，需要进行钴镍分离。为了回收萃余液中的钴和镍，在煤油中加入 25%TOA 从溶液中选择性萃取钴，实现了钴和镍的分离。

E 钴和镍作为草酸盐的单独沉淀

采用 0.01 mol/L 盐酸将有机相中的钴反萃进入水相中，得到含有钴的溶液。采用草酸铵沉淀法分别回收水溶液钴和镍作为草酸盐，得到纯度约为 99.9%的纯钴和草酸镍。钴和镍的总产率分别约为 98%和 96%。

1.1.2.3 硫酸化-焙烧-浸出法

采用硫酸化-选择性焙烧-水浸出分离稀土、钴和镍，流程图如图 1-3 所示。

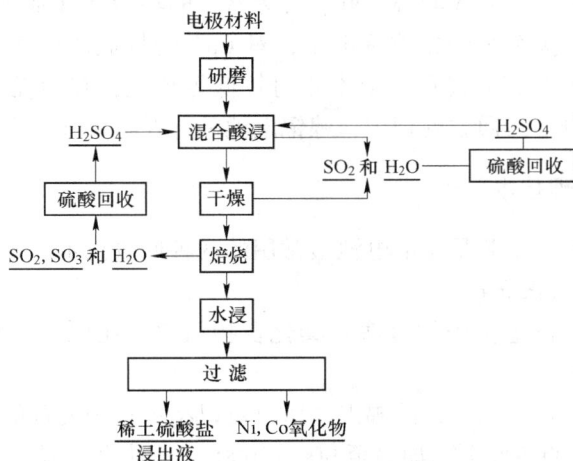

图 1-3 硫酸化-选择性焙烧-水浸分离电池活性材料中稀土元素工艺流程图

（1）拆卸混合动力汽车电池，活性材料研磨并筛分以获得粒径小于 38 μm 的粉末。分别研磨正极和正极活性材料。在室温下将活性材料与 8 mol/L 浓硫酸，以固液比为 1∶5 混合进行硫酸化，电极活性物质均生成硫酸盐。然后将混合物在 110 ℃ 条件下干燥 24 h。

（2）在 850 ℃ 下焙烧 2 h。硫酸镍和硫酸钴发生分解转化氧化镍和氧化钴，而在该温度条件下稀土硫酸盐不发生分解。最终焙烧产物主要为镍和钴氧化物以及稀土硫酸盐。严格控制焙烧温度、时间以防止稀土硫酸盐转化为水不溶性硫酸氧盐。

（3）将焙烧产物在 25 ℃ 下以 1∶50 的固液比用水浸出 1 h。稀土硫酸盐溶解于水中，而固体残渣中主要为镍和钴氧化物。稀土总的回收率为 96%。

该工艺的主要目的是选择性地将稀土与 Ni 和 Co 组成的其余杂质分离。设备必须能抵抗强酸，并且反应过程中释放的气体（SO_2 和 SO_3）必须从排气口中洗涤并作为硫酸回收。

1.2　镍镉电池中有色金属资源循环利用

1.2.1　镍镉电池的组成

镍镉电池的阳极为海绵状金属镉，阴极为氧化镍，电解液为 KOH 或 NaOH 的水溶液，其中阳极物质一般要加入一些活性物质，阳极和阴极物质分别填充在冲孔镀镍钢带上。镍镉电池的最大特点是可以充电，能够重复使用多次。表 1-3 为镍镉电池中各种元素的含量范围。一般镍成分含量占总重量的 40% 左右，镉成分含量占总重量的 20% 左右。镍氧化物用作正极活性物质，而镉作负极活性物质，这两种活性物质以铁格子或者 Ni 烧结体为载体。对废镍镉电池的处理包括回收镍、镉、铁、塑料以及电解质 KOH。

表 1-3　镍镉电池中的元素含量　　　　　　　　　　（mg/kg）

元素	Ni	Cd	K	pH 值
含量	116000~556000	11000~173147	13684~34824	12.9~13.5

我国是镉镍电池的生产和使用大国，每年产生的废旧镉镍电池大约有 1.2 亿只。镉及其化合物均为有毒物质，对人体的心、肝、肾等器官的功能具有显著的危害，因此包括我国在内的许多国家在有关废水的排放标准中，对 Cd^{2+} 的排放浓度制定了严格的标准。镍镉电池具有长寿命、工艺相对简单、成本相对较低等特点，其消耗量在我国仍在迅速增加。所以，在各类废电池的回收处理中，镍镉电池的存在必须加以重视。

1.2.2　镍镉电池的处理技术

火法冶金和湿法冶金工艺是镍镉电池最常用的两种回收技术。

1.2.2.1　火法回收镍和镉

火法冶金是使废镍镉电池中的金属及其化合物氧化、还原、分解、挥发及冷凝的过程，具体流程见图 1-4。

镉的沸点远远低于铁、钴、镍的沸点，所以可以将经过预处理的废镍镉电池在还原剂（氢气、焦炭等）存在的条件下，加热至 900~1000 ℃，使金属镉以蒸气的形式存在，然后镉蒸气（在喷淋水浴中、蒸馏器等设备中）经过冷凝、浸出、溶液净化后便得到各种 Cd 的化合物来回收镉，焙烧后的铁和镍作为铁镍合金进行回收。

1.2.2.2 湿法回收

湿法冶金过程首先是将废弃镍-镉电池用硫酸或盐酸溶液浸取，使金属以离子的形式转移到溶液中，然后通过化学沉淀、电化学沉积等手段将不同的金属分离出来，达到回收利用的目的。

A 浸出-电积法

采用拆解、硫酸浸出、镉电沉积、除铁和镍电沉积工艺来回收镉和镍，工艺流程如图 1-5 所示。

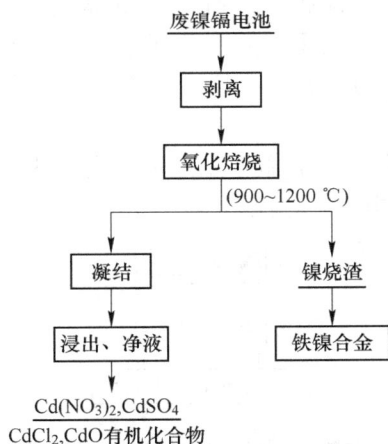

图 1-4 从 Ni-Cd 电池中回收 Ni、Cd 流程   图 1-5 浸出-电积法回收镉和镍的工艺流程图

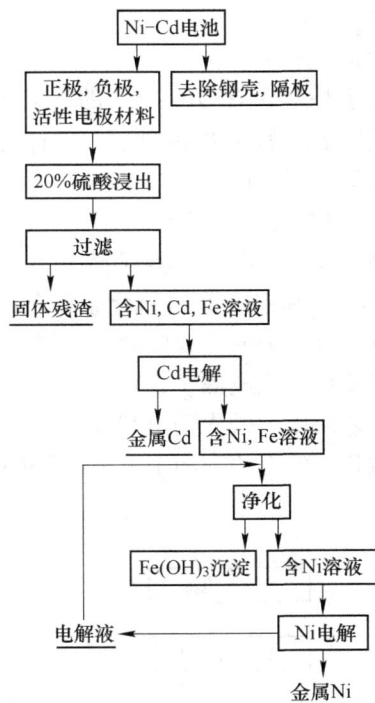

首先拆解电池去除钢壳和聚合物隔板，将活性电极材料和金属电极混合物用 20% 的硫酸（固液比 1∶30）80 ℃条件下浸出 5 h，溶液中主要为 Ni^{2+}、Cd^{2+} 和 Fe^{3+}，通过添加 H_2O_2 可以提高 Ni 和 Fe 的浸出率，酸溶液浸出的主要成分是金属（电极）和氢氧化物（电极活性材料），浸出后过滤得到溶液和残渣。

浸出液采用 NaOH 调节 pH 值至 1，使用不锈钢板作为阴极基板和铂网作为阳极进行电解沉积金属镉。

电解后的溶液用 NaOH 调节 pH 值至 3，其中溶液中 Fe^{3+} 水解形成 $Fe(OH)_3$ 沉淀去除，然后用 25% NH_3 升高 pH 值至 9，过滤除去铁。剩余溶液再进行电沉积制备金属镍。

通过该方法处理废镍镉电池可以实现镉和镍的高度回收，最终产品是高纯度金属（98%~100% Cd，98%~99% Ni）。镉和镍的最大总回收率分别为 92% 和 67%。

B 化学沉淀法

废旧电池首先经过清洗，洗去 KOH 电解液。然后在 $550 \sim 600\ ℃$ 下加热焙烧 1 h。金属镉被氧化，镉、镍的盐类也被分解成氧化物。焙烧产物用 4 mol/L 的 NH_4NO_3 溶液在常温下浸取，氧化镉溶解而镍与铁不溶于 NH_4NO_3 溶液。浸取液通入 CO_2 气体可以使溶解的镉转化为 $CdCO_3$ 沉淀。溶液中含有少量的镍，在加入 HNO_3 的情况下可以将其萃取回收。回收的 $CdCO_3$ 沉淀物中含有 0.14% 的镍和 0.12% 的钴。而且只约 94% 的镉被浸出，铁和镍彼此也未分离。为了使镉和镍的分离效率提高，改进的方法是将废弃电池中的镉和镍用 H_2SO_4 溶液在加热的情况下提取出来，所得的溶液在 pH 值为 $4.5 \sim 5$ 的条件下加入大量的 NH_4NO_3 选择性地沉淀出碳酸镉，剩余溶液加入 NaOH 和 Na_2CO_3 使镍以氢氧化镍的形式回收。

C 置换法

该方法是在含有 Ni 和 Cd 的溶液中，加入活泼金属将镉首先置换出来而实现镉镍分离。首先用 H_2SO_4 浸出废电池、加锌置换镉，加 NH_4HCO_3 析出 $ZnCO_3$、$Fe(OH)_3$ 等，具体工艺流程见图 1-6。

D 有机酸浸出法

镍镉电池的阴极和阳极材料中的含有大量的镍、镉和少量的钴。在镍镉电池中，镍以金属镍（Ni）和镍（Ⅱ）氧化态存在，而镉和钴以镉（Ⅱ）和钴（Ⅱ）氧化态存在。与镍镉电池回收相关的主要问题是金属镍的回收，因为它们具有较高的惰性。金属 Ni 在浸出之前需要被氧化成镍（Ⅱ）。

该工艺采用甲酸作浸出剂和沉淀剂，H_2O_2 被用作氧化剂。从废镍镉电池中浸出和回收镍、钴和镉的方法。图 1-7 为利用甲酸处理镍镉电池工艺流程。

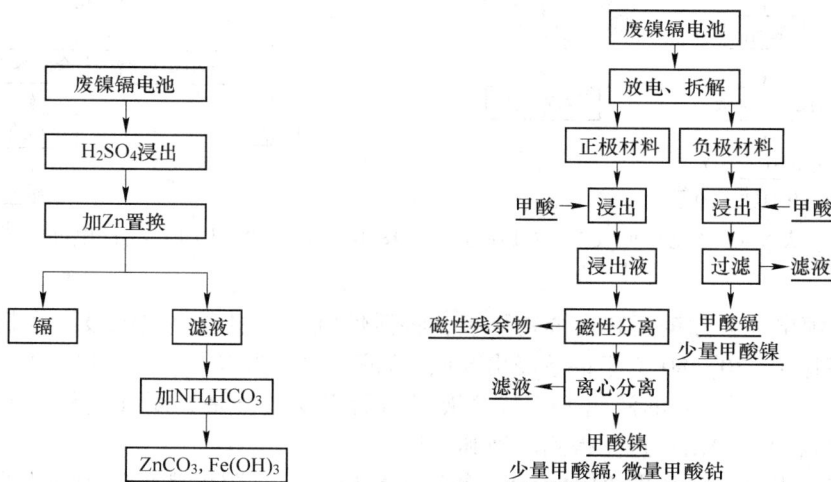

图 1-6 废镍镉电池置换法处理工艺

图 1-7 利用甲酸处理镍镉电池工艺流程

甲酸是一种中等强度的有机酸，CH_2O_2 分子中含有一个羧基。它的 pK_a 值为 3.75。采用甲酸作为浸出剂，当甲酸与阴极和阳极材料接触时，甲酸分子和废镍镉电池的弱碱 $[Ni(OH)_2$、$Cd(OH)_2$ 和 $Co(OH)_2]$ 可以发生酸碱反应并生成甲酸盐和 H_2O。水分子

（H_2O）可以进一步帮助分解甲酸以产生 H^+ 和 $HCOO^-$，因此这些可以加速阴极和阳极粉末中 Ni^{2+}、Cd^{2+} 和 Co^{2+} 的浸出速率。甲酸离解和伴随的浸出反应可表示如下：

甲酸的离解：

$$HCOOH(aq) \Longrightarrow H^+(aq) + HCOO^-(aq)$$

浸出过程中发生的反应：

$$Ni(OH)_2 + 2H^+ \longrightarrow Ni^{2+} + 2H_2O$$
$$Ni^{2+} + 2HCOO^- \longrightarrow Ni(COOH)_2$$
$$Cd(OH)_2 + 2H^+ \longrightarrow Cd^{2+} + 2H_2O$$
$$Cd^{2+} + 2HCOO^- \longrightarrow Cd(COOH)_2$$
$$Co(OH)_2 + 2H^+ \longrightarrow Co^{2+} + 2H_2O$$
$$Co^{2+} + 2HCOO^- \longrightarrow Co(COOH)_2$$

总反应为：

$$6HCOOH + Ni\text{-}Cd \text{ 电池} [Ni(OH)_2 + Cd(OH)_2 + Co(OH)_2] \longrightarrow Ni(COOH)_2 +$$
$$Cd(COOH)_2 + Co(COOH)_2 + 6H_2O$$

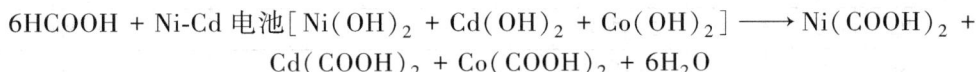

采用甲酸处理阴极材料时，由于存在具有铁磁性的金属 Ni 颗粒，阴极原材料具有磁性，因此在浸出反应结束后，采用磁性分离未反应的阴极残余物（主要由 Ni 组成），而浸出之后的混合物溶液通过过滤从液相中分离出沉淀的金属盐固体，沉淀产物主要由甲酸镍、少量甲酸镉和微量甲酸钴组成。

未反应的阴极残余物进一步用甲酸和 H_2O_2 在 50~60 ℃下浸出 2 h。H_2O_2 作为氧化剂在酸性环境条件下可将残余物中金属 Ni 氧化为 Ni^{2+}，从而进一步与 $HCOO^-$ 发生反应生成 $Ni(COOH)_2$。反应如下：

$$Ni + 2H_2O_2 \longrightarrow Ni^{2+} + 2H_2O + O_2$$
$$Ni^{2+} + 2HCOO^- \longrightarrow Ni(COOH)_2$$

在完成浸出反应后，使用强磁体将未反应的阴极残余物从反应混合物中分离出来。然后将混合物冷却至室温，并过滤得到镍盐沉淀。然后加入足量的水将镍盐的沉淀固体溶解在水中。用甲酸将溶液 pH 值调节至 0.5，将其在 80 ℃下加热 20 min，并在冰浴中保持 1 h，形成蓝色沉淀，将其过滤、干燥得到沉淀主要成分为甲酸镍。

采用甲酸进行阳极材料的浸出，镍离子和镉离子进入溶液之后形成沉淀，通过过滤将固相（由未反应的阳极残余物和金属盐的沉淀固体组成）与液相分离。将固相中加入足量的水，沉淀完全溶解在水中，剩余阳极残余物。通过过滤蒸发滤液得到沉淀，沉淀主要由甲酸镉和少量甲酸镍组成。

1.3 锌-二氧化锰电池中有色金属资源循环利用

1.3.1 锌-二氧化锰电池的组成

锌-二氧化锰电池分酸性电池和碱性电池两种，它们的主要区别为所用电解液不同。酸性电池以固体锌筒为阳极，二氧化锰为阴极，电解液为氯化铵或氯化锌的水溶液，因此，被称为酸性电池。碱性电池以锌粉末为阳极，二氧化锰为阴极，电解液是氢氧化钾，因此，被称为碱性电池。酸性电池、碱性电池中各种元素的含量因生产厂家不同及电池种类不同而有很大差别。表1-4所示为两种锌-二氧化锰电池中各种元素的含量范围。

表1-4　锌-二氧化锰电池中各种元素的含量范围　　　　　（mg/kg）

酸性电池		碱性电池	
元　素	含　量	元　素	含　量
As	3~236	As	2~239
Cr	69~677	Cr	25~1335
Cu	5~4539	Cu	5~6739
In	3~101	In	9~100
Fe	34~307000	Fe	50~327300
Pb	14~802	Pb	16~58
Mn	120000~414000	Mn	28800~460000
Hg	3~4790	Hg	118~8201
Ni	13~595	Ni	13~4323
Sn	26~665	Sn	26~665
Zn	18000~387000	Zn	18000~387000
Cl	9900~130000	K	25600~56700

酸性电池、碱性电池所含元素大体相同，都含有 As、Cr、Cu、In、Fe、Pb、Mn、Hg、Ni、Sn、Zn 等元素，不同的是酸性电池含元素 Cl，碱性电池含元素 K。

1.3.2　锌-二氧化锰电池的处理技术

1.3.2.1　湿法冶金

基于锌、二氧化锰等可溶于酸的原理，使锌-锰干电池中的锌、二氧化锰与酸作用生成可溶性盐而进入溶液，溶液经过净化后电解生产金属锌和电解二氧化锰或生产化工产品（如立德粉、氧化锌等）、化肥等。

A　焙烧-浸出法

图1-8所示为废锌-二氧化锰电池焙烧-浸出工艺流程图。

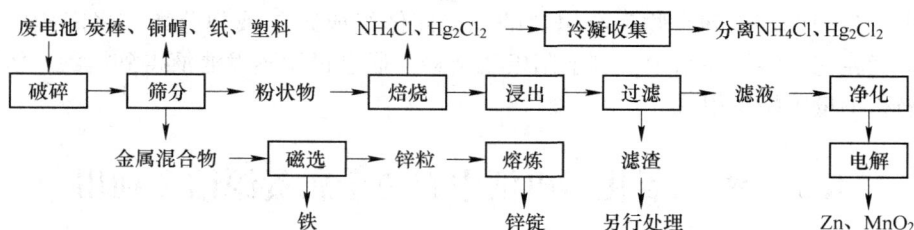

图1-8　废锌-二氧化锰电池焙烧-浸出工艺流程图

将废旧干电池机械切割，筛分成三部分：炭棒、铜帽、纸、塑料，粉状物，金属混合物。粉状物在 600 ℃、真空焙烧炉中焙烧 6~10 h，使金属汞、NH_4Cl 等挥发为气相，通过冷凝设备加以回收，尾气必须经过严格处理，使汞含量减至最低排放。焙烧产物酸浸

（电池中的高价氧化锰在焙烧过程中被还原成低价氧化锰，易溶于酸）、过滤，从浸出液中通过电解回收金属锌和电解二氧化锰。筛分得到的金属混合物经磁选，得到铁皮和纯度较高的锌粒。锌粒经熔炼得到锌锭。

B 直接浸出法

直接浸出是将废电池破碎、筛分、洗涤后，直接用酸浸出干电池中的锌、锰等有价金属成分。滤液过滤、净化后，从中提取金属或生产化工产品。直接浸出工艺类型较多，不同的工艺类型，获得的产品不同，如图1-9~图1-11所示。

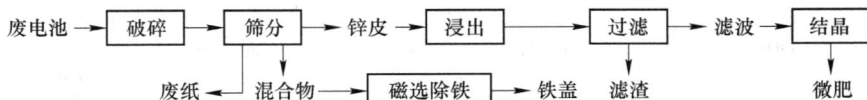

图1-9 废电池直接浸出生产微肥工艺流程图

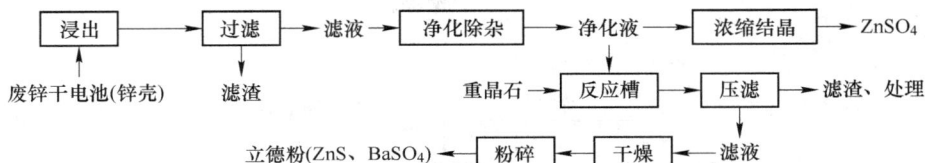

图1-10 废电池直接浸出生产立德粉工艺流程图

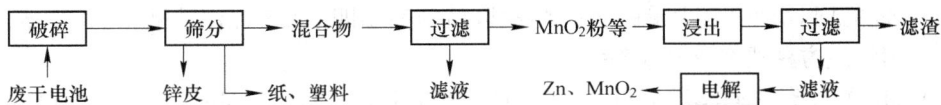

图1-11 废电池直接浸出生产 Zn、MnO_2 工艺流程图

C 萃取-沉淀-氨水络合法

图1-12为废锌-二氧化锰电池萃取-沉淀-氨水络合法工艺流程图。主要包括以下几个步骤。

（1）金属材料的溶解。将粉碎筛选出的废干电池的固体混合金属材料用 4 mol/L 的硫酸或混合酸加热至 70~80 ℃，将镍、铜、锌、铁和少量锰（电池壳）浸出进入溶液。

（2）萃取剂的配制与活化。配置 20% 的 N235-煤油溶液，加入仲辛醇助溶，三者的体积比为仲辛醇：N235：煤油 = 1：2：7，再向有机相中加入 3 mol/L 的盐酸（体积比为有机相：盐酸 = 2：1），振荡以活化萃取剂，静置后分去水相。

（3）溶液的预处理。用 30% 的 H_2O_2 将样品溶液氧化（体积比为溶液：H_2O_2 = 1：2），加热搅拌 30 min 除去过量的 H_2O_2，向氧化后的溶液中加入 NaCl 固体至饱和。

（4）萃取过程。用活化过的 20% 的 N235-煤油溶液萃取 5 次（相比 $A/O = 4：1$），每次振荡 5 min，静置 5 min。得到的水相中主要是含有 Ni^{2+}、Mn^{4+} 和 Cu^{2+} 的溶液，萃取后得到的油相中主要含 Fe^{3+} 和 Zn^{2+}，用 0.1 mol/L H_2SO_4 溶液反洗 5 次，得到 Fe^{3+} 的黄色溶液。通过萃取作用，油相中的 Fe 与 Zn 得到分离。含 Fe^{3+} 溶液用 NaOH 调节 pH 值至 9，将 Fe^{3+} 的溶液转化为 $Fe(OH)_3$ 沉淀，干燥后成产品。再经煅烧可得到 Fe_2O_3 产品。

溶液(Mn^{2+}、Cu^{2+}、Zn^{2+}、Ni^{2+}、Fe^{2+}、Fe^{3+})

$\downarrow$ H_2O_2

Mn^{2+}、Cu^{2+}、Zn^{2+}、Ni^{2+}、Fe^{3+}

$\downarrow$ HCl，N235-煤油

Mn^{4+}、Cu^{2+}、Ni^{2+} —— 油相:Fe^{3+}、Zn^{2+}

$\downarrow$ 6 mol/L氨水

$Mn(OH)_4$　　Cu^{2+}、Ni^{2+}

油相:Zn^{2+} —— 水相:Fe^{3+}
灼烧 —— NaOH pH=9
ZnO —— $Fe(OH)_3$

$\downarrow$ KI溶液

CuI　　Ni^{2+}、I_2

$\downarrow$ 乙酸乙酯

I_2、乙酸乙酯　　Ni^{2+}

旋蒸 —— 1%有机沉淀剂

乙酸乙酯(回收)　I_2　乙醇(回收)　金属有机镍

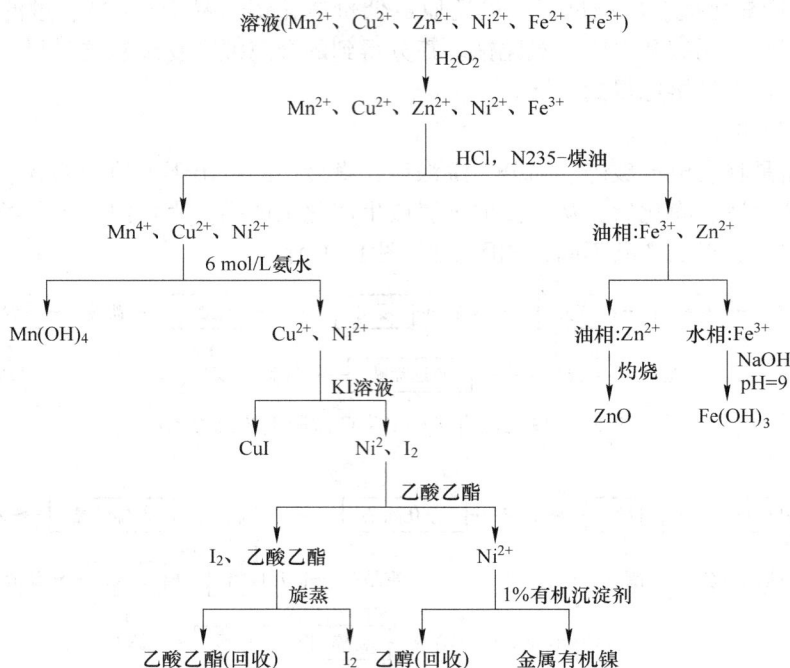

图 1-12　萃取-沉淀-氨水络合法工艺流程图

（5）Zn 的回收。由于大量的 Zn^{2+} 与萃取后的油相即 N235-煤油溶液中的 N235 结合牢固，故采用灼烧方法得到 ZnO 产品。

（6）Mn 的分离。向萃取后的水相中加入 6 mol/L 的氨水，Mn^{4+} 以 $Mn(OH)_4$ 的形式沉淀出来，而 Ni^{2+}、Cu^{2+} 则转化成可溶性的氨络合离子，离心分离得 $Mn(OH)_4$ 产品，实现了 Mn 和 Ni、Cu 的分离。

（7）Cu 和 Ni 的分离。向 Ni 和 Cu 的氨络合离子溶液中加入 0.1 mol/L H_2SO_4 溶液，用 KI 溶液将 CuI 沉淀出来，溶液中得到 Ni^{2+} 和碘单质，用乙酸乙酯将碘单质萃取出来，经旋蒸回收 I_2 和乙酸乙酯。向含 Ni^{2+} 的溶液中加入 1%有机沉淀剂，乙醇溶液得到金属有机镍产品。

1.3.2.2　火法冶金

在高温下使废电池中的金属及其化合物氧化、还原、分解、挥发和冷凝的过程，分为常压冶金和真空冶金两类。常压冶金法是所有作业都在大气中进行，而真空冶金则是在密闭的负压环境中进行。火法冶金是处理废电池的较佳方法，对汞的回收最有效。

A　常压冶金

常压冶金包括两种方法，一种是在较低温度下加热废电池，先使汞挥发，然后在较高温度下回收锌和其他重金属。另一种是将废电池在高温下焙烧，使其中易挥发的金属及其氧化物挥发，残留物作为冶金中间产物或另行处理。图 1-13 所示为废电池常压冶金原则工艺。

用竖炉冶炼处理干电池时，炉内分为氧化层、还原层和熔融层三部分，用焦炭加热。汞在氧化层被挥发，锌在高温的还原层被还原挥发，挥发物在不同的冷凝装置内回收。大

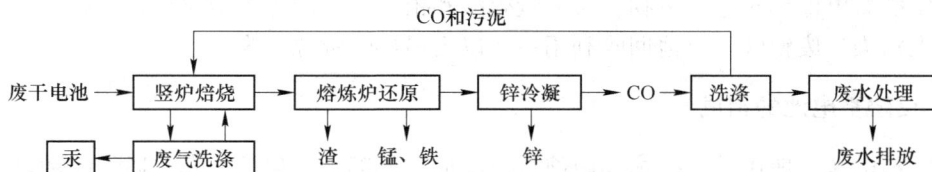

图 1-13 废电池的常压冶金原则

部分的铁、锰在熔融层还原成锰铁合金。图 1-14 所示为从废干电池中回收有价金属的工艺流程。

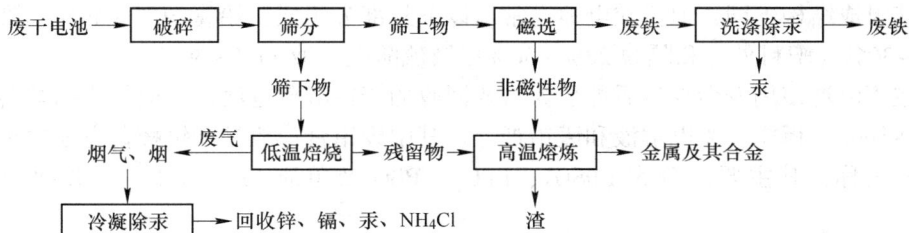

图 1-14 干电池常压冶金回收有价金属的工艺流程图

电池经过破碎、筛选，分成筛上、筛下两级产品。筛上产品进行磁选分成废铁和非磁性产品两部分，废铁经过水洗除汞后用作冶金原料。筛下产品用 NH_4Cl、盐酸和 $CaCl_2$ 处理，加热至 110 ℃除湿，干燥后的物料再筛选。所得筛上产品加热至 370 ℃，使汞、氯化汞、氯化铵变成气态物质。收集气体，并进行冷凝除汞，冷凝后产品可以重新用来生产干电池。含汞物质馏出后的残留物与非磁性物质混合，加热至 450 ℃蒸馏出锌，然后再加热至 800 ℃，使氯化锌升华。残渣在还原气氛中加热到 1000 ℃，然后筛分、磁选，得到可用于熔炼锰、铁的氧化锰、碎铁和非磁性产品。

B 真空冶金

真空冶金法是基于组成废旧干电池各组分在同一温度下具有不同的蒸气压，在真空中通过蒸发和冷凝，使其分别在不同的温度下相互分离，从而实现综合利用。蒸发时，蒸气压高的组分进入蒸气，蒸气压低的组分则留在残液或残渣内；冷凝时，蒸气在温度较低处凝结为液体或固体。相比湿法工艺和常压火法工艺，真空冶金法的流程短，能耗低，对环境的污染小，各有用成分的综合利用率高，具有较大的优越性，值得广泛推广。

1.4 铅酸蓄电池中有色金属资源循环利用

铅酸蓄电池是耗铅量最大的含铅产品，铅酸蓄电池耗铅量占全世界铅总量的 80%以上。铅酸蓄电池被广泛用于汽车、电动机动车和电动助力车，随着使用量的不断增加，废铅酸蓄电池数量也不断增加。通常一个废铅酸电池平均可回收 8 kg 铅、4 kg 硫酸和大约 1.4 kg 的塑料外壳。一般废铅酸蓄电池中的铅可再被冶炼成软铅或制成硬铅供工业市场使用；硫酸可回收使用或经窑炉热解回收气体再制成肥料使用；而塑料外壳可回收再使用。

废铅酸蓄电池属于危险废物，含大量硫酸和铅、锑、砷等重金属，直接废弃将对环境产生重大污染。废铅酸蓄电池回收利用主要以废铅再生资源化为主。

1.4.1　铅酸蓄电池的组成

铅酸蓄电池一般由外部壳体和内部电池组成。外部壳体包括外壳、通气阀和电池盖等结构，其材料多为硬橡胶或聚丙烯塑料；内部电池主体由正极板、负极板、隔板和电解液组成。正极板主要成分是棕褐色的 PbO_2，负极板主要成分为铅粉，电解液由纯硫酸与一定比例的水配制而成。制造铅酸蓄电池时，为了增加电池储能容量，将多块正极板与负极板分别并联在一起，这也是铅酸蓄电池容量大、性能稳定的原因之一。尽管不同种类的铅酸电池其组成结构不同，但铅酸电池通常由以下几部分组成：铅膏 30%~40%、铅合金板栅 24%~30%、塑料外壳和隔膜 22%~30% 以及硫酸电解液 11%~30%。

铅酸蓄电池使用寿命耗尽后即变为需要回收的废铅酸蓄电池，对应的废铅酸蓄电池的组成包括外壳、板栅、废电解液和废铅膏等。其中废铅膏一般是废铅酸蓄电池中正负极活性物质的统称，其主要成分为 $PbSO_4$、PbO_2、PbO 及单质 Pb。表 1-5 为典型废铅膏成分表。

表 1-5　典型废铅膏成分表

组分	$PbSO_4$	PbO_2	PbO	单质 Pb	总铅
百分含量/wt. %	50~60	30~35	10~15	2~5	68~76

1.4.2　铅酸蓄电池的资源化技术

目前，从废铅酸蓄电池中回收铅的工艺可分为火法、湿法和火法-湿法联合法三大类型。

1.4.2.1　湿法冶炼工艺

采用湿法冶炼工艺，可使用铅泥、铅尘等生产含铅化工产品，如三盐基硫酸铅、二盐基亚硫酸铅、红丹、黄丹和硬脂酸铅等，可在化工和加工行业得到应用。其工艺简单，流程短，容易操作，污染小，没有环境污染，可以取得较好的经济效益。湿法处理流程为：将废蓄电池切割，放出硫酸、分出塑料壳、橡胶壳，加入石灰活化使蓄电池中的硫酸转变成 $CaSO_4$，用氟硼酸在直流电作用下溶解 Pb 及 PbO，在氟硼酸溶液中进行电解沉积。流程如图 1-15 所示。

A　CX-EW 工艺

Impianti 公司开发的 CX-EW 工艺流程如图 1-16 所示。

该工艺采用全湿法流程，其基本工艺路线是物料先进行预处理分选，用 NaOH 进行浆料的脱硫，采用电解沉积法生产铅，硫酸钠电解采用

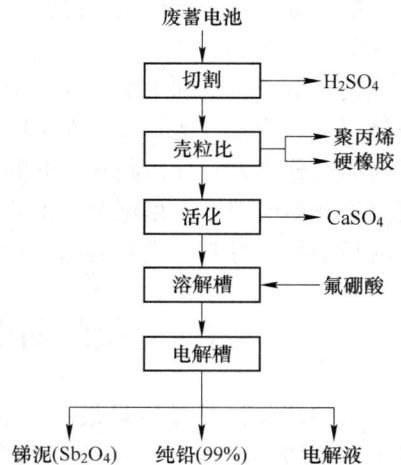

图 1-15　湿法冶炼工艺流程

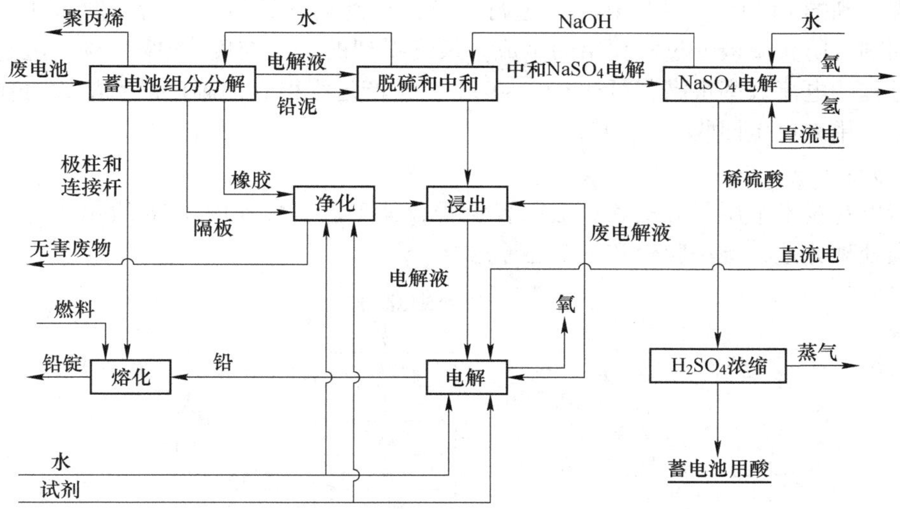

图 1-16 CX-EW 法处理流程图

离子交换膜技术，电解生产的 NaOH 返至脱硫过程，得到的 H_2SO_4 送至蓄电池生产厂。

该工艺可使蓄电池中含总铅的 60% 转变为 99.99% 的电解铅，40% 的铅变成含 Sb 2.0% ~ 2.5% 的铅合金，得到的聚丙烯很纯，具有很高的商业价值。

B 电解精炼电解沉积工艺

电解精炼电解沉积工艺流程如图 1-17 所示。首先进行预处理分选。将分离得到的金属部分（极柱、连接杆、板栅条等）熔化铸成阳极，再进行电解精炼，得到 99.99% 的纯铅。预处理得到的渣泥进行碳酸盐转化，用 $(NH_4)_2CO_3$ 作转化剂。

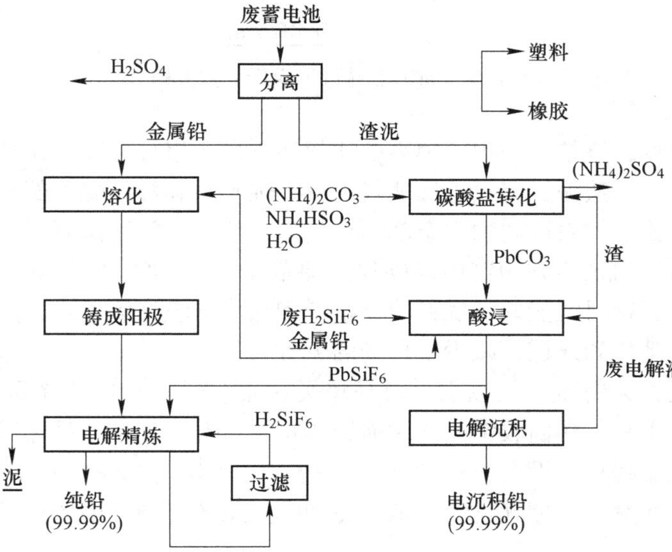

图 1-17 电解精炼电解沉积工艺处理流程

为了便于渣泥中 PbO_2 的溶解，在转化的同时，用 NH_4HSO_3 作还原剂将其进行还原，

转化过程得到的 $PbCO_3$，用废 H_2SiF_6 进行溶解，得到的含铅溶液进行电解沉积，电解时加入添加剂可防止阳极上过氧化铅的生成。最终得到的产品纯度为 99.99%，电解精炼电解沉积过程的电流效率很高，可达 97%～99%。生产过程得到的副产品硫酸铵可作为化肥出售，也可用来再生回收 NH_4OH。

    C 布劳巴赫工艺

    布劳巴赫技术采用了湿法和火法联合流程，其工艺流程如图 1-18 所示。其基本工艺路线是预处理分选、湿法脱硫和短窑还原熔炼。

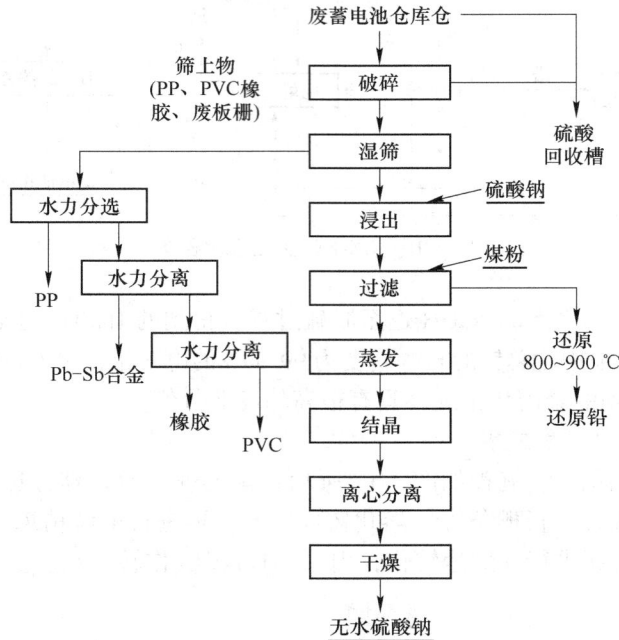

图 1-18　布劳巴赫再生铅厂工艺流程

    由工艺流程可见，该技术的预处理系统比较完善，各组分分离的比较完全，分离后可分别得到板栅金属条、渣泥、聚氯乙烯塑料、聚丙烯塑料和橡胶壳五部分。在生产过程中物料全部采用水力输送，系统内的水全部循环使用。渣泥进行湿法脱硫，避免了火法还原时 SO_2 气体的排放。脱硫料在短窑中以碳作还原剂于 800～900 ℃ 的条件下进行还原，短窑具有生产能力大，密封性能好，燃料消耗量低和操作环境好等优点，其操作过程可以全部实现机械化、自动化和遥控，减少了现场的劳务人员。

    该工艺生产过程无粉尘、无废水、对环境无污染、铅的总回收率可达 98.5%。整个工艺的综合利用水平高，在回收铅的同时能回收塑料，并得到副产品硫酸钠。

    但该技术工艺流程长，设备材质要求高，短窑的渣量（15%）和烟尘量（5%～7%）也较大，耐火材料耗量大，烟气量大，烟气冷却收尘系统复杂，因此投资大，只适用万吨以上的大厂使用。

    1.4.2.2 火法冶炼工艺

    A Ginatta 工艺

    意大利 Ginatta 厂采用了如图 1-19 所示的工艺。

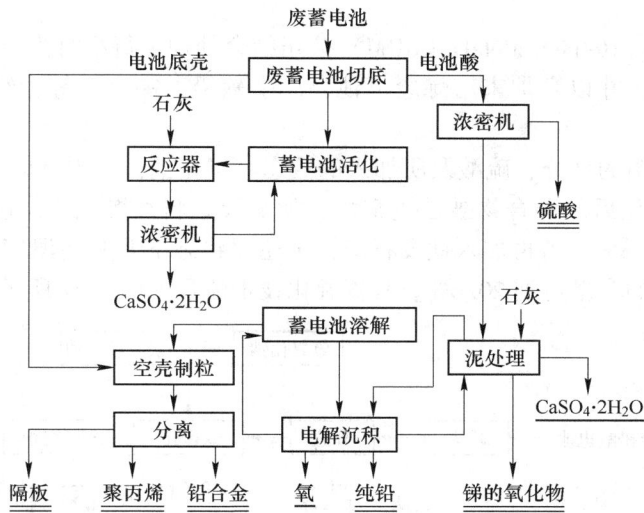

图 1-19 Ginatta 厂废电池回收工艺流程

（1）对废电池进行拆解，电池底壳同主体部分分离。

（2）将蓄电池进行活化处理，所谓活化即相当于蓄电池的充电过程，通过外加电流将蓄电池中的硫酸铅转化为金属铅和二氧化铅。

（3）将蓄电池溶解，溶解是在氟硼酸（HBF_4）中进行，该过程是一个电化学溶解过程，靠外加电流和电池间或电池内短路电流实现。

（4）石墨作阳极，用电解法进行电解回收铅。

B Feistriz 工艺

奥地利的 Feistriz 公司将废电池中含铅之物质包含不纯的铅、氧化铅、硫化铅、有机物置于窑炉中后加入炭及铁，其间窑炉被维持为还原状态 400~700 ℃，使所产生的二氧化碳与炭还原产生一氧化碳；而硫化铅与加入的铁反应，被还原成氧化铝及亚硫酸铁，继之与一氧化碳反应产生铅及二氧化碳，其铅可加入其他金属制成二级铅。其资源化技术流程如图 1-20 所示。

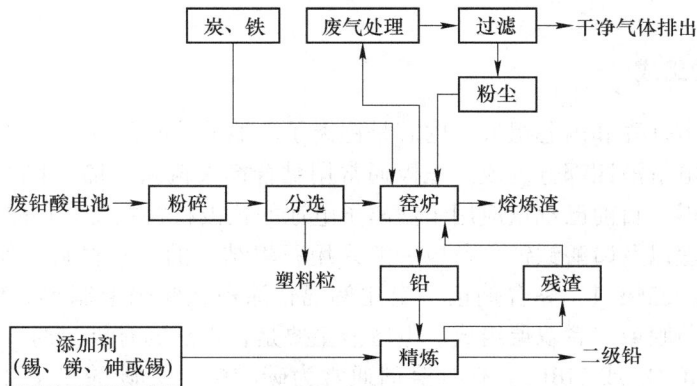

图 1-20 奥地利废铅酸蓄电池资源再利用处理流程

C　BRM 工艺

英国的 Britannia Refined Metals（BRM）公司结合处理量每小时为 16 t 的废电池工艺，经粉碎分离塑料后，并以窑炉来熔炼废电池，产生软铅、锑合金等，经精炼制成适当的合金。

粉碎电池后含铅的部分、硫酸及所加入的液态氢氧化钠，一起反应产生氧化铅达到去硫化的目的。去硫化后的混合物被送进窑炉，加炭及燃料油燃烧至温度 800 ℃时产生软铅，其铅纯度为 99.8%，若再加入铁及石灰，于还原状态下并升高温度至 1150 ℃冶炼则产生硬铅，其中锑的含量达到 20.6%。其资源化技术流程如图 1-21 所示。

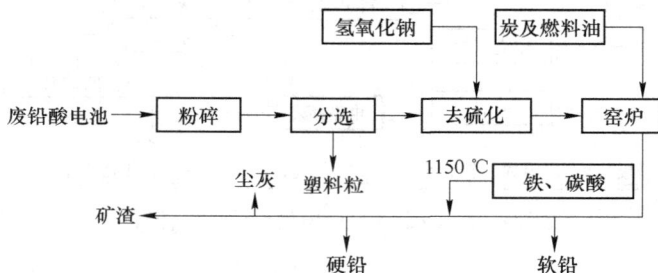

图 1-21　英国（BRM）废铅酸蓄电池资源再利用处理流程

1.5　锂电池中有色金属资源循环利用

锂离子电池由于电压高、能量密度高、循环性能好、环境友好等优点，目前作为动力源大量应用于新能源汽车上。然而。新能源汽车电池的使用年限一般为 5～8 年，而真正有效的寿命只有 4～6 年，极端的使用环境和充放电会进一步缩短锂离子电池的寿命。进入 2020 年后，我国新能源汽车动力电池开始进入规模化的退役期。如何实现退役锂离子电池资源循环利用是严峻且紧迫的现实问题。锂离子电池中含有含氟无机电解质和有机黏结剂，如若回收方法不妥当，会对环境造成严重的污染。除此之外，锂离子电池正极材料中使用了大量的 Li、Ni、Co、Mn、Cu、Fe、Al 等金属，是丰富的有价金属矿藏。

1.5.1　锂电池的组成

锂离子电池由外壳和内芯组成，内芯是锂离子电池的核心部分，主要由正极材料、隔膜、负极材料和电解液四部分构成。正极通常用黏合剂聚偏氟乙烯（PVDF）将正极材料固定在电极上制得，目前已批量应用于锂离子电池的正极材料主要有钴酸锂、锰酸锂、镍酸锂、钴镍锰酸锂以及磷酸铁锂。负极一般采用石墨结构的碳素材料，如碳/石墨插入材料，由碳素材料、乙炔黑、黏合剂按一定比例混合涂覆在铜箔上制得。隔膜主要由聚丙烯、聚乙烯微孔薄膜或二者双层组成。电解液主要是含锂盐的有机溶剂，其中锂盐通常是 $LiPF_6$，也会用 $LiClO_4$ 或 $LiBF_4$。有机溶剂通常为碳酸酯类（碳酸二甲酯、碳酸乙烯酯、碳酸甲乙酯、碳酸二乙酯等）。外壳为不锈钢、镀镍钢或铝壳等。

1.5.2 废旧锂离子电池资源化技术

从废旧锂离子电池中回收有价金属的方法主要有火法冶金、湿法冶金和生物湿法冶金。

1.5.2.1 电池的预处理

废旧锂离子电池回收前需要进行预处理。预处理主要包括放电、机械破碎法、高温热解法、有机溶剂分离法等，首先利用这些方法对电池进行处理，得到正极上的活性物质，方便后续回收过程的进行。

A 放电

达到使用寿命的锂离子电池未能正常使用，但电池仍能存储少许的电量，在后续采用湿法冶金或火法冶金方法回收的过程中由于剧烈的氧化反应经常会发生爆炸，因此对其放电处理回收是不可或缺的工序。可采用氯化钠溶液浸泡短路放电的方法，可以释放电池剩余的部分电量。液氮低温冷冻技术也是用于电池放电常用的一种方法，将电池放入液氮中浸泡，导致电池冷冻失活从而放电。

B 机械破碎法

废旧的锂离子电池必须通过人工或者机械的拆解才能做进一步的处理，因为电池都是由金属外壳和塑料包裹和密封着的，人工拆解更容易，也能更完全地分离出塑料和金属外壳。

机械破碎可以使电池的外壳与内部的材料分离，电池从块状破碎成粉粒状可用破碎机将其破碎，破碎机可实现电池不同级别的破碎，破碎电池为粉粒或粗粒。破碎之后，对其筛分处理，目的是除掉锂离子电池的金属外壳，获取富集的电极活性物质。

在传统机械破碎和筛分的基础上增加超声搅拌清洗的步骤。首先，对废旧锂离子电池进行破碎和筛分处理，然后，将电极活性物质放入超声机进行超声搅拌清洗，电极活性物质与集流体的分离率达到92%。超声清洗利于电极材料的富集，最终增加电极活性物质中金属的回收率。

机械破碎分离获得的活性物质与人工拆解获得的活性物质基本保持相同，但是机械破碎后的活性物质表面上存在烃类化合物，该烃类化合物的覆盖不利于后续的浮选处理。

C 高温热解法

废旧离子电池中的有价金属通常存在于正极材料中，而正极材料则通过黏结剂聚偏氟乙烯 PVDF 的作用黏结在集流体铝箔上，因此在对这些有价金属进行回收利用之前需要将黏结在集流体上的正极活性材料分离下来。高温热解法是指将经过物理破碎等初步分离处理的锂电池材料，进行高温焙烧分解，将有机黏合剂去除，从而分离锂电池的组成材料。

同时 $LiCoO_2$ 的表面残存 $LiPF_6$ 和碳酸乙烯酯。$LiPF_6$ 的分解温度是 107~133 ℃，碳酸乙烯酯的分解温度是 326~350 ℃，PVDF 挥发：430~492 ℃，$LiCoO_2$ 在 570~614 ℃分解成 Co_3O_4、Li_2CO_3，Co_3O_4 在 790~915 ℃下转化为 CoO。所以，采取合适的加热温度将黏结剂分解，即可将活性物质与集流体进行分离，而部分杂质也可以被高温分解。

D 有机溶剂分离法

有机溶剂法是根据"相似相溶"的原理，采用强极性的有机溶剂溶解电极上的黏结剂 PVDF，使正极活性材料从集流体铝箔上脱落，从而简化回收工艺，提高回收效果。

常用 N-甲基吡咯烷酮（NMP）试剂作溶剂溶解黏结剂，将正极活性物质与铝箔进行分离，温度 100 ℃、溶解时间 60 min，然后进行筛分，获得铝箔碎片，筛分过滤后的 NMP 能够重复利用。

1.5.2.2　湿法冶金

湿法冶金回收技术主要是借助某些溶剂或萃取剂，通过化学反应（包括还原、氧化、水解、中和、络合等）的作用将经过预处理后的电极活性物质中所包含的有价金属转移到溶液中，进而从浸出液中对目标金属元素进行沉淀、萃取、提纯和回收等。有价金属元素的转移过程也就是金属元素的浸出过程，浸出过程主要是通过浸出剂、辅助剂等的作用从固态电极物质中提取一种或多种有价金属的过程。

湿法冶金过程主要包括：活性物质的浸出，从浸出液中分离和回收金属元素。

A　活性物质的浸出

从废旧锂离子电池中提取有价金属最广泛使用的方法是酸浸。浸出剂主要分为无机酸和有机酸，通过酸浸溶解 Co、Li、Ni 和 Mn，然后再通过其他方法从浸出液中提取这些金属，浸出效率主要取决于浸出剂的浓度、固液比、反应温度、时间等参数。

a　无机酸浸出

图 1-22 为采用不同无机酸，HCl、H_2SO_4、HF 和 H_3PO_4 作为浸出剂回收电池中有价金属的示意图。

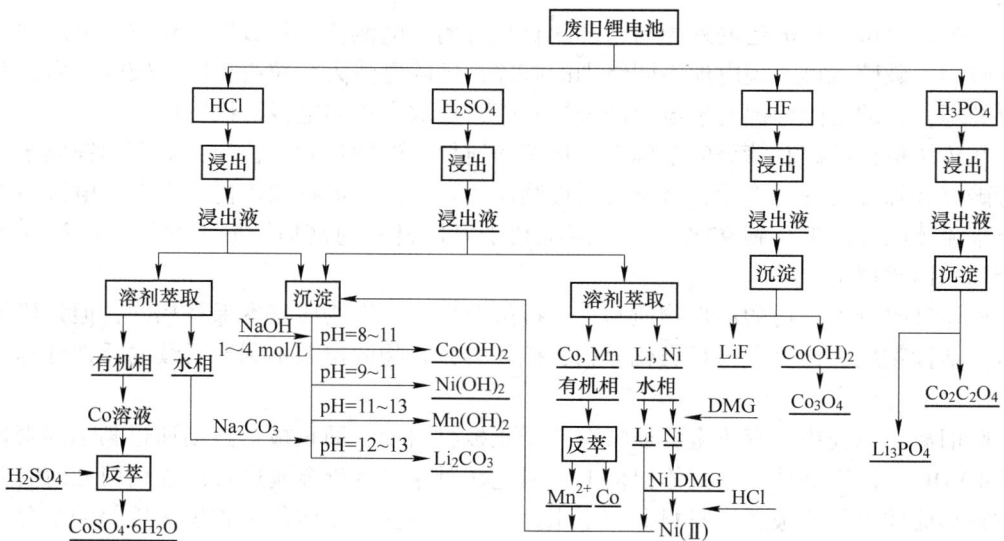

图 1-22　采用 HCl 浸出废旧锂离子电池的流程图

采用盐酸浸出的反应式为：

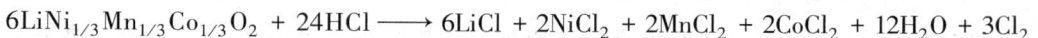

$$2LiCoO_2 + 8HCl \longrightarrow 2LiCl + 2CoCl_2 + 4H_2O + Cl_2$$

$$2LiMn_2O_4 + 16HCl \longrightarrow 2LiCl + 4MnCl_2 + 8H_2O + 3Cl_2$$

$$6LiNi_{1/3}Mn_{1/3}Co_{1/3}O_2 + 24HCl \longrightarrow 6LiCl + 2NiCl_2 + 2MnCl_2 + 2CoCl_2 + 12H_2O + 3Cl_2$$

浸出液中的 Co^{2+}、Mn^{2+} 和 Ni^{2+} 可以通过选择性沉淀回收，因为金属氢氧化物可以使用氢氧化钠缓慢增加溶液 pH 值。Mn^2、Ni^{2+}、Co^{2+} 在不同 pH 值条件下沉淀。之后浸出液中的 Li^+ 通过加入碳酸钠可以以碳酸锂沉淀出来。

同样采用 HF 酸，硫酸，磷酸也可使有价金属从溶液中沉淀出来。

也可以通过以下氧化还原反应，使用高锰酸钾从浸出液中选择性地回收锰。

$$3Mn^{2+} + 2MnO_4^- + 2H_2O \longrightarrow 5MnO_2 + 4H^+$$

锰析出的最佳条件 pH 值为 2，Mn^{2+} 和 $KMnO_4$ 的摩尔比为 2，温度 40 ℃。从浸出液中去除 Mn 后，可以使用二甲基乙二肟（$C_4H_8N_2O_2$）和氨（NH_3）溶液选择性地回收 Ni，将 28% NH_3 溶液加入浸出液中形成 $Ni(NH_3)_6^{2+}$，然后与 $C_4H_8N_2O_2$ 形成红色沉淀。过滤后红色沉淀中的 Ni 采用 4 mol/L 盐酸溶解，加入 NaOH 形成 $Ni(OH)_2$。浸出液中的 Co 通过调节 pH 值到 11，可以得到 $Co(OH)_2$ 沉淀。浸出液中的 Li 通过加入 Na_2CO_3，以 Li_2CO_3 的形式回收。

图 1-23 为采用不同还原剂，硫酸浸出电极材料的流程图。

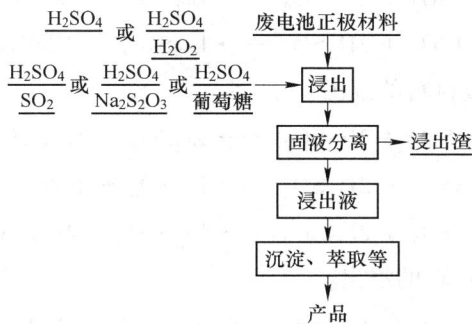

图 1-23 硫酸浸出废旧锂离子电池的流程图

硫酸作为浸出剂的浸出过程中，使用过氧化氢（H_2O_2）等还原剂可提高浸出效率。添加还原剂的主要目的是将正极活性材料中使用的金属的价态变为更易溶解的状态（如 Co^{3+} 到 Co^{2+}），从而提高浸出效率。

在不加还原剂条件下，不同正极活性材料硫酸浸出的反应式为：

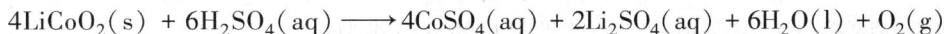

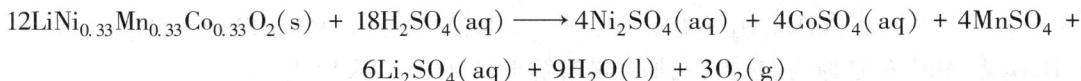

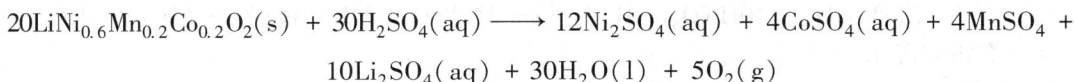

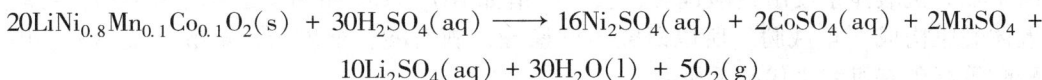

$$4LiCoO_2(s) + 6H_2SO_4(aq) \longrightarrow 4CoSO_4(aq) + 2Li_2SO_4(aq) + 6H_2O(l) + O_2(g)$$

$$12LiNi_{0.33}Mn_{0.33}Co_{0.33}O_2(s) + 18H_2SO_4(aq) \longrightarrow 4Ni_2SO_4(aq) + 4CoSO_4(aq) + 4MnSO_4 +$$
$$6Li_2SO_4(aq) + 9H_2O(l) + 3O_2(g)$$

$$20LiNi_{0.6}Mn_{0.2}Co_{0.2}O_2(s) + 30H_2SO_4(aq) \longrightarrow 12Ni_2SO_4(aq) + 4CoSO_4(aq) + 4MnSO_4 +$$
$$10Li_2SO_4(aq) + 30H_2O(l) + 5O_2(g)$$

$$20LiNi_{0.8}Mn_{0.1}Co_{0.1}O_2(s) + 30H_2SO_4(aq) \longrightarrow 16Ni_2SO_4(aq) + 2CoSO_4(aq) + 2MnSO_4 +$$
$$10Li_2SO_4(aq) + 30H_2O(l) + 5O_2(g)$$

添加过氧化氢（H_2O_2）还原剂条件下，不同正极活性材料硫酸浸出的反应式为：

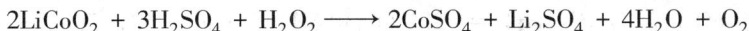

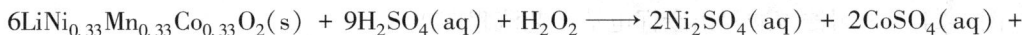

$$2LiCoO_2 + 3H_2SO_4 + H_2O_2 \longrightarrow 2CoSO_4 + Li_2SO_4 + 4H_2O + O_2$$

$$6LiNi_{0.33}Mn_{0.33}Co_{0.33}O_2(s) + 9H_2SO_4(aq) + H_2O_2 \longrightarrow 2Ni_2SO_4(aq) + 2CoSO_4(aq) +$$

$$2MnSO_4 + 3Li_2SO_4(aq) + 10H_2O(l) + 2O_2(g)$$

$$10LiNi_{0.6}Mn_{0.2}Co_{0.2}O_2(s) + 15H_2SO_4(aq) + H_2O_2 \longrightarrow 6Ni_2SO_4(aq) + 2CoSO_4(aq) +$$

$$2MnSO_4 + 5Li_2SO_4(aq) + 16H_2O(l) + 3O_2(g)$$

$$40LiNi_{0.8}Mn_{0.1}Co_{0.1}O_2(s) + 60H_2SO_4(aq) + 2H_2O_2 \longrightarrow 32Ni_2SO_4(aq) + 4CoSO_4(aq) +$$

$$4MnSO_4 + 20Li_2SO_4(aq) + 62H_2O(l) + 11O_2(g)$$

其中 1 mol/L H_2SO_4 浓度，H_2O_2 体积分数 1%，固液比 40 g/L，浸出温度 40 ℃，浸出时间 60 min，$LiNi_{0.33}Mn_{0.33}Co_{0.33}O_2$ 中 Li、Ni、Co 和 Mn 的浸出率达到 99.7%。

采用 H_2SO_4 浸出锂离子电池正极活性材料，SO_2、$Na_2S_2O_3$ 和葡萄糖也是常用的还原剂。

添加 SO_2 还原剂条件下，不同正极活性材料硫酸浸出的反应式为：

$LiCoO_2$ 正极材料的浸出：

$$2LiCoO_2 + SO_2 + 2H_2SO_4 \longrightarrow Li_2SO_4 + 2CoSO_4 + 2H_2O$$

$$2LiCoO_2 + 3SO_2 + 2H_2SO_4 \longrightarrow Li_2SO_4 + 2CoS_2O_6 + 2H_2O$$

$$2LiCoO_2 + 4SO_2 + 2H_2SO_4 \longrightarrow Li_2S_2O_6 + 2CoS_2O_6 + 2H_2O$$

$LiNi_{0.33}Mn_{0.33}Co_{0.33}O_2$ 正极材料的浸出：

$$2LiNi_{0.33}Mn_{0.33}Co_{0.33}O_2 + SO_2 + 2H_2SO_4 \longrightarrow Li_2SO_4 + 2(Ni,Co,Mn)SO_4 + 2H_2O$$

$$2LiNi_{0.33}Mn_{0.33}Co_{0.33}O_2 + 3SO_2 + 2H_2SO_4 \longrightarrow Li_2SO_4 + 2(Ni,Co,Mn)CoS_2O_6 + 2H_2O$$

$$2LiNi_{0.33}Mn_{0.33}Co_{0.33}O_2 + 4SO_2 + 2H_2SO_4 \longrightarrow Li_2S_2O_6 + 2(Ni,Co,Mn)S_2O_6 + 2H_2O$$

$LiNi_{0.8}Co_{0.15}Al_{0.05}O_2$ 正极材料的浸出：

$$2LiNi_{0.8}Co_{0.15}Al_{0.05}O_2 + SO_2 + 2H_2SO_4 \longrightarrow Li_2SO_4 + 2(Ni,Co,Al)SO_4 + 2H_2O$$

$$2LiNi_{0.8}Co_{0.15}Al_{0.05}O_2 + 3SO_2 + 2H_2SO_4 \longrightarrow Li_2SO_4 + 2(Ni,Co,Al)CoS_2O_6 + 2H_2O$$

$$2LiNi_{0.8}Co_{0.15}Al_{0.05}O_2 + 4SO_2 + 2H_2SO_4 \longrightarrow Li_2S_2O_6 + 2(Ni,Co,Al)S_2O_6 + 2H_2O$$

添加硫代硫酸钠（$Na_2S_2O_3$）还原剂条件下，$LiCoO_2$ 正极活性材料硫酸浸出的反应式为：

$$8LiCoO_2 + Na_2S_2O_3 + 11H_2SO_4 \longrightarrow 4Li_2SO_4 + 8CoSO_4 + Na_2SO_4 + 11H_2O$$

添加葡萄糖还原剂条件下，$LiCoO_2$ 正极活性材料硫酸浸出的反应式为：

$$24LiCoO_2 + C_6H_{12}O_6 + 36H_2SO_4 \longrightarrow 12Li_2SO_4 + 24CoSO_4 + 6CO_2 + 42H_2O$$

采用硝酸浸出锂离子电池正极活性材料的反应式为：

$$LiMn_2O_4 + 10HNO_3 \longrightarrow 2Mn(NO_3)_2 + LiNO_3 + 5NO_2 + 5H_2O + 2O_2$$

加入 H_2O_2 后 Mn^{3+} 被还原为 Mn^{2+}，更加容易溶解于 HNO_3 中，反应式为：

$$2LiMn_2O_4 + 10HNO_3 + H_2O_2 \longrightarrow 2LiNO_3 + 4Mn(NO_3)_2 + 6H_2O + 2O_2$$

b　有机酸浸出

由于在无机酸体系浸出钴酸锂时，会产生诸如 NO_x、Cl_2 和 SO_3 之类的污染物，对环境和人体健康构成严重威胁。所以研究了柠檬酸、酒石酸、苹果酸、草酸、琥珀酸、甲酸、醋酸等绿色有机酸来代替无机酸。

采用柠檬酸浸出反应式为：

$$6H_3Cit(aq) + 2LiCoO_2(s) + H_2O_2(aq) \Longrightarrow 2Li^+(aq) + 6H_2Cit^-(aq) + 2Co^{2+}(aq) + 4H_2O + O_2(g)$$

图 1-24 为采用柠檬酸浸出废锂电池工艺流程图。

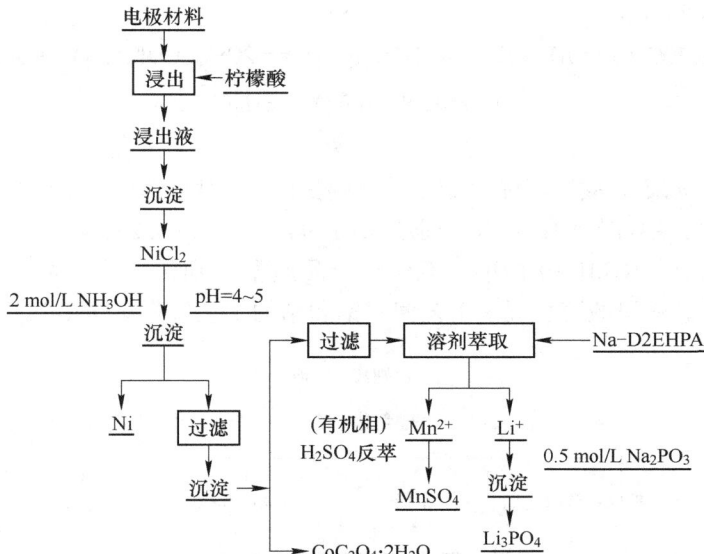

图 1-24 柠檬酸浸出废锂电池工艺流程图

在 70℃下，在 2% H_2O_2 和 50 g/L 料浆密度下，使用 2 mol/L 柠檬酸在 80min 内回收了约 98% Ni、Mn、89% Li 和 97% Co。整个流程采用选择性沉淀和溶剂萃取相结合的方法从浸出溶液中分离和回收有价。

首先，钴和镍通过草酸铵 $(NH_4)_2C_2O_4$ 和二甲基乙二肟 $(C_4H_8N_2O_2)$ 依次选择性沉淀。然后用 Na-D2EHPA 萃取锰，并用硫酸进行反萃取。锰在水相中以 $MnSO_4$ 的形式回收，D2EHPA 皂化后可重复使用。最后，用 0.5 mol/L Na_3PO_4 沉淀锂，锂以 Li_3PO_4 形式回收。

其他有机酸与废旧锂离子电池正极材料进出反应如下：

采用酒石酸浸出反应式为：

$$2LiCoO_2(s) + 3C_4H_6O_6(aq) + H_2O_2(aq) = C_4H_4O_6Li_2(aq) + 2C_4H_4O_6Co(aq) + 4H_2O(l) + O_2(g)$$

采用苹果酸浸出反应式为：

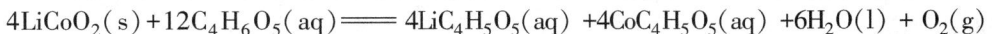

$$4LiCoO_2(s) + 12C_4H_6O_5(aq) = 4LiC_4H_5O_5(aq) + 4CoC_4H_5O_5(aq) + 6H_2O(l) + O_2(g)$$

$$2LiCoO_2(s) + 6C_4H_6O_5(aq) + H_2O_2 = 4LiC_4H_5O_5(aq) + 2CoC_4H_5O_5(aq) + 4H_2O(l) + O_2(g)$$

采用草酸浸出反应式为：

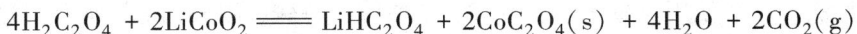

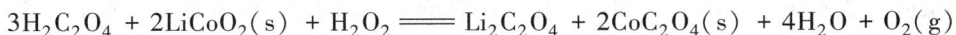

$$4H_2C_2O_4 + 2LiCoO_2 = LiHC_2O_4 + 2CoC_2O_4(s) + 4H_2O + 2CO_2(g)$$

$$3H_2C_2O_4 + 2LiCoO_2(s) + H_2O_2 = Li_2C_2O_4 + 2CoC_2O_4(s) + 4H_2O + O_2(g)$$

采用抗坏血酸浸出反应式为：

$$4C_6H_8O_6 + 2LiCoO_2 = C_6H_6O_6 + C_6H_6O_6Li_2 + 2C_6H_6O_6Co + 4H_2O$$

采用甲酸浸出反应式为：

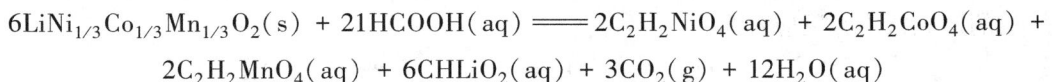

$$6LiNi_{1/3}Co_{1/3}Mn_{1/3}O_2(s) + 21HCOOH(aq) = 2C_2H_2NiO_4(aq) + 2C_2H_2CoO_4(aq) +$$
$$2C_2H_2MnO_4(aq) + 6CHLiO_2(aq) + 3CO_2(g) + 12H_2O(aq)$$

采用醋酸浸出反应式为：

$$Li_2CoMn_3O_8(s) + 10CH_3COOH(aq) + 10H_2O_2(aq) \Longrightarrow 2CH_3COOLi(aq) + Co(CH_3COO)_2(aq) +$$
$$3Mn(CH_3COO)_2(aq) + 8H_2O + 3O_2$$

c　碱浸出

采用解体分选碱浸-酸溶-净化-沉钴的全湿法工艺，对废锂离子电池中的铝和钴等有价金属进行了回收，铝和钴的回收率分别达到了 94.89% 和 94.23%。该回收过程所得草酸钴产品质量达到 Q/GGH01-89 标准，氧化铝产品质量达到化学纯试剂要求。本工艺流程短，设备要求低。碱浸酸溶全湿法工艺回收铝和钴的工艺流程见图 1-25。

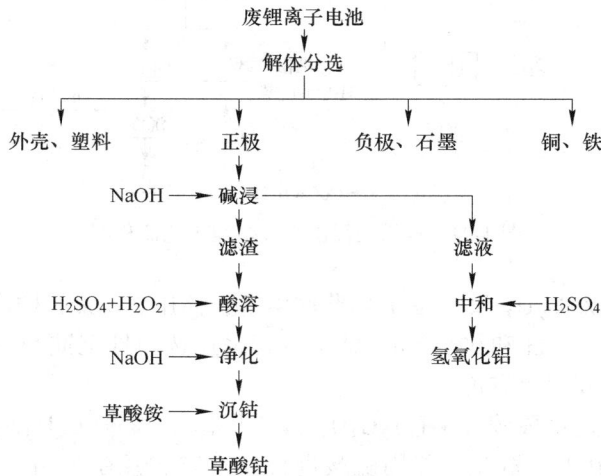

图 1-25　废锂离子电池正极材料中钴和铝的回收工艺流程

B　从浸出液中分离和回收金属元素

从浸出液中分离金属元素的方法包括萃取法、沉淀法、溶胶凝胶法、电沉积法、离子交换法等。

浸出液中的锂、钴和其他金属可以通过化学沉淀、溶剂萃取和离子交换等多种方法回收。

a　化学沉淀法

化学沉淀法是通过向浸出液中加入沉淀剂，生成难溶于水的沉淀物而选择性地沉淀金属的方法。一般使用氢氧化钠、草酸、草酸铵、磷酸、碳酸钠等沉淀剂。这些化合物与钴和锂离子反应生成不溶性沉淀物，如氢氧化钴、草酸钴、磷酸锂和碳酸锂。例如，对于含有 Mn^{2+}、Ni^{2+} 和 Co^{2+} 的浸出液，基于每种金属在特定 pH 值下的氢氧化物溶解度或硫化物溶解度，可以使用氢氧化钠（NaOH）和硫化钠（Na_2S）实现金属离子的沉淀。

图 1-26 为采用化学沉淀法回收浸出液中的 Ni、Co、Mn、Li。

将一定体积的 $(NH_4)_2S_2O_8$ 加入浸出液中，浸出液中的 Mn^{2+} 被氧化并且以 MnO_2 和 Mn_2O_3 的形式析出，反应式为：

$$Mn^{2+} + S_2O_8^{2-} + 2H_2O \Longrightarrow MnO_2 + 2SO_4^{2-} + 4H^+$$

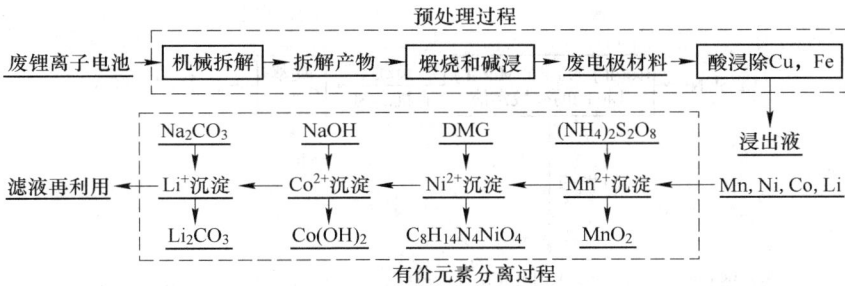

图 1-26　化学沉淀法回收浸出液中的 Ni、Co、Mn、Li

$$2Mn^{2+} + S_2O_8^{2-} + 3H_2O \Longrightarrow Mn_2O_3 + 2SO_4^{2-} + 6H^+$$

在 pH 值为 5.5、温度 80 ℃、90 min、$(NH_4)_2S_2O_8$ 与 Mn^{2+} 摩尔比为 3 的最佳条件下，通过 $(NH_4)_2S_2O_8$ 将 Mn^{2+} 氧化成 Mn_xO_y，约 99.5% 的 Mn^{2+} 被回收。少量 Co^{2+} 和 Ni^{2+} 也会被氧化形成 $Co(OH)_3$ 和 NiO_2 而析出。

$C_4H_8N_2O_2$（DMG）可与 Ni^{2+} 形成不溶于水的螯合物，不与其他离子发生反应。因此，选择二甲基乙二肟分离 Ni，沉淀反应可表示如下：

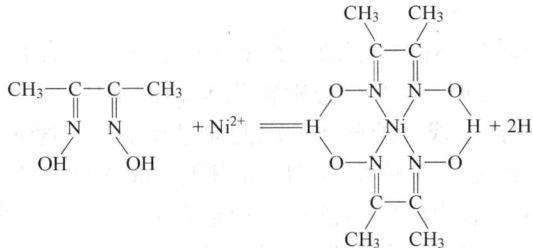

在 pH 值为 6、30℃、$C_4H_8N_2O_2$ 与 Ni^{2+} 摩尔比为 2、20 min 的最佳条件下，可回收约 99.6% 的 Ni^{2+}，得到比较纯的 $C_8H_{14}N_4NiO_4$。

随后用 NaOH 调节滤液的平衡 pH 至 10，30 ℃ 反应 15 min，可回收约 99.2% 的 Co^{2+}。反应式如下：

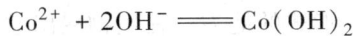

$$Co^{2+} + 2OH^- \Longrightarrow Co(OH)_2$$

最后在滤液中加入 Na_2CO_3，Li^+ 与 Na_2CO_3 一起沉淀，回收约 90% 的 Li。

b　溶剂萃取

溶剂萃取是一种基于化合物在两种不混溶液体中的相对溶解度差异的液-液分离方法。采用溶剂萃取法逐一分离回收废旧锂离子电池中的有价金属的工艺流程见图 1-27。首先，采用离子溶液（ALi-SCN）萃取回收浸出液中的钴元素，钴的萃取率可达到 92%；接着，调节萃余液 pH 值至 2，以 Alamine 336 和 Cyanex 27 为萃取剂萃取镍，镍的萃取率可达到 99%；而后，再次调节萃余液 pH 值至 2，利用离子溶液（ALi-CY）萃取锰，锰的萃取率可达到 99%。最后，回收萃余液中的锂，实现钴、镍、锰和锂的逐一分离和回收利用。

c　离子交换法

离子交换法借助离子交换剂和溶液中金属离子进行交换，以达到提取或去除正极废料浸出液中离子的目的。

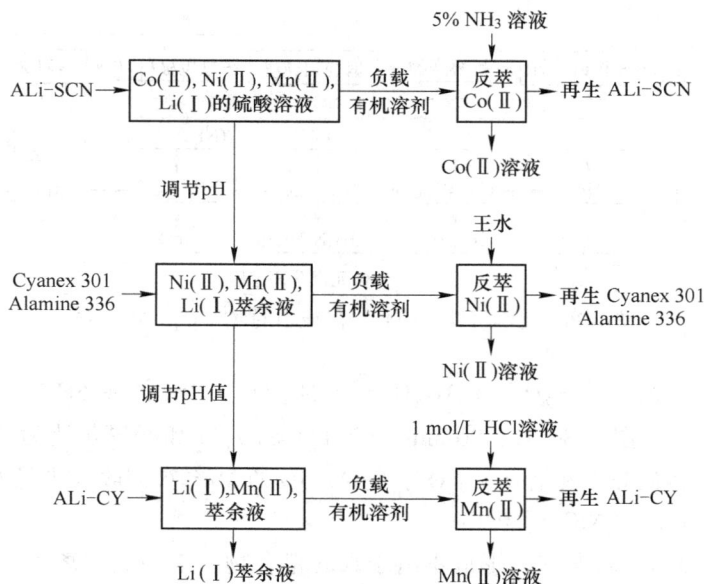

图 1-27　溶剂萃取工艺流程图

离子交换法处理含 Co^{2+}、Ni^{2+} 的溶液，在溶液中过量加入含有一定量 NH_4Cl 盐的氨水溶液，充分搅拌，溶液中的 Co^{2+}、Ni^{2+} 分别转化为 $[Co(NH_3)_6]^{2+}$、$[Ni(NH_3)_6]^{2+}$ 络合离子。由于无法将这两种离子成功地分离，因此通过在溶液中通入氧气的方法将钴的 2 价络合物 $[Co(NH_3)_6]^{2+}$ 氧化为 3 价络合物 $[Co(NH_3)_5(H_2O)]^{2+}$ 或 $[Co(NH_3)_6]^{3+}$，而 $[Ni(NH_3)_6]^{2+}$ 不被氧化。氧化后的溶液通过由弱酸性阳离子交换树脂组成的离子交换柱，两种金属络合物都被阳离子交换树脂吸附，根据其吸附系数相差较大的特点用不同浓度的硫酸铵溶液选择性地洗脱并分离，Co 的回收率为 89.9%，Ni 的回收率为 84.1%。

1.5.2.3　生物湿法冶金

生物湿法冶金工艺的原理是利用微生物活动产出的无机酸和有机酸提供酸性环境，从而使得活性材料中的有价金属浸出进入到溶液中。生物冶金过程的性能主要取决于微生物将不溶性固体化合物转化为可溶形式的能力。在生物浸出过程中，应当依据不同的环境条件和浸出体系特征选择适合的菌种。主要的菌种有氧化硫杆菌、氧化亚铁硫杆菌、嗜铁钩端螺旋体和黑曲霉等。

生物浸出可分为三种类型：酸解作用，氧化作用和络合作用。

酸解作用是指在酸性下将不溶性的金属氧化物转化为可溶性的金属离子。在生物浸出的体系下，这些酸是由微生物产生的。例如，嗜酸性硫氧化菌和铁氧化菌分别以单质硫和 Fe^{2+} 作为营养物质，利用代谢生成的 H_2SO_4 和 Fe^{3+} 等物质浸出 $LiCoO_2$ 正极废料中的金属组分从而使 $LiCoO_2$ 的化学浸出率分别达到 91.4% 和 94.2% 的 Li^+ 和 Co^{2+} 回收率。

氧化作用是细菌将元素硫氧化成硫酸，亚铁离子氧化成铁离子，产生的生物硫酸和铁离子起到氧化剂的作用，溶解了废锂离子电池中的金属离子，反应方程如下：

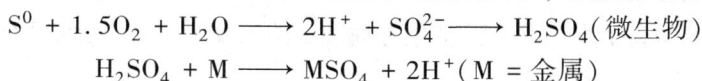

$$S^0 + 1.5O_2 + H_2O \longrightarrow 2H^+ + SO_4^{2-} \longrightarrow H_2SO_4(微生物)$$

$$H_2SO_4 + M \longrightarrow MSO_4 + 2H^+(M = 金属)$$

$$4LiCoO_2 + 6H_2SO_4 \longrightarrow 2Li_2SO_4 + 4CoSO_4 + 6H_2O + O_2$$

$$2Fe^{2+} + 1/2O_2 + 2H^+ \longrightarrow 2Fe^{3+} + H_2O（微生物）$$

当微生物产生的次级代谢产物与金属离子发生螯合作用并形成可溶性金属-有机络合物时，可起到溶解金属离子的作用。一些真菌（如黑曲霉）和一些异养型细菌也可以利用有机碳源（如葡萄糖）产生各种有机酸，例如柠檬酸，草酸和苹果酸等，这些生物有机配体还具有与金属离子螯合并形成可溶性金属-有机络合物的能力，反应方程如下：

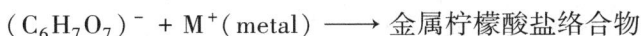

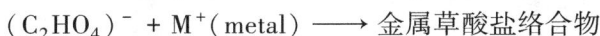

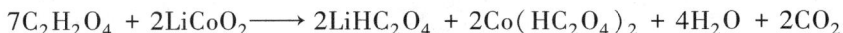

$$C_{12}H_{22}O_{11}（蔗糖） + H_2O \longrightarrow C_6H_{12}O_6（葡萄糖） + C_6H_{12}O_6（果糖）$$

$$C_6H_{12}O_6（葡萄糖） + 1.5O_2 \longrightarrow C_6H_8O_7（柠檬酸） + H_2O$$

$$C_6H_8O_7（柠檬酸） \longrightarrow （C_6H_7O_7）^- + H^+$$

$$（C_6H_7O_7）^- + M^+（metal） \longrightarrow 金属柠檬酸盐络合物$$

$$C_6H_{12}O_6（葡萄糖） + 4.5O_2 \longrightarrow 3C_2H_2O_4（草酸） + 3H_2O$$

$$C_2H_2O_4（草酸） \longrightarrow （C_2HO_4）^- + H^+$$

$$（C_2HO_4）^- + M^+（metal） \longrightarrow 金属草酸盐络合物$$

$$7C_2H_2O_4 + 2LiCoO_2 \longrightarrow 2LiHC_2O_4 + 2Co（HC_2O_4）_2 + 4H_2O + 2CO_2$$

1.5.2.4　火法冶金回收技术

火法冶金回收是将放电后的锂离子电池拆开，放入焙烧炉中进行高温还原焙烧，分离合金，然后用湿法浸出金属。

火法冶金过程产生金属合金、熔渣和气体。在较低温度下，气态产物主要来自电解质和黏合剂中有机物成分的挥发性。升高温度，聚合物会分解并燃烧。电解质和聚合物燃烧放热，可减少该过程所需的能量。在熔炼还原阶段形成了 Co、Cu、Ni 和少量 Fe 的金属合金，同时形成含有 Li、Al、Si、Ca 和 Fe 的熔渣。可以采用湿法冶金工艺从金属合金中回收 Co、Ni 和 Cu。火法冶金过程通常不考虑电解质和聚合物或其他成分（如锂盐）的回收。产生的气体，通过加入 Ca、Na 或 ZnO 进行处理。工艺流程图如图 1-28 所示。

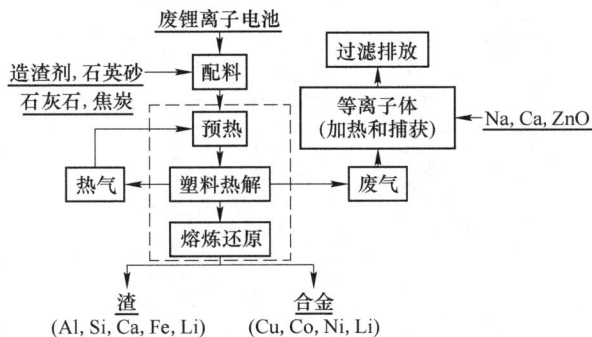

图 1-28　$LiNi_xCo_yMn_zO_2$ 材料采用还原焙烧法回收有价金属工艺流程图

本 章 小 结

本章主要介绍了常用电池的种类，以及不同类型电池的资源化利用方法。

习　题

（1）镍镉电池处理的工艺是什么？
（2）简述生物湿法冶金工艺处理废旧锂电池的原理。

2 电子废弃物中有色金属资源循环利用

本章提要：

（1）了解电子废弃物的种类；

（2）掌握电子废弃物中有色金属资源循环利用的方法。

随着我国电子信息产业的飞速发展和人民生活水平的提升，以家用电器为代表的电子信息产品更新换代速度越来越快，我国已经成为世界上最大的家用电器的生产国、出口国和消费国。2019年，全球电器电子产品废弃总量约为5360万吨，其中中国、美国和印度分别产生了1012.9万吨、691.8万吨和323万吨的电子垃圾，占全球电子垃圾总量的38%。然而全球电子垃圾只有17.4%被回收。随着技术进步和流行趋势的改变，电子设备的更新换代速度也越来越快，电子废弃物已经成为21世纪增长最快的城市固体废物。

电子废弃物是一种典型的兼具资源和废物属性的固体废弃物。电子废弃物虽然只占固体废弃物总量的5%，但其中蕴藏着大量可回收再利用的有价物质。电子废弃物中含有大量的有色金属、黑色金属、高分子材料和无机非金属材料，其中有色金属（包括贵金属）约占电子废弃物总重量的13%。同传统矿物相比，电子废弃物中蕴含着丰富资源，因而被称为"城市矿山""城市矿产"和"放错了地方的宝贵资源"。"城市矿产"指的是工业化和城镇化过程中产生和蕴藏在废旧机电设备、电线电缆、通信工具、汽车、家电、电子产品、金属和塑料包装物及废料中，可循环利用的钢铁、有色金属、稀贵金属、塑料、橡胶等资源。电子废弃物作为重要的城市矿产，其开采经济效益也高于原生矿。从电子废弃物中开采提取金属所需要的能量仅为原生矿的10%~15%。

2.1 电子废弃物的来源与组成

2.1.1 电子废物定义及其来源

电子废弃物，是指已经废弃的或者不能再使用的电子产品。例如报废的电视机，淘汰的旧电脑、旧冰箱、微波炉，废弃的手机等。

2007年9月27日，国家环境保护总局发布《电子废物污染环境防治管理办法》。管理办法中对电子废物、工业电子废物以及电子类危险废物进行了如下定义：

（1）电子废物：是指废弃的电子电器产品、电子电气设备（以下简称产品或者设备）及其废弃零（部）件、元（器）件和国家环境保护总局会同有关部门规定纳入电子废物管理的物品、物质。包括工业生产活动中产生的报废产品或者设备、报废的半成品和下脚料，产品或者设备维修、翻新、再制造过程产生的报废品，日常生活或者为日常生活提供服务的活动中废弃的产品或者设备，以及法律法规禁止生产或者进口的产品或者设备。

（2）工业电子废物：是指在工业生产活动中产生的电子废物，包括维修、翻新和再制造工业单位以及拆解利用处置电子废物的单位（包括个体工商户），在生产活动及相关活动中产生的电子废物。

（3）电子类危险废物：是指列入国家危险废物名录或者根据国家规定的危险废物鉴别标准和鉴别方法认定的具有危险特性的电子废物。包括含铅酸电池、镍镉电池、汞开关、阴极射线管和多氯联苯电容器等的产品或者设备等。

2013 年 10 月 10 日，我国国家标准化管理委员会公布的 GB/T 29769—2013《废弃电子电气产品回收利用术语》中对废弃电子电气产品的定义，指拥有者不再使用且已经丢弃或放弃的电器电子产品［包括构成其产品的所有零（部）件、元（器）件等］，以及在生产、流通和使用过程中产生的不合格产品和报废产品。

从以上定义可以看出，电子废物不仅包括废弃整机产品，同时也包括其所有的零（部）件、元（器）件。电子废物产生的来源包括生产、流通和使用三个环节。其中，维修、翻新和再制造纳入流通环节，而使用环节不仅包括普通的个体消费者的使用，也包括机构使用者。此外，电子废物与危险废物不是等同关系。只有纳入国家危险废物名录的电子废物才是危险废物，而未纳入国家危险废物名录的电子废物不是危险废物。

欧盟在废弃电子电气设备中把电子电气设备归为以下几个大类：大型家用器具；小型家用器具；信息技术和远程通信设备；用户设备；照明设备；电气和电子工具（大型静态工业工具除外）；玩具、休闲和运动设备；医用设备（所有被植入和被感染产品除外）；监测和控制器械；自动售货机等。

电子废弃物按回收利用价值大体可分为三类：第一类是计算机、冰箱、电视机、汽车等含有高金属价值的废物；第二类是小型电器如无线电通信设备、电话机、燃烧灶、脱排油烟机等价值稍低的废物；第三类是其他价值很低的废物。目前最紧迫的任务是对报废家电、废计算机以及手机、寻呼机等通信设备的处理。

2.1.2 电子废弃物的组成与分类

电子废弃物涵盖了生活各个领域损坏或者被淘汰的坏旧电子电器设备，同时也包括工业制造领域产生的电子电器废品或者报废品。按回收材料的类别，可分为电路板、金属部件、塑料、玻璃等几大类，详见表 2-1。

表 2-1　电子废物的分类

分类方式	类属	主要来源	备注
按产生领域	家庭	电视机、洗衣机、空调、有线电视设备、家用音频视频设备、电话、微波炉等	前三种普及程度最高，占比也高
	办公室	电脑、打印机、传真机、复印机、电话等	废弃电脑占比最高
	工业制造	集成电路生产过程中的废品，报废的电子仪表等自动控制设备、废弃电缆等	
	其他	手机、网络硬件、笔记本电脑、汽车音响、电子玩具等	废弃手机增长最快

续表 2-1

分类方式	类属	主要来源	备注
按回收物质	电路板	电子设备中的集成电路板、电视机和电脑硬件电路板	
	金属部件	金属壳座、紧固件、支架等，以 Fe 类为主	
	塑料	显示器壳座、音响设备外壳等，包括小塑料部件如按钮等	
	玻璃	CRT 管、荧光屏、荧光灯管含有 Pb、Hg 等有毒有害物质	
	其他	冰箱中的制冷剂、液晶显示器中的有机物，需进行特殊处理	

电子废物中含有大量有用的资源，例如铁、铜、铝、塑料、玻璃等，表 2-2 是主要电子废物中的资源含量。

表 2-2　典型电子废物中的主要资源含量　　　　　　　　　　（%）

材料种类	CRT 电视机	电冰箱	洗衣机	空调	台式计算机主机	CRT 电脑显示器
钢铁类	8.0		30.0	30.0	22.0	13.0
铜	2.0		5.0	18.0		1.0
铝	0.2		5.0	10.0	5.0	1.0
塑料	15.0		40.0	16.0	25.0	12.0
CRT 玻璃	55.0					55.0
保温材料		12.0				
印刷电路板	6.0		1.0	1.0	30.0	6.0
电线	1.0	0.5	0.5	0.5	2.0	1.0
压缩机		15.0		20.0		
电机		10.0				

2.2　印刷电路板资源化利用

2.2.1　印刷电路板组成

印刷电路板（PCB）是指装载有元器件的线路板，是在绝缘基材上按预定设计形成的印刷元件或印制线路以及二者结合的导电图形，包括印制线路、电阻、电容、集成电路等元件。PCB 广泛用于家用电器、信息、通信、消费类等电子领域，它是基础电子元件产品之一。PCB 是由高分子聚合物（树脂）、玻璃纤维或牛皮纸、高纯度铜箔及印制元件等构成的组件。PCB 除含有稀贵金属外，还含有对环境有害的物质，如铅、溴化阻燃剂等。不同的电器电子产品，PCB 的材料组成成分也不同。

印刷电路板（PCB）是电子产品的重要组成部分，废印刷电路板的材料组成和结合方式很复杂，单体的解离粒度小，不容易实现分离。非金属成分主要为含特殊添加剂的热固性塑料，处置相当困难。电路板的组成元素很复杂，个人计算机中使用的印刷电路板的典型组成如表2-3所示。

表 2-3　PC 中 PCB 的组成元素分析

成分	Fe	Ga	Mn	Mo	Ni	Zn	Sb
含量	5.3%	35 g/t	0.47%	0.003%	0.47%	1.3%	0.06%
成分	Ag	Pb	Al	As	Au	S	Ba
含量	3300 g/t	4.7%	1.9%	<0.01%	80 g/t	0.1%	200 g/t
成分	Be	Br	C	Cd	Cl	Cr	Cu
含量	1.1 g/t	0.54%	9.6%	0.015%	1.74%	0.05%	26.8%
成分	Sr	Sn	Te	Ti	Sc	SiO$_2$	I	Zr	Hg
含量	10 g/t	1.0%	1 g/t	3.4%	55 g/t	15%	200 g/t	30 g/t	1 g/t

从表2-3中可以看出，废弃电路板中仅铜的含量即高达26.8%，另外还含有铝、铁等金属及微量的金、银、铂等稀贵金属，因而电子废弃物具有比普通城市垃圾高得多的价值。若再考虑到电子废弃物中具有较高价值且仍可继续使用的部分元器件，如内存条、微芯片等，电子废弃物的价值就更大。

2.2.2　印刷电路板资源化利用方法

印刷电路板的资源化技术，就是将印刷电路板中有用的组分，根据各个组分的性质，把它们分离提纯出来。根据分离原理的不同，把资源化技术分为化学处理、物理机械处理、热处理技术、生物处理技术等。化学方法通常指湿法冶金，比如酸洗法、溶蚀法。热处理方法比如高温分解、焚化和冶炼法等。在实际操作中，为了得到不同的富集体，有些方法反复交叉使用，通常不仅仅是某一个方法的单独使用，而只是以某种方法为主。

2.2.2.1　酸洗法

A　酸洗法

该方法就是利用浓硝酸、硫酸或王水等强酸或强氧化剂将电路板中的金属（可以整体或者破碎）溶解，取得贵金属的剥离沉淀物，再分别将其还原成金、银、钯等金属产品，含有高浓度铜离子的废酸则可回收硫酸铜或电解铜。其回收处理流程见图2-1和图2-2。

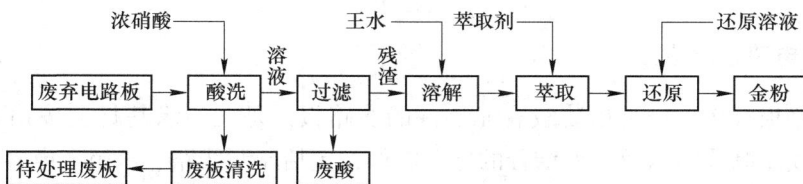

图 2-1　酸洗法处理废旧电路板工艺流程

B　弱氧化剂浸出法

氧化剂一般是指在氧化还原反应中获得电子的物质，氧化剂的强弱通常以标准电极电势数值的高低来判别。标准电极电势数值越高，该氧化-还原电对中氧化态得电子能力越强，还原态失电子能力越弱；数值越低，该氧化-还原电对中氧化态得电子能力越弱，还

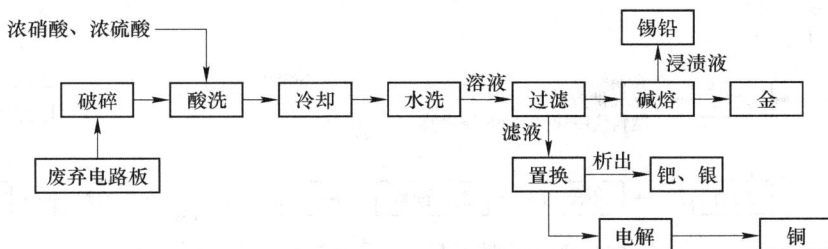

图 2-2 酸洗法处理废旧电路板工艺流程

原态失电子能力越强。在弱氧化剂浸出法处理电路板中，通常采用氯化铜作为弱氧化剂对电路板中金属进行浸出。图 2-3 为氯化铜浸出法实现电路板资源化的工艺流程。

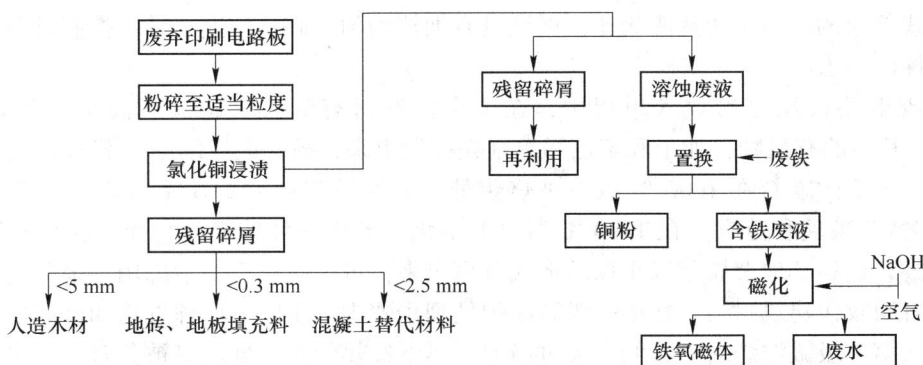

图 2-3 氯化铜浸出法实现电路板资源化的工艺流程

（1）溶蚀：将铜转换为氧化亚铜；$Cu + Cu^{2+} \rightarrow 2Cu^+$。

（2）再生：溶蚀液打入空气，并以稀酸调整 pH 值，将一价铜氧化为二价铜，溶蚀液可继续使用；$2Cu^+ + 1/2O_2 + 2H^+ \rightarrow 2Cu^{2+} + H_2O$。

（3）置换：因循环使用铜含量逐渐增加，加水-稀释多余的溶液溢出，加入废铁进行置换得到铜；$Fe + Cu^{2+} \rightarrow Cu + Fe^{2+}$。

（4）磁化：置换后含铁废液排入磁化槽，调整 pH 值，打入空气进行氧化，废液中和其他重金属共同生成尖晶石结构的铁氧磁体。

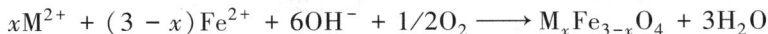

$$xM^{2+} + (3 - x)Fe^{2+} + 6OH^- + 1/2O_2 \longrightarrow M_x Fe_{3-x}O_4 + 3H_2O$$

2.2.2.2 焚烧法

A 普通焚烧法

废弃印刷电路板或边角料采用焚烧的方法从中回收金属的工艺流程如图 2-4 所示。废弃的电路板或边角料经过机械破碎后，送入焚化炉中焚烧，将所含树脂分解破坏，剩余的残渣为裸露的金属及玻璃纤维，将其粉碎后即可送往金属冶炼厂进行金属回收。

B 防氧化焙烧法

将废弃的电路板紧密地叠加起来，使电路板之间不留空隙，然后在高温下进行焙烧。控制焙烧的温度（大于 800 ℃）和时间，使电路板中的树脂成分燃烧碳化，而电路板中的铜却基本上未被氧化。然后进行筛分，筛上物即为铜富集体。

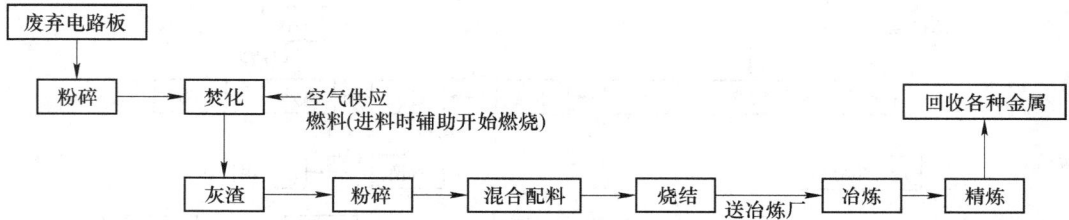

图 2-4 废弃电路板焚烧回收金属的工艺流程

C 微波焚烧法

微波焚烧法是通过吸波介质利用微波能进行焚烧的一种方法。微波加热不同于传统加热方式，它是材料在电磁场中由介质损耗而引起的加热，其能量是通过空间或者媒质以电磁波形式传递的。与传统热源相比，微波具有加热均匀、高效快速、易于控制且对物料具有选择性的特点。

将废电路板压碎后放入坩埚中，在一个内壁衬有耐火材料的微波炉中加热 30 ~ 60 min。其中的有机物，如苯和苯乙烯等则先挥发出来，被一股压缩空气载气带出第一级微波炉。余下的废料在 1000 ℃ 以下被烧焦处理。然后将微波炉功率升高，余下的废料（绝大多数为玻璃和金属）在 1400 ℃ 高温下熔化，形成一种玻璃化物质。在冷却这种物质后，金、银和其他金属就以小珠的形式分离出来，可回收作重新冶炼用。余下的玻璃化物质则可回收作建筑材料。在第一级微波炉处理步骤中产生的有机挥发物和可燃性气体被载气带入第二级微波炉后，它们在渗过微波加热下红热的碳化硅床时被分解。排出气体中有机物种类在经过第二级微波炉后可下降 1~2 个数量级，有时可能下降 3 个数量级。

2.2.2.3 直接冶炼法

利用直接冶炼法从电路板或废板边料中回收金属的处理流程如图 2-5 所示。

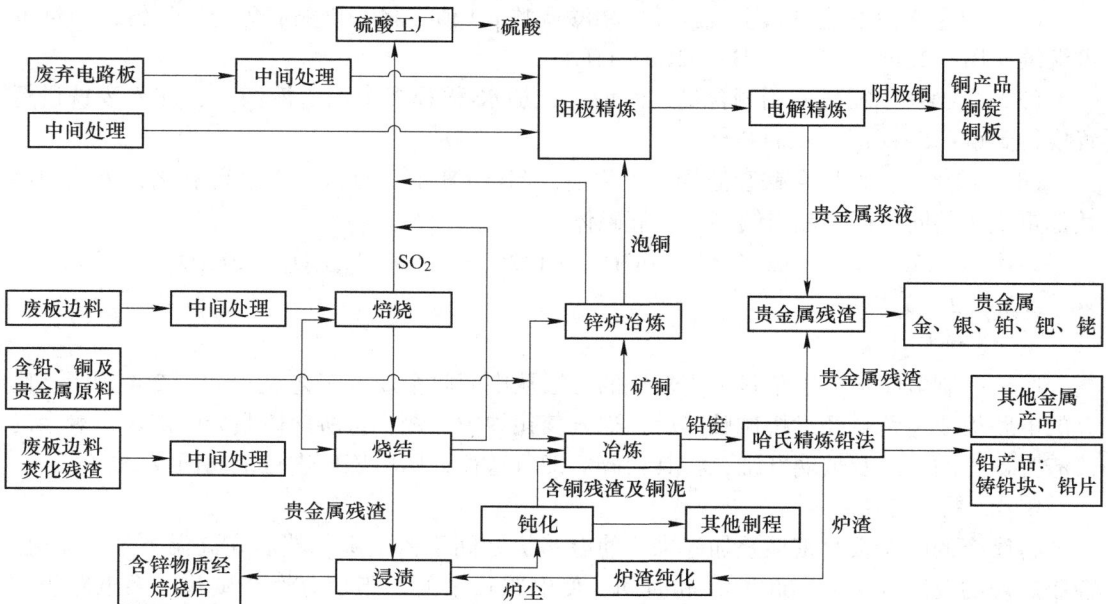

图 2-5 直接冶炼法从电路板中回收金属的流程

2.2.2.4 热解法

热解是在缺氧或无氧条件下将有机物加热至一定温度，使其分解生成气体、液体（油）、固体（焦）并加以回收的过程。采用热解技术处理废电路板，不仅可以回收金属成分，对于有机高分子聚合材料等非金属成分也可得到有效资源化回收。使其得到减量化、无害化和资源化处理，获取化工产品或热能资源。

将线路板放入密闭高温炉中在一定的温度下加热（300~450 ℃），使树脂分解，产生的气体通过气体吸附、吸收净化装置处理。树脂分解后的线路板经齿辊破碎机破碎，金属与非金属解离，再经过气流分选实现金属与非金属的分离。

2.2.2.5 生物处理法

采用生物浸出的方法从电子废物（含电路板）中回收金属。将电子废物首先采用预处理、粗破、磁选、磨碎等物理的方法回收金属富集体，在此过程中产生的粉尘或微细颗粒（小于 0.5 mm）采用生物浸出的方法回收金属。采用的培养基为硫杆菌、氧化铁硫杆菌、黑曲霉、青霉菌。当细菌和真菌在培养基中的浓度大于 10 g/L 情形下，65% 的铜和锡被浸出，95% 以上的铝、镍、铅、锌被浸出；当细菌和真菌在培养基中的浓度在 5~10 g/L 情形下，利用驯化好的硫杆菌可以浸出 90% 以上的铜、锌、镍、铝，并且使得铅转化为硫酸铅沉淀，锡转化为氧化锡沉淀。

2.2.2.6 超临界水氧化法

超临界水氧化法所依靠的超临界水是处于高于 374 ℃ 的临界温度和 2.21×10^7 Pa 临界压力下的水。在这种状态下，水与汽的差异消失了，这将使物质能与氧或空气完全融合在一起。超临界水对有机组成成分而言是一种良好的溶剂。那些难以处理的物质能与超临界水中的氧反应，它们会被分解为二氧化碳、氮气、水和无害的盐类。采用超临界水氧化法处理废旧电路板，可破坏电路板中的黏结层，使线路板层与层之间失去粘连而完全分离，从而实现对废旧电路板中各个组分的回收。

2.2.2.7 物理法

物理法的处理方法很多，整体的流程如图 2-6 所示。废印刷电路板首先经过预处理（自动、半自动或手工方法）拆除大块纯物质、可直接使用的组分或元件、需要单独处理的元件（包含有毒有害组分或元件），通过破碎或粉碎的方式实现金属与非金属的解离，破碎或粉碎的级数根据实际情况而定，目的是根据后续分选（离）的需要实现金属的解离。分选的方法很多，可以根据粒度、形状、密度、磁性、电导率等的差异实现金属富集体与非金属富集体的有效分离。

A 湿法破碎-水力摇床分选工艺流程

湿法破碎-水力摇床分选工艺流程如图 2-7 所示。废电路板基板及边角料通过两级（或多级）湿法破碎，实现电路板中金属和非金属的解离，采用水力摇床进行分选，得到金属富集体和非金属两类产品，或者是金属富集体、中间产

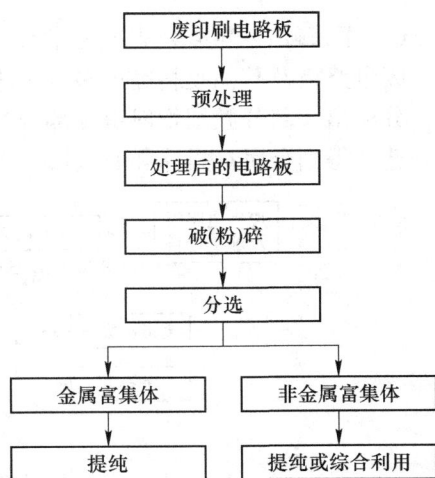

图 2-6 机械物理法处理废电路板的流程图

品和非金属等三（多）类产品，其中的中间产品可以返回水力摇床进行再次分选，或返回细碎机再次粉碎。经过过滤后，金属富集体送往冶炼厂，非金属（玻璃纤维和环氧树脂等）作为填充材料或者经深加工作为其他产品的原料。过滤水经处理后可以回用。

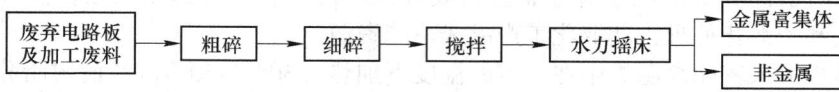

图 2-7　湿法破碎-水力摇床分选工艺流程图

B　干法破碎-气流/气力摇床分选工艺流程

废电路板基板及电路板边角料经过干法粗碎和细碎，然后干式筛分，再采用空气分离器实现金属与非金属的分离。工艺流程如图 2-8 所示。

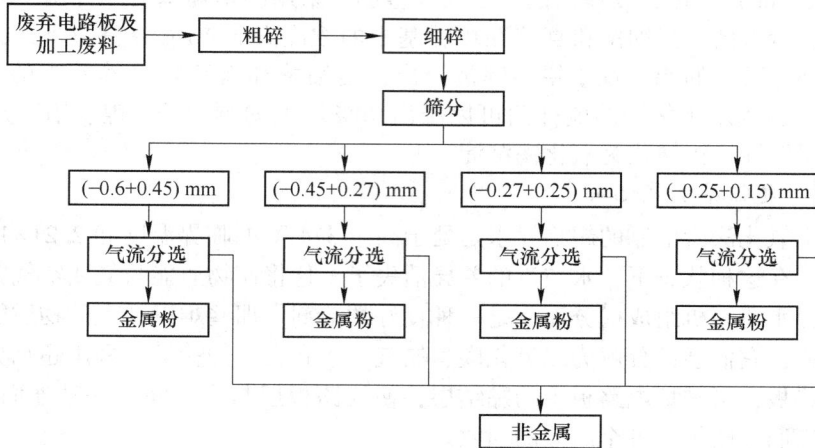

图 2-8　干法破碎-气流/气力摇床分选工艺流程图

C　干法破碎-静电分选工艺流程

废电路板及其他废料经过多级干法破碎，实现金属与非金属的解离，然后采用超微分级，分离出一部分微细物料得到部分非金属，剩余适合静电分选的物料进入辊筒静电分选机分选，得到金属富集体和非金属。工艺流程如图 2-9 所示。

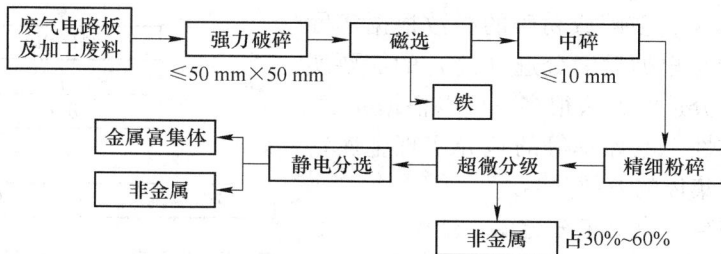

图 2-9　干法破碎-静电分选工艺流程图

D　干法破碎-静电分选-离心分选工艺流程

废电（线）路板经双齿辊破碎机粗碎、冲击式破碎机细碎后分级为三部分。-0.074 mm

和（-0.5+0.074）mm 级电路板物料通过静电分选回收，微细级物料以及破碎过程中产生的粉尘采用高强度离心分选回收。（-2+0.5）mm 级物料经静电分选产生的非金属再次破碎进行分选回收。工艺流程如图 2-10 所示。

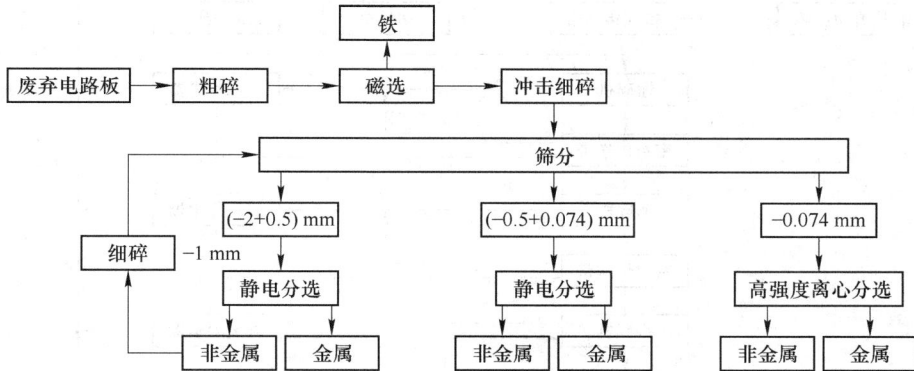

图 2-10　干法破碎-静电分选-离心分选工艺流程

E　破碎-磁选-电选工艺流程

破碎-磁选-电选为主要内容的电路板资源化流程，如图 2-11 所示。

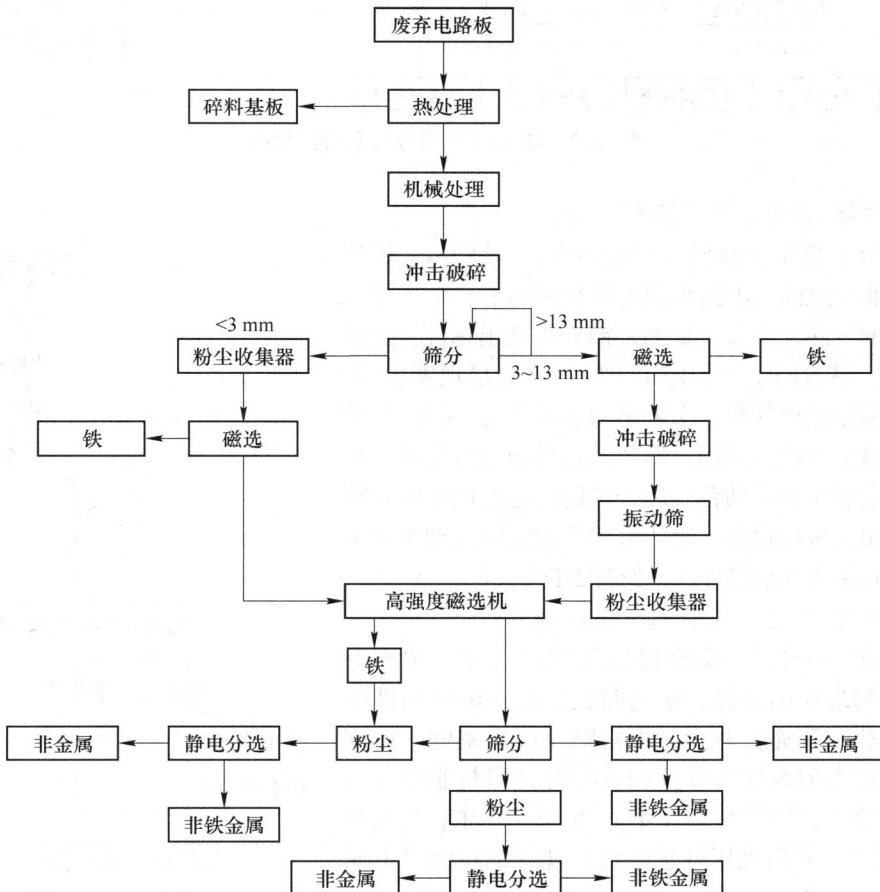

图 2-11　破碎-磁选-电选联合流程图

F　破碎-流化床分选工艺流程

破碎-流化床分选的流程实现废弃电路板的资源化，如图 2-12 所示。

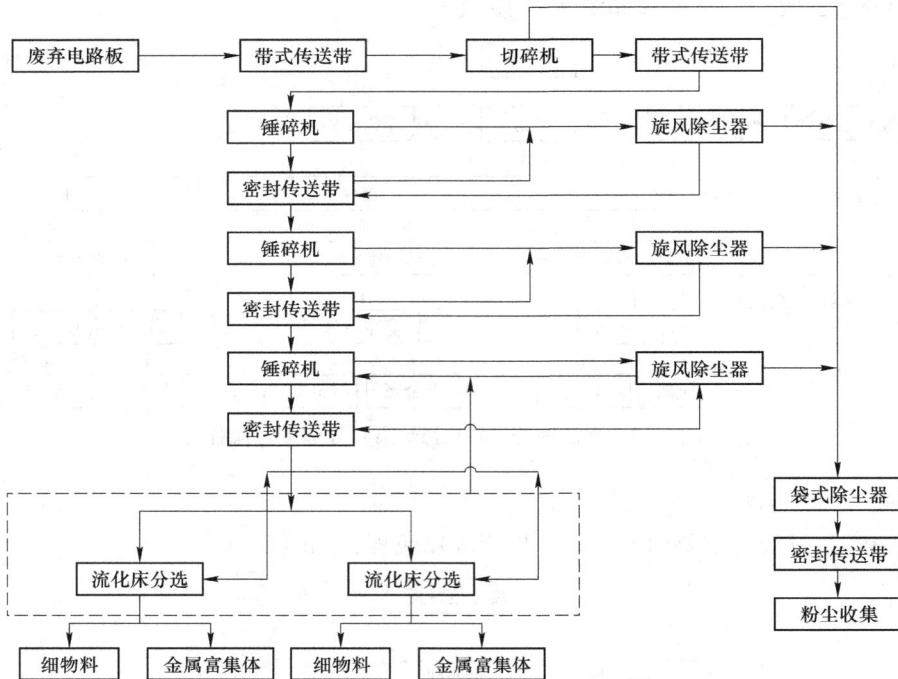

图 2-12　破碎-流化床分选联合流程图

G　破碎-形状分选工艺流程

电路板主要是由金属（以铜为主）、硬塑料、玻璃纤维和树脂组成的。电路板经过机械破碎后，由于物料力学特性的不同，金属（特别是铜）表现出韧性，受外力作用后容易打团呈近似球形，硬塑料也呈现颗粒状，而纤维和树脂呈现片状，未解离的基板也为片状。形状分离就是基于上述不同物料形状的差异而进行分选。形状分离是通过倾斜振动台实现分离的。通过调节倾斜振动台的倾角、振动频率，使球形和片状颗粒运动轨迹不同，分别收集实现最终分选，如图 2-13 所示。

H　破碎-重选-光压分选工艺流程

破碎-重选-光压分选流程如图 2-14 所示。废弃电路板经过物理切削破碎，使电路板基板、电子插件中的金属与非金属充分解离，将粗颗粒按照密度、粒度的不同采用类似流体密度分选方法将金属与非金属或不同金属分离；细颗粒按照不同物质的反射率（光学性质）不同，采用光压分选方法实现微细粒级中金属与非金属的分离。

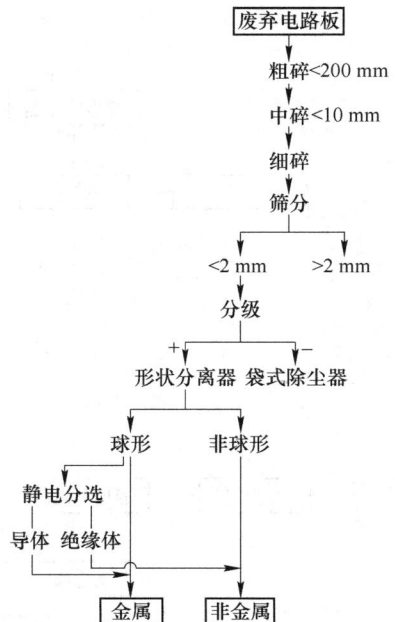

图 2-13　破碎-形状分离法流程图

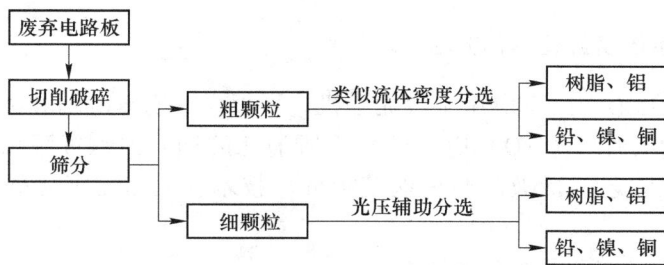

图 2-14 破碎-重选-光压分选流程

2.3 废液晶显示器资源循环利用

目前，平板显示器已取代传统的阴极射线管显示器，且在平板显示器中，TFT-LCD占比较大。液晶显示屏（liquid crystal display，LCD）作为电子显示设备中的核心部件，因其具有能量消耗少、色彩绚丽、质量轻、移动方便等优点而迅速受到市场的热捧，随着液晶显示技术的不断突破和制造成本的下降，液晶显示屏被广泛用于各类终端显示装置中。

电子产品的淘汰速度越来越快。一般来说，液晶电视的生命周期为 6~8 年，笔记本电脑为 4~5 年，智能手机甚至更短，从 3~5 年逐渐缩短为 18 个月，这些显示终端在超过使用期限后，会产生大量报废的 LCD，废弃液晶显示器已经成为令人关注的电子废弃物。

2.3.1 废液晶显示器的组成

液晶之所以能够被作为显示材料，正是因为液晶能够在电场的作用下改变分子排列形式，其光学性质随着排列形式的变化而改变，这就是液晶的电光效应。常用的液晶显示器有：TN-LCD、STN-LCD、HTN-LCD、FSTN-LCD 和 TFT-LCD 等。

液晶面板由液晶、玻璃基板、彩色滤光片、透明玻璃电极、背光源、偏光膜、密封材料等部件和材料组成。液晶面板中的液晶材料被填充在玻璃基板中间，用环氧树脂等封胶材料封闭。台式电脑液晶显示器、笔记本电脑和 LCD 电视中，液晶材料的含量是极少的，约为总质量的 0.1%。液晶面板中液晶典型厚度为 0.006 mm，每平方厘米重 0.0006 g。液晶材料中的铟是稀有金属，根据资料，全世界已查明的铟矿产储量仅有 1.6 万吨，是黄金储量的 1/6。液晶显示器种类繁多，但基本结构和组成材料接近，含有多种金属材料、无机非金属材料、高分子材料等。

LCD 面板包括两个玻璃基板之间的液晶，TFT 和彩色滤光板贴附在其上。一般氧化物 TFT 由氧化铟镓锌（IGZO）组成。两个玻璃基板的内表面都涂有 ITO，它是一种电导体。ITO 由 80%~90% 的氧化铟（In_2O_3）和 10%~20% 的氧化锡（SnO_2）组成。偏光片附着在玻璃基板的外表面，包括一层碘掺杂的聚乙烯醇夹在两片三乙酰纤维素保护片之间。虽然 LCD 面板中的 ITO 层为纳米级厚，但所生产的屏幕体积非常大，由此可见铟含量的重要性。假设 ITO 厚度均匀，可以计算出铟含量为 0.25 g/kg 玻璃。

2.3.2　废液晶显示器资源化利用方法

液晶显示器（LCD）广泛应用于智能手机、平板、笔记本电脑和电视机等电子产品中，其关键部件氧化铟锡（ITO）电极的生产所消耗的铟约占铟资源总用量的 90%。因此，液晶面板处理工艺包括液晶与玻璃基板分离技术、液晶无害化处理技术和铟回收技术。

2.3.2.1　液晶与玻璃基板分离技术

A　热处理工艺

热处理法也称热析出法，通过粗破碎和细破碎、催化剂真空热析出液晶，高温下（400~500 ℃）将液晶焚烧实现无害化（液晶蒸发温度为 250 ℃）；通过筛分分离基板玻璃和偏光膜的混合物，液晶分离处理后的碎玻璃片再行资源回收利用，具体流程详见图 2-15。

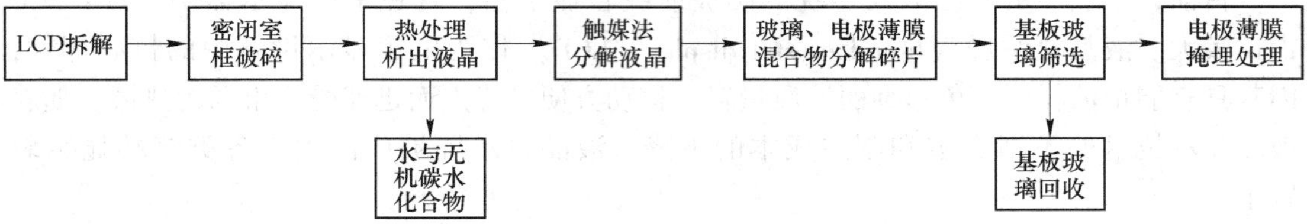

图 2-15　热处理法工艺流程图

B　超声清洗与高温焚化工艺

超声清洗法是通过超声波清洗处理法处理液晶面板，并整体回收铟锡氧化玻璃的方法。其工艺流程见图 2-16。该方法通过超声清洗和高温焚化处理液晶，通过加热急冷的方式整体去除偏光膜，从而达到整体回收铟锡氧化玻璃的目的。

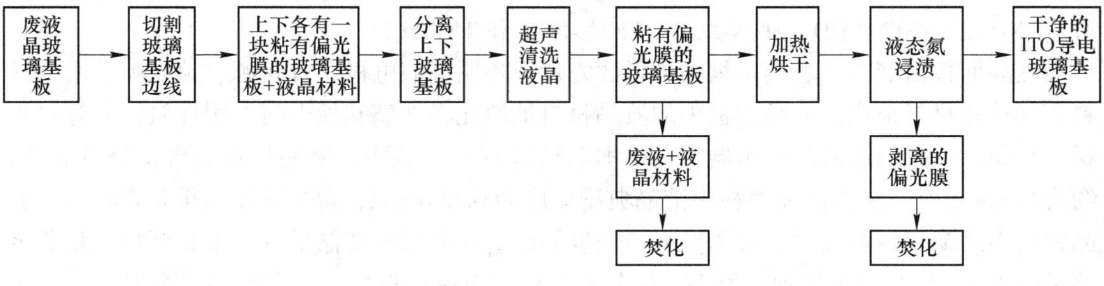

图 2-16　超声清洗法液晶面板处理工艺流程图

2.3.2.2　铟的提取工艺

A　化学法

化学方法回收铟工艺流程见图 2-17。该技术的特点是采用树脂吸附浓缩含铟溶液，流程中的酸液和树脂可循环利用。

液晶面板被粉碎成小于 10 mm 的颗粒，然后用盐酸溶解。过滤除去玻璃和薄膜。滤液为含有铟、锡和其他金属离子的酸性溶液；随后，通过填充有阴离子交换树脂的柱过滤除去滤液中的杂质离子。铟与酸和锡一起被吸附到阴离子交换树脂中，而铝等杂质则不经吸附而通过柱子。这样，铟和锡就可以从杂质中分离出来。因此，获得了铟浓缩溶液。

然后通过添加氢氧化钠控制 pH 值在 1.5~2.5 范围内，锡以氢氧化锡的形式沉淀而从溶液中分离。继续添加氢氧化钠控制 pH 值在 4.5~5.5 的范围内，铟以氢氧化铟的形式沉淀。

此外，吸附在阴离子交换中的酸溶液通过废水被洗脱下来，可以回收再用于溶解液晶面板。该工艺总的铟的回收率高达 90%，铟含量约为 94%。

B 真空氯化分离

在氯化过程中，氯化氢气体在 973 K 下保持进口 90 min。然后，氯化铟气体在装置末端被氢氧化钠溶液吸附。约 96% 的铟最终可以回收利用。采用盐酸溶液（6 mol/L）将所得残留物（主要是 ITO 颗粒）处理成氯化物，并在 373 K 的空气中干燥 60 min。最

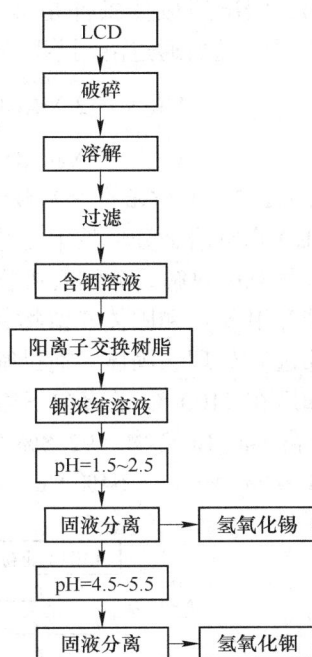

图 2-17 液晶显示器铟回收工艺流程图

后，在 573 K 和 673 K 的氮气气氛中通过蒸发分别回收氯化锡和氯化铟。

2.4 发光二极管（LED）资源循环利用

2.4.1 LED 的组成

发光二极管，简称为 LED，是一种常用的发光器件，通过电子与空穴复合释放能量发光，它在照明领域应用广泛。由 LED 芯片、封装材料、导电极、基板、外壳和透镜等组成，各部分协同工作，使 LED 灯珠能够高效发光。LED 主要由镓（Ga）、砷（As）、磷（P）、氮（N）等的化合物制成。LED 中使用的金属分为普通金属（54% 铜、0.25% 铝、10% 锡、0.18% 镍、1% 铅、0.74% 铁）、稀有金属（0.009% 铈和 0.38% 镓）和贵金属（0.052% 金和 0.48% 银）。因此，废旧 LED 会成为一种贵金属和稀有金属的二次来源。

2.4.2 LED 资源化利用方法

2.4.2.1 火法湿法联合工艺回收 Ga

LED 制造过程中产生的废尘中含有大量的镓和铟，镓主要以 GaN 形式存在。从 LED 工业粉尘中的 GaN 中回收 Ga 的工艺流程如图 2-18 所示。首先，将 LED 工业粉尘与 Na_2CO_3 混合并在球磨机中研磨。球磨样品在 800~1200 ℃ 的温度范围内在氧化焙烧中加热 4 h，GaN 氧化成 $NaGaO_2$。所有这些火法冶金处理都是对 LED 废物进行预处理，然后

是浸出，浸出的最佳条件是 4 mol/L HCl，温度 100 ℃，矿浆密度 100 g/L，搅拌速度 400 r/min。随后通过溶剂萃取处理浸出液以回收 Ga。工艺流程所涉及的化学反应如下：

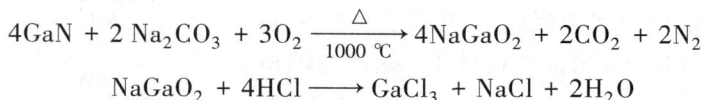

$$4GaN + 2\,Na_2CO_3 + 3O_2 \xrightarrow[1000\,℃]{\triangle} 4NaGaO_2 + 2CO_2 + 2N_2$$

$$NaGaO_2 + 4HCl \longrightarrow GaCl_3 + NaCl + 2H_2O$$

2.4.2.2 真空冶金分离技术

LED 真空冶金分离技术工艺流程图如图 2-19 所示。LED 废弃物首先在 500 ℃ 温度下在氮气气氛中热解。分解有机物产生油类（如苯、甲苯、二甲苯和苯酚）、热解气体（氮气、苯和甲苯）和固体残留物含有稀有金属。然后通过物理分解（粉碎、筛选、研磨和二次筛选）处理该固体。通过筛选将炭渣和铝框与富含 Ga、In 和 Au 的芯片和键合线分离。随后在 1100 ℃ 的真空下通过蒸发和冷凝处理富含稀有金属的部分。生成了两种冷凝产物：富 Ga、In 产物（92.8% Ga、4.97% In、1.69% Al 和 0.54% S），还有 Au 和 Cu 产品（81.44% Au、17.54% Cu、1.02% Al）。

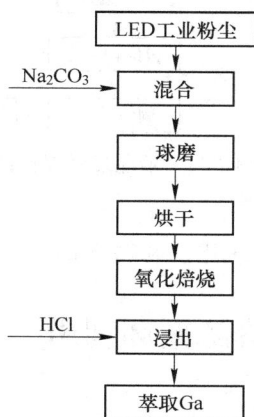

图 2-18 LED 粉尘回收 Ga 工艺流程图   图 2-19 真空冶金处理 LED 工艺流程图

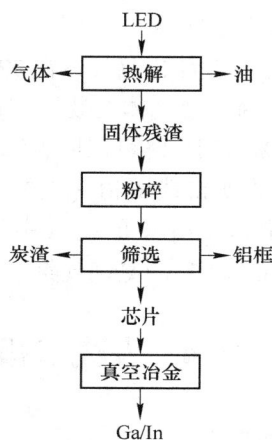

本 章 小 结

本章主要介绍了电子废弃物中印刷电路板、液晶显示器和发光二极管中有色金属资源循环利用的基本处理方法。

习 题

（1）简述电子废弃物的来源与危害。
（2）废旧印刷电路板中有色金属资源循环利用的工艺及方法有哪些？

3 废催化剂中有色金属资源循环利用

本章提要：
    (1) 了解废催化剂的种类及组成；
    (2) 掌握废催化剂的处理工艺及原理。

氮氧化物是大气污染的主要成分之一，我国氮氧化物排放量中 70% 来自煤炭的直接燃烧，而电力工业又是我国的燃煤大户，因此火力发电厂是氮氧化物排放的主要来源之一。电厂烟气中氮氧化物现行的干法烟气脱硝方法主要是选择性催化还原法（selective catalytic reduction，SCR）和选择性非催化还原法（简称 SNCR）。SNCR 无需催化剂，SCR 工艺需要催化剂。SCR 脱硝技术具有脱硝率高（最高可超过 90%）、选择性好、成熟可靠等优点，广泛用于火电厂，是燃煤机组脱硝工艺的主流。SCR 脱硝催化剂即"选择性脱硝催化剂"，其用量占国内外燃煤电厂脱硝所用催化剂的 90% 以上。这类脱硝催化剂采用了 TiO_2、V_2O_5、WO_3 等重金属作为骨架和催化元素，本身就含有一定的毒性，而在使用期间，烟气中大量的铬、铍、砷和汞等重金属又对这些催化剂造成了二次污染，成为富含各类重金属成分的有害物料。因此对于火电厂 SCR 烟气脱硝催化剂的循化利用尤为重要。而在汽车尾气净化方面，目前多采用铂族金属（PGMs），如铂（Pt）、钯（Pd）、铑（Rh）等作为催化剂，可以有效降低废气中有害物质的排放。废弃的汽车尾气催化剂含有大量的铂族金属，同时还有很多有害物质，如阻燃剂、有机物质和重金属等，因此归为有害物质。对废旧的汽车尾气催化剂进行处理，不仅可以通过回收铂族金属同时还可以减少污染物排放。

3.1 废 SCR 脱硝催化剂资源化利用

3.1.1 废 SCR 脱硝催化剂的产生

在理想状态下，SCR 脱硝催化剂可以长期使用，但在实际运行中，各种原因都可能导致催化剂活性降低，寿命缩短。随着催化剂使用时间的增长，催化剂发生热老化，因过热而导致活性组分晶粒的长大甚至发生烧结，造成催化活性下降；也会因与烟尘中含有的某些元素发生化学反应部分或全部丧失活性；也会因一些污染物（诸如油污、焦炭等）积聚在催化剂表面上或堵塞催化剂孔道而降低活性。对于失活的催化剂，首先考虑的处理方式是催化剂的再生。催化剂再生是对失活催化剂进行浸泡洗涤、添加活性组分以及烘干的工艺处理，最终使催化剂恢复大部分活性。但并不是所有的失活催化剂都能够通过再生方式处理利用，如果失活催化剂采用再生方式仍不能恢复活性，则需要对其进行回收和废弃处理或进行资源化利用。

3.1.2　废 SCR 脱硝催化剂的组成

SCR 脱硝催化剂最早是由 Pt、Rh、Pd 等贵金属作为活性物质组成，其活性温度较低且有效的温度区间较窄，通常小于 300 ℃。这类贵金属催化剂不仅成本高昂，而且易发生硫中毒，因此限制了它的使用范围。之后金属氧化物基催化剂以其优异的性能和更低的价格被作为新一代的 SCR 脱硝催化剂，主要以 V_2O_5、WO_3、Fe_2O_3、NiO、CuO、MoO_3 等金属氧化物作为活性组分。

SCR 脱硝催化剂主要由载体、活性组分、助剂组成，常见的 SCR 脱硝催化剂为商业 V_2O_5-WO_3/TiO_2 催化剂或 V_2O_5-MoO_3/TiO_2 催化剂，其中 TiO_2 含量最高，为催化剂的载体；WO_3 为催化剂助剂，既能提高催化剂热稳定性，又可在一定程度上增强催化剂活性能力；V_2O_5 是催化剂的活性组分，可选择性地与 NO_x 发生反应，将 NO_x 还原为 N_2 和 H_2O，达到脱除目的。废弃后催化剂表面磨损严重、结构疏松、活性组分和载体二氧化钛流失，作为成形助剂的玻璃纤维暴露在表面。

典型的废 SCR 脱硝催化剂组成如表 3-1 所示。

表 3-1　SCR 脱硝催化剂的组成

组成	TiO_2	SiO_2	WO_3	CaO	Al_2O_3	V_2O_5	Fe_2O_3	K_2O	Na_2O	SO_3	其他
含量/%	81.78	6.83	4.2	2.06	1.75	1.19	0.285	0.061	0.096	0.18	1.568

3.1.3　废 SCR 脱硝催化剂资源化利用方法

3.1.3.1　钛的回收

A　钛酸盐沉淀分离

将固体碱与废催化剂混合在空气中灼烧熔融，加水分离可得二氧化钛。首先除去废 SCR 催化剂表面可能吸附的汞、砷及其他有机杂质，再加热至 650 ℃ 左右，然后粉碎研磨成颗粒（粒径≤200 μm）。再向其中加入碳酸钠并进行 650~700 ℃ 温度的焙烧，焙烧后加入热水，充分搅拌下浸取，过滤干燥后得到的是钛酸钠，主要类型有偏钛酸盐、正钛酸盐和聚钛酸盐。这种回收方法的原理是：五氧化二钒、三氧化钼和二氧化钛分别与碳酸钠反应生成偏钒酸钠、钼酸钠和钛酸盐，前两种都溶于水，而钛酸盐是难溶的，从而可以分离出钛酸盐。其具体反应式如下：

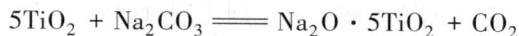

$$V_2O_5 + Na_2CO_3 =\!=\!= 2NaVO_3 + CO_2$$
$$MoO_3 + Na_2CO_3 =\!=\!= Na_2MoO_4 + CO_2$$
$$5TiO_2 + Na_2CO_3 =\!=\!= Na_2O \cdot 5TiO_2 + CO_2$$

B　二氧化钛沉淀分离

对废 SCR 催化剂先进行灰尘清除及机械粉碎。向粉碎后的废 SCR 催化剂中加入稀硫酸后进行分离得到二氧化钛不溶物。但是，这种回收方法的缺点是三氧化钨和三氧化钼微溶于稀硫酸，得到的二氧化钛中会含有金属钨和钼的氧化物。

另外，也可在对废 SCR 催化剂进行物理破碎后，在 650~700 ℃ 温度下进行高温焙烧、结块，再粉碎成粒径≤200 μm 的粉末。将均匀的粉末投入 80~90 ℃ 的热水中，进行搅拌、浸泡［液固质量比为（5~10）∶1］，然后加入液固质量比为 4∶1 的氢氧化钠溶液，再加入与上述粉末的物质的量之比为 8：1 的助溶剂碳酸钠，接着在 75~100 ℃温度下恒温搅拌得到固液混合物，进行固液分离操作，得到沉淀物和滤液。在所得的固体中加入硫酸钠粉末（钛离子和硫酸钠的质量比为 1：5）和水，再加入浓硫酸 [钛离子和硫酸的物质的量之比为 1：（1.85~2）]，加热煮沸至全部溶解，待冷却后加硫酸调节 pH 值大于 0.5，加水 [钛离子和水的物质的量之比为 1：（3.5~4.5）] 稀释钛液，至溶液全部水解生成白色沉淀氢氧化钛，静置待其完全干燥后在 650~700 ℃温度下进行高温煅烧，得到二氧化钛产品。

还可将废 SCR 催化剂粉碎研磨至≤120 目，然后直接加入 200~700 g/L 的氢氧化钠溶液，经过高温高压（130~220 ℃，0.3~1.2 MPa）浸取 1~6 h，浸取后的液固比为 2~15 m³/t，再固液分离得到滤渣，就是金红石型钛白粉。

3.1.3.2 钒的回收

回收钒的方法有沉淀法、浸出-氧化沉钒法、电化学还原反萃法、高温活化法、干法回收金属钒、湿法回收金属钒、萃取分离法等。其中，沉淀法可分为铵盐沉钒法、硫化沉淀分离法、煮沸沉钒法；浸出-氧化沉钒法可分为还原浸出-氧化沉钒法、酸性浸出-氧化沉钒法、碱性浸出-沉钒法。

A 沉淀法

a 铵盐沉钒法

铵盐沉钒法是利用钒、钼、钨三种金属中，金属钒能够以偏钒酸根离子与铵根离子结合生成不溶于水溶液的沉淀，而金属钼、钨不能形成沉淀，从而将金属钒从钒、钨、钼中分离出来。此种方法的萃取率可以达到 98% 左右，基本能实现将金属钒从废催化剂中分离出来的目的。

加酸调节含钼、钨和钒的碱性溶液的 pH 值至 8.0~9.0，偏钒酸钠与铵盐生成沉淀偏钒酸铵，将钒从废催化剂的溶液中分离出来，金属钒的沉淀率为 97%~99%，而钼的沉淀率为 3%~9%，一般铵盐可以选择氯化铵、硫酸铵、硝酸铵、草酸铵等。其反应式如下：

$$NH_4^+ + NaVO_3 \longrightarrow NH_4VO_3\downarrow + Na^+$$

铵盐沉钒法的操作方法是：将废催化剂经过机械粉碎，使废催化剂的颗粒能通过 200 目分样筛，再加入合适比例（废催化剂与 $CaCO_3$ 的质量比为 8：1）的添加剂碳酸钙，混合均匀后，将混合物在 1000 ℃的温度下焙烧 2.5 h，焙烧后的熟料按液固质量比 2：1 的比例得到浸出液，除去悬浮物，再向浸出液中添加一定量的氯化铵，金属钒便以偏钒酸铵的形式沉淀下来，经过过滤、加热分解的操作后最终得到五氧化二钒。

也可直接利用氢氧化钠进行高温浸取，去除钛金属，在得到的浸出液中加盐酸调节 pH 值为 10~11，加入氯化镁除杂后进行浓缩，继续加盐酸调节 pH 值为 9~10 后加氯化钙，以沉淀钨酸根和偏钒酸根离子，取其沉淀，经洗涤后加盐酸得到偏钒酸的滤液，用含偏钒酸的滤液制取偏钒酸铵。

b 硫化沉淀分离法

利用加压浸出的方法从废催化剂中得到含钼和钒的碱性溶液，在其中添加硫酸，以便将溶液调节到合适的 pH 值。然后，通入硫化氢气体将 99.8% 的钼等沉淀出来，剩下 99.8% 的金属钒留在溶液中。

c　煮沸沉钒法

粉碎废催化剂至90%以上的颗粒粒径小于45 μm，并将这些废催化剂与氢氧化钠（其质量是这些废催化剂的1.5倍）充分混合均匀后装入瓷坩埚内，置于马沸炉中在500℃的温度下焙烧1 h进行熔盐反应，之后冷却至室温，将其投入一定量的离子水中进行离子交换，然后进行板框压滤操作除去二氧化钛不溶物，对滤液加热煮沸，趁热进行板框压滤，过滤出偏钒酸钠。该方法的实验原理是：利用钒氧化物与碱生成的正钒酸钠（Na_3VO_4），将其溶于沸水，在煮沸的条件下生成不溶于沸水的偏钒酸钠（$NaVO_3$），以此使钒从废催化剂中分离出来。该方法发生的主要化学反应如下：

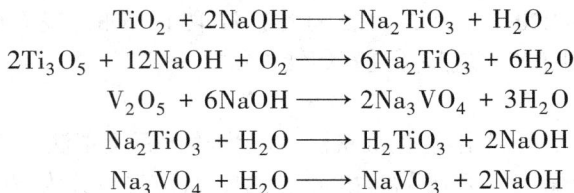

$$TiO_2 + 2NaOH \longrightarrow Na_2TiO_3 + H_2O$$
$$2Ti_3O_5 + 12NaOH + O_2 \longrightarrow 6Na_2TiO_3 + 6H_2O$$
$$V_2O_5 + 6NaOH \longrightarrow 2Na_3VO_4 + 3H_2O$$
$$Na_2TiO_3 + H_2O \longrightarrow H_2TiO_3 + 2NaOH$$
$$Na_3VO_4 + H_2O \longrightarrow NaVO_3 + 2NaOH$$

B　浸出-氧化沉钒法

a　还原浸出-氧化沉钒法

采用还原浸出-氧化沉钒的方法来提取金属钒，先将废SCR催化剂粉碎，加水并加热煮沸，再加入还原剂二氧化硫或亚硫酸钠进行还原，将+5价的五氧化二钒还原成+4价的硫酸钒酰（水合硫酸氧钒），然后向溶液中加入氧化剂氯酸钾氧化，使得金属钒沉淀出来。

b　酸性浸出-氧化沉钒法

酸性浸出-氧化沉钒法是指将废SCR催化剂粉碎后，加入盐酸或者硫酸溶液浸出金属钒，必要时加热升温，再经过过滤等操作后，除去了钨、钼等金属，溶液中剩下钒离子，再向其中加入氧化剂氯酸钾将+4价钒氧化成+5价钒，五氧化二钒的浸出率达95%~98%，再调节pH值，煮沸溶液得到五氧化二钒沉淀。

c　碱性浸出-沉钒法

五氧化二钒为两性氧化物，既可以使用酸液也可以使用碱液浸取回收。其具体方法是用氢氧化钠或者碳酸钠在90℃下浸出粉碎过的废SCR催化剂，过滤，取滤液并调整pH值为1.6~1.8，然后加热、煮沸得到五氧化二钒沉淀。但是，碱液浸出得到的五氧化二钒的纯度没有酸液浸出方法的高。

C　高温活化法

采用高温直接对废SCR催化剂进行活化，活化后冷却，用碳酸氢铵溶液浸出，同时加入少量的氯酸钾将一些+4价的钒离子氧化成+5价的钒离子，然后经过过滤、浓缩等操作得到高浓度钒溶液，再向其中加入氯化铵，使钒以偏钒酸铵的形式沉淀出来，最后干燥、煅烧得到五氧化二钒产品。此法中的具体化学反应如下：

$$NH_4^+ + VO_3^- \longrightarrow NH_4VO_3$$

D　干法回收金属钒

利用固体碱与废催化剂混合灼烧，加水去除二氧化钛后，再将剩余滤液进行加热、煮沸处理，使钒酸盐水解析出五氧化二钒，具体化学反应为

$$2K_3VO_4 + 3H_2O \longrightarrow V_2O_5 + 6KOH$$

该种方法提取金属钒消耗的燃料和碱的量大、成本高，另外废催化剂中金属钨、钼也会水解析出，并不能很好地分离金属钒、钨、钼。详细的回收工艺还需要进一步探究。

E　湿法回收金属钒

湿法 SCR 催化剂回收工艺是指在粉碎过的废 SCR 催化剂中加入稀硫酸，过滤除去二氧化钛不溶物，再在滤液中加入还原剂硫酸氢铵，将 +5 价的钒离子还原成 +4 价的钒离子，用氢氧化钾调节 pH 值，经过富集处理，最后通入氧气氧化得到五氧化二钒。该种方法也是先还原后氧化，从而提取出五氧化二钒。

3.1.3.3　钨和钼的回收

SCR 催化剂中主要成分有二氧化钛、五氧化二钒、氧化钨、氧化钼等。上述回收技术已经简述了从废 SCR 催化剂中分离出金属钛和钒的方法和原理，但是剩下的固体中还含有回收价值很高的金属钼和钨，如果不进行分离而随意丢弃，对于我们赖以生存的资源是一种浪费，同时对于我们的环境也是一种污染。因此，我们还要继续探究钼钨分离的方法，寻找出几种回收成本较低、回收价值高、可适应工业化的方法。然而，钼钨的分离并不像分离钛和钒一样，分离钨和钼的难度比分离钛和钒要大得多。究其原因在于，金属钨和钼由于镧系收缩效应，导致两种金属的化学性质相近，比较难以分离。长期以来，人们对钨钼分离进行了大量的研究，现代几乎所有的分离方法（如沉淀法、溶剂萃取法、离子交换法、活性炭吸附法、液膜分离法等）均已用于钨钼分离的研究。沉淀法又分为硫化钼沉淀法、选择性沉淀法、钨酸沉淀法和络合均相沉淀法等。故在本节单独对钨和钼的分离回收进行讨论。

A　沉淀分离法

a　硫化钼沉淀法

硫化钼沉淀法的分离原理是：利用钼在弱碱性介质中对硫离子的亲和性比金属钨大，在弱碱性的环境中，使钼酸根离子硫化成硫代钼酸根离子，再在酸性条件下加热使硫代钼酸盐分解成三硫化钼。该方法的优点是：简单易行；能除去绝大部分的钼，钨酸溶液中钼的含量可降低至 0.1% 以下。其缺点是：不能达到深度除钼的要求，而且钨的损失率较大；有硫化氢气体产生，污染环境。

在钨、钼溶液中先加入硫化钠、硫氢化钠或硫化氢等硫化剂，使硫离子与钼酸根离子反应生成硫代钼酸钠，反应式如下：

$$Na_2MoO_4 + 4Na_2S + 4H_2O \longrightarrow Na_2MoS_4 + 8NaOH$$

经过酸化后，硫代钼酸钠分解成难溶的三硫化钼，反应式如下：

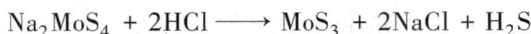

$$Na_2MoS_4 + 2HCl \longrightarrow MoS_3 + 2NaCl + H_2S$$

该方法简单、容易操作，能够除去大部分的钼，使钼在钨酸钠溶液中的含量下降至 0.1% 以下。其缺点是在沉淀物三硫化钼中会混入一些钨，而且在反应过程中会放出有毒气体硫化氢，影响环境，危害人体健康。针对这个问题，人们对硫化钼沉淀法做了改进。采用硫酸调节含钼的钨酸钠溶液的 pH 值至 8.5，然后在一个封闭的容器中连续加入硫氢化钠溶液，产生的硫化氢气体被钨酸钠溶液吸收。也有采用两段硫酸酸化的方法解决硫化氢有毒气体污染环境的问题，设计在 pH 值为 7 左右时加酸使得大部分的硫化氢气体逸出并回收，然后继续加酸使钼沉淀，从而解决硫化氢逸出的问题。而针对有钨混入沉淀物三硫化钼中的问题，有关文献提出在绝大部分钼及少量钨沉淀后加稀氢氧化钠溶液溶解沉淀物，再加入 75%~95% 的硫化钠使钼再次沉淀下来，从而使三硫化钼沉淀物中的钨含量减小。

b　钨酸沉淀法

钨酸沉淀法是利用钨酸在水或盐酸中的溶解度远小于钼酸，并且随温度升高差距加大而设计的。但钨酸沉淀法除钼不彻底，达不到深度除钼的要求。在含钼 0.15~0.25 g/L 的钨酸钠溶液中沉淀出金属钨后，在热盐酸分解时，提高钨酸母液的浓度至 140~160 g/L，加热沸腾 20~30 min，60%~80% 的钼酸溶解在母液中，使钨酸的纯度提高。增加盐酸的量和浓度以及提高温度都有利于除去金属钼。该方法的缺点是盐酸消耗量太大，而且给环境带来不利影响。

c　络合均相沉淀法

络合均相沉淀法是指利用在一定条件下，钨和钼相应的过氧化物（如过氧络合物）之间稳定性差异来分离金属钨和钼，钼的过氧化物的稳定性比钨的过氧化物的稳定性要大很多。但在酸性条件下，钨、钼两种金属通过氧桥（W—O—Mo）或者羟桥（W—OH—Mo）形成钨钼共聚物，难以利用钼酸溶解度大于钨酸溶解度的特性达到深度除钼的目的。

由有关报道可知，用过氧化氢（俗称双氧水）作为络合剂，使 +6 价的钨、钼离子在酸化的过程中形成过钨酸 $[H_4W_4O_{12}(O_2)_2]$ 和过钼酸 $[H_4Mo_4O_{12}(O_2)_2]$，而过钨酸不稳定易解离成钨酸和双氧水，反应式如下：

$$H_4W_4O_{12}(O_2)_2 + 12H_2O \longrightarrow 4WO_3 \cdot 3H_2O + 4H_2O$$

并且向其中通入二氧化硫，使钨更多地转化成钨酸，而过钼酸没有变化，仍旧留在溶液中，以此达到分离钼、钨的目的。该方法利用了钼的过氧化物比钨的过氧化物更加稳定，使得钨以钨酸沉淀的形式分离。然而，该方法用的双氧水价格贵，不适合工业化。

d　胍盐沉淀法

胍盐沉淀法的分离原理是指利用金属钨、钼的酸根和同多酸根在性质上的差异，在酸性溶液中，钨和胍盐生成沉淀，钼不能生成沉淀而留在溶液中，以此达到分离钨和钼的效果。具体而言，在酸性溶液中，钨酸根离子（WO_4^{2-}）和钼酸根离子（MoO_4^{2-}）都能和氢离子形成聚合度为 7 的同多酸盐，具体反应式为

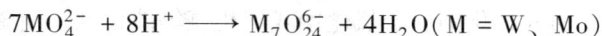

$$7MO_4^{2-} + 8H^+ \longrightarrow M_7O_{24}^{6-} + 4H_2O(M = W、Mo)$$

然而它们形成的条件不同，当 pH 值为 7~8 时，钨酸根离子可以形成仲钨酸盐，而钼只以钼酸根离子形式存在，最后使用合适的沉淀剂就可以达到分离效果。

有关文献报道，调节钨酸钠的酸度，加热催化生成仲钨酸铵，再加入胍盐 $[HNC(NH_2)_2H^+]$，生成仲钨酸胍盐沉淀 $[C(N_3H_6)_6W_7O_{24}]$。此沉淀物用氢氧化钠或氨溶液处理，可以形成钨酸钠（Na_2WO_4）和仲钨酸铵。钼以钼酸根离子形式存留在溶液中，在调节 pH 值为 7~8 的条件下，钨的沉淀率可达 96%~99%。该方法主要利用了钨酸根离子、钼酸根离子与氢离子形成聚合度为 7 的同多酸盐的 pH 值不同的特点。但是，这种方法由于钨钼聚合离子的生成问题、仲钨酸盐的结晶问题、钨和钼金属的性质差异不大而不能广泛应用，难以形成工业化。

e　选择性沉淀法

选择性沉淀法的分离原理是指先利用钼酸根离子硫代化，再利用硫代钼酸根和钨酸根两者的性质差异，然后利用沉淀剂（含有阳离子）能与硫代钼酸根产生沉淀物，而不能

与钨产生沉淀物，两者可以通过过滤得到很好的分离。

利用钨、钼性质的差异，加入沉淀剂使钨、钼分离，现已成功地运用在工业生产中，并取得良好的分离效果，其工艺流程如图 3-1 所示。选择性沉淀法除钼率高，大大简化了仲钨酸铵结晶母液的处理过程，钨的回收率提高了 5%。该方法适用于以不同的分解方法处理不同来源的钨酸盐溶液，工艺流程简短、设备简单、技术可靠、经济效益显著。

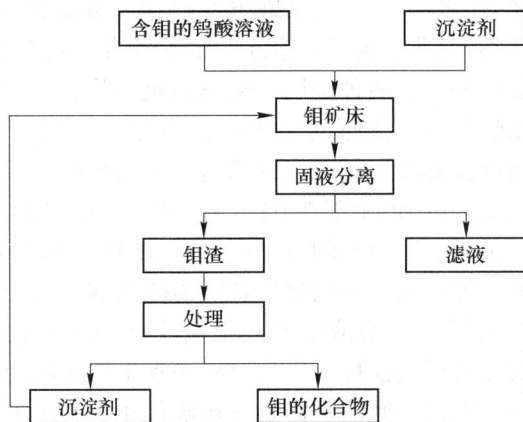

图 3-1 钼、钨分离工艺流程

B 结晶法

结晶法是针对含有较高浓度钨的钼酸盐溶液在结晶工序中进行钨、钼分离的。不同酸度下不同聚合度的钨酸根离子与钼酸根离子具有不同的溶解度；在酸性溶液中，当有杂质（硅酸盐、磷酸盐、砷酸盐等）存在时，钨和钼均能以 M_3O_{10}（M 为钨或钼）的形态取代等离子中的氧而形成杂多酸及杂多酸盐。但是，在水中钨杂多酸的溶解度大、钼杂多酸的溶解度小。基于这两种物质性质的差异，在具体实践中的分离操作方法是：在对含钨、钼的混合液进行不断搅拌的同时，向其中加入浓硝酸和氨水，调整溶液的 pH 值，进行酸沉结晶，当溶液的 pH 值稳定在合适的值时，停止搅拌并立即进行真空抽滤操作（防止晶体脱水），即可分离钨、钼。若在酸沉结晶过程中采用磷酸铵作为添加剂，则需对含钨、钼的混合液进行预处理。该预处理的方法是：调解混合液的 pH 值到 5 左右，加入一定量的磷酸铵后于 80 ℃下搅拌反应 3~4 h，然后在常温下静置 24 h 备用。

C 离子交换法

离子交换法是利用钨、钼同多酸的形成难易程度来进行钨、钼分离的。在酸性条件下，钨酸根离子（WO_4^{2-}）会优先形成仲钨酸根离子（$W_{12}O_{41}^{10-}$），而钼仍以钼酸根离子（MoO_4^{2-}）的形式存在，然后利用大孔碱性离子交换树脂优先吸附溶液中的钨，而对钼酸根离子几乎不吸附的特性实现分离。

采用转型后的大孔弱碱性阴离子树脂作为离子交换树脂，采用直径为 2 cm 的玻璃柱作为离子交换柱，在钨、钼混合液的 pH 值为 7.3，料液流速为 0.8~1 mL/min，树脂颗粒直径为 40~60 目的条件下，先选取细颗粒的树脂，用蒸馏水反复洗涤杂质，用盐酸和氢氧化钠除去可溶物，将树脂装入交换柱后用离子水洗涤，以便调节 pH 值到大于 6。在钨、钼的钠盐混合液中加入无机酸，调节溶液的 pH 值至 7.0~8.5，使钨元素转换成钨酸根离子。再将此溶液以 1.0 mL/min 的速率匀速通过离子交换柱吸附，最后用氢氧化钠和氯化钠解吸，将得到的钼酸钠溶液加入氯化钙溶液中，沉淀，过滤，用硝酸处理沉淀物，使其转变成钼酸，蒸发结晶处理后，再将其置于 650 ℃ 的马沸炉中焙烧 1 h 得到三氧化钼产品。有关实验数据表明，离子交换树脂对仲钨酸根离子的吸附能力达到最大，三氧化钼的纯度可达 97%。

有关文献报道了静态法和动态法两种离子交换法。静态法是指在室温下，取氯型 D501 树脂（含偕胺肟基团的大孔型螯合树脂），加入具有一定酸度、含有钨钼元素的混合液，在恒温床上振荡分离钨、钼两种金属。动态法是指用盐酸处理过的氯型 D501 树脂以湿法装柱，将含钨、钼的混合溶液通过氯型 D501 树脂，之后以 2 倍的流动速率进行解吸，然后收集、吸附流出液和解吸液，以此分离钨、钼两种金属。离子交换法分离钨、钼金属的原理是指在较高酸度（pH 值小于 2.0）的条件下，钼以阳离子形式存在，而钨以阴离子形式存在，进而利用阴、阳离子的差异用氯型 D501 树脂来分离钨、钼。

离子交换法又可分为三种：第一种是将钼转换为硫代酸盐后用阴离子交换树脂进行分离。将粗钨酸钠溶液进行硫代化，溶液中钼酸根离子转换成硫代钼酸根离子（MoS_4^{2-}），再将含有钨酸根离子的溶液通过交换柱，采用单柱法和串柱法实现钨和钼的分离。第二种是利用阴离子交换树脂分离钨钼。此法不需要进行硫代化，利用钨、钼酸根离子在交换树脂吸附值方面的差异进行分离，对操作的要求严格。据报道，采用直径 27.5 mm、长 400 mm 的吸附柱和 2.2 mm/min 的流速，得到钼的吸附率为 50%，钨的吸附率则较小。吸附金属钼的树脂用 3~4 倍树脂体积的硝酸溶液解吸钼，解吸速度为 1.8~2 mm/mL，树脂可以循环使用。该方法的优点是操作简单、处理量大，缺点是除钼不够彻底，离子交换和解析的速度太慢。第三种是用氯型大孔强碱性阴离子交换树脂 D296 分离钨和钼。这种方法也不需要预先硫代化，直接利用钨酸根离子和钼酸根离子对离子交换树脂的吸附差异进行钼钨分离。先调节混合液 pH 值为 6.5，采用直径 9 mm、长 600 mm 的交换柱，向交换柱中填装 30 mL 的树脂。再控制混合液以 10 mm/min 的流速通过树脂进行离子交换，吸附后用 0.12 mol/L 的氯化铵淋洗除去钼，再用浓氯化铵来解析钨。这种方法的除钼率可达 90% 以上，但是操作条件要求高，所需要的淋洗液量大。当离子交换分离法采取以钼酸根离子为阻滞离子、以草酸铵 [$(NH_4)_2C_2O_4$] 为排代剂来分离钨、钼，分离效果会较好。此外，还可采用大孔阴离子交换树脂 D290 交换排代方法来分离钼和钨。通过不同投料比实验的分离结果可以推测，利用上述交换排代方法，分离含有少量钼的钨矿浸出液，可得到较好的分离效果。这种方法是一种可以进行大规模分离的离子交换分离方法，其优点是利用率高、处理量大等。但由于进料中钨、钼的浓度太低，该方法的适应范围不广，目前还没有得到广泛的应用。

D 萃取法

萃取法是指利用化合物在互不相溶的溶剂中的分配系数不同来达到分离的效果。萃取分离钨、钼的机制有三种：（1）利用硫代钼酸根和钨酸根在性质上的差异进行分离；（2）利用钼氧阳离子和钨氧阴离子在性质上的差异进行分离；（3）利用钨、钼过氧络合物在性质上的差异进行分离。

有关文献报道，采用国产工业季铵型萃取剂 N263（甲基三辛基氯化铵）、磺化处理的煤油作为稀释剂，又采用国产工业磷酸三丁酯作为相调节剂，水相为调节 pH 值后加入适量硫化碱处理后的工业钨酸钠。实验前，调整 WO_3 的浓度，将一定浓度的两相加入到分液漏斗，在振荡器中以 240~250 r/min 的速率进行振荡，充分接触即可分离。萃取时发生的反应如下：

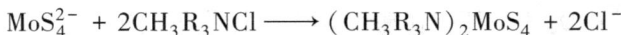

$$MoS_4^{2-} + 2CH_3R_3NCl \longrightarrow (CH_3R_3N)_2MoS_4 + 2Cl^-$$

结果表明，在相同的相比条件下，钼/三氧化钨比例高的，钼的萃取率也高。萃取的温度升高，钼的萃取率会下降，该萃取体系平衡时间只需 3 min，适应温度广泛（15~40 ℃），分相速度快，对钼的萃取率高，使用的化学试剂价廉易得。

也可采用溶剂萃取法来分离钼和钨，将已经除去硅、磷、砷的含钼、钨酸铵离子交换液作为研究原料，采用萃取剂季铵盐从碱性溶液中萃取分离出钨、钼。其实验方法是：用硫化物硫化转化溶液，使钼元素全部转变成硫代钼酸盐，同时尽可能避免钨元素转变成硫代钨酸盐，使得混合液中包含硫代钼酸盐和钨酸盐。接着，用适量的有机萃取剂（由季铵盐、仲辛醇、煤油组成）从所得的混合溶液中优先萃取出含钼络合阴离子。最后，经有机萃取剂萃取后的含钼有机相通过氧化反萃取等处理后仍然可以继续循环使用。经过除钼、净化处理后的钨酸铵溶液可通过直接蒸发结晶得到洁白的仲钨酸结晶，煅烧仲钨酸铵得到三氧化钨产品。该方法的特点是：不需要消耗酸，可以在碱性钨酸铵溶液中直接萃取分离钼、钨，可以达到深度除钨的效果，简化了传统的工艺流程；并且在进行硫化转化的时候没有硫化氢气体产生，不会污染环境。其流程如图3-2所示。

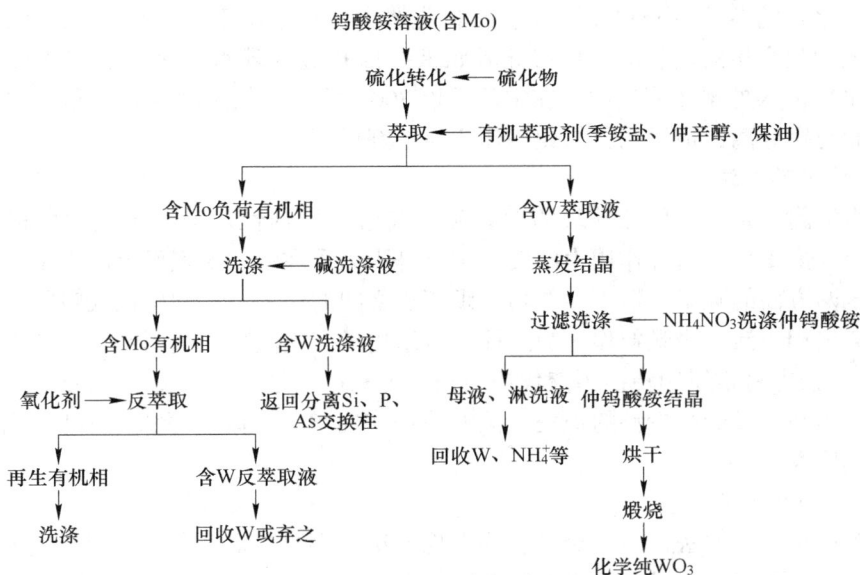

图 3-2 萃取法分离钼、钨的流程

上述文献还报道了另一种溶剂萃取法，其分离具体过程为：先将废催化剂（适当粉碎）与碳酸钠均匀混合，将混合物投入 600 ℃的马弗炉中，在空气中恒温焙烧 3 h。焙烧、冷却后，将经高温焙烧后的废催化剂按固液质量比为 1:3，90 ℃条件下搅拌浸出 1 h 左右，并调节 pH 值在 9~10 之间，再用布氏漏斗过滤上述溶液，取其滤渣经过干燥、称重处理后备用。对过滤所得的滤液用浓硫酸调节 pH 值，并以调节 pH 值后的溶液作为后续处理的萃取原料液。加入有机相进行萃取，除钼后并进一步深度净化，最终得到钼的产品。该方法的单级除钨率可以达到98%以上，而钼的损失率小于0.5%。萃取剂可以重复使用，可以满足工业化要求。

采用酸性磷酸酯 P_2O_4 [一种二烷基磷酸酯，主要成分为二（2-乙基己基）磷酸，对金属离子有很强的螯合能力] 萃取体系来除钼，以达到分离钼、钨的目的。其分离原理是：在 pH 值小于 3 的酸性溶液中，钼的同多酸根离子有一部分会产生解聚而会转化为 MoO_2^{2+}，而钨依然保持聚合阴离子形式并不会产生解聚，因此可以根据解聚后的 MoO_2^{2+} 和钨聚合阴离子的性质差异实现钨、钼分离。我们可以把 $P_2O_4^+$、2-乙基己基醇加稀释剂作为萃取体系来分离钼、钨。但是，该方法中 MoO_2^{2+} 的形成速率慢，并且这也是整个反应的控制步骤，因此使得整个过程的反应速率受到了限制，反应速率慢。为此，有人研究在水相中加入乙二胺四乙酸或酒石酸作为解聚剂，使钨钼杂多酸离子的解聚过程时间变短，从而使得分离效果大大改善，钨、钼的分离系数得以增大。

E　液膜分离法

液膜分离法是指利用钨、钼与过氧化氢（H_2O_2）生成过氧化物，而在以三烷基氧化膦为载体、以氢氧化钠为反萃试剂的液膜中的迁移性能的显著差异来实现分离。该种方法适合高钨低钼或者高钼低钨溶液。

将常规的内水相溶液和已经加有载体与表面活性剂的、没有一定油内比（油相和内水相的体积比）的溶液，分别加入合适的乳化器中，在常温下以 2500 r/min 的速率搅拌10 min 制成油包水型的乳状液，再将此乳状液按照相应的乳水比例（乳状液体积和外水相体积之比）加入外水相溶液中，在常温下以 300 r/min 的低速率搅拌进行分离，钨进入外水相中而与钼分离，最后用氢氧化钠作为反萃剂反萃。

F　活性炭吸附法

活性炭吸附法是指利用活性炭的"亲硫"特性，即活性炭吸附硫代钼酸根离子的作用力比钨酸根离子大。这种作用力的类型主要是阴离子在活性炭表面上的吸附，该吸附有物理和化学两方面的吸附，但不存在阴、阳离子之间的作用力。利用柱式吸附法在钨酸钠溶液中分离出钼，活性炭颗粒作为吸附柱，运用离子交换法除去金属钼，分离效果可以达到 85.69%。预先将金属钼转换为硫代钼酸根，再利用活性炭的吸附能力分离金属钼，既有较高的除钼率，又能减少钨的损失。该方法操作简单，吸附容量大，但是吸附速度慢、吸附柱高径比大。

G　其他分离方法

除了沉淀法、萃取法、离子交换法等常规方法，还可以利用钨钼氧化还原电位差异、同多酸根离子性质差异、过氧化物性质差异、含氧酸的溶解度差异，以及对硫的亲和力差异等特性来达到分离的效果。

a　氧化还原电位差异

该方法是利用高价钨化合物与低价钨化合物的性能差异来达到分离目的的。因为在钨酸根离子的水溶液中，钨和钼的化合价都是 +6 价，通过合适的还原剂只还原钼，钨仍然以 +6 价存在于水溶液中，以此来达到分离钨和钼的目的。如在白钨矿酸解除钼的过程中，在加入还原剂的同时应该用盐酸来调节酸的强度，以提高除钼的效果。如果加入的还原剂是一些常规的铁粉或硅铁，虽然可以达到 80%～90% 的除钼率，但反应结束后还要增加除去还原剂的工艺，会使除钼、钨的工艺更加复杂。因此，在工业上人们常选择加入还原剂钨粉。同时，有一点需要特别关注的是：钼被还原为钼蓝（Mo_3O_8）后，可与盐酸反应生成三氯氧钼（$MoOCl_3$），而且三氯氧钼遇到水会水解生成钼酸，降低除钼率。因此，在加入还原剂的同时需要添加合适的酸，提高酸的强度，并且防止水解。

　　b　含氧酸溶解度差异

　　在水中或者盐酸中，钨酸（H_2WO_4）和钼酸（H_2MoO_4）的溶解度相差很大，钨酸的溶解度远小于钼酸。两种酸在盐酸中的溶解度如表3-2所示。

表3-2　钨酸（H_2WO_4）和钼酸（H_2MoO_4）的溶解度数据　　　　　（g/L）

HCl 浓度	20 ℃时溶解度		50 ℃时溶解度		70 ℃时溶解度	
	H_2MoO_4	H_2WO_4	H_2MoO_4	H_2WO_4	H_2MoO_4	H_2WO_4
400	439	6.98	549.8	9.52	537.1	6.42
270	189.6	4.29	268.6	4.79	265.3	5.22
200	99.6	1.72	125.2	2.5	134.8	2.21
130	30.1	0.67	19	0.71	42.6	0.69
80	10.3	0.23	6.39	0.26	12.8	0.26
40	3.9	0.13	2.46	0.09	4.7	0.01

　　当部分钼酸溶解在盐酸中时，钨酸基本上还只是以固体形式存在，根据固液分离原则，我们就可以分离钼和钨。但是，该方法的缺点是除钼不彻底，消耗的盐酸量过大，对环境污染较大。该方法一般用于处理钼含量低的钨溶液。

3.2　废汽车尾气催化剂资源化利用

　　铂族金属（PGMs）由于具有高熔点、耐腐蚀和抗氧化、稳定性和优异的电催化性能等优点广泛应用于汽车催化剂、石油、农业、工业、电子、制药和国防等各个领域。作为汽车催化剂，可将 CO、CH_x（碳氢化合物）、NO_x（氮氧化合物）等汽车尾气排出气缸进入大气之前，将有害气体转化为无害的 H_2O、CO_2 和 N_2 等气体，满足日益严格的汽车尾气排放标准。

3.2.1　废汽车尾气催化剂的组成

　　汽车尾气催化剂在使用过程中会吸附一些重金属（如 Pb、Cr 等）、有机物等有害物质，会对环境造成严重影响，因此被列为危险废物。失效汽车尾气催化剂中含有较高含量的铂族金属（Pt、Pd、Rh 等）、稀土金属（Ce、La、Nd 等）、稀有金属（Zr、Hf 等）等稀贵金属。据估计，处理 2 mg 废汽车催化剂相当于减少 150 kg 铂族金属矿石的开采。废旧轻型车辆（LDV）催化剂含有 1~3 g 铂族金属（Pt、Pd、Rh），而重型车辆（HDV）催化剂则含有 12~15 g 铂族金属。全球约 46 % 的 Pt、57 % 的 Pd 和 77 % 的 Rh 被用于汽车催化剂工业。废汽车催化剂是最丰富的铂族金属二次资源，被广泛用于铂族金属的回收。

　　催化剂整体为蜂窝状结构，主要由载体、涂层和活性组分 3 部分组成。载体为堇青石材料，主要成分为 $2MgO \cdot 2Al_2O_3 \cdot 5SiO_2$。在催化剂的制作中，为增大载体的比表面积，会在载体表面涂敷一层高比表面积的涂层（主要成分 $\gamma\text{-}Al_2O_3$），在涂层中加入 ZrO_2、CeO_2 等添加剂来提高催化剂的性能，贵金属 Pt、Pd 和 Rh 作为活性组分高度分散在涂层中。

3.2.2　废汽车尾气催化剂的利用方法

废汽车尾气催化剂中铂族金属的回收包括以下几个步骤：预处理、富集、提取、分离和纯化以及还原为金属产品。

3.2.2.1　预处理

废催化剂经过机械加工，如分离、破碎或研磨，然后送到下一步火法/湿法冶金工艺中，可使金属的浸出或分离更有效。废催化剂采用热预处理，通过消除废催化剂表面存在的碳氢化合物和炭来提高金属的回收效率。通过在合适的气氛（氢气、氧气、氮气或空气）中进行热预处理，去除废催化剂中的有机成分，同时保留所需的金属并转移到下一个流程。

如将含有铂族金属（Pt、Pd、Rh）的废汽车催化剂在 250 ℃的氢气气氛下加热，由于去除了催化剂表面存在的碳氢化合物和炭，并还原了氧化的铂族金属，从而提高了浸出过程中的金属回收率。

3.2.2.2　湿法冶金工艺

湿法冶金工艺可使用较低的工艺温度、较高的净化收率、较低的能耗和获得多金属浓度较高的浸出液。湿法冶金过程包括几个阶段：形成铂族络合物的浸出阶段、溶解前驱体的分离和从浸出液中提纯铂族金属。

A　氯化物浸出

氯化物浸出是在酸性条件下和添加氧化剂（Cl_2、HNO_3、$NaClO$、$NaClO_2$、$NaClO_3$、H_2O_2）浸出铂族金属的过程。

氧化剂的氧化电位影响铂族金属的浸出程度。Pt 浸出需要更高的电势，而 Pd 和 Rh 需要更低的电势。下面的方程显示了铂族金属-氯络合物的标准电极电势。

$$[PtCl_6]^{2-} + 4e \Longleftrightarrow Pt + 6Cl^- \qquad E^{\ominus} = 0.74\ V$$

$$[PdCl_4]^{2-} + 2e \Longleftrightarrow Pd + 4Cl^- \qquad E^{\ominus} = 0.62\ V$$

$$[RhCl_6]^{3-} + 3e \Longleftrightarrow Rh + 6Cl^- \qquad E^{\ominus} = 0.44\ V$$

氯化物体系是最稳定的浸出体系之一，其中铂族金属-氯络合物在氯酸溶液中相当稳定。最稳定的氯络合物是 $[PtCl_6]^{2-}$、$[PdCl_4]^{2-}$ 和 $[RhCl_6]^{3-}$，它们的形成强烈依赖于氯介质的浓度。铂族金属的溶解随着氯离子浓度的增加而增强，这是因为氯离子浓度的增加降低了平衡电位。

B　氰化物浸出

氰化物介质（CN^-）作为配位离子吸附在铂族金属表面。铂族金属可以与碳或氮原子提供的孤对电子形成配体键。因此，铂族金属氰化物络合物在溶液中保持稳定。根据以下反应，PGM 可以溶解在碱性氰化钠溶液中，在浸出过程中，氧气起到了氧化剂的作用。

$$2Pt + 8NaCN + 2H_2O + O_2 \Longleftrightarrow 2Na_2[Pt(CN)_4] + 4NaOH$$

$$2Pd + 8NaCN + 2H_2O + O_2 \Longleftrightarrow 2Na_2[Pd(CN)_4] + 4NaOH$$

$$4Rh + 24NaCN + 6H_2O + 3O_2 \Longrightarrow 4Na_3[Rh(CN)_6] + 12NaOH$$

C 用碘化物/碘溶液浸出

在 25 ℃时，由于铂在碘离子中的标准氧化还原电位 PtI_6^{2-}（0.40 V）低于其他离子物种，如 Pt^{4+}（1.15 V）、$PtCl_6^{2-}$（0.744 V）和 $PtBr_6^{2-}$（0.657 V），因此使用碘化物/碘溶液溶解铂比其他卤素体系更有前途。铂族金属在碘溶液中的溶解反应方程式如下：

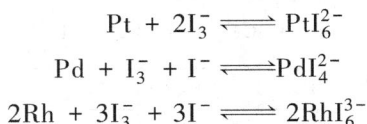

$$Pt + 2I_3^- \Longrightarrow PtI_6^{2-}$$
$$Pd + I_3^- + I^- \Longrightarrow PdI_4^{2-}$$
$$2Rh + 3I_3^- + 3I^- \Longrightarrow 2RhI_6^{3-}$$

3.2.2.3 火法冶金工艺

A 氯化挥发法

氯化挥发是基于金属氯化物的挥发性差异。氯气与一氧化碳、氧气、二氧化碳等混合，加入 KCl、NaCl、$CaCl_2$ 等助剂，在高温条件下使铂族金属氯化物挥发完全，然后在较低温度下冷凝，从而有效分离废催化剂中的铂族金属。氯化挥发在 850～900 ℃下反应 1～3 h，钯挥发率可达 99%。铂族金属的氯化反应如下：

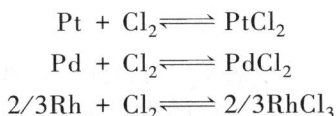

$$Pt + Cl_2 \Longrightarrow PtCl_2$$
$$Pd + Cl_2 \Longrightarrow PdCl_2$$
$$2/3Rh + Cl_2 \Longrightarrow 2/3RhCl_3$$

B 金属蒸气处理

金属蒸气处理涉及铂族金属与活性金属蒸气在高温下发生反应，形成金属-铂族金属合金，有利于在酸性环境中溶解。

活性金属如 Mg 或 Ca 的蒸气与铂族金属在高温下发生反应，生成活性金属-铂族金属化合物或随后氧化这些化合物的产物，这些化合物比纯铂族金属更容易溶解在塑性溶液中。因此，以蒸气形式存在的 Mg 或 Ca 被应用于从废汽车催化剂中提取 Pt 和 Rh。活性金属蒸气不仅可以有效地沉积并与浸渍在涂层上的铂族金属反应，而且还可以与堇青石基体中含有的金属氧化物反应。

C 金属捕集法

将废弃催化剂与助熔剂（石灰、冰晶石、硼砂、纯碱等）、捕收剂（铅、铜、铁、镍等）和还原剂混合，一起在炉中熔化，以产生金属合金和炉渣。钯等铂族金属被金属收集并转移到金属合金中，而废催化剂的载体则被转移到炉渣中。由于密度差异，合金和炉渣很容易分离。这种方法应用广泛，特别是对于具有不溶性载体和低铂族金属含量的废催化剂。

3.2.2.4 从浸出液中分离铂族金属

从浸出液中回收铂族金属的方法主要包括溶剂萃取、离子交换和化学沉淀。通过这些方法目标金属可以与富集溶液中的其他金属离子分离，以进行最终精炼。

A 溶剂萃取

溶剂萃取，也称为液-液萃取，可以描述为铂族金属离子与萃取剂反应，然后在有机相中形成和富集铂族金属络合物。在分离有机相和无机相后，可以用合适的反萃剂从有机相中分离铂族金属。溶剂萃取机理和铂族金属回收的一般反应方程式列于表 3-3。

表 3-3　溶剂萃取机理和 PGMs 卤化物络合物回收反应

试剂	机理	反应方程式
有机萃取剂	阴离子交换	$MX_m^{n-} + nOX \longrightarrow O_nMX_m + nX^-$
	溶剂化	$MX_m^{n-} + nH^+ + 2HA \longrightarrow H_nMX_m \cdot 2HA$
	化合物形成	$MX_m^{n-} + nE \longrightarrow MX_{m-n}E_n + nX^-$
离子液体+ 有机萃取剂	离子交换	$MX_m^{n-} + nH^+ + nCA \longrightarrow C_nMX_m + nHA$
纯离子液体	离子缔合	$MX_m^{n-} + nH^+ + CZ \longrightarrow CZ \cdot H_nMX_m$
	离子缔合	$MX_m^{n-} + nCA \longrightarrow C_n \cdot MX_m + nA^-$
		$MX_m^{n-} + nH^+ + CZ \longrightarrow CZ \cdot H_nMX_m$
		$MX_m^{n-} + mCZ \longrightarrow C_nMZ_m + (m-n)CX + nX^-$
		$MX_m^{n-} + (m-n)CZ \longrightarrow MZ_{m-n} + (m-n)C^+ + mX^-$

注：M 为铂族金属；X 为卤化物配体，例如 Cl；m 为常数，例如 6(Pt, Rh) 和 4(Pd)；n 为常数，例如 2(Pt 和
　　Pd) 和 3(Rh)；O 为含氟碱性有机化合物；E 为萃取剂；C 为阳离子；A 为阴离子；Z 为另一种卤化物配体，
　　例如 Br、I。

B　离子交换

离子交换涉及固相萃取过程，其中液相中的目标金属离子与固相离子交换剂发生化学
计量交换。离子交换剂可以是无机材料（硅酸铝矿物、沸石）或有机基材料（树脂、膜、
煤等）。树脂是通过将有机萃取剂物理或化学浸渍在惰性多孔固体载体上制备的，即溶剂
浸渍树脂和螯合树脂。离子交换树脂分离铂族金属涉及两个过程：（1）金属负载：铂族
金属离子通过离子缔合或螯合机制负载在固体载体相上，具体取决于提取剂的类型；
（2）洗脱：在单独沉淀或反萃之前，使用合适的洗脱剂将金属转化回液相。离子交换树
脂技术可以确保高回收效率，特别是在各种介质、氯化物、溴化物或氰化物中铂族金属离
子浓度较低的情况下，这种方法比溶剂萃取更有效。

C　化学沉淀法

沉淀法是从水溶液中回收目标金属的一种方法，它涉及向溶液中加入特定的试剂，使
目标金属形成不溶性化合物并从溶液中沉淀出来。以 NH_4Cl 为沉淀剂，从柴油机尾气催
化剂的 $HCl + H_2O_2$ 浸出液中回收 Pt。溶解的铂通过以下反应与 NH_4Cl 形成不溶的沉淀：

$$H_2PtCl_6 + 2NH_4Cl \Longrightarrow 2HCl + (NH_4)_2PtCl_6$$

二胺二氯钯沉淀法是将来自氯化物介质浸出的钯的氯络合物与氢氧化铵反应形成可溶
性络合物（$[Pd(NH_3)_4]Cl_2$），而其他金属则变成氢氧化物沉淀；因此钯与其他金属分
离。加入盐酸，使浸出液的 pH 值保持在 0.5~1.5 之间，形成二胺二氯钯的黄色沉淀。二
胺二氯钯沉淀过程中发生的反应

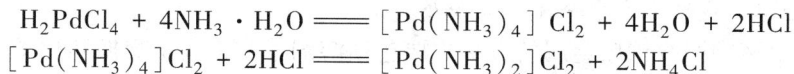

$$H_2PdCl_4 + 4NH_3 \cdot H_2O \Longrightarrow [Pd(NH_3)_4]Cl_2 + 4H_2O + 2HCl$$
$$[Pd(NH_3)_4]Cl_2 + 2HCl \Longrightarrow [Pd(NH_3)_2]Cl_2 + 2NH_4Cl$$

本 章 小 结

本章主要介绍了火电厂废烟气脱硝催化剂，废汽车尾气催化剂的种类及资源化利用
方法。

习　题

（1）火电厂废烟气脱硝催化剂的处理方法有哪些？

（2）废弃车尾气催化剂的处理方法有哪些？

4   电镀工业有色金属资源循环利用

本章提要：

(1) 了解电镀过程中的主要污染物；

(2) 掌握电镀废弃物中有色金属的循环利用方法。

电镀是借助于电流的作用，将有关金属均匀涂覆到基底材料表面的过程，作为一种表面精饰工艺，电镀已经成为机械、电子、仪器、仪表、轻工、航空、航天等诸多行业和领域中提升产品质量的一种不可缺少的重要手段。电镀的品种由电镀单一金属到二元合金，再到三元合金，又到复合材料组成的镀层；电镀介质由在水溶液中进行，发展到在非水电解质中电镀；电镀工艺也有了很大的进步，出现了高速电镀、脉冲电镀，既提高了生产效率，又节约了原材料。然而在电镀过程中，会产生电镀污泥与电镀废水。

4.1   电镀污泥的循环利用

4.1.1   电镀污泥的来源与分类

电镀污泥是电镀废水处理过程中的必然产物，处理电镀废水的方法很多，主要有化学法、离子交换膜法、活性炭吸附法、电解法、蒸发浓缩法、反渗透法、电渗透法等，其中化学沉淀法作为目前应用最为广泛的电镀废水处理技术，是产生电镀污泥的主要来源。我国约有 41% 的电镀厂采用化学法处理电镀废水，其沉淀池、过滤池产生的污泥经过简单的压滤脱水后形成大量电镀污泥。其他方法（如离子交换膜法、活性炭吸附法）虽不直接产生电镀污泥，但在这些处理工艺的某些辅助环节（如再生液的处理、活性炭再生）仍会产生一定量的电镀污泥。而在电镀废水的处理过程中，一般会投加某些酸、碱、氧化剂、还原剂、絮凝剂等化学药剂，因此，其他物质也会伴随进入电镀污泥中，使污泥的成分更加复杂多变。电镀重金属废水处理后湿污泥的平均产泥率为 3.183 kg/m³，而同样富含多种有价金属的印制电路板废水的平均产泥率为 1.180 kg/m³。

根据废水处理方式的不同，可将电镀污泥分为混合污泥和分质污泥两类。前者是将不同生产工艺及不同镀种产生的电镀废水混合成一股再进行处理而形成的电镀污泥，后者是将不同种类电镀废水分流进行处理而形成的电镀污泥（如含铬分质污泥、含铜分质污泥、含镍分质污泥、含锌分质污泥等）。

4.1.2   电镀污泥的组成

化学沉淀法处理电镀废水的实质是通过添加某种化学试剂来调节电镀废水的 pH 值，使其中的金属离子水解产生沉淀，然后投加絮凝剂或混凝剂进一步沉淀去除废水的重金属离子。目前，多数企业采用的沉淀剂是石灰、烧碱等碱性溶液，因此，污泥中大多数重金属离子以氢氧化物沉淀的形式存在。另外，为保证废水中铜离子的稳定达标排放，部分企业还会添加效果更好的硫化钠以沉淀铜离子，导致铜离子等重金属物质可能以硫化物的形式存在。

由于各电镀业的镀种不同，污泥中的金属成分和含量也是千差万别，即使是同一生产企业，如某镀种的电镀成品面积发生变化，也会引起污泥中金属含量变化。除重金属物质外，电镀污泥中还存在磷酸根、硫酸根以及其他一些阴离子物质。此外，电镀污泥中还含有一些有机物组分，主要是来自电镀添加剂及废水处理时投加的混凝剂、絮凝剂等。电镀生产工艺、镀种、电镀液配方、废水处理方法等各有差异，因此，电镀污泥的成分较为复杂。表4-1为典型电镀污泥中主要金属成分及组成情况。

表 4-1　电镀干污泥中主要有价金属

金属组分	Cu	Zn	Cr	Ni	Fe
含量/%	3.7~8.4	3.2~10.8	3.6~5.0	1.2~25.0	10.1~22.0

电镀污泥成分十分复杂，大多数电镀污泥是一种以铁基为主的混合体系。干污泥中有价金属含量较高，特别是镍的富集含量最高可达到20%以上，有较高的回收价值。同时污泥中铜、锌、铬的含量也不低，其回收利用同样不容忽视。电镀污泥是一种廉价的二次可再生资源，其中所含个别金属的含量已经远远超过这些金属在其金属矿中的含量，因此可将电镀污泥看作一种宝贵的资源对其加以回收再利用。

4.1.3　电镀污泥的处理方法

4.1.3.1　湿法回收有价金属

湿法冶金回收有价金属，能从多组分的电镀污泥中回收铜、镍、锌等重金属资源，整个过程一般包括预处理、浸出、净化富集和回收产品四个阶段，如图4-1所示。电镀污泥经过风干或焚烧预处理后，先利用浸出剂与污泥原料作用，使其中的金属物质变为可溶性化合物进入水相，并与进入渣相的伴生元素初步分离，浸出液中的金属离子可通过化学沉淀、溶剂萃取、氢还原、电解等方法富集，从而进行分离回收，实现有价金属的资源化利用。

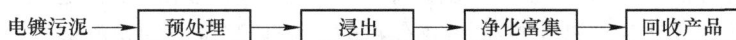

电镀污泥 →　预处理　→　浸出　→　净化富集　→　回收产品

图 4-1　从电镀污泥中回收有价金属的一般过程

其中有价金属的浸出和浸出液的净化、回收为主要的工序。

A　浸出

a　酸浸

浸出是回收有价金属的关键步骤，也是决定后续金属回收率的关键所在。酸性浸出法（酸浸）是湿法冶金中应用最广泛的浸出方法之一。电镀污泥中的有价金属大多以金属氢氧化物或金属氧化物形态存在，通过酸浸，大部分金属物质能以离子态或配合离子态的形式溶出，用酸（如 H_2SO_4）浸出各种污泥中所含金属的反应原理为：

$$MO + H_2SO_4(aq) \Longrightarrow MSO_4 + H_2O$$
$$M(OH)_2 + H_2SO_4(aq) \Longrightarrow MSO_4 + 2H_2O$$

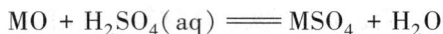

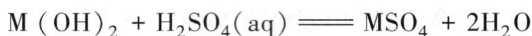

常用的浸出剂有盐酸、硫酸、硝酸、王水等，浸出剂选择的原则是热力学上可行、浸出率高、经济合理、来源容易。在具体的回收过程中，采用何种酸进行浸取需根据电镀污泥的性质并通过比较实验而定。

b　氨浸

氨浸法是利用目标金属与氨生成稳定的氨配离子 $Me(NH_3)_n^{z+}$ 进入溶液，从而与污泥中的难溶物质及不与氨配合的杂质金属分离。可与氨生成稳定的氨配合物的金属有银、铜、锌、镍、钴、镉、汞等，铁、镁、钙、铝等金属则很难通过氨浸法溶出。采用氨浸法能选择性浸出有回收价值的有价金属，浸出液较纯净，杂质含量低浸出剂消耗少。

金属氨配离子的完全离解反应式为：
$$Me(NH_3)_n^{z+} \Longrightarrow Me^{z+} + nNH_3$$

其平衡常数：
$$K_n = \frac{[Me^{x+}][NH_3]^n}{[Me(NH_3)_n^{x+}]}$$

式中，K_n 称作氨配离子的不稳定常数；[ ] 表示离解反应平衡时各组分的活度。不稳定常数值越小，则氨配离子越稳定，金属离子越易与氨结合生成稳定的氨配离子。常见金属氨配离子不稳定常数（30℃）如表4-2所示。

表 4-2　常见金属氨配离子不稳定常数

NH₃配位数	$-\lg K_n$					
	Ag⁺	Cu²⁺	Ni²⁺	Co²⁺	Zn²⁺	Cd²⁺
1	3.2	4.15	2.79	2.11	2.37	2.64
2	7.03	7.65	5.03	3.74	4.81	4.5
3		10.54	6.76	4.79	7.31	6.18
4		12.67	7.95	5.55	9.46	7.12
5			8.70	5.73		6.80
6			8.73	5.11		7.13

对同种金属而言，一般高配位数氨配离子比低配位数氨配离子更稳定。只要有较高浓度的氨存在，就可以认为溶液中绝大多数存在的是最高配位数的氨配离子，其他低配位数的氨配离子可以忽略不计。各金属的氨配离子的稳定性顺序为：
$$Cu(NH_3)_4^{2+} > Zn(NH_3)_4^{2+} > Ni(NH_3)_6^{2+} > Cd(NH_3)_6^{2+} > Ag(NH_3)_2^{2+} > Co(NH_3)_6^{2+}$$
以 NH_3—NH_4HCO_3 氨浸体系为例，其组分浸出有价金属的化学原理为：
$$Ni(OH)_2 + 5NH_3 + NH_4HCO_3 \longrightarrow Ni(NH_3)_6^{2+}CO_3^{2-} + 2H_2O$$
$$Cu(OH)_2 + 3NH_3 + NH_4HCO_3 \longrightarrow Cu(NH_3)_4^{2+}CO_3^{2-} + 2H_2O$$
$$2Cr(OH)_3 + 9NH_3 + 3NH_4HCO_3 \longrightarrow [Cr(NH_3)_6^{3+}]_2(CO_3^{2-})_3 + 6H_2O$$
$$Cr(NH_3)_6^{3+} + 2H_2O \longrightarrow CrO(OH)_{钝化态}\downarrow + 3NH_4^+ + 3NH_3$$

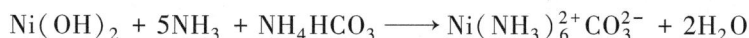

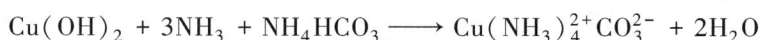

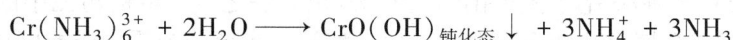

介绍一种采用氨浸法从电镀污泥中提取金属镍的典型工艺（图4-2）。

将含水率为80%、含镍量为1%的电镀混合污泥在400~450℃的回转窑中进行氧化焙烧，使污泥含水率降到 6% 左右，再用含 NH_3 7%、含 CO_2 5%~7% 的氨液对焙砂进行充氧搅拌浸出，对焙砂应进行镍等金属元素的含量分析，以便确定氨浸时碳酸铵的用量。

浸出是整个流程的控制性步骤，为达到较高的镍回收率，必须保证总浸出率和浸出液的含镍总量。用碳酸铵溶液进行选择性浸出时，污泥中的镍、铜等金属元素以配合物形式进入溶液，而铁等其他杂质则留在浸出渣中，实现杂质与镍的分离。在浸出过程中应控制好焙砂粒度、固液比、溶液 pH 值、浸出温度等重要参数并获得最优的工艺条件。为进一步提高氨的浸出效率，采用多次重复进行，浸出总时间 3~4 h，最后镍的总浸出率达到 96%。

浸出液用低压蒸气加热，使 NH_3 和 CO_2 分解析出，通过水溶液吸收法进行回收并返回生产中循环使用。蒸氨后镍以碱式碳酸盐的形式富集，从浸出液中提取镍也可采用化学沉淀、电解、溶剂萃取等方法。氨浸出液通过蒸氨后，残液中通常含 1%~3% 的绿色絮状的碱式碳酸镍悬浮物，经沉淀压滤得到的碱式碳酸镍滤饼可以转化为其他镍产品如二氧化镍硫酸镍或金属镍等。

图 4-2 典型氨浸工艺

流程：电镀污泥 → 焙烧 → 氨浸(1) → 沉降分离（浸出液、沉淀）→ 氨浸(2) → 沉降分离（浸出液、沉淀，重复多次）→ 过滤除铁 → 蒸氨回收（碱式碳酸镍）→ 沉淀 → 压滤 → 镍产品；洗涤(1)（稀氨水、洗涤水）→ 洗涤(2)（稀氨水、清水，重复多次）→ 浸出渣

B　净化回收

主要包括化学沉淀，溶剂萃取等方法。

化学沉淀法是一种经典的分离方法，在国内外应用广泛，其原理是利用沉淀剂使需要的主成分（或不需要的干扰组分）形成沉淀，再经过滤、洗涤以达到目标金属与杂质分离的目的。在电镀污泥的回收工艺中，一般采用的化学沉淀法有氢氧化物沉淀法、硫化物沉淀法、金属置换沉淀法、碳酸盐沉淀法等。

a　氢氧化物沉淀法

氢氧化物沉淀法是指含多种金属离子的混合溶液在不同的 pH 值范围内分别形成不同的金属氢氧化物沉淀以达到分离的目的，不同难溶金属氢氧化物的溶度积 K 不同，它们沉淀所需的 pH 值也不同。因此，可以通过调节 pH 值达到分离金属离子的目的。常用的 pH 调整剂有 NaOH、HCl、氨水等。表 4-3 所示为电镀污泥酸浸液中几种金属离子的理论沉淀 pH 值。

表 4-3　电镀污泥酸浸液中几种金属离子的理论沉淀 pH 值

主要金属化合物	$Sn(OH)_4$	$Cu(OH)_2$	$Ca(OH)_2$	$Fe(OH)_3$
开始沉淀 pH 值	约 0.25	约 4.67	约 11.09	约 2.2
完全沉淀 pH 值	1.25	6.67	12.87	3.2

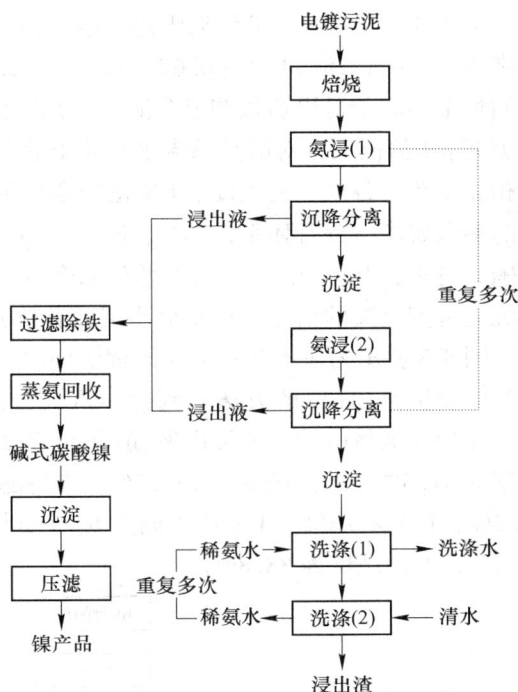

由表 4-3 可知，电镀污泥中锡、铜、钙、铁四种离子都有各自的理论沉淀 pH 值范围，分别为 0.25~1.25、4.67~6.67、11.09~12.87、2.2~3.2，因此，从理论上看，溶液中的四种金属离子可以通过调节溶液的 pH 值很好地把它们分离开来。但是，由于上述离子的沉淀 pH 值范围针对的是只含单种离子的理想溶液，在实际的混合溶液中，由于离子间会相互干扰，各离子的沉淀 pH 值范围会发生一定的波动。由于电镀污泥浸出液是一种复杂的多金属离子混合体系，Sn^{4+}、Fe^{3+}、Cu^{2+} 这三种离子实际的沉淀 pH 值范围要比理论范围大得多，开始沉淀 pH 值偏低，完全沉淀值往高 pH 值方向偏移，因而出现了不同离子沉淀范围交叉的情况，这给分步沉淀有效分离各种离子带来了困难。

图 4-3 所示为氢氧化物分步沉淀法回收电镀污泥中的铜、锡。采用加氢氧化钠调节电镀污泥浸出液 pH 值的方法达到分步沉淀分离回收有价金属铜和锡、除去铁等杂质的目的。先加碱液将电镀污泥浸出液 pH 值调至 2，得到锡产品，锡的沉淀率达到 97.2%，回收率为 91.3%，产品纯度为 94.25%；再将滤出液 pH 值从 2 调至 4，杂质铁的去除率达到 96.2%；最后将滤液 pH 值从 4 调至 8，得到铜产品，铜的沉淀率达到 98.5%，回收率为 94.2%，产品纯度为 88.8%。

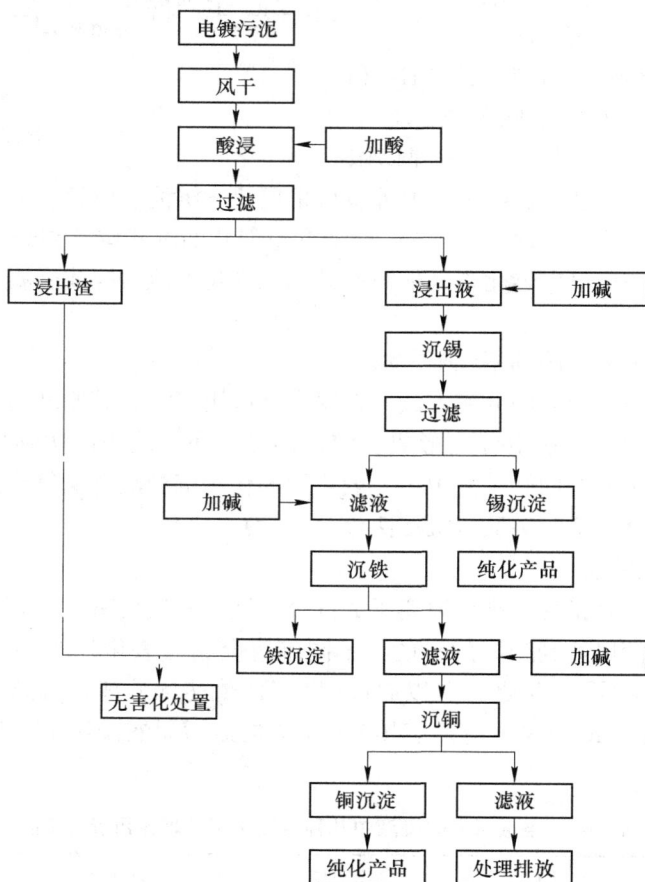

图 4-3　氢氧化物分步沉淀法回收电镀污泥中的铜、锡

b 硫化物沉淀法

硫化物沉淀分离法是污泥中所含金属用酸浸出后，利用金属硫化物溶度积不同选择性沉淀各金属，实现分离的目的。由于硫化铜形成趋势大，沉淀速度快，对于电镀污泥中铜的回收，硫化物沉淀法是一种不错的选择。实验证明，回收铜的过程中，最重要的影响因素是硫化钠的用量，而其他诸如反应时间、温度、搅拌速度等是次要条件。

取一定量电镀污泥的酸浸出液，边搅拌边缓慢加入一定量的浓度为 20% 的 Na_2S 水溶液，反应 30 min 后，过滤、洗涤，并分析母液中铜、镍的浓度，可得金属沉淀率，结果见表 4-4。

表 4-4 硫化钠用量与铜、镍沉淀率的关系

相对于理论量的 Na_2S 用量/%	铜沉淀率/%	镍沉淀率/%	母液 pH 值
100	85.3	12.0	2.60
125	99.6	20.6	2.65
150	99.9	38.8	3.16

从表 4-4 可以看出：Na_2S 用量为完全沉淀铜所需理论量的 125% 时，铜的沉淀率已处于较高水平，但此时有 20.6% 的镍与之共沉淀，甚至还有小部分正二价的铁共沉淀。考虑到不影响后续其他金属的回收，铜应最大限度地沉淀完全，而镍、铁尽量少沉淀，Na_2S 的适宜用量采用理论量的 125%。

以上所得硫化铜含较多量的镍、铁及少量的铬，镍、铁主要是硫化物的共沉淀，硫化铜的溶度积比硫化镍、硫化亚铁小得多，通过沉淀交换可将 NiS 和 FeS 转化成 CuS，少量的铬可以通过酸洗与水洗去除。有资料表明：NiS、FeS 转化成 CuS 的反应，要在较高温度下才能进行完全。试验采用 90 ℃ 下搅拌反应，Cu^{2+}（以 $CuSO_4 \cdot 5H_2O$ 的形式加入）的用量为硫化铜中镍物质的量的 2 倍，液固比为 4，反应 2 h 后，加硫酸将溶液 pH 值调到 1，再反应 0.5 h，过滤后用稀酸水洗涤，滤饼真空干燥后，得纯净硫化铜，分析金属含量，与不纯硫化铜进行对比。表 4-5 所示为硫化物沉淀除杂结果。

表 4-5 硫化物沉淀除杂结果

金　属	不纯硫化铜含量/%	纯净硫化铜含量/%
Cu	53.40	66.12
Ni	9.92	0.08
Fe	1.70	0.03
Cr	0.82	0.01

通过上述反应过程，污泥中镍、铁杂质通过转化为硫化铜而得以去除，同时调节并经稀酸洗涤后，铬也被有效去除，从而得到较纯净的硫化铜。最终，电镀污泥中铜的总回收率达到 94.5%。

c 铁屑置换沉淀法

电镀污泥通过酸浸后，污泥中的金属铜和金属镍分别以 Cu^{2+}、Ni^{2+} 的形式溶入浸出液中。Cu^{2+} 和 Ni^{2+} 的化学性质较为相似，但在电化学性质上两者差异较明显，Cu^{2+}/Cu 的标准化学电位为 +0.337 V，而 Ni^{2+}/Ni 的标准化学电位为 −0.24 V，另外，Cr^{3+}/Cr 和 $Ca^{2+}/$

Ca 的标准电位均为负值，根据这一电化学特性，可以采用还原法将 Cu^{2+} 与其他金属离子分离。

通过采用铁屑置换法可将铜分离出来，同时得到铜的初级产品——海绵铜。置换反应式为：

$$CuSO_4 + 2Fe + H_2SO_4 \Longrightarrow Cu\downarrow + 2FeSO_4 + H_2\uparrow$$

置换铜后的镍溶液中存在杂质 Cr^{3+} 和 Ca^{2+}，以及较多的 Fe^{2+}，要继续回收金属镍，必须将杂质有效去除。Fe^{2+} 和 Ni^{2+} 的水解 pH 值较接近，均在 6~7 左右，不易分离，但是 Fe^{3+} 的水解 pH 值小于 2，与 Ni^{2+} 的水解 pH 值相差很大，鉴于此，可以将 Fe^{2+} 氧化成 Fe^{3+}，然后使其水解沉淀，Ni^{2+} 则留在溶液中，达到两者分离的目的。经过比选后采用黄钠铁矾法，结果表明，只要条件适宜、操作得当，该法具有很好的效果，处理过程中 Fe^{2+}、Cr^{3+}、Ca^{2+} 的去除率较高，而目标金属 Ni^{2+} 的损失率较低，对总回收率不会造成太大的影响。

经除杂处理后的硫酸镍溶液，含有大量的 Na^+，仍不能直接蒸发、浓缩，通过先用碱沉淀，再用浓硫酸溶解的方法，可以得到较高、较纯的硫酸镍溶液，最终得到硫酸镍晶体，其产品质量符合国家一类标准，产品中含镍为 21.3%，镍的总回收率为 86.5%。

图 4-4 为铁屑置换沉淀法工艺流程。

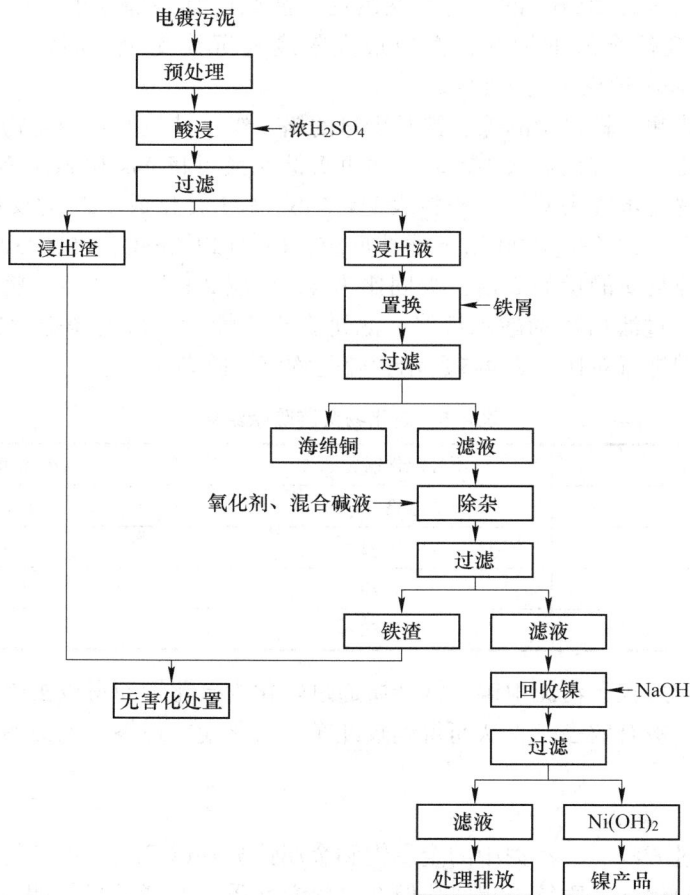

图 4-4 铁屑置换沉淀法工艺流程

d 多级沉淀

沉淀法是从溶液中去除金属的一种低成本方法，各种沉淀法各有各的优点，金属的氢氧化物沉淀法与碳酸盐沉淀法相比会有一些优点，如金属氢氧化物的溶解度低、稳定性强，但也有研究结果表明，从硫酸镍和硫酸锌溶液中分离铬就更适宜采用碳酸盐沉淀法。硫化物沉淀法通过有控制地添加硫化物离子来选择性沉淀铜离子，这便提供了一种在酸性 pH 值范围内从硫酸镍或硫酸锌混合溶液中沉淀回收铜的方法。而对于从酸性金属硫酸盐混合溶液中选择分离钙、铝、镁来说，氟化物沉淀法是一种比较有效的方法。

基于上述经验，采用氢氧化物、碳酸盐、硫化物和氟化物沉淀法，开发了一种从含镍、铁、锌、铜、铬、锰、铝、钙、镁的混合电镀污泥中分步沉淀回收镍的简单工艺，包括污泥酸浸后，再用多种沉淀方法净化硫酸盐浸出液，最后，得到纯氢氧化镍或碳酸镍沉淀。

图 4-5 所示为分步沉淀法回收镍的工艺流程。

根据实验结果可知，每一级被分离的化合物的成分为：一级碳酸盐沉淀：含 Fe 22.3%、含 Ni 4.7%、含 Cu 2.1%，Al、Ca、Zn 总含量小于 0.7%；二级硫化物沉淀：含 Cu 23%、含 Ni 2.53%、Ca 含量小于 0.5%；三级氟化物沉淀：含 Ca 27.8%、含 Mg 12.3%、含 Al 1.1%、含 Zn 1%、含 Ni 0.4%。最终四级氢氧化镍沉淀物的纯度和成分足以在冶金工业再利用，甚至可作为炼钢用的镍电解生产的半成品。在整个过程中，镍的回收率为 72%，在各级沉淀中损失了较多的镍，各个阶段镍的损失为：浸出过程损失 2%、碳酸盐沉淀过程损失 1.9%、硫化物沉淀过程损失 5%、氟化物沉淀过程损失 2%。

值得注意的是，从硫酸盐混合溶液中沉淀产生的氢氧化物、碳酸盐或硫化物的溶解度和沉淀 pH 值范围与文献中给出的纯溶液中沉淀的理论值范围不一致。因为混合溶液中存在的干扰离子会延迟或加速特定金属离子的沉淀，导致改善或阻碍该金属分离的条件。除处理溶液的 pH 值之外，由沉淀产生的金属化合物的溶解度还取决于溶液中各离子的初始浓度和反应温度。

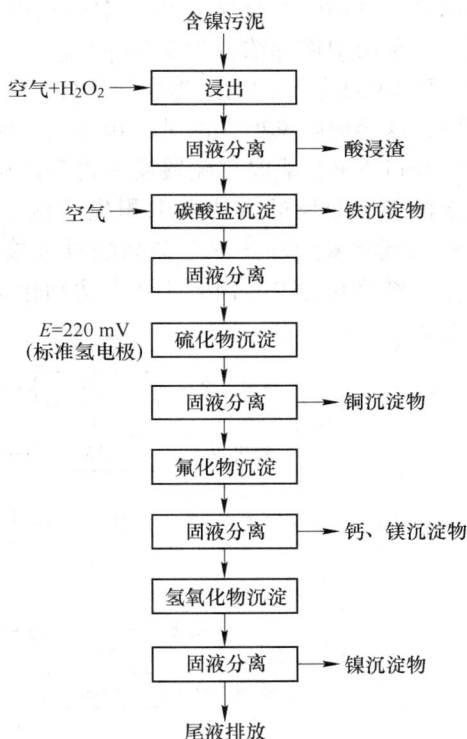

图 4-5 分步沉淀法回收镍的工艺流程

e 电镀污泥酸浸液中铜的萃取

溶剂萃取法也常常应用于电镀污泥中金属铜的回收，选用硫酸作为浸提剂，在一定的浸出条件下，电镀污泥中铜的浸出率达到 98.73%，铁的浸出率达到 97.91%，而其他金属离子杂质很少被浸出。

铜的萃取剂有酸性萃取剂和羟肟萃取剂两种，可以根据实际条件选用合适的萃取剂。

用酸性萃取剂萃取铜时，铜的萃取 pH 值在铁之后，在其他有价离子之前，如果要获得较纯的含铜溶液，得先去除铁离子。由于萃取反应的平衡 pH 值较高，无论是萃取铁还是萃取铜都必须加碱中和，因此，酸性萃取剂萃取铜的成本很高，较少用于萃取分离、提纯铜。用羟肟萃取剂萃取铜时，当羟肟萃取剂的给体原子为 N 和 O 时，第一过渡周期的金属二价离子的螯合物的稳定性符合下列顺序：Cu>Ni>Co>Fe>Mn，Cu^{2+} 高于其他离子。这有利于将铜从混合溶液中选择性分离。采用 N902 为铜的萃取剂，其主要成分为 2-羟基 5-壬基水杨醛肟。

利用 N902 萃取铜的过程中，获得的最优工艺条件为：萃取平衡时间为 2 min，溶液 pH 值为 1.5~1.7、萃取剂浓度为 30%、相比为 1∶1。此时铜的萃取率达到 98.7%，溶液中的铜基本上被萃取。

根据萃取剂与铜离子螯合形成的鉴合物在强酸性条件下不稳定的特性，采用硫酸作反萃取剂。利用硫酸反萃有机相中的铜的过程中，反萃工艺条件为：硫酸浓度为 4 mol/L 时，反萃液中铜的浓度为 4.86 g/L。通过反萃达到铜从净化液中的分离。

用 N902 萃取铜的过程中会部分萃取铁，而在反萃的过程中，这部分铁直接留在有机相中，这会影响萃取剂的进一步萃取，因此需要考虑萃取剂除铁。

经过 N902 萃取与硫酸反萃得到的硫酸铜溶液，含铜离子 4.86 g/L。目前，从硫酸铜溶液中回收铜的方法有电积生成铜、用氢气等还原生成铜以及加热浓缩结晶得到硫酸铜。试验采用加热浓缩结晶法对硫酸铜溶液进行回收，最后生成 $CuSO_4 \cdot 5H_2O$ 蓝色晶体，纯度可达 99.14%，基本达到化学试剂的纯度要求。图 4-6 所示为典型酸浸回收工艺。

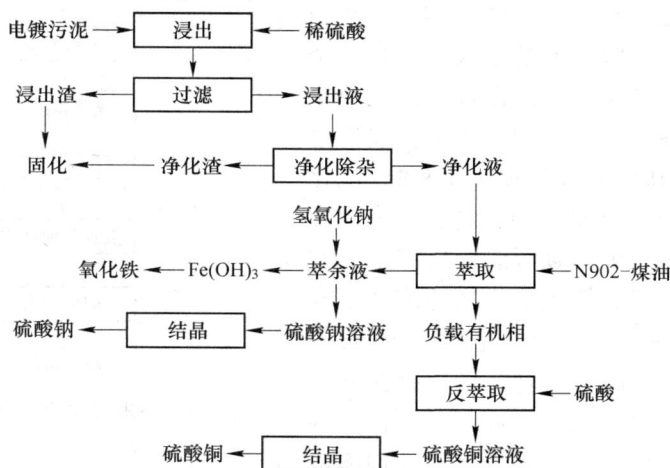

图 4-6 典型酸浸回收工艺

4.1.3.2 火法-湿法回收有价金属

焙烧浸取法的原理是先利用高温焙烧预处理污泥中的杂质，然后用酸、氨、水等介质提取焙烧产物中的有价金属，该法相当于将焙烧、浸取等处理工艺进行组合，达到回收重金属的目的。该类组合方法流程较简单，具有较强的经济性和简便性，但回收得到的重金属盐分含杂质较多，需进一步优化回收工艺，或对回收得到的重金属盐分进行分离纯化。

图4-7为利用中温焙烧-钠化氧化+水浸的方法从电镀污泥中回收铬。

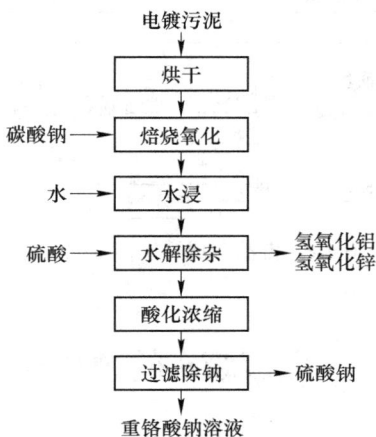

图4-7 中温焙烧-钠化氧化+水浸方法回收重铬酸钠工艺流程

具体涉及的反应如下。

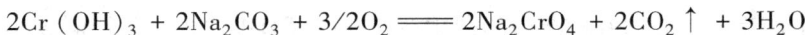

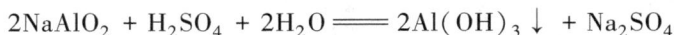

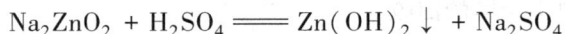

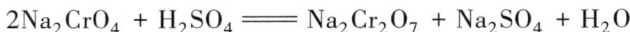

$$2Cr(OH)_3 + 2Na_2CO_3 + 3/2O_2 \Longrightarrow 2Na_2CrO_4 + 2CO_2\uparrow + 3H_2O$$

$$2Al(OH)_3 \Longrightarrow Al_2O_3 + 3H_2O$$

$$Zn(OH)_2 \Longrightarrow ZnO + H_2O$$

$$Al_2O_3 + Na_2CO_3 \Longrightarrow 2NaAlO_2 + CO_2\uparrow$$

$$ZnO + Na_2CO_3 \Longrightarrow Na_2ZnO_2 + CO_2\uparrow$$

$$2NaAlO_2 + H_2SO_4 + 2H_2O \Longrightarrow 2Al(OH)_3\downarrow + Na_2SO_4$$

$$Na_2ZnO_2 + H_2SO_4 \Longrightarrow Zn(OH)_2\downarrow + Na_2SO_4$$

$$2Na_2CrO_4 + H_2SO_4 \Longrightarrow Na_2Cr_2O_7 + Na_2SO_4 + H_2O$$

先将电镀污泥烘干，按一定比例将其与碳酸钠混合后进行焙烧氧化，使三价铬氧化成六价铬生成铬酸钠熔融体，而铝、锌等金属生成相应的氧化物；然后，将焙烧物通过水浸使铬、铝、锌溶解生成相应的盐，浸出液过滤去除其他金属固体后进行水解酸化；之后进一步过滤去除氢氧化铝、氢氧化锌，实现铬与铝、锌的分离，得到的滤液进一步酸化成重铬酸钠，浓缩至一定体积后冷却，过滤分离去除硫酸钠后得到重铬酸钠溶液；最后，经浓缩结晶、离心、干燥后得到重铬酸钠成品。

4.1.3.3 电镀污泥制备磁性材料

通常，电镀污泥是电镀废水经亚铁絮凝的产物，该类污泥中含有大量的铁离子，通过适当的无机合成技术可以使其变成复合铁氧体。在此过程中，所有重金属离子几乎都进入铁氧体晶格内而被固化，这是由于在生成复合铁氧体的过程中，污泥中的铁离子（二价和三价）和其他各种金属离子都将与处理原料中的亚铁离子以离子键作用，相互束缚在反尖晶石面心立方结构的四氧化三铁晶格节点上，在pH值为3~10范围内很难复溶，达到了消除二次污染的目的，而制成的产品为具有磁性、外观为黑色的复合铁氧体，可进一步制造磁性探伤粉或铁黑颜料。图4-8为采用湿法合成铁氧体的工艺流程。

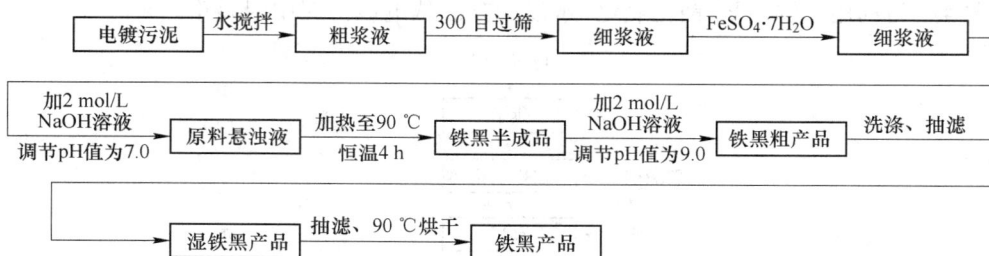

图 4-8 湿法合成铁氧体工艺流程

4.2 电镀废水的循环利用

4.2.1 电镀废水的来源

电镀、钝化、退镀等电镀作业中常用的槽液经长期使用后或积累了许多其他的金属离子，或由于某些添加剂的破坏，或某些有效成分比例的失调等原因而影响镀层或钝化层的质量。许多工厂为了控制这些槽液中的杂质在工艺许可范围之内，将槽液废弃一部分，补充新溶液，也有的工厂将这些失效的槽液全部弃去。这些废弃的各种浓废液一般重金属离子浓度都很高，积累的杂质也很多。这些电镀废水或废液是电镀行业环境污染的主要方面，这些废水不仅污染物的种类不同，而且主要污染物的浓度、其他金属杂质离子的浓度以及溶液介质也都往往有较大差异。这些差异决定了这些废水（液）的处理技术上的多样性和工艺上的特殊性。

4.2.2 电镀废水中贵金属的回收

4.2.2.1 氰化电镀废液中金的回收

A 电解法

将氰化镀金废液置于电解槽中，不锈钢为阳极，纯金铂片作为阴极，控制温度 70 ~ 90 ℃，通入直流电进行电解，槽电压约为 5 ~ 6 V。在直流电的作用下，金离子迁移到阴极并在阴极上沉积析出。

B 置换法

氰化镀金废液中金通常以 $Au(CN)_2^-$ 的形式存在。在废镀液中加入适当还原剂，可将 $Au(CN)_2^-$ 中的金还原出来。根据镀液的种类和金的含量，还原剂可选用无机还原剂（锌粉、铁粉、硫酸亚铁等）或有机还原剂（草酸、水合肼、抗坏血酸、甲醛等）。锌粉还原的反应方程式为：

$$2KAu(CN)_2 + Zn \longrightarrow K_2Zn(CN)_4 + 2Au$$

C 离子交换法

由于镀金废液中金以 $Au(CN)_2^-$ 阴离子的形式存在，选用适当的阴离子交换树脂可从废液中交换 $Au(CN)_2^-$ 阴离子，再用适当的溶液将 $Au(CN)_2^-$ 阴离子洗提下来。将阴离子交换树脂装柱，将经过过滤的氰化镀金废液通过离子交换柱，当流出液中的金含量超出规定标准时停止通入废液。用硫脲盐酸溶液或盐酸丙酮溶液反复洗提金，使树脂再生。洗提液金含量提高，用电解或还原的方法将洗提液中的金提取出来。

D　溶剂萃取法

其基本原理是利用氰化镀金废液中的金氰配合物在某些有机溶剂中的溶解度大于水相中的溶解度而将含金配合物萃取到有机相中进行富集，处理有机相得到粗金。用于萃取金的有机溶剂有乙酸乙酯、醚、二丁基卡必醇、磷酸三丁酯和三辛基甲基铵盐等都可以从含金溶液中萃取金。

4.2.2.2　镀银废液中银的回收

镀银废液的银含量一般 $10 \sim 12$ g/L，总氰含量为 $80 \sim 100$ g/L。采用电解法可使提银尾液中氰根破坏转化，尾液可以正常排放。阴极为不锈钢板，阳极为石墨，通入电流后，阴极析出银而阳极放出氧气。随着溶液总银离子的减少，槽电压升至 $3 \sim 5$ V。这时阳极除氢氧根放电外，还进行脱氰过程。

阳极反应为：

$$4OH^- - 4e \longrightarrow 2H_2O + O_2$$
$$CN^- + 2OH^- - 2e \longrightarrow CNO^- + 2H_2O$$
$$CNO^- + 2H_2O \longrightarrow NH_4^+ + CO_3^{2-}$$
$$2CNO^- + 4OH^- - 6e \longrightarrow 2CO_2 + N_2 + 2H_2O$$

阴极反应为：

$$Ag^+ + e \longrightarrow Ag$$
$$2H^+ + 2e \longrightarrow H_2$$

脱银尾液如果仍含有少量 CN^- 时，可加入少量硫酸亚铁，使之成为稳定的亚铁氰化物沉淀，这时尾液即可正常排放。

4.2.2.3　含铂废镀液中铂的回收

从含铂废镀液中回收铂的方法有还原法、萃取法、离子交换法、锌粉置换法等，其中锌粉置换法最常用。

将含铂废镀液（含少量 Au、Pt），调整溶液 pH=3，加入锌粉，进行置换 Au、Pt 等，过滤后将残渣用王水溶解，用 $FeSO_4$ 还原金。分金后的溶液加入适量过氧化氢溶液，然后加固体氯化铵或饱和氯化铵溶液，直至继续加氯化铵时无新的黄色沉淀形成。过滤，将所得的黄色氯铂酸铵沉淀用 10% 的氯化铵溶液洗涤数次，抽滤后加热 $350 \sim 400$ ℃ 使铵盐分解，直至炉内不冒白烟，升高温度至 900 ℃ 煅烧，冷却后得到粗铂。也可用水合肼直接还原氯铂酸铵得到铂粉。

4.2.2.4　含钯废镀液中钯的回收

采用硫代尿素及其衍生物使钯从溶液中沉淀出来，再进一步分离提纯得到钯。工艺流程如图 4-9 所示。

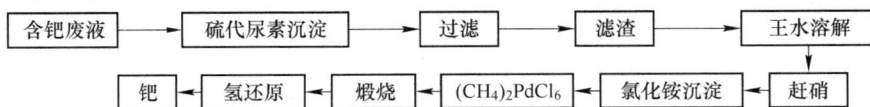

图 4-9　含钯废液中钯的回收工艺流程图

本 章 小 结

　　本章主要介绍了电镀过程中产生的电镀废水与电镀污泥中有色金属回收的工艺与方法。

习　题

（1）电镀污泥资源循环利用的工艺与方法有哪些?

（2）简述电镀废液中贵金属回收的工艺与方法。

5 尾矿资源循环利用

本章提要：
（1）了解尾矿的类型与特点；
（2）掌握尾矿循环利用方法。

矿产资源是人类生存中重要的生产资料之一，它对我们的日常生产生活影响很大，目前我国有 80%~90% 的能源和工业原材料来自矿产资源。近年来，随着我国工业的快速发展，对矿产资源的需求不断增加。然而，在矿产资源的开发利用过程中，由于开发利用不当，造成了许多资源的浪费。我国矿山的大量开采，累积了非常多的矿山尾矿。尾矿的堆积不仅造成了资源的浪费，而且对环境造成了严重的威胁，因此要采取必要的措施对其进行综合利用。尾矿利用价值具有复杂性，应重视尾矿对生态环境和工业生产的影响，积极采取有效措施，减少尾矿对生态环境的不利影响。通过对尾矿的无害化处置，使尾矿堆积达到稳定状态，消除或减少尾矿对环境的污染，用尾矿堆积体换取矿产或土地资源，从而获得经济效益、环境效益和资源效益。

5.1 尾矿的定义、类型与特点

5.1.1 尾矿的定义

尾矿，就是选矿厂在特定技术经济条件下，将矿石磨细、选取"有用组分"后所排放的废弃物，也就是矿石经选别出精矿后剩余的固体废料。一般是由选矿厂排放的尾矿矿浆经自然脱水后所形成的固体矿业废料，是固体工业废料的主要组成部分，其中含有一定数量的有用金属和矿物，可视为一种"复合"的硅酸盐、碳酸盐等矿物材料，并具有粒度细、数量大、成本低、可利用性大的特点。通常尾矿作为固体废料排入河沟或抛置于矿山附近筑有堤坝的尾矿库里。

5.1.2 尾矿的类型

5.1.2.1 按选矿工艺类型分类

不同类型和结构的矿石，需要不同的选矿工艺，而不同的选矿工艺产生的尾矿，往往在工艺性能上存在一定的差异，特别是在颗粒的形状和大小上，因此根据选矿工艺，尾矿可分为手选尾矿、重选尾矿、磁选尾矿、浮选尾矿、化学选矿尾矿、电选及光电选尾矿。

5.1.2.2 按矿物成分类型分类

根据尾矿中重要组成矿物的组合与含量，可将尾矿分为以下八种类型，镁铁硅酸盐型尾矿、钙铝硅酸盐型尾矿、长英岩型尾矿、碱性硅酸盐型尾矿、高铝硅酸盐型尾矿、高钙硅酸盐型尾矿、硅质岩型尾矿、碳酸盐型尾矿。

5.1.2.3 按照行业分类

尾矿按照行业划分主要包括黑色金属尾矿、有色金属尾矿、稀贵金属尾矿和非金属尾矿四类。

黑色金属尾矿包括铁尾矿、锰尾矿。

有色金属尾矿主要包括铜尾矿、铅锌尾矿、镍尾矿、锡尾矿、钼尾矿等。

稀贵金属尾矿主要包括黄金尾矿、银尾矿、钨尾矿、铌钽尾矿等。

非金属尾矿种类繁多,主要包括石灰石尾矿、大理石尾矿、高岭土尾矿、石英岩尾矿、花岗岩尾矿、滑石尾矿、石棉尾矿、硅藻土尾矿、膨润土尾矿、珍珠岩尾矿、蛭石尾矿、云母尾矿、铝矾土尾矿等。

5.1.3 尾矿的特点

尾矿的数量庞大、种类繁多、性质复杂。我国金属、非金属矿山采选行业发展迅速,采选厂排放的尾矿数量日益增加,其中金属矿山的尾矿种类和数量更为庞大。随着技术与设备的不断发展,尾矿成为具有巨大潜力的"二次资源",如大冶、攀枝花、白云鄂博等矿山的尾矿中含有铜、钴、钒、钛,部分尾矿中还含有贵金属和稀土元素。然而尾矿粒度细、泥化严重。尾矿的粒度大小与矿石性质以及选矿过程有关,但一般多为细砂至粉砂,具有较低的孔隙度,水分含量也较高,并具有一定的分选性和层理。我国多数矿山矿石嵌布粒度细,共生复杂,为获得高品位精矿,多数采用细磨后选别。因此,排出的尾矿中的有价物质多以细粒、微细粒存在,尾矿泥化与氧化程度较高,同时还有未单体解离的连生体存在,相对难磨难选。因此需要根据尾矿的粒度和性质采用合适的方法工艺进行资源的高效循环利用。

5.2 尾矿中有价金属的循环利用

5.2.1 黄金矿山尾矿中有价金属的回收

5.2.1.1 尾矿中金的回收

A 浮选工艺

某尾矿中平均金品位 0.87 g/t。采用浮选工艺进行处理,实验流程见图 5-1。在 200 目占 78%的再磨细度下,采用丁基黄药+丁铵黑药作联合捕收剂,辅之以硫酸铜的活化作用,经一粗二精二扫闭路浮选,可从该尾矿中获得金品位为 12.49 g/t,回收率为 81.36%的金精矿。

B 炭浆提金工艺

金矿品位为 0.6 g/t 的尾矿,在 90%通过 200 目的磨矿细度下,经塔式磨浸机细磨活化后,氰化浸出 12 h,金的浸出率达到 93.3%。在上述磨矿细度下,塔式磨浸机边磨边浸强化浸出效果明显,边磨边浸 50 min,金的浸出率 95%,大幅度节省浸出时间,省略浸出设备。炭浆提金工艺流程见图 5-2。

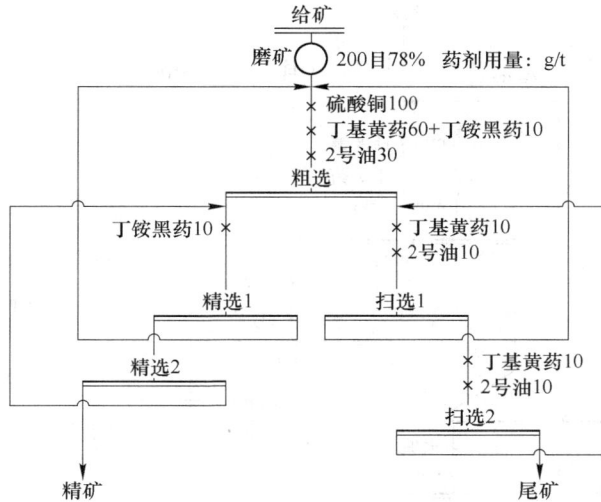

图 5-1 闭路试验流程

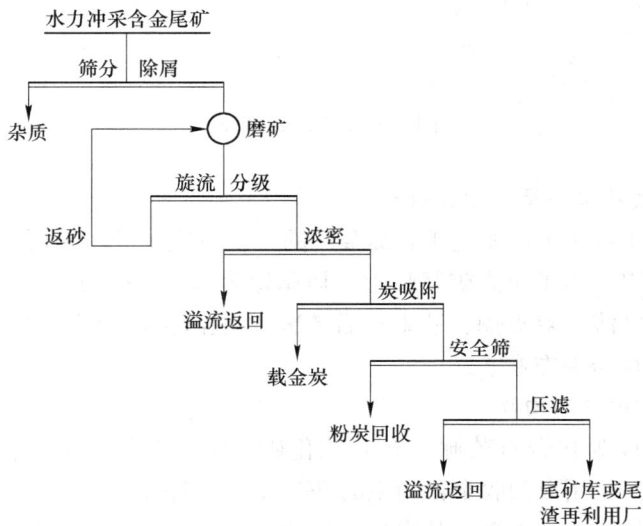

图 5-2 炭浆提金工艺流程

5.2.1.2 尾矿中银的回收

A 浮选法

某尾矿中的银主要赋存于铜矿物或黄铁矿的裂隙中，多属于微细粒不均匀嵌布。银主要富集在方铅矿和黄铁矿中，以碲银矿、硒银矿、硫银铋矿等形式产出。碲银矿为不规则细粒溶出物，一般为微米粒级，与黝铜矿、斑铜矿、黄铜矿和黄铁矿共生，小于 10 μm 硒银矿包裹于黄铜矿和黄铁矿中，硫银铋矿则以固溶体分解物的形式存在于方铅矿和黄铁矿内，粒度级细。此外，银也有部分呈类质同象形式存在于黄铜矿中。在捕收剂丁黄药 70 g/t，活化剂硫酸铜 500 g/t、精选加入 1 kg/L 水玻璃条件下，可取得精矿品位 2063.99 g/L，回收率 92.85%。流程见图 5-3。

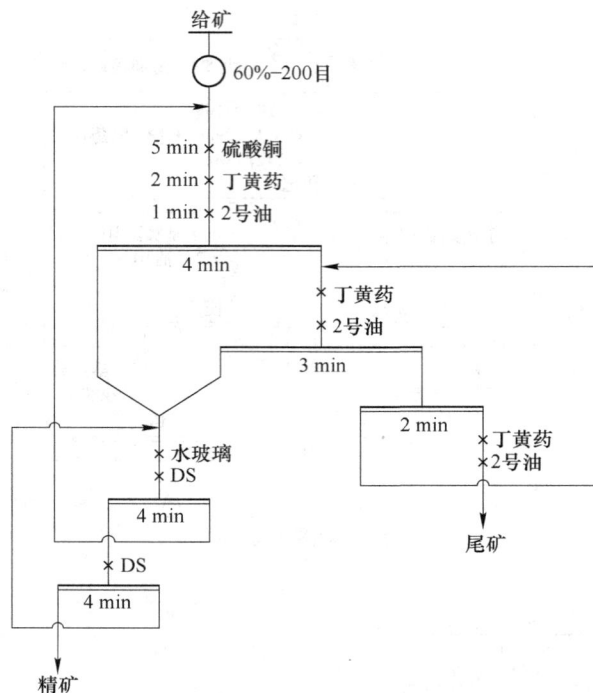

图 5-3　闭路试验流程

B　树脂矿浆法从提金尾浆中回收银

提银所用物料来源为金矿氰化矿浆提金后的尾矿浆或尾液。采用 353E 树脂从提金的尾液中进一步回收银。四段逆流矿浆吸附，树脂银容量为 12 mg/g，银吸附率达 98.5%。载银树脂先用氰化钠溶液解吸铜、铁水洗后硫脲-硫酸溶液解吸银，再电沉积回收，银的解吸率及电积率均在 98% 左右。

5.2.1.3　尾矿中锌的回收

某金矿主要矿体为含金石英脉多金属硫化矿，原矿石除含金外，还有银、铜、铅、硫、锌等有价元素。采用以回收金银为主的部分混合浮选的生产工艺流程，选金后的尾矿中主要金属矿为闪锌矿、黄铁矿，其次少量的黄铜矿、方铅矿等，脉石矿物主要为石英、绢云母、方解石等。主要有价矿物闪锌矿平均品位为 0.7%。选锌工艺流程见图 5-4。

5.2.1.4　金精矿氰化尾渣铅和铜的回收

某金矿提金工艺为金精矿氰化浸出，氰化尾渣的主要元素为：金 1.17 g/t、银 14 g/t、铅 4.15%、铜 1.49%、铁 26.18%、硫 24.19%、二氧化硅 27.24%。尾矿中金属矿物主要为黄铁矿，其次为方铅矿、黄铜矿和微量闪锌矿；脉石矿物主要是石英，其次是长石及黏土矿物。铅物相分析，氧化铅品位为 0.19%、硫化铅品位为 3.96%；铜物相分析，氧化铜品位为 0.03%、硫化铜品位为 1.46%。采用优先浮选铅、再活化浮选铜的工艺流程，对金精矿氰化尾渣铅、铜进行回收。工艺流程见图 5-5。石灰作抑制剂，乙硫氮（二乙基二硫代氨基甲酸钠）和丁基黄药（丁基黄原酸钠）作捕收剂，通过一粗二扫二精流程，得到回收率为 98.48%，品位为 45.24% 的合格铅精矿。以 NP（铜、锌的无机盐组合药

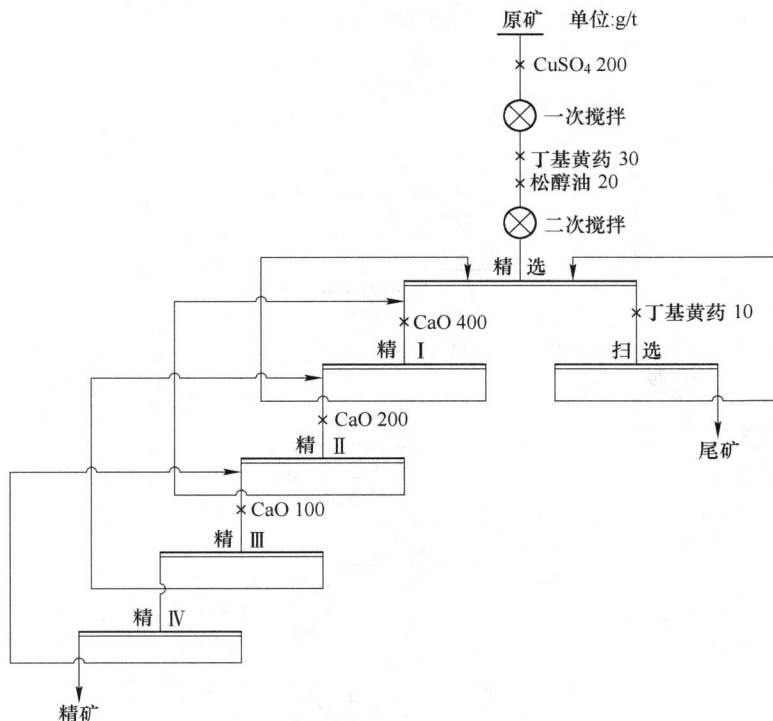

图 5-4　选锌工艺流程

剂）作铜活化剂，有机抑制剂 FM 抑制黄铁矿，Z-200（O-异丙基 N-乙基硫代氨基甲酸酯）和丁铵黑药（二丁基二硫代磷酸铵）作捕收剂，采用一粗二扫二精流程，得到回收率为 82.17%，品位为 19.28% 的合格铜精矿。金银同时富集于铅精矿和铜精矿中。

5.2.1.5　尾矿中砷的回收

某金矿尾渣中含有较多的砷，若不进行脱除回收，将对环境造成污染，严重危害到动植物和人类生存环境。该金矿尾渣中含 As 1.87%、Zn 0.07%、Hg 3.6×10^{-7}、Fe 3.55%、Mg 1.36%、Pb 0.14%、S 4.14%、Cu 0.064%、Ca 9.75%、Al_2O_3 3.28%、Sb 6.9×10^{-5}、SiO_2 33.6%。当金矿中的砷经过固化处理后，砷可能以砷酸盐的形式存在于尾渣中；砷酸盐在大多数情况下处于亚稳定状态，当加入盐酸后，酸性环境下可能使含砷盐发生如下反应：

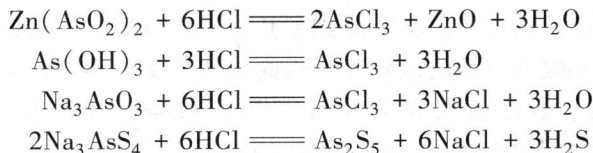

$$Zn(AsO_2)_2 + 6HCl = 2AsCl_3 + ZnO + 3H_2O$$
$$As(OH)_3 + 3HCl = AsCl_3 + 3H_2O$$
$$Na_3AsO_3 + 6HCl = AsCl_3 + 3NaCl + 3H_2O$$
$$2Na_3AsS_4 + 6HCl = As_2S_5 + 6NaCl + 3H_2S$$

以上反应利用盐酸浸出金矿尾渣中砷。

5.2.2　锡矿尾矿中有价金属的回收

5.2.2.1　重-磁-浮工艺

锡矿尾矿可以综合利用的矿物资源包括锡石、黑钨矿、钽铌矿物、长石、石英、锂云

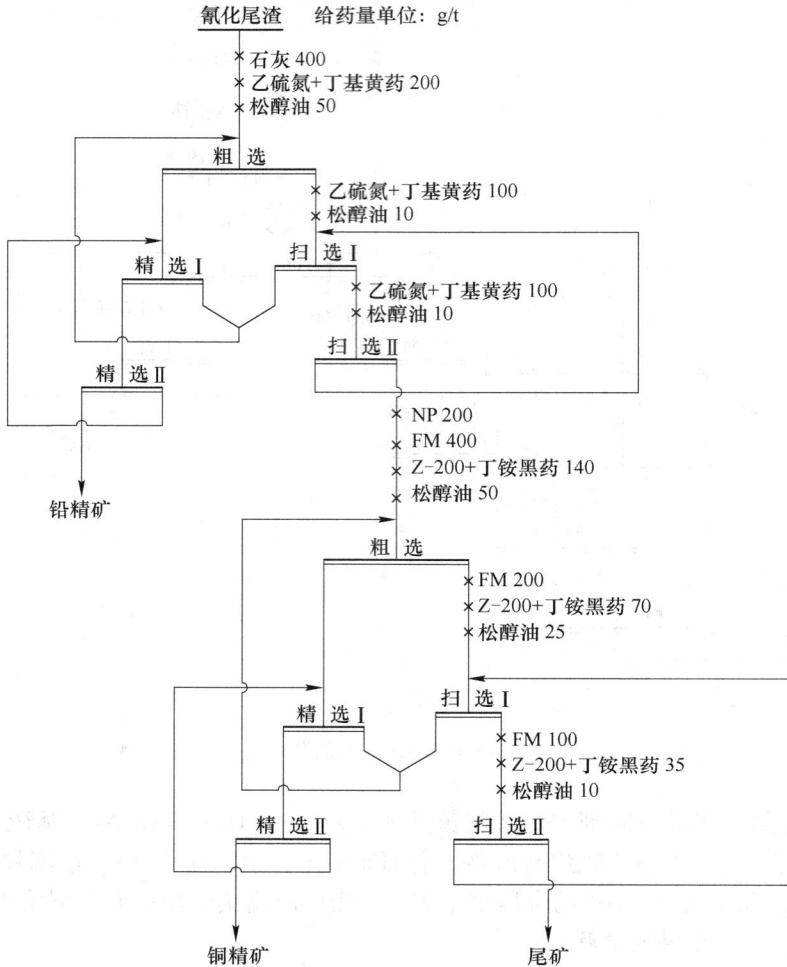

图 5-5　闭路试验流程

母、黄玉等，入选尾矿的目的矿物粒度变化大、微细粒含量高。因此，根据不同矿物间矿物学性质及物理化学性质的差异采用重-磁-浮联合工艺，其中重选主要是利用锡、钨、钽、铌、黄玉与长石、石英、云母、其他脉石矿物之间密度的差异，采用螺旋溜槽、摇床等重选设备和重选技术将密度较大的钽铌、黄玉同其他矿物分离或预富集；根据钽铌矿的磁性和其他矿物之间磁性的差异，将钽铌矿和其他矿物分离；根据钽铌矿物、长石矿物、石英矿物、锂云母矿物之间浮游的差异等将这些矿物梯次分离。该工艺对尾矿的锡、钨、钽、铌、长石、石英、云母的回收率分别达到了 59.4%、62.7%、42.42%、38.25%、72%、75%、70%。二次排放少，基本实现清洁生产。

　　具体工艺流程为：尾矿-分级-重磁联合（分离锡钨钽铌粗精矿及磁性产品）—对重选回收锡、钨、钽、铌后的尾矿浓缩脱水，达到浮选浓度后进入浮选作业。在弱酸性条件下，用混合胺或脂肪酸捕收剂浮选分离锂云母，分离云母后的尾矿以硫酸作 pH 值调整剂及长石的活化剂，在 pH＝2~3 的条件下，以阴阳离子混合捕收剂浮选分离长石、石英。

5.2.2.2 选冶联合工艺

针对尾矿资源含锡品位低，含泥量大，细粒锡石多，锡、铁结合致密，难磨难选，其他有价金属含量低，综合利用难度较大等特性，采用选冶联合新技术回收尾矿中的锡、铁、铅等有价金属元素。

锡尾矿经过预处理，粗砂采用载体富集技术使尾矿中锡、铁、铅等有价金属得到富集，再采用磁选、重选技术使锡（锡铅）矿物和铁矿物分离，得到锡富中矿和含锡铁物料；细泥经脱泥、分级，采用窄级别分选技术回收微细粒锡金属矿物，得到锡富中矿产品。锡富中矿产品经烟化炉处理技术，获得含锡 40%的烟尘锡；含锡铁产品物料再经氯化挥发与还原分离技术，使锡、铅、铟等多种有价金属挥发得到回收；挥发后的物料进行还原，直接作为冶炼原料，利用炼铁技术在熔融态中实现金属铁和炉渣的熔融分离，最后得到生铁产品。工艺流程如图 5-6 所示。

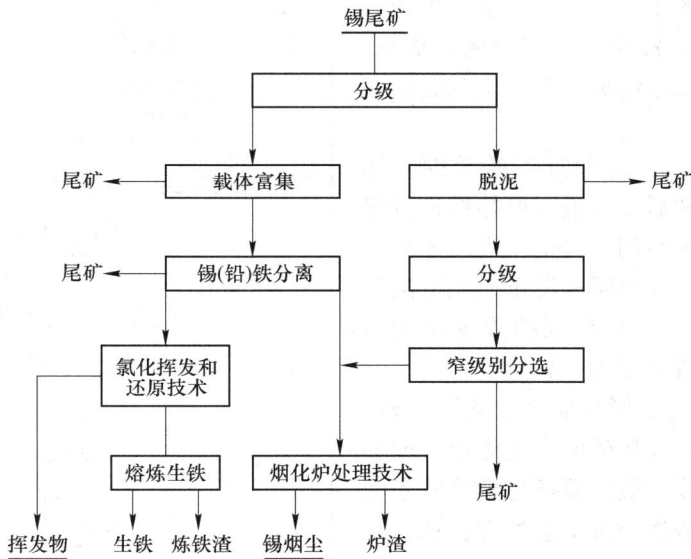

图 5-6　选冶联合工艺流程

具体工艺流程为：

（1）高效分级。采用先进的高效分级技术，按 0.037 mm 分界粒度将锡尾矿进行分级，实现砂泥分选。

（2）载体富集。以锡尾矿中含的弱磁性矿物为载体，控制适宜的工艺参数和设备操作参数，使 75%以上的锡金属和 80%以上的铁金属富集于磁性产品中。

（3）锡（铅）铁分离。采用磁选、重选组合的工艺流程，将已富集的有价金属进行分离，获得锡富中矿产品及含锡铁物料。若处理锡尾矿含铅，则铅富集于锡富中矿中得到回收。

（4）高效脱泥。采用高效脱泥设备，将泥矿中小于 0.010 mm 粒级的微细泥脱除，减少微细泥对选别作业的影响，提高入选物料质量。

（5）窄级别泥矿高效选别。锡尾矿经一次脱泥、两次分级，使进入砂矿和泥矿选别系统的物料主要集中在+0.037 mm 级别、0.037～0.019 mm 级别和 0.019～0.010 mm 级别，采用不同的分选设备对各个级别分别进行选别，提高各级别的选别效率。

（6）锡富中矿氯化挥发。采用烟化炉氯化技术，于高温时在固态下使富中矿中的锡以氯化物形态挥发出来，再由烟尘中回收锡等有价金属，锡回收率可达90%以上。

（7）采用氯化挥发技术和还原熔炼技术回收含锡铁物料中的有价金属。将含锡铁物料制备成焙球，在焙球中加入氯化剂，在焙烧过程中氯化剂分离成金属离子和氯离子，氯离子与有价金属结合成易挥发的氯化物挥发，在除尘系统中回收氯化挥发物，使多种有价金属得到回收。有价金属挥发后铁矿球团可直接作为炼铁的原料，利用炼铁技术实现金属铁和炉渣的熔融分离，最后得到生铁和炉渣。

5.2.3　铜尾矿中有价金属的回收

5.2.3.1　铜尾矿中回收铜、铁

采用浸出-萃取-电积提取铜，浸出渣采用磁选工艺选铁的工艺流程。铜金属生产工艺过程主要由搅拌浸出、固液分离、萃取、反萃取、电积等工序组成，生产工艺流程如图5-7所示。

（1）搅拌浸出。原料通过筛分时，加水洗矿、配浆，随后矿浆进入搅拌槽进行浸出。浸出分为两个系列，每个系列由3个搅拌桶组成，采用了3级顺流浸出。在常温常压、液固比为2∶1、浸出剂的浓度为35～40 g/L的技术条件下浸出2 h。

（2）固液分离。搅拌矿浆送入浓缩机，采用了浓缩机和泵连接的两次洗涤逆流循环固液分级作业，浸出液由泵扬送到萃取车间进行萃取，浸出渣送磁选工艺处理，选出铁精矿。

（3）萃取。浸出液进入萃取设备，加入萃取剂进行两级逆流萃取，萃取液进行洗涤，萃余液自流到萃余液池中，以供原料配浆和浓缩机洗涤用水。

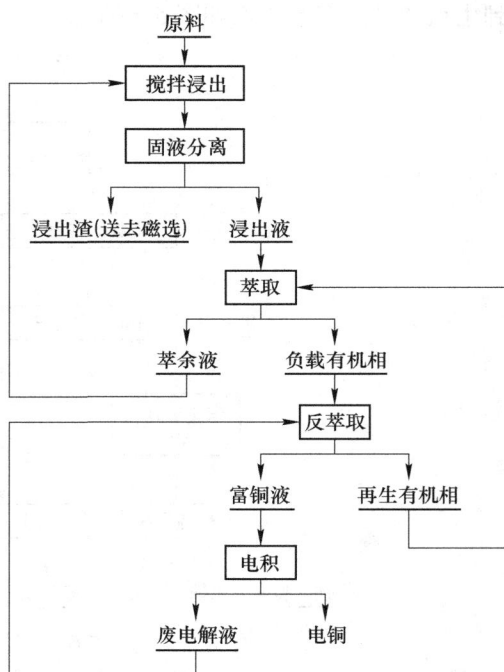

图 5-7　铜回收工艺流程

（4）反萃取。洗涤后的有机相进入反萃设备进行反萃，反萃液进入电解槽进行电积。反萃后的有机相进行预先平衡，再生有机相返回到萃取工艺进行循环利用。

（5）电积。反萃液进入电解槽，阳极采用不溶解的合金材质，在电极之间通电流，铜离子在阴极上获得电子沉淀下来，得到电积铜，贫电积液作为反萃剂循环使用。

铁回收的选矿方法采用单一的磁选方法，其工艺流程为一次粗选，一次扫选，粗精矿再磨后再进行两次精选。由于尾矿砂含泥量较大，对选铁有很大的影响，所以在粗选前增加逆流洗矿作业。根据原尾矿粒度分析，铁主要分布在−0.038 mm的粒级中，根据工业生产的实际情况确定粗精矿再磨的磨矿细度为−0.074 mm占90%。回收铁的工艺流程如图5-8所示。

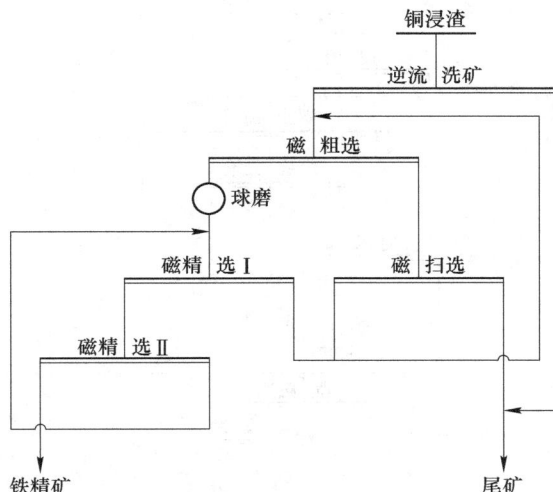

图 5-8　铁回收工艺流程

电积铜的品位可达到 99.9%，其回收率可达到 55%；浸出渣采用磁选的选矿方法选铁，铁的品位为 55%，其回收率为 40%。

5.2.3.2　铜尾矿中回收钨

某铜矿属含铜、硫为主，并伴生有钨、银及其他元素的多金属矿床。尾矿中的钨主要呈白钨产出，其次为含钨褐铁矿，钨华甚微，白钨矿相含钨占总量的 82.05%，褐铁矿物含钨在 0.14%~0.18% 之间。白钨矿主要与石榴石、透辉石、褐（赤）铁矿、石英连生，粒径 0.076~0.25 mm，石榴石中有小于 6 μm 的白钨，褐铁矿含钨是高度分散相钨。主要脉石矿物是石榴石和石英，矿物量分别占 32% 和 36%，此外还含有重晶石和磷灰石，这两种矿物的可浮性与白钨矿相似，增加了浮选中分离的难度。白钨矿粒度细，单体分离较晚。呈粗细不均匀分布。0.076~0.04 mm 粒级解离率仅 69%，连生体中 80% 以上是贫连生体。

为综合回收尾矿中的白钨，采用重选—磁选—重选—浮选—重选的工艺流程，进行尾矿的再选，如图 5-9 所示。即首先采用高效的螺旋溜槽作为粗选段主要抛尾设备，抛弃91.25% 的尾矿，进一步采用高效磁选设备脱除磁性矿物和石榴子石，使入选摇床尾矿量降至 4%~5%，最大限度节省摇床台数。通过摇床只剩 1% 左右尾矿进入精选脱硫作业，最终获得 WO$_3$ 含量 66.83%、回收率 18.01% 的钨精矿，含硫 42%、回收率 15% 的硫精矿以及石榴子石、重晶石等产品。

5.2.4　铅锌尾矿中有价金属的回收

5.2.4.1　铅锌尾矿中回收铅锌

采用的优先浮选工艺流程回收铅锌，如图 5-10 所示。流程中磨矿细度为 -0.074 mm占 95%，以水玻璃为分散剂，乙黄药和乙硫氮为捕收剂，松油为起泡剂，进行一次粗选两次精选一次扫选，得出混合铅锌精矿；扫选尾矿以硫酸铜为活化剂，丁黄药为捕收剂，松油为起泡剂，进行一次粗选一次精选一次扫选，得出硫化锌精矿；扫选的尾矿以硫化钠

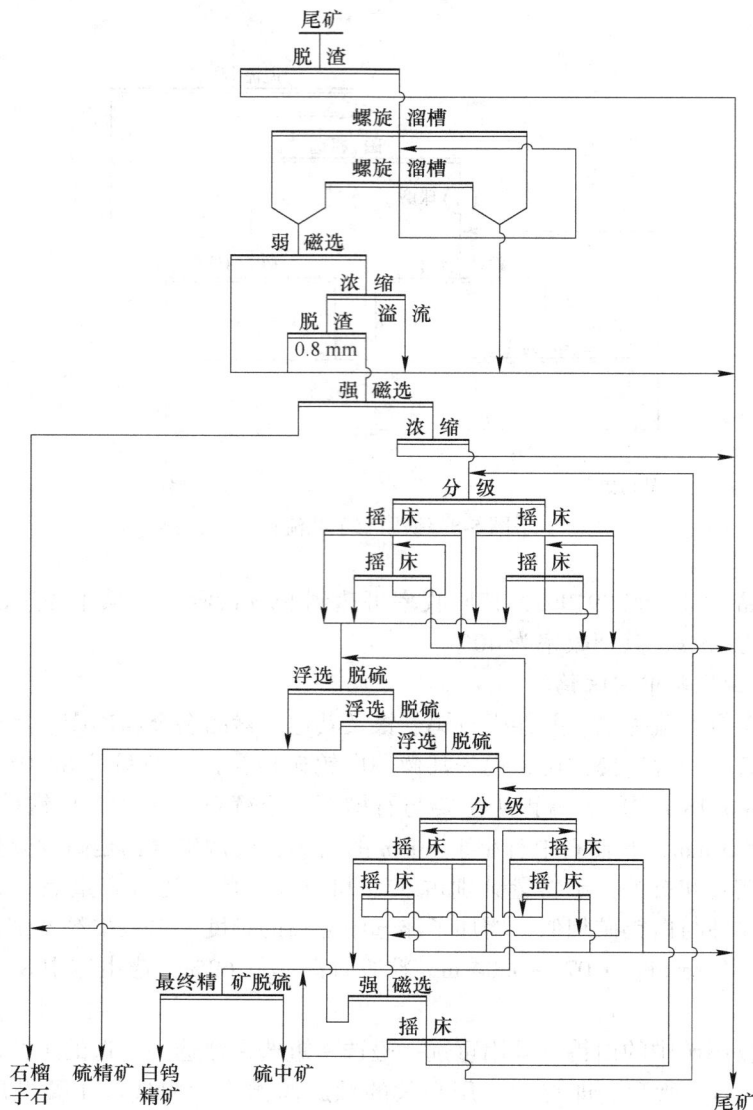

图 5-9　重—磁—重—浮—重工艺流程

为抑制剂，丁黄药为捕收剂，松油为起泡剂进行一次粗选两次精选两次扫选，最后得到氧化铅精矿和最终尾矿。

5.2.4.2　铅锌尾矿中回收锰

某铅锌尾矿的主要化学成分为：Mn 22.49%、SiO_2 26.79%、MgO 2.15%、CaO 20.15%、Fe_2O_3 15.11%、Al_2O_3 1.72%。基于铵盐在一定温度下可将矿物中的锰转化成可溶性锰盐，采用铵盐焙烧法从含低品位碳酸锰的尾矿中富集回收锰，工艺流程如图 5-11 所示。

将尾矿与铵盐混合后，置于马弗炉或管式炉中焙烧，用热水浸取焙砂，过滤得到含 Mn^{2+} 的浸出液，浸出液通过吸收管式炉出口的尾气，沉淀产出锰精矿产品。

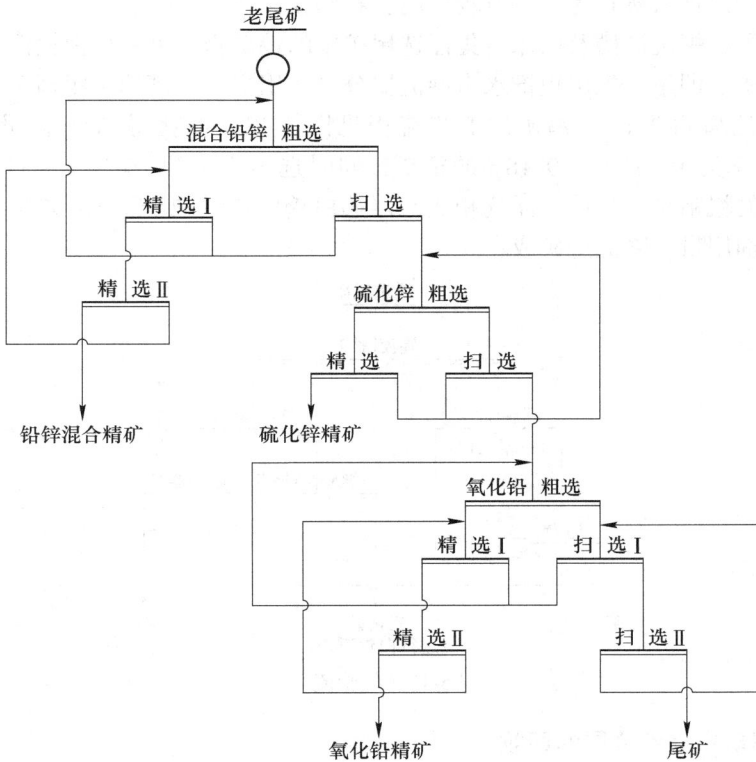

图 5-10　尾矿回收铅锌工艺流程

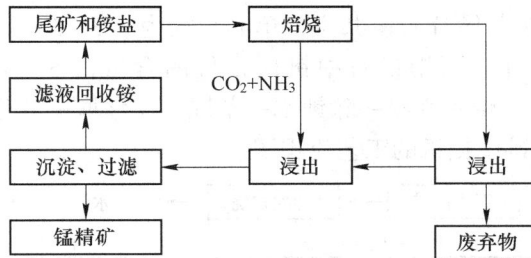

图 5-11　尾矿铵盐焙烧-浸出流程

5.2.4.3　铅锌尾矿中回收钨

某铅锌银矿为综合矿床，选矿厂处理的矿石分别来自原生矿体和风化矿体。矿石中的主要有用矿物为黄铜矿、辉钼矿、方铅矿、闪锌矿、辉铋矿、黄铁矿、白钨矿、黑钨矿等；主要脉石矿物为钙铝榴石、钙铁榴石、石英、方解石、辉石、角闪石、高岭土等。选厂硫化矿浮选尾矿中含有低品位钨矿物，主要是白钨矿。原生矿浮选铅锌后的尾矿中含0.127%的WO_3，其中白钨矿约占81%，黑钨矿占16%，钨华占3%。白钨矿的粒度80%集中在$-0.074\ mm+0.037\ mm$内；黑钨矿的粒度65%集中在$-0.037\ mm+0.019\ mm$内。

风化矿石浮选尾矿的性质与原生矿类似，WO_3质量分数为0.134%，但黑钨矿的质量分数比原生矿稍高，约占25%。白钨矿的粒度较细，大部分集中在$-0.074\ mm+0.019\ mm$

之间。脉石矿物以钙铁辉石为主并有较多的长石和铁矿物。

　　选用旋流器、螺旋溜槽及摇床富集浮选尾矿中的钨矿物,可减少白钨浮选药剂消耗和及早回收黑钨矿。即尾矿先用短锥水力旋流器分级后用螺旋溜槽选出粗精矿,粗精矿用摇床选出黑钨矿然后再浮选白钨矿,工艺流程见图 5-12。可获得 WO_3 含量为 47.29% ~ 50.56%、回收率为 18.62% ~ 20.18% 的精矿,同时选出产率为 26.95% ~ 34.027% 的需再进行白钨浮选的粗精矿,与单一浮选相比,浮选白钨的矿量减少了 65.97% ~ 73.05%,从而大量节省药剂用量,降低选矿成本。

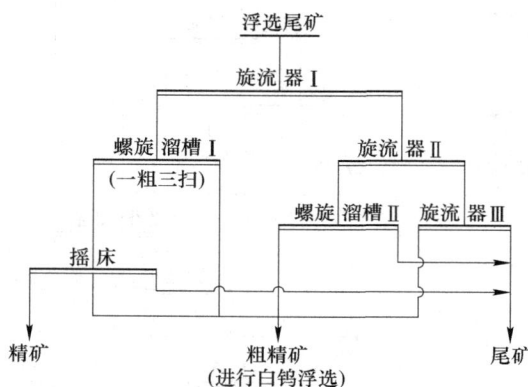

图 5-12　试验流程

5.2.5　石墨尾矿中有价金属的回收

　　金溪石墨矿是目前发现的唯一的含钒石墨矿类型,石墨矿中伴生的钒绝大部分都进入尾矿中。金溪石墨矿石中含有品位较高的钒。钒以氧化钒的形式赋存于钒白云母中,钒白云母呈片状或扇状集合体与鳞片石墨共生,单晶片径为 0.2 ~ 5 mm,集合体可达 1 cm 以上,大多沿片理平行分布。石墨矿石中钒白云母的含量占 5% ~ 10%, V_2O_5 的含量为 0.4% ~ 0.7%。采用加酸焙烧—水浸—除钾铝—萃取—反萃取—氧化沉钒处理石墨矿浮选尾矿,图 5-13 为石墨尾矿中提钒的工艺流程图。

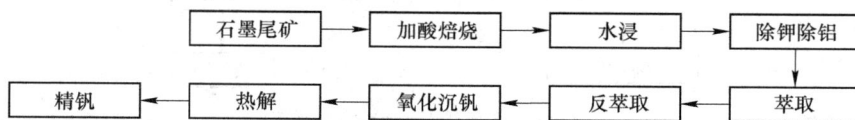

图 5-13　金溪石墨尾矿提钒原则工艺流程

　　(1)加酸焙烧-水浸。称取一定量石墨尾矿样品加入浓 H_2SO_4 和适量的水,混合均匀,置于高温炉中焙烧,取出自然冷却。将冷却后的产物加水浸出,使钒以离子形式转入溶液中,然后将渣滤出。

　　(2)除钾除铝。焙烧产物的浸出过程中,石墨尾矿中的 Al_2O_3、Fe_2O_3、K_2O 等组分也会随钒一起溶出,以 K^+、Al^{3+}、Fe^{3+} 的形式进入浸出液中,因此在提钒前必须对浸出液进行净化处理,采用冷凝结晶和加氨水络合的方法使钾和铝以钾明矾 $[K_2SO_4 \cdot Al_2(SO_4)_3 \cdot 24H_2O]$ 和铵明矾 $[(NH_4)_2SO_4 \cdot Al_2(SO_4)_3 \cdot 24H_2O]$ 的形式结晶出来(钒不参与结晶),达到除钾除铝的目的。

（3）萃取和反萃取。通过焙烧浸出的方法将含钒白云母中的钒转变为水溶性或酸溶性的含钒离子团［如 $HV_{10}O_{28}^{5-}$、$VO_3(OH)^{2-}$、$V_2O_7^{4-}$、$V_4O_{12}^{2-}$、VO_3^-、VO_2^+ 等］后，用有机萃取剂（85%煤油+5%TBP+10%P204）将浸取液中的钒离子转移至有机相中，从而使钒与其他金属离子分离（其他金属离子大都不能进入有机相）。含钒有机溶液再用反萃取剂（0.5 mol/L 的 Na_2CO_3 溶液）进行反萃取，使钒从有机相转入水相中。

（4）氧化沉钒。反萃取液中的钒呈四价，沉钒之前需将其用氯酸钠氧化成五价。氧化后在搅拌条件下用氨水调溶液 pH = 1.9～2.2，然后在 90～95 ℃下继续搅拌 1～3 h，沉淀出多钒酸铵（红钒），沉淀率可达到 99.0%。沉淀出的红钒经洗涤后，在氧化气氛中于 500～550 ℃下热解 2 h，可得到棕黄色或橙红色粉状精钒产品。

浸出渣主要由硅酸盐组成，并具有较高的活性，可以作为水泥掺合料和生产建筑材料的原料。

5.3 尾矿的高值化利用

5.3.1 尾矿制备陶瓷

5.3.1.1 钨尾矿制备陶瓷砖

钨尾矿的主要化学成分为 SiO_2、Al_2O_3、Fe_2O_3、CaO，主要矿物组成是石英和钙铝石榴子石。在陶瓷坯体中 SiO_2 是陶瓷的主要成分，含量较高，直接影响陶瓷的强度及其他性能，如果超过75%接近80%就会导致陶瓷的热稳定性变差，容易炸裂。Al_2O_3 可以提高陶瓷的化学稳定性、热稳定性、物理化学性能、机械强度和白度。在一般日用或建筑陶瓷中，碱土金属氧化物（CaO、MgO 等）与碱金属氧化物共同起着助熔作用。对于一般陶瓷产品来说，着色氧化物（Fe_2O_3 等）可以调节陶瓷的颜色，生产红色或褐色陶瓷。对于陶瓷坯料，钨尾矿中 SiO_2（35.97%）、Al_2O_3（8.38%）含量偏低不利于陶瓷产品的强度，Fe_2O_3（15.09%）、CaO（26.08%）含量偏高使陶瓷制品熔点降低且呈红色。钨尾矿具有硬度高、粒度细的特点，但是可塑性较差，因此不可单独作为原料制备陶瓷产品。在陶瓷工业中钙长石（$CaAl_2Si_2O_8$）的主要化学组成为 CaO（20.1%）、Al_2O_3（36.7%）、SiO_2（43.2%），SiO_2 和 CaO 与钨尾矿的含量接近。长石质原料在陶瓷坯体配料中属干性原料，可以降低坯体的干燥收缩及变形，改善坯体的干燥性能，缩短坯体的干燥时间。在陶瓷烧成过程中，长石质原料可以作为熔剂降低坯体烧成温度，并促进石英和高岭土的物理化学反应，能够形成液相而加速莫来石的形成。熔融中生成的玻璃相充填于坯体晶粒之间，使坯体致密而减少孔隙，并提高坯体的透光性。高岭土是最常见的黏土矿物，具有较高的白度和耐火度，而且具有良好的成形性能和烧结性能，所以选择钨尾矿、高岭土为主要原料，同时引入石英弥补原料中 SiO_2 的不足。

在原料配方选择中，选择长石质陶瓷坯体配料区间，即陶瓷主晶相为莫来石。根据 $CaO\text{-}Al_2O_3\text{-}SiO_2$ 系统相图，见图 5-14。陶瓷坯体的化学成分组成区间 SiO_2 含量为 50%～65%，Al_2O_3 含量为 29%～35%，CaO 含量为 10%～20%。由于一般建筑用陶瓷砖道窑烧成温度在 1180～1250 ℃，适当降低烧成温度可以大幅度节约生产成本。坯体原料配比为钨尾矿∶高岭土∶石英=5∶3∶2。

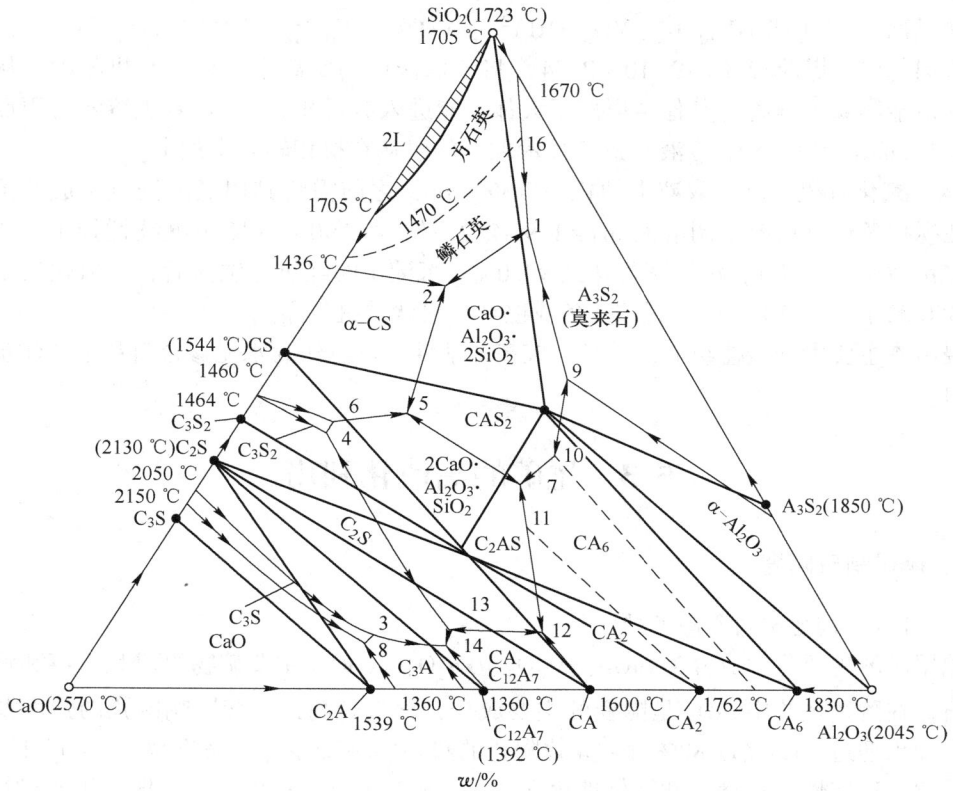

图 5-14　$CaO\text{-}Al_2O_3\text{-}SiO_2$ 相图

钨尾矿制备陶瓷砖的工艺流程如图 5-15 所示。

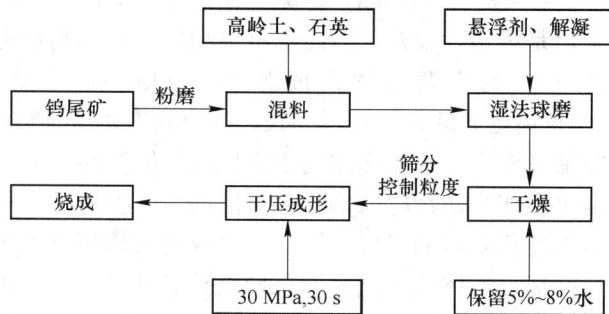

图 5-15　钨尾矿制备陶瓷砖的工艺流程图

5.3.1.2　金矿尾矿制备窑变色釉陶瓷

黄金尾矿生产变色釉陶瓷，其核心技术是色釉的配方及生产工艺流程。陶瓷色釉的原料是以精选后的黄金尾矿（长石的质量分数 36%～37%，高岭土 15%～17%，石英 24%～26%，白云石 14%～16%，氧化铁 5%～6%）为主，并添加适量显色矿物（如 Fe_2O_3、

MnO_2）或直接以矿物原有的氧化铁、锰钛铁矿、金银、钨等微量元素作为着色（发色）矿。为了使坯料、釉料、浆料的物理性能稳定，选用永安黏土、大坪山瓷土淘洗泥、漳州黑泥等原料辅助使用。其中，在每 100 质量份色釉中所含的各金属氧化物原料的质量份是 Fe_2O_3 为 4.0~6.5，K_2O+Na_2O 为 3.0~5.0，$CaO+MgO$ 为 7.0~11.0。尾矿在坯料中的加入量可达 20%~30%，釉料中更可高达 50%~85%。其烧成温度范围为 1100~1250 ℃，不同的烧成气氛可获得不同颜色的釉面效果。具体生产工艺为：

（1）坯料工艺流程：黄金尾矿筛选→陈腐→配料→湿法球磨→过筛→除铁→入泥浆池→双缸泥浆泵→过筛→除铁→陈腐→注浆成形→干燥修坯（待用）。

（2）釉料工艺流程：黄金尾矿筛选（325 目）→陈腐→配料→球磨→过筛→施釉→烧成→产品。

（3）坯料工艺参数：泥浆细度过 200 目筛（0.074 mm）筛余 1.0%~1.8%；总收缩（干燥+烧成）12.5%~13.5%；干燥强度 2.45 MPa。

（4）釉浆工艺参数：釉浆细度过 200 目筛余 0.05%~0.1%；釉浆相对密度 1.70~1.75；施釉方法为喷釉和浸釉；釉烧温度为（1210±10）℃；施釉厚度 0.7~1.0 mm。

（5）烧成制度：烧成采用宽断面节能隧道窑，烧成温度 1200~1230 ℃，因原料中含有较多有机物、碳酸盐等，升温前期宜较慢，接近釉料熔化温度宜较长时间保温，以保证高亮度效果的釉面。

（6）利用黄金尾矿研制的各种窑变色釉陶瓷，色彩丰富绚丽，釉面光亮平整，完全能够生产出艺术水平较高的窑变色釉艺术瓷。由于黄金尾矿具有促进烧结的作用，使窑变色釉陶瓷产品比传统烧成温度降低了 50~80 ℃，减少了陶瓷产品的生产能耗，具有较好的经济效益和社会效益。

5.3.2 尾矿制备微晶玻璃

微晶玻璃的结构及性能取决于其组成的设计，应当遵循以下原则：（1）尽可能地提高尾矿的利用率，避免利用价格昂贵的化学药品；（2）基础玻璃的熔制温度应尽量降低，熔炼及澄清过程时间要短；（3）在微晶化处理后，微晶玻璃中主晶相的含量尽量高；（4）基础玻璃熔制过程中或者水淬过程中玻璃不易析晶，在晶化过程中，基础玻璃坯体容易分相、成核。

组成和析出晶相的结构是影响微晶玻璃性能的主要因素，微晶玻璃的组成不同于普通玻璃。微晶玻璃和常见硅酸盐玻璃一样，组成中含有玻璃体形成氧化物，如 SiO_2、Al_2O_3、CaO 等，但是在微晶玻璃组成中需要引入 Mg^{2+}、Zn^{2+}、Li^+ 等离子半径小、场强大的离子，使玻璃容易分相、核化和晶化。除此之外，微晶玻璃组成中还必须加入一定量的 TiO_2 等作为晶核剂，促进玻璃整体析晶。在设计微晶玻璃组成时，熔制基础玻璃需要合适的黏度-温度曲线，熔融温度选择在玻璃的液相线温度以上（80~120 ℃），可以使玻璃容易熔制，并且在熔制过程中能保持稳定且不易析晶，在之后微晶化热处理过程中容易析晶。组成设计中通过调节玻璃的组成和引入一定量的晶核剂，使玻璃的核化、晶化曲线尽可能接近，确保微晶玻璃制品在晶化过程中变形较小。

5.3.2.1 钨尾矿制备微晶玻璃

因为钨尾矿主要成分为 SiO_2、Al_2O_3、$CaCO_3$，同时含有较多的 Fe_2O_3，根据微晶玻璃的设计原则，确定制备 CaO-Al$_2$O$_3$-SiO$_2$-Fe$_2$O$_3$ 系微晶玻璃。在微晶玻璃组成中，SiO$_2$ 是玻璃网络形成体，其含量较高时可增强网络结构，降低高温析晶倾向，确保玻璃的形成。当 SiO$_2$ 含量较高时，玻璃熔体的黏度增加，使玻璃的熔制温度提高；而 SiO$_2$ 含量较低时，提高玻璃的析晶速度，使玻璃黏度增大，降低其流动性。在玻璃组成中，Al$_2$O$_3$ 中的 Al^{3+} 与非桥氧形成铝氧四面体［AlO$_4$］，铝氧四面体重新连接。由于引入碱金属离子而断裂的网络，与硅氧四面体一起组成玻璃的网络，从而提高玻璃结构的致密性；提高 Al$_2$O$_3$ 的含量，可以提高微晶玻璃的显微硬度，改善微晶玻璃的化学稳定性、力学性能，同时使基础玻璃溶液的高温黏度增加，并提高玻璃的熔制温度及析晶活化能，提高微晶玻璃的析晶温度，使其析晶能力降低。

由于钨尾矿含有较高的 Fe$_2$O$_3$，当 Al^{3+} 在玻璃液中含量较少时，Fe^{3+} 部分进入网络结构中。组成中 CaO 为碱土金属氧化物，高温时极化桥氧或减弱硅氧键，当 CaO 含量较高时，玻璃液的高温黏度和熔制温度都会降低，料性变短，可以提高微晶化过程中坯体的析晶能力。组成中 Na$^+$ 为玻璃网络的调整体，少量的 Na$_2$O 使玻璃的黏度和熔制温度降低，可显著改善玻璃的熔化制度，其含量较高时，会使玻璃中析出大量异体晶体，破坏微晶玻璃的理化性能，Na$_2$O 含量的较佳范围为 3%~10%。根据钨尾矿的化学组成和矿物特性，确定钨尾矿 72%，SiO$_2$ 7%，Al$_2$O$_3$ 8%，CaCO$_3$ 6%，Na$_2$CO$_3$ 7%。

采用烧结法制备 CaO-Al$_2$O$_3$-SiO$_2$-Fe$_2$O$_3$ 系钨尾矿微晶玻璃。首先将原料在高温下熔制成基础玻璃液，然后将玻璃液急速冷却（水淬）形成细小的玻璃素坯，再对粉末、成形后的坯体进行晶化处理得到微晶玻璃。由于玻璃经水淬后得到的颗粒细小、比表面积大，烧结法为微晶玻璃的晶化提供了充分的晶核。烧结法制备微晶玻璃的工艺流程如图 5-16 所示。

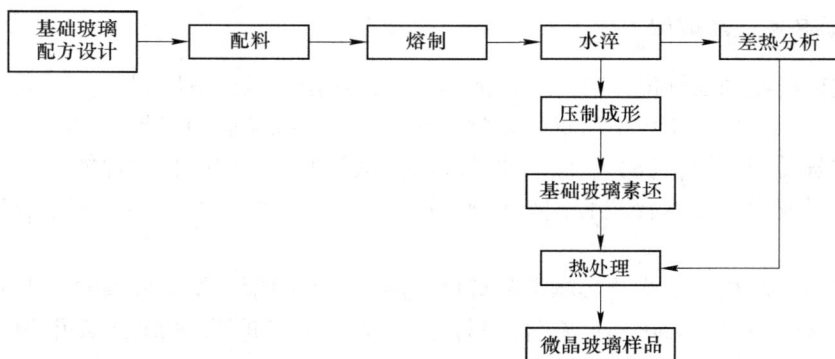

图 5-16　烧结法制备钨尾矿微晶玻璃流程图

5.3.2.2　铁尾矿制备微晶玻璃

根据铁尾矿成分，尾矿微晶玻璃一般属 CaO-MgO-Al$_2$O$_3$-SiO$_2$（简称 CMAS）和 CaO-Al$_2$O$_3$-SiO$_2$（简称 CAS）体系。不同的硅氧比抗压得到不同的晶相，当 Al$_2$O$_3$、SiO$_2$ 含量低时，一般易形成硅氧比小的硅酸盐（如硅灰石）；当 Al$_2$O$_3$、SiO$_2$ 含量高时，易生成架状硅酸盐（如长石），玻璃结构稳定，难以实现晶化。为了使铁尾矿制备的微晶玻璃具有较高的机械强度，良好的耐磨性、化学稳定性和热稳定性，一般选择透辉石

（$CaMg(SiO_3)_2$）或硅灰石（$\beta\text{-}CaSiO_3$）为所研制的微晶玻璃的主晶相。

工艺流程为：配料→熔样→水淬→升温晶化→切磨抛光→成品。

可达到理想的抛光效果，而且比一般石材切磨厚度小，因此效率高。

5.3.2.3 金尾矿制备微晶玻璃

以金尾矿砂、方解石为主要原料，添加其他所需原料如硼砂、ZnO、Cr_2O_3、Sb_2O_3等，采用熔融法制备 $CaO\text{-}Al_2O_3\text{-}SiO_2$ 系微晶玻璃，确定各组分的质量比为金尾矿砂63.5%、方解石 27.1%、硼砂 4.7%、ZnO 1.6%、Cr_2O_3 0.8%、Na_2SiF_6 1.2%、Sb_2O_3 1.2%。

按配比称取原料，混合研磨，过 60 目（0.246 mm）筛，得到混合料；采用硅碳棒电炉，将混合料在 1300~1350 ℃下保温 4 h 使玻璃液充分熔化，无可见气泡；然后将熔好的玻璃液浇铸在事先预热的不锈钢模具上，成形后将样品放入 600 ℃马弗炉中保温 1 h 退火处理，冷却后的玻璃样品加工成尺寸为 10 mm×10 mm×100 mm 的条状试样，利用马弗炉对条状玻璃样品进行晶化热处理，升温速率为 3~5 ℃/min，在成核温度 820 ℃保温 2 h，然后升温至 890 ℃保温 3 h，缓慢冷却至室温得到金尾矿微晶玻璃样品。

5.3.3 尾矿制备高效絮凝剂

5.3.3.1 硫铁尾矿制备聚合氯化铝铁

选出硫铁矿后的尾矿高岭土为原料，进行煅烧后，再用酸溶出原高岭石结构内的Fe_2O_3 和 Al_2O_3，从溶液中回收铝盐和铁盐，通过聚合反应可制得聚合氯化铝铁混合净水剂，而铁含量大大降低的滤渣可作为制造微晶玻璃的原料。硫铁尾矿制备聚合氯化铝铁的工艺流程如图 5-17 所示。

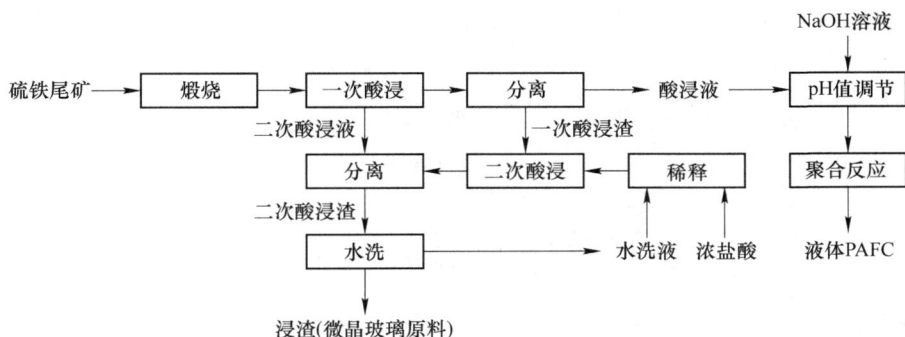

图 5-17　硫铁尾矿制备聚合氯化铝铁的工艺流程

5.3.3.2 赤铁矿尾矿制备聚合磷硫酸铁

以赤铁矿磁选后的尾矿作为原料，通过酸浸、还原、聚合等一系列工艺，制备出高盐基度的聚合磷硫酸铁。酸浸过程的较佳条件为温度 90 ℃，搅拌时间 1.5 h，搅拌速度400 r/min，酸过量系数 1.5；还原过程的较佳条件为时间 2 h，温度 50 ℃，铁屑过量系数1.4；聚合磷硫酸铁的聚合条件为 $n(NaClO):n(Fe^{2+})=0.16$，$n(Na_3PO_4):n(Fe^{2+})=0.075$，聚合温度 75 ℃聚合时间 30 min。

本 章 小 结

本章主要介绍了不同尾矿中有价金属的提取以及制备高附加值产品的工艺与方法。

习 题

（1）金矿尾矿循环利用的工艺与方法是什么？
（2）简述尾矿制备微晶玻璃的原理。

6 火电厂有色金属资源循环利用

本章提要：
  (1) 了解燃煤电厂的主要废弃物；
  (2) 掌握粉煤灰、脱硫石膏和锅炉渣的资源化利用方法及基本原理。

  燃煤电厂的燃烧产物（coal combustion products，CCPs），包括粉煤灰（fly ash，FA），炉底灰（bottom ash，BA）、炉渣（boiler slag，BS）、流化床锅炉灰（fluidized bed combustion ash，FBC 灰），以及半干法脱硫灰（semi dry absorption product，SDA 脱硫灰）和脱硫石膏（flue gas desulphurization gypsum，FGD gypsum）。

6.1 粉煤灰资源化利用

6.1.1 粉煤灰的来源与组成

  粉煤灰是在燃煤供热、发电过程中，一定粒度的煤在锅炉中经过高温燃烧后，由烟道气带出并经除尘器收集的粉尘，以及由炉底部排出的炉渣的总称。

  根据煤炭灰分的不同，粉煤灰的产生量相当于煤炭用量的 2.5% ~ 5.0%。粉煤灰是高温下高硅铝质的玻璃态物质，经快速冷却后形成的蜂窝状多孔固体集合物，属于火山灰类物质，外观类似水泥，颜色从乳白色到灰黑色，其物化性质取决于燃煤品种、煤粉细度、燃烧方式及温度、收集和排灰方法等。粉煤灰单体由 SiO_2、Al_2O_3、CaO、Fe_2O_3、MgO 和一些微量元素、稀有元素等组成，杂糅有表面光滑的球形颗粒和不规则的多孔颗粒的硅铝质非晶体材料，其物理性能及典型化学成分见表 6-1、表 6-2。

表 6-1 粉煤灰的物理性能

真密度 /g·cm⁻³	堆积密度 /g·cm⁻³	比表面积 /g·cm⁻³	粒径 /μm	孔隙率 /%	灰分 /%	pH 值	可溶性盐 /%	理论热值 /kJ·kg⁻¹	表观热值 /kJ·kg⁻¹
2.0~2.4	0.5~1.0	0.25~0.5	1~100	60~75	80~90	11~12	0.16~3.3	550~800	300~500

表 6-2 粉煤灰的典型化学成分

成分	SiO_2	Al_2O_3	Fe_2O_3	CaO	MgO	Na_2O	K_2O	V_2O_5	TiO_2	P_2O_5	烧失	总计
含量/%	48.92	25.41	8.03	3.04	1.02	0.78	2.05	1.58	0.82	0.99	8.01	100.65

  由表 6-1、表 6-2 可知，粉煤灰属于硅铝酸盐，其中 SiO_2、Al_2O_3 和 Fe_2O_3 的含量约占总量的 80%，由于富集有多种碱金属、碱土金属元素，其 pH 值较高；同时，粉煤灰具有粒细、多孔、质轻、密度小、黏结性好、结构松散、比表面积较大、吸附能力较强等特性。

6.1.2　粉煤灰的处理方法

6.1.2.1　铝的提取

氧化铝是粉煤灰的主要成分之一，其在粉煤灰中的含量（质量分数）一般为15%~50%，最高可达58%左右。由于氧化铝在粉煤灰中的存在形态大多是铝硅酸盐形式，所以从其中回收铝大多采用化学法。从粉煤灰中提取铝的方法主要由酸法、碱法和酸碱联合法。

A　酸法

直接采用酸溶解粉煤灰，同时考虑加入氟化氢或其他氟化物的方法来破坏莫来石及硅铝玻璃体，从而有效地提高了铝的浸出率。盐酸与氟化氢混合浸出粉煤灰，在4 mol/L的HF，1.5 mol/L的HCl以及90 ℃和1 h的条件下获得的铝浸出率达到80%~94%，铁的浸出率达70%~90%。并且采用氟化氢能够使灰中的SiO_2变成SiF_4气体挥发出来，SiF_4用氨水吸收后可制取纯度极高的活性二氧化硅。

a　氟化铵助溶法

将粉煤灰溶于酸性氟化铵水溶液中加热，破坏硅铝键，使铝硅网络结构活化后溶于水中。粉煤灰中的二氧化硅与氟化铵反应生成了氟硅酸铵，氟硅酸铵与过量氨作用全部分解为氟化铵和二氧化硅，使氧化铝从粉煤灰的内部溶出。然后氧化铝与烧碱反应，溶液去除铁钙等杂质，再经热解等后续步骤制得氧化铝。采用此方法提取氧化铝的反应只需在常温压下操作，避免了高温烧结，既可以节约能源，又能降低成本。

b　浓硫酸浸取联合复盐热解法

用浓硫酸热浸法提取氧化铝可提高铝的浸出率，并制得铝的系列化工产品，避免使用盐酸而造成的环境污染。首先将稀硫酸浸出锗后所剩的灰渣在微热情况下用浓硫酸溶出，得到大量的铝，其主要反应如下：

$$Al_2O_3 + 3H_2SO_4 \longrightarrow Al_2(SO_4)_3 + 3H_2O$$

将浸出液热洗至接近中性后趁热过滤，然后将滤液经过浓缩、蒸发、结晶等一系列工序即可获得硫酸铝。整个硫酸提铝过程中除铁是重要的一个环节，可采用加入聚凝剂除铁、萃取法除铁以及重结晶法除铁等方法。将经除铁处理后的硫酸铝滤液加热至沸，按一定比例加入硫酸铵再进行结晶即可得到硫酸铝铵，反应如下：

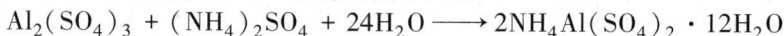

$$Al_2(SO_4)_3 + (NH_4)_2SO_4 + 24H_2O \longrightarrow 2NH_4Al(SO_4)_2 \cdot 12H_2O$$

然后采用硫酸铝铵热解法溶出氧化铝。反应如下：

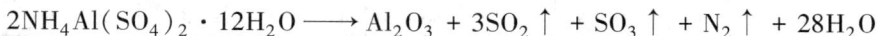

$$2NH_4Al(SO_4)_2 \cdot 12H_2O \longrightarrow Al_2O_3 + 3SO_2\uparrow + SO_3\uparrow + N_2\uparrow + 28H_2O$$

该方法在加热过程中会产生二氧化硫污染环境，因此可在硫酸铝铵溶液中加入碳酸氢铵，反应如下：

$$4NH_4HCO_3 + NH_4Al(SO_4)_2 \longrightarrow NH_4Al(OH)_2CO_3\downarrow + 2(NH_4)_2SO_4 + 3CO_2\uparrow + H_2O$$

最后加热分解即可得到氧化铝产品，即：

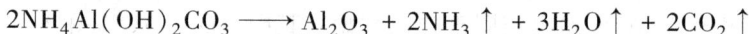

$$2NH_4Al(OH)_2CO_3 \longrightarrow Al_2O_3 + 2NH_3\uparrow + 3H_2O\uparrow + 2CO_2\uparrow$$

c　盐酸微波热解法制取聚合氯化铝

采用氟化钾作为助溶剂，使氧化硅以SiF_4的气体形式逸出，对设备的材料性能和密闭性能要求很高。工艺流程如图6-1所示。

B 碱法

碱石灰烧结法的工艺流程如下：粉煤灰、石灰石和碱石灰混合→高温烧结→冷却细磨→碱石灰浸出→过滤地滤液→加钙脱硅→碳化→过滤→氢氧化铝→煅烧→氧化铝成品。碱石灰烧结法工艺流程如图 6-2 所示。

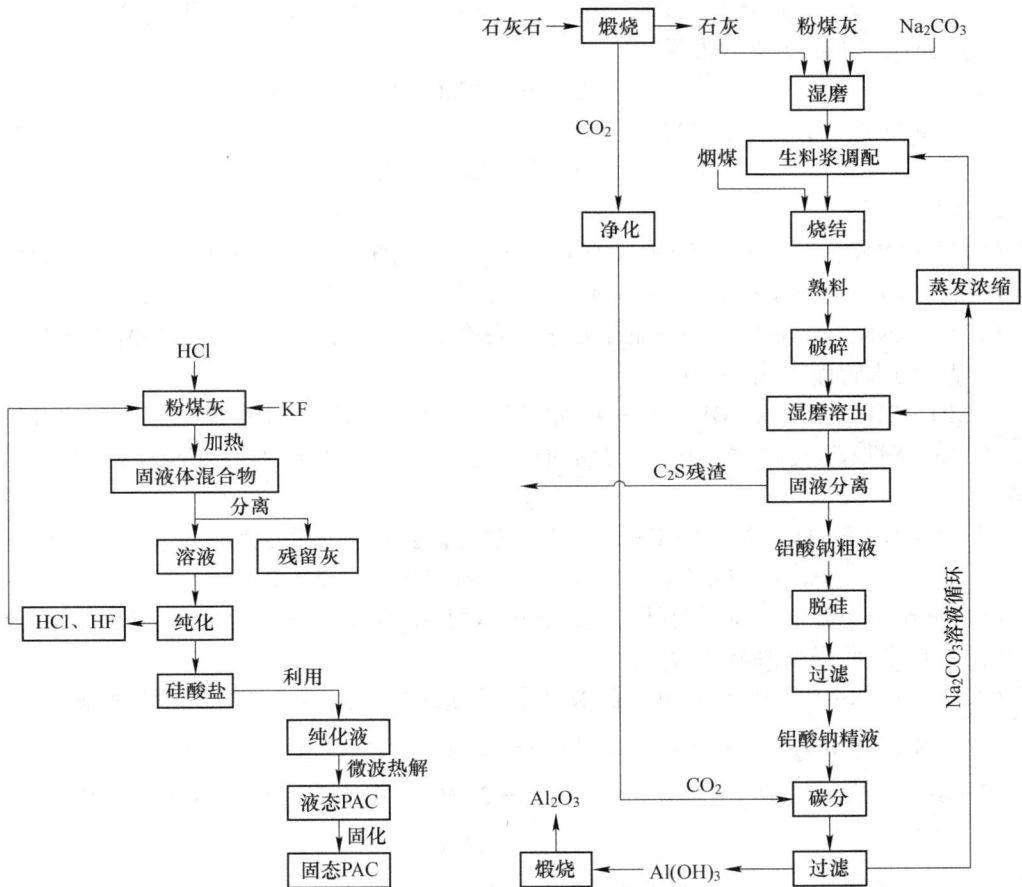

图 6-1 制取 PAC 的工艺流程　　图 6-2 碱石灰烧结法工艺流程

整个流程主要包括：烧结、浸出、脱硅、碳化工艺。

a 烧结

烧结工艺过程反应极为复杂，粉煤灰与碱料之间及反应生成物之间都有反应发生。反应物主要有以下成分：Al_2O_3、SiO_2、Fe_2O_3、$CaCO_3$、Na_2CO_3。

（1）Al_2O_3 与 Na_2CO_3 之间的反应。Al_2O_3 与 Na_2CO_3 之间的反应是烧结过程中最重要的反应之一。这两种物质在高温下可能生成几种铝酸盐，但生成 $NaAlO_2$ 的反应是烧结过程中的主要反应。

$$Al_2O_3 + Na_2CO_3 \longrightarrow 2NaAlO_2 + CO_2 \uparrow$$

（2）Al_2O_3 与 CaO 之间的反应。

$$Al_2O_3 + CaCO_3 \longrightarrow CaO \cdot Al_2O_3 + CO_2 \uparrow$$

$$7Al_2O_3 + 12CaCO_3 \longrightarrow 12CaO \cdot 7Al_2O_3 + 12CO_2 \uparrow$$

（3）SiO_2 与 Na_2CO_3 之间的反应。

$$SiO_2 + Na_2CO_3 \longrightarrow Na_2SiO_3 + CO_2 \uparrow$$

继续升高温度，则反应生成的化合物之间可能发生二次反应，如：

$$2NaAlO_2 + 2Na_2SiO_3 \longrightarrow Na_2O \cdot Al_2O_3 \cdot 2SiO_2 + 2Na_2O$$

（4）SiO_2 与 $CaCO_3$ 之间的反应。

$$SiO_2 + 2CaCO_3 \longrightarrow 2CaO \cdot SiO_2 + 2CO_2 \uparrow$$

（5）Fe_2O_3 与 Na_2CO_3 之间的反应。

$$Fe_2O_3 + Na_2CO_3 \longrightarrow Na_2O \cdot Fe_2O_3 + CO_2 \uparrow$$

b　浸出

烧结后的产物主要成分是 $Na_2O \cdot Al_2O_3$、$Na_2O \cdot Fe_2O_3$、$2CaO \cdot SiO_2$ 及少量 $Ca(AlO_2)_2$、Na_2SiO_3 和 $Na_2O \cdot Al_2O_3 \cdot 2SiO_2$ 等，有用成分浸出时的化学原理如下。

（1）$NaAlO_2$。$NaAlO_2$ 极易溶解于热水，在冷水中溶解相对缓慢。$NaAlO_2$ 在水中会发生一定程度的水解而生成 $Al(OH)_3$。

$NaAlO_2 + 2H_2O \longrightarrow Al(OH)_3 + NaOH$ 水解程度与溶液温度、储存时间、苛性比（即溶液中所含的苛性碱与所含的 Al_2O_3 的物质的量比，$a = Na_2O/Al_2O_3$）溶液浓度等有很大关系。

（2）$Na_2O \cdot Fe_2O_3$。$Na_2O \cdot Fe_2O_3$ 与水接触时，会立即发生水解：

$$Na_2O \cdot Fe_2O_3 + 4H_2O \longrightarrow 2Fe(OH)_3 + 2NaOH$$

此水解作用随温度升高而明显加剧，它可以使 $Na_2O \cdot Fe_2O_3$ 消耗的苏打转变为苛性碱返回溶液中，从而提高溶液的苛性比。

（3）$2CaO \cdot SiO_2$。$2CaO \cdot SiO_2$ 在水中是不溶解的，但可能存在下述反应平衡：

$$2CaO \cdot SiO_2 + 2Na_2CO_3 + H_2O \longrightarrow 2CaCO_3 + Na_2SiO_3 + 2NaOH$$

$$3(2CaO \cdot SiO_2) + 6NaAlO_2 + 15H_2O \longrightarrow 2(3CaO \cdot Al_2O_3 \cdot 6H_2O) + 3Na_2SiO_3 + 2Al(OH)_3$$

可见，上述平衡可使一部分硅重新进入溶液，这对浸出是不利的。

（4）Na_2SiO_3。Na_2SiO_3 的存在对铝的回收是非常有害的，因为它会和 $NaAlO_2$ 反应生成铝硅酸钠沉淀：

$$2(Na_2O \cdot SiO_2) + 2NaAlO_2 + 4H_2O \longrightarrow Na_2O \cdot Al_2O_3 \cdot 2SiO_2 \cdot 2H_2O \downarrow + 4NaOH$$

铝硅酸钠被铝工业称作钠铝硅渣，溶解度（以 SiO_2 计）为 0.2 g/L。由上述反应可看出，溶液中存在的 SiO_2 将损失大量的 Al_2O_3 及 Na_2O，从而造成经济效益下降。由上述可知，浸出反应是一个存在多反应、多平衡的多元体系。

c　脱硅工艺

由于对最终产品 Al_2O_3 有很高的品质要求，这就要求对浸出后的 $NaAlO_2$ 溶液进行脱硅处理。目前有 2 种方法来完成此过程。

（1）可以用长时间加热 $NaAlO_2$ 溶液的办法来促进 Na_2SiO_3 与 $NaAlO_2$ 相互作用而生成 $Na_2O \cdot Al_2O_3 \cdot 2SiO_2 \cdot 2H_2O$ 晶体。经过一段时间钠铝硅渣即呈沉淀析出。

（2）采用向 $NaAlO_2$ 溶液中加入 CaO 的方法来使 Na_2SiO_3 生成溶解度很小的铝硅酸钙

$(3CaO \cdot Al_2O_3 \cdot xSiO_2 \cdot yH_2O)$，其溶解度为 $0.05 \sim 1 \ g/L \ SiO_2$。脱硅反应如下：

$$3Ca(OH)_2 + 2NaAlO_2 + xNa_2SiO_3 + 4H_2O \longrightarrow 3CaO \cdot Al_2O_3 \cdot xSiO_2 \cdot (6 - 2x)H_2O + 2(1 + x)NaOH$$

d 碳化工艺

碳化工艺是 Al_2O_3 工业广泛采用的分解 $NaAlO_2$ 析出 $Al(OH)_3$ 结晶的方法。碳化实际上分两个阶段来进行。

（1） CO_2 与 NaOH 反应产生 Na_2CO_3。

$$2NaOH + CO_2 \longrightarrow Na_2CO_3 + H_2O$$

（2）由于 $NaAlO_2$ 溶液的苛性比大大降低而发生水解作用析出 $Al(OH)_3$。

$$NaAlO_2 + 2H_2O \longrightarrow Al(OH)_3 \downarrow + NaOH$$

C 酸碱联合法

酸碱联合法以无水 Na_2CO_3 为助剂，将一定量的无水 Na_2CO_3 和粉煤灰混合焙烧，分解粉煤灰中的莫来石和铝硅酸盐玻璃相，从而增加粉煤灰中铝的反应活性，然后用稀盐酸（或稀硫酸）进行溶解、过滤。硅以硅酸凝胶的形式沉淀，铝以 $AlCl_3$ 或者 $Al_2(SO_4)_3$ 的形式进入液相，从而使粉煤灰中的 Al 和 Si 得到分离。得到的硅酸凝胶沉淀可用于制备白炭黑等硅产品，滤液经除杂后通过调整 pH 值后沉淀出 $Al(OH)_3$，煅烧 $Al(OH)_3$ 便可得到 Al_2O_3。

6.1.2.2 功能性材料

粉煤灰可作为生产吸附剂、混凝剂、沸石分子筛与填料载体等功能性新型材料的原料，广泛用于水处理、化工、冶金、轻工与环保等方面。如粉煤灰在作为污水的调理剂时，有显著的除磷酸盐能力；作为吸附剂时，可从溶液中脱除部分重金属离子或阴离子；作为混凝剂时，COD 与色度去除率均高于其他常用的无机混凝剂；而利用粉煤灰制成的分子筛，质量与性能指标已达到甚至超过由化工原料合成的分子筛。

A 复合混凝剂

粉煤灰复合混凝剂的主要成分为 Al、Fe、Si 的聚合物或混合物，因配比、操作程序、生产工艺不同而品种各异。可利用粉煤灰中的 SO_2 制备硅酸类化合物。在粉煤灰中添加含铁废渣，可提高絮凝能力，并充分利用粉煤灰的有效成分。以粉煤灰为原料制备聚硅酸铝的工艺流程如图 6-3 所示。

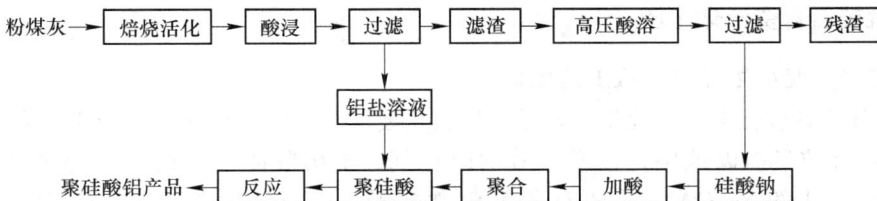

图 6-3 以粉煤灰为原料制备聚硅酸铝的工艺流程

B 沸石分子筛

粉煤灰合成沸石分子筛的方法有水热合成法（图 6-4）、两步合成法、碱熔融-水热合成法、盐-热（熔盐）合成法、痕量水体系固相合成法等，其应用范围包括：（1）交换废

水中的 Cu^{2+}、Cd^{2+}、Fe^{3+}、Pb^{2+}、Cs^+、Co^{2+} 等重金属离子；（2）用粉煤灰合成不同种类的沸石，用于选择性吸附 NH_3、NO_x、SO_2、Hg 等，以净化气体和除臭；（3）用作土壤改良剂，脱除 Cu、Ni、Zn、Cr 等易溶性金属离子，防止其对地表水和地下水的污染。

粉煤灰 —→ 焙烧 —→ NaOH水热处理 —→ 结晶静置 —→ 过滤 —→ 滤液 —→ 洗涤 —→ 烘干 —→ 合成沸石
　　　　　(815 ℃)　　(90~100 ℃)　　(10~16 h)

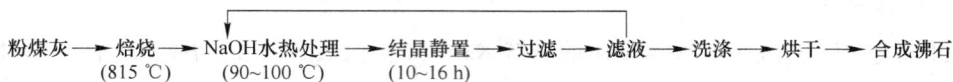

图6-4　粉煤灰水热反应合成沸石的工艺流程

C　催化剂载体

采用粉煤灰、纯碱和氢氧化铝为原料制备 4A 分子筛，作为化学气体和液体的分离净化剂和催化剂载体，具有节约原料、工艺简单等特点，已大规模用于工业化生产中。

D　高分子填料

以粉煤灰为原料，加入一定量的添加剂和化学助剂，可制成一种粉状的新型高分子填料，耐水、耐酸、耐碱、耐高低温、耐老化，作为防水、防渗材料广泛应用于楼房、地面、隧道工程等。

6.2　脱硫石膏资源化利用

6.2.1　脱硫石膏的来源

脱硫石膏又称排烟脱硫石膏、硫石膏或 FGD 石膏（flue gas desulphurization cypsum），是对含硫燃料（煤、油等）燃烧后产生的烟气进行脱硫净化处理而得到的工业副产石膏，属于化学石膏的一种。烟气脱硫是指从燃煤电厂的烟气中除去二氧化硫的化学过程。目前我国火电厂通常采用的几乎都是湿法脱硫工艺，以石灰石或者石灰作吸收剂，形成脱硫石膏。

脱硫石膏作为石膏的一种，其主要成分和天然石膏一样，都是二水硫酸钙（$CaSO_4 \cdot 2H_2O$）。脱硫石膏从外观上呈现不同的颜色，常见颜色是灰黄色或灰白色，其中二水硫酸钙含量较高，一般都在 90% 以上，含游离水一般在 10%~15%，其中还含有烟灰、有机碳、碳酸钙、亚硫酸钙以及由钠、钾、镁的硫酸盐或氯化物组成的可溶性盐等杂质。

6.2.2　脱硫石膏资源化途径

6.2.2.1　脱硫石膏对盐碱土的改良

脱硫石膏对盐碱土壤的改良主要是利用其主要成分二水硫酸钙。农业土壤专家早就熟知：$CaSO_4$ 在改良盐碱地中是非常有效的改良剂。土壤胶体粒（由黏土与腐殖质形成）长期与盐碱土中的 Na_2CO_3、$NaHCO_3$、$NaCl$ 等接触，成为含 Na 胶体粒子。含 Na 胶体粒子在土壤中水化度较大，有较好的分散性，能散布在土壤颗粒之间的细缝中，形成致密、不透水的含 Na 板结土层。不易透水的含 Na 板结土层中掺入 $CaSO_4$ 后，因 Ca^{2+} 比 Na^+ 对土壤中胶体粒子的吸附能力大得多，原已吸附的 Na^+ 会被 Ca^{2+} 置换，所以土壤溶液中的 Ca^{2+} 会和胶体上附着的 Na^+ 离子交换。含 Ca^{2+} 胶体微粒的外层不吸附水分子，胶体微粒自己能互相靠近而聚团，土壤就不会板结。水分子渗入微粒之间时会使微粒团膨胀，然后在干燥过程中使土层龟裂。这过程反复进行后，土壤就形成团粒结构，从而有利于农作物生长和吸收水分、养分。

6.2.2.2 脱硫石膏制肥料

硫是排在 N、P、K 之后的第四种植物营养元素，其需要量与磷相当。高等植物吸收硫酸根形式的硫比吸收其他形式的硫要快得多。用脱硫石膏制硫酸铵，是利用碳酸钙在氨溶液中的溶解度比硫酸钙小得多，硫酸钙很容易转化为碳酸钙沉淀，溶液转化为硫酸铵溶液的原理。碳酸钙是制造水泥的原料，硫酸铵是肥效较好的化肥，特别适合在我国北方碱性土壤中使用。经过转化，可以将价值较低的碳酸铵转化为价值较高的、营养成分较多的硫铵肥料。

钙是作物需要量仅次于硫的第五种营养元素，它可以增强作物对病虫害的抵抗能力，使作物茎叶粗壮、籽粒饱满。利用脱硫石膏中的钙离子和土壤中游离的碳酸氢钠、碳酸钠作用，生成碳酸氢钠和硫酸钠可以降低土壤碱性，消除碳酸盐对作物的危害，同时钙离子可替代土壤胶体上的钠离子，补充活性钙，增强土壤的抗碱能力。

6.2.2.3 脱硫石膏生产粉刷石膏

粉刷石膏是以建筑石膏为主要成分，掺入少量工业废渣、多种外加剂和集料而制成的气硬性胶凝材料，作为一种新型抹灰材料，既具有建筑石膏快硬、早强、黏结力强、体积稳定性好、吸湿、防火、轻质等优点，又改善了建筑石膏凝结速度过快、黏性大和抹灰操作不便等缺点。图 6-5 为以脱硫石膏为主制备粉刷石膏的工艺流程。

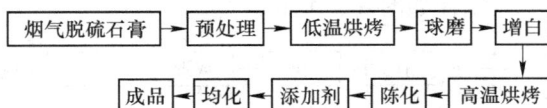

烟气脱硫石膏 → 预处理 → 低温烘烤 → 球磨 → 增白

成品 ← 均化 ← 添加剂 ← 陈化 ← 高温烘烤

图 6-5 粉刷石膏生产工艺流程

6.2.2.4 脱硫石膏制酸

脱硫石膏联产水泥与硫酸的基本原理是：二水石膏烘干至半水石膏后，与黏土、焦炭等配制成生料；生料均化后，分解煅烧；分解后的固相为水泥熟料，与混合材磨制成水泥产品；尾气经干法除尘、湿法洗涤净化、除雾、干燥后，通过转化和吸收制成硫酸成品。整个过程的主要化学反应如下：

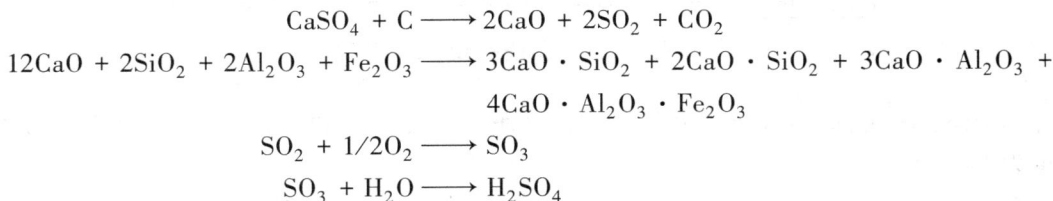

$$CaSO_4 + C \longrightarrow 2CaO + 2SO_2 + CO_2$$

$$12CaO + 2SiO_2 + 2Al_2O_3 + Fe_2O_3 \longrightarrow 3CaO \cdot SiO_2 + 2CaO \cdot SiO_2 + 3CaO \cdot Al_2O_3 + 4CaO \cdot Al_2O_3 \cdot Fe_2O_3$$

$$SO_2 + 1/2O_2 \longrightarrow SO_3$$

$$SO_3 + H_2O \longrightarrow H_2SO_4$$

6.3 锅炉渣资源化利用

6.3.1 锅炉渣的来源

锅炉渣是指燃煤锅炉和沸腾锅炉燃烧过程中产生的固体残渣，锅炉渣的化学成分与粉煤灰相似，含碳量一般比粉煤灰高，约为 15%，热值一般为 3500～6000 kJ/kg，有的高达 8000 kJ/kg。锅炉渣的密度一般为 0.7～1.0 t/m³。我国沸腾锅炉一般使用低值燃料，如煤矸石、石煤、劣质煤、油页岩等。沸腾炉渣的化学成分与一般炉渣相似，以 SiO_2 和 Al_2O_3 为主。由于含碳量少，不能像一般炉渣那样做制砖内燃料，但其活性较好且易磨。

6.3.2　锅炉渣的利用

6.3.2.1　高压免蒸制炉渣砖

以炉渣和粉煤灰为原料，采用高压免蒸法制备炉渣砖，具有性能稳定、强度高、抗冻防浸性好的特点。与蒸养炉渣砖相比，高压免蒸制炉渣砖有投资小、能耗低、劳动强度小等优点。炉渣与粉煤灰高压免蒸制砖工艺流程见图 6-6。

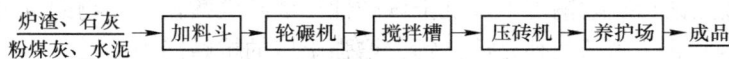

炉渣、石灰 粉煤灰、水泥 → 加料斗 → 轮碾机 → 搅拌槽 → 压砖机 → 养护场 → 成品

图 6-6　炉渣与粉煤灰高压免蒸制砖工艺流程

6.3.2.2　炉渣制蒸压砖

利用锅炉和造气炉渣制砖主要是利用渣中的主要组分氧化硅和氧化铝活性，使其与碳发生水化反应，生成水化硅酸钙和水化铝酸钙，这些化合物具有水硬性，使炉渣砖具有一定的强度。蒸压炉渣砖工艺流程如图 6-7 所示。

炉渣、水 石灰、石膏 → 硝化 → 轮碾 → 成形 → 蒸养 → 成品

图 6-7　蒸压炉渣砖工艺流程

6.3.2.3　炉渣制水泥

炉渣可用于制备水泥，也可作为水泥的活性混合材料使用。图 6-8 所示为造气炉渣制水泥工艺流程，与普通水泥生产工艺流程相同。

炉渣、石灰石 铁矿粉、粉煤 → 生料 → 成球 → 立窑煅烧 → 熟料 → 球磨（混合材料、石膏）→ 硅酸盐水泥

图 6-8　造气炉渣制水泥工艺流程

炉渣、石灰石、铁矿粉、粉煤的配比（质量分数）为 57∶34∶1∶8。混合料煅烧温度为 1450 ℃。

本　章　小　结

本章主要介绍了火电厂主要固废粉煤灰、脱硫石膏和锅炉渣的资源化利用方法与途径。

习   题

（1）粉煤灰提铝的方法与工艺流程是什么？

（2）脱硫石膏综合利用的途径有哪些？

（3）简述高压免蒸制炉渣砖的工艺过程。

7 盐湖资源循环利用

本章提要：
（1）了解盐湖资源的类型；
（2）掌握盐湖资源中钾、锂、硼、镁的循环利用方法与原理。

　　盐湖中蕴含丰富的石盐、钾、锂、镁、溴、硼、芒硝、铷、铯等有用资源。我国盐湖中锂的储量居世界第一，硼、镁的储量名列世界前茅，钾的储量占我国已探明储量的 96% 以上。根据我国盐湖的分布情况，可将我国划分为 4 大盐湖分布区，即青藏高原盐湖区、西北盐湖区、东北盐湖区和东部分散盐湖区。

　　盐湖资源主要为碱金属、碱土金属卤化物、碳酸盐、硫酸盐、硼酸盐或硝酸盐等成盐元素的化合物组成。盐湖资源液固共存，包括盐湖卤水液体矿藏和盐类沉积固体矿藏，这与单一固相的金属矿以及液气相的石油都不同。卤水液体矿包括湖表卤水和晶间卤水。盐类沉积固体矿所含无机盐容易溶解，因此不能像开采煤矿或金属矿那样，任意使用淡水，否则会导致盐类溶解而造成不必要的破坏。盐湖作为一个庞大的天然资源库，其合理开发利用有利于资源的高效利用。目前盐湖卤水资源中可被利用的主要有锂、钾、硼、镁、溴等，它们是国民经济和国防建设中具有重要意义的战略资源，在能源、化工、医药、纺织、电子、冶金、建材、国防军工、尖端科学、农业等领域都有广泛的应用。

7.1　盐湖资源的类型

　　盐湖水及地下卤水可分为五种基本类型。

　　碳酸盐型：主要盐分是 $NaCl$、Na_2SO_4、$NaHCO_3$、Na_2CO_3 和痕量 $Ca(HCO_3)_2$、$Mg(HCO_3)_2$，可认为是 $Na^+ /\!/ Cl^-$、SO_4^{2-}、HCO_3^-、CO_3^{2-}-H_2O 体系。

　　硫酸盐型：又分硫酸钠型和硫酸镁型，主要盐分是 $NaCl$、Na_2SO_4、$MgCl_2$、$MgSO_4$、$CaSO_4$，属于 Na^+、$Mg^{2+} /\!/ Cl^-$、SO_4^{2-}-H_2O 体系。

　　氯化物型：主要盐分是 $NaCl$、$MgCl_2$、KCl、$CaSO_4$ 等，属于 Na^+、Mg^{2+}、$Ca^{2+}(K^+) /\!/ Cl^-$-H_2O 体系。其中 Na^+、$Mg^+ /\!/ Cl^-$、SO_4^{2-}-H_2O 体系是海水和氯化物-硫酸盐型体系开发的理论基础，是人们迄今为止最关心、研究最多的体系。

　　硝酸盐型：主要盐分是 $NaCl$、$NaNO_3$、Na_2SO_4、KCl 等，属于 Na^+、$K^+ /\!/ Cl^-$、SO_4^{2-}、NO_3^--H_2O 体系。

　　硼酸盐型：主要盐分是 Li^+、$Mg^{2+} /\!/ B_4O_7^{2-}$、SO_4^{2-}-H_2O 体系。

　　我国的盐湖中，青海柴达木盆地以硫酸镁-氯化物型为主，新疆以硫酸盐型为主，内蒙古以碳酸盐型为主，而西藏则以碳酸盐-硫酸盐型为主，其中西藏的扎布耶盐湖的锂、硼、钾的浓度之高更是闻名于世。

7.2　盐湖钾资源综合利用

7.2.1　察尔汗盐湖钾资源

　　察尔汗盐湖晶间卤水和湖水的组成属于 Na^+、K^+、Mg^{2+} ∥ Cl^--H_2O 体系。在当地 4 月至 10 月，平均气温 25 ℃下蒸发时，其蒸发过程可用图 7-1 表示。图中点 1 为卤水的干基组成。当卤水饱和时，NaCl 首先析出；继续蒸发，液相点由 1 点至 2 点，固相点在 A 点；当液相点到达 2 点时 KCl 开始析出；液相点由 2 点至 E 点时，固相点则从 A 点移至 3 点；当液相点到达 E 点时，Car 开始析出，而原先析出的 KCl 溶解，液相点停留在 E 点不动，固相点由 3 点到 4 点，此时 KCl 已溶完；再蒸发时，NaCl 与 Car 共析，液相点由 E 点至 F 点，固相点则由 4 点到 5 点，最后 NaCl、Car 与 Bis 共析，系统在 F 点蒸干。

　　从以上讨论可以看出，初始析出的 KCl 固体，在平衡条件下应全部转化为光卤石，但在实际操作中，仍有少量未能转化的 KCl 残留在混合物中。

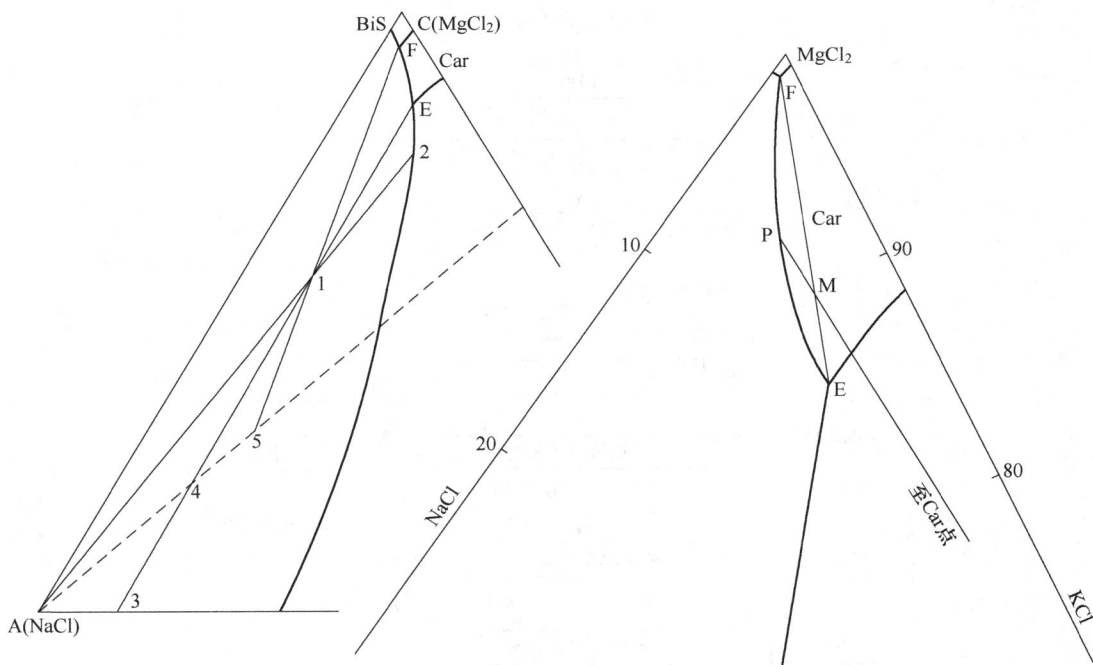

图 7-1　Na^+、K^+、Mg^{2+} ∥ Cl^--H_2O 体系 25 ℃相图

　　察尔汗盐湖生产氯化钾的主要加工工艺有：光卤石冷分解-浮选法，冷分解-热溶结晶法，反浮选-冷结晶法，兑卤-冷结晶法。

　　7.2.1.1　光卤石冷分解-浮选法

将盐田光卤石用定量水与循环母液进行冷分解，使光卤石中的 $MgCl_2$ 全部进入液相。而 NaCl 和 KCl 则部分溶解，从而得到 NaCl 和 KCl 的混合物（俗称钾石盐料浆），在钾石盐料浆中加入选矿药剂进行浮选，所得氯化钾精矿经过洗涤除去杂质氯化钠和氯化镁，干燥后即得到氯化钾，纯度一般在95%左右，其工艺过程如图7-2所示。

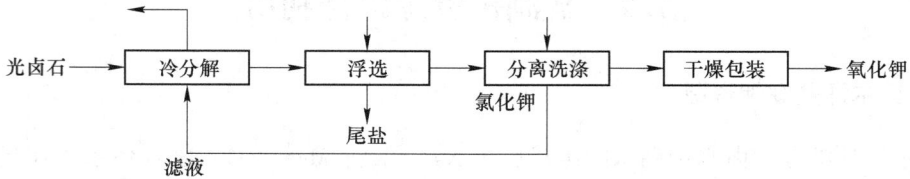

图7-2 光卤石冷分解-浮选法生产氯化钾工艺流程图

7.2.1.2 冷分解-热溶结晶法

冷分解-热溶结晶法的依据是光卤石在水中分解时，可将氯化镁全部溶入溶液，80%的氯化钾和氯化钠仍以固相存在，利用氯化钾和氯化钠在高、低温水溶液中溶解度的不同，在高温时将氯化钾全部溶入溶液，氯化钠基本上仍以固相存在，在高温条件下进行固液分离，除去氯化钠，高温滤液冷却析出氯化钾，冷却料浆分离、洗涤、干燥可得纯度为98%的氯化钾产品。工艺流程如图7-3所示。

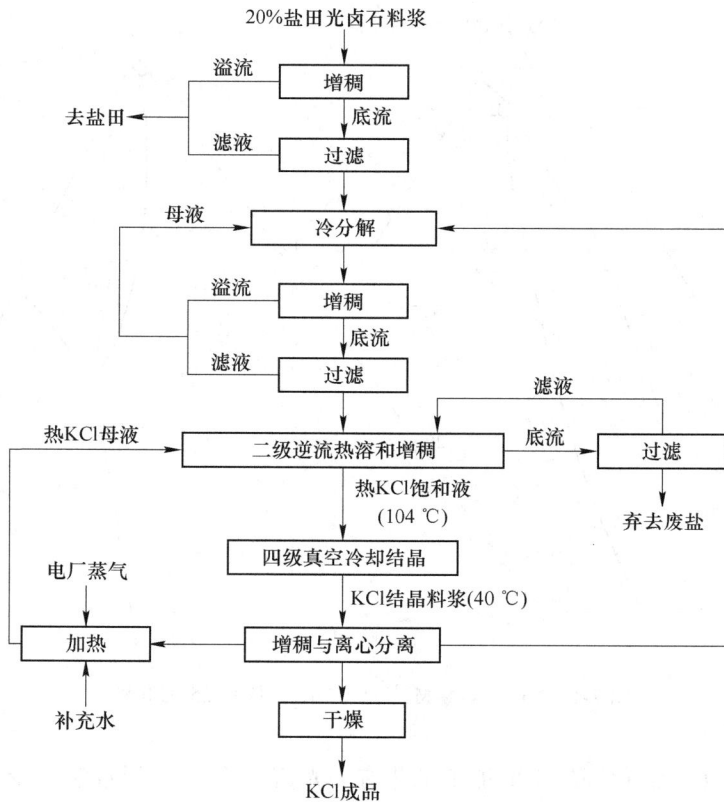

图7-3 冷分解-热溶结晶法加工盐田光卤石混盐制取氯化钾工艺流程图

7.2.1.3 反浮选-冷结晶法

反浮选-冷结晶法的全部过程除干燥工序外均在室温进行，是目前以光卤石为原料加工制取氯化钾的最优工艺。该工艺由两部分构成：第一部分是低钠光卤石的制备（NaCl<7%），第二部分是将低钠光卤石加入一个特殊设计的结晶器中，用含氯化镁的母液分解光卤石，分解过程严格控制光卤石的分解速度（靠调节分解母液中氯化镁的浓度来实现），加入氯化钾的晶种，使分解过程形成的氯化钾晶体有足够的成长时间，以获得较大颗粒的氯化钾晶体。用高效的浮选剂得到低钠光卤石和设计一个特殊的冷分解结晶器是实现本工艺的关键。冷结晶工艺是目前用光卤石生产氯化钾的方法中成本最低、最优的工艺。反浮选-冷结晶生产氯化钾的原则工艺流程如图7-4所示。

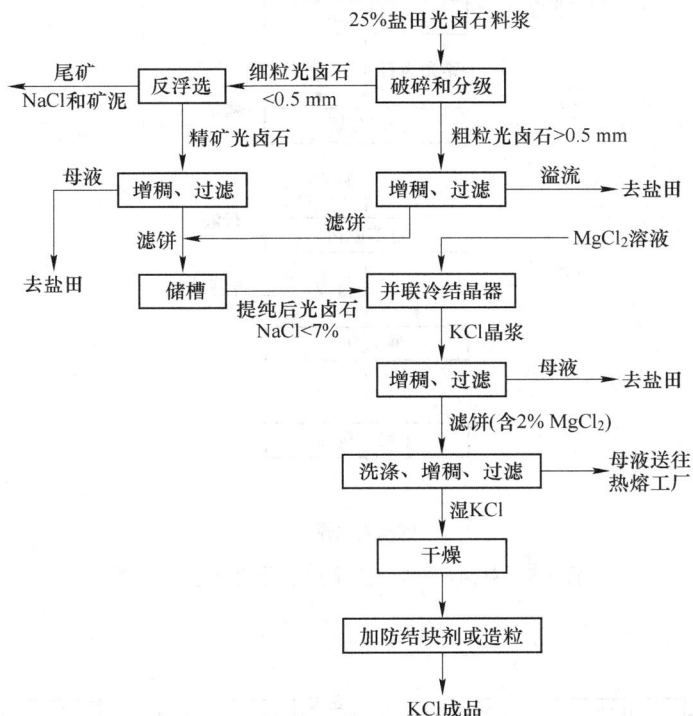

图 7-4　反浮选-冷结晶法加工盐田光卤石混盐制取氯化钾工艺流程图

7.2.1.4　兑卤-冷结晶法

将氯化物型炉石泵入盐田，滩晒至组成为 F 点的光卤石饱和液，称为 F 点卤水（图7-1）。将它与图 7-1 的 E 点卤水同时泵入反应器内，按适当比例掺兑。兑卤完成的总物料组成点为 M 点，M 点在光卤石的饱和面上，而液相点 P 点移至光卤石与氯化钠的共饱线上。因总物料 M 点在相图上是处于光卤石饱和面之下，所以光卤石和氯化钠同时析出。在适当的兑卤反应条件下，光卤石与主要杂质氯化钠的结晶粒度产生明显差异。具有较大粒径的光卤石结晶要比细粒的氯化钠沉降块，只要控制一定的上升水流速度，就可以使光卤石和氯化钠分离。兑卤-冷结晶法生产氯化钾工艺流程如图7-5所示。

7.2.2　罗布泊盐湖钾资源

罗布泊盐湖卤水属于硫酸镁亚型卤水，罗布泊盐湖罗北凹地卤水制取硫酸钾工艺流程如图7-6所示。

二次光卤石池
水氯镁石点调节池 | 钠盐池
光卤石点调节池 | 原卤

兑卤母 ← 兑卤反应器

高钠光卤石 → 分级脱钠

低钠光卤石

淡水 → 控速分解 → 溢流

料浆

过滤脱卤 | 母液

淡水 → | 粗钾 | 淋洗母液

淋洗脱镁

干燥、包装

成品氯化钾

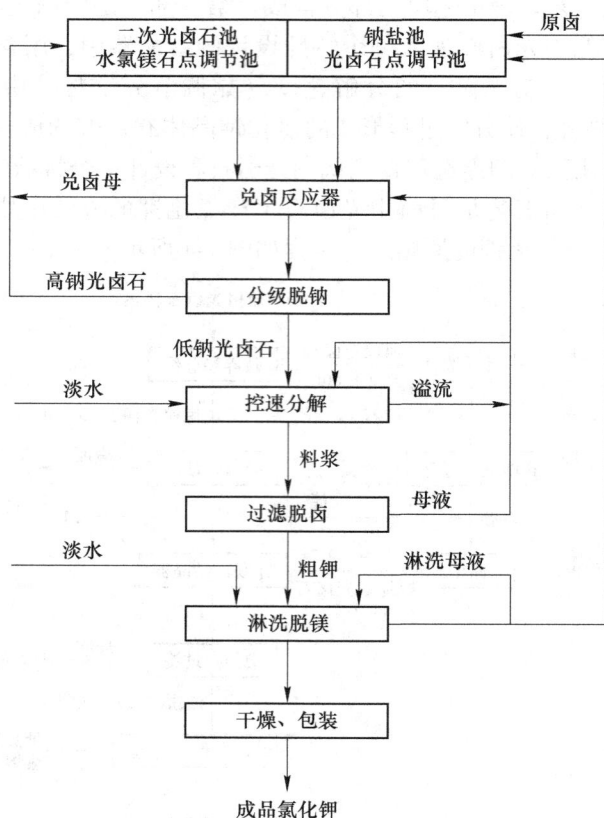

图 7-5 兑卤-冷结晶法生产氯化钾工艺流程图

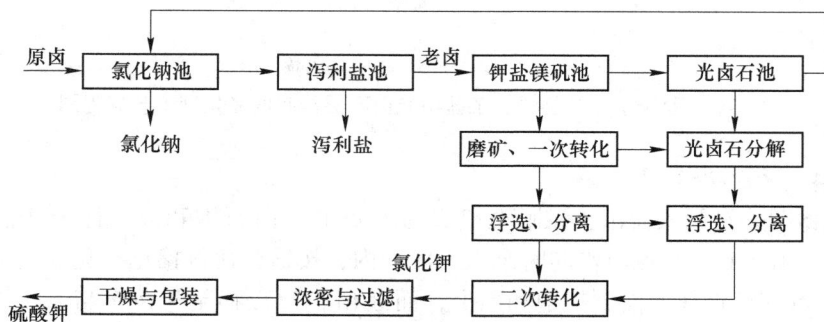

原卤 → 氯化钠池 → 泻利盐池 → 老卤 → 钾盐镁矾池 → 光卤石池

氯化钠   泻利盐   磨矿、一次转化 光卤石分解

浮选、分离   浮选、分离

氯化钾

硫酸钾 ← 干燥与包装 ← 浓密与过滤 ← 二次转化

图 7-6 罗布泊盐湖罗北凹地卤水制取硫酸钾工艺流程图

　　利用相图原理，结合气候条件特征，通过先进的盐田工艺，使卤水中的钾集中在两个阶段析出，同时排出了过量的硫酸镁。利用第一阶段析出的钾混盐矿物分解（一次转化）制取中间产品——软钾镁矾，利用第二阶段析出的光卤石钾盐矿分解（特定卤水分解）得到氯化钾，再由软钾镁矾与氯化钾经过二次转化得到最终产品硫酸钾，产品达到农用硫酸钾优级品标准，其硫酸钾产品纯度为 96.43%（干基），K$^+$ 总收率为 50.19%。

7.3 盐湖硼资源综合利用

盐湖卤水中提硼的方法主要有酸化法、萃取法、离子交换法和沉淀法。

7.3.1 酸化-冷却结晶法

酸化法主要有盐酸酸化和硫酸酸化。采用酸化中和原理将酸加到卤水中，使卤水中的硼转化为硼酸，再利用硼酸在饱和盐溶液中具有较小溶解度的性质，使硼酸在卤水中饱和后结晶析出，从而与其他成分分离。

盐湖卤水经盐田日晒蒸发浓缩后，获得饱和氯化镁卤水。根据硼酸在氯化镁饱和溶液中的溶解度（0 ℃时为0.61%）比在纯水中的溶解度（0 ℃时为2.62%）小，从而采用酸化饱和氯化镁卤水来提取硼酸。用盐酸对卤水酸化，盐酸与原料卤水中的硼酸镁发生下列反应：

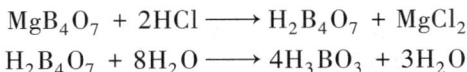

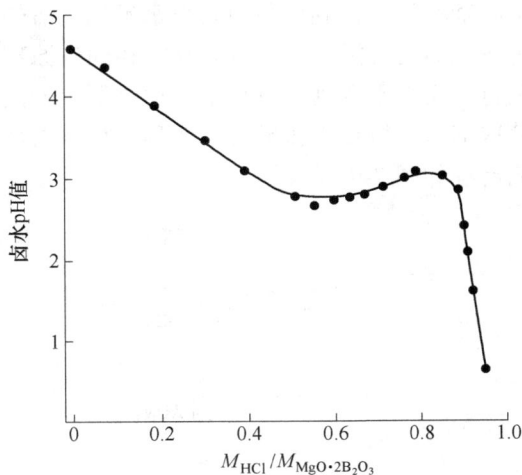

$$MgB_4O_7 + 2HCl \longrightarrow H_2B_4O_7 + MgCl_2$$
$$H_2B_4O_7 + 8H_2O \longrightarrow 4H_3BO_3 + 3H_2O$$

将原料卤水加热至 60~70 ℃时，注入浓盐酸并控制卤水的 pH 值为 2 左右，反应完成，然后冷却结晶硼酸。

7.3.2 酸化-直接结晶法

酸化-直接结晶法是应用反应结晶原理。从原料卤水的酸化曲线（图 7-7）看出卤水中硼酸的反应结晶过程。pH 值曲线表明饱和氯化镁卤水在酸化的开始阶段 pH 值随着加酸量的增加而下降，并开始有少量硼酸结晶析出；当 pH 值降至 2.64 时继续加酸则 pH 值缓慢上升，在此期间有大量硼酸析出；当 pH 值升到 3.04 时稍加酸则 pH 值反而迅速下降, pH 值降到 2.40 时硼酸已析出完全。

卤水酸化过程中 pH 值曲线的变化规律是由于反应中产生多硼酸，而多硼酸很快水解生成硼酸引起的。酸化反应过程随着盐酸的加入，卤水中硼转化成硼酸，但因硼酸浓度没有达到饱和，所以

图 7-7 原料卤水酸化过程 pH 值曲线

卤水中并没有硼酸析出，继续加酸，生成的硼酸量不断增加，使反应产物（硼酸）在溶液中的浓度超过饱和浓度，小心控制过饱和度，将其维持在介稳区内，即可获得符合粒度要求的硼酸结晶。

盐酸与卤水中的硼酸镁发生下列反应：

$$MgB_4O_7 + 2HCl + H_2O \Longrightarrow H_2B_4O_7 + MgCl_2 + H_2O$$

$$H_2B_4O_7 + 8H_2O \Longrightarrow 4H_3BO_3 + 3H_2O$$

工艺流程如图 7-8 所示。

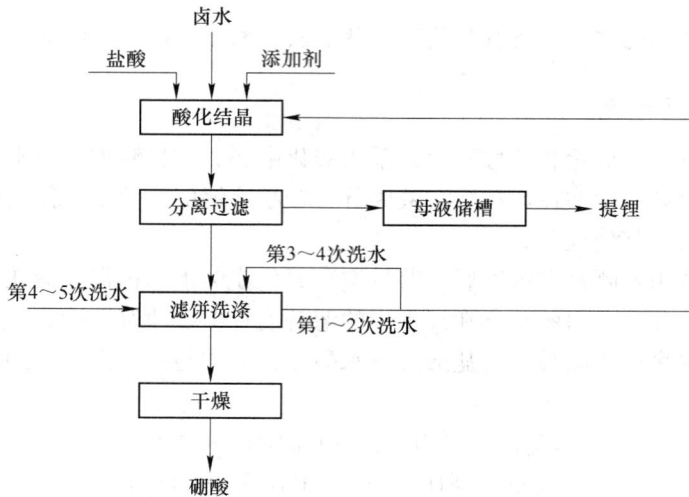

图 7-8　酸化-直接结晶法工艺流程图

7.3.3　萃取法

溶剂萃取法是利用与原料卤水不相混溶的有机溶剂与硼酸及其盐溶液互相接触时，硼酸等按经典的分配定律被分配在两相间的原理进行硼酸的分离提取，一般需要盐析剂来辅助进行。将硼萃取到有机相中，通过两相分离而使硼与卤水中的其他组分分开，然后利用反萃取剂从有机相中将硼反萃取到水相，再从反萃液中分离出硼酸或硼砂。萃取法的原则工艺流程如图 7-9 所示。

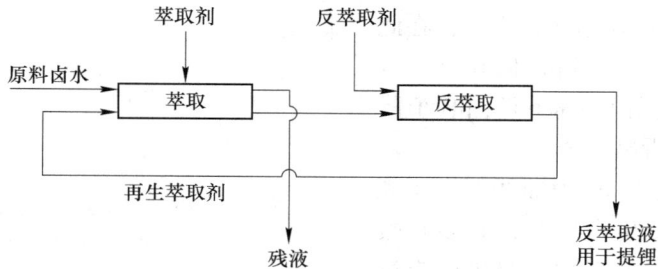

图 7-9　萃取法提取硼原则流程示意图

萃取剂采用的基本都是液体多元醇，也可以用固体多元醇溶解在与水不互溶的溶剂中形成的溶液。从水溶液中萃取硼的萃取剂可分为三类，第一类是可与硼酸反应生成中性酯的试剂；第二类是由于物理溶解而能萃取硼酸的试剂；第三类是能与四羟基硼酸反应而生成硼酸盐络合物的试剂。前两类适于从 pH 值小于 7 的水溶液中萃取硼，而后一类适于从 pH 值大于 7 的水溶液中萃取硼。

第一类萃取剂，如脂肪族 1,3 二醇与硼酸相互作用，在有机相中生成中性酯，其反应式为：

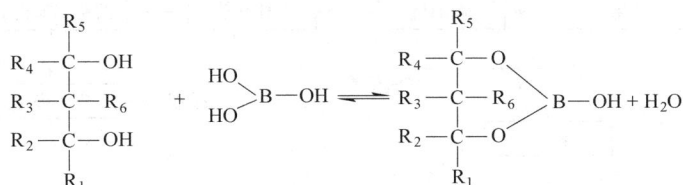

用碱性水溶液反萃取，可制得四硼酸盐。

第二类萃取剂是从低分子量到高分子量的醇，包括那些基本不与水混溶的醇，它们都具有物理萃取作用，甚至当某种与水不相混溶的一元醇与硼酸水溶液一经接触后，硼酸便按分配定律分布在两相之中。

第三类萃取剂，如邻苯二酚与四羟基硼酸盐作用时，能生成一种有机物即硼酸盐的络合阴离子，且同时脱水，其反应式为：

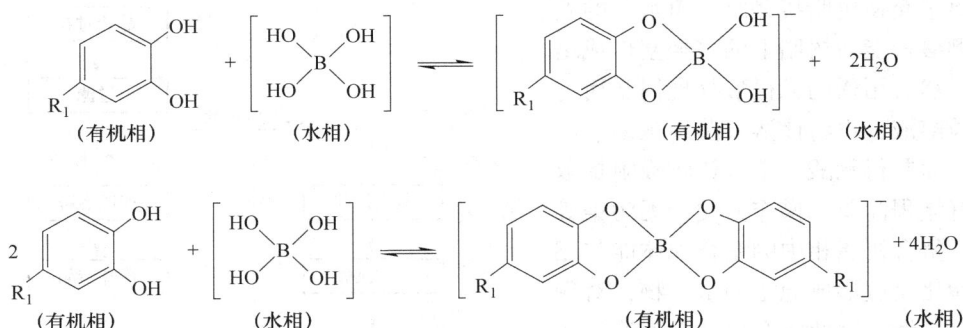

用酸性水溶液反萃取可制得硼酸。

萃取工艺流程：该工艺过程是首先将原料卤水酸化，即在搅拌的情况下加入工业硫酸或盐酸；再将酸化后的卤水泵入高位槽，经流量计进入萃取槽，有机萃取液由低位储槽泵送入高位槽，经流量计进入萃取槽，与卤水逆流接触后进入反萃取槽，萃取液排入储槽；反萃取剂经流量计进入反萃取槽，与负载有机相逆流接触，解吸后的有机相泵回高位槽，循环使用，将反萃取液以一定的流速经活性炭吸附柱，除去微量有机液后泵入高位槽，经计量后流入搪瓷夹套蒸发器，用蒸汽进行加热蒸发浓缩后，将料液输入到结晶器冷却至 $10 \sim 15 \, ℃$，再经离心过滤、洗涤干燥即得到硼酸产品。结晶硼酸后的母液及洗涤液可再循环使用。

7.3.4　离子交换法

离子交换法提硼是采用对硼有选择性地交换能力强的树脂，从卤水中把硼交换和富集起来，与卤水中其他的物质分离，再用稀酸从树脂上把硼洗脱下来，得到含硼量较高的硼酸溶液，此溶液经蒸发、冷却结晶、过滤分离、干燥就可得到硼酸产品。该工艺流程如图 7-10 所示。

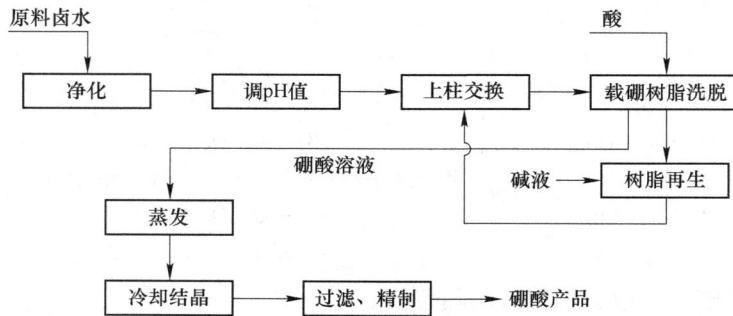

图 7-10　离子交换法提硼流程图

离子交换法是利用硼酸或硼酸盐能与具有多羟基化合物形成络合物的特点，在含硼卤水与具有多羟基化合物的特效离子交换树脂接触时，卤水中的硼酸或硼酸盐能与树脂上的多羟基形成络合物，然后用稀的无机酸处理树脂而得到硼酸溶液，再将该溶液蒸发浓缩、冷却结晶而制得硼酸。螯合树脂吸附提取硼具有流程简单、操作方便、无污染等特点，螯合树脂相中的螯合配体能与硼离子酯化反应形成稳定的螯合物，对硼有高选择性，因此整合树脂吸附法提取盐湖卤水中的硼具有广阔的应用前景。

7.3.5　沉淀法

沉淀法是在卤水中加入活性氧化镁、石灰乳等沉淀剂形成硼酸盐沉淀，分离后再用酸溶解，最后冷却结晶制得硼酸产品。石灰乳沉淀法从盐后母液中提取硼酸的研究工艺流程见图 7-11。

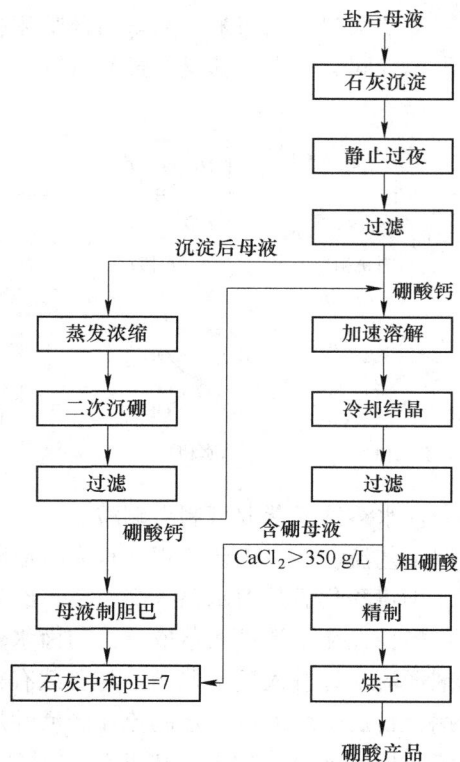

图 7-11　盐后母液制取硼酸工艺流程图

7.4　盐湖锂资源综合利用

锂在自然界中丰度最大，位居 27 位，在地壳中约含 0.0065%。锂仅以化合物的形式存在于自然界中，矿物有 30 余种，主要存在于锂辉石、锂云母以及透锂长石和磷铝石中。全球约 70% 的锂存在于盐湖，约 30% 来自矿石。

7.4.1 苏打沉淀法

卤水先在氯化钠池中蒸发除去氯化钠，剩余的卤水仅含 K、Li、$Na_2B_4O_7$，此卤水在钾石盐池中继续蒸发沉淀出 NaCl+KCl，除去 NaCl+KCl 后的卤水继续蒸发使其中的 Li 富集到6%（折合 LiCl 38%，已达到饱和，其中含 Mg 1.8%，B 0.8%），送到碳酸锂厂加工。加工方法是先用煤油萃取法除去硼，除硼后的卤水含硼小于 5×10^{-4}%。除硼后的卤水分两步除镁：（1）加苏打沉淀碳酸镁，用转鼓式过滤机分离除去卤水中 80% 的镁；（2）加石灰以氢氧化镁的形式除去剩余的 20% 的镁。除去硼、镁后的卤水富含氯化锂，用苏打以碳酸锂的形式沉淀出其中的锂，碳酸锂料浆用带式过滤机过滤，滤饼用水洗去其中夹带的氯化钠，回转干燥机烘干，可得 99% 的碳酸钾产品。工艺流程如图 7-12 所示。

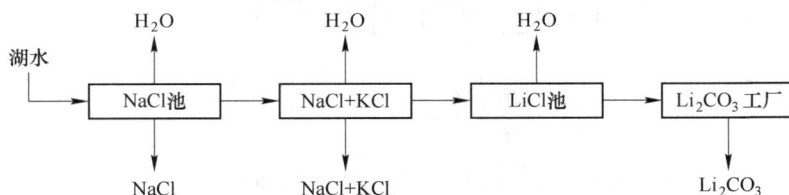

图 7-12 苏打沉淀法从卤水中提锂工艺流程图

7.4.2 铝酸钙沉淀法

氢氧化铝与碳酸钙焙烧形成的铝酸钙，作为不含镁的卤水中提锂的沉淀剂，再将含锂沉淀物加压、高温压煮分解出锂盐，最后以纯碱沉淀出碳酸锂。

铝酸钙在酸化条件下，转化为活性氢氧化铝，它与卤水中的锂作用，生成铝锂沉淀物。该沉淀物在水的存在下于压力容器内蒸气加热至 150~180 ℃，即分解出锂盐，而水合氧化铝则可以循环使用。工艺流程如图 7-13 所示。

7.4.3 铝酸钠碳化法

铝酸钠稀溶液与二氧化碳反应，形成 $Al(OH)_{2.8}(CO_3)_{0.1} \cdot xH_2O$ 的无定形氢氧化铝，它对卤水中的锂具有高效选择沉淀作用，形成 $LiCl \cdot 2Al(OH)_3 \cdot H_2O$ 的复合物，而达到分离回收锂的目的。所得含锂沉淀物，经焙烧浸取获得氯化锂溶液和氧化铝，后者与纯碱反应形成铝酸钠，可循环使用。氯化锂溶液去除杂质后可制取碳酸锂。工艺流程见图7-14。

7.4.4 溶剂萃取法

在高浓度氯化物卤水中添加三氯化铁，使锂形成四氯铁酸锂（$LiFeCl_4$），它被含氧溶剂选择性地萃取，在我们所使用的萃取剂的条件下，形成组成为 $LiFeCl_4 \cdot 2TBP$ 的萃合物。该萃合物用盐酸反萃，锂以氯化物的形式转入水相，可加工精制成氯化锂或碳酸锂产品。铁以 $LiFeCl_4$ 的形式留在有机相中，在工艺过程中可循环使用。

根据水中锂的浓度，配入适量的三氯化铁。萃取剂 TBP 的稀释剂为溶剂煤油或磺化

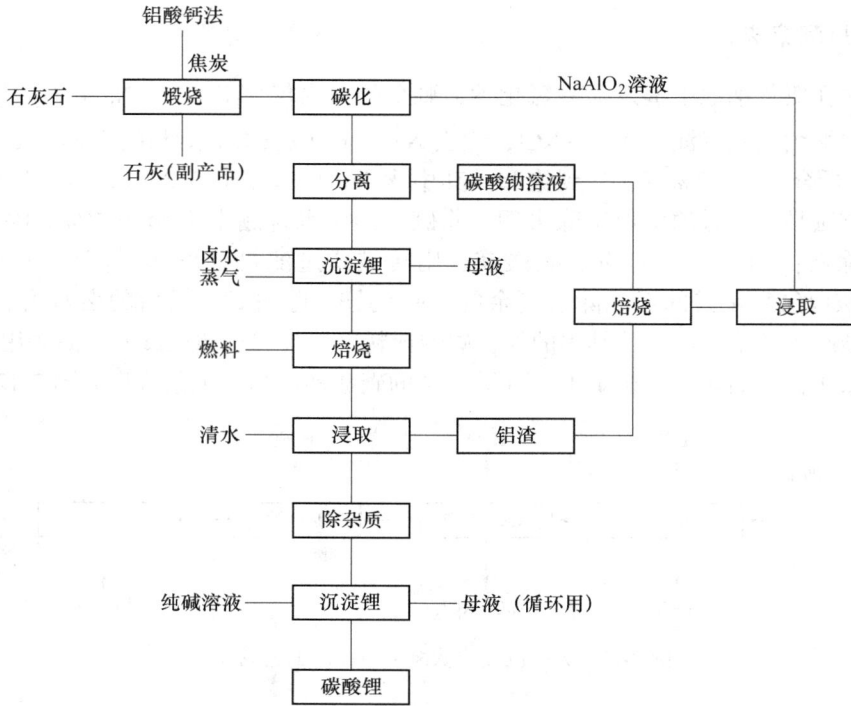

图 7-13　铝酸钙沉淀法从卤水中提锂工艺流程图

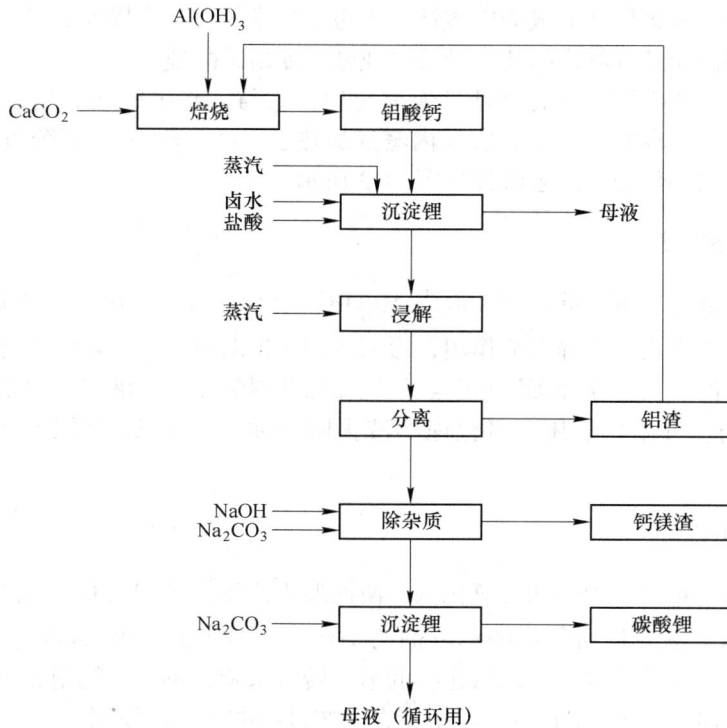

图 7-14　铝酸钠碳化法从卤水中提锂工艺流程图

煤油。工业操作在卧式萃取箱中进行，卤水从萃取段流入，另一部分流出萃取余液，萃取剂逆向流经萃取段、洗涤段、反萃取段和洗酸段后循环使用。含氯化锂的反萃液经除杂质后可制取无水氯化锂或碳酸锂产品，其工艺流程如图7-15所示。

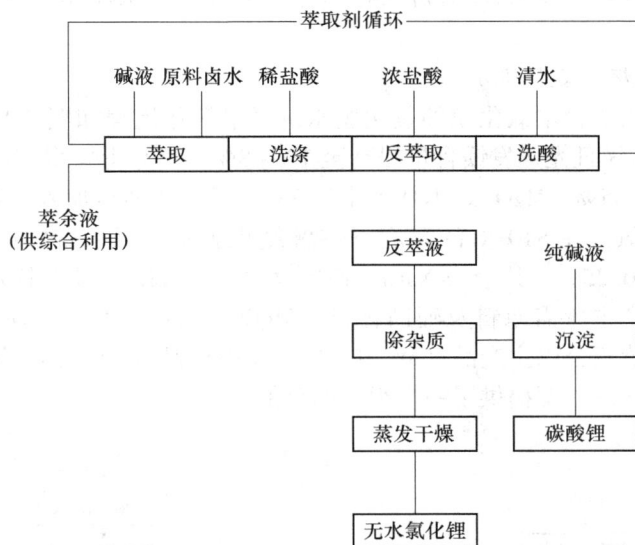

图 7-15 萃取法提锂工艺流程图

7.4.5 焙烧法

盐田老卤（经提硼工艺处理后）蒸发浓缩冷却后，导入煅烧工段进行煅烧。煅烧固体产物经浸提处理，浸取液经石灰除镁·芒硝+草酸除钙→浓缩→纯碱沉淀碳酸锂→洗涤碳酸锂即可得碳酸锂产品。在提锂过程中，还可生产盐酸和轻质氧化镁副产品。

7.5 盐湖镁资源综合利用

位于青海湖区的察尔汗盐湖是我国最大的钾镁盐湖，其镁盐储量占全国镁盐资源的74%，且具有多种有用组分共生的特点。其水氯镁石是世界上成本最低、质量最好、产量最大的炼镁原料。

7.5.1 制取无水氯化镁

目前为止，世界上以水氯镁石为原料制取无水氯化镁的方法主要有五种：氯化氢保护气氛下脱水、氯气熔融氯化脱水、氯化氢熔融氯化脱水、铵光卤石脱水、有机溶剂和氨络合脱水。

7.5.1.1 氯化氢保护气氛下脱水

在一定温度下，反应体系内维持适当的氯化氢浓度就能避免氯化镁水解或使水解降至最低限度。脱水简化工艺流程如图7-16所示。

卤水含 $MgCl_2$ 3.3%，二级热空气脱水及 HCl 气氛和沸腾脱水温度分别为 180 ℃、250 ℃和330 ℃，所得脱水氯化镁含 $MgCl_2$ 95%以上，含 MgO 小于 0.2%。HCl 回收采用氯盐解析工艺，用少量盐酸补充 HCl 的消耗，不产生稀酸。脱水料的输送及 HCl 回收系统是全封闭的，各项操作均由计算机控制。颗粒料的形状和大小是影响脱水料质量的关键因素之一。

7.5.1.2　氯气熔融氯化脱水

熔融氯化技术用于含水氯化镁的氯化脱水。脱水简化流程如图 7-17 所示。天然卤水含镁低于 1%，经三级日光蒸发镁含量提高至 7%~8%。喷雾干燥得到粒径为 20 μm 的细粉，含 $MgCl_2$ 82%~85%，MgO 及 H_2O 各小于 3%。氯化镁细粉加入氯化炉，同时向炉内添加石油焦粉和通氯，在 810 ℃ 的温度下熔融氯化脱水。所得熔融产品含 $MgCl_2$ 95%、MgO<0.1%、H_2O<0.25%，其余为 NaCl、KCl、$CaCl_2$ 和 LiCl。罗莱镁厂从盐湖水生产金属镁流程简单，生产中所需原料及辅助物料（$MgCl_2$、NaCl、KCl、$CaCl_2$、LiCl）都来自湖水，湖水中的有价成分以主产品（Mg 和 Cl_2）及副产品（硫酸钙、钾盐等）产出，这种方法为综合利用盐湖资源提供了一个很好的范例。

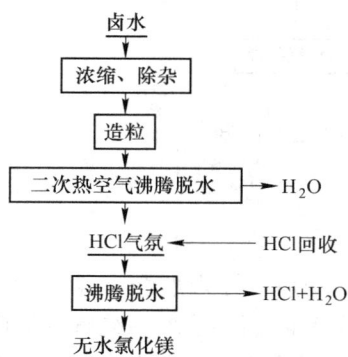

图 7-16　脱水简化工艺流程图　　　图 7-17　罗莱镁厂脱水简化流程图

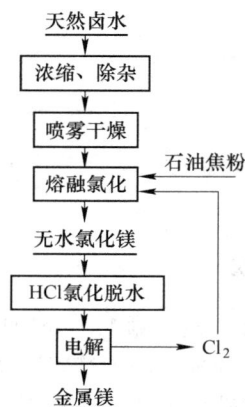

7.5.1.3　氯化氢熔融氯化脱水

蛇纹石含镁 20%，仅次于菱镁矿（27%），是非常优良的炼镁资源。用氯化的方法使蛇纹石中的镁转变成氯化镁是困难的。以盐酸浸出蛇纹石，使其中的镁转变成 $MgCl_2$ 水溶液（蛇纹石卤水），然后用干燥脱水的方法生产无水氯化镁，其基本工艺流程如图 7-18 所示。

浓缩后的卤水含 MgCl 27%，沸腾干燥后的粒料（$MgCl_2 \cdot xH_2O$）含 MgO 1%~2%，比罗莱镁厂的低。最后脱水是在超级氯化器中进行。这一工艺的特点是不使用 Cl_2 而使用 HCl 作为氯化剂，氯化反应为：

$$MgO + 2HCl =\!=\!= MgCl_2 + H_2O$$

这里 HCl 既起氯化作用，又起抑制氯化镁水解的作用。由于干燥粒料含 MgO 及 H_2O 很低，因此氯化及保护作用所需的 HCl 用量低，这是该工艺的又一特点，对盐湖老卤水中水氯镁石脱水有借鉴意义。

7.5.1.4 铵光卤石脱水

研究表明，铵光卤石（$MgCl_2 \cdot NH_4Cl \cdot 6H_2O$）加热时发生如下脱水、脱铵过程：

$$MgCl_2 \cdot NH_4Cl \cdot 6H_2O \longrightarrow MgCl_2 \cdot NH_4Cl \cdot 2H_2O \longrightarrow MgCl_2 \cdot NH_3Cl \rightarrow 3MgCl_2$$

由于铵镁复盐结构的作用，各级脱水过程中铵光卤石的水蒸气分压值远低于该温度时水蒸气的平衡分压值，故不发生氯化镁的水解。脱铵时由于 NH_4Cl 分解为 NH_3 和 HCl，对氯化镁的水解也起到了抑制作用。因此，使卤水中 $MgCl_2$ 与 NH_4Cl 结合形成铵光卤石，然后进行脱水、脱铵生产无水氯化镁。

7.5.1.5 有机溶剂和氨络合脱水

$MgCl_2$ 能与许多有机溶剂如醇、醚、氨、酯作用生成相应络合物，如与甲醇生成 $MgCl_2 \cdot 6CH_3OH$，与乙醇生成 $MgCl_2 \cdot C_2H_5OH$，以及与氨作用生成 $MgCl_2 \cdot 6NH_3$、$MgCl_2 \cdot 2NH_3$、$MgCl \cdot NH_3$ 等络合物。加热时，这些络合物又会分解，从而可得到无水氯化镁。20 世纪 40 年代 Belchely 发表了利用戊醇络合进行水氯镁石脱水的专利和先用戊醇后用氨络合脱水的专利。这两种方法的基本原理可以表示如下：

用戊醇络合进行水氯镁石脱水：

$$(MgCl_2 \cdot 6H_2O) + 6C_5H_{11}OH + 6NH_3 \Longleftrightarrow (MgCl_2 \cdot 6C_5H_{11}OH) + 6NH_3 \cdot H_2O$$

$$MgCl_2 \cdot 6C_5H_{11}OH \xrightarrow{\triangle} MgCl_2 + 6C_5H_{11}OH$$

先用戊醇后用氨络合脱水，先完成上述第一反应，接着：

$$(MgCl_2 \cdot 6C_5H_{11}OH) + 6NH_3 \Longleftrightarrow (MgCl_2 \cdot 6NH_3) + 6C_5H_{11}OH$$

$$MgCl_2 \cdot 6NH_3 \xrightarrow{\triangle} MgCl_2 + 6NH_3$$

后一种方法，氯化镁的水解程度更低，因而无水氯化镁产物中氧化镁及水含量有机溶剂较低。络合法脱水基本工艺如图 7-19 所示。

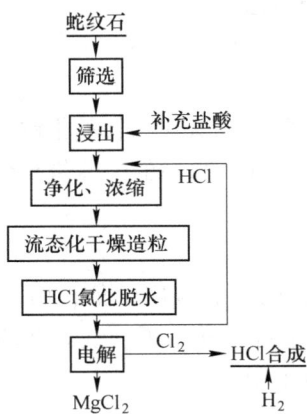

图 7-18 蛇纹石生产氯化镁工艺流程图

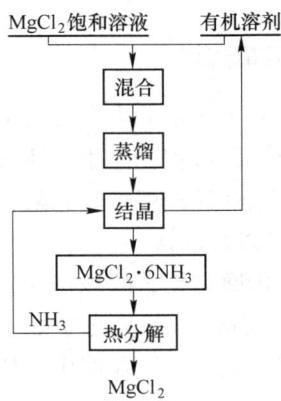

图 7-19 络合法脱水工艺图

7.5.2 制取氧化镁

7.5.2.1 石灰乳法

$$Ca(OH)_2 + MgCl_2 \Longleftrightarrow Mg(OH)_2 + CaCl_2$$

$$Mg(OH)_2 === MgO + H_2O$$

用该法制取氧化镁的主要原料为：盐卤水氯镁石和石灰，产品原料易得，但要制出符合要求的 $Mg(OH)_2$ 难度较大。如果卤水直接与石灰乳起反应，则生成很细的胶状沉淀，沉降速度较慢，胶状沉淀带下杂质较多（主要是钙、硼），为下一步 $Mg(OH)_2$ 的提纯带来很多困难，在卤水和石灰乳进行反应前，应提前分别对石灰乳和氯化镁卤水进行精制，精制后的两种原料再按一定的顺序进行反应，沉淀出 $Mg(OH)_2$。$Mg(OH)_2$ 经过滤、洗涤、煅烧即可得到高纯的氧化镁。

7.5.2.2 氨法

利用氨或氨水与卤水反应生成 $Mg(OH)_2$ 的方法称为氨法。由于氢氧化铵为弱碱，在 Mg^{2+} 浓度较高的卤水中用氨法较为合适。该法的特点是生成的 $Mg(OH)_2$ 沉淀结晶度高，沉淀速度较快，易于过滤和洗涤，过滤后的乳液净化处理较其他方法复杂，所得产品的纯度较其他方法略低，该法所得 $Mg(OH)_2$ 母液还可继续利用，或经浓缩后制取 Na、K、Mg 复合肥。

7.5.2.3 碳铵纯碱法

利用碳酸氢铵（或碳酸钠）与卤水作用生成碳酸镁，然后碳酸镁煅烧也可得到高纯镁砂。该法的主要优点是工艺简单，生产流程较上述两种方法都短，产品的纯度与氨法所得产品纯度相当，单产品的生产成本较上述两种方法都高，一般不宜单独采用，可配合其他方法联合使用，以提高镁的收率。

7.5.2.4 碳化法

碳化法就是在高镁离子浓度的卤水中通入 CO_2，一定条件下生成碳酸镁的方法。碳酸镁经纯化、轻烧、重烧加工成氧化镁的方法。在 CO_2 储量或供应充分的地区可采用上述工艺与盐、碱、镁联产，以降低生产成本，一般不予单独采用。

7.5.3 制取氢氧化镁

阻燃剂用氢氧化镁的生产方法主要有三种：石灰乳法、氨法和氢氧化钠法。在生产阻燃剂用氢氧化镁的过程中先用上述方法制取高纯氢氧化镁，得到的高纯氢氧化镁再进行水热处理、表面改性处理就可得到阻燃剂型氢氧化镁。

7.5.3.1 石灰乳法

氢氧化钙价廉易得，故该法生产氢氧化镁有较高的工业应用价值，由于产品粒度小（通常低于 0.5 μm），聚附倾向大，极难过滤，易吸附硅、镁、钙、铁等杂质离子，只适于对纯度要求不太高的行业使用，如烟道气脱硫、废水中和等。

7.5.3.2 氨法

以卤水或氯化镁为原料，以氨水作沉淀剂进行反应：

$$MgCl_2 + 2NH_3 \cdot H_2O \longrightarrow 2NH_4Cl + Mg(OH)_2$$

此法所得的氢氧化镁产品纯度较高，适用于制备高纯镁砂。在制备氢氧化镁阻燃剂产品上，所得氢氧化镁产物的粒径分布较宽，同时收率偏低，并且由于氨水的强挥发性，操作环境比较恶劣，存在低回收率和环保问题。该法虽存在上述问题，但能得到纯度较高的氢氧化镁产品，并且所得产品母液能循环利用。

7.5.3.3　氢氧化钠法

以卤水或氯化镁为原料，与氢氧化钠反应制得氢氧化镁：

$$MgCl_2 + 2NaOH \longrightarrow 2NaCl + Mg(OH)_2$$

该工艺操作简单，产物的形貌、结构、粒径及纯度均易于控制，附加值较大，适于制备高纯微细产品。由于氢氧化钠是强碱，采用该法时如果条件不当会使生成的氢氧化镁粒径偏小，给产物性能控制及过滤带来困难，故须严格控制其合成条件。该法在以盐湖卤水为原料制取高纯阻燃用氢氧化镁产品中具有一定优势；但是与氨法相比，该法的母液回收不如氨法容易，母液的后处理工序存在一定问题。

7.5.3.4　不同水热介质对常温合成氢氧化镁的影响

制备阻燃剂氢氧化镁通常需要经过三个阶段：常温合成（<100 ℃）、水热处理（100~373 ℃）、表面改性。上述三种方法只完成了常温合成氢氧化镁的第一步，在得到高纯氢氧化镁后就需要对其进行水热处理。水热处理是以水或其他的水热处理剂作为溶剂，在一定温度（介于水的沸点和超临界温度之间，即100~373 ℃和压力0.1~22 MPa）下进行化学反应的方法。在高温高压水溶液中，分子运动加剧导致反应速度提高，同时物质的溶解度加大，因此许多在常温常压难以进行的反应均可在水热条件下得以实现。由于氢氧化镁晶体的表面极性，产生晶体表面力吸附溶液中的水或其他粒子，一般常温下制备的$Mg(OH)_2$结晶性能和过滤性能均不理想，采用水热处理后上述性能可大为改善。水热处理使吸附在晶体表面上的水分化合，从而破坏吸附在晶面上的液体层，减少吸附层对晶体长大的阻力，以促使其生成晶粒大、比表面积小的具有特殊晶型的氢氧化镁。经水热处理后的氢氧化镁通过干法或湿法进行改性，最终得到阻燃剂氢氧化镁。

本 章 小 结

主要介绍了盐湖资源中钾、锂、硼和镁的提取工艺流程与原理。

习　题

（1）盐湖资源中钾的提取工艺流程是什么？
（2）盐湖资源中锂的提取工艺流程是什么？
（3）盐湖资源中硼的提取工艺流程是什么？
（4）盐湖资源中镁的提取工艺流程是什么？

8 复合矿资源循环利用

本章提要：
  （1）了解复合矿的概念；
  （2）掌握复合矿中有价金属的循环利用方法与原理。

各种元素在地壳岩石中的分布是不均匀的，它的平均含量以"克拉克值"或"丰度"表示，其单位有的用百分比表示，有的用 g/t 表示，在地质作用和成矿作用下，元素可相对富集，形成可以开采的矿产。各种矿产最低可采品位与其克拉克的比值称为该元素的"浓集系数"。

元素的富集与元素在各种地质作用下发生迁移有关。如地下深处的岩层，局部熔化成岩浆，使组成岩层的元素活化，转移到硅酸盐熔体中，随硅酸盐熔体而迁移，最后岩浆结晶，元素以各种新的独立矿物或类质同象等形式固定下来形成矿床。我国承德钒钛磁铁矿就属此类矿床。又如，岩浆经历了不同的结晶阶段以后，剩下的是一种富含挥发性成分和各种金属物质的气水溶液。由于热液作用，岩石被浸溶，以各种形式存在的元素遭受不同程度的淋失，并随热液而迁移，在一定条件下以蚀变矿物或矿化结果固定下来，形成气化-热液矿床。我国的铅锌矿、钨矿、锑矿等多属此类。在成矿过程中由于元素及其化合物的物理化学性质以及类质同象的作用，很容易生成多金属复合矿，特别是贵金属和稀有金属一般不能单独成矿，即使是那些容易富集成矿的金属也难免伴生其他金属矿物，因而地壳中复合矿的存在具有普遍性。

8.1 复合矿及成矿原因

自然界中，特别是在我国，矿物以单生形式存在的少，大量以共生或伴生的形式出现。

（1）共生矿：共生矿是指在同一矿区（矿床）内，有两种或两种以上元素都达到各自单独的品位要求和储量要求，且各自达到矿床规模的矿产。共生矿中的成矿元素往往具有相似的地球化学性质，而且成矿地质条件相近，并在统一的成矿过程中形成。例如，沉积喷流型铅锌矿床中，铅和锌都达到独立矿床规模，它们就是共生矿。

（2）伴生矿：伴生矿是指在同一矿床（矿体）内，存在不具备单独开采价值，但能和与其伴生的主要矿产一起被开采利用的有用矿物或元素，如斑岩铜矿床中的钼、铼、金等。伴生矿相对主要矿产而言，伴生矿和与其伴生的主要矿产由于具有相似的地球化学性质和共同的物质来源，因而常伴生在同一矿床（矿体）内。我国著名的三大伴生矿分别是攀枝花铁矿（伴生钒钛矿）、白云鄂博铁矿（伴生稀土矿）以及金川镍矿（伴生多种金属）。同一成因、同一成矿阶段中形成的一组可矿物，彼此互称为共生矿物。如果矿物之间形成时间和成因不同，则称为矿物的伴生。共生矿、伴生矿统称为复合矿。

影响元素共生的主要因素如下：

（1）元素类质同象能力。所谓类质同象是两种或两种以上的化学性质相近而结晶构造相似的物质，在一定的外界条件下结晶时，晶体中的部分构造单位（原子、离子、络离子、分子）发生相互置换或代替，替换后只引起晶格常数的微小改变，并不破坏原有的晶体构造。形成类质同象的条件主要决定于相互替换的质点的离子半径、电价、晶格类型等，同时也受外界的温度、压力、介质浓度等有关因素的影响。

类质同象是矿物中微量元素的重要存在形式，如 Ga、In、Ge、Tl、Cd、Se、Ra、Rb 等主要以类质同象方式存在于寄生矿物中。

又如，铁族元素中 Ni^{2+}、Co^{2+} 可代替 Mg^{2+}、Fe^{2+} 进入硅酸盐晶格，往往使橄榄石和辉石含有较多的 Ni、Co。此外，Ni^{2+}、Co^{2+} 还能代替 Fe^{2+} 进入铁的硫化物中，镍黄铁矿中的 Ni 和 Fe 之比可高达 $1:1$。在硫钴矿中 Ni 的最高含量可达 50%。

Au 和 Ag 同属 I B 族，原子半径相同均为 0.144 nm，单质晶体构造类型也相同，均为面心立方格子，因此 Au-Ag 完全类质同象，形成自然金→银金矿→金银矿→自然银的矿物系列。

Ag 的离子半径与 Cu 的离子半径相近，自然铜里含 Ag 可达 0.1%~4.0%。

铌、钽同属 V B 族，离子半径分别为 0.069 nm 和 0.068 nm，就目前已知的 72 种铌钽矿物中，所有的铌矿物中都含有钽，钽矿物只是主次不同而已，因而铌钽矿孪生。

（2）元素及其化合物的物理化学性质。元素及其化合物的沸点、熔点、溶解度、结晶温度、化学亲和力相近者在成矿过程中易于生成共生矿，如 Cu、Pb、Zn 在自然界中常常紧密共生，这是由于它们都具有铜型离子结构，都有着强烈的亲疏性的缘故。这些金属硫化物在硅酸盐的熔浆中，在高温高压下彼此混熔，当温度压力降低时，首先发生硫化物和硅酸盐的液态分离，金属硫化物的比重大，富集于岩浆的底部形成共生矿床。

8.2　钒钛磁铁矿综合利用

8.2.1　钒钛磁铁矿矿物特征

我国四川省攀枝花西昌地区蕴藏着丰富的钒钛磁铁矿资源，属于高钛型钒钛磁铁矿，主要分布在攀枝花、白马、红格和太和四个矿区。钒钛磁铁矿是炼铁、提钒、生产金属钛及制造钛白粉原料的重要矿产资源。

钒钛磁铁矿矿床都是以铁、钛、钒三元素为主体，并伴生有铬、钴、镍、铜、硫、钪、硒、碲、镓和铂等多种组分，但各矿区中元素的富集程度有较大区别。钒钛磁铁矿中伴生组分虽然多，但主要矿物的组成并不复杂。根据矿物的工艺特性，其矿物组成可归纳为钛磁铁矿类、钛铁矿类及硫化物类等。

8.2.1.1　钛磁铁矿

钛磁铁矿不仅是最主要的含铁工业矿物，而且也是钛、钒、铬、镓、钴及镍等有益组分的主要寄生矿物。它是由主晶矿物磁铁矿及客晶矿物钛铁矿、钛铁晶石和镁铝尖晶石所组成的复合矿物，为固溶体分解作用所形成的。主晶矿物磁铁矿（Fe_3O_4）中含有少量的钒、铬、镍、钴、镁、铝等元素，以类质同象形式存在。客晶矿物钛铁矿（$FeO \cdot TiO_2$）、钛铁晶石（$2FeO \cdot TiO_2$）、镁铝尖晶石 $[(Mg,Fe)(Al,Fe)_2O_4]$ 以微细颗粒状或板状结构，沿磁铁矿晶面分布于主晶中。在磨矿时很难将主、客晶分离，因此在选矿分离时不能得到磁铁矿矿物，只能将钛磁铁矿整体作为入选矿物。

8.2.1.2　钛铁矿

钛铁矿是矿石中的主要钛矿物，其中除含有铁外，还含有钪等微量元素。其产出形态按成因和结构特点可分为三种：一是在脉石矿物中呈包体，形成嵌晶结构，此种钛铁矿数量较小，粒度较细，难以回收；二是与铁磁铁矿密切连生或是单体充填于脉石矿物颗粒之间，粒度较粗（一般为 0.5~0.2 mm），95%以上的钛铁矿以此种形式存在，它是回收钛的主要处理对象；三是固溶分离形成的钛铁矿，主要在钛磁铁矿中呈板状、片软、粒状分布，粒度一般小于 3 μm，很难离解，工业上无法单独回收。

钛铁矿中含有多种客晶矿物。主要有铁磁铁矿、镁铝尖晶石、赤铁矿、镁矿等钛，其含量一般在 0.1%~20%范围内。多数小于 5%。钛和铁是主体元素，采用适宜的工艺可以实现分离铁、富集钛的目的。

8.2.1.3　硫化物

硫化物是矿石中钴、镍、铜等有益元素的载体，其含量虽然不高（0.61%~1.84%），但由于矿石的加工量大，其总量仍然相当可观。矿石中硫化物的种类有磁黄铁矿、黄铁矿、黄铜矿、镍黄铁矿、辉钴矿、硫钴矿等。绝大部分的硫化物呈不规则粒状，嵌布于铁、钛氧化物及硅酸盐矿物颗粒间隙中，粒度较粗，磨矿时易于离解，是主要的回收对象。

另有少部分硫化物呈微粒状、叶片状等分散于钛磁铁矿、钛铁矿、脉石矿物中，成为有害夹杂物，不能回收。硫化物主要分布在脉石矿物中，占硫化物总量的 60%~87%。

8.2.2　钒钛磁铁矿中钒的回收

钒钛磁铁矿提钒工艺主要有高炉炼铁-铁水提钒工艺、精矿钠化焙烧-水浸提钒工艺和精矿直接还原-熔分后提钒工艺。

8.2.2.1　高炉炼铁-铁水提钒工艺

该工艺以钒钛磁铁矿为原料，将钒作为副产品回收。钒钛磁铁矿中的钒在高炉冶炼过程中，经还原后约75%进入铁水中，铁水钒含量为 0.35%左右。用氧气或空气吹炼含钒铁水，使钒再次氧化为氧化物。钒氧化物会同其他氧化产物（如 SiO_2、FeO 等）富集于钒渣中，可用湿法冶金等方法进行钒渣提钒处理。吹炼含钒铁水的方法有：侧吹转炉、底顶吹转炉、摇包及雾化提钒等。

A　转炉提钒

转炉提钒工艺流程见图 8-1。含钒铁水的化学成分决定着钒渣质量和提钒工艺流程。经脱硫处理后的含钒铁水需经撇渣处理，去除高炉渣和脱硫渣，以避免带入的氧化钙等杂质污染钒渣。为达到"脱钒保碳"的目的，在整个提钒过程中需将熔池温度控制在一定范围内。在吹钒过程中，含钒铁水中的其他元素也随之氧化并放出热量，使熔池温度升高而超出提钒所需控制的温度范围。因此，在提钒过程中必须进行有效的冷却。目前，转炉提钒常用冷却剂有含钒生铁、氧化铁皮、石英砂、废钒渣等。此外，为减少半钢中碳的烧损及由于钢水裸露造成的温降，在出半钢前向半钢中加入一定量的碳化硅或增碳剂。

钒渣中 V_2O_5 含量越高，CaO、P、SiO_2、MFe 等其他组分含量越低，则钒渣质量越好。因此，判断钒渣质量首先是对 V_2O_5 品位进行判定，并按照其他成分的相应含量对钒渣进行评级。在吹炼过程中，铁水中的钒有 85%~90% 进入钒渣，碳的烧损约为 20%，铁的吹损约为 6%。

B 钒渣提钒

为了将钒渣中的钒分离出来，首先将已除去机械夹杂铁的钒渣与钠盐（Na_2CO_3、Na_2SO_4）混合磨细，造球后在回转窑中进行氧化钠化焙烧，焙烧后经过沉淀、煅烧等过程即可得到钒产品 V_2O_5。

图 8-1 转炉提钒工艺流程

（1）氧化。将炉渣中以钒铁尖晶石形式存在的三价钒氧化成五价钒，反应式为：

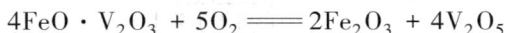

$$4FeO \cdot V_2O_3 + 5O_2 = 2Fe_2O_3 + 4V_2O_5$$

（2）钠化。进行钠化反应，生成可溶性钒酸盐，反应式为：

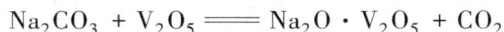

$$Na_2CO_3 + V_2O_5 = Na_2O \cdot V_2O_5 + CO_2$$

C 沉淀

将钠化焙烧后的钒渣在热水中浸出可溶性钒酸盐，得到钒酸钠水溶液，再用铵盐将钒沉淀出来。其反应式为：

$$6NaVO_3 + 2H_2SO_4 + (NH_4)_2SO_4 = (NH_4)_2H_2V_6O_{17} + 3Na_2SO_4 + H_2O$$

D 煅烧

所得钒酸铵经过煅烧即可得到钒产品，反应式为：

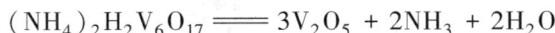

$$(NH_4)_2H_2V_6O_{17} = 3V_2O_5 + 2NH_3 + 2H_2O$$

钒渣提钒原则工艺流程如图 8-2 所示。

8.2.2.2 精矿钠化焙烧-水浸提钒工艺

为提高钒的回收率，可将铁精矿先进行提钒处理。即将铁精矿与芒硝（Na_2SO_4）混合磨细，造球后在回转窑中进行氧化钠化焙烧，使矿石中的钒转化为可溶性钒酸钠，然后浸出、沉淀。浸钒后的球团经回转窑直接还原，可得到金属化率大于 90% 的金属化球团。

将此球团送入电炉熔分，可得到半钢和 TiO_2 含量大于 50% 的高钛渣。半钢经冶炼成钢，高钛渣可作为提钛的原料，使钛得到回收利用。精矿钠化焙烧-水浸提钒原则工艺流程见图 8-3。该工艺流程的特点是：可综合回收铁精矿中的铁、钒、钛。

8.2.2.3 精矿直接还原-熔分后提钒工艺

精矿直接还原-熔分后提钒工艺与精矿钠化焙烧-水浸提钒工艺有相似之处，不同之处仅在于该工艺先进行铁精矿还原与熔分，将有益元素控制于渣相或铁相之中，然后再分别处理渣、铁。其原则工艺流程见图 8-4。该工艺流程的特点是：避免了上一流程（先提钒流程）在提钒过程中处理矿石量大、钠化剂消耗过多的弊端，同时也避开了浸钒后含钠球团还原膨胀、粉化的难题。它的技术难点是在熔分过程中控制钒、钛的分布，尤其是钒的分布。

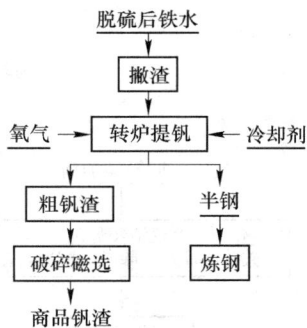

钒渣+添加剂

钒渣预处理
（破碎、球磨、除铁、配料、混料）

氧化钠焙烧

浸出残渣

浸出液

净化

沉淀废水

钒酸盐沉淀

煅烧

五氧化二钒

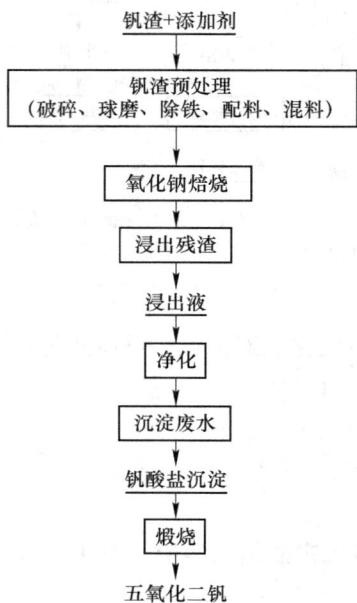

图 8-2　钒渣提钒原则工艺流程

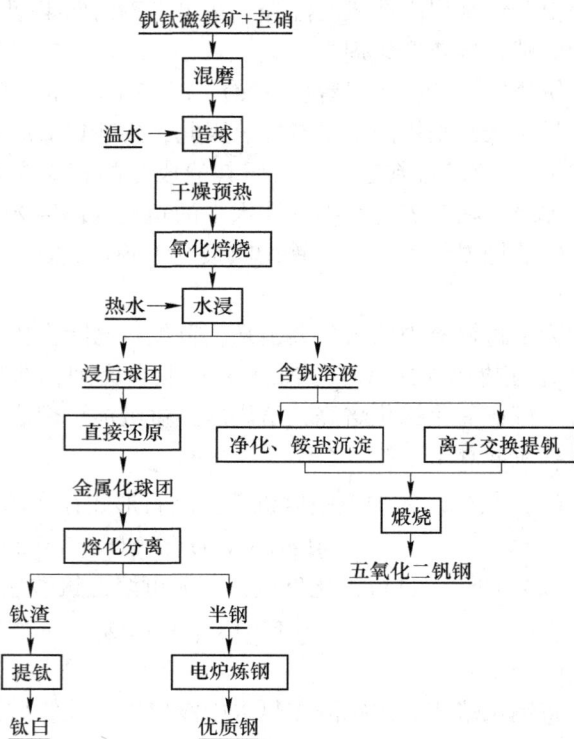

钒钛磁铁矿+芒硝

混磨

温水 → 造球

干燥预热

氧化焙烧

热水 → 水浸

浸后球团　　　　含钒溶液

直接还原　　　　净化、铵盐沉淀　　离子交换提钒

金属化球团　　　　煅烧

熔化分离　　　　五氧化二钒钢

钛渣　　　　半钢

提钛　　　　电炉炼钢

钛白　　　　优质钢

图 8-3　精矿钠化焙烧-水浸提钒原则工艺流程

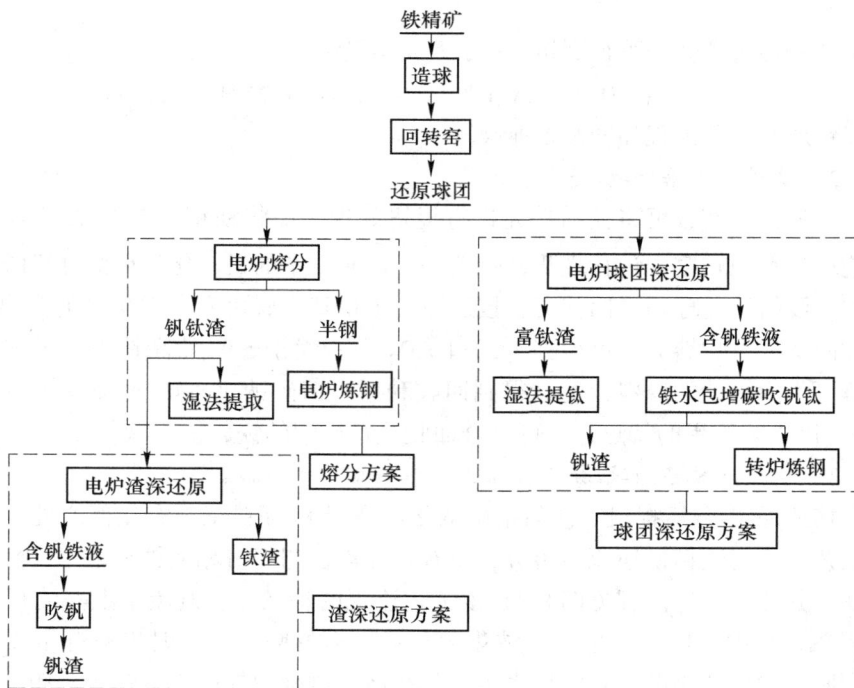

铁精矿

造球

回转窑

还原球团

电炉熔分　　　　　　　　　　　　电炉球团深还原

钒钛渣　　　半钢　　　　　　　富钛渣　　　含钒铁液

湿法提取　　电炉炼钢　　　　　湿法提钛　　铁水包增碳吹钒钛

钒渣　　　　转炉炼钢

熔分方案

电炉渣深还原

含钒铁液　　　　钛渣

吹钒

钒渣

渣深还原方案

球团深还原方案

图 8-4　精矿直接还原-熔分提钒原则工艺流程

控制钒走向的方案一般有如下三个：

（1）熔分方案。在熔分过程中控制炉渣氧势，使钒、钛都保留在渣相中，然后进行湿法处理。

（2）球团深还原方案。在熔分过程中进行深还原，使钒进入铁相，然后用铁水提钒的方法进行处理。

（3）渣深还原方案。熔分时使钒、钛保留在渣相中，然后在另一个电炉中兑加少量铁水，进行渣相深还原，得到高钒铁水，继而吹炼可得到高品位钒渣。

8.2.3 钒钛磁铁矿中钛的利用

钒钛磁铁原矿中有 46% 左右的 TiO_2 进入选铁尾矿，从选铁尾矿回收得到钛精矿。

8.2.3.1 钛精矿电炉冶炼高钛渣

将钛精矿用碳质还原剂在电炉中进行高温还原熔炼，铁的氧化物被选择性还原为金属铁，钛氧化物富集在炉渣中形成高钛渣。工艺流程如图 8-5 所示。

8.2.3.2 钛精矿制取人造金红石

采用盐酸浸出、硫酸浸出以及还原锈蚀等方法除去钛精矿中的铁，获得金红石 TiO_2 含量大于 90% 的富钛料，即人造金红石。

A 盐酸浸出法

盐酸浸出法生产人造金红石的原则工艺流程如图 8-6 所示。首先用重油在回转窑中将钛精矿中的 Fe^{3+} 还原为 Fe^{2+}，反应温度为 870 ℃，产物金属化率为 80%~95%。还原料冷却后，加入球形回转压煮器中，用 18%~20% 的盐酸浸出（浸出温度 145 ℃，压力 0.245 MPa，时间 4 h），浸出过程中将 FeO 转化为 $FeCl_2$，且溶解掉钛精矿中的一系列杂质，如 Mn、Mg、Ca、Cr 等，将 18%~20% 的盐酸蒸气注入压煮器以提供所必需的热，避免了水蒸气加热引起的浸出液稀释。

浸出的主要反应为：

$$FeO \cdot TiO_2 + 2HCl \Longrightarrow TiO_2 + FeCl_2 + H_2O$$

浸出之后，固相物经带式真空过滤机进行过滤和水洗，然后在 870 ℃ 下煅烧成人造金红石（TiO_2 含量为 92%~94%）。浸出母液中的铁和其他金属氯化物采用传统的喷雾焙烧技术再生，用洗涤水吸收分解出来的 HCl，形成浓度为 18%~20% 的盐酸，返回浸出使用。该方法的优点是可有效去除铁和钙、镁、铝、锰等可溶性杂质，盐酸可实现循环利用。

B 硫酸浸出法

硫酸浸出法是将钛精矿先进行弱还原，然后再用稀硫酸浸出。其主要原理就是将钛精矿中的 Fe^{3+} 还原为 Fe^{2+}，再用浓度为 20%~23% 的稀硫酸进行加压浸出，浸出压力为 0.2 MPa，反应式为：

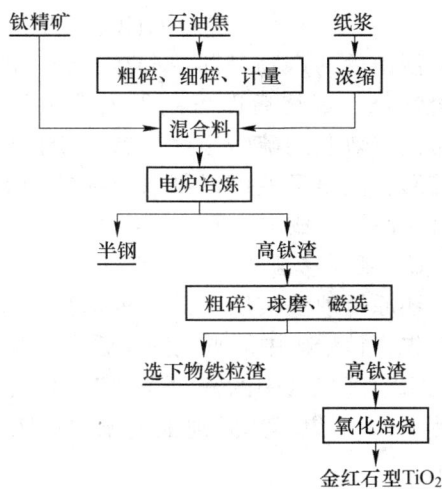

图 8-5 钛精矿电炉冶炼高钛渣工艺流程

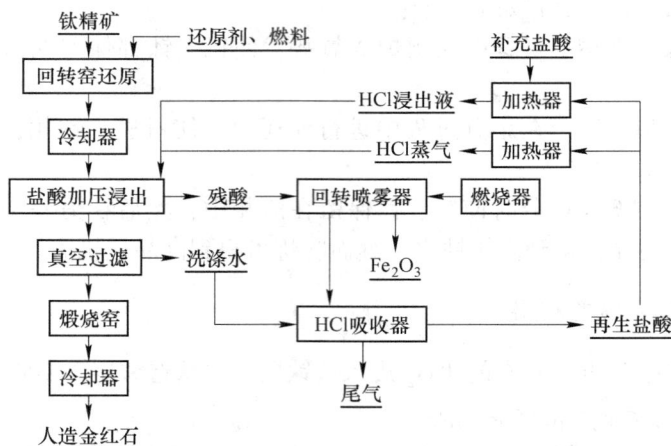

图 8-6　盐酸浸出法生产人造金红石的原则工艺流程

$$FeO \cdot TiO_2 + H_2SO_4 == TiO_2 + FeSO_4 + H_2O$$

浸出后的产物经固液分离，分出的固相经洗涤、煅烧后即可制得人造金红石。该法能有效利用硫酸法生产钛白粉排出的废硫酸，浸出母液可以制取硫酸铵和氧化铁红，故生产成本较低。

C　还原锈蚀法

还原锈蚀法实质上是一种选择性浸出法，先将钛精矿中的氧化铁还原成金属铁，再用水溶液把其中的铁"锈蚀"出来，从而使 TiO_2 富集。其原则工艺流程如图 8-7 所示。

（1）氧化焙烧。在回转窑中于 950～1100 ℃下进行氧化焙烧，使二价铁变为三价铁，以提高下一步铁氧化物的还原性能。其反应如下：

图 8-7　锈蚀法生产人造金红石的原则工艺流程

$$2FeO \cdot TiO_2 + 1/2O_2 == Fe_2O_3 \cdot TiO_2 + TiO_2$$

（2）还原焙烧。在回转窑中于 1000～1200 ℃下进行还原焙烧，将氧化铁还原成金属铁。主要反应如下：

$$Fe_2O_3 \cdot TiO_2 + TiO_2 + CO == 2FeTiO_3 + CO_2$$

$$FeTiO_3 + CO == Fe + TiO_2 + CO_2$$

还原料在冷却筒内缺氧的保护气氛中冷却至 80 ℃以下出窑。氧化铁的金属化程度是锈蚀法的关键。要使产品中 TiO_2 含量达 91%～93%，则必须使原矿中 93%～95%的铁氧化物还原为金属。

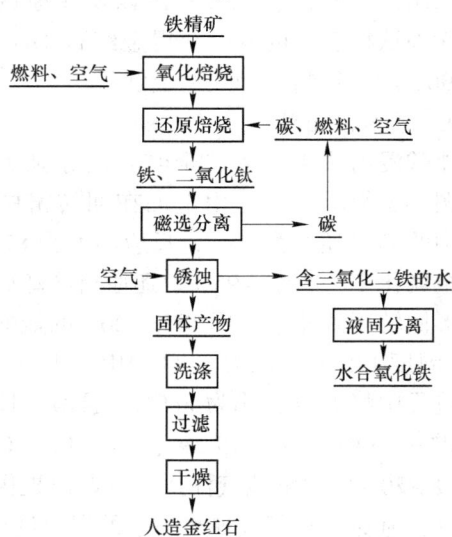

（3）锈蚀。经磁选分离除去还原物料中的过剩还原剂后，将金属化的物料放入装有稀盐酸溶液的锈蚀槽中，通入空气搅拌，使金属铁腐蚀生成类似铁锈（$Fe_2O_3 \cdot H_2O$）的微粒并分散于溶液中，经旋流分离器不断漂洗而被除去，从而达到除铁和富集 TiO_2 的目的。金属铁的锈蚀实质上是一个电化学过程，阳极和阴极反应可以表示为：

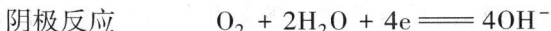

阳极反应 $\qquad Fe \Longrightarrow Fe^{2+} + 2e$

阴极反应 $\qquad O_2 + 2H_2O + 4e \Longrightarrow 4OH^-$

铁离子与氢氧根离子结合成 $Fe(OH)_2$ 后再被氧化，反应如下：

$$2Fe(OH)_2 + 1/2O_2 \Longrightarrow Fe_2O_3 \cdot H_2O + H_2O$$

锈蚀过程为放热反应，可使矿浆温度升到 80 ℃，锈蚀时间一般为 13～14 h。为了加快锈蚀过程的进行，可加入 NH_4Cl 作为催化剂，加入量以 1.5%～2.0%为宜。

D 洗涤和干燥

经锈蚀后得到的高品位富钛料用 10%盐酸溶液和水分别洗涤与干燥之后，即为人造金红石（92% TiO_2）。铁渣可制铁红（Fe_2O_3），也可直接还原成铁粉用于粉末冶金。

8.3 包头白云鄂博矿综合利用

8.3.1 矿物组成

现已发现白云鄂博矿有 73 种元素、170 余种矿物，其中，具有综合利用价值的元素有 28 种，铁矿物和含铁矿物有 20 余种，稀土矿物有 16 种，铌矿物有 20 种。除铁、铌、稀土元素外，白云鄂博矿中还含有一些分散的稀有元素和放射性元素。除有益元素外，矿石中磷含量较高，P_2O_5 含量一般都在 1%以上。矿石中还有高含量的氟（萤石），这也是该矿的重要特点之一。

白云鄂博矿区矿物组成复杂，达百种以上。构成矿石的有益矿物主要是铁矿物、稀土矿物、铌矿物及其他脉石矿物。白云鄂博矿主要的矿石类型为萤石型、辉石型、闪石型，它们占矿石的绝大部分。

铁矿物有：磁铁矿、赤铁矿、假象赤铁矿、假象磁铁矿、菱铁矿、褐铁矿等。

稀土矿物有：氟碳铈矿、氟碳钙铈矿、氟铈钡矿、氟碳钡铈矿、独居石、褐帘石等。

铌矿物有：铌铁矿、烧绿石、铈铌易解石、铌钛易解石、铌钙矿、钛铁金红石等。

其他矿物有：硫化物类矿物、稀有氧化物类矿物、硫酸盐类矿物、磷酸盐类矿物等。

8.3.2 稀土的分离提取

白云鄂博矿中的稀土元素主要赋存于氟碳铈矿和独居石两种矿物中。原矿不能直接用于制取稀土产品，必须首先通过选矿或冶炼的方法获得稀土精矿或稀土富渣，然后通过火法或湿法冶金工艺制取稀土合金、稀土金属或稀土氧化物等。

8.3.2.1 浓硫酸焙烧分解法

浓硫酸焙烧分解法可分为低温（300 ℃以下）硫酸焙烧和高温（约 750 ℃）强化硫酸焙烧。两种工艺的主要区别是：高温焙烧过程中，精矿中的钍生成了难溶性的焦磷酸钍，在浸出过程中与未分解的矿物一起进入渣中，随渣而废弃（由于放射性超标，必须封存）；低温焙烧过程中，精矿中的钍生成了可溶性的硫酸钍，在浸出过程中与稀土一起进入浸出液中，待进一步分离。由于高温焙烧的产物在浸出和净化过程中消耗的化工原料少，工艺流程短，相对低温焙烧而言具有较高的经济效益，因此被生产企业广泛采用。低温焙烧则在环保及钍的回收方面占有优势，是未来的发展方向。

将稀土精矿与浓硫酸混合后再加热到一定温度（约750 ℃）时，即可生成可溶性的稀土硫酸盐，萤石分解转变为难溶解的硫酸钙及具有挥发性的氟化氢或四氟化硅气体，铁、锰矿物则不同程度地分解转变成硫酸盐，重晶石基本上不发生反应。

该工艺主要包括精矿的分解和浸出以及从浸出的硫酸溶液中提取稀土两个阶段。高温浓硫酸焙烧法分解氟碳铈矿-独居石混合型稀土精矿的原则工艺流程如图8-8所示。

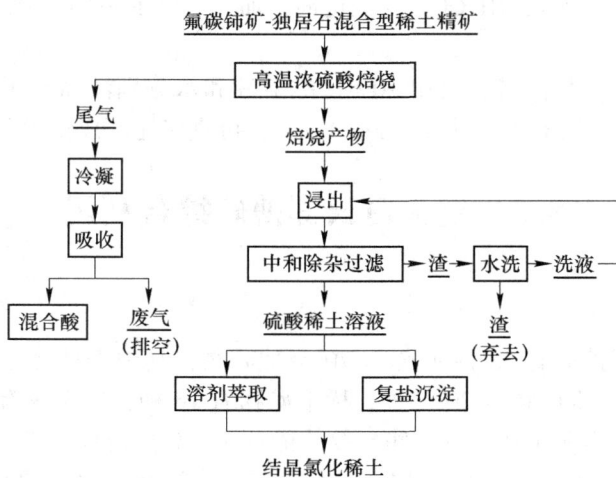

图8-8　高温浓硫酸焙烧法分解氟碳铈矿-独居石混合型稀土精矿的原则工艺流程

稀土精矿中的氟碳铈矿、独居石、萤石、铁矿石、硅石等主要成分在加热至300 ℃以前即可分解，稀土矿物转化成可溶性的硫酸盐，利于稀土的回收。以磷酸盐存在的钍首先被硫酸分解为可溶性的硫酸盐，而后硫酸盐又与磷酸的分解产物焦磷酸和偏磷酸反应生成难溶性的 ThP_2O_7 和 $Th(PO_3)_4$。

提高焙烧温度有利于稀土矿物的分解，但是过高的温度（800 ℃以上）易使稀土硫酸盐分解成盐基性硫酸稀土甚至氧化稀土，这将降低稀土的回收率。稀土硫酸盐在800 ℃以上时的分解反应如下：

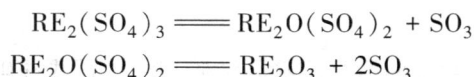

$$RE_2(SO_4)_3 \Longrightarrow RE_2O(SO_4)_2 + SO_3$$
$$RE_2O(SO_4)_2 \Longrightarrow RE_2O_3 + 2SO_3$$

操作时将稀土精矿与浓硫酸混合后在回转窑内连续焙烧。焙烧后产物用水浸出，将溶于水的稀土、铁、锰、磷等硫酸盐与钙分开。然后将稀土转化为不溶性的硫酸钠稀土复盐，达到与杂质分离的目的，其主要反应为：

$$RE_2(SO_4)_3 + Na_2SO_4 + 2H_2O \Longrightarrow RE_2(SO_4)_3 \cdot Na_2SO_4 \cdot 2H_2O$$

复盐用热氢氧化钠处理可得到氢氧化稀土，供分离单一稀土和制备混合氯化稀土使用，其反应如下：

$$RE_2(SO_4)_3 \cdot Na_2SO_4 \cdot 2H_2O + 6NaOH \Longrightarrow 2RE(OH)_3 + 4Na_2SO_4 + 2H_2O$$

除复盐沉淀法外，还可以利用有机溶剂萃取法从硫酸盐溶液中萃取稀土。适合从硫酸溶液中萃取稀土的萃取剂有多种，如酸性有机磷酸酯和胺类萃取剂等。目前工业中常采用 P204 或 P507 作为萃取剂。

8.3.2.2 烧碱分解法

高品位稀土精矿可用烧碱分解，使精矿中的稀土矿物和萤石均分解为不溶于水的稀土氢氧化物和钙的氢氧化物，而氟和磷则生成溶于水的氟化钠、磷酸三钠和碳酸钠。分解后的产物经水洗和酸溶，将稀土化合物与杂质元素分开，获得较纯的稀土化合物。烧碱分解反应如下：

$$REFCO_3 + 3NaOH \Longrightarrow RE(OH)_3 + NaF + Na_2CO_3$$
$$REPO_4 + 3NaOH \Longrightarrow RE(OH)_3 + Na_3PO_4$$
$$CaF_2 + 2NaOH \Longrightarrow Ca(OH)_2 + 2NaF$$
$$Fe_2O_3 + 2NaOH \Longrightarrow 2NaFeO_2 + H_2O$$

分解反应之后进行酸溶。酸溶的目的是将氢氧化稀土溶于盐酸，生成氯化稀土，而铁、磷等杂质则留在渣中，其反应为：

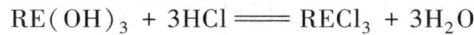

$$RE(OH)_3 + 3HCl \Longrightarrow RECl_3 + 3H_2O$$

因 $RE(OH)_3$ 含量高且易溶于酸，所以控制一定的 pH 值，可使大部分稀土优先溶出。

8.4 金川镍铜复合矿综合利用

8.4.1 矿物组成

金川镍铜复合矿是我国最大镍、铜等多金属共生矿床。矿石中还有钴、铂、钯、金、银、锇、铱、钌、铑、硒、碲、硫、铬、铁、镓、铟、锗、铊、镉等元素，其中可回收利用的有价元素有 14 种。金川矿床中镍和铂族金属储量分别占全国已探明储量的 70% 和 80% 左右，其中，镍资源占世界镍储量的 4%，仅次于加拿大萨德伯里硫化铜镍矿床；铜金属储量仅次于江西德兴铜矿，钴金属储量仅次于四川攀枝花，均居全国第二位。

金川镍铜复合矿中的金属矿物主要以硫化物为主，此外还含有少量氧化物及微量自然元素、金属互化物、砷化物、铋化物、锑化物等。

硫化物主要有磁黄铁矿、镍黄铁矿和黄铜矿，其次为方黄铜矿、马基诺矿、墨铜矿、含铜镍黄铁矿、铜镍铁矿、含镍黄铜矿、闪锌矿、方铅矿等。氧化物有磁铁矿、铬尖晶石、赤铁矿及微量钛铁矿。

各类矿石中硫化物和氧化物绝大部分呈粒状和不规则集合体存在。除块状矿石全部由硫化物和氧化物组成外，其余各类矿石金属矿物嵌布在不同的造岩矿物之间。少量热液期金属矿物分布在造岩矿物和早期金属矿物之中。

8.4.2 复合矿综合利用工艺

金川镍铜精矿处理的原则工艺流程如图 8-9 所示。将原矿经选矿得到的镍铜精矿进行造锍熔炼，产出含镍较少的低镍锍，低镍锍经转炉吹炼得到含镍较多的高镍锍，然后将其

破碎并进行分选。首先进行磁选，得到含有贵
金属的铜镍合金，余下部分经浮选产出镍精矿
和铜精矿，分别熔炼后铸成阳极，进行电解精
炼，产出电镍和电铜。磁选所得的镍铜合金再
进行二次造锍熔炼，再次破碎进行磁选，得到
贵金属含量更高（高于一次合金几十倍）的二
次合金，作为提取贵金属的原料，浮选所得的
镍、铜精矿返回一次浮选产物一起处理。

8.4.2.1　镍铜的富选与分离

A　硫化镍精矿的造锍熔炼

为提高镍锍品位和强化生产，对硫化镍精
矿先行焙烧以去除部分硫。焙烧可在回转窑或
流态化炉内进行，或采用制粒或制团焙烧。

金川采用回转窑焙烧，处理含水 22% 的镍
精矿滤饼。窑头高温区有耐火砖衬，设有重油
烧嘴加热，焙砂从窑头排出。窑尾低温区设有
砖衬，局部挂有链条，精矿由此处加入，烟气
由此处排出。回转窑沿窑长按温度分为三段，
即脱水区（200～400 ℃）、成粒区（400～
800 ℃）和焙烧区（600~650 ℃）。焙砂从焙烧
区排出，用料罐送往电炉。回转窑的脱硫率为
20%～30%，焙砂产出率为 85%。

图 8-9　金川镍铜精矿处理的原则工艺流程

造锍熔炼多采用电炉。电炉熔炼由于炉渣过热，镍锍与炉渣分离良好，渣中金属含量
较低，金属回收率高，但电耗高。加入电炉的物料有硫化镍铜精矿、原矿、焙砂、熔剂和
液体转炉渣，有时还按一定配料比加入少量碳质还原剂。熔炼物料的组成有硫化物、氧化
物、铁酸盐、硅酸盐、硫酸盐、碳酸盐及氢氧化物等。

在电炉内当物料加热到 1000 ℃时，复杂硫化物、硫酸盐、碳酸盐和氢氧化物产生热
分解反应，如：

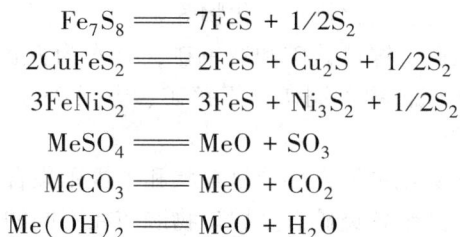

$$Fe_7S_8 = 7FeS + 1/2S_2$$
$$2CuFeS_2 = 2FeS + Cu_2S + 1/2S_2$$
$$3FeNiS_2 = 3FeS + Ni_3S_2 + 1/2S_2$$
$$MeSO_4 = MeO + SO_3$$
$$MeCO_3 = MeO + CO_2$$
$$Me(OH)_2 = MeO + H_2O$$

当物料加热到 1000 ℃以上时，物料中各种化合物之间开始交互反应。当温度升至
1250~1300 ℃时交互反应完成，反应如下：

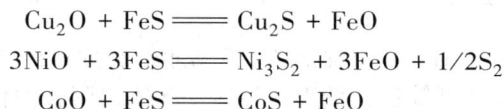

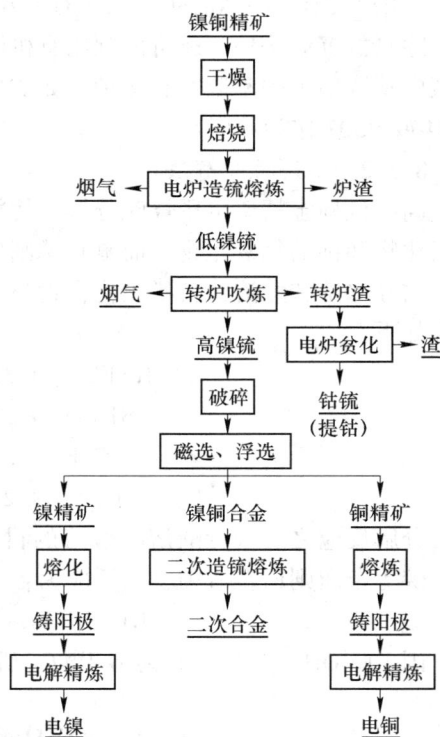

$$Cu_2O + FeS = Cu_2S + FeO$$
$$3NiO + 3FeS = Ni_3S_2 + 3FeO + 1/2S_2$$
$$CoO + FeS = CoS + FeO$$

$$2Cu_2O + Cu_2S = 6Cu + SO_2$$

$$2Cu + FeS = Cu_2S + Fe$$

$$CuO \cdot Fe_2O_3 + (Cu_2S + FeS) = 3Cu + Fe_3O_4 + 1/2S_2$$

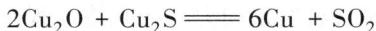

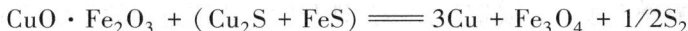

上述反应生成的各种硫化物互相溶解，生成电炉熔炼的主要产物——低镍锍，其中还溶解有贵金属和一部分磁性氧化铁。

其中氧化铁和其他碱性氧化物（MeO、CaO）与 SiO_2 反应生成各种硅酸盐，成为电炉熔炼的另一种产物——炉渣。

主要造渣反应有：

$$10Fe_2O_3 + FeS = 7Fe_3O_4 + SO_2$$

$$3Fe_3O_4 + FeS + 5SiO_2 = 5(2FeO \cdot SiO_2) + SO_2$$

$$2FeO + SiO_2 = 2FeO \cdot SiO_2$$

$$CaO + SiO_2 = CaO \cdot SiO_2$$

$$MgO + SiO_2 = MgO \cdot SiO_2$$

熔融状态的低镍锍与炉渣因密度不同分为两层，分别从炉内定期放出。上述反应产生的 SO_2 进入烟气，电炉熔炼脱硫率一般为 15%～20%。

为了从转炉渣中回收镍、铜、钴，需将转炉渣返回电炉，在电炉内借助对流运动与固体物料中硫化物熔剂和还原剂之间的良好接触，部分高价铁被还原成氧化亚铁并与二氧化硅结合进入渣相，其中的金属氧化物被还原成金属，使有价金属得到回收。其反应为：

$$(MO) + CO = [M]_{合金} + CO_2$$

式中，$[M]_{合金}$ 代表 Ni、Co、Cu、Fe。由于渣中铁的氧化物比其他金属氧化物多，大量被还原的是金属铁，生成了以铁为主的合金。这种合金溶解在低镍锍中形成金属化低镍锍，含有一定量单质金属的锍称为金属化锍。当金属化低镍锍的小滴通过渣层时，渣中镍、铜、钴的氧化物被铁还原，反应如下：

$$[Fe]_{合金} + (MO) = (FeO) + [M]_{合金}$$

式中，M 代表 Ni、Cu、Co。还原后的金属溶解在低镍锍中，再与 FeS 反应转化成硫化物，反应如下：

$$[M]_{合金} + [FeS]_{低镍锍} = [MS]_{低镍锍} + [Fe]_{金属化低镍锍}$$

当电炉中加入还原剂时，渣中的有价金属含量可进一步降低，从而提高了金属的回收率。因此，电炉熔炼的产物是低镍锍、炉渣和烟气。

低镍锍主要由 Ni_3S_2、FeS、Cu_2S 组成，其中还含有 CoS 的和一些游离金属及合金。炉料中的金、银及铂族金属也溶解在低镍锍中。一般低镍锍镍与铜的含量为 13%～25%，硫含量为 22%～28%。

电炉熔炼产出的炉渣的主要成分是 SiO_2、FeO、MgO、CaO 和 Al_2O_3，占总量的 97%～98%。此外，渣中还含有少量磁性氧化铁、铁酸盐及有价金属的硫化物与氧化物。

　　B　低镍锍的吹炼

熔融的低镍锍注入转炉中，由风口向熔体内鼓入空气，使其中的 FeS 氧化成 FeO、Fe_3O_4 和 SO_2。吹炼过程中加入石英熔剂，使 FeO 造渣除去，SO_2 进入烟气，吹炼后获得高镍锍（高集了较多的硫化镍与硫化铜的混合物）。此外，吹炼过程还能除去砷、锑、锌等杂质。

由于镍、铜与氧的亲和力小于铁与氧的亲和力，在吹炼过程中镍和铜很少被氧化，即使有少量被氧化，形成的氧化物又与 FeS 反应生成硫化物，重新进入镍锍中。吹炼产出高镍锍中除 Ni_3S_2 外，还含有金属镍、金属铜及残余的铁与钴。吹炼过程的主要反应如下：

硫化物的氧化：

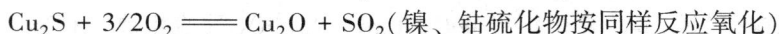

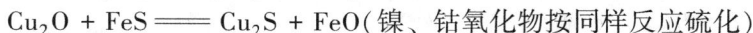

$$FeS + 3/2O_2 == FeO + SO_2$$
$$Cu_2S + 3/2O_2 == Cu_2O + SO_2（镍、钴硫化物按同样反应氧化）$$
$$Cu_2O + FeS == Cu_2S + FeO（镍、钴氧化物按同样反应硫化）$$

氧化亚铁的造渣：

$$2FeO + SiO_2 == 2FeO \cdot SiO_2$$

硫化物的氧化和氧化亚铁的造渣过程放出大量的热，过程可自热进行，不需另加燃料，还能熔化某些返料。

部分 FeO 能再氧化成 Fe_3O_4，转炉温度越高且其中的 SiO_2 越多，则生成的 Fe_3O_4 越少。此外，吹炼过程还发生以下反应：

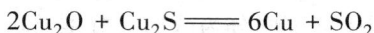

$$2Cu_2O + Cu_2S == 6Cu + SO_2$$
$$4Cu + Ni_3S_2 == 3Ni + 2Cu_2S$$

因此转炉渣中含有 Fe_3O_4，在高镍锍中含有镍铜合金。

C　高镍锍的缓冷和磨浮分离

高镍锍主要由硫化镍、硫化铜和镍铜合金组成。为了使硫化镍和硫化铜很好分离，高镍锍浇注时应进行缓慢冷却，使 Cu_2S 和 Ni_3S_2 晶粒充分长大。缓冷的目的是让铜硫化物、镍硫化物和铜镍合金分别结晶并且使晶粒充分长大，提高磨浮分离的效果。铜镍合金相吸收了高镍锍中几乎全部的金和铂族金属，而银则富集在硫化亚铜中。

高镍锍冷却后首先用砸碎机破碎并送入球磨机和螺旋分级机的闭路磨矿系统内磨细。用磁选机选出合金，合金产率为 8% ~ 10%。其后用浮选法分离铜、镍。浮选用丁基黄药作为硫化铜辅收剂，用氢氧化钠调整矿浆 pH 值。经粗选、扫选和精选后得到硫化铜精矿及硫化镍精矿。高镍锍的磨浮分离实际上是将其破碎后磨细，先磁选出合金，再用浮选法将镍和铜分别以硫化镍精矿和硫化铜精矿的形式分离，而贵金属则主要富集在合金中。

8.4.2.2　钴的分离提取

A　含钴转炉渣的电炉贫化

转炉渣是一个极为复杂的多相多元系统，主要组分是铁橄榄石（$2FeO \cdot SiO_2$）和 Fe_3O_4，其余是磁化物、钴主要呈氧化物状态。将转炉渣在单独的电炉中进行贫化处理，以获取钴锍作为提取钴的原料，并同时回收其中的铜和镍。

转炉渣电炉还原硫化熔炼成钴锍，实质是用焦粉作还原剂来还原转炉渣中的钴，在硫化剂作用下形成 CoS 再生成钴锍，反应如下：

$$CoO + C == Co + CO$$
$$Fe_3O_4 + C == 3FeO + CO$$
$$3Fe_3O_4 + FeS == 10FeO + SO_2$$
$$FeO + C == Fe + CO$$
$$FeO + CO == Fe + CO_2$$
$$CoO \cdot SiO_2 + Fe == FeO \cdot SiO_2 + Co$$

$$CoO \cdot SiO_2 + FeS = FeO \cdot SiO_2 + CoS$$
$$CoO \cdot Fe_2O_3 + FeS = Fe_2O_3 + FeO + CoS$$

B　镍钴与铜的分离

钴锍中的钴绝大部分呈金属相存在，铜主要以硫化物形态存在。由于镍、钴富集在合金相中，该合金具有磁性强、粒度粗、延展性好，可采用磁选法分选出合金相，使绝大部分镍、钴与铜分离。

C　钴合金硫酸加压浸出

钴合金采用硫酸加压浸出，为减少浸出过程中氢气的生成量，合金浸出分两步进行：第一步采用硫酸常压浸出，排出大量氢气；第二步采用加压浸出，使浸出液中的亚铁氧化水解，水解产生的酸又用于浸出合金。

常压浸出在80~90 ℃下进行，预浸出过程的主要反应如下：
$$(Fe，Co，Ni) + H_2SO_4 = (Fe，Co，Ni)SO_4 + H_2$$
$$(Fe，Co，Ni)S + H_2SO_4 = (Fe，Co，Ni)SO_4 + H_2S$$

预浸出过程中，铁有40%被浸出，以Fe^{2+}进入溶液；钴浸出率约为36%；镍浸出率约为27%；铜不被浸出。预浸出排出大量氢气和硫化氢。

钴合金在预浸出时仅有约1/3的钴和镍被浸出，为进一步浸出有价金属并最大限度地使铁水解沉淀，预浸出后的矿浆再进行加压浸出。加压浸出用空气或纯氧作氧化剂，预浸出的Fe^{2+}被氧化成Fe^{3+}，并水解释放硫酸。释放出的硫酸又与未溶解的合金继续反应，直到合金中的钴、镍绝大部分被浸出，铁基本上水解完全。加压浸出的主要反应如下：
$$4FeSO_4 + O_2 + 2H_2SO_4 = 2Fe_2(SO_4)_3 + 2H_2O$$
$$Fe_2(SO_4)_3 + 4H_2O = 2FeOOH + 3H_2SO_4$$
$$(Fe，Co，Ni) + H_2SO_4 + 1/2O_2 = (Fe，Co，Ni)SO_4 + H_2O$$
$$(Fe，Co，Ni，Cu)S + 2O_2 = (Fe，Co，Ni，Cu)SO_4$$
$$Fe_2(SO_4)_3 + 3H_2O = Fe_2O_3 + 3H_2SO_4$$

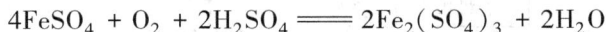

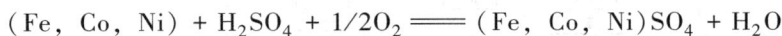

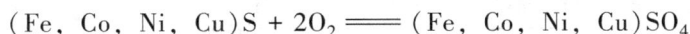

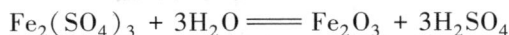

D　溶剂萃取

浸出液采用萃取净化方法去除杂质，通常分两段进行：第一段用P204溶剂萃取，除去铜、铁、锰、锌等杂质；除杂质后溶液再进行第二段净化，用P507溶剂萃取分离镍和钴。得到氯化钴溶液和硫酸镍溶液。

E　电解钴或氧化钴粉的制取

氯化钴溶液采用电积法在隔膜电解槽中电解钴。阳极为石墨块，阴极从不锈钢板上剥制始极片，用隔膜与阳极分开。钴电解沉积的反应如下：

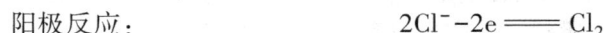

阴极反应：　　　　　　　　$Co^{2+} + 2e = Co$
阳极反应：　　　　　　　　$2Cl^- - 2e = Cl_2$

氯化钴溶液也可用来生产精制氧化钴粉。往纯净的氯化钴溶液中加入草酸铵，沉淀出草酸钴。然后在450 ℃下煅烧草酸钴即可得到氧化钴粉。反应如下：
$$CoCl_2 + (NH_4)_2C_2O_4 = CoC_2O_4 + 2NH_4Cl$$
$$4CoC_2O_4 + 3O_2 = 2Co_2O_3 + 8CO_2$$

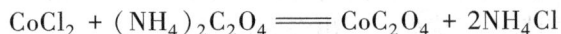

F　电解镍或镍粉的制取

分离钴后的萃余液可以生产电解镍或用氢还原生产镍粉。值得指出的是萃余液中还含有约 30 mg/L 的 P507，必须想法除去，以免影响电解镍质量。

G　从镍电解钴渣中提钴

镍电解过程产生的阳极净化除钴所得的钴渣可以制取氧化钴粉、电解钴和钴盐。其主要生产过程包括：钴渣还原、酸溶还原、黄钠铁矾除铁、溶剂萃取净化、反萃钴液制取氧化钴、钴盐和电解钴等工序。用净化钴渣制取氧化钴粉的工艺流程见图 8-10。

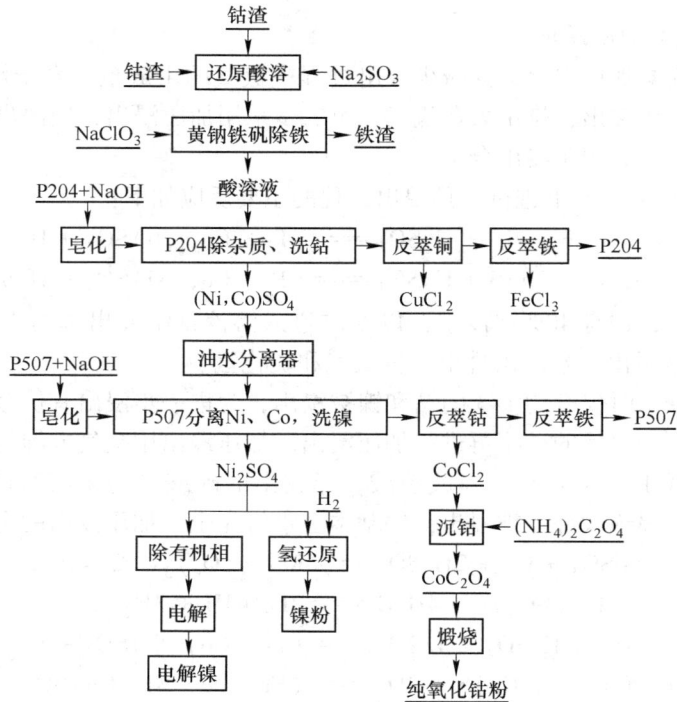

图 8-10　用净化钴渣制取氧化钴粉的原则工艺流程

8.4.2.3　贵金属的提取

高镍锍经磨浮分离后，贵金属主要进入合金中，少量随硫化镍电解进入阳极泥中。贵金属的提取包括贵金属精矿的富集和贵金属精矿的分离提纯。

A　贵金属精矿的富集

与高镍锍相比，合金中的贵金属品位提高了 7 倍，为了减少合金处理量，进一步提高合金中贵金属的品位，通常将一次铜镍合金在转炉内进行硫化熔炼，产出二次高镍锍。二次高镍锍再经磨碎磁选产出二次合金，二次合金量只有一次合金量的 1/5。从二次合金中富集贵金属精矿的工艺流程如图 8-11 所示，其主要过程包括盐酸浸出、控制电位氯化浸出、浓硫酸浸煮和四氯乙烯脱硫等工序。

（1）盐酸浸出。盐酸浸出是利用镍、铁在一定条件下可溶于盐酸溶液，铜仅少量溶解，而贵金属不溶解的特性，优先分离出镍和铁。

（2）控制电位氯化浸出。控制电位氯化浸出贱金属的原理是基于铜、镍等贱金属的氧化电位较负，而贵金属电位较正，选取适当电位进行浸出。使贱金属进入溶液而贵金属留在渣中。从而达到分离的目的。

在盐酸浸出渣中，除贵金属外主要是金属相铜、铜镍硫化物和铜镍固溶体。控制电位进行氯化浸出时，残留的镍几乎全部溶解，铜则发生下列反应。

$$2Cu + Cl_2 - 2e \Longrightarrow 2Cu^{2+} + 2Cl^-$$
$$2Cu^+ + Cl_2 - 2e \Longrightarrow 2Cu^{2+} + 2Cl^-$$
$$Cu_2S + Cu^{2+} \Longrightarrow CuS + 2Cu^+$$
$$CuS + Cu^{2+} \Longrightarrow 2Cu^+ + S$$

（3）浓硫酸浸煮。浓硫酸是强氧化剂，加热时能氧化很多贱金属及其硫化物，使其成为盐类进入溶液而贵金属不溶于浓硫酸。浸煮后的矿浆用水浸出，经过滤即得浸煮渣。

（4）四氯乙烯脱硫。浸煮渣硫含量高达60%，其中的硫主要以元素硫状态存在。四氯乙烯脱硫利用硫可溶于四氯乙烯中且其溶解度随温度的升高而增大的特性，来脱除浸煮渣中的元素硫，产出贵金属精矿。四氯乙烯由高位槽流入釜

图 8-11 从二次合金中富集贵金属精矿的工艺流程

内，然后升温至 95 ℃使硫溶解于四氯乙烯中，过滤出含硫的四氯乙烯，在另一台装有水冷夹套的反应器内冷卸，元素硫便从四氯乙烯中析出。分离后即可得到硫黄，四氯乙烯可以返回使用。脱硫后的浸煮渣即为贵金属精矿。

B 贵金属精矿的分离提纯

经二次合金至贵金属精矿等工序，除去了 99%~99.9% 的贱金属，硫的脱除率也在90%以上。贵金属精矿分离提纯的工艺流程如图 8-12 所示，其主要过程包括氧化蒸馏分离提取锇、钌，铜粉置换金、铂、钯、铑、铱；铂、钯、金、铑、铱的分离提纯。

（1）氧化蒸馏分离提取锇、钌。氧化蒸馏分离提取锇、钌，包括蒸馏锇钌、加热赶锇、沉淀锇钠盐、二次蒸馏锇、甲醇分离钌、加压氢还原、氢气煅烧还原钌、浓缩沉钌和煅烧还原等操作步骤。

（2）铜粉置换和铂、钯、铑、铱、金的分离提纯。蒸馏锇、钌后的残液用活性铜粉进行两次置换：第一次置换出金、铂、钯；第二次换出次置换铑。

一次置换出来的金、铂、钯沉淀物用水溶液氯化溶解后，加入氯化铵沉淀出粗氯铂酸铵。粗氯铂酸铵经反复溶解与沉淀精制、煅烧后即为纯铂产品。

向沉淀粗氯铂酸铵后的母液内通入 SO_2 可还原出金。经过滤、洗涤后的粗金用盐酸和过氧化氢溶解，再以草酸还原得到海绵金，将海绵金熔铸成金锭即为金产品。

在还原金后的母液中加入硫化钠，沉淀出硫化钯。硫化钯用盐酸和过氧化氢溶解，然后用二氯二氨络亚钯法反复酸化溶解与络合沉淀进行精制，以制取纯二氯二氨络亚钯，纯二氯二氨络亚钯经烘干、煅烧、氢还原后得到的纯海绵钯即为钯产品。

分离出铂、钯、金以后的母液进行二次活性铜粉置换，90%以上的铑被置换沉淀，而铱则留在溶液内。置换出来的铑沉淀物用王水溶解，赶硝后即得到深红色的氯铑酸溶液。

溶液中含有微量的铂、钯、金、铱，用溶剂萃取法净化，净化后的氯铑酸溶液用甲酸

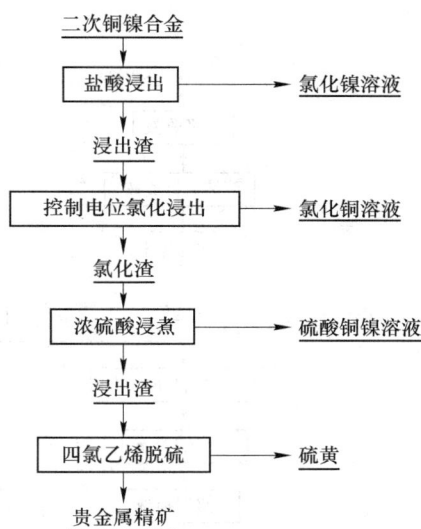

贵金属精矿
↓
蒸馏锇钌

钌吸收液 ←　蒸残液　→ 锇吸收液

钌吸收液
↓
沉淀氯钌酸铵
↓
氢还原
↓
钌粉

蒸残液
↓
脱胶
↓
脱胶液
↓
一级铜置换

锇吸收液
↓
制锇酸钾
↓
氢还原
↓
锇粉

一级置换液(Rh、Ir) ←　　　　一级置换渣(Pt、Pd、Au)
↓　　　　　　　　　　　　　　↓
二级铜置换　　　　　　　　　HCl漂铜
↓　　　　　　　　　　　　　　↓
　　　　　　　　　　　　　　氯化
↓　　　　　　　↓　　　　　　↓
二级置换液　　二级置换渣　　沉铂 → 铂精炼 → 纯铂
(Ir主体)　　　(Rh主体)
硫黄脱铜　　　脱铜　　　　　沉金 → 金精炼 → 纯金
↓　　　　　　　↓
脱硫化钠沉淀　王水溶解　　　沉钯 → 钯精炼 → 纯钯
↓　　　　　　　↓
渣(Ir)　　　　萃取
↓　　　　　　　↓
溶解　　　　　离子交换
↓　　　　　　　↓
铱精炼　　　　甲酸还原
↓　　　　　　　↓
纯铱　　　　　纯铑

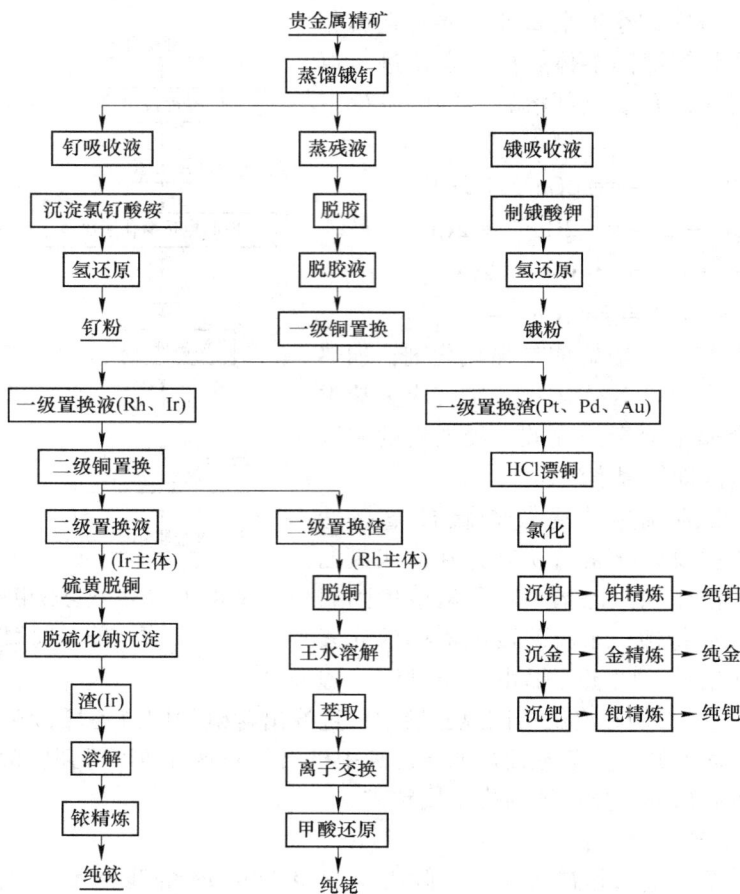

图 8-12　贵金属精矿分离提纯工艺流程图

还原后即得到纯铑黑，经烘干、在氢气流中煅烧即得到纯铑产品。

　　经两次活性铜粉置换的母液除保留全部铱之外，还增加了铜粉置换时引入的大量铜。向母液内通入 SO_2 至饱和，然后加入适量的细硫黄粉，煮沸 30 min 沉淀出铜。脱铜后的滤液用硫化钠沉淀法沉淀铱。过滤出的铱沉淀物用控制电位氯化法溶解其沉淀的贱金属，过滤后即可得到铱精矿。铱精矿用盐酸和过氧化氢溶解后，用硫化铵精制，得到的铱沉淀物经烘干、煅烧、氢还原后即为铱产品。

本 章 小 结

　　本章主要介绍了钒钛磁铁矿、白云鄂博矿和金川镍铜复合矿中有色金属的回收工艺与方法。

习　题

　　(1) 什么是共生矿和伴生矿？

（2）简述钒钛磁铁矿中钒的回收工艺流程。

（3）简述白云鄂博矿中稀土回收的工艺流程。

（4）简述金川镍铜复合矿综合利用的原则工艺流程。

9　废旧金属资源循环利用

本章提要：
　　掌握废铝、废铜、二次贵金属资源的循环利用方法与原理。

　　废旧金属资源循环利用是指对废旧金属进行循环再利用，通过各种途径将废旧金属进行回收、加工和再利用，从而减少资源浪费，降低环境污染，保护自然资源。废旧金属资源化利用是符合可持续发展的重要途径，对于促进社会经济发展、降低企业成本、保护环境等具有重要意义。

9.1　铝的循环利用

9.1.1　废铝的来源

9.1.1.1　来自铸造企业自身的铝合金旧废料
　　铸造企业自身的铝合金旧废料主要有：（1）铝合金废铸件、浇冒口、剩余铝合金液锭等；（2）废铸造工艺装备，如铝合金制的模样、模板、芯盒、砂箱、压砂板、砂箱托板、浇注系统模具、烘芯板等；（3）废铸造设备中的铝制零件。
　　其中铝合金废铸件、浇冒口、剩余铝合金液锭等又称铸造返回料（回炉料），是铸造企业生产铸造铝合金件的最主要的铝合金旧废料来源。

9.1.1.2　来自铸造企业外部的铝合金旧废料
　　（1）来自铸造产业链下游的铝合金旧废料，主要有机械加工时的废铝合金铸件、废铝屑和机器产品永久废弃时的铝合金零部件等。
　　（2）来自冶金产业链下游的铝合金旧废料，主要有冶金铝轧制品的废料头和边角料、铝锻件废料头和边角料等。
　　（3）来自废物回收产业的国内外铝合金旧废料，主要有：废旧铝门窗；汽车、摩托车、机械、电器、电力线路报废后的含铝废料、铝导线等；航空航天飞行器报废后的含铝废料；饮料用的废铝易拉罐等。
　　（4）报废汽车中的铝合金零部件，主要有铝合金汽缸体、曲轴箱、转向体、油泵壳、轮毂、保杆、散热器、覆盖件等。

9.1.2　废铝原料预处理

　　废杂铝预处理的目的：一是除去废杂铝中夹杂的其他金属和杂质；二是把废杂铝按其成分分类，使其中的合金成分得到最大限度的利用；三是将废杂铝表面的油污、氧化物及涂料等处理掉。预处理最终的目的是将废铝处理成符合入炉条件的炉料，使含铝废料中的铝（含氧化铝）得到最经济、最合理的利用。

9.1.2.1 风选法

各种废铝中或多或少地含有废纸、废塑料薄膜和尘土，较为理想的工艺是风选法。风选法的工艺很简单，能够高效率地分离出大部分轻质废料，但要配备较好的收尘系统，避免灰尘对环境的污染。分选出的废纸、废塑料薄膜一般不宜再继续分选，可作燃料使用。

9.1.2.2 磁选法

采用磁选设备分选出废钢铁等磁性废料。铁及其合金是铝及其合金中的有害杂质，对铝及其合金性能的影响也最大，因此应在预处理工序中最大限度地分选出夹杂的废钢铁。对废铝切片和低档次的废铝料，分选废钢铁的较为理想的技术是磁选法。磁选法的设备比较简单，磁源来自电磁铁或永磁铁，工艺的设计有多种多样，比较容易实现的是传送带的十字交叉法。传送带上的废铝做横向运动，当进入磁场后废钢铁被吸起而离开横向皮带后，立即被纵向皮带带走，运转的纵向皮带离开磁场后，废钢铁失去了引力而自动落地并被集中起来。

9.1.2.3 浮选法

含介质的浮选法分选轻质废杂铝中夹杂的废塑料、废木头等轻质物料，可以采用以水为介质的浮选法，该法的主要设备是螺旋式推进器，废杂铝随螺旋式推进器被推出，轻质废料被一定流速的水冲走，在水池的另一端被螺旋式推进器推出。浮选过程中剩余的泥土及易溶物质大量溶于水中，并被水冲走，进入沉降池。污水在经过多道沉降、澄清之后，返回并循环利用，污泥被定时清除，此种方法可以分离密度小于水的轻质材料，是一种简便易行的方法。

从废铝中分选铜等重有色金属，其中铜等重有色金属基本上都被油污所沾污，用人工分选的方法从废铝中分选出重有色金属的难度较大。可采用以下方法。

（1）重介质选矿法。该法利用重介质重选的办法分选出密度大于铝的铜等重有色金属，其利用了铝的密度比其他重有色金属小的原理、使废铝浮在介质上面，而重有色金属沉在底部，从而达到分离的目的。但该法的关键是筛选一种密度大于铝而小于铜的介质，这种介质不是水或其他液体，而是一种流体，工作时流体在做往复运动，废铝即浮在介质上面被分开。

（2）抛物分选法。该法利用各种体积基本相同的物体在受到相同力被抛出时落点不同的原理，可以把废杂铝中密度不同的各种废有色金属分开，用相同的力沿直线射出密度不同而体积基本相同的物体时，各种物体沿抛物线方向运动，它们落地时的落点不同。最简单的试验可以在水平的传送带上进行，当混杂废料在传送带上随传送带高速运转，当运转到尽头时，废杂铝沿直线被抛出，由于各种废弃物的重力不同，分别在不同点落地，从而达到废杂铝分选之目的。此种方法可使废铝、废铜、废铅和其他废物均匀地分开。

9.1.2.4 废铝表面涂层的预处理

许多废铝的表面都涂有涂料等防护层，尤其是废铝包装容器，数量最大的是废易拉罐等包装容器和牙膏皮等。在小型冶炼厂，对此类废料一般不做任何预处理就直接熔炼，涂料在焙炼过程中燃烧掉，但此类废料都是薄壁，涂料在燃烧过程中会使部分铝氧化，并增加了铝中的杂质和气泡。比较先进的再生铝工艺一般在熔炼之前都要经预处理将涂层处理掉，主要技术有湿法和干法。

（1）湿法。就是用某种溶剂浸泡废铝，使涂层脱落或被溶剂溶解掉，此法的缺点是废液量大，一般不宜采用。

（2）干法。即火法，一般都采用回转窑焙烧法。焙烧法的主要设备是回转窑，其最大优点是热效率高，便于废铝与碳化物分离，焙烧的热源来自加热炉的热风和废铝漆层碳化过程中产生的热。生产时，回转窑以一定速度旋转，废铝表面的涂层在一定温度下逐渐碳化，由于回转窑的旋转，使得物料之间相互碰撞和震动，最后碳化物从废铝上脱落，脱落的碳化物一部分在回转窑的一端收集，还有一部分在收尘器中回收。

9.1.3 废铝的利用方法

铝合金旧废料的利用方法主要有直接利用和间接利用两种方法。

（1）直接利用。是将铝合金旧废料按一定比例配入到正常炉料中一起重熔，即在焦炭坩埚炉、燃油坩埚炉、电阻坩埚、中频电炉、工频电炉、燃油反射炉、电阻反射炉内熔炼和处理，并直接浇注所能满足要求的铸造铝合金件。

（2）间接利用。是将铝合金锭，供铸造炉料或锻造锻料使用。通过火法精炼和电解对废铝进行再生利用。

9.1.3.1 废铝的火法精炼

废铝的火法精炼一般包括原料预处理、配料、熔炼、精炼、调整合金成分和浇铸。

（1）预处理。含铝废杂物料在熔炼前的预处理阶段，包括分类、解体、切割、磁选、打包和干燥等工作。预处理的目的是清除易爆物、铁质零件和水分，并使之具有适宜的块度。

（2）配料。主要是根据熔炼产品的不同，经配料计算后确定所需配加的熔炼辅料，尽可能合理而有效地利用杂铝中的成分，考虑到元素的烧损率，补充配入不足的合金元素，包括配加熔剂、纯铝等。

（3）熔炼。最常用的方法是反射炉熔炼，该法适应性强，可以处理任何原料，如旧飞机、铝屑、带钢铁构件的块状杂铝等。工业上采用的反射炉有一室的、两室的、三室的，带"侧井"（副熔池）反射炉，顶部加料反射炉。常用的是两室炉，它一方面具有熔化炉的作用，另一方面又有调整成分和浇铸前容纳金属的双重作用。根据熔体和炉气的流动方向不同，还有逆流式的两室炉。

电坩埚炉是用来处理小块物料和不含钢铁构件的金属屑和边角余料的。熔炼时先加块料，后加屑料。电炉有中频炉和工频炉，工频炉又分无铁芯的和熔沟式的两种。此外还有带活动烟道的回转炉，由于传热好且可旋转，炉料位于熔体里，金属损失小。

（4）精炼。精炼是熔炼过程要完成的重要环节。废杂铝熔炼过程中，铝液中不可避免地含有气体及非金属夹杂物等杂质，必须用精炼方法予以去除，其中包括往熔化的铝液或铝液表面添加熔剂覆盖，以免铝液受空气氧化，同时通入气体对液体施加搅拌作用，促使其中的夹杂物和氢气分离出来。常用的方法是吹气法和过滤法，通入气体将氢气赶走，过滤法除去氧化铝。有时也采用既通气又过滤的联合净化法。精炼用的气体有氯气、氮气、氢气和其他混合气体，例如氯气的体积分数为12%的氯氮混合气体。精炼用的熔剂有$ZnCl_2$、$MnCl_2$、C_2Cl_6和碱金属盐类的混合物，例如，质量分数为30%NaCl+25%KCl+45%Na_3AlF_6组成的混合物。气体或熔剂的用量，视铝料被污染程度而异。精炼温度一般高于铝或铝合金熔点的75~100 ℃。温度过低，氧化物夹杂物不易分离出来；温度过高，则铝合金和铝中溶解的氢气量增加。

（5）调整合金成分。由于某些合金成分在熔炼过程中有损失，在精炼处理后要向液态铝合金中添加合金元素，使熔炼后的铝合金符合产品标准要求。含铝废料熔炼、精炼后，经炉前快速分析、调整成分，以产出合格的产品。

（6）浇铸。根据铝及铝合金产品的工艺要求，调整好温度以后，将铝液浇铸成合格的铝锭。

含铝废料除了直接生产粗铝和铝合金外，根据原料特点还可以生产铝粉和铝合金粉、铝硅铁脱氧剂、硫酸铝和氯化铝。

9.1.3.2 废铝的电解精炼

废铝与铜配成阳极合金，在电解过程中废铝中电位负于铝的元素在阳极上首先溶解，以金属离子的形式进入电解液中，但这些离子并不在阴极上放电；而电位正于铝的元素（如Si、Fe、Cu、Mn等）依旧在阳极合金内，并不进入电解液中。因此，原则上只有铝才在阴极上析出。

一般飞机残体中混有铁件（机械混合），必须先以磁选将其清除，因为含铁高的合金在精炼过程中容易生成沉淀（结晶）妨害正常生产。

含镁的合金同样不宜直接应用，因为当阳极合金中镁的含量超过0.1%~0.2%时，则引起Mg^{2+}在阴极液中富集，生成难溶的MgF_2沉淀，这样就破坏了电解液的组成及三层液电解精炼体系的稳定性。因此镁含量很高的废铝应预先净化，在生产过程汇总这一操作称为"去镁"。在"去镁"时用30%Na_3AlF_6+15%KCl+55%NaCl组成的熔剂，在740~750 ℃下与镁生成MgF_2，而Al被置换出来。

$$3Mg + 2AlF_3 \Longrightarrow 3MgF_2 + 2Al$$

清除了镁的合金在三层液精炼电解槽中电解。所用的电解质通常为氟化物混合盐，其组成为：36%AlF_3+30%Na_3AlF_6+18%BaF_2+6%CaF_2。电解液预先在母槽中熔融与净化，而后加入槽内。所得精铝中Al含量可达到99.99%。

从料室中取出的阳极合金沉淀，在800 ℃下熔析出其中的易熔部分（20%Cu+8%Zn+5%Si+1%Fe+66%Al）可重新返回槽内电解，残留的沉淀物还含铝50%以上，可应用于合金钢生产上。图9-1为电解精炼废铝制取高纯铝的生产流程。

在废铝精炼中，含Si高的合金应与含Si低的合金配合，因为高Si合金的密度小，在精炼过程中会浮上来影响精铝的质量。

废铝

↓

除铁

↓

除镁

↓

初选铝5%～7% Cu,1%～3% Si,2%～3% Zn,1%～2% Fe,0.7% Mn,88% Al

→ 电解精炼(阳极合金成分:25%～35% Cu;6%～9% Si;7%～12% Zn;3%～5% Fe;1.5% Mn;
1.5%Ni+Pb+Sn;40%～55% Al)

高纯铝　　　　　　一次阳极沉淀
10%～20% Cu,5%～10% Zn,
5%～10% Si,10%～15% Fe,2%～5% Mn

阳极沉淀再处理

易熔部分　　　　　　　　二次沉淀
20% Cu,8% Zn,5% Si,　　　15% Cu,5% Zn,5% Si,
1% Fe,66% Al　　　　　　 10%～15% Fe,2%～3% Mn

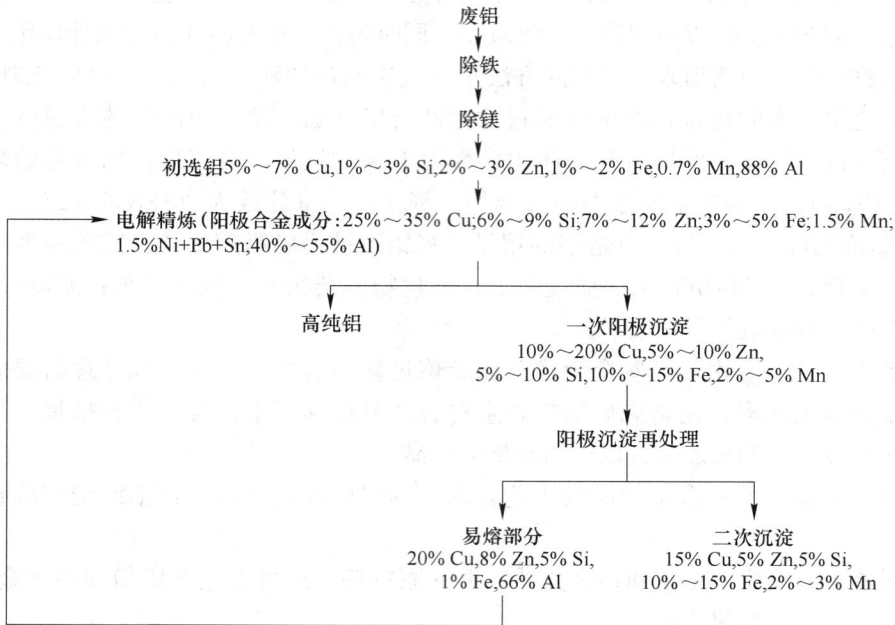

图 9-1　电解精炼废铝制取高纯铝的生产流程

9.2　贵金属的循环利用

9.2.1　贵金属废料的来源

贵金属废料来源于贵金属产品的生产、使用和报废各个环节。含 Au 废料主要来源于电子工业的各种废器件、废合金、废镀金液和阳极泥等。含 Ag 废料主要来源于电子工业的触点材料、钎料、涂镀层、银电极、导体和有关复合材料等。本节主要介绍废旧首饰、镀金废料、含银合金、感光材料、镀银材料中金和银的回收。

9.2.2　金的回收

9.2.2.1　废旧首饰回收黄金

首饰市场经常回收已经磨损甚至损坏的首饰，一般这些首饰的贵金属含量不能确定，如果直接加以利用，可能会生产出贵金属含量不能确定的劣质珠宝。废旧首饰在提纯精炼之前需要进行预处理，除去有害、脆化的杂质，从而降低生产成本并且最大限度地回收贵金属。黄金是最重要、最广泛的贵金属首饰，对于废旧黄金首饰提炼的工艺主要有灰吹法、米勒氯化法、沃霍尔威尔电解法、气泡法、王水法等工艺。

A　灰吹法

灰吹法是将预处理后的含 Au 首饰加入 Pb 中加热至 1000～1100 ℃，将 Au 溶解在 Pb 中，最后经灰吹将包括 Pb 在内的所有贱金属氧化形成氧化铅残渣，得到 Au-Ag 金属锭。

此时 Au-Ag 金属锭还可能含有一些铂族金属。如果需要纯 Au，则需要进一步精炼步骤来分离出 Au。该方法会排放大量有毒的氧化铅烟雾，环境污染严重，一般不建议使用，除非安装烟雾消除系统，如气体洗涤器等。

B　米勒氯化法

米勒氯化法是一种火法氯化工艺，也是最古老、应用最广泛的大规模精炼 Au 的工艺之一。首先将 Cl_2 鼓泡通过熔融的 Au，将贱金属和 Ag 作为氯化物除去，氯化物挥发或在熔体表面上形成熔渣。当 $AuCl_3$ 的紫色烟雾开始形成时，Au 含量达到 99.6%～99.7% 的纯度，达到反应终点。通过该方法获得的 Au 纯度为 99.5%，Ag 为主要杂质。该工艺过程所需时间少，广泛应用于矿山金矿的精炼。

米勒氯化法对于操作技能要求高，并且使用 Cl_2 可能会对人身健康和安全有相当大的危害，需要昂贵烟气处理设施，适用于大规模生产。

C　沃霍尔威尔电解法

沃霍尔威尔电解法是一种古老而成熟的工艺，广泛应用于大型黄金精炼厂。通常与米勒工艺结合使用。该方法是在盐酸电解液中通电溶解黄金阳极，随后在阴极沉积纯度为 99.99%Au，而 Ag 铂族金属脱落形成阳极泥，阳极泥进一步分离提取贵金属，贱金属电解进入溶液。

该方法要求阳极黄金纯度一般大于 98.5%，Ag 含量偏高会导致 AgCl 沉淀堆积在阳极表面上，阻碍 Au 的溶解，阳极材料通常是来自米勒工艺生成的 Au。沃霍尔威尔电解法因耗时长、电极和电解质中的含 Au 量而受到限制。

D　气泡法

气泡法是沃霍尔威尔电解法的变体，更适合珠宝商进行小规模精炼。在电解池中，阴极容纳在多孔陶瓷罐中，该多孔陶瓷罐用作半透膜，防止溶解在阳极侧壁电解质中的 Au 穿过阴极并沉积在阴极上。因此，Au 和其他可溶性金属氯化物积聚，而不溶性的 AgCl 和铂族金属的氯化物沉积到电池底部。

电解液周期性的被耗尽和过滤，而电解质中的 Au 通过选择性还原剂沉淀析出。这样，溶解的铂族金属与 Au 分离，将 Au 的纯度提高到 99.99%。与沃霍尔威尔电解法不同的是，在外加电流的情况下，气泡法可以处理含 Ag 质量分数为 10%～20% 的阳极，不过可能需要定期从阳极表面刮除 AgCl 杂质。

E　王水法

王水法是珠宝商和精炼厂在中小型规模上最常使用的方法，可生产纯度高达 99.99% 的 Au。王水法是基于王水的强氧化性将 Au 溶解形成可溶性 $[AuCl_4]^-$，而 AgCl 以沉淀形式过滤掉，然后用还原剂将 Au 选择性地从溶液中沉淀出来，过滤、洗涤、干燥，将所得 Au 粉熔化铸锭。

为增加贵金属表面积，提高溶解活性，在实际生产中往往将废旧首饰粒化。并使用一系列添加剂强化浸出，目的是仅使用少量过量的酸而且不残留任何未溶解的 Au，缓慢加热促进溶解。该过程生成大量氮氧化物，因此必须对烟气进行安全处置，避免环境污染。得到的黄绿色溶液经过滤去除不溶性 AgCl 和其他非金属的研磨剂和夹杂物，溶液中的 Au 可以使用还原剂（如硫酸亚铁、亚硫酸氢钠和二氧化硫气体、肼、甲醛、草酸、氢醌等）选择性沉淀，有些还原剂会产生有害气体，如 $FeSO_4$ 会生产 SO_2。

F　火法冶金

火法冶炼氧化工艺的原理是选择性氧化贱金属杂质，在熔剂覆盖下使空气或氧气鼓泡熔化，先除去除 Cu 以外的所有贱金属，然后再去除 Cu。生成的氧化物和非金属夹杂物漂浮到黄金熔体表面并与熔剂造渣。

使用苏打灰熔剂熔化废料，过滤掉炉渣，然后向熔体中加入新配制的熔剂，并鼓入空气。在该过程中，Zn、Sn、Pb 和 Cd 等杂质被氧化快速去除并富集在炉渣中。在吹送过程中会放出大量 ZnO 烟气，需要洗涤气体并收集。再一次将炉渣除去，加入熔剂，并重复该过程，最后将 Au-Ag-Cu 合金倒入铁模具中铸造。该方法关键是贱金属与熔剂的造渣，形成低熔点的渣相。渣中 Cu 含量能表明炉渣的氧化状态，可以根据炉渣中 Cu 含量来计算 Au、Ag 和炉渣中其他贱金属的含量。

9.2.2.2　镀金废料回收金

镀金废料的金一般处于镀件的表面，许多镀金废件在回收完表面金层后，其基体材料可以重复使用。常用方法有利用熔融铅熔解贵金属的铅熔退金法、利用镀层与基体受热膨胀系数不同的热膨胀退镀法、利用试剂溶解的化学退镀法和电解退镀法等。

A　化学退镀法

化学退镀法的实质是利用化学试剂在尽可能不影响基体材料的情况下，将废镀件表面的金层溶解下来，再用电解或还原的方法将溶液中的金变成单质状态。常用的化学退镀法有碘-碘化钾溶液退镀法、硝酸退镀法、氰化物间硝基苯磺酸钠退镀法和王水退镀法等。

a　碘-碘化钾溶液退镀法

卤素离子与卤素单质形成的混合溶液对金具有溶解作用，这是该法的理论基础。$HCl+Cl_2$ 溶液、I_2-KI 溶液和 Br_2-KBr 溶液都能溶解金。不过，Br_2-KBr 溶液的危害较大，操作不易控制，因此选择卤素离子与卤素单质形成的混合溶液对贵金属造液时一般用氯和碘体系，碘体系使用最为方便。其溶金反应如下：

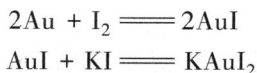

$$2Au + I_2 === 2AuI$$
$$AuI + KI === KAuI_2$$

产物 $KAuI_2$ 能被多种还原剂，如铁屑、锌粉、二氧化硫、草酸、甲酸及水合肼等还原，也可用活性炭吸附、阳离子树脂交换等从 $KAuI_2$ 溶液中提取金。为便于浸出的溶剂再生，通过比较，认为用亚硫酸钠还原的工艺较为合理，还原后的溶液可在酸性条件下用氧化剂氯酸钠使碘离子氧化生成单质碘，使溶剂碘获得再生：

$$2I^- + ClO_3^- + 6H^+ === I_2 + Cl^- + 3H_2O$$

用碘-碘化钾回收金的工艺中，贵金属液用亚硫酸钠还原提取金的后液，应水解除去部分杂质，才能氧化再生碘，产出的结晶碘用硫酸共溶纯化后可返回使用。

b　硝酸退镀法

在电子元件生产中，产生很多管壳、管座、引线等镀金废件，镀件基体常为可伐合金（Ni 28%，Co 18%，Fe 54%）或紫铜件，可用硝酸退镀法使金镀层从基体上脱落，基体还可送去回收铜、镍、钴。

c　氰化物间硝基苯磺酸钠退镀法

（1）退镀液的配制。取 NaCN 75 g，间硝基苯磺酸钠 75 g，溶于 1 L 水中，使之完全溶解。

（2）操作方法。将退镀液装入耐酸盆（或烧杯）内，升温至 9 ℃。将镀金废件放入耐酸盆内的退镀液中，1~2 min 后立即取出，金很快就被退镀而进入溶液中。如果因退镀量过多或退镀液中金饱和而使镀金退不掉时，则应重新配制退镀液。

用锌板或锌丝置换退镀液中的金，直至溶液中无黄色为止，再用虹吸法将上层清水吸出。金粉用水洗涤 2~3 次后、用硫酸煮沸、以除去锌和其他杂质、并再用水清洗金粉，将金粉烘干后熔炼铸锭得粗金。

用化学法退镀的金溶液也可采用电解法从中回收金，电解提金后的尾液，经补加一定量 NaCN 和间硝基苯磺酸钠之后，可再作退镀液使用。电解法的最大优点是氰化物的排除量少或不排除，氰化液还继续在生产中循环使用，也有利于对环境的保护。

B 铅熔退镀金

将电解铅熔化并略升温（铅的熔点为 327 ℃），然后将被处理的废料置于铅内，使金渗入铅中。取出退金的废料，将铅铸成贵铅板，再用灰吹法或电解法从贵铅中回收金。

用灰吹法时，将所获得的贵铅，根据含金量补加一定量的银，然后吹灰得金银合金，将这种金银合金用水淬法得金银粒，再用硝酸法分金。获得的金粉，熔炼铸锭后得粗金。

C 热膨胀法退镀金

利用金和基体合金的膨胀系数不同，应用热膨胀法使镀金层和基体之间产生空隙，然后在稀硫酸中煮沸，使金层完全脱落，最后进行溶解和提纯。

D 电解退镀法

采用硫脲和亚硫酸钠作电解液，石墨作阴极，镀金废料作阳极进行电解退金。通过电解，镀层上的金被阳极氧化呈 Au（Ⅰ），Au（Ⅰ）随即和吸附于金表面的硫脲形成络合阳离子 $Au[SC(NH_2)_2]_2^+$ 进入溶液。进入溶液的 Au（Ⅰ）即被溶液中的亚硫酸钠还原为金，沉淀于槽底，将含金沉淀物经分离提纯就可得到纯金。

9.2.3 银的回收

9.2.3.1 含银合金中回收银

A 从银金合金废料中回收银

如果合金中的含银量大大高于含金量，可直接用来电解银，金则富集于阳极泥中。但是当合金中 Ag:Au<3:1 时，造液时银易钝化，不能被硝酸溶解，则应配入一定量的银熔融，形成 Ag:Au 约为 3:1 的银金合金，再从中回收银和金。在用硝酸造液时，银按以下反应溶解：

在浓硝酸作用下：

$$Ag + 2HNO_3 = AgNO_3 + NO_2 + H_2O$$

在稀硝酸作用下：

$$3Ag + 4HNO_3 = 3AgNO_3 + NO + 2H_2O$$

因此选用稀硝酸（一般为 1:1）造液，既能防止产生棕红色 NO_2，又可减少溶剂硝酸的消耗。溶解后期适当加热，可促进银的溶解。工艺流程如图 9-2 所示。

银金合金废料用稀硝酸溶解后所得金渣经过洗涤、干燥后，熔铸而得粗金。

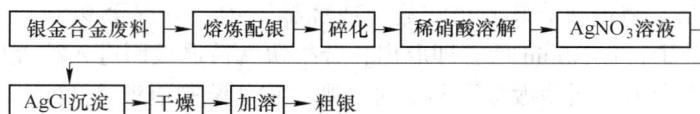

图9-2　从银金合金废料中回收银的工艺流程

氯化银加碳酸钠熔炼生产金属银的主要反应为:

$$2AgCl + Na_2CO_3 \Longrightarrow Ag_2CO_3 + 2NaCl$$
$$Ag_2CO_3 \Longrightarrow Ag_2O + CO_2$$
$$2Ag_2O \Longrightarrow 4Ag + O_2 \uparrow$$

熔炼作业中,可加入适量硼砂和碎玻璃,以改善炉渣性质,降低渣含银量。

B　从银铜、银铜锌、银镉等合金中回收银

银铜、银铜锌是焊料,前者含银量最高达95%,一般也有72%,银铜锌含银量仅50%,银镉是接点材料,含银量约85%。属于接点材料的还有银钨、银石墨、银镍等。这类合金废料中品位高达80%的都可铸成阳极直接电解,产品电银品位可达99.98%以上。含银72%的银铜也可直接进行电解,可产出达99.95%的电银,但电解液含铜量迅速增加,增加了电解液的净化量。采用交换树脂电极隔膜技术,处理银铜除可产出电银外,还可综合回收铜。对其他低银合金,可用稀硝酸浸出,盐酸(或NaCl)沉银,用水合肼等还原剂还原回收其中的银。

9.2.3.2　其他含银材料回收银

A　感光材料提取银

固体感光材料主要指感光胶片,感光胶片种类繁多,包括电影黑白胶片、彩色胶片、照相用黑白底片、彩色底片、彩色反转片、航空照相胶片、复制片和X射线胶片。一般感光胶片主要由片基和卤化银构成,片基是用三醋酸纤维或硝基纤维素制成的透明胶片,Ag的卤化物和明胶混合后涂在片基上,不同种类的胶片含Ag量不同。

从这些含银废胶片上再生回收银的工艺主要有焚烧法、化学法、微生物法等。

a　焚烧法

把废片及废相纸等直接放在一个特别设计的焚烧炉内进行焚烧,然后收集残留在炉中的含银灰,再把灰中的银分离提取出来。该法具有方法简单、回收率较高的优点。其缺点是不能回收片基和烟气从而会造成大气污染。

b　化学法

用酸、碱从胶片上把明胶层剥落下来,然后再采用不同方法进行提银。如采用硝酸溶解,以食盐沉淀出AgCl,再使AgCl溶解在定影液中,用连二亚硫酸钠还原。目前应用最广泛的是强碱腐蚀法,用10%的苛性钠水溶液,在70~90℃下腐蚀胶片,可使片基上的卤化银及胶层洗脱,然后将所得脱膜溶液用传统的方法回收银。

c　微生物法

微生物法主要是利用蛋白酶、淀粉酶、脂肪酶等微生物破坏废胶片感光层或乳剂的主要成分,生成可溶性的肽或氨基酸从基片上脱落,并使卤化银沉淀析出,由于乳剂中的Ag粒度极小,需要加入凝聚剂加速Ag沉淀析出。蛋白酶在45℃作用一段时间,废片基上的感光层就被剥落下来,片基取出经洗涤后回收利用。洗脱液经调节pH值沉降得到含Ag富集物,用硫代硫酸钠溶液提取获得金属 Ag。由于浸出液呈泥浆状，液固分离较困难。因此，在过滤前将泥浆加热使之凝聚沉降后用离心过滤机过滤，最后电解滤液提取 Ag。

B　从镀银件提取银

a　浓硫酸硝酸溶解法

适用于基体为铜或铜合金的镀银件。作业条件为溶剂浓硫酸 5%，硝酸或硝酸钠 5%；温度严格控制在 30~40 ℃以下；时间 5~10 min。

装于带孔料筐中的镀银件退镀后快速取出漂洗，可保证基体溶解较少，从而能综合利用基体铜。溶剂多次使用失效后，取出溶液用置换法、氯化沉淀法回收其中的银。

b　双氧水乙二胺四乙酸（EDTA）法

基底为磷青铜的镀银件，溶剂可用 EDTA 和双氧水按一定比例配制（如每升溶剂中加入 35%双氧水 1~10 g 和 EDTA 5~10 g），可使镀银层在 5~10 min 内与基体分离。

c　四水合酒石酸钾钠溶液电解法

以四水合酒石酸钾钠溶液为电解液（如每升电解液中加入四水合酒石酸钾钠 37.4 g，NaCN、NaOH、Na_2CO_3 分别为 44.9g、14.9 g 和 14.9 g 所得的溶液），不锈钢作阴极，镀件作阳极，进行电解，几分钟后即可使厚度达 5 μm 的镀层完全退去。

d　从银镜碎片中回收银

一般保温瓶、银镜都镀有很薄的一层银，基体均为玻璃。处理银镜可直接用稀硝酸溶解，硝酸浓度为 8%，清洗玻璃的洗液与使用数次的浸出液合并，用食盐沉淀银。氯化银沉淀与碳酸钾一道熔炼得粗银，粗银又用硝酸溶解，浓缩结晶即可产出工业级的结晶硝酸银，返回作制银镜的原料。

9.3　铜的循环利用

9.3.1　废铜的来源

可用于再生的废杂铜一般分为两大类：第一类是新铜废料，主要是指在生产应用过程中产生的边角料和机械加工碎料；第二类是旧铜废料，是各类工业产品、设备、备件中的铜制品的报废品，主要有电子元件、空调器、变压器、汽车水箱、废旧铜导线等。

9.3.2　废铜的再生利用方法

废杂铜的回收利用工艺主要决定于原料自身的性质，对于高品位废杂铜主要采用直接回收利用的方法，低品位废杂铜主要采用火法熔炼。直接利用，即对于分类明确、成分清晰、品质较高的废杂铜直接生产成铜杆、铜棒、铜箔、铜板、五金水暖件等铜加工材料。而间接利用则是对分类不明、成分差异大、不能直接利用的废杂铜，通过火法精炼，采用二段法、三段法生产阴极铜。

9.3.2.1　紫杂铜生产低氧光亮铜杆

使用紫杂铜为原料，必须增加火法精炼除杂工序，主要杂质有铅、锌、锡、镍、铁、氧和硫等，这些杂质来源于原料，如镀锡铜废料、锡青铜、黄铜的各种合金等。精炼过程杂质的行为分为五大类：第一类是在氧化过程中易去除的杂质（S、Zn）；第二类是在氧化过程中一般能脱除的（Fe）；第三类是难于脱除的（Pb、Sn）；第四类是较少脱除的（Ni）；第五类是不能脱除的。

（1）锌的去除。锌是较易脱除的杂质，一般采用加焦炭吹风蒸锌，这个过程中锌被除去 90%，剩下部分融入铜液，通过加入 SiO_2，发生反应 $ZnO+SiO_2 \Longrightarrow ZnSiO_3$ 扒渣除去。硫在氧化时生成 SO_2 随烟气除去。

（2）铁的造渣去除。

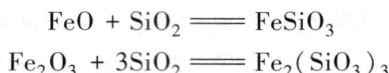

$$FeO + SiO_2 \Longrightarrow FeSiO_3$$
$$Fe_2O_3 + 3SiO_2 \Longrightarrow Fe_2(SiO_3)_3$$

（3）铅和锡的去除。铅虽然容易在造渣中被去除（$PbO+SiO_2 \Longrightarrow PbSiO_3$），但铅的相对密度大，一般在物料熔化后，PbO 就容易沉到炉底，造渣时不易被搅起，因此彻底除去比较难。为去除铅，每次加料前往炉底加入适量的石英砂，使沉底的 PbO 造渣，漂浮到铜液表面被扒渣除去。

锡与铜在熔融时应是互熔，氧化造渣时，锡被氧化成 SnO 和 SnO_2，前者氧化亚锡呈碱性，造渣时形成 $SnSiO_3$；而后者二氧化锡呈酸性，在造酸性渣时不易被除去，只有靠碱性渣才能被除去。

（4）镍的去除。镍和铜也是互熔金属，很难用火法精炼除去，一般是在电解造液时在溶液中积累，积累到一定程度时从开路电解液中结晶除去，只有少数的镍造渣除去。镍的超标造成铜的脆性，致使铜杆的抗拉强度和延伸率降低，使铜不断坯。因此，必须在铜料分拣时尽量清除干净。

（5）氧的去除。氧是在最后还原阶段去除，因为铜熔化后极易与氧反应，生产氧化亚铜和氧化铜。在还原阶段，插木或重油与高温铜水接触后，立即裂解产生甲烷、氢气来夺取铜水中氧化铜的氧（$Cu_2O+H_2 \Longrightarrow 2Cu+H_2O$，$3Cu_2O+CH_4 \Longrightarrow 6Cu+2H_2O+CO$）。利用紫杂铜直接连铸连轧生产光亮铜杆，氧化要完全还原要彻底是做好铜的基础，对于不同等级的紫杂铜，采用不同的精炼方法则是关键。

9.3.2.2　杂铜火法冶金工艺

较单纯的杂铜废料可熔炼成合金或铜阳极进行电解精炼得到电解铜。品位复杂的废铜料则用鼓风炉-转炉-阳极炉-电解精炼流程生产电铜。

杂铜废料的火法冶金工艺主要有以下三个流程。

（1）一段法。将杂铜废料加入反射炉中进行火法精炼后铸成阳极，随后，进行电解精炼得电铜。反射炉可烧块煤、粉煤或烧重油加热。炉料入炉后经熔化、氧化、还原等精炼阶段。炉料中约有 30%~40% 锌蒸馏出来，进入收尘系统以氧化锌形式回收，其余锌进入渣中；铜入粗铜回收率为 80%~85%，渣含铜高达 15%~20%。

（2）二段法。将杂铜废料先在鼓风炉中还原熔炼得到粗铜，然后在反射炉中精炼成阳极铜；或者将杂铜废料先经转炉吹炼成粗铜，然后在反射炉中精炼成阳极铜。鼓风炉熔炼时铜直收率达 96%。对于高锌杂铜废料宜采用先在鼓风炉中熔炼，然后粗铜在反射炉中精炼，渣含铜为 0.8%~2% 或更少，锌入烟尘直收率达 80%。而含铅锡高的铜废料则宜采用先在转炉中吹炼使铅锡进入炉渣然后回收，所产粗铜则在反射炉中进行精炼。

（3）三段法。将杂铜废料经鼓风炉熔炼-转炉吹炼-反射炉精炼产出阳极铜的过程称为三段法处理铜废料。鼓风炉熔炼的目的在于脱除炉料中大部分锌，并产出含杂质较多的呈黑色的黑铜。黑铜在转炉中吹炼脱除铅锡等杂质后得到粗铜，然后进入反射炉中精炼得阳极铜。转炉渣返回鼓风炉熔炼。此法能较好地综合利用原料，锌大部分回收入鼓风炉的烟尘中，而铅锡则大部分在转炉渣中回收。此流程复杂，设备也较多，但综合利用较好。图9-3 所示为铜废料的三段法处理流程。

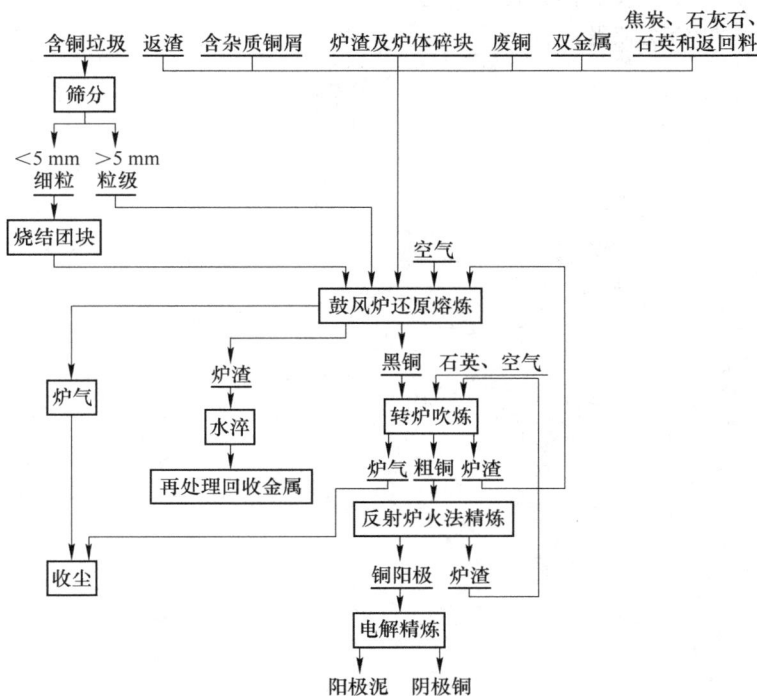

图 9-3　铜废料三段法处理流程

9.3.2.3　废电料中铜的回收

废旧电料中回收铜，多数采用化学处理或破坏绝缘（将绝缘体烧掉）的方法。采用机械分离方法，则既可回收铜，又可回收绝缘体。采用低温处理技术，也能同时回收铜和绝缘体。图9-4 所示为低温回收废电料中铜的工艺流程。

图 9-4　低温处理废电料回收金属铜工艺流程

利用低温设备根据金属铜和绝缘体性质的差异，再经过破碎使低温性能变脆的绝缘体粒度减小，通过筛分使金属导线与绝缘体分离。

本 章 小 结

本章主要介绍了废铝、废铜、贵金属二次资源的回收工艺与方法。

（1）废铝的回收方法有哪些?

（2）简述镀金、镀银废料中金银的回收方法。

（3）简述杂铜回收工艺流程。

10 化学工业固体废物资源化利用

本章提要：

(1) 了解化学工业固体废弃物有哪些；

(2) 掌握硫酸渣、铬渣资源化利用方法与原理。

化学工业固体废物是指化学工业生产过程中产生的固体、半固体或浆状废物，包括化工生产过程中进行化合、分解、合成等化学反应时产生的不合格产品（包括中间产品）、副产物、失效催化剂、废添加剂、未反应的原料及原料中夹带的杂质等直接从反应装置排出的或在产品精制、分离、洗涤时由相应装置排出的工艺废物等。化工固体废物多属有害废物，但组成中有相当一部分是未反应的原料和反应副产物。因此，化学工业固体废物的资源化具有明显的环境效益和经济效益。

10.1 硫酸渣的资源化

硫酸工业产生的固体废物主要有硫酸渣（也称黄铁矿烧渣）、水洗净化工艺废水处理后污泥、废催化剂等。由于我国硫酸生产以硫铁矿为主要原料，采用水洗净化和转化-吸收生产工艺为主，加上小型硫酸厂多，致使硫酸工业成为我国化学工业污染较严重的行业之一。

10.1.1 硫酸渣的来源与组成

硫酸渣是硫酸生产过程中硫铁矿（黄铁矿等含硫铁矿物）或含硫尾砂等原料氧化焙烧脱硫后产出的粉末状固体残渣，图 10-1 所示为硫酸生产工艺流程。

图 10-1 硫酸生产工艺流程

硫铁矿主要由硫和铁组成，有的伴生少量有色金属和稀贵金属。在生产硫酸时，硫铁矿中的硫已被提取利用，铁及其他元素转入烧渣中。烧渣的化学组成随原料不同而异，但主要成分是铁，还含有一定数量的铜、铅、锌、金、银等。其中，铁、铜、铅、锌等元素主要以氧化物形式存在，少量为硫化物、硫酸盐和铁酸盐形式。硫酸渣因含 Fe_2O_3 成分而呈褐红色。硫酸渣中含多种金属元素，是有用的资源，除可从中回收铜、铅、锌、钴、金、银等外，还用它制铁粉、生产三氯化铁和铁氧红、作为水泥的辅助材料以及用于炼铁等。

10.1.2 硫酸渣中有价金属的回收

综合回收烧渣中有价金属的方法有稀酸直接浸出、磁化焙烧-磁选、硫酸化焙烧-浸出、氯化焙烧等。其中，氯化焙烧是目前工业上综合利用程度较好、工艺较为完善的方法。

10.1.2.1 氯化焙烧回收有价金属

氯化焙烧是利用氯化剂与烧渣在一定温度下加热焙烧，使有色金属转化为氯化物而回收。根据反应温度不同可分为中温氯化焙烧与高温氯化焙烧两种类型，氯化反应式为：

$$Me^{n+} + 氯化剂 \longrightarrow MeCl_n + 焙砂$$

A 中温氯化焙烧

烧渣与氯化剂在 500~600 ℃的温度下焙烧，进行氯化反应，生成的金属氯化物呈固态留在焙砂中，继而用水或酸浸出焙砂，使金属氯化物呈可溶性物质与渣分离，再从浸出液中回收金属，故中温氯化焙烧又称氯化焙烧-浸出。

氯化过程中所用的氯化剂为固体的 NaCl，不用 $CaCl_2$，以防止焙砂中 $CaSO_4$ 的生成而影响焙砂的进一步利用。图 10-2 所示为中温氯化焙烧工艺流程。

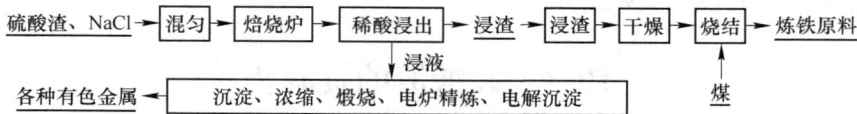

图 10-2 中温氯化焙烧工艺流程

在中温氯化焙烧过程中，烧渣中的有色金属和稀贵金属呈氯化物形式得到回收，而铁形成 Fe_2O_3 存在于焙砂中，铁在氯化过程的反应式为：

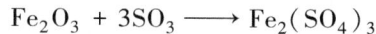

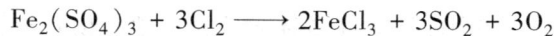

$$3MeO \cdot Fe_2O_3 + FeS \longrightarrow 3MeO + 7FeO + SO_2$$
$$Fe_2O_3 + 3SO_3 \longrightarrow Fe_2(SO_4)_3$$
$$Fe_2(SO_4)_3 + 3Cl_2 \longrightarrow 2FeCl_3 + 3SO_2 + 3O_2$$
$$4FeCl_3 + 3O_2 \longrightarrow 2Fe_2O_3 + 6Cl_2$$
$$2FeCl_3 + 3H_2O \longrightarrow Fe_2O_3 + 6HCl$$

B 高温氯化焙烧

将烧渣与氯化剂混合制成球团，经过干燥后在 1000~1200 ℃下进行焙烧，使烧渣中的有价金属氯化挥发而与氧化铁和脉石分离，氯化挥发物收集后用湿法提取有价金属，焙烧球团可直接作为炼铁原料。

硫酸渣，送球团工段制备球团，造球原料中加入的氯化剂，除氯化钙外，还包括钢铁酸洗废液氯化铁溶液。配备球团原料时，根据废氯化铁溶液中盐酸的浓度，投加适量消石灰。然后，在调湿机内混合搅拌均匀，送入造球机，做成直径 1 cm 的生球团，供氯化焙烧使用。焙烧生球团采用回转窑，生球团从窑的高端进料口进入。焙烧所需热源由废氯烃类和重油的燃烧供给。燃料在窑内距入口 1/3 窑长度处燃烧，产生的高温使球团中的有色金属氯化，生成挥发态金属氯化物。氯化反应所需氯源包含在生球团内的氯化剂和废氯烃类燃料。焙烧产生的烟气，经除尘、稀酸洗涤、吸收，其中的金属氯化物和氯化氢转入液相。后者进入循环溶液槽，作为循环吸收液循环于冷却净化吸收系统。足够浓的吸收液用消石灰中和处理后，送溶液处理工段，用湿法冶金回收有色金属。经洗涤、吸收处理后的气体，再通过脱硫装置后排入大气。焙烧后的球团送炼铁厂，供作高炉炼铁原料。

10.1.2.2　回收金属铁

烧渣含铁较高，其中的铁可通过炼铁或通过生产铁黄、铁红等化工原料加以回收。

A　炼铁

烧渣中一般含铁 30%~50%，可作为炼铁用的含铁原料。但由于烧渣含铁低，含硫（一般含硫 1%~2%，高于标准 0.5%）及 SiO_2、有色金属等杂质较高，若直接用于炼铁得不到理想的经济效果。因此，烧渣炼铁前需进行提高铁的品位、降低有害杂质含量的预处理。常用的预处理技术包括分选和造块烧结。分选是利用烧渣中各种矿物物理性质，如密度、磁性等的不同，采用分选方法使烧渣中的含铁矿物与脉石矿物有效分离，从而提高含铁品位、降低有害杂质含量的过程。烧渣分选常用磁选或重选两种方法。选择方法时需要根据硫酸渣的类型来决定。一般，黑色烧渣中的铁矿物以强磁性铁矿物为主，采用弱磁选方法即可将强磁性铁矿物选出。磁选工艺流程较简单：将烧渣加水造浆，再由磁场强度为 67660~119400 A/m（850~1500 Oe）的磁选机选别，即可得到铁精矿。铁精矿铁品位可提高到 58% 以上，硫可降到 1% 以下，脱硫率在 45% 左右，铁回收率 70%~85%。棕黑色烧渣中的铁矿物有强磁性铁矿物和弱磁性铁矿物。处理此类烧渣常选用磁选-重选联合流程，磁选选出其中的强磁性铁，再经重选选出其中的弱磁性铁。经选别后，脱硫率达 60% 以上，铁回收率 68%~75%。红色烧渣中铁矿物绝大部分是弱磁性的赤铁矿。这种烧渣的磁选效果不好，一般采用重选，但铁回收率较低，只有 50% 左右。

由于烧渣的粒度很细（一般-200 目占 50%），再加上分选后含硫量仍然较高，因此直接入高炉冶炼将有很大困难，还需进行造块烧结。造块烧结方法也有两种：一是将含铁较高（55% 以上）的烧渣或分选后的烧渣精矿，代替适量铁矿粉配入烧结料中生产烧结块。这是烧渣直接炼铁最简单易行的方法，也是大量利用烧渣的主要途径。一是在烧渣中配入一定量的熔剂和黏合剂，经混料后在圆盘造粒机上制成生球，再经过干燥送入竖炉焙烧成为炼铁球团块。

B　生产铁黄

铁皮直接氧化或用硫酸亚铁加铁屑通空气氧化均可制得铁基颜料铁黄。硫酸渣来源广，可用硫酸渣为原料，黄铁粉作为还原剂，采用湿式空气氧化法制备铁基颜料铁黄，其工艺流程如图 10-3 所示。

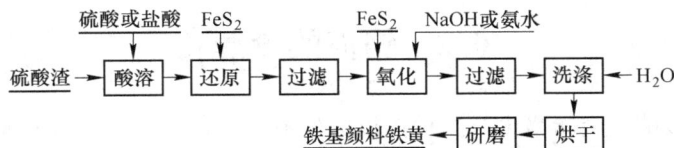

图 10-3　铁基颜料铁黄制备工艺流程

称取一定量的硫酸渣，加入硫酸或盐酸，使渣中铁酸溶生成 Fe^{3+} 而进入溶液。加水稀释，使溶液中 Fe^{3+} 浓度保持在 0.50 mol/L，再用黄铁矿粉作为还原剂，在温度 80 ℃ 条件下进行还原反应获得 Fe 溶液。过滤后滤液通入空气进行氧化反应，并用 NaOH 或氨水将溶液的 pH 值调至 3~4。当溶液中出现的黄色沉淀物的颜色和沉降速度达到要求时，将沉淀物进行过滤、洗涤。洗涤后得到的滤饼在 60 ℃温度下烘干、研磨后即得粉状、橙黄色铁基颜料铁黄产品，该产品主要成分是 Fe_2O_3，可作为油漆、涂料、油墨等的颜料使用。

　　C　生产铁红

　　图 10-4 为硫酸渣制备铁红工艺流程。

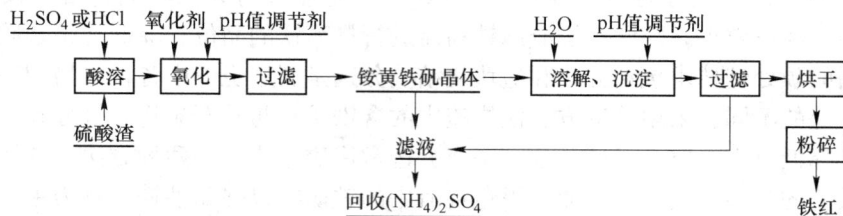

图 10-4　硫酸渣制备铁红工艺流程

　　称取一定量的硫酸渣，加入硫酸或盐酸，使渣中铁酸溶生成 $Fe_2(SO_4)_3$ 和 $FeSO_4$ 而进入溶液。为了调整铁盐浓度，加铁皮对溶液进行适当处理。溶液中 Fe^{2+} 结晶析出能力较差，而 Fe^{3+} 较易从溶液中结晶析出，因此，需将 Fe^{2+} 氧化成 Fe^{3+} 再进行分离。常用的氧化剂有 MnO_2、H_2O_3、HNO_3 和空气。用氨水调节溶液 pH 值约 1.5，得到铵黄铁矾晶体，反应式如下：

$$3Fe_2(SO_4)_3 + 6H_2O \Longrightarrow 6Fe(OH)SO_4 + 3H_2SO_4$$
$$4Fe(OH)SO_4 + 4H_2O \Longrightarrow 2Fe_2(OH)_4SO_4 + 2H_2SO_4$$
$$2Fe(OH)SO_4 + 2Fe_2(OH)_4SO_4 + 2NH_3 + 2H_2O \Longrightarrow (NH_4)_2Fe_6(SO_4)_4(OH)_{12}$$

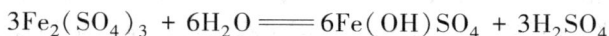

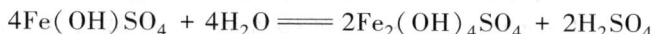

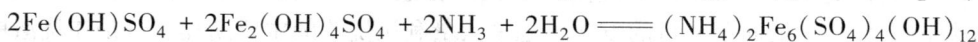

　　将生成的铵黄铁矾晶体溶于适量水中，用氨水调节至 pH＝5，即生成红色沉淀。加热到 60 ℃静置，待沉淀完全后过滤。滤饼洗涤后在 105 ℃脱水烘干、粉碎，得到鲜红色 Fe_2O_3 含量为 98% 的铁红产品。滤液经蒸发结晶回收 $(NH_4)_2SO_4$ 产品，作为肥料使用。

　　D　制备含砷废水催化剂

　　硫酸渣用 CO 还原后，得到的还原产物与硫铁矿粉共热，可制得高效含砷废水净化剂 FeS。硫酸渣的最佳还原温度为 800~900 ℃，制备净化剂的最佳温度为 250 ℃左右。

10.2　铬渣的资源化

　　铬渣是重铬酸钠、金属铬生产过程排出的残渣。一般，每生产 1 t 重铬酸钠同时产生 3~3.5 t 铬渣。据估计，我国冶金和化学工业每年约排出铬渣 20 万~30 万吨。

10.2.1　铬渣的来源与组成

　　铬渣是由铬铁矿、纯碱、白云石、石灰石原料在 1100~1200 ℃高温焙烧，用水浸出重铬酸钠后得到的残渣。工艺流程如图 10-5 所示。

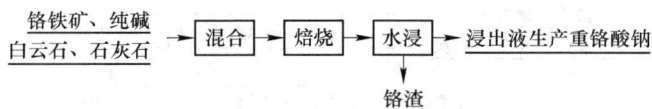

图 10-5 重铬酸钠生产工艺流程

铬渣的基本组成如表 10-1 所示。

表 10-1 铬渣的基本组成 （%）

组成	Cr_2O_3	Cr^{6+}	SiO_2	CaO	MgO	Al_2O_3	Fe_2O_3
含量	3~7	0.3~2.9	8~11	29~36	20~33	5~8	7~11

铬渣中含有大量水溶性六价铬，形成的主要有害物质有水溶性的铬酸钠（Na_2CrO_4）和酸溶性的铬酸钙（$CaCrO_4$）等。铬渣中的六价铬具有很强的氧化性而具有很大的毒性，加上铬渣又是强碱性物质，容易对环境造成污染或对人体造成危害。铬渣的处理和利用方法很多，但就其解毒原理而言，不外乎两个途径：一是将毒性大的 Cr^{6+} 还原为毒性小的 Cr^{3+}，并使其生成不溶性的化合物，从而防止污染；二是将 Cr^{6+} 还原为 Cr^{3+} 的同时，进行资源化利用，使其中的铬不易被水溶出，从而避免其污染。

10.2.2 铬渣的熔融固化与利用

铬渣的熔融固化就是使铬渣在高温下熔化，并在还原性气氛中使 Cr^{6+} 转化为 Cr^{3+} 形成含 Cr^{3+} 的熔体，冷却后成为玻璃态固熔体的过程，固熔体作为产品直接利用。

10.2.2.1 铬渣制玻璃着色剂

制造绿色玻璃常用铬矿粉做着色剂，主要是利用 Cr^{3+} 在玻璃中的吸收和透过光的性质。由于铬渣中含有部分未反应掉的铬矿粉和 Cr^{6+}，高温有利于 Cr^{6+} 转变为 Cr^{3+}，因此，铬渣可代替铬矿粉做绿色玻璃的着色剂。图 10-6 为利用铬渣制玻璃着色剂工艺流程。

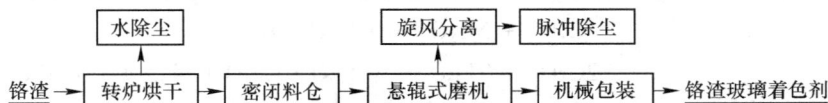

图 10-6 利用铬渣制备玻璃着色剂工艺流程

该方法的优点是：（1）Cr^{6+} 可还原为 Cr^{3+}，达到解毒目的；（2）铬渣中含有的 CaO、MgO 可代替玻璃配料中的白云石和石灰石，降低了成本；（3）玻璃色泽鲜艳，质量有所提高。

10.2.2.2 铬渣制钙镁磷肥

图 10-7 为高炉法生产铬渣钙镁磷肥的工艺流程。将铬渣、磷矿石、白云石、蛇纹石和焦炭按一定比例配料投入高炉，在 1350~1450 ℃进行熔融反应。炉内的高温和还原性气氛，使配料中的 Cr^{6+} 还原成 Cr^{3+}，反应式为：

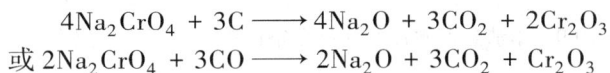

$$4Na_2CrO_4 + 3C \longrightarrow 4Na_2O + 3CO_2 + 2Cr_2O_3$$
$$或\ 2Na_2CrO_4 + 3CO \longrightarrow 2Na_2O + 3CO_2 + Cr_2O_3$$

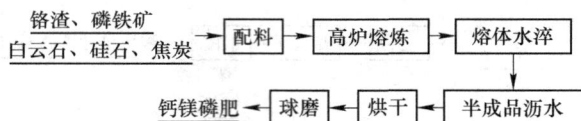

图 10-7 高炉法生产铬渣钙镁磷肥的工艺流程

生成的 Cr_2O_3 和渣中原有的 Cr_2O_3，部分被进一步还原，生成金属 Cr 和碳化铬 Cr_7C_3 进入铁水，其主要反应式为：

$$Cr_2O_3 + 3C \longrightarrow 2Cr + 3CO$$

$$2/3Cr_2O_3 + 18/7C \longrightarrow 4/21Cr_7C_3 + 2CO$$

剩下未被还原的 Cr_2O_3 在出炉熔体水淬后，保留在产品的玻璃体中，成为不溶于水的低毒性物质。水淬产物沥水分离、转筒内干燥后球磨粉碎即得成品钙镁磷肥。

10.2.2.3 铬渣生产铸石

以铬渣为主，加入适当的配料，可生产出合格的铸石。因为铬渣中不但有铸石需要的硅、钙、镁、铝、铁等，铬渣还可代替铬铁矿作为铸石生产中的晶核剂，而铬渣中的 Cr^{6+} 在高温下分解被熔浆中的铁还原为 Cr_2O_3，并与熔浆中的铁结合形成铬铁矿。图 10-8 所示为利用铬渣制铸石工艺流程。

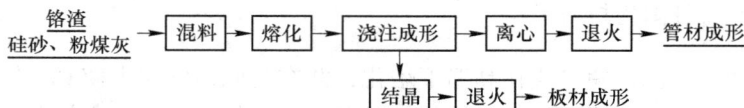

图 10-8 利用铬渣制铸石工艺流程

铬渣配料混匀后在 1520~1550 ℃温度下熔化，使铬渣 Cr^{6+} 被熔浆中的铁还原为 Cr^{3+}，与铁形成铬铁矿。铬铁矿在熔体冷却时起结晶核的作用，矿物质围绕着铬铁矿结晶形成各种形态的辉石晶体。因此，铬被牢固地结合到铸石之中，熔体中的反应如下：

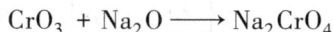

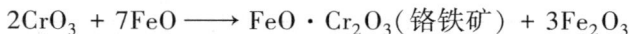

$$CrO_3 + Na_2O \longrightarrow Na_2CrO_4$$

$$2CrO_3 + 7FeO \longrightarrow FeO \cdot Cr_2O_3(铬铁矿) + 3Fe_2O_3$$

铬渣铸石的浇注温度 1250 ℃，结晶温度 880~920 ℃，结晶时间 30 min，退火起点温度 700 ℃，自然降温至常温，成品率 70%~80%。

10.2.2.4 铬渣生产水泥并联产含铬铸铁和钾肥

铬渣中含有较高量的 CaO、MgO、SiO_2、Al_2O_3 和 Fe_2O_3，为充分利用这些成分，可采用图 10-9 所示工艺流程生产水泥并联产含铬铸铁和钾肥。

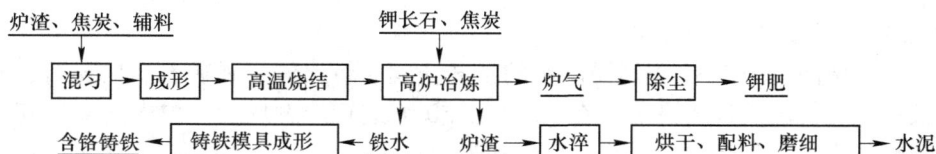

图 10-9 铬渣生产水泥并联产含铬铸铁和钾肥工艺流程

将铬渣、焦炭粉和辅料按比例和要求的碱度计量后，混匀、成形，并在 900~1400 ℃ 高温下烧结，使铬渣中 Cr^{6+} 被还原为 Cr^{3+}，生成新矿物。将烧结矿、钾长石辅料和焦炭按一定比例投入高炉冶炼。炉料熔融后，渣铁按层分离。上部熔渣从排渣口排出，经水淬骤冷凝固，生成 0.5~5 mm 粒度的白色炉渣，再经烘干、配料、磨细，得到白色水泥产品。如果高炉配料中掺入的铬渣烧结矿较多，则所得高炉渣可生产矿渣水泥，也可配入水泥熟料生产矿渣硅酸盐水泥（一般可掺入 30%~50%）。

高炉炉料中的铁、铬和一部分硅等氧化物，在冶炼中被还原，生成含铬 12%~20% 的含铬铸铁液，沉于渣层下面。定期开放炉体下部的出铁口，使铁液流到铸铁模中凝固成形，获得含铬铸铁。

在冶炼过程中，炉料中的碱金属氧化物 K_2O、Na_2O 等进入炉气，最终以钾盐灰形式随高炉煤气由炉顶排出，经各段除尘器分离固相后，得到钾肥，含钾（K_2O）15%~25%。

本 章 小 结

本章主要介绍了化工行业硫酸渣和铬渣的资源循环利用方法与原理。

习　题

（1）简述硫酸渣资源循环利用方法。
（2）简述铬渣资源循环利用工艺流程。

11 核工业废弃物资源循环利用

本章提要：

掌握核工业废气、废液等的循环利用方法与原理。

以核电生产为中心的核燃料循环，包括前段过程、反应堆运行过程和后段过程三大部分。核燃料循环前段为生产出适合于核电厂使用的核燃料组件的过程，包括铀矿勘查、开采、水冶、铀精制、铀转化、铀浓缩和核燃料元件制造；反应堆运行过程包括核燃料在堆中辐照、乏燃料的卸出及其就地临时储存；核燃料循环后段包括乏燃料运输、后处理、核废物处理与处置等，其中乏燃料后处理所获得的 Pu 和 U，被再制成核燃料元件（混合 U、Pu 氧化物燃料，MOX 燃料）而进行再循环。回收燃料可以在热中子堆（热堆）中循环，也可以在快中子堆（快堆）中循环，统称核燃料"闭式"循环。如果乏燃料不进行后处理而直接处置，则称为"一次通过"循环。

铀水冶过程中产生大量的固体废物和低水平放射性废液。

反应堆运行中产生的大量的裂变产物，始终被严密地封闭在包壳内，在正常情况下不会进入环境。核反应堆运行时产生的放射性废液主要来自循环冷却水，放射性固体废物主要来自冷却净化系统、废水净化系统的离子交换废树脂、废过滤器芯子、废液蒸发残渣、活化的堆内构件（包壳材料、控制棒等）、废仪表探头和零件等，其中堆内构件等为高放废物（含 ^{60}Co、^{63}Ni 等）。气冷堆则排出放射性废气。

核燃料循环后段包括乏燃料后处理、MOX 燃料元件制备、放射性废物处理、整备和最终处置。所有这些过程均会产生放射性废物。

11.1 放射性废气的处理

11.1.1 放射性废气的来源

放射性废气来源于核工业的两方面。第一是核动力反应堆运行过程，核燃料辐照过程产生惰性气体同位素 ^{133}Xe、^{85}Kr 与挥发性的 ^{131}I、^{129}I，这类废气夹带有少量水雾与气溶胶。第二是后处理工厂产生的高放射性废气。这些废气主要来源于核燃料元件的切割、脱壳与溶芯过程。在浸溶过程，剩余在燃料中的氪、碘同位素随浸溶而释放，氚则与溶液中氢交换。在上述过程同时还产生含高放射性的酸性雾沫气溶胶。

11.1.2 放射性废气的净化处理

11.1.2.1 放射性废气净化方法

A 加压储存衰变

加压储存衰变是通过加压使废气在储罐或衰变箱内滞留足够长的时间（通常为 60

天），使短寿命的放射性气体衰变，从而降低放射性水平。在放射性废气中，含有很多短寿命活化产物和裂变核素，如核电站、生产堆的工艺废气中，除 ^{14}C、^{85}Kr 和 ^3H 外，其他核素的半衰期都很短，因此，可以将放射性废气加压后送入储罐或衰变箱，使其滞留一定的时间，让其充分衰变，以此来消除其中的短寿命核素。

大亚湾核电站含氢废气的处理采用加压储存衰变工艺，其工艺流程见图 11-1。在该系统中，含氢废气由废气收集总管进入废气处理系统，首先进入缓冲罐。当废气在缓冲罐中的压力达到一定值时启动压缩机，废气经冷却器和气水分离器去除水分，再经压缩机压缩后进入衰变箱储存衰变。待一个衰变箱的压力达到设定压力时，转入下一个衰变箱。

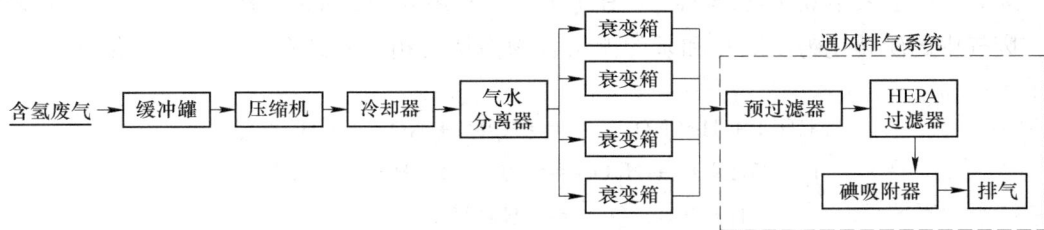

图 11-1　含氢废气处理系统工艺流程图

含氢废气在衰变箱中经 60 天的储存衰变后送至排风系统的预过滤器和 HEPA 过滤器进行过滤，再经碘吸附器后送至排风烟囱排放。废气排放时由监测系统连续监测，一旦排气的放射性水平超标，排放阀自动关闭终止排放。

B　活性炭滞留

吸附床滞留是废气在除湿后通过吸附滞留床（又称延迟床），使其中的裂变气体氪和氙在连续的吸附、解吸过程中，得到足够的滞留时间，从而降低放射性水平的过程。具体的工艺流程又可分为如下两种。

（1）氢氧复合后活性炭滞留。首先含氢废气通过氢氧复合器消除氢气，使其浓度明显降低，避免系统发生氢气燃烧和爆炸的危险，同时可以减少后续处理的废气量。经过氢氧复合后的废气再通过活性炭延迟床，废气中的短寿命氪和氙等放射性核素在延迟床中的活性炭上产生动态吸附平衡，即吸附→解吸→再吸附→再解吸。该过程使氪和氙等放射性核素在活性炭延迟床内有足够的滞留和延迟衰变时间，从而使活性炭延迟床出口处排气中的放射性活度浓度大幅度降低。

（2）直接活性炭滞留。含氢废气在活性炭滞留处理前先进行除湿。除湿后的含氢废气首先通过活性炭保护床，去除废气中残余的湿气和有害成分，再通过活性炭延迟床。废气中的短寿命氪和氙等放射性核素在延迟床中的活性炭上发生动态吸附平衡，即吸附→解吸→再吸附→再解吸。该过程使含氢废气中的氪和氙等放射性核素在活性炭延迟床内有足够的滞留和延迟衰变时间，从而使在活性炭延迟床出口处排气中的放射性活度浓度大幅度降低。

11.1.2.2　水溶液法除碘

碘是很重要的挥发性裂变产物，乏燃料中最受关注的是 ^{129}I，其半衰期长达 1.7×10^7 年，如释放入环境，可长期产生影响。

A lodox 工艺

在气-液接触器中，采用浓度为 20~22 mol/L 的沸腾硝酸溶液洗涤排气中的碘，其反应式如下：

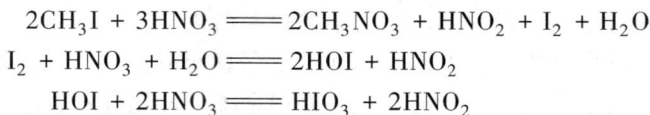

$$2CH_3I + 3HNO_3 \Longrightarrow 2CH_3NO_3 + HNO_2 + I_2 + H_2O$$
$$I_2 + HNO_3 + H_2O \Longrightarrow 2HOI + HNO_2$$
$$HOI + 2HNO_3 \Longrightarrow HIO_3 + 2HNO_2$$

其产物 HIO_3 可转化为易于处置的 $Ba(IO_3)_2$。

B Mercurex 洗涤法

Mercurex 法采用 $0.2~0.4$ mol/L $Hg(NO_3)_2$ 和用 $8~12$ mol/L HNO_3 的水溶液洗涤废气，废气中的碘转化为碘酸盐和汞的碘络合物而从气相转入到水溶液中。其化学反应式如下：

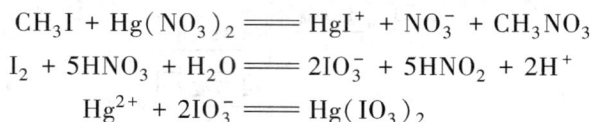

$$CH_3I + Hg(NO_3)_2 \Longrightarrow HgI^+ + NO_3^- + CH_3NO_3$$
$$I_2 + 5HNO_3 + H_2O \Longrightarrow 2IO_3^- + 5HNO_2 + 2H^+$$
$$Hg^{2+} + 2IO_3^- \Longrightarrow Hg(IO_3)_2$$

$Hg(IO_3)_2$ 为固体产物。为了便于处置废物，可将 $Hg(IO_3)_2$ 进一步转化为 $NaIO_3$。该工艺对碘的去污系数可达到 10^3，是一种良好的前端处理方法。

C 苛性碱溶液碱洗法

碱洗法用 NOH 溶液洗涤废气，利用碘在碱性溶液中的自身氧化还原反应将元素碘转化为碘化物和碘酸盐，同时还能除去废气中的 CO_2，将 CO_2 转化为碳酸盐，从而使碘和 CO_2 从气相转入到液相。主要的化学反应如下：

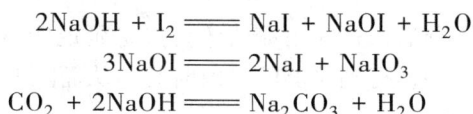

$$2NaOH + I_2 \Longrightarrow NaI + NaOI + H_2O$$
$$3NaOI \Longrightarrow 2NaI + NaIO_3$$
$$CO_2 + 2NaOH \Longrightarrow Na_2CO_3 + H_2O$$

尾气中的碘和 CO_2 经过上述碱液洗涤并蒸干后，得到的 Na_2CO_3-NaI-$NaIO_3$-$NaOH$ 为固体产物。

11.1.2.3 吸附法除碘

采用敷银或硝酸银的固体吸附剂，如敷银沸石、敷银硅胶、浸渍硝酸银的沸石或活性炭等。碘和碘的化合物与硝酸银反应，生成不挥发的碘化银而被吸附在固体载体上。

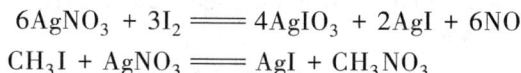

$$6AgNO_3 + 3I_2 \Longrightarrow 4AgIO_3 + 2AgI + 6NO$$
$$CH_3I + AgNO_3 \Longrightarrow AgI + CH_3NO_3$$

11.2 放射性废水的处理

11.2.1 放射性废水的来源

我国放射性废水按放射性活度高低分为高、中、低和弱放射性废水，废水来源包括核电站废水、铀矿选冶废水、乏燃料后处理废水以及医院、科研等单位产生的废水。铀矿选冶产生的废水主要含有的核素包括 U、Ra 以及微量的 Po 和 ^{210}Pb，属于低放射性废水。核电站废水主要包括主设备和辅助设备排空水、反应堆排放水、第二回路废水、清洗废液、离子交换装置再生废水和专用洗涤水等，主要为中低放射性废水。

乏燃料后处理废水主要包括乏燃料后处理和放射性物质分离制造过程产生的废水等，代表核元素包括^{137}Cs、^{90}Sr 及铀、钚、超铀元素等，这两种废水放射性浓度都很高，危险性极大。

11.2.2 放射性废水的净化处理

在放射性废水处理中，放射性废水的浓缩净化处理是放射性废水处理的重要工艺流程。所谓放射性废水浓缩净化处理就是通过某种或几种手段将放射性废水中的放射性核素浓集在体积较小的浓缩物中，而体积较大的仅含微量放射性物质的废水，若达到排放标准，则可安全排放到环境中去或经过再处理后复用。常用的浓缩净化方法包括絮凝沉淀、蒸发、离子交换、膜分离等。其中絮凝沉淀是不可或缺的流程。

11.2.2.1 絮凝沉淀法

A 铝盐絮凝沉淀法

铝盐絮凝沉淀法通常采用硫酸铝作絮凝剂。其基本流程为：首先采用碳酸钠、碳酸钙、氢氧化钠、氢氧化钙调节放射性废水的碱度和 pH 值，然后向废水中加入铝盐，通过搅拌使絮凝剂在废水中分散，同时 Al^{3+} 水解形成 $Al(OH)_3$ 沉淀载带放射性核素及其他杂质从而达到净化废水的目的。实践证明，该方法可以除去废水中的 ^{144}Ce、^{90}Y、^{90}Sr、^{106}Ru、^{137}Cs、^{95}Zr、^{147}Pm 等放射性核素，但是，去污因数较低。

铝盐的絮凝沉淀作用主要是利用其水解和羟基架桥联结作用。铝盐加入水溶液后，首先解离形成 Al^{3+}，随后通过水合作用与 6 个水分子配位形成水合铝离子 $Al(H_2O)_6^{3+}$，然后通过一系列水解反应发生如下的羟基化过程：

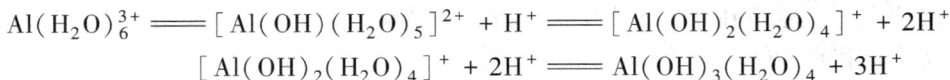

$$Al(H_2O)_6^{3+} \Longrightarrow [Al(OH)(H_2O)_5]^{2+} + H^+ \Longrightarrow [Al(OH)_2(H_2O)_4]^+ + 2H^+$$
$$[Al(OH)_2(H_2O)_4]^+ + 2H^+ \Longrightarrow Al(OH)_3(H_2O)_4 + 3H^+$$

由于羟基具有架桥联结的作用，所以这些羟基水合铝离子可以通过羟基架桥相互结合形成二聚体：

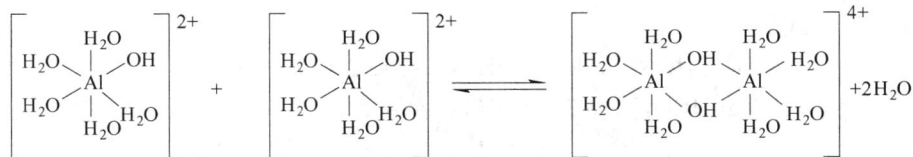

二聚体进一步聚合形成三聚体、四聚体、多聚体 $[Al_4(OH)_6(H_2O)_{12}]^{6+}$，甚至是生成聚合度无限大（极限状态）的难溶的氢氧化铝沉淀 $[Al(OH)_3(H_2O)_3]_\infty$。

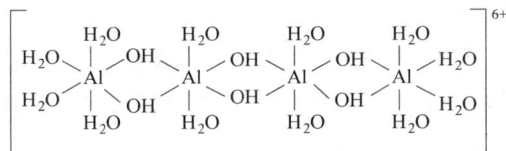

聚合铝絮凝除去放射性核素的效率与其价态有密切的关系，价态越高的放射性核素其去除率也越高，对几个不同价态的放射性核素的去除率按如下顺序降低：

$$^{95}Zr(Ⅵ) > {}^{147}Pm(Ⅲ) > {}^{144}Ce(Ⅲ) > {}^{106}Ru(Ⅲ) > {}^{90}Sr(Ⅱ) > {}^{137}Cs(Ⅰ)$$

在同价的放射性核素中，原子序数（或原子量）越大的核素其去除率也越高。上述现象是由放射性核素在水溶液中的存在状态和行为以及铝盐的絮凝规律决定的。

B　铁盐絮凝沉淀法

铁盐絮凝沉淀的过程与铝盐类似，絮凝剂主要包括硫酸铁、氯化铁、硫酸亚铁等，它可除去废水中的放射性核素 ^{141}Ce、^{144}Ce、^{140}Ba、^{60}Co、^{93}Zr、^{131}I、^{137}Cs、^{90}Sr、^{147}Pm 等。铁盐絮凝净化机理与铝盐类似，也可按水合水解-羟基桥联的理论来解释氢氧化铁胶核的形成。

氢氧化铁絮凝作用比氢氧化铝好，具有絮凝快、絮凝体大而密实、沉降速度快、沉渣体积较小等优点。氢氧化铁絮凝沉淀对 Pu、Am 等锕系元素的去污因数可达 10^3，对活化产物的去污因数可达 100，某些高于二价的放射性核素的去污因数只有 $5\sim10$，而一价或二价金属的放射性核素以及形成阴离子的放射性核素的去污因数更低，不超过 2。

一般认为高价阳离子，例如钇、铈、钯、钌等，被吸附于整个凝絮体积中，而锶、钙、铯等仅被吸附在凝絮体的表面，因此碱土金属和碱金属去除率较低。生产实践表明，铝盐沉淀法去除放射性核素的适宜 pH 值范围为 $7\sim9$，最佳值为 $pH=8.5$（净化除 Sr^{2+} 除外），而铁盐沉淀法去除放射性核素的 pH 值可以更高。

C　石灰-苏打软化法

用铝盐和铁盐絮凝法都不能有效地除去放射性核素锶（$^{89,90}Sr$），这主要是因为锶通常溶解于水中并以离子状态存在，而不像放射性稀土元素那样以胶体状态存在；其次，锶不能与铝盐、铁盐等普通絮凝剂形成难溶化合物，故不能通过沉淀、共沉淀、同晶交换等作用而被有效地分离。能有效地除去锶的化学处理方法，除了使用高分子电解质以外，还有石灰-苏打软化法。

石灰-苏打软化法常用于除去水中的硬度。水的硬度可以分为暂时硬度（碳酸氢钙和碳酸氢镁等）和永久硬度（硫酸钙、硫酸镁等）。当水中只含有暂时硬度的时候，只需加入足够量的石灰使之形成碳酸钙和氢氧化镁沉淀便能将其除去。但是当水中含有永久硬度的时候，则还需要加入过量的苏打以保证和碳酸盐一样完全除去钙和镁，从而使硬水软化。

其化学反应式如下：

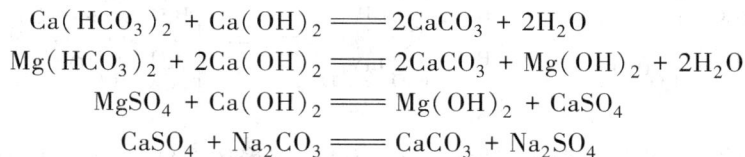

$$Ca(HCO_3)_2 + Ca(OH)_2 = 2CaCO_3 + 2H_2O$$
$$Mg(HCO_3)_2 + 2Ca(OH)_2 = 2CaCO_3 + Mg(OH)_2 + 2H_2O$$
$$MgSO_4 + Ca(OH)_2 = Mg(OH)_2 + CaSO_4$$
$$CaSO_4 + Na_2CO_3 = CaCO_3 + Na_2SO_4$$

石灰-苏打软化法可有效地除去废水中的锶的原因是，钙和锶属于同一族元素，且为相邻元素，化学性质极为接近，水中溶解的钙发生碳酸钙沉淀时能够结合溶解的锶，并且主要以混晶形式与锶一起共沉淀。

石灰-苏打软化法除了可以去除废水中的钙、镁及锶外，还可以去除与钙、镁相似的钡、钇、镉、钪、铌等核素，加入过量的石灰和苏打，有利于提高去除效果。

D　磷酸盐絮凝沉淀法

在放射性废水处理中，通常用磷酸三钠（Na_3PO_4）作絮凝剂或沉淀剂，也有使用磷酸二氢钠（NaH_2PO_4）的。在使用磷酸盐沉淀前，需要用氢氧化钠调节废水的 pH 值，因为磷酸盐絮凝体通常需要较高的 pH 值才能形成，用石灰难以达到要求，且形成的絮凝体物理性质较差。

磷酸盐絮凝体去除放射性要优于氢氧化物絮凝体，主要有以下两个方面的原因：

（1）相对于氢氧化物，废水中大多数放射性核素的磷酸盐是不溶性的，或溶解度比对应的氢氧化物更低，尤其是对高价离子更是如此。

（2）磷酸锶的不溶解性。

上述因素对于去除废水中的放射性核素具有重要意义。在不含常量离子的废水中，只靠放射性离子本身浓度很难形成磷酸盐沉淀，因此，在加入絮凝剂的同时，还需要补充加入一种或两种常量离子，如钙、铁、铝等离子。在这些常量离子发生絮凝沉降的同时，放射性核素也被载带下来，从而提高絮凝的净化能力，但是同时会增加淤泥的产生量。

如果废水中含有较多的钙，加入絮凝剂磷酸三钠并用碱调节到适宜的 pH 值，絮凝过程生成一种致密的碱式磷酸钙沉淀物 $Ca(PO_4)_2 \cdot Ca(OH)_2$。这种化合物具有相当大的阳离子交换能力，尤其能有效地吸附锶、钇等阳离子并将其结合到其晶格中，且该化合物沉降速度很快。因此，对于软水或脱盐水，最好加入补充量的钙，以提高过程的净化能力。

磷酸盐沉淀法能从放射性废水中去除99%的 α 放射性和90%左右的 β 放射性（如^{90}Sr）。对钌的去除率随其在废水中的离子形式而变。因为铯不能形成不溶的磷酸盐沉淀，其去除仅靠磷酸钙沉淀表面的吸附，故对铯的去除率一般很低。

11.2.2.2 特殊沉淀法

在放射性废水中，如果存在铯、碘、钴、镭等低价态放射性核素，采用上述絮凝沉降方法不能有效去除这些核素或者去除效率很低，需要在废液中加入特效化学试剂使之形成不溶的沉淀物而沉降（严格意义上讲，这已经不属于絮凝沉淀的范畴，而是属于共沉淀），或者被普通絮凝剂形成的凝絮夹带而沉降。

在放射性废水中，与放射性核素对应的许多元素，如锶、钴、铁、镍、锌等，有许多不溶性盐类，对于这些核素可采取加入沉淀剂的方式将其沉淀下来。但是，由于废水中的放射性核素浓度极低，使其达不到沉淀所需的溶度积而无法沉淀。这时，可采用加入载体的形式，如加入放射性核素的稳定同位素或化学性质类似的非同位素载体，当达到载体所形成的不溶性盐的溶度积时，载体可形成沉淀，并且夹带放射性核素共同沉淀下来，即所谓的"共沉淀"，结果是废水得到了净化。

A ^{137}Cs 的去除

铯属于碱金属，其大多数化合物易溶于水，因而使用氢氧化物、碳酸盐、磷酸盐等沉淀方法不能将其有效除去，必须采用专门的除铯方法。除铯的方法较多，主要包括以下两种：

（1）利用沸石或复合离子交换剂，经离子交换过程将铯有效地去除。

（2）利用金属亚铁氰化物共沉淀除铯。使用难溶的铜、镍、钴、锰、锌、铁等的亚铁氰化物与铯共沉淀是除铯的有效方法之一。研究表明，亚铁氰化铜和亚铁氰化铁沉淀都是在酸性条件下具有高的除铯率。在 $pH \leqslant 5$ 的条件下，除铯率可达99%以上。

B 锶的去除

放射性废水中的锶属于第Ⅱ主族元素，有很多不溶性的无机盐，一般可以用常用的沉淀方法去除，如磷酸盐（钙或铁）、氢氧化铁（$pH=7\sim13$）、碳酸钙等沉淀。

很多具体的沉淀处理过程也引入其他的沉淀剂或吸附剂，如硫酸盐和锰、钛和锑的水合氧化物。采用硫酸钡沉淀法可以将锶以同晶形态，即同晶共沉淀，从废水中沉淀下来，并且锶的去除率随溶液 pH 值的升高而提高，当废水 pH=8.5 时，锶的去污因数可达到 100~200。碳酸钡沉淀法对锶也有比较高的去除效率，并且污泥量可显著减少。

许多无机吸附剂具有吸附锶的性能，如多锑酸、钛的水合氧化物、钛酸钠和二氧化锰等。多数采用颗粒状吸附剂，其吸附速率较慢。降低吸附剂颗粒粒度，可以提高吸附速率。

C　碘的去除

放射性碘在废水中通常以 I⁻ 形式存在，因此常用硝酸银、活性炭或阴离子交换树脂将其除去。例如，在含 ^{131}I 的废水中，加入硝酸银，并用碘化钠作载体，可以形成碘化银沉淀，从而将大多数的碘除去。

D　活化产物的去除

活化产物主要包括 ^{58}Co、^{60}Co、^{55}Fe、^{59}Fe、^{63}Ni、^{65}Zn 等，在废水通常以 +2 价离子的形式存在（Fe 除外，为 +2 价、+3 价共存），其共同特点是它们的硫化物均是不溶性盐类。因此，向含有活化产物的废水中分别加入 $Co(NO_3)_2$、$Ni(NO_3)_2$、$Zn(NO_3)_2$ 和 Na_2S 时，会形成 CoS、NiS 和 ZnS 沉淀，同时可将上述活化产物载带下来共同沉淀，分离沉淀后，便可得到去除了大部分活化产物的净化水。

此外，碳酸盐也可以从废水中沉淀出一部分金属离子。采用碳酸盐沉淀法时，上清液中核素离子的浓度与氢氧化物沉淀法相当，但是这种方法 pH 值更低，形成的沉淀更为密实，含水量也少，容易从溶液中滤除。

实际上，氢氧化物也是一种很好的沉淀剂，如石灰、NaOH、MgO 等，它们可以将某些金属离子转化为难溶的氢氧化物，如 Cd^{2+}、Cr^{3+}、Cu^{2+}、Fe^{2+}、Fe^{3+}、Mn^{2+}、Ni^{2+}、Pb^{2+} 和 Zn^{2+} 等。向废水中加碱调整 pH 值到 9~11，上述大多数金属离子都可以沉淀出来。不过这种沉淀方法与絮凝很难区分，虽然两者有着不同的含义，但在实际的废水处理中，絮凝、沉淀两者往往是同时发生的，难以区分。

11.2.2.3　蒸发法

目前，在常用的放射性废水处理方法中，普遍认为蒸发法是一种行之有效而且成熟可靠的方法，在核工业中得到了广泛应用。蒸发法常用于中、高水平的放射性废水处理中，其主要目的是将放射性物质浓缩、减少废水的体积，以便节省储存空间或为后续处理工艺提供良好的水质及降低进一步处理的费用；在某些情况下通过蒸发操作可以回收废水中所含的有用化学物品如硝酸等。如果二次蒸汽冷凝液的放射性水平满足排放要求就可以直接排放，如不满足排放要求，则需要经过其他方法处理后达标再进行排放。

大多数放射性核素在放射性废水中是以离子形态存在的，并且多数放射性核素是不挥发的，因此可以利用蒸发法来处理放射性废水。

放射性废水蒸发浓缩处理的工作原理如下：将废水送入蒸发器中，废水与蒸发器的加热管段充分接触，通过蒸汽或电加热，加热管壁将热量传给废水，使废水中的水分逐渐蒸发成水蒸气，随后水蒸气（二次蒸汽）经冷却凝结成水（冷凝水），废水中的放射性核素，特别是不挥发的放射性核素留在浓缩液中，只有少量的易挥发核素和极少部分液滴随蒸汽进入冷凝液。蒸发操作的结果是冷凝液中的放射性浓度大大低于原来废水中的浓度，成为净化水，大部分放射性核素留在少量的蒸发残液中，从而使放射性废水得到有效的净化和浓缩。

放射性废水经过蒸发处理后分成了两部分：一部分为体积较大，但放射性浓度却大大降低的二次蒸汽冷凝液；另一部分是体积较少但浓集了废水中绝大部分放射性核素的蒸发残液（又称浓缩液、蒸残液）。对于蒸残液，一般暂存于储槽中以待进一步处理；对于二次蒸汽冷凝液，则可根据其放射性浓度的高低，或进行进一步净化处理，或经检测达标后排放。在实际生产过程中，由于雾沫（细小的放射性废水液滴）被水蒸气夹带进入冷凝水中，或者由于废水中含有易挥发的放射性核素而使去污因子有所降低，因此二次蒸汽中仍含有少量的放射性物质。为了降低二次蒸汽的放射性浓度，在蒸发器后面还需要设置除雾沫装置，以减少二次蒸汽夹带的雾沫。

11.2.2.4 离子交换处理

许多放射性核素在水中呈离子状态，特别是经过絮凝沉淀处理后的放射性废水，由于除去了悬浮物和胶体，致使废水中剩余的放射性核素大多呈离子状态，其中多数是阳离子，另有少数是阴离子，例如碘常以碘负离子或碘酸根离子存在，磷以磷酸根离子存在，碲、钼、锝、氟等放射性同位素在溶液中也往往以阴离子形态存在，其他核素则大多以阳离子形式存在。这些呈离子状态的放射性核素可用离子交换法去除，例如，压水堆排出水、乏燃料储存水池水，因为水质很好，水中杂质少，用离子交换法处理可得到很高的效率。

通常用两个指标评价用离子交换法处理放射性废水的效能：（1）去污因数：即原水的放射性强度与经离子交换处理后的水的放射性强度之比；对离子交换柱来说，即进水的放射性强度与出水的放射性强度之比。（2）浓缩因数：对于再生的离子交换剂来说，为被有效处理的废水体积与再生液的最后浓缩物的体积之比；对于使用一次就废弃的离子交换剂来说，为被有效处理的废水体积与失效的离子交换剂体积之比。

11.2.2.5 膜分离法

膜法也称膜分离技术，是利用介于两相（液-液或气-液）之间的一层薄膜，不同物质因选择性透过薄膜而得到分离的一种高效、简单、经济的分离技术。

膜分离技术分离的推动力可以是压力差、电位差、浓度差或温度差的一种或几种。水处理中所用的膜在某种意义上讲都是一种"半透膜"，即只能透过溶剂（水），或者只能透过某种荷电离子。目前在放射性废水处理领域得到应用的主要是压力驱动的膜分离技术，如微滤、超滤、纳滤、反渗透，以及电场驱动的电渗析与电除盐，又称电除盐电去离子技术。自20世纪60年代以来，膜分离技术得到了迅速发展。与传统处理工艺（絮凝沉淀、蒸发、离子交换等）相比，膜分离技术在处理放射性水时具有如下特点：（1）无相变。与蒸发法相比，膜分离过程中无相变，不需要消耗大量的热源及冷却负荷，能耗低。（2）分离精度高。反渗透技术可达到分子级或离子级的分离。（3）设备简单、操作简便、运行稳定可靠。（4）净化系数、浓缩倍数高。净化系数最高可达到1000以上、浓缩倍数视废水的含盐量，通常可达50倍左右。（5）适应性广。可与多种方法联合使用。

11.3 放射性废物的固化

11.3.1 放射性废物固定化概述

放射性废水经过化学絮凝、蒸发、离子交换或膜分离技术处理后，占大部分体积的净化水达到允许排放的标准后，可排放到环境中或者循环使用。剩余的小部分浓缩物，如泥浆

（淤泥）、浓缩液（蒸残液、膜分离的浓缩液）、废树脂等，体积虽小，但是却浓集了废水中的绝大部分放射性。这种形态的废物仍处于可分散或弥散的形态，不是一种稳定的形态，长期储存面临许多风险，如储存容器的腐蚀渗漏，运输过程中可能发生的事故等，都可能导致放射性向环境中的扩散。此外，气载废物处理和固体焚烧产生的粉尘以及一些零碎的固体废物在运输过程中遇上事故时也容易散失。因此，这些废物仍然需要进一步处理或整备，将它们转化为易于储存、不易分散或散失的稳定形态，以便于运输、储存和处置。

对于放射性浓缩液，最常用的整备方法便是固化处理。常用的固化工艺有水泥固化、沥青固化、塑料固化及玻璃固化等。对于泥浆和废树脂也可以采用上述固化手段进行整备，也可以将其脱水、干燥，然后装入高整体性容器中进行处置。零碎的固体废物则可在装箱后，用水泥砂浆、混凝土填充其缝隙，待水泥凝结后将其固定形成固定废物体。

11.3.2 放射性废物固化处理

11.3.2.1 放射性废物的水泥固化

水泥固化主要用于中低水平放射性浓缩液、化学絮凝或沉淀产生的泥浆、报废的离子交换树脂等的固化。基本工艺过程是将水泥基料、废水（或废水加废树脂）、添加剂按一定比例混合，有时需要视情况添加一部分水，在常温下硬化成废物固化体。水泥固化的目的是将具有流动性、弥散性的放射性废液或粉末状、颗粒状的废物转变成物理性能稳定、不易弥散的固态废物体，以便于装卸、运输、储存和处置。

低中放废物水泥固定主要用于废水或废树脂的固化，其基本操作是将水泥、废水（或废树脂）、水、添加剂按一定比例添加混合，在常温下硬化成废物固化体。在物料混合过程中，水泥中的组分与水发生一系列的水化反应，释放出热量。反应产物首先形成称作"溶胶"（Sol）的胶状分散物质，该过程约需 1 h。接着，溶胶开始聚结成凝胶（Gel）而逐步沉淀，该过程约需 6 h。随后凝胶开始生成结晶，并最终导致水泥硬化，该过程称为养护，约需 28 天。废物中的放射性核素随之被包容在硬化了的水泥块中。

11.3.2.2 放射性废物的沥青固化

沥青固化是将低中放废物和沥青在一定碱度、配料比、温度、搅拌速度条件下产生皂化反应，使料液中的盐分或固体物质均匀地包容在沥青中的一种固化技术。对低放废物固化，宜用直馏沥青；对中放废物固化，宜用耐热性较好的氧化沥青。沥青固化对废水 pH 值的适合范围为 8~9.5，所以，对于酸性废水，在固化之前必须将 pH 值调至碱性。沥青对盐分的包容能力较强，包容量范围为几至几百 g/L。

沥青固化法适合于固化蒸发残液、废树脂、再生液、有机废液、化学沉淀泥浆、废塑料和焚烧灰等低中放废物。沥青与各类废物的化学相容性不同，相容性较好的废物组分为泥渣、碳酸盐，其次为废树脂、焚烧灰、酸性和碱性废物，相容性最差的为硫酸盐、硝酸盐和有机物。

A　高温熔化混合蒸发法（间歇法）

高温熔化混合蒸发法操作步骤为：将已熔化的沥青送入混合槽，并通过混合槽的加热装置使其维持在一定的温度范围内，然后将放射性废液以一定的速率加入混合槽内（配有搅拌功能），与定量的熔融沥青在 20 ℃左右的条件下高速搅拌，使沥青与废液充分混合蒸发，当加入的污泥浆干重与沥青质量达到一定的比值（约 40%）时，停止进料。在搅拌、蒸发过程中，废液中的水分蒸发出来，固体盐分则与沥青混合，熔融的废物沥青混合物注入位于底部的储桶内并自然冷却。经封装后送去储存。

B　暂时乳化法

暂时乳化法主要用于处理化学沉淀产生的泥浆。所谓乳化是一种液体以微小的液滴状态分散在与它不相混合的另一种液体中的过程，乳化过程所得的分散体系称为乳状液。

沥青受热后可成为黏稠性流体，通常情况下，熔融沥青与水混合并不能形成乳状液，如要形成乳状液，必须加入合适的表面活性剂。通过加入表面活性剂，使水相的表面张力或水与沥青之间的界面张力降低，能使沥青在含水的泥浆悬浮液中乳化。但沥青和水形成的乳状液并不稳定，几乎在瞬间乳化就被破坏，因此，将这种方法称为暂时乳化法。

暂时乳化法为连续处理工艺。其工艺过程分为 3 个阶段：

（1）将放射性泥浆、沥青及表面活性剂混合制成乳浆状液体；

（2）通过挤压、加热分离出大部分水；

（3）进一步升温干燥，使混合物脱水。

11.3.2.3　放射性废物的塑料固化

塑料固化又称为聚合物固化，是 20 世纪 70 年代发展起来的一种新型废液固化技术，也是中、低放射性废物固化方法之一，适于固化含硫酸盐或硼酸盐的蒸发残液、去污废液、废离子交换树脂、化学沉淀泥浆和有机废物等，是一种在常温或略高温度（100~170 ℃）条件下使放射性废液与塑料混合、固化的工艺。

放射性废液塑料固化的基本原理是以塑料为固化介质，包容放射性废液中的核素，使其转化为稳定的固体，便于安全运输、储存或处置，减少对生物环境的危害。根据固化材料的种类，塑料固化包括热塑性塑料固化和热固性塑料固化。

热塑性塑料固化与沥青固化相似，是将合成的高分子化合物（如聚乙烯、聚氯乙烯等）加热熔融使其呈流动状态，然后掺入一定量的放射性废液，利用热塑性塑料与放射性废物在一定温度下产生包覆作用，将放射性核素包容在热塑性塑料中，形成稳定的固化体。此过程无化学变化，纯属物理变化过程。

热固性塑料固化是以低分子有机物（通常称为单体）或线性低聚物为原料，加入一定量的引发剂、交联剂，在一定温度下进行聚合反应。在聚合反应初期掺入一定量的放射性废液，适当搅拌，聚合成立体网状高分子化合物，同时放射性废液被包容于其中，最终成为平整的固化块。热固性塑料固化将聚合过程与废液包容固化过程合二为一，不需要高温熔融，只在常温或稍高温度下进行，因此设备简单，易于操作，便于防护。该过程既有物理变化，又有化学变化，其工艺与水泥固化相似。

11.3.2.4　放射性废物的玻璃固化

中、低放射性废物除了采用水泥、沥青和塑料固化外，目前还有国家对中、低放废物的玻璃固化产生了浓厚的兴趣。这主要是由于与水泥固化相比，玻璃固化具有如下的显著优点：

（1）具有较强的抗浸出性，浸出率一般达到 $10^{-7} \sim 10^{-4}$ g/（cm²·d）；

（2）包容能力强。对硼硅酸盐玻璃而言，废物包容率达 15%~25%（质量分数）；

（3）具有良好的耐辐照稳定性和化学稳定性；

（4）应用较为广泛，技术较为成熟；

（5）过程的减容比较大；

（6）处理过程产生的粉尘量少。

玻璃固化是废物进料与玻璃基料在高温下一起熔融，澄清后倒进容器里面，冷却形成一整块固体。玻璃固化的高温可以破坏废物中的任何有机物，也可以引起挥发物和气载核素的排出。因此，玻璃固化的尾气在排放前要进行净化处理。

本 章 小 结

本章主要介绍核工业产生的废气、废液等的处理工艺与方法。

习　题

（1）放射性废气的净化处理方法有哪些？

（2）放射性废水絮凝沉淀的原理是什么？

（3）简述放射性废物固化的方法与原理。

参 考 文 献

［1］ 邓永春. 钕铁硼和镍氢电池两种废料中有价元素回收的研究与应用［M］. 北京：冶金工业出版社，2019.

［2］ Zhang P, Yokoyama T, Itabashi O , et al. Hydrometallurgical process for recovery of metal values from spent nickel-metal hydride secondary batteries［J］. Hydrometallurgy, 1998, 50：61-75.

［3］ Korkmaz K, Alemrajabi M, Rasmuson Å, et al. Recoveries of valuable metals from spent nickel megal hydride vehicle batteries via sulfation, selective roasting, and water leaching［J］. Journal of Sustainable Metallurgy, 2018, 4（3）：13-325.

［4］ 王海川，张永柱，周佩楠. 废弃电子电器物资源化处理技术［M］. 北京：冶金工业出版社，2019.

［5］ 杨慧芬，张强. 固体废物资源化［M］. 北京：化学工业出版社，2004.

［6］ 王黎. 固体废物处置与处理［M］. 北京：化学工业出版社，2014.

［7］ Rudnik E , Nikiel M. Hydrometallurgical recovery of cadmium and nickel from spent Ni-Cd batteries［J］. Hydrometallurguy, 2007, 89：61-71.

［8］ 高发奎. 废电池的资源化与无害化处理技术［M］. 兰州：兰州大学出版社，2009.

［9］ 王绍文，梁富智，王纪曾. 固体废弃物资源化技术与应用［M］. 北京：冶金工业出版社，2003.

［10］ Meshram P, Mishra A, Sahu R. Environmental impact of spent lithium ion batteries and green recycling perspectives by organic acids-A review［J］. Chemosphere, 2020, 242：125291.

［11］ 卞轶凡. 废旧锂离子电池正极材料的绿色回收技术［D］. 北京：北京理工大学，2017.

［12］ 彭腾. 柠檬酸浸出-电化学沉积法从废旧钴酸锂电池中回收钴的实验研究［D］. 绵阳：西南科技大学，2021.

［13］ Chen M, Ma X, Chen B, et al. Recycling end-of-life electric vehicle lithium-ion batteries［J］. Joule, 2019, 3（11）：2622-2646.

［14］ Yang X, Zhang Y, Meng Q, et al. Recovery of valuable metals from mixed spent lithium-ion batteries by multi-step directional precipitation［J］. RSC Advances, 2021, 11（1）：268-277.

［15］ Jung J C Y, Sui P C, Zhang J. A review of recycling spent lithium-ion battery cathode materials using hydrometallurgical treatments［J］. Journal of Energy Storage, 2021, 35：102217.

［16］ Jin S, Mu D, Lu Z, et al. A comprehensive review on the recycling of spent lithium-ion batteries：Urgent status and technology advances［J］. Journal of Cleaner Production, 2022, 340：130535.

［17］ Ali H, Khan H A, Pecht M. Preprocessing of spent lithium-ion batteries for recycling：Need, methods, and trends［J］. Renewable and Sustainable Energy Reviews, 2022, 168：112809.

［18］ 陈昆柏，郭春霞. 电子废物处理与处置［M］. 郑州：河南科学技术出版社，2016.

［19］ 周全法，程洁红，龚林林. 电子废物资源综合利用技术［M］. 北京：化学工业出版社，2018.

［20］ 赵由才，牛冬杰，柴晓利. 固体废物处理与资源化［M］. 北京：化学工业出版社，2006.

［21］ 李金惠，温雪峰. 电子废物处理技术［M］. 北京：中国环境科学出版社，2006.

［22］ 李明会. 废弃液晶显示屏中液晶的回收与可再利用性研究［D］. 合肥：合肥工业大学，2018.

［23］ Matsumoto M, Umeda Y, Masui K, et al. Design for innovative value towards a sustainable society ‖ indium recovery and recycling from an LCD panel［J］. Spinger Science & Business Media, 2012, 10：743-746.

［24］ Oliveira R P D, Benvenuti J, Espinosa D C R . A review of the current progress in recycling technologies for gallium and rare earth elements from light-emitting diodes［J］. Renewable and Sustainable Energy Reviews, 2021, 145：111090.

［25］ 陈昆柏，郭春霞，魏贵臣. 火电厂废烟气脱硝催化剂处理与处置［M］. 郑州：河南科学技术出版

社，2017.

[26] Wang B, Yang Q. Recovery of V_2O_5 from spent SCR catalyst by H_2SO_4-ascorbic acid leaching and chemical precipitation [J]. Journal of Environmental Chemical Engineering, 2022, 10（6）：108719.

[27] 赵骧. 催化剂 [M]. 北京：中国物资出版社，2001.

[28] Yakoumis I, Panou M, Moschovi A M, et al. Recovery of platinum group metals from spent automotive catalysts：A review [J]. Cleaner Engineering and Technology, 2021, 3：100112.

[29] Xia J, Ghahreman A. Platinum group metals recycling from spent automotive catalysts：Metallurgical extraction and recovery technologies [J]. Separation and Purification, 2023, 311（15）：123357.

[30] Trinh H B, Lee J, Suh Y, et al. A review on the recycling processes of spent auto-catalysts：Towards the development of sustainable metallurgy [J]. Waste Management, 2020, 114：148-165.

[31] 周全法，尚通明. 电镀废弃物与材料的回收利用 [M]. 北京：化学工业出版社，2004.

[32] 李鸿江，顾莹莹，赵由才. 污泥资源化利用技术 [M]. 北京：冶金工业出版社，2010.

[33] 张深根，刘波. 重金属固废处理及资源化技术 [M]. 北京：冶金工业出版社，2016.

[34] 朱耀华. 电镀废水治理技术综述 [M]. 北京：中国环境科学出版社，1992.

[35] 于学峰，洪飞，魏健，等. 我国黄金矿山尾矿资源的综合利用 [M]. 北京：地质出版社，2013.

[36] 杨小聪，郭立杰. 尾矿和废石综合利用技术 [M]. 北京：化学工业出版社，2018.

[37] 张锦瑞，王伟之，李富平，等. 金属矿山尾矿资源化 [M]. 北京：冶金工业出版社，2014.

[38] 彭康，满慎刚. 尾矿综合利用与绿色矿山建设 [M]. 长沙：中南大学出版社，2022.

[39] 黄天勇. 尾矿综合利用技术 [M]. 北京：中国建材工业出版社，2021.

[40] 边炳鑫，李哲，解强. 煤系固体废物资源化技术 [M]. 北京：化学工业出版社，2019.

[41] 赵由才，牛冬杰，周涛. 固体废物处理与资源化 [M]. 4 版. 北京：化学工业出版社，2023.

[42] 安艳玲. 磷石膏、脱硫石膏资源化与循环经济 [M]. 贵阳：贵州大学出版社，2011.

[43] 牛自得，程芳琴. 水盐体系相图及其应用 [M]. 天津：天津大学出版社，2002.

[44] 魏成广. 中国钾盐工业概况 [M]. 上海：上海交通大学出版社，2009.

[45] 于生松，谭红兵，刘兴起，等. 察尔汗盐湖资源可持续利用研究 [M]. 北京：科学出版社，2009.

[46] 郑学家. 硼化合物生产与应用 [M]. 北京：化学工业出版社，2014.

[47] 刘卫平. 盐湖镁资源制备高纯轻质氧化镁工艺研究 [M]. 长沙：中南大学，2012.

[48] 罗仙平，李美鲜，严群，等. 盐湖卤水中几种资源的提取工艺研究现状 [J]. 金属矿山，2011，422：101-104.

[49] 王文忠. 复合矿综合利用 [M]. 沈阳：东北大学出版社，1994.

[50] 孟繁明. 复合矿与二次资源综合利用 [M]. 北京：冶金工业出版社，2013.

[51] 黄建辉，刘明华. 废旧金属资源综合利用 [M]. 北京：化学工业出版社，2018.

[52] 张深根，丁云集. 贵金属循环利用技术 [M]. 北京：冶金工业出版社，2021.

[53] 马荣骏，肖国光. 循环经济的二次资源金属回收 [M]. 北京：冶金工业出版社，2014.

[54] 商平，申俊峰，赵瑞华. 环境矿物材料 [M]. 北京：化学工业出版社，2008.

[55] 贾铭椿. 中、低水平放射性废物处理与处置 [M]. 北京：中国原子能出版社，2021.

[56] 顾忠茂. 核废物处理技术 [M]. 北京：中国原子能出版社，2009.